高等院校“十一五”规划教材

化工过程机器

李多民 主编
方子严 审阅

中国石化出版社

内 容 提 要

本书是为了适应石油化工高等院校过程装备与控制工程(原化工机械与设备)专业教学要求所编写的。

全书共7章。第1章为泵，主要介绍了离心泵典型结构、工作原理、特性和其他类型的泵以及泵的选型等；第2章为活塞式压缩机，主要介绍了活塞式压缩机的典型结构、工作原理、性能及其组成的辅助系统等；第3章为离心式压缩机，主要介绍了离心式压缩机的典型结构、工作原理、性能与调节以及辅助系统等；第4章为轴流式压缩机，主要介绍了轴流式压缩机工作原理、基本型式与结构、性能以及辅助系统等；第5章为螺杆式压缩机，主要介绍了螺杆式压缩机典型结构、工作原理、性能、常见故障以及辅助系统等；第6章为蒸汽轮机，主要介绍了蒸汽轮机工作原理、基本型式与结构、性能以及辅助系统等；第7章为烟气轮机，主要介绍了烟气轮机工作原理、基本型式、结构及其性能等。

本教材可作为石油化工高等院校过程装备与控制工程(原化工机械与设备)、石油化工等专业本科生使用，也可作为相近本科专业和专科教材以及石油化工企业工程技术人员阅读参考书。

图书在版编目(CIP)数据

化工过程机器/李多民主编.
—北京:中国石化出版社,2006(2020.2重印)
ISBN 978-7-80229-118-8

Ⅰ.化… Ⅱ.李… Ⅲ.化工过程-化工机械 Ⅳ.TQ05

中国版本图书馆CIP数据核字(2006)第093010号

中国石化出版社出版发行

地址:北京市东城区安定门外大街58号
邮编:100011 电话:(010)57512500
读者服务部电话:(010)57512575
http://www.sinopec-press.com
E-mail:press@sinopec.com.cn
北京艾普海德印刷有限公司印刷
全国各地新华书店经销

*

787×1092毫米 16开本 20.75印张 512千字
2020年2月第1版第6次印刷
定价:38.00元

前　言

本书是按照2003年石油化工高等院校教材编写工作会议的精神要求而编写的。

编写本书的基本思想是：适应目前石油化工高等院校过程装备与控制工程教学内容改革的需要，体现我国石油化工专业和石油化工企业的特色，突出专业主干课程之一的化工过程机器的基本理论、基本原理、基本结构、运行特性和辅助系统等。

本书因教学内容和时数的限制，重点将目前石油化工企业生产过程中所使用的典型化工过程机器为学习对象。主要包括离心泵等各类泵、活塞式压缩机、离心式压缩机、轴流式压缩机、螺杆式压缩机以及蒸汽轮机和烟气轮机等主要机器，满足培养学生目标的需要，各章着重论述了各种化工过程机器的基本原理、基本理论、基本结构和辅助系统以及介绍了常见的典型故障及处理措施。

本书的特色在于基本知识的系统化，一切从学生培养和实际需要考虑出发，选用的内容具体、实用。在计算方面力求突出基本计算和核算性的分析计算，在编写机器的结构内容方面，强调机器的整体结构和部件结构及其作用。

在编写的过程中，我们力求做到书的整体结构设计合理，反映内容新，编写的内容有利于教学和学生自学，内容力争全面，满足教学要求。

本书共分7章，全书由李多民教授主编。宣征南副教授编写了第1章，胡家顺教授编写了第2章，姬忠礼教授编写了第3章，其中第3章的轴承部分由李多民教授编写，第3章的密封部分由宋鹏云教授编写，徐岩副教授编写了第4章，马小明副教授编写了第5章，李多民教授编写了第6章和第7章。全书由李多民教授统稿。

本书由方子严教授审阅，他对本书进行了认真细致的审阅，并提出了许多宝贵意见和建议，编者对此谨表衷心感谢。西安石油大学的老师专家也对本书提出了宝贵意见和建议，在此一并致以谢意。

因编者水平所限，书中错误和不妥之处在所难免，恳请读者批评指正。

编　者

目　录

第1章 泵

1.1 概　　述

泵是把原动机的机械能转换成液体能量的机器。泵用来增加液体的位能、压能、动能(高速液流)。原动机通过泵轴带动叶轮旋转，对液体作功，使其能量增加，从而使需要数量的液体，由吸液池经泵的过流部件输送到要求的高处或要求压力的地方。泵的种类很多，按其作用原理可分为如下三大类：

(1) 叶片式泵　是依靠泵内作高速旋转的叶轮将能量传递给液体，从而实现液体输送的机器。如离心泵、混流泵、轴流泵等。

(2) 容积式泵　在这种泵中，通过封闭而充满液体容积的周期性变化，不连续地给液体施加能量，如活塞泵、齿轮泵、螺杆泵等。

(3)其他类型泵　这些泵的作用原理各异，如射流泵、水锤泵、电磁泵等。泵的详细分类如下：

- 泵
  - 容积泵
    - 往复泵
      - 活塞泵
      - 柱塞泵
      - 隔膜泵
    - 转子泵
      - 齿轮泵
      - 螺杆泵
      - 滑板泵
  - 叶片泵
    - 离心泵
    - 轴流泵
    - 混流泵
    - 旋涡泵
  - 其他类型泵
    - 流体动力泵
      - 喷射泵
      - 水锤泵
    - 电磁泵

1.1.1　离心泵典型结构与工作原理

离心泵的主要构件有：叶轮、转轴、吸液室、压液室、扩压管(泵壳)、填料函、密封环(承磨环)等，如图 1-1 所示。有些离心泵还装有专门的转能装置(导轮)、提高泵汽蚀性能的诱导轮和平衡叶轮轴向推力的平衡盘等。

图 1-2 所示，是简单的离心泵装置示意图。原动机带动叶轮旋转，将液体从 A 处吸入泵内，排送到 B 处。泵中起主导作用的是叶轮，叶轮中的叶片强迫其中的液体旋转。液体在离心力作用下向四周甩出。这种情况和转动的雨伞上的水滴向四周甩出去的道理一样。泵内的液体甩出去后，在叶轮中间的吸液口处造成了低压，于是 A 处的液体在大气压力作用下经吸液管及泵的吸液室进入叶轮，如此连续不断地从 A 处向 B 处供液。泵

在开动前，应先灌满液体，此过程称为灌泵。如不灌满液体，叶轮只能带动空气旋转，因空气的密度很小，产生的离心力甚小，无力把泵内和排液管路中的空气排出，在泵内造成一定真空，工作液体也就吸不上来。泵的底阀是为灌泵用的，泵出口侧的调节阀是用来调节流量的。

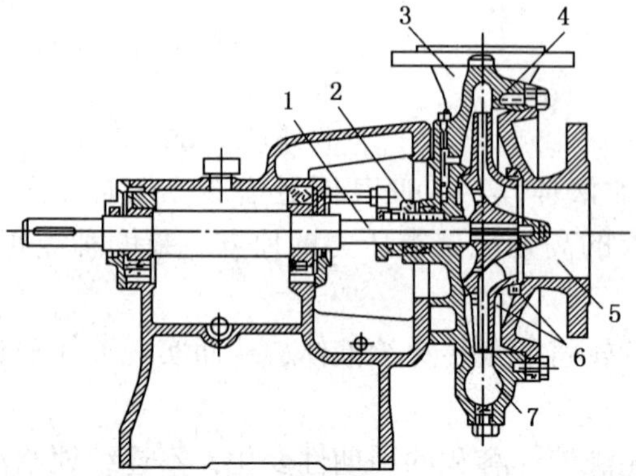

图 1-1 离心泵结构图

1—转轴；2—填料函；3—扩压管；4—叶轮；5—吸液室；6—密封环；7—压液室

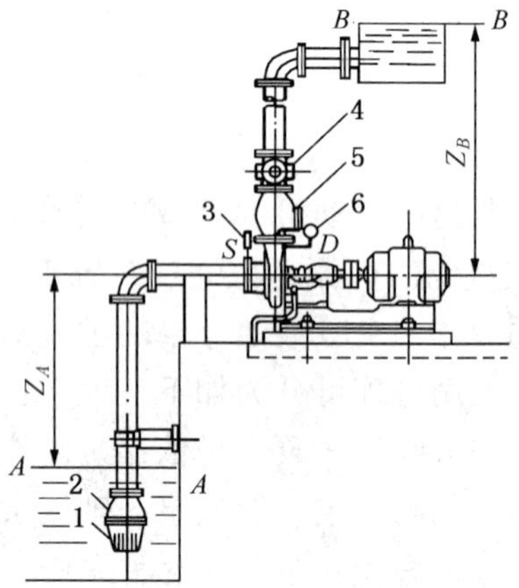

图 1-2 泵工作的装置简图

1—滤网；2—底阀；3—真空表；4—调节阀；5—逆止阀；6—压力表

1.1.2 离心泵分类

离心泵的种类很多，不同的介质、不同的流量和扬程有不同的结构特征。离心泵的结构按轴的位置可分为立式、卧式两类。再根据压出室的形式、吸入方式、叶轮级别及不同的使用条件分成如图 1-3 所示的各种类型。

- 离心泵
  - 卧式
    - 蜗壳式
      - 单吸
        - 单级　单级单吸泵、屏蔽泵、自吸泵、杂质泵、水轮泵等
        - 多级　涡壳式多级泵、自吸泵、水轮泵
      - 双吸
        - 单级　双吸单级涡壳泵
        - 多级　高速大型多级泵第一级用双吸叶轮
    - 导叶式
      - 单吸多级　分段式多级泵
      - 双吸多级　高速大型多级泵第一级用双吸叶轮
  - 立式
    - 蜗壳式
      - 单吸
        - 单级　大型立式泵、屏蔽泵、杂质泵、水轮泵等
        - 多级　立式船用泵
      - 双吸单级泵
    - 导叶式
      - 单级　作业面潜水泵
      - 多级　深井泵、潜水电泵、筒袋泵

图 1-3 离心泵的分类图

1.1.3 离心泵主要性能参数

1. 扬程

泵的扬程为单位质量的液体从泵的进口法兰进入至出口法兰排出时能量的增值，用 H 表示，单位为 m。理论扬程为泵的作功元件(叶轮)对流经的单位质量液体所作的功，用 H_t 表示。泵的扬程与理论扬程之间有下列关系：

$$H_t = H + \Sigma h_h \tag{1-1}$$

式中　Σh_h 为单位质量液体流经泵的水力损失，包括冲击损失、沿程摩擦阻力损失和局部阻力损失。

2. 流量

泵的流量为单位时间内从泵的排液口排出的流量。当采用容积流量时用 Q 表示，单位为 m^3/s、m^3/min、m^3/h 或 L/s；当采用质量流量时用 G 表示，单位为 kg/s、kg/min、t/h。理论流量为单位时间内流入泵作功元件内的液量，用 Q_t 或 G_t 表示。

由于一般泵在工作时不免有内部和外部泄漏，因此泵的流量 Q 与理论流量 Q_t 之间的关系为

$$Q_t = Q + \Sigma q \tag{1-2}$$

式中 Σq 为单位时间内泵容积流量的泄漏量，单位与 Q 相同。它既包括所有不经排液管而漏到泵体外面的外部泄漏，也包括从泵的作功元件出来后又流回泵吸液处的内泄漏。

3. 功率

(1) 有效功率　单位时间内泵排出口流出的液体从泵中获得的能量，用符号 N_e 表示，单位 kW，其值可按下式计算

$$N_e = \frac{\rho g H Q}{1000} \tag{1-3}$$

式中　ρ——密度，kg/m^3；

g——重力加速度，$g = 9.807 m/s^2$。

(2) 水力功率(内功率)　单位时间内作功部件所给出的能量，用 N_i 表示，可用下式计算：

$$N_i = \frac{\rho g H_t Q_t}{1000} \tag{1-4}$$

(3) 轴功率　单位时间内原动机传递给泵轴的功，用 N 表示。

$$N = N_i + N_m \tag{1-5}$$

式中　N_m 为机械损失功率，它包括外部机械摩擦损失功率及轮阻损失功率。

4. 效率

(1) 容积效率　用来衡量泄漏量大小，也即密封好坏的指标，用 η_v 表示。

$$\eta_v = \frac{Q}{Q_t} \tag{1-6}$$

(2) 水力效率　用以衡量液体流经泵时水力损失大小的指标，用 η_h 表示。

$$\eta_h = \frac{H}{H_t} \tag{1-7}$$

(3) 机械效率　用以衡量泵运动部件之间的摩擦损失及轮阻损失大小的指标，用 η_m 表示。

$$\eta_m = \frac{N_i}{N} \tag{1-8}$$

(4) 泵的效率(总效率)　用以衡量泵经济性的指标，用 η 表示。

$$\eta = \frac{N_e}{N} = \frac{N_e \cdot N_i}{N_i \cdot N} = N_h \cdot \eta_v \cdot \eta_m \tag{1-9}$$

5. 汽蚀余量

汽蚀余量是表示泵汽蚀性能的参数，用允许汽蚀余量[$NPSH$]或允许吸入真空度$(H_s)_a$表示。

6. 转速

离心泵叶轮每分钟旋转的次数，用 n 表示，单位 r/min。

【例题 1-1】 某 B 型离心泵，其吸入管口径为 0.1m，排出管口径为 0.075m，流量为 $0.025m^3/s$，出口压力表读数为 0.33MPa(表压)，进口真空表读数为 0.04MPa，两表位差为 $0.8mH_2O$，电机功率为 12.5kW，电机效率 η'为 0.95，泵与电机直联，输送介质为水，问此泵的扬程为多少？泵的有效功率为多少？轴功率为多少？效率为多少？

已知：$D_s=0.1m$，$D_d=0.075m$，$p_s=(0.1-0.04)MPa$，$p_d=(0.33+0.1)MPa$

$Q=0.025m^3/s$，$Z=0.8mH_2O$，$N'=12.5kW$，$\eta'=0.95$。

解

$$H = Z + \frac{p_d - p_s}{\rho g} + \frac{c_d^2 - c_s^2}{2g}$$

$$=0.8 + \frac{(4.3 - 0.6) \times 10^5}{9.8 \times 10^3} + \frac{(0.025 \times 4/\pi \times 0.075^2 - (0.025 \times 4/\pi \times 0.1^2)^2}{2 \times 9.8}$$

$$=40.16mH_2O$$

$$N_e = \frac{\rho gHQ}{1000} = \frac{10^3 \times 9.8 \times 40.163 \times 0.025}{1000} = 9.84(kW)$$

$$N = N' \times \eta' = 12.5 \times 0.95 = 11.875(kW)$$

$$\eta = \frac{N_e}{N} = \frac{9.84}{11.875} = 82.86\%$$

1.1.4 离心泵的型号标志

我国离心泵的型号还没有统一的规定。大致有三部分组成，第一部分用数字表示吸入口径，单位 mm，数字较小时(如小于 10~20)须乘 25；第三部分对于单(多)级泵是单级设计扬程(×级数)；对于切割泵，在最后用 A、B 表示切割次数。第二部分的意义见表 1-1。

举例:80F—24A。表示吸入口径 80mm,F 耐腐蚀泵,24 泵扬程(mH_2O),A 叶轮经过一次切割;100D45×8,表示吸入口径 100mm,D—分段式多级离心泵,45—单级扬程(mH_2O),8—级数。

表 1-1 离心泵的型号标志

型式代号	泵的名称	型式代号	泵的名称
IS	ISO 国际标准型单级单吸离心泵	S 或 Sh	单级双吸式离心泵
B 或 BA	单级单吸悬臂式离心清水泵	DS	多级分段式首级为双吸叶轮
D 或 DA	多级分段式离心泵	KD	中开式多级离心泵
DL	多级立式筒形离心泵	KDS	多级中开式离心泵首级为双吸叶轮
Y	离心式油泵	Z	自吸式离心泵
YG	离心式管道油泵	FY	耐腐蚀液下式离心泵
YT	筒式油泵	W	一般旋涡泵
P	屏蔽式离心泵	NB	卧式凝结水泵
QJ	井用潜水泵	NL	立式凝结水泵
PS	沙泵	NQ	农用潜水电泵
PH	灰渣泵	NDL	低扬程立式泥浆泵
F	耐腐蚀系	ND	高扬程卧式泥浆泵
IH	单级单吸耐腐蚀离心泵	NDJF	低扬程卧式耐腐蚀衬胶泥浆泵
JC	长轴离心深井泵	WGF	高扬程卧式耐腐蚀污水泵
WX	旋涡离心泵	WDL	低扬程立式污水泵

1.2　离心泵的基本方程

1.2.1　液体在离心泵叶轮中的流动

液体在叶轮中的流动是一种复杂的运动，在运动学中我们知道，如果将物体相对于静止坐标的运动——绝对运动分解为对于某动坐标的相对运动和该动座标相对于静止坐标的牵连运动，则问题往往会得到简化。因此，研究液体在叶轮中的运动时，常常取动坐标系统和叶轮系为一体。这样叶轮的旋转运动便是牵连运动，当观察者与叶轮一起旋转时所看到的液体运动(即相当于液体流经静止叶轮时的流动)就是相对运动。假如叶轮中叶片数无限多，而且叶片的厚度又可忽略不计，那么液体在叶轮中流动时将紧紧地受到叶片的约束，其相对运动的轨迹将与叶片的形状完全一致。所以，对于叶片无限多的理想叶轮，液体流过叶轮时的复杂运动，便可以由叶轮的旋转运动(牵连运动)和与叶片形状一致的相对运动来合成。

1.2.2　液体在叶轮中流动时的速度三角形

如将在叶轮叶道中任意点 i 的液流绝对速度 C_i 分解为牵连速度(即圆周速度) u_i 及相对速 w_i，则绝对速度是牵连速度与相对速度的矢量和，即：$\vec{c}_i=\vec{u}_i+\vec{w}_i$ 这三个速度必将构成一个封闭的速度三角形，如图 1-4 所示。表示流体在叶轮中运动速度大小和方向的速度三角形，在研究和分析离心泵的原理中起着重要的作用。

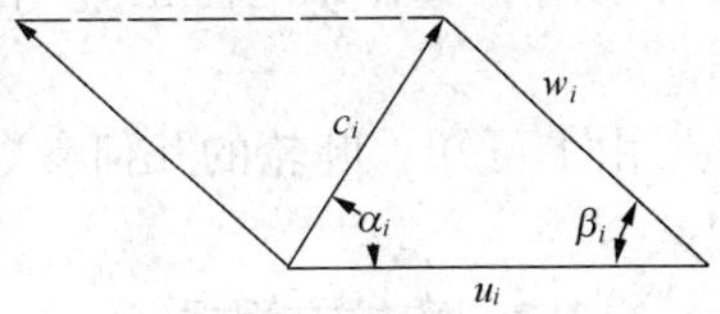

图 1-4　叶轮中液流的速度三角形

一般速度三角形的底边 u 只与叶轮的直径 D 及工作转速 n 有关，其值可按下式计算

$$u=\frac{\pi Dn}{60} \tag{1-10}$$

速度三角形的高 c_r，只与流量 Q_t 及叶轮的几何尺寸(主要是叶道的通流面积)有关。其值可按下式计算

$$c_r=\frac{Q_t}{\pi Db\tau} \tag{1-11}$$

式中　b——轴面流道宽度，m；

τ——叶片的阻塞系数。它是考虑叶片有厚度 δ 而使叶轮的通流面积减小的系数。τ 一般可按下式计算

$$\tau=\frac{\pi D-\dfrac{z\delta}{\sin\beta_A}}{\pi D} \tag{1-12}$$

式中　z——叶片数目；

β_A——叶片的安置角，即叶片在该点的切线与圆周速度反方向间的夹角。在叶轮出口处的叶片安置角 β_{A2} 则又常叫做叶片的离角；

β——液流相对速度与圆周速度反方向之间的夹角，如图 1-5。我们还采用下标 1、2 及 0 分别表叶片进口、叶片出口和叶轮进口处的参数，同时还采用下标 ∞ 来表示液体在叶片数为无限多的理想叶轮中流动时的各参数。

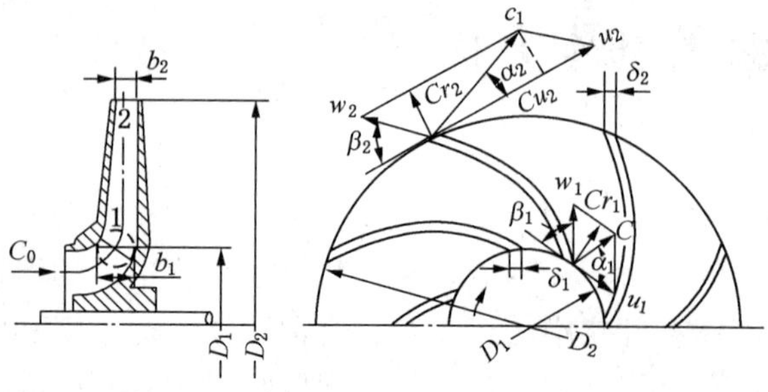

图 1-5　叶轮主要几何参数及液流速度

要作出一个速度三角形，在底边 u 及高 c_r 算出后，还需要知道一个参数才能将三角形定出。对叶道进口处点 1 的速度三角形，这个补充的参数常常是液体进入叶道时的预旋度 c_{u1}。当泵是采用图 1-2 那样的吸液室时，由于这种轴向收缩管状的吸液室，它一般不会使流过的液体产生绕轴旋转，所以可以认为进入液道时液体无预旋，即 $c_{u1}=0$。对吸液室是蜗壳形的离心泵，c_{u1}不为零，但当知道吸液室的结构尺寸及流量时，其值是可以计算出来的。对于叶道出口处点 2 的速度三角形，如果是叶片数无限多的理想叶轮，则液体流过叶道时，其相对速度的方向应与叶片的方向一致。故在叶轮出口处，液流相对速度的方向 β_2 将与出口处叶片的安置角 β_{A2}一致，即 $\beta_{2\infty}=\beta_{A2}$(至于叶片数目有限的实际叶轮，由于液流的惯性作用，会使叶道中产生轴向旋涡。因而当液体流出叶道时，相对速度的方向角 β_2 将与叶片出口安置角 β_{A2}不相等，要作某些修正)。有了这些补充的参数，叶道进出口处的速度三角形就可以定出。

由上可知，叶轮的几何参数、工作转速及流量是决定速度三角形形状及大小的三个主要因素。

1.2.3　欧拉方程式

根据理论力学中的质点系动量矩定理：质点系对某轴的动量矩对时间的导数，等于外力对同轴的矩。即

$$\frac{\mathrm{d}K_0}{\mathrm{d}t}=\Sigma M_O^E$$

式中　K_0——液流对 O 轴的动量矩；

ΣM_O^E——诸外力 E 对 O 轴的力矩之和。

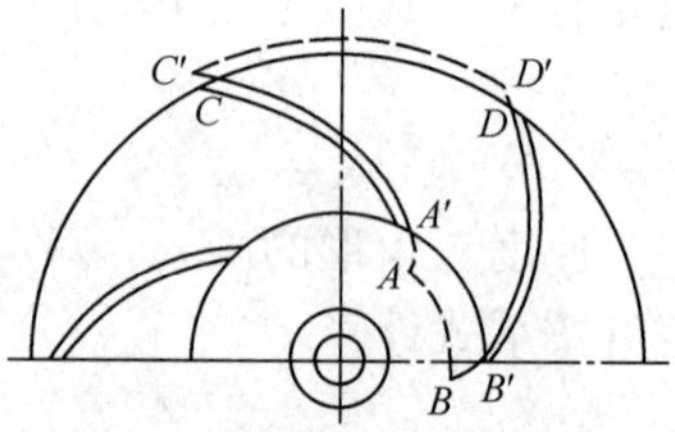

图 1-6　动量矩定理在离心泵中的应用

令叶轮转轴为 O 轴。计算叶轮中液流的动量矩对时间的导数 $\mathrm{d}K_0/\mathrm{d}t$(见图 1-6)，因为 $ABB'A'$和 $CDD'C'$分别为在 $\mathrm{d}t$ 时间内流入及流出叶轮的液量，根据不可压缩流体的连续性方程，这两部分液体流量应相等。在 $ABB'A'$处的液流速度是叶道进口处流速 c_1，在 $CDD'C'$处的液流速度是叶道出口处流速 c_2。在 $\mathrm{d}t$ 时间内流过叶轮的液流动量矩变化是

$$\mathrm{d}K_0=K''_0-K'_0=\frac{\rho}{g}Q_t\mathrm{d}t\left(\frac{D_2}{2}c_{u2\infty}-\frac{D_1}{2}c_{u1\infty}\right)\tag{1-13}$$

因此作用在液流上诸外力对 O 轴的力矩是

$$M_0=\frac{\mathrm{d}K_0}{\mathrm{d}t}=\frac{\rho}{g}Q_t\left(\frac{D_2}{2}c_{u2\infty}-\frac{D_1}{2}c_{u1\infty}\right)\tag{1-14}$$

此力矩就是叶片推动液流时转轴所受的力矩，即在流量为 Q_t 时转轴的作功力矩。由此力矩可计算出单位时间内叶轮所作的功(泵的水力功率)，即

$$N_i=\frac{M_0\omega}{102}=\frac{\rho Q_t}{102g}\left(\frac{D_2}{2}c_{u2\infty}-\frac{D_1}{2}c_{u1\infty}\right)\omega=\frac{\rho Q_t}{102g}(u_2c_{u2\infty}-u_1c_{u1\infty})\tag{1-15}$$

将上式与式(1-4)比较，可得泵的理论扬程计算式

$$H_{t\infty}=\frac{u_2c_{u2\infty}-u_1c_{u1\infty}}{g} \tag{1-16}$$

此式即为欧拉方程式，也称为离心泵的基本方程式。式中 $H_{t\infty}$ 为叶片无限多时的理论扬程。

对采用轴向吸液室的离心泵，液体进入叶道时无预旋，即 $c_{u1}=0$。对蜗壳形吸液室的离心泵，虽然其 c_{u1} 不为零，但通常 c_{u1} 与 u_1 的乘积远小于 u_2c_{u2}。故上式可写成：

$$H_{t\infty}=\frac{u_2c_{u2\infty}}{g} \tag{1-17}$$

由以上两式可看出，离心泵的理论扬程 $H_{t\infty}$，只与液流在叶道进、出口处速度三角形的边长 u_2、c_{u2}、u_1、c_{u1} 有关，与泵所输送液体的密度无关。因此离心泵的理论扬程 $H_{t\infty}$ 是与泵叶轮几何尺寸、工作转速及流量紧密地联系的。同一台离心泵，在同一个转速和流量下工作时，不论输送什么液体，叶轮所给出的理论扬程是相同的。不过由于各种液体的密度不同，因此泵出口的压力是不一样的。

根据三角形的余弦定理，可得欧拉方程式的另一种表达形式，即

$$w_{2\infty}^2=u_2^2+c_{2\infty}^2-2u_2c_{2\infty}\cos\alpha_2=u_2^2+c_{2\infty}^2-2u_2c_{2\infty} \tag{1-18}$$

$$w_{1\infty}^2=u_1^2+c_{1\infty}^2-2u_1c_{1\infty}\cos\alpha_1=u_1^2+c_{1\infty}^2-2u_2c_{u1\infty} \tag{1-19}$$

由此得

$$u_2c_{u2\infty}=\frac{1}{2}(u_2^2+c_{2\infty}^2-w_{2\infty}^2) \tag{1-20}$$

$$u_1c_{u1\infty}=\frac{1}{2}(u_1^2+c_{1\infty}^2-w_{1\infty}^2) \tag{1-21}$$

将它代入式(1-16)得

$$H_{t\infty}=\frac{u_2^2-u_1^2}{2g}+\frac{w_{1\infty}^2-w_{2\infty}^2}{2g}+\frac{c_{2\infty}^2-c_{1\infty}^2}{2g} \tag{1-22}$$

此式即为欧拉第二方程式。

【例题 1-2】 设一离心泵叶轮尺电 $b_1=3.5$cm，$b_2=1.9$cm，$D_1=17.8$cm，$D_2=38.1$cm，$\beta_{A1}=18°$，$\beta_{A2}=20°$，$n=1450$r/min，径向流入叶轮，求 Q_t 及此流量下的 $H_{t\infty}$、$H_{d\infty}$、$H_{p\infty}$，进出口速度三角形。

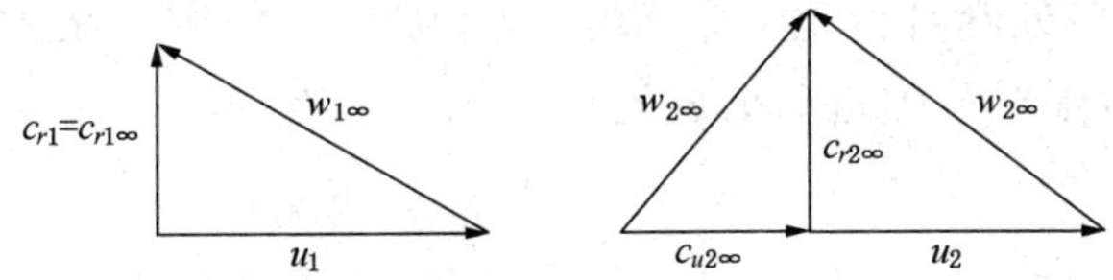

例题 1-2 用图

解　已知 $c_{u1}=0$，$u_1=\pi D_1n/60=13.5$m/s，由无限叶片进口速度三角形知 $c_{r1}=c_{r1\infty}=\text{tg}\beta_{A1}\times u_1=\text{tg}18°\times13.5=4.39$m/s

设 $\tau_2=\tau_1=0.9$，则

$$Q_t=\pi D_1b_1\tau_1\quad c_{r1\infty}\approx\pi\times0.178\times0.035\times0.9\times4.39=0.0773(\text{m}^3/\text{s})$$

$$u_2=\frac{\pi D_2n}{60}=\frac{\pi\times0.381\times1450}{60}=28.93(\text{m/s})$$

$$c_{u2\infty}=u_2-\frac{Q_t}{\pi D_2b_2\tau_2}\cdot\text{ctg}\beta_{A2}=28.93-\frac{0.0773}{\pi\times0.381\times0.019\times0.9}\times\text{ctg}20°=18.55(\text{m/s})$$

$$H_{t\infty} = u_2 c_{u2\infty}/g = 28.93 \times 18.55/9.8 = 54.76(\mathrm{mH_2O})$$

$$H_{d\infty} = \frac{c_{2\infty}^2 - c_{1\infty}^2}{2g} = \frac{c_{u2\infty}^2 + c_{r2\infty}^2 - c_{r1\infty}^2}{2g} = \frac{18.55^2 + 3.778^2 - 4.39^2}{2 \times 9.8} = 17.30(\mathrm{mH_2O})$$

$$H_{p\infty} = H_{t\infty} - H_{d\infty} = 54.76 - 17.30 = 37.46(\mathrm{mH_2O})$$

1.3 有限叶片数及叶片离角 β_{A2} 对理论扬程的影响

1.3.1 液体在叶片数目有限时的实际叶轮中的流动

在实际的离心泵叶轮中，叶片数目是有限的，且叶片间的流道较宽，液流不像在叶片数无限多的理想叶轮中那样，被叶片紧紧约束，因此叶道中液流的惯性力还会起一定作用，使之产生附加的相对运动——与叶轮转向相反的轴向旋涡，如图 1-7 所示。

在叶片数有限的叶轮中，液体的相对运动可以看成是由跟叶片形状完全一致的均匀相对运动和因惯性力而产生的附加轴向漩涡运动叠加而成。叠加的结果，使得在同一个圆周上，液体流过实际叶轮时相对速度的大小不一样。在叶片工作面一侧相对速度小，在叶片的背面(非工作面)相对速度大，见图 1-7。

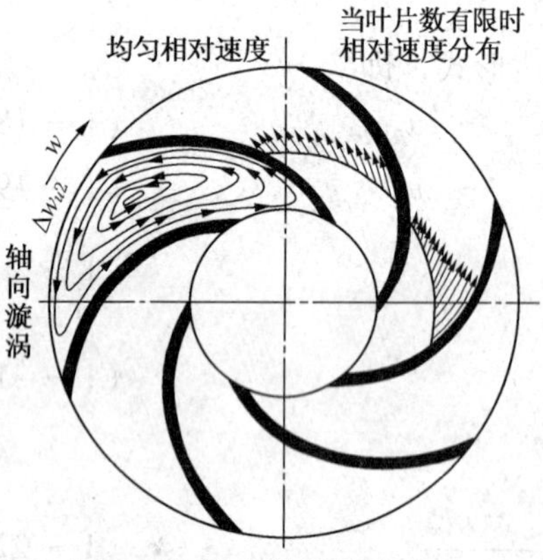

图 1-7 轴向漩涡及液流在叶轮中的相对速度

1.3.2 有限叶片数对液道进出口速度三角形的影响

在叶轮出口处，由于轴向漩涡产生的附加相对速度 Δw_{u2} 方向同叶轮的周速方向相反，故在实际叶轮中，叶道出口处由 $w_{u\infty}$ 与 Δw_{u2} 叠加成液流相对速度 w_2，它的方向与该处的叶片安置方向不一致，即 $\beta_2 \neq \beta_{A2}$ 并且是偏向叶轮转动的相反方向，如图 1-8 所示，$\beta_2 \angle \beta_{A2}(=\beta_{2\infty})$。

这表明了在叶片数目有限的叶轮中，由于惯性作用，使液体流出叶轮时表现出旋转不足。反映在出口速度三角形上便是 $c_{u2} \angle c_{u2\infty}$。从图 1-8 还可看出，这个旋转不足的量 $\Delta c_{u2} = c_{u2\infty} - c_{u2} = \Delta w_{u2}$ 完全是由于轴向漩涡产生的。

实际上由于叶道进口处叶片间流道较窄，能让惯性起作用的余地很少，一般可以认为 $\Delta w_{u1} \approx 0$。即叶片数目有限对液道进口处的速度三角形影响很小，通常可以不考虑。

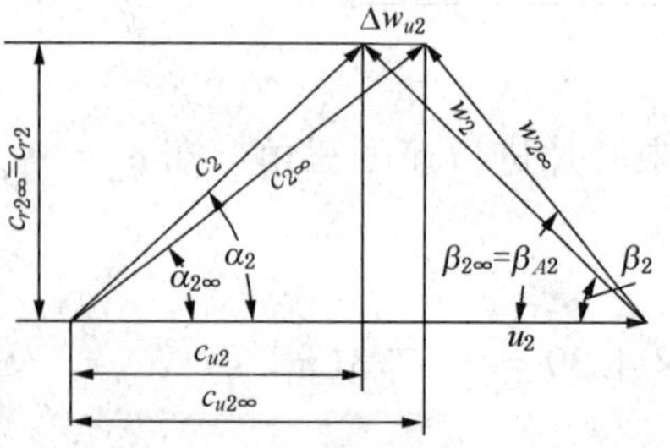

图 1-8 附加相对速度对出口速度三角形的影响

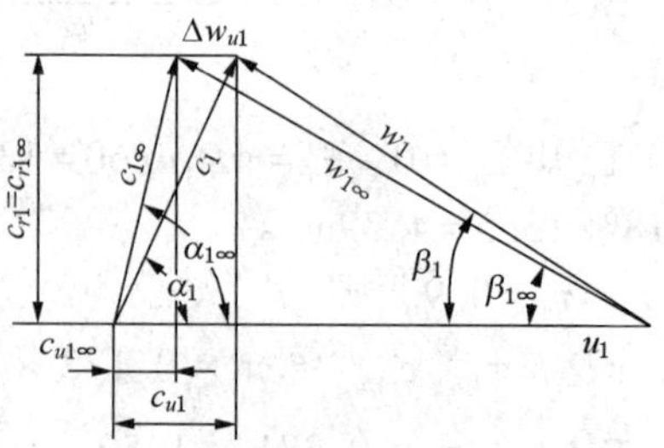

图 1-9 附加相对速度对进口速度三角形的影响

1.3.3　有限叶片数对理论扬程 H_t 的影响

叶片数目无限多的理想叶轮，液体在叶轮中的相对运动轨迹和叶形一致，我们由欧拉方程得：$H_{t\infty}=\dfrac{u_2c_{u2\infty}-u_1c_{u1\infty}}{g}$，在进液无预旋时，$c_{u1\infty}=0$，上式可写成

$$H_{t\infty}=\frac{u_2c_{u2\infty}}{g} \qquad (1-23)$$

对叶片数有限的实际叶轮，同样可得

$$H_t=\frac{u_2c_{u2}-u_1c_{u1}}{g} \qquad (1-24)$$

$$H_t=\frac{u_2c_{u2}}{g} \qquad (1-25)$$

在知道叶轮几何尺寸、工作转速及流量后，对理想叶轮，如以 $c_{u2\infty}=u_2-c_{r2}\text{ctg}\beta_{2\infty}$ 及 $c_{r2}=Q_t/\pi D_2b_2\tau_2$ 代入式(1-23)，可得

$$H_{t\infty}=\frac{\pi D_2n}{60g}\left(\frac{\pi D_2n}{60}-\frac{Q_t\text{ctg}\beta_{2\infty}}{\pi D_2b_2\tau_2}\right) \qquad (1-26)$$

式中 $\beta_{2\infty}=\beta_{A2}$。按上式既可算出理想叶轮的理论扬程 $H_{t\infty}$。

为了计算同一情况下实际叶轮的理论扬程 H_t，一般采用环流系数(又称周速纠正系数)μ 来考虑叶片数有限对理论扬程的影响。即在算出同一转速及流量下理想叶轮的 $H_{t\infty}$ 后，与理想叶轮几何尺寸相同的实际叶轮理论扬程 H_t 便可按下式计算

$$H_t=\mu H_{t\infty} \qquad (1-27)$$

由式(1-26)及式(1-24)可知，环流系数为：$\mu=\dfrac{H_t}{H_{t\infty}}=\dfrac{c_{u2}}{c_{u2\infty}}$　(1-28)

理论及实验均证明，μ 与叶片数 z、叶片离角 β_{A2}、叶轮形状尺寸 $\dfrac{D_1}{D_2}$ 等参数有关。

1.3.4　叶片离角 β_{A2} 对理论扬程的影响

由(1-24)式可画出 $H_{t\infty}-c_{u2\infty}$ 曲线，如图 1-10，为一直线。$c_{u2\infty}=0$ 时，$\beta_{A2}=\beta_{A2\min}$，$H_{t\infty}=0$；$c_{u2\infty}=2u_2$ 时，$\beta_{A2}=\beta_{A2\max}$，$H_{t\infty}=H_{d\infty}$，$H_{d\infty}$ 是液流动能增加的动扬程。由此可见，当 β_{A2} 增加时，$H_{t\infty}$ 也增加。

1.3.5　离心泵的性能曲线

一台离心泵，当工作转速 n 一定时，其扬程 H、功率 W 及效率 η 等参数与泵的流量 Q 之间有一定的对应关系。泵内运动参数之间存在着一定的联系。由叶轮内液体的速度三角形可知，对既定的泵在一定转速下，扬程随着流量增加而减小。因此，运动参数的外部表示形式——性能参数，其间也必然存在着相应的联系。如果用曲线的形式表示泵性能参数之间的关系，如图 1-11 所示。这种由 H-Q、N-Q、η-Q 及 $NPSH$-Q 曲线组成的图

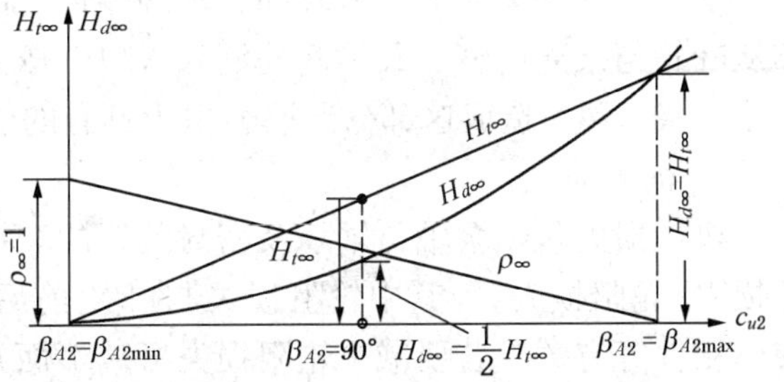

图 1-10　离心泵扬程与离角关系曲线

称为泵的性能曲线（也叫特性曲线）图。通常用横坐标表示流量 Q、纵坐标表示扬程 H、效率 η、轴功率 N、汽蚀余量 $NPSH$（净正吸头）等。图 1-11 是泵性能曲线的一个示例。

如果流量、扬程、轴功率、效率分别用对应最高效率点值的百分比表示，所画出的曲线称为无因次特性曲线。无因次特性曲线的形状和有因次特性曲线的形状相同。

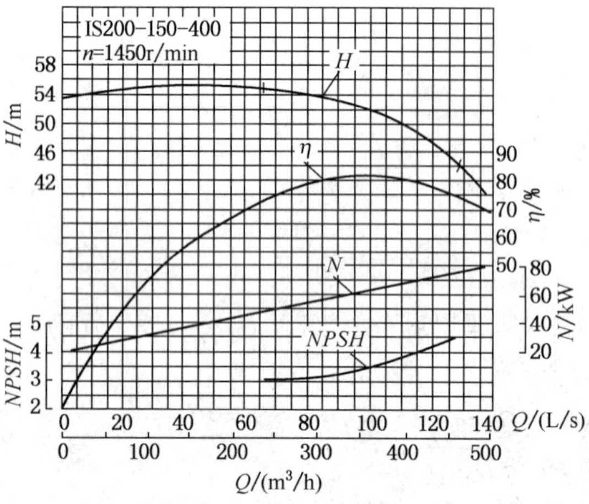

图 1-11　离心泵性能曲线

泵特性曲线全面、综合、直观地表示了泵的性能，因而有多方面的用途。比如用户可以根据特性曲线选择要求的泵，确定泵的安装高度，掌握泵的运转情况。制造厂在泵制造完成以后，通过试验作出特性曲线，并根据特性曲线形状的变化，分析泵几何参数对性能的影响，以便设计制造出符合性能要求的泵。

鉴于泵内流动的复杂性，准确的泵性能曲线只能通过试验作出。但是，根据泵的理论可以对泵性能曲线作定性地分析，以便了解特性曲线的形状和影响特性曲线的因素。

当液体被假设为理想液体时，流过泵时是没有水力损失的。而实际上因损失的存在时液体获得的扬程比理论扬程小，液体流过离心泵的能量损失包括水力损失、容积损失和机械损失。

1. 水利损失 Σh_h

水利损失 Σh_h 一般是由三部分组成：

$$\Sigma h_h = \Sigma h_p + \Sigma h_m + \Sigma h_{sh} \tag{1-29}$$

式中　Σh_p——液体流经吸液室、叶轮、压液室及扩压管等的沿程摩擦损失能头；

Σh_m——液体流经上述各处因转弯及收缩或扩大等所产生的局部阻力损失能头；

Σh_{sh}——液体流入叶道及压液室流道时产生的冲击损耗能头。

由流体力学可知，湍流时沿程摩擦损失能头 Σh_p 及局部阻力损失能头 Σh_m 均与液流速度（或流量）的平方成正比。而离心泵中的冲击损耗能头 Σh_{sh} 是由于液体进入叶道时，其相对运动方向 β_1 与叶片在进口处的安置角 β_{A1} 不一致，以及液流离开叶轮时的方向与压液室流道的方向不一致而产生冲击所引起的，所以 Σh_{sh} 的大小不仅与发生冲击的液流动能（也即与流量平方）成正比，还与液体进出叶道的方向有关（即与叶道进出口处速度三角形的形状有关）。

2. 容积损失

由于泵内各处压力高低不同，动静零件之间有间隙存在，使叶轮出口处的一部分高压液体从叶轮与泵壳的缝隙及平衡孔漏入入口低压处或由轴端密封处漏出泵体外，使泵的输出流量小于吸入量，造成这部分泄漏容积所具有的能量的损失，称容积损失。

3. 机械损失

机械损失包括泵轴与轴承及密封装置的摩擦损失及叶轮前后盖板外表面与液体之间的摩擦损失（轮阻损失）。其中轮阻损失与叶轮前后盖板外表面的形状及粗糙度、泵壳的形状、液体粘性等有关。若要减少轮阻损失可从下面几方面考虑：减少叶轮外表面粗糙度，采用小直径高转速叶轮；合理设置泵壳与叶轮外表面形成的间隙的形状及尺寸。轴与轴承及轴封装置的摩擦损失与轴承、轴封装置的结构及润滑情况有关，机械损失功率与流量无关。

1.3.6 泵特性曲线的理论分析

1. 离心泵的扬程与流量(H-Q)曲线

按着 $H_{t\infty}-Q_t \to H_t-Q_t \to H-Q_t \to H-Q$ 的顺序进行分析并作出相应的曲线。

(1) 叶片数无限时理想液体的流量、扬程曲线 $H_{t\infty}-Q_t$。根据式(1-26)有

$$H_{t\infty}=\frac{1}{g}\left(\frac{\pi D_2 n}{60}\right)^2-\frac{n\text{ctg}\beta_{A2}}{60gb_2\tau_2}Q_t \tag{1-30}$$

上式即为 $H_{t\infty}-Q_t$ 关系式，$H_{t\infty}$ 和 Q_t 呈直线关系。当泵与转速一定时，对后弯叶轮($\beta_{A2}<90°$)$H_{t\infty}-Q_t$ 为向下的直线，Q_t 增大，对应的 H_t 减小，当 $Q_t=0$ 时，泵的理论扬程最大，即 $H_{t\infty\max}=\frac{1}{g}\left(\frac{\pi D_2 n}{60}\right)^2=\frac{u_2^2}{g}$，如图 1-12 所示。

(2) 叶片数有限时对理论扬程的修正。对叶片数有限的实际叶轮，其理论扬程按式(1-27)计算，即 $H_t=\mu H_{t\infty}$。同一流量下 $H_t \angle H_{t\infty}$，并且环流系数 μ 一般与流量无关，所以画出有限叶片叶轮的理论扬程与理论流量曲线(H_t-Q_t 曲线)是一条位于 $H_{t\infty}-Q_t$ 线下面的斜直线，如图 1-12 所示。

由于液体流过泵时有能头损耗，所以在同一个流量下，泵的扬程 H 应比理论扬程 H_t 为小，即

$$H=H_t-\Sigma h_h \tag{1-31}$$

因 Σh_{sh} 随 Q_t 变化的规律与一般的局部阻力损失不同，它在 $Q_t\approx 0$ 时不为零，只有在某个理论设计流量 Q_t^* 下 Σh_{sh} 才是零。

常把组成 Σh_h 的损失能头，按它随 Q_t 变化的规律而分为摩擦阻力能头 Σh_f，及冲击损耗能头 Σh_{sh} 两类，即 $\Sigma h_h=\Sigma h_f+\Sigma h_{sh}$。

式中 $\Sigma h_f=\Sigma h_p+\Sigma h_m=K_1Q_t^2$，它是一条过原点的二次抛物线，见图 1 - 12；Σh_{sh} 与 Q_t 的关系曲线是一条与横坐标相切于 Q_t^* 的二次曲线。

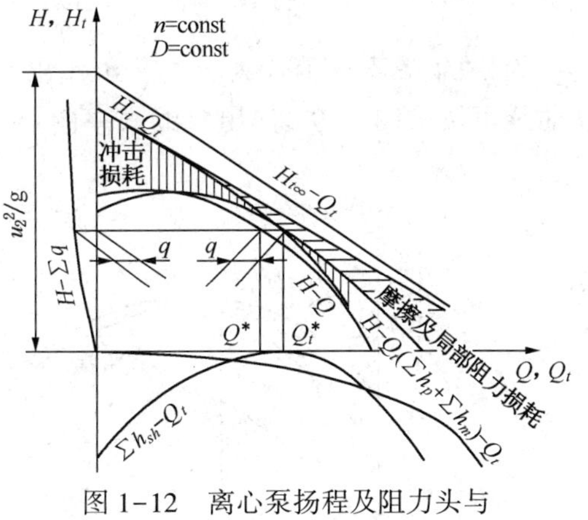

图 1-12 离心泵扬程及阻力头与流量的关系曲线

由图中 H_t-Q_t 曲线的纵座标减去 Σh_f-Q_t 及 $\Sigma h_{sh}-Q_t$ 两曲线的纵座标后，可得 $H-Q_t$ 曲线。为了最后得到 $H-Q$ 曲线，根据式(1 - 2)即应从 $Q_t=Q+\Sigma q$ 中扣除泵的泄漏量 Σq(一般 Σq 与扬程 H 有关)。若能知道泵的 $H-\Sigma q$ 关系曲线，那么由 $H-Q_t$ 曲线的横座标减去对应的 $H-\Sigma q$ 曲线的横座标，便可得到 $H-Q$ 曲线，见图 1 - 13。

离心泵的 $H-Q$ 性能曲线说明，泵在一定转速下工作时，泵的每一个流量 Q，可由 $H-Q$ 曲线对应地给出一个确定的 H。所给出的 H 与泵外管路的阻力大小无关。从上面的分析可知，欲使离心泵获得较大的扬程，可取较大的 n、D_2、β_{A2}，$H-Q$ 曲线因叶轮、蜗壳与导叶的流道尺寸、形状和叶片数的不同有三种形状，如图 1 - 13 所示。图中曲线Ⅰ为单调下降形扬程，用以输送易于堵塞管路的液体介质；Ⅱ为平坦形扬程，对流量不敏感；Ⅲ为驼峰形，易产生不稳定工况。

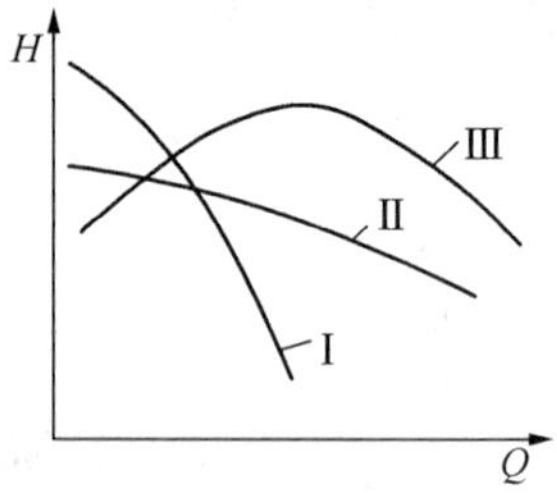

图 1-13　H-Q 曲线的各种形状

2. 离心泵的轴功率与流量(N-Q)曲线

离心泵的功率曲线 N-Q 是单位时间内原动机传到泵轴上的功与流量间的关系曲线。将式(1-26)、(1-27)代入式(1-4)可得

$$N_i = \frac{\mu\rho}{102g}\left(\frac{\pi D_2 n}{60}\right)^2 \times \left(Q_t - \frac{60\mathrm{ctg}\beta_{A2}}{\pi^2 D^2 n b_2 \tau_2} Q_t^2\right)$$

由上式可知，$N_i - Q_t$ 曲线应是一条二次曲线，如图 1 - 14 所示。泵的功率(轴功率)N 与 N_i 的关系为：$N = N_i + N_m$

泵的机械损耗功率 N_m 是由轮阻损耗功率 N_{m1} 及消耗于轴承和填料函等密封装置处的机械摩擦功率 N_{m2} 二部分组成。所谓轮阻损耗功率是指叶轮在泵壳中转动时，轮盖及轮盘的外侧与液体之间的摩擦而消耗的功率，它也是流体阻力损失的一种。但在一定的转速下，N_{m1} 与被输送液体的粘度和叶轮结构尺寸等有关，与泵的流量无关。所以在离心泵的计算中，常把 N_{m1} 与 N_{m2} 归并在一起，即

$$N_m = N_{m1} + N_{m2}$$

既然在一定转速下 N_m 与泵的流量无关，按式(1 - 5) 将 $N_i - Q_t$ 曲线各点向上移过 N_m 后，就能得到泵的功率与理论流量间的关系曲线 $N - Q_t$(见图 1 - 14)。如考虑到泵有泄漏，将 $N - Q_t$ 各点横座标减去各自对应的 Σq，最后可得离心泵在一定转速下的功率曲线 $N - Q$。

以上分析可知，泵的轴功率与泵的理论扬程、理论流量及机械损失、容积损失及液体性质有关，一般 $N - Q$ 曲线通过功率表直接测不同流量下的功率，再画成曲线。

3. 离心泵的效率与流量 $\eta - Q$ 曲线

离心泵的效率曲线是指泵的总效率与流量间的关系曲线。泵的功率 N 与流量 Q 的关系曲线如图 1 - 15 所示，有效功率 N_e 则按式(1 - 3) 求得：$N_e = \frac{\rho HQ}{102}$。将图 1 - 12 中 $H - Q$ 线上各点对应的 H 及 Q 值代入上式，可作出 $N_e - Q$ 曲线(见图 1 - 15)。有了 $N_e - Q$ 曲线及 $N - Q$ 曲线可按式(1 - 9) 作出泵的效率曲线 $\eta - Q$。

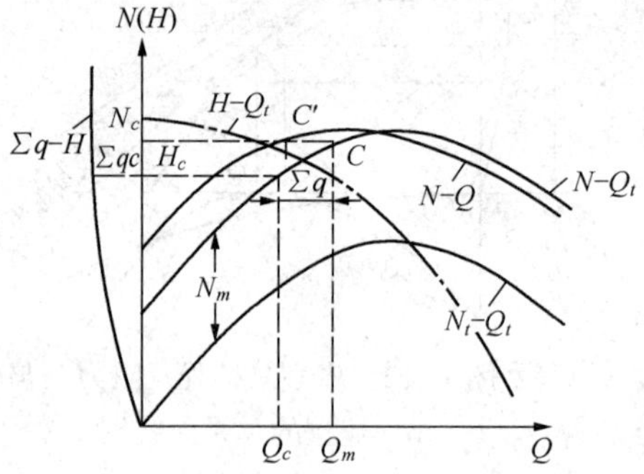

图 1-14　离心泵功率与流量的关系曲线

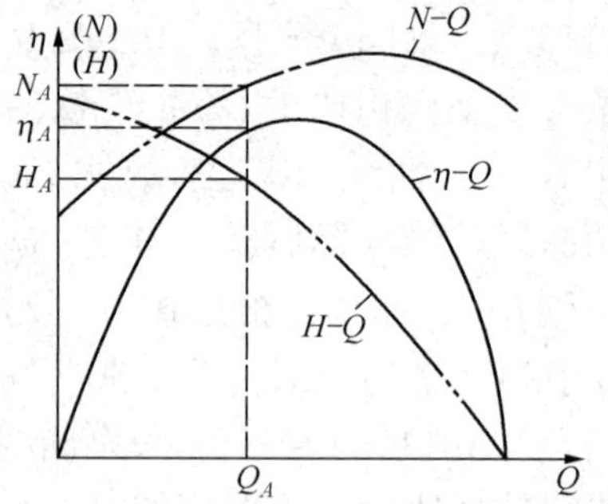

图 1-15　离心泵的效率与流量的关系曲线

由图 1-15 看出，离心泵的 η-Q 曲线有个最高点。对应于泵效率最高点的流量，往往是在液流进入叶道及转能装置无冲击时的设计流量 Q^* 的附近，这说明泵内的冲击损耗 Σh_{sh} 对泵的效率影响很大。以上分析了离心泵的基本性能曲线，但应指出，由于液流在泵中流动的复杂性，上述各项阻力头及功率损耗，实际上是很难用理论计算来准确地求得的，因此如图 1-11所示的离心泵性能曲线，只能靠实际测量得到。

一般离心泵性能曲线图中的 $N-Q$ 曲线，如不特别说明，则是指输送 20℃的水时的功率。由于泵的功率与所输送液体的密度成正比，因此当被输送液体的密度与 20℃的水不相同时，原图中读出的功率应加以换算。

1.3.7　离心泵的管路特性曲线

离心泵在运行时的流量、扬程不仅与泵的性能曲线有关，还与管路的特性有关。所谓离心泵的管路特性曲线是指给定管路系统中，输送液体的流量 Q 与所需外界给予单位重量液体提供的能量 L 之间的关系曲线（$L-Q$ 曲线），它可通过对管路系统列不可压缩流体的伯努利方程获得。

在图 1-2 的离心泵装置图中，对 $A—A$ 截面及 $B—B$ 截面列伯努利方程，可得

$$L = \frac{p_B - p_A}{\rho g} + \Delta Z_{AB} + \frac{c_B^2 - c_A^2}{2g} + (\Sigma h_f)_{AB} \tag{1-32}$$

式中$(\Sigma h_f)_{AB}$为从截面 A 到截面 B 整个管路系统（泵除外）的流动损失头，单位 m。$(\Sigma h_f)_{AB}$由各段管路的沿程摩擦阻力损失$(\Sigma h_p)_{AB}$及各段管路中的局部损失能头$(\Sigma h_m)_{AB}$组成，由流体力学可知

$$(\Sigma h_f)_{AB} = (\Sigma h_p)_{AB} + (\Sigma h_m)_{AB} = \sum_A^B \lambda_i \frac{l_i}{d_i}\frac{c_i^2}{2g} + \sum_A^B \xi_j \frac{c_j^2}{2g} \tag{1-33}$$

式中　c_i、c_j——为 i 管段及局部阻力点 j 处的流速，m/s；

λ_i——管径为 d_i，长度为 l_i 的第 i 管段的摩擦阻力系数，它可根指 Re 数 $\left(Re=\frac{d_i c_i \rho}{\mu}\right)$在流体力学手册中查取；

ζ_j——局部阻力点 j 处的局部阻力系数，它与管子的形状变化及阀门型式与开启度有关，可在流体力学手册中查取。

式(1-32)中，对给定的管路系统，p_A、p_B、ΔZ_{AB}、ρ 均为定值，令

$$L_s = \frac{p_A - p_B}{\rho g} + \Delta Z_{AB} \tag{1-34}$$

L_s 称管路静扬程，单位为 m，它与流量无关，只与液位差及液面压力有关。式(1-32)中后二项与流量有关，将其合并可得

$$L = L_s + \left[\left(\frac{1}{A_A^2} - \frac{1}{A_B^2}\right) + \left(\Sigma\lambda_i \frac{l_i}{d_i}\cdot\frac{1}{A_i^2} + \Sigma\zeta_j \frac{1}{A_j^2}\right)\right]\frac{Q^2}{2g} = L_s + \zeta_{AB}\frac{Q^2}{2g} \tag{1-35}$$

式中　ζ_{AB} 为管路系统 A、B 截面间的阻力系数，它与管子截面形状、大小及管长、管内流动情况、阀门开启度有关。A_A、A_B、A_j 为 A、B 截面及局部损失点 j 处的截面面积。

将式(1-35)画成曲线，如图 1-16 即为管路特性曲线 $L-Q$，它是一抛物线。如果改变泵出口阀的开启度，则 ζ_{AB}变化，开度越大 ζ_{AB}越小，曲线变平坦，从图中的Ⅰ变为Ⅱ曲线。如果改变 A、B 液位的高度，则 $L-Q$ 曲线平移，如果液位差增加，则曲线由Ⅰ变为Ⅲ。

1.3.8　离心泵的工作点

当泵安装在管路中运行时，通过泵的流量必定与管路系统内的流量相同，泵的扬程与管路所需的能量也应相同，即 $H=L$。这样离心泵的工作点就是 $L-Q$ 曲线与 $H-Q$ 曲线的交

点 F，如图 1-17 所示。如果流量偏离 F 点，在 B 点工作，则 $H_B>L_B$，泵提供的扬程有富裕，势必使液体加速，流量增加至 F 点才稳定下来。同样若流量偏离 F 点为 A 点时，则 $H_A<L_A$，即管路需要的能量大于泵提供的扬程，管内流速下降，流量下降至 F 点才稳定下来。如果工作点在运行时稳定不变，则此时的工况称稳定工况，如图 1-17 的 F 点。离心泵的工作点应尽量是高效点或设计流量点，这样最经济。

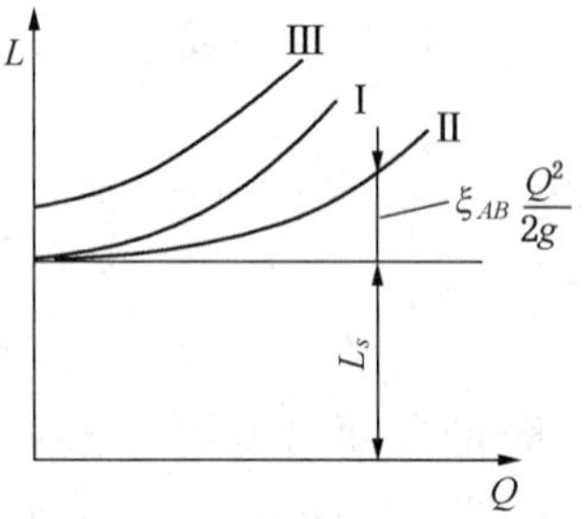

图 1-16 管路特性曲线

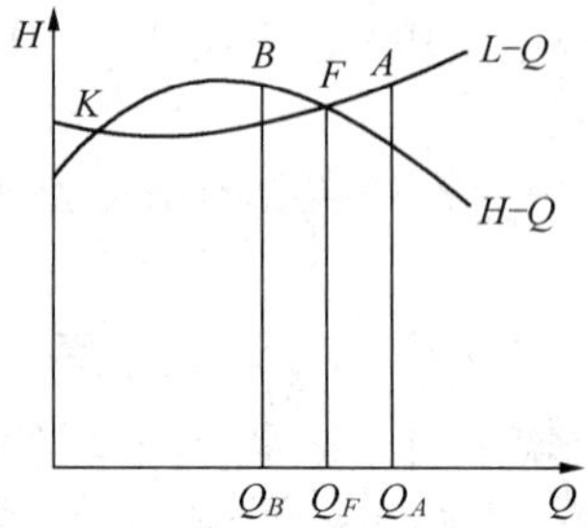

图 1-17 泵的工作点

在某些情况下，离心泵的工作点不能保持在某一工作点上，这种工况称不稳定工况。这种情况使整个系统不正常供液，发生周期性水击，产生振动及较大的噪音，影响泵的使用寿命，故不希望在不稳定工况下工作。

如果同时存在下列两种情况时会产生不稳定工况：

(1) 泵的流量与扬程性能曲线 $H-Q$ 为驼峰状。

(2) 工作点处泵的性能曲线 $H-Q$ 的斜率大于管路特性曲线 $L-Q$ 的斜率，如图 1-17 中的 K 点，或者管路系统中有自由升降的液面；或者液面压力 p_A、p_B 发生变化。

图 1-18 为有自由升降液面的情况。若工作点为 A，流量为 Q_a，则当用户用量 $Q_u<Q_a$ 时，液面从 a—a 上升，管路特性曲线上移直至 K 点。此时若 $Q>Q_u$ 则液面继续上升，管路特性曲线与泵的性能曲线无交点，泵提供的扬程无法满足管路的需要，泵流量降为零。随着用户用量增加，液面下降至 C—C 截面时，泵又开始工作，工作点为 B，但因 $Q_b>Q_u$，液面又开始上升，工作点由 B 到 K，液面上升至 K—K 截面后，泵的流量又降为零。如此重复，泵不断地开、停，这种工况即为不稳定工况。

【例题 1-3】 有一泵的装置如图 1-2，其 $\Delta Z_{AB}=18\text{m}$，吸入管路总长 $L_s=4\text{m}$，管径 $D_s=80\text{mm}$，进口装有滤网底阀 $\zeta_1=6.0$，吸入口有一 90°弯头，$\zeta_2=0.25$，排出管长 $L_d=40\text{m}$，管径 $D=65\text{mm}$，设有一排出阀 $\zeta_3=0.1$，止逆阀 $\zeta_4=1.7$ 和 90°弯头 2 个。选用的泵是 B50-40 型泵，其性能曲线如例题 1-3 用图，求泵的工况点。

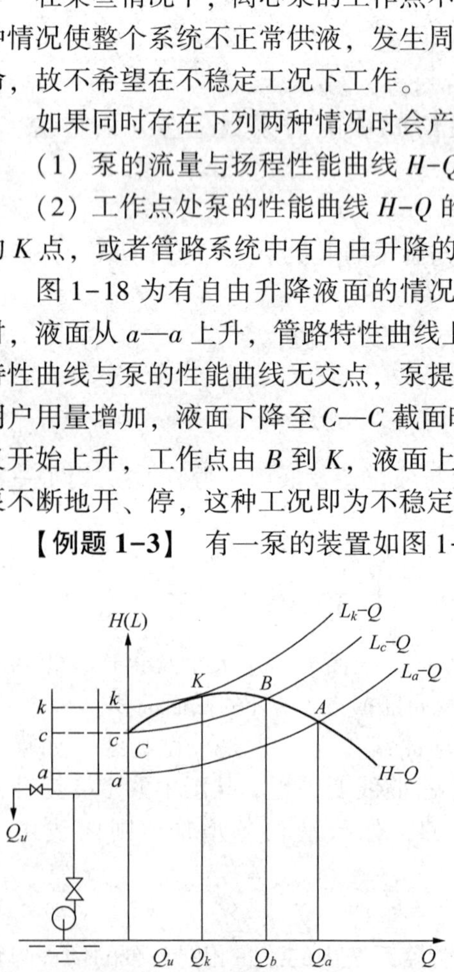

图 1-18 有自由升降液面的不稳定工况

解 流速计算

$$c_s=\frac{Q}{\pi D_s^2/4}=\frac{4Q}{3.14\times0.08^2}=199.04Q$$

$$c_d=\frac{Q}{\pi D_s^2/4}=\frac{4Q}{3.14\times0.065^2}=301.36Q$$

取 $\lambda=0.03$，由式(1-33)得阻力系数：

$$(\Sigma h_f)_{AB}=\left(\lambda_1\cdot\frac{L_s}{D_s}+\zeta_1+\zeta_2\right)\frac{c_s^2}{2g}+\left(\lambda\cdot\frac{L_d}{D}+\zeta_3+\zeta_4+2\zeta_2\right)\frac{c_d^2}{2g}$$

$$=\left(0.03\times\frac{4}{0.08}+6+0.25\right)\frac{(199.04Q)^2}{2\times 9.8}+$$

$$\left(0.03\times\frac{40}{0.065}+0.1+1.7+2\times 0.25\right)\frac{(301.51Q)^2}{2\times 9.8}=1.12\times 10^5Q^2$$

由式(1-32)

$$L=\Delta Z_{AB}+\frac{c_d^2-c_s^2}{2g}+(\Sigma h_f)_{AB}$$

$$=18+\frac{(301.51^2-199.04^2)Q^2}{2g}+1.12\times 10^5Q^2=18+1.146\times 10^5Q^2$$

$Q/\mathrm{m^3\cdot h^{-1}}$	40	45	50	55	60
L/m	32.15	35.91	40.11	44.75	49.83

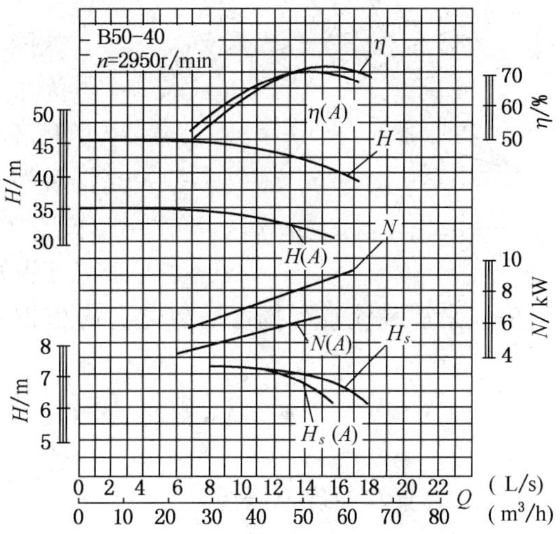

例题 1-3 用图

由 B50-40 型泵性能图可得工作点扬程为 42m，流量为 $52\mathrm{m^3/h}$。

1.3.9　离心泵的串并联

生产中往往用一台泵不能满足工艺的需要，而要几台泵联合运行，根据对流量、扬程的不同要求，有串联和并联两种运行方法。

1. 串联

两台泵串联时，其流量满足 $Q_{\mathrm{I+II}}=Q_{\mathrm{I}}=Q_{\mathrm{II}}$，而扬程满足 $H_{\mathrm{I+II}}=H_{\mathrm{I}}+H_{\mathrm{II}}$，其中下标Ⅰ+Ⅱ为两台泵同时运行时的情况，如图 1-19 所示，图中的 $H_{\mathrm{I+II}}-Q_{\mathrm{I+II}}$ 曲线是根据同一流量下Ⅰ、Ⅱ两台泵相应扬程迭加所得。两泵串联工作时，按相同的流量分配扬程，从图 1-19 中可见，两台泵串联后的流量 $Q_{\mathrm{I+II}}$ 和扬程 $H_{\mathrm{I+II}}$ 比单台泵工作时流量 $Q'_{\mathrm{I}}(Q'_{\mathrm{II}})$、扬程 $H'_{\mathrm{I}}(H'_{\mathrm{II}})$ 要大。一般希望两台泵串联时，泵的性能不能相差太大，否则效率会降低，通常采用两台相同的泵串连。两台泵串联工作后，第Ⅱ台泵的压力增高，应注意校核轴封及壳体强度的可靠性。

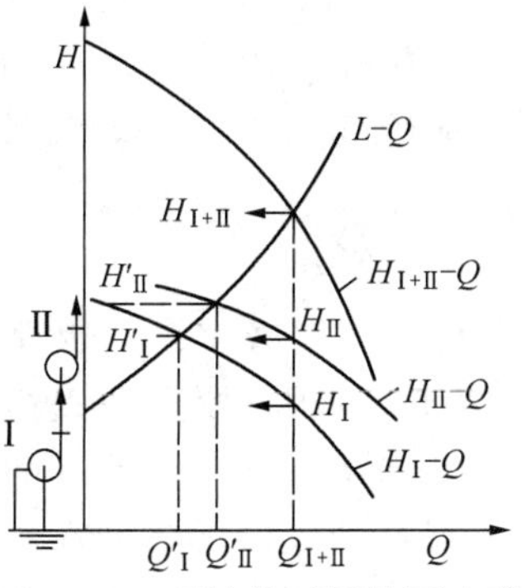

图 1-19　两性能不同的泵串联

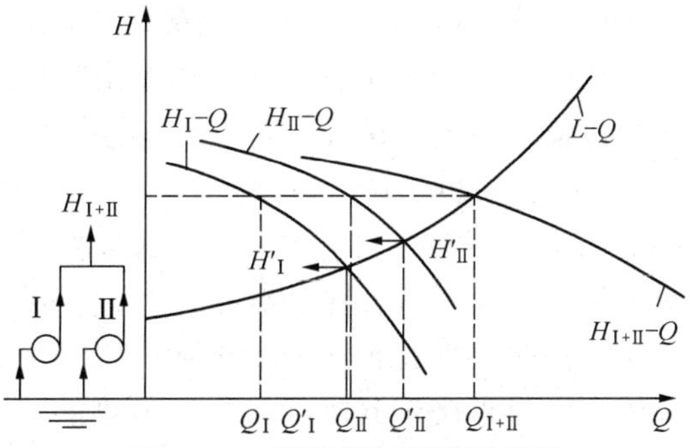

图 1-20　两性能不同的泵并联

2. 并联

两台泵并联工作时，其联合工作的流量、扬程曲线 $H_{Ⅰ+Ⅱ}-Q_{Ⅰ+Ⅱ}$ 是同一扬程下两泵流量相加得到的，如图 1-20 所示，两泵并联的工作点为 $L-Q$ 曲线与曲线 $H_{Ⅰ+Ⅱ}-Q_{Ⅰ+Ⅱ}$ 的交点，此时两泵的扬程相等，即 $H_Ⅰ=H_Ⅱ=H_{Ⅰ+Ⅱ}$，而流量满足 $Q_{Ⅰ+Ⅱ}=Q_Ⅰ+Q_Ⅱ$，即泵并联运行按扬程相等原则分配流量。由图中可见两台泵单独工作时的流量 $Q'_Ⅰ$、$Q'_Ⅱ$ 之和要大于并联后的流量 $Q_{Ⅰ+Ⅱ}$，表示因管路阻力使并联后的流量小于两泵单独运行时的流量之和，一般希望两台扬程相差不大的泵并联，否则效果不好。

3. 串并联运行的选择

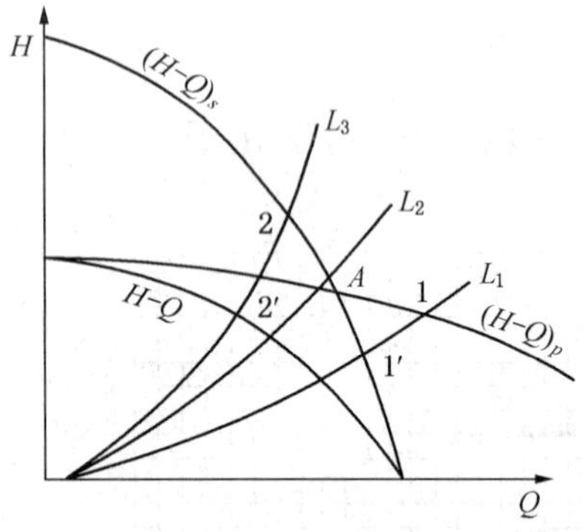

图 1-21 串并联的选择

图 1-21 中，$H-Q$ 为单台泵的性能曲线，$(H-Q)_p$ 为两台相同泵并联时的性能曲线，$(H-Q)_s$ 为两台相同泵串联时的性能曲线，L_1、L_2、L_3 为三种不同的管路特性曲线，点 A 为 $(H-Q)_s$ 与 $(H-Q)_p$ 曲线的交点。

从图上可见，管路特性曲线较平坦为 L_1 时，并联工作点为 1，串联工作点为 1′，并联工作时的流量、扬程比串联时的要大，故管路特性曲线较平坦时宜用并联来提高扬程及流量。当管路特性曲线较陡时，如 L_3，串联的工作点为 2，并联的工作点为 2′，此时串联的流量、扬程都高于并联的流量、扬程，故一般管路特性曲线较陡时，宜用串联来提高流置和扬程。总之，应根据管路特性曲线的情况来选择泵的串、并联工作。

1.4 泵汽蚀的理论和计算

1.4.1 泵汽蚀现象概述

1. 概述

1893 年，人们确认英国一台驱逐舰螺旋浆的破坏是汽蚀的结果，这就是汽蚀现象的首次发现。之后，对螺旋桨、水轮机和水泵等水力机械的汽蚀问题进行了大量研究。随着机器向高速的方向发展，汽蚀一直是水力机械中至关重要的问题。

泵在运转中，若其过流部分的局部区域(通常是叶轮叶片进口稍后的某处)因为某种原因，抽送液体的绝对压力下降到当时温度下的汽化压力时，液体便在该处开始汽化，产生蒸汽、形成气泡。这些气泡随液体向前流动至某高压处时，气泡周围的高压液体，致使气泡急骤地缩小以至破裂(凝结)。在气泡凝结的同时，液体质点将以高速填充空穴，发生互相撞击而形成水击。这种现象发生在固体壁上将使过流部件受到打击而破坏。上述产生气泡和气泡破裂使过流部件遭到破坏的过程就是泵的汽蚀过程。

2. 泵产生汽蚀时的严重后果

(1) 产生噪声和振动　由于泵汽蚀时，气泡在高压区连续发生突然破裂，以及伴随的强烈水击，而产生噪声和振动，可以听到像爆豆似的劈劈啪啪的响声。根据噪声可以检测汽蚀的初生。但是，把这种汽蚀噪声和周围环境的噪声以及机器内部因水流冲击而产生的噪声区别开来，定量地确定其程度是相当困难的。在这种情况，注入少量空气可以缓冲噪声、振动以及对金属的破坏。

（2）过流部件的剥蚀破坏　泵长时间在汽蚀条件下工作时，泵过流部件的某些地方会遭到剥蚀破坏。这是因为气泡在凝结时金属表面受到像利刃似的高频（600～25000Hz）液体质点的强烈冲击，局部压力有的可高达49MPa，致使金属表面出现麻点以至穿孔，严重时金属晶粒松动并剥落而呈现出蜂巢状。汽蚀破坏除机械力作用外还伴有电解、化学腐蚀等多种很复杂的作用。实践证明，汽蚀剥蚀破坏的部位，正是气泡消失之处。所以常常在叶轮出口和压水室进口部位发现破坏痕迹。但是，不能忘记汽蚀的发源地是在叶轮进口处。欲根治汽蚀必须防止在叶轮进口产生气泡。图1-22所示的是泵过流部件汽蚀破坏的典型部位。泵内部流动方向急剧变化，液流角度和叶片角度不一致或断面突然变化处，如产生局部汽蚀，则在此稍后部位往往出现汽蚀破坏。在叶片进口低压部分发生的气泡，并不在稍后处消失，一般在叶轮出口处以至壳体中破裂。高速轴流泵和斜流泵，通常在叶片背面和外周出现破坏。

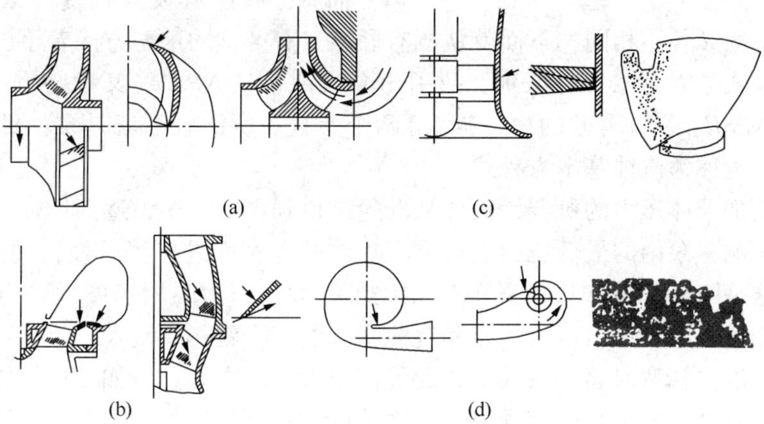

图1-22　汽蚀破坏

（a）离心泵汽蚀破坏部位；（b）混流泵汽蚀破坏部位；

（c）轴流泵汽蚀破坏部位；（d）金属材料的汽蚀破坏

（3）性能下降　泵汽蚀时叶轮内液体的能量交换受到干扰和破坏，在外特性上的表现是Q-H曲线、Q-N曲线和Q-η曲线下降。严重时会使泵中的液流中断，不能工作。应当指出，泵发生汽蚀的初生阶段，特性曲线并无明显变化，有时因产生的气泡覆盖过流部分表面，形成光滑层而使泵效率稍有提高。泵的特性曲线出现明显变化时，汽蚀已发展到一定程度。

不同比转数的泵，由汽蚀引起性能下降的形式不同。低比转数泵，由于叶片间流道窄而长，故一旦发生汽蚀，气泡易于充满整个流道，因而性能曲线呈突然下降形式。随着比转数增大，叶道向宽而短的趋势变化，因而气泡从发生发展到充满整个流道需要一个过渡过程，相应的泵的性能曲线开始是缓慢下降，之后增加到某一流量时才表现为急剧下降。轴流泵叶片少，叶片间重叠小，总有一部分处于高压作用，因而性能曲线在整个范围内只是缓慢下降。在多级泵中，因汽蚀发生在首级，所以性能曲线下降比单级泵小。图1-23表示不同比转数泵由汽蚀引起性能下降的形式。

1.4.2　泵发生汽蚀条件的理论关系——汽蚀基本方程式

一台泵在运转中发生了汽蚀，但在完全相同条件下，换上另一台泵就可能不发生汽蚀，这说明泵是否发生汽蚀和泵本身的抗汽蚀性能有关。反之，同一台泵在某一条件下(如吸上高度 7m)使用发生汽蚀，在改变使用条件时(吸上高度 5m)则不发生汽蚀，这说明泵是否发生汽蚀还与使用条件有关。可见，泵发生汽蚀的条件是由泵本身和吸入装置两方面决定的。为此，研究汽蚀发生的条件，应从泵本身和吸入装置双方来考虑。泵本身和吸入装置是既有区别又有联系的两个部分。从结构上看，吸入装置是指吸入液面到泵进口(指泵进口法兰处)前的部分。泵进口以后一直到泵出口为泵本身。可见，泵进口法兰是二者联系的桥梁。从流动方面看，液体从吸入装置连续流入泵内，但二者中的流动情况又各不相同。下面就从既有联系又有区别的这两方面着手，推导出泵发生汽蚀的理论关系式。因为二者有区别，故引出泵汽蚀余量 $NPSH_r$(又称必需的净正吸头)和装置汽蚀余量 $NPSH_a$(又称有效的净正吸头)两个参数。所谓联系就是泵汽蚀余量和装置汽蚀余量的关系，也称为汽蚀基本方程式。

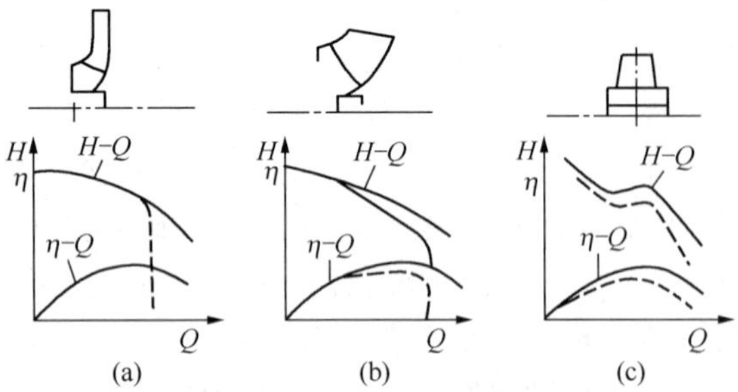

图 1-23 不同比转数泵因汽蚀性能曲线下降的形式
(a)离心泵；(b)混流泵；(c)轴流泵

泵是用来增加液体压力的机器，液体从叶轮进口到出口，压力逐渐增加。但是，由于叶片进口绕流的影响，泵内的最低压力点通常发生在叶片背面进口稍后处，如图 1-24 中靠前盖板的 k 点。这是因为此处和进口其他处相比半径大，因而圆周速度大。由速度三角形可知，相对速度相应变大，进口压力损失和绕流引起的压降就相应变大。另外，此处位于流道转弯的内壁，由液体转弯时离心力效应，此处流速大，压力低。假如 k 点的压力等于汽化压力 p_v，则泵发生汽蚀。故 $p_k = p_v$ 是泵发生汽蚀的界限。现以吸上装置(图 1-24)为例，研究从吸入液面到 k 点的压力变化情况。

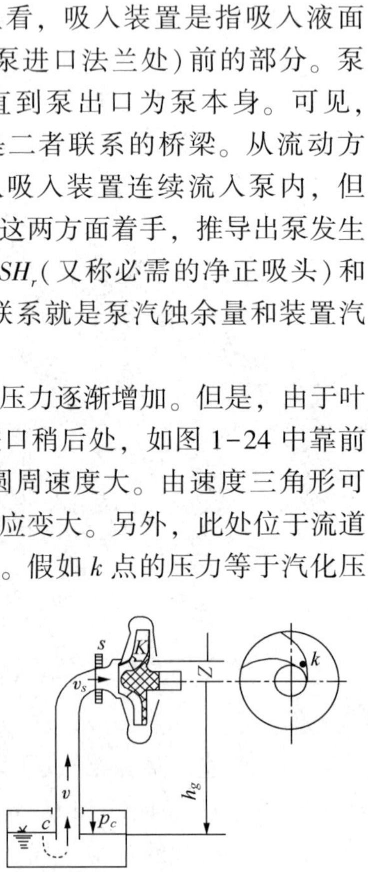

图 1-24 推导汽蚀基本方程式简图

泵之所以吸上液体，是因为叶轮旋转，在叶轮进口造成真空，吸入液面的压力 p_c 把液体压入泵的结果。即外因(p_c)通过内因(真空)而起作用，二者缺一不可。最理想的情况是在叶轮进口造成绝对真空，不计流动过程中的损失，泵在标准大气压下最大只能吸上 10.33m，实际泵的吸上高度均在10m 以下。

泵即使能吸上液体，若 p_c 减去从吸入液面到 k 点的全部压力降，所得压力 p_k 小于汽化压力 p_v 泵就会发生汽蚀。现分别进行研究，首先确定泵进口 s 处的压力 p_s。列 c 断面和 s 断面的伯努利方程，得到

$$\frac{p_s}{\rho g} = \frac{p_c}{\rho g} - \frac{v_s^2}{2g} - h_g - h_{c-s} \tag{1-36}$$

研究 s 点和 k 点的压力关系：一是从 s 点到叶片进口稍前的 0 点，二是从 0 点到 k 点。对 s 点和 0 点列绝对运动伯努利方程

$$z_s + \frac{p_s}{\rho g} + \frac{v_s^2}{2g} = z_0 + \frac{p_0}{\rho g} + \frac{v_0^2}{2g} + h_{s-0} \tag{1-37}$$

对 0 点和 k 点列相对运动伯努利方程

$$z_0+\frac{p_0}{\rho g}+\frac{w_0^2}{2g}-\frac{u_0^2}{2g}=z_k+\frac{p_k}{\rho g}+\frac{w_k^2}{2g}-\frac{u_k^2}{2g}+h_{0-k} \tag{1-38}$$

由式(1-38)求得 $z_0+\dfrac{p_0}{\rho g}$ 代入式(1-37)得

$$\frac{p_s}{\rho g}+\frac{v_s^2}{2g}-\frac{p_k}{\rho g}=\frac{v_0^2}{2g}+\frac{w_k^2-w_0^2}{2g}+\frac{u_0^2-u_k^2}{2g}+(z_k-z_s)+h_{s-k} \tag{1-39}$$

从泵进口 s 到 k 点的压力降

$$\frac{p_s-p_k}{\rho g}=\frac{v_0^2-v_s^2}{2g}+\frac{w_0^2}{2g}\left[\left(\frac{w_k}{w_0}\right)^2-1\right]+\frac{u_0^2+u_k^2}{2g}+(z_k-z_s)+h_{s-k} \tag{1-40}$$

令 $\lambda=\left(\dfrac{w_k}{w_0}\right)-1$，并称其为叶片进口绕流压降系数。

由上式可知，从泵进口到 k 点液体流动过程中的压力降是由下列因素造成的：

(1) v_0 和 v_s 之差，如 v_0 大于 v_s，造成压力下降；若 v_0 小于 v_s，则引起压力升高。

(2) 叶片进口绕流引起的压降 $\lambda\dfrac{w_0^2}{2g}$。

(3) k 点圆周速度大于 0 点四周速度引起的压力上升，因相差很小，通常不予考虑。

(4) 泵进口 s 点到 k 点的垂直高度 $z=z_k-z_s$。引起的压力下降，对于小泵可以不予考虑，对于大泵则不应忽略，可以通过把几何吸上高度算至 k 点来考虑(见图 1-24)。

(5) 泵进口到 k 点的水力损失引起压力下降，因很小，通常可不考虑。

于是，在通常情况下，式(1-39)可简化成

$$\frac{p_s}{\rho g}+\frac{v_s^2}{2g}-\frac{p_v}{\rho g}=\frac{v_0^2}{2g}+\lambda\frac{w_0^2}{2g} \tag{1-41}$$

令左边三项为 $NPSH$，并称为汽蚀余量。右边两项(精确讲应包括简化忽略的各项)为 $NPSH_r$，并称为泵汽蚀余量。用装置参数表示的汽蚀余量 $NPSH$ 称为装置汽蚀余量，用 $NPSH_a$ 表示，即

$$NPSH=\frac{p_s}{\rho g}+\frac{v_s^2}{2g}-\frac{p_v}{\rho g} \tag{1-42}$$

$$NPSH_r=\frac{v_0^2}{2g}+\lambda\frac{\omega_0^2}{2g} \tag{1-43}$$

$$NPSH_a=\frac{p_s}{\rho g}+\frac{v_s^2}{2g}-\frac{p_v}{\rho g}=\frac{p_c}{\rho g}-h_g-h_c-\frac{p_v}{\rho g} \tag{1-44}$$

装置汽蚀余量又称为有效的汽蚀余量。装置汽蚀余量是由吸入装置提供的，在泵进口处单位重量液体具有的超过汽化压力水头的富余能量。国外称此为有效的净正吸头，即泵进口处(位置水头为零)液体具有的全水头减去汽化压力水头净剩的值，用 $NPSH_a$ 或 H_{av} 表示。所谓有效的就是装置提供给泵有效的利用，净是指去掉了汽化压力水头，正是说明该值永为正值，如果是负值，液体在泵进口的压力就小于汽化压力，这样在泵进口法兰处就发生汽蚀了，$NPSH_a$ 的大小与装置参数及液体性质(p_c，h_g，h_c，ρ，p_v)有关。因为吸入装置的水力损失 h_c 和流量平方成正比，式(1-44)中，$\dfrac{p_c}{\rho g}$、h_g、$\dfrac{p_v}{\rho g}$ 一定，则 $NPSH_a$ 随流量增加而减小。

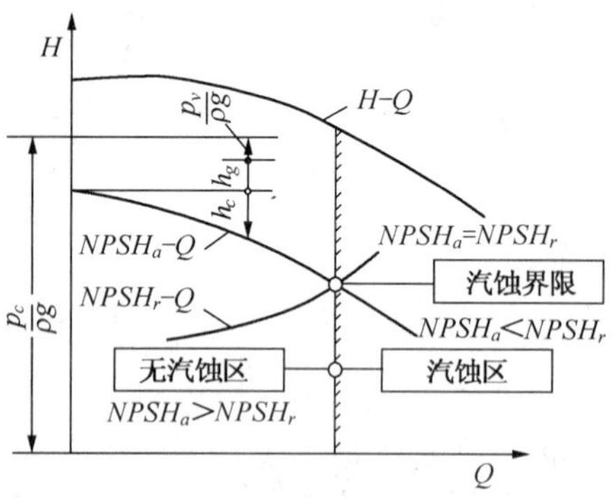

图 1-25 流量变化时 $NPSH_a$ 和 $NPSH_r$ 的关系

$NPSH_a-Q$ 曲线是下降的曲线(图 1-25)。

泵汽蚀余量 $NPSH_r=\frac{v_0^2}{2g}+\lambda\frac{w_0^2}{2g}$ 和泵内流动情况有关，是由泵本身决定的。$NPSH_r$ 表征泵进口部分的压力降，也就是为了保证泵不发生汽蚀，要求在泵进口处单位重量液体具有超过汽化压力水头的富余能量，即要求装置提供的最小装置汽蚀余量。国外称此为必需的净正吸头，国内以前用 Δh_r 表示。泵汽蚀余量的物理意义表示液体在泵进口部分压力下降的程度。所谓必需的净正吸头，是指要求吸入装置必须提供这么大的静正吸头，方能补偿压力降，保证泵不发生汽蚀。

泵汽蚀余量与装置参数无关，只与泵进口部分的运动参数(v_0，w_0，v_k)有关。运动参数在一定转速和流量下是由几何参数决定的。这就是说 $NPSH_r$ 是由泵本身(吸水室和叶轮进口部分的几何参数)决定的。对既定的泵，不论何种液体(除粘性很大、影响速度分布外)，在一定转速和流量下流过泵进口，因速度大小相同故均有相同的压力降，$NPSH_r$ 相同。所以 $NPSH_r$ 和液体的性质无关(不考虑热力学因素)。$NPSH_r$ 越小，表示压力降越小，要求装置必须提供的 $NPSH_a$ 小，因而泵的抗汽蚀性能越好。

因为 v_0 和 w_0 随流量的增加而增加，故 $NPSH_r$ 与流量 Q 的关系曲线是上升的曲线(图 1-25)。式(1-41)是泵发生汽蚀条件的物理表达式，称为汽蚀基本方程式，对于既定的泵，在一定流量下，$NPSH_r$ 为定值，p_v 为定值，如果改变 p_s 使得：

$p_k=p_v$	则	$NPSH_a=NPSH_r$	泵汽蚀
$p_k<p_v$	则	$NPSH_a<NPSH_r$	泵严重汽蚀
$p_k>p_v$	则	$NPSH_a>NPSH_r$	泵无汽蚀

可能提出这样的问题，汽蚀与否和最低压力点的静压力 p_k 的大小有关，为什么在泵汽蚀余量中引入速度头一项呢？这是因为泵进口速度一般和叶片进口前的速度 v_0 不相等。如 $v_0>v_s$，速度增加将引起压力下降，结果使 k 点的压力降低。反之，如 $v_0<v_s$，将使 k 点的压力增加。因此，把 v_0 放在 $NPSH_r$ 内，就相当于在汽蚀基本方程中考虑了两者大小不同对 k 点压力的影响。由式(1-40)可以看出，泵汽蚀余量表征液体在泵的进口部分的压力下降的程度，但是在数值上等于压力降和进口速度头之和。

1.4.3 装置汽蚀余量的计算方法

前面已讲过，汽蚀余量用下式表示

$$NPSH=\frac{p_s}{\rho g}+\frac{v_s^2}{2g}-\frac{p_v}{\rho g}$$

式中 $p_s/\rho g$——换算到基准面上的泵进口压力水头，m，这种换算很简单，即是根据具体情况，将在泵进口测得的压力水头加(当基准面在泵进口中心线下面时)或减去(基准面在泵进口中心线上面时)进口中心线到基准面的垂直距离；

$v_s^2/2g$——测量压力 p_s 断面的液体平均速度头，m；

$p_v/\rho g$——抽送液体温度下的汽化压力水头，m；

$NPSH$——汽蚀余量，m，其值以换算到基准面上的数值表示(即用换算到基准面上的压力水头 $p_s/\rho g$ 计算 $NPSH$)。

泵基准面在试验标准中有具体规定。也可参考图 1-26 选取。泵几何吸入高度 h_g 应从吸入液面算至基准面。

把基准面取至最容易发生汽蚀的位置。相当于在泵基本方程中考虑了忽略的 z_k-z_s 值，即算得的 $NPSH$ 减小（相当于 $NPSH_r$ 增加）。

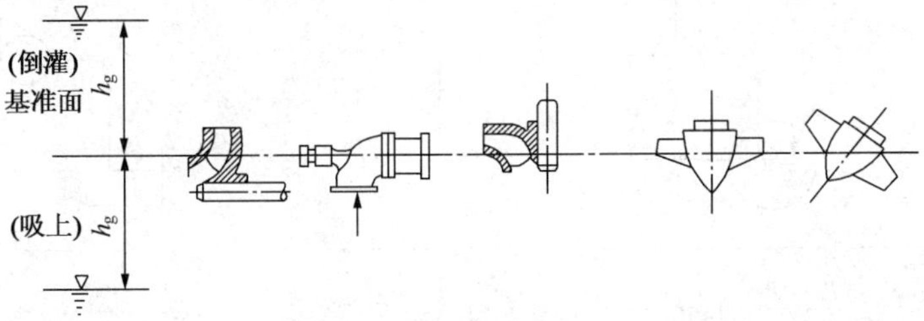

图 1-26　泵的基准面

考虑吸上（吸入液面在基准面之下）和倒灌（吸入液面在基准面之上）两种情况。现用吸入装置参数表示 $NPSH_a$。泵进口压力可以表示为

$$\frac{p_s}{\rho g}=\frac{p_c}{\rho g}-h_g-h_c-\frac{v_s^2}{2g}\quad（吸上）\qquad(1-45)$$

$$\frac{p_s}{\rho g}=\frac{p_c}{\rho g}+h_g-h_c-\frac{v_s^2}{2g}\quad（倒灌）\qquad(1-46)$$

将式(1-45)和式(1-46)代入上面的定义公式，则 $NPSH_a$ 的表达式变为

$$NPSH_a=\frac{p_c}{\rho g}-h_g-h_c-\frac{p_v}{\rho g}\quad（吸上）\qquad(1-47)$$

$$NPSH_a=\frac{p_c}{\rho g}+h_g-h_c-\frac{p_v}{\rho g}\quad（倒灌）\qquad(1-48)$$

式中　p_c——吸入液面的绝对压力（可能是任意压力、大气压力或汽化压力）。

在表 1-2 中表示了吸上或倒灌装置各种吸入液面压力情况下的泵进口压力$\frac{p_s}{\rho g}$、装置汽蚀余量 $NPSH_a$ 和几何吸入高度 h_g 计算公式。

如前所述，当 $NPSH_a=NPSH_r$ 时，泵内最低压力点的压力等于汽化压力$\left(\frac{p_k}{\rho g}=\frac{p_v}{\rho g}\right)$，泵处于发生汽蚀状态。实际上，泵在这种情况下运行是不允许的，故也不能据此来确定几何吸入高度。

计算 h_g 时的汽蚀余量称为许用汽蚀余量，用[$NPSH$]表示，它应大于泵汽蚀余量 $NPSH_r$ 或临界汽蚀余量 $NPSH_c$ 以确保有一定的安全余量，余量的大小视具体装置而定。一般取[$NPSH$]=(1.1～1.5)$NPSH_c$，对于一些重要装置，或经常在大流量下运行，应取较大的余量。泵在设计点附近 $NPSH_r$ 最小，偏离设计点，尤其是偏向大流量侧，$NPSH_r$ 增加，非设计工况下的 $NPSH_r$ 和 n_s 的关系如图 1-27 所示。

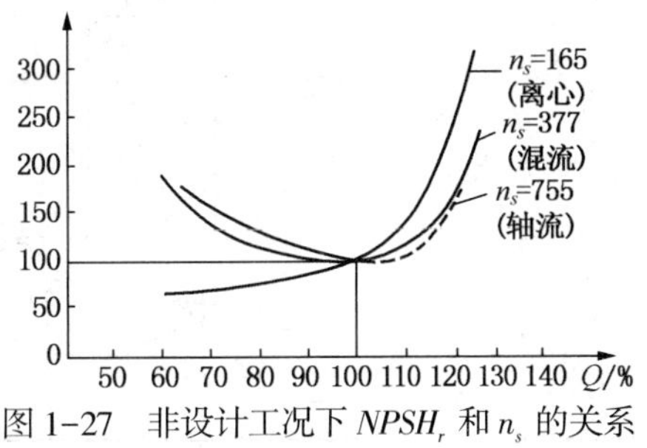

图 1-27　非设计工况下 $NPSH_r$ 和 n_s 的关系

表 1-2 各种泵装置汽蚀余量 $NPSH_a$ 和安装高度 h_g

装置	吸上装置	
液面压力	任意压力 p_c	大气压力 p_a
简图	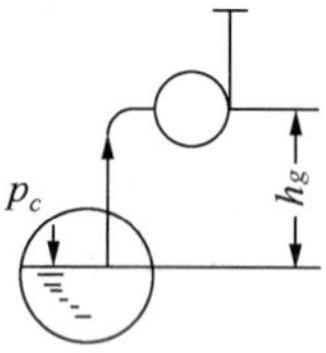	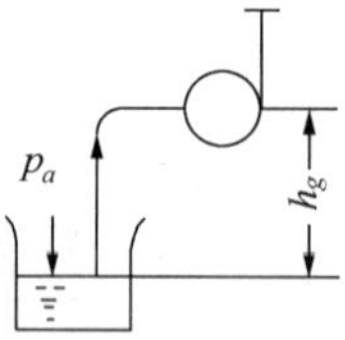
$\frac{p_s}{\rho g}$	$\frac{p_s}{\rho g}=\frac{p_c}{\rho g}-h_g-h_c-\frac{v_s^2}{2g}$	$\frac{p_s}{\rho g}=\frac{p_a}{\rho g}-h_g-h_c-\frac{v_s^2}{2g}$
$NPSH_a$	$NPSH_a=\frac{p_c}{\rho g}-h_g-h_c-\frac{p_v}{\rho g}$	$NPSH_a=\frac{p_a}{\rho g}-h_g-h_c-\frac{p_v}{\rho g}$
h_k	$h_g=\frac{p_c}{\rho g}-h_c-\frac{p_v}{\rho g}-[NPSH]$	$h_g=\frac{p_a}{\rho g}-h_c-\frac{p_v}{\rho g}-[NPSH]$

装置	倒灌装置		
液面压力	任意压力 p_c	大气压力 p_a	汽化压力 p_v
简图	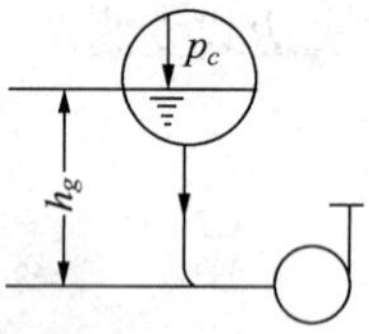	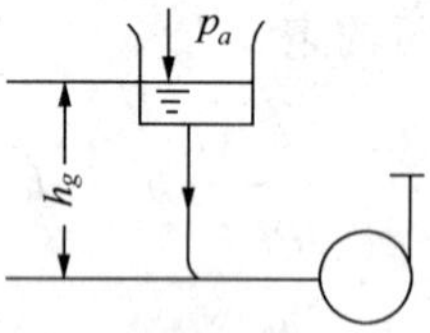	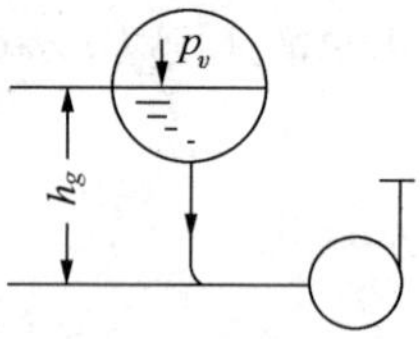
$\frac{p_s}{\rho g}$	$\frac{p_s}{\rho g}=\frac{p_c}{\rho g}+h_g-h_c-\frac{v_s^2}{2g}$	$\frac{p_s}{\rho g}=\frac{p_a}{\rho g}+h_g-h_c-\frac{v_s^2}{2g}$	$\frac{p_s}{\rho g}=\frac{p_v}{\rho g}+h_g-h_c-\frac{v_s^2}{2g}$
$NPSH_a$	$NPSH_a=\frac{p_c}{\rho g}+h_g-h_c-\frac{p_v}{\rho g}$	$NPSH_a=\frac{p_a}{\rho g}+h_g-h_c-\frac{p_v}{\rho g}$	$NPSH_a=h_g-h_c$
h_g	$h_g=[NPSH]-\frac{p_c}{\rho g}+h_c+\frac{p_v}{\rho g}$	$h_g=[NPSH]-\frac{p_a}{\rho g}+h_c+\frac{p_v}{\rho g}$	$h_g=[NPSH]+h_c$

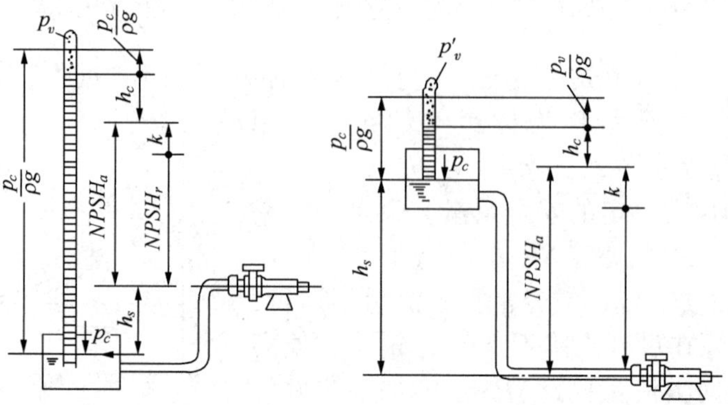

1.4.4 吸入真空度和汽蚀余量的关系

吸入真空度指的是泵进口处的真空度(泵进口绝对压力小于大气压力的数值)，其值以换算到基准面上的液柱高度表示。吸入真空度是表示吸入压力的一种方法，当作泵汽蚀参数使用时，有很多缺点，但国内以往曾长期使用，而且汽蚀试验时，要根据测得的真空度计算试验汽蚀余量，故简单加以介绍。

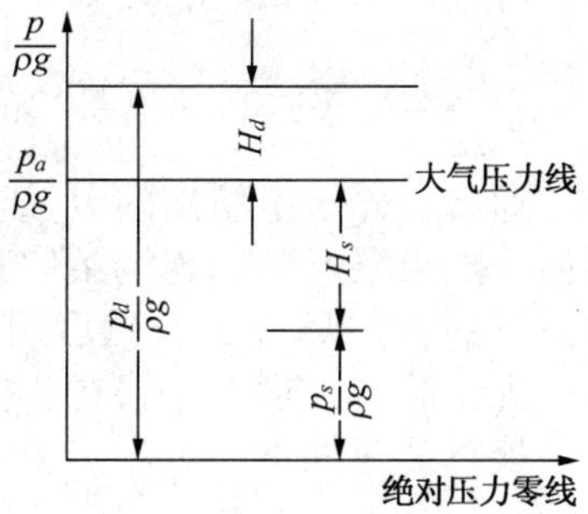

图1-28 泵进口压力的表示方法

图1-28是泵进口压力的各种表示方法。由图可知，泵进口真空度 H_s 和灌注头 $H_d(H_d=H_s)$ 为

$$H_s=\frac{p_a}{\rho g}-\frac{p_s}{\rho g} \qquad (1-49)$$

$$H_d=\frac{p_s}{\rho g}-\frac{p_a}{\rho g}=-H_s \qquad (1-50)$$

灌注头(或灌注压力)指泵进口压力大于大气压力的数值。不要把灌注压力和倒灌装置混为一谈，吸入装置当液面压力很大时也可能有灌注头。

将式(1-49)中的$\frac{p_s}{\rho g}$代入汽蚀余量表示式(1-42)，则得到吸入真空度和汽蚀余量之间的关系式：

$$NPSH=\frac{p_a}{\rho g}+\frac{v_s^2}{2g}-\frac{p_v}{\rho g}-H_s \qquad (1-51)$$

式中的 $\frac{p_a}{\rho g}$ 和 H_s 应为对应状态下的数值。如 H_s 为非标准状态下的值，$\frac{p_a}{\rho g}$应为相应大气压力水头。因为在一般情况下，$\frac{v_s^2}{2g}\approx\frac{p_v}{\rho g}$，所以汽蚀余量和吸入真空度的近似关系为

$$NPSH\approx 10-H_s \qquad (1-52)$$

如果知道泵进口真空度 H_s(或灌注头$-H_s$)，由上式可算出汽蚀余量。泵汽蚀试验时就是测得 $H_s(-H_d)$ 用式(1-51)计算汽蚀余量。另外吸入真空度可以用装置参数表示，将式(1-45)和式(1-46)代入式(1-49)，得

$$H_s=\frac{p_a}{\rho g}-\frac{p_c}{\rho g}+h_g+h_c+\frac{v_s^2}{2g} \quad (吸上) \qquad (1-53)$$

$$H_s=\frac{p_a}{\rho g}-\frac{p_c}{\rho g}-h_g+h_c+\frac{v_s^2}{2g} \quad (倒灌) \qquad (1-54)$$

上式可用来计算泵几何吸入高度 h_g。这时，和用汽蚀余量计算 h_g 一样，应考虑一个汽蚀安全余量，故引出许用吸入真空度的概念。

$$[H_s]=H_s-k \text{ 或 } [H_s]=H_s/1.1\sim1.5 \qquad (1-55)$$

式中 k——安全余量。

由式(1-53)、式(1-54)得

$$h_g=[H_s]-\frac{p_a}{\rho g}+\frac{p_c}{\rho g_g}-h_c-\frac{v_s^2}{2g} \quad (吸上) \qquad (1-56)$$

$$h_g=\frac{p_a}{\rho g}-\frac{p_c}{\rho g_g}+h_c+\frac{v_s^2}{2g}-[H_s] \quad (倒灌) \qquad (1-57)$$

式中 h_g——几何吸入高度(安装高度)，m；

$\frac{p_a}{\rho g}$——标准条件下的大气压力水头，m；

$[H_s]$——标准条件下的许用真空度，m；

$\frac{p_c}{\rho g}$——吸入液面的绝对压力水头，m；

$\frac{v_s^2}{2g}$——泵进口速度头，m。

通常，样本上给出的 H_s 或 $[H_s]$ 是换算到标准状态下（在标准大气压下抽送常温清水）的数值。如果泵运转的现场条件和标准状态不同，需要将标准状态下的 H_s 或 $[H_s]$ 换算为现场状态下的 H'_s 或 $[H_s]'$，然后用 $[H_s]'$ 代替式（1-56）中的 $[H_s]$，计算几何吸入高度 h_g。在进行汽蚀试验时，通常是将在非标准状态下测得的 H'_s，换算为标准状态下的 H_s。

换算公式如下

$$[H_s]' = [H_s] - 10.33 + \frac{p'_a}{\rho g} + 0.24 - \frac{p_v}{\rho g} \tag{1-58}$$

式中 $[H_s]'$——现场状态下的许用真空度，m；

10.33——标准状态下的大气压力水头，m；

$\frac{p'_a}{\rho g}$——现场状态下的大气压力水头，m；

0.24——常温清水的汽化压力水头，m；

$\frac{p_v}{\rho g}$——抽送液体温度下的汽化压力水头，m。

【例题 1-4】 一台泵吸入口径 200mm。$Q=77.8$ L/s，样本给定 $[H_s]=3.6$m，估计 $h_c=0.5$m，分别求在标准状态下和在拉萨地区从开式容器中抽送 40℃水时的安装高度。

解 $v_s = \frac{4Q}{D_s^2\pi} = \frac{4\times 77.8\times 10^{-2}}{0.2^2\times\pi} = 2.48(\text{m/s})$ 则 $\frac{v_s^2}{2g} = \frac{2.48^2}{2\times 9.81} = 0.31(\text{m})$

在标准状态下使用：

$$h_g = [H_s] - h_c - \frac{v_s^2}{2g} = 3.6 - 0.5 - 0.31 = 2.79(\text{m}) \quad \text{（正值表示吸上）}$$

在拉萨使用：查表，40℃水 $p_v=7355$Pa，$\rho=992.2$kg/m，则 $\frac{p_v}{\rho g}=0.76$m。

$$[H_s]' = [H_s] - 10.33 + \frac{p'_a}{\rho g} - \left(\frac{p_v}{\rho g} - 0.24\right) \quad \text{（负值表示灌注）}$$

$$= 3.6 - 10.33 + 6.82 - (0.76 - 0.24) = -0.43(\text{m})$$

$$h_g = [H_s]' - h_c - \frac{v_s^2}{2g} = -0.43 - 0.5 - 0.31 = -1.24(\text{m})$$

算得的 h_g 为负值表示倒灌高度为 1.24m。

1.5 相似理论在离心泵中的应用

相似理论在离心泵的设计和实验中被广泛应用，如用相似理论进行性能换算等。

1.5.1 泵的流动相似条件

通常对叶片式泵内的流动而言，两泵流动相似应具备几何相似（泵过流元件对应线性尺寸比值相等）和运动相似（若对应点上同名速度方向一致，比值相等，则速度三角形相似），而运动相似仅要求叶轮进口速度三角形相似。

1.5.2　相似定律和比例定律

保持流动相似的工况称为相似工况。用上标`表示模型泵的工况参数，那么两泵在相似工况下的性能参数符合下列相似定律表达式。

1. 流量关系

因流量 $Q=\pi D_2 b_2 \tau_2 c_{r2} \eta_v$，所以
$$\frac{Q'}{Q}=i_l^3\frac{n'\eta'_v}{n\ \eta_v} \tag{1-59}$$

2. 扬程关系

因 $H=u_2 c_{u2}\eta_h$，所以
$$\frac{H'}{H}=i_l^2\left(\frac{n'}{n}\right)^2\frac{\eta'_h}{\eta_h} \tag{1-60}$$

3. 功率关系

因 $N=\rho gQH/\eta$，所以
$$\frac{N'}{N}=i_l^5\left(\frac{n'}{n}\right)^3\frac{\rho'}{\rho}\frac{\eta'_m}{\eta_m} \tag{1-61}$$

上式中 i_l 为尺寸比例系数。在实际应用中，如果液体密度相同，两泵的尺寸和转速相差不大时，可认为在相似工况下运行时，各种效率分别相等，即

$$\eta'_v=\eta_v,\ \eta'_h=\eta_h,\ \eta'_m=\eta_m$$

这样则得到简化的相似定律表达式：

$$\frac{Q'}{Q}=i_l^3\frac{n'}{n} \tag{1 - 62}$$

$$\frac{H'}{H}=i_l^2\left(\frac{n'}{n}\right)^2 \tag{1 - 63}$$

$$\frac{N'}{N}=i_l^5\left(\frac{n'}{n}\right)^3 \tag{1 - 64}$$

同一台泵，若输送液体不变，当转速由 n_1 改变为 n_2 时，根据相似定律，$i_l=1$，则在不同转速下相似工况的对应参数与转速之间的关系式为

$$\frac{Q'}{Q}=\frac{n'}{n} \tag{1 - 65}$$

$$\frac{H'}{H}=\left(\frac{n'}{n}\right)^2 \tag{1 - 66}$$

$$\frac{N'}{N}=\left(\frac{n'}{n}\right)^3 \tag{1 - 67}$$

上式即为比例定律的表达式。比例定律是相似定律的一种特例。它也适用于几何尺寸相同，输送液体相同的两台泵转速不同的性能换算。

1.5.3　比转数

相似定律表达了在相似条件下相似工况点性能参数之间的相似关系。如果在几何相似泵中能用性能参数之间的某一综合参数来判别是否为相似工况，则不必证明运动相似，即可方便地应用相似定律，为此建立了比转数的概念。

将式(1-62)平方并除以式(1-63)的三次方，然后再开四次方得

$$n'_s=n'\frac{\sqrt{Q}'}{H'^{\frac{3}{4}}}=n\frac{Q^{\frac{1}{2}}}{H^{\frac{3}{4}}}=n_s \tag{1 - 68}$$

式中 n_s 定义为比转数。该式表明，相似工况的比转数相等；或者说，如果泵几何相似，

则比转数相等下的工况为相似工况，因为由比转数相等可推出该工况运动相似。这样比转数相等就成为几何相似泵工况相似的判别式了。

由于不同工况点的比转数不同，为了便于比较，统一规定只取最佳工况点(即最高效率工况点)的比转数代表泵的比转数。在国内为使水泵的比转数与水轮机的比转数一致，并沿用过去的表达式，规定其计算式为

$$n_s = 3.65n\frac{\sqrt{Q}}{H^{3/4}} \tag{1-69}$$

式中各参数的单位：流量用 m^3/s，扬程用 m，转速用 r/min，双吸泵的叶轮流量除以 2，多级泵扬程除以级数。

比转数在泵的分类、模化设计、编制系列型谱和选择使用泵等方面均有重要的作用，例如可以按照比转数的大小来大致划分泵的类型。由比转数的定义式(1-68)可知，比转数大反映泵的流量大、扬程低；反之亦然。通常 $n_s<30$ 为活塞式泵的适用范围。在叶轮式泵中，按比转数大小划分泵的类型如表 1-3 所示。

表 1-3　比转数与叶轮形状和性能曲线形状的关系

泵的类型	离心泵			混流泵	轴流泵
	低比转数	中比转数	高比转数		
转数 n_s	$30<n_s<80$	$80<n_s<150$	$150<n_s<300$	$300<n_s<500$	$500<n_s<1000$
叶轮形状	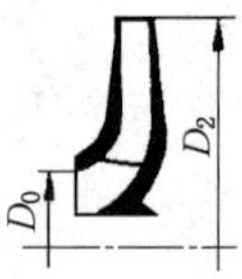	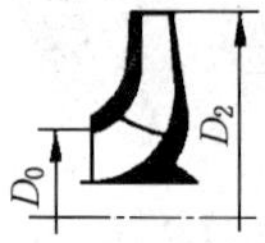	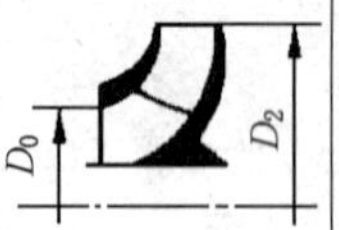	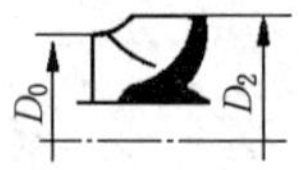	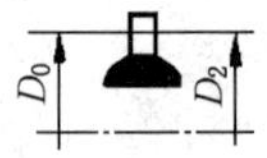
尺寸比 D_2/D_0	≈3	≈2.3	≈1.8~1.4	≈1.2~1.1	≈1
叶片形状	柱形叶片	入口处扭曲 出口处柱形	扭曲叶片	扭曲叶片	轴流泵翼型
性能曲线形状	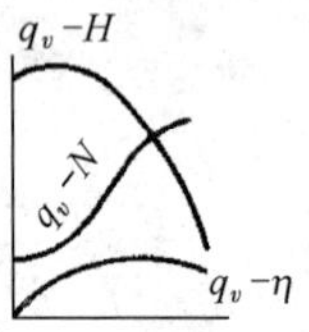	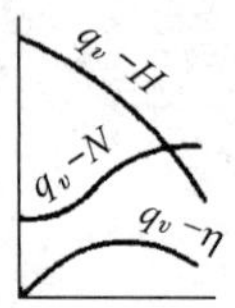	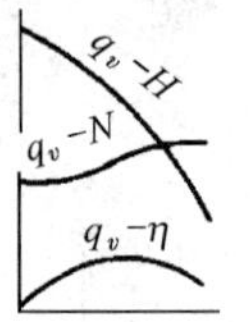	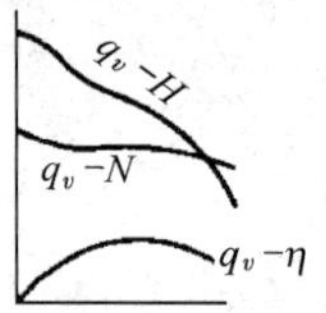	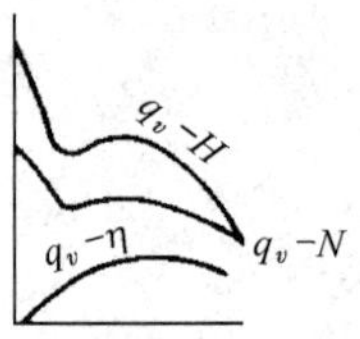
Q-H 曲线特点	出口阀关闭扬程为设计扬程的 1.1~1.3 倍，扬程随流量减少而增加，变化比较缓慢			出口阀关闭扬程为设计扬程的 1.5~1.8 倍，扬程随流量减少而增加，变化较急	出口阀关闭扬程为设计工况的 2 倍左右，扬程随流量减少而急剧上升，又急速下降
Q-N 曲线特点	出口阀关闭功率较小，轴功率随流量增加而上升			流量变动时轴功率变化较少	出口阀关闭点功率最大，涉及工况附近变化比较少，以后轴功率随流量增大而下降
Q-η 曲线特点	比较平坦			比轴流泵平坦	急速上升后又急速下降

由表1-3可以看出，适应于不同比转数的叶轮形状、尺寸比例、叶片形状及其性能曲线各有所不同。

汽蚀比转数 C 是泵在最佳工况下的汽蚀特性参数，它表示为

$$C = \frac{5.62n\sqrt{Q}}{NPSH_r^{3/4}} \tag{1-70}$$

C 值作为相似准则数，相似泵的 C 值相等。相同流量下 C 值越大，$NPSH$ 越小，泵的抗汽蚀性能越好。

对于轴流泵，在非设计工况时的必需汽蚀余量 $NPSH_r$ 要增大，为安全要求，$NPSH_r = NPSH_a - 1\text{m}$。$C$ 值一般为800~950。

1.5.4 叶轮切割定律

转速固定的泵，仅有一条扬程流量曲线。为了扩大其工作范围，可采用切割叶轮外径的方法，使工作范围由一条线变成一个面。若新设计的泵通过试验性能偏高，或用户使用的性能低于已有泵的性能，即可用这种切割叶轮外径的办法来解决问题。叶轮切割前后的性能参数变化关系，可近似地由以下切割定律来表达：

$$\frac{Q'}{Q} = \frac{D'_2}{D_2}, \qquad \frac{H'}{H} = \left(\frac{D'_2}{D_2}\right)^2, \qquad \frac{N'}{N} = \left(\frac{D'_2}{D_2}\right)^3$$

式中　右上角打撇的参数为切割后的参数，D_2 为叶轮外径。使用切割定律的切割量不能太大，经验表明，允许的最大相对切割量与比转数 n_s 有关，表1-4为叶轮外径允许的最大相对切割量。

1.5.5 泵的高效工作范围

考虑到泵运行的经济性，要求泵应在较高效率范围内工作。通常规定以最高效率下降 $\Delta\eta$ 为界，国内规定 $\Delta\eta = 5\% \sim 8\%$，一般取 $\Delta\eta = 7\%$。图1-29中由 $ABCD$ 包围的阴影区即为泵的高效工作范围。其中，N 为最高效率点，AD、虚线4和 BC、虚线5近似为等效率抛物线，AB、实线1为未切割叶轮外径 D_2 时的扬程性能曲线，CD、实线2为达到允许最大相对切割量 $D_{2\min}$ 时的扬程性能曲线。另外，AB、实线1亦可表示为转速为 n_1 的扬程性能曲线，CD、实线2亦可表示为叶轮外径不变而转速降低为 n_2 的扬程性能曲线，故 $ABCD$ 阴影区，亦为转速改变时的高效工作区。

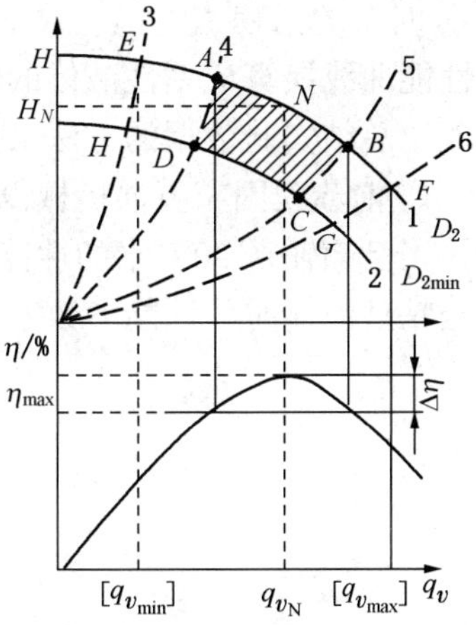

图1-29　离心泵的高效工作范围

表1-4　叶轮外径允许的最大相对切割量

比转数 n_s	≤60	60~120	120~200	200~300	300~350	350以上
允许切割量 $\frac{D_2 - D'_2}{D_2}$	20%	15%	11%	9%	7%	0
效率下降	每车小10%，下降1%		每车小4%，下降1%		—	

1.6 液体性质对离心泵性能的影响与换算

1.6.1 液体性质对泵性能的影响

1. 液体密度对泵性能的影响

已经知道，功率 N 与密度 ρ 成正比，即密度增加，功率增加；另外密度对泵的吸入特性也有影响，密度增加时，$NPSH_a$ 下降易发生汽蚀。

2. 饱和蒸汽压对泵性能的影响

饱和蒸汽压力对泵的吸入特性有较大的影响，饱和蒸汽压上升，$NPSH_a$ 下降；易汽蚀。

3. 液体含有杂质对泵性能的影响

液体含有杂质后，密度增加，粘度增加，使泵的流量 Q、扬程 H、效率 η 下降；且对机械密封不利，造成泄漏增加，容积效率下降。

4. 粘度对泵性能的影响

液体粘度增大后，因粘性力增加，使液体沿叶轮流动的速度减慢，且边界层增厚，沿程摩擦损失增加，但粘度增加使泄漏减少，总的来说使扬程 H、流量 Q 及效率 η 下降。粘度增加使轮阻损失增加，故轴功率增加。一般输送粘性液体时，希望选比转数较大的泵(因轮阻损失下降则消耗的主要附加功率下降快)，通常取比转数为 85~100 的泵。

1.6.2 输送不同粘度液体时泵性能换算

泵制造厂一般提供的均为20℃时清水的性能曲线，当输送液体的运动粘度大于 2×10^{-5} m^2/s 时泵的扬程、流量、效率开始下降，因而须知道泵输送粘性液体时的性能曲线。将水的性能曲线换算成粘性液体的性能曲线时，因动力相似不满足，故不能用相似原理的方法，只能用总结实验数据的方法来修正。下面介绍两种常用的方法。

1. 前苏联国家石油机械设计研究院的换算方法

当已知输送20℃水的性能参数为 Q_w、H_w、η_w、$(NPSH_r)_w$ 时，可根据下列关系换算成输送粘性液体时的性能参数 Q_v、H_v、η_v、$(NPSH_r)_v$、N_v。

$$\begin{cases} Q_v = K_Q Q_w \\ H_v = K_H H_w \\ \eta_v = K_\eta \eta_w \\ (NPSH_r)_v = K_{\Delta h}(NPSH_r)_w \\ N_v = \dfrac{g\rho_v H_v Q_v}{\eta_v} \end{cases} \tag{1-71}$$

式中 K_Q、K_H、K_η、$K_{\Delta h}$——分别为流量、扬程、效率、汽蚀余量的换算系数；

ρ_v——粘性液体的密度，m^3/s。

上式中的换算系数由图 1-30 查取，图 1-30 的横坐标为雷诺数，可由下式计算：

$$Re = \frac{Q_{ow}}{D_{eq}\nu} \tag{1-72}$$

式中　ν——液体的运动粘度，cm^2/s；

Q_{ow}——泵输送水时最高效率点(或设计点)的流量，cm^3/s；

D_{eq}——叶轮出口处的当量直径，cm，$D_{eq}=(4b_2D_2\tau_2)^{1/2}$，$\tau_2$ 取 0.9。

根据雷诺数直接可给出四个修正系数。这种换算方法有下列特点：

(1) 适用场合：$0.8Q_{ow}\leqslant Q\leqslant 1.2Q_{ow}$，$n_s=50\sim130$，$\nu<3\times10^{-4}m^2/s$，适用于离心式蜗壳泵，特别是大型离心泵换算时较精确。

(2) 图 1-30 是在假定流量为零时扬程不变及设计工况下比转数不变的前提下得出的。

(3) 此方法修正系数全面，有 $NPSH_r$ 的修正，但必须知道叶轮的出口尺寸(D_2、b_2、τ_2)，且非设计工况下换算时，仍须按设计工况下的修正系数修正。

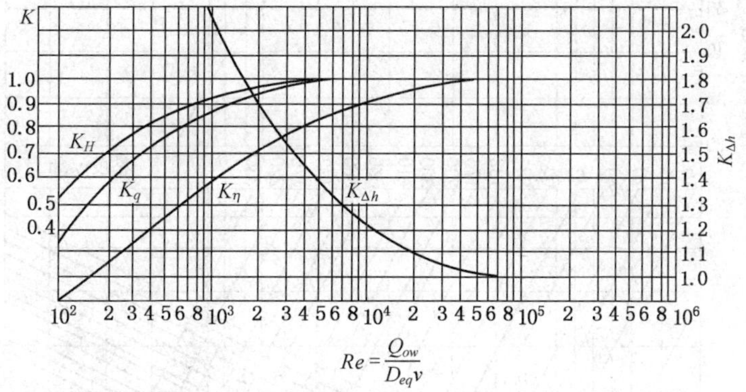

图 1-30　前苏联国家石油机械研究设计院的换算系数

2. 美国水力学会的换算方法

此法换算时，对应的换算关系如式(1-72)，只不过修正系数是用图 1-31 查取，且无 $NPSH_r$ 的修正。具体方法是：根据额定(设计)流量 Q_{ow}，向上作垂线，交扬程 H_{ow}线(对多级泵取单级扬程)，过交点作水平线。与粘度曲线相交，过此交点向上作垂线与修正系数曲线相交，即可得修正系数。如图 1-31 中的虚线。

美国水力学会换算方法的特点：

(1) 适用场合为均一性液体，未发生汽蚀时的离心泵。对非均一性液体及混流泵、轴流泵不适用。适用范围为：$\nu<8.65\times10^{-4}m^2/s$，$0.6Q_{ow}<Q<1.2Q_{ow}$。

(2) 只需知道 H、Q、ν 就可换算。

(3) 换算范围广，不同工况时扬程系数不同，但图表不能外延，且没有汽蚀余量的修正。

离心泵输送粘性液体时，动力不一定相似，故不能用比例定律换算粘性液体不同转速时的性能，必须利用输送水的特性曲线，进行不同转速下的性能换算后，再将所需转速下的特性曲线换算成粘性液体的性能。

输送粘性液体的泵设计或选型时，可将对粘性液体泵的要求换算成对水泵的要求进行水泵设计或选泵。当从粘性液体的性能换算成对水的性能时，须用试差法找修正系数。

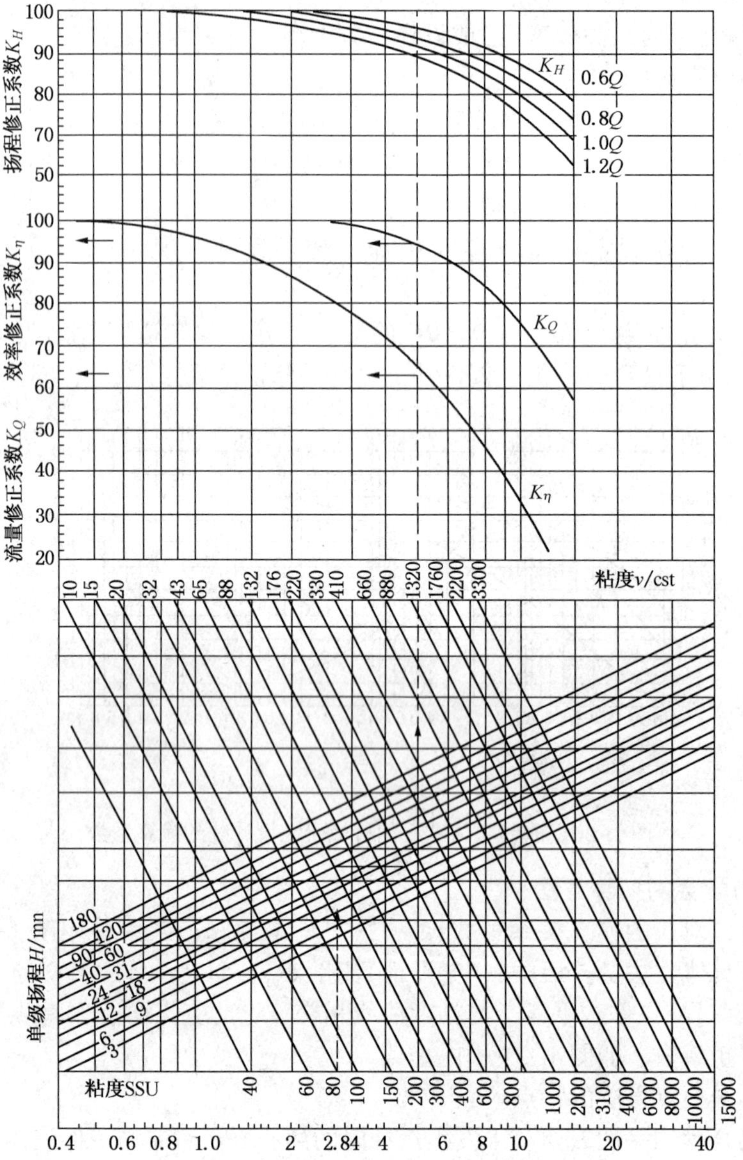

图 1-31 美国水利学会换算系数

1.7 离心泵的主要零部件

1.7.1 叶轮

离心泵叶轮就其结构型式来看，可以分为闭式、半开式及开式三种，分别如图 1-32 中的(a)、(b)及(c)所示。闭式叶轮的水力效率较高，适用于输送清洁的液体。开式及半开式叶轮则常用于输送含杂质的液体。离心泵叶轮还常常分成单吸式及双吸式两种。双吸式叶轮[见图 1-32(d)]适用于流量较大的场合，且其汽蚀性能较好。

1. 叶片的形状及数目

由于泵的性能主要是与液流在叶道进出口处的速度三角形有关，故对叶片来说，它在叶道进出口处的安置角 β_{A1} 和 β_{A2} 对泵的性能有重要的影响，而叶道内部的叶形对泵性能影响不大。它只对流过叶片间液体流动阻力有影响，所以在保证 β_{A1} 和 β_{A2} 及不使叶道过分弯曲的前提下，叶片的叶形可以用各种方法来作出。离心泵叶轮的 β_{A1} 大致在 18°~25°范围内。叶片出口处的安置角 β_{A2} 一般是在 16°~40°之间，最常用的是 20°~30°。

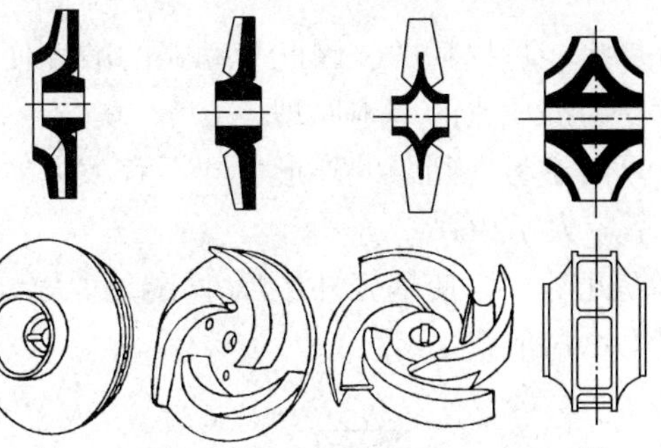

图 1-32　离心泵叶轮的型式

离心泵叶轮中的叶片数 Z 通常采用 6~8 片，但对输送含杂质液体的离心泵，其叶片数较少，有时 $Z=2\sim4$ 片。

2. 叶片厚度

对铸铁泵叶片最小厚度为 3~4mm；对铸钢叶片，最小厚度为 5~6mm，对小泵型要考虑铸造的可能性，对大型泵可适当增加厚度，使叶片有足够的刚度。

3. 叶片包角

叶片包角为叶片入口边与圆心的连线和出口边与圆心连线的夹角。包角越大，叶片流道越长，有利于叶片与液体间的能量交换，但若包角太大，则摩擦损失增加，铸造工艺性差。一般 $n_s=60\sim220$ 的泵包角为 75°~150°，低比转数叶轮取大值，高比转数叶轮取小值。

4. 叶轮的材料

叶轮的材料是根据输送液体的化学性质及强度要求来确定的。一般清水泵的叶轮是由铸铁或铸钢制造，输送腐蚀性液体时，可用青铜、不锈钢、陶瓷、耐酸硅铁及塑料等制成。

1.7.2　蜗壳与导轮

离心泵的转能装置有两种：蜗壳和导轮(用导轮转能的离心泵，又叫做离心式透平泵)。

它们的作用是把叶轮给出的动扬程部分转变成静压头。除此之外，蜗壳本身同时兼作泵壳，起着将自叶轮出来的液体收集起来导向排液管的作用。

1. 蜗壳

蜗壳形状一般是按照泵在设计流量下液体离开叶轮后的自由流动轨迹而做成。设自叶轮流出的液体不受摩擦、扰动等外界影响，则按动量矩定理知液流质点在任意半径 R 处动量矩不变，由此可得

$$c_{uR}R = c_{u2}\frac{D_2}{2} = \text{常数} \tag{1-73}$$

式中　c_{uR}——叶轮外任意半径 R 处液流绝对速度 c_R 的切向分速度，m/s；

c_{u2}——叶轮出口处液流绝对速度的切向分速度，m/s。

此外，如不考虑由于叶片厚度而产生的阻塞影响，则按连续性方程式可得

$$c_{rR} = \frac{Q_t}{2\pi Rb_R} \tag{1-74}$$

式中　c_{rR}——叶轮外任一半径 R 处液体绝对速度 c_R 的径向分速，m/s；

b_R——蜗壳在半径 R 处的轴向宽度，m。

由上二式可看出，当液体沿其自由轨迹流动时，随着 R 的增大，对应的 c_{uR} 及 c_{rR} 均将减

小，故液流的速度 c_R 及动能头 $\frac{c_R^2}{2g}$ 将会沿着自由轨迹逐渐减小。由于液体自由流动时可以认为是无能量损耗的，因此其动能的减小便转变为静压头的增加，这就是蜗壳能将液流的动能转变为静压头的基本原理。

由于考虑到泵的外形尺寸不宜太大，所以离心泵蜗壳的螺旋线部分所占有的角——包角 φ 不应大于 360°。

此外，为使蜗壳外形尺寸不致过大，故往往将蜗壳截面做成宽度不断加大的扩张形，如图 1-34 所示。

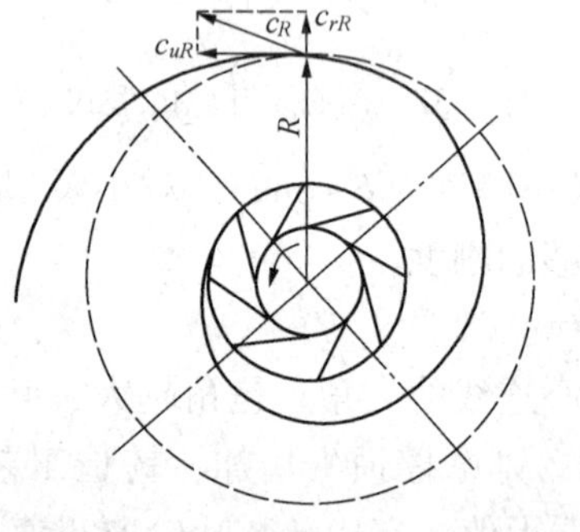

图 1-33　出叶轮后液流的自由轨迹

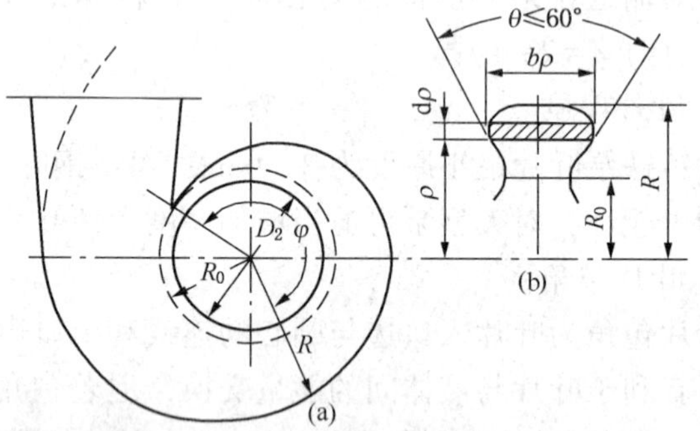

图 1-34　离心泵蜗壳形状

但此蜗壳截面的扩张角 θ 应不大于 60°，以免液体流入蜗壳时会因通流截面扩大太快而发生带有剧烈边界层分离损耗的“脱流”现象。

由于采取了上述一些缩小泵外形尺寸的措施，所以一般离心泵蜗壳螺旋线部分最后的半径相对地不是很大，这就使在螺旋部分最后的 c_{uR} 及 c_{rR} 的降低受到限制，使能量转换得不够充分。为了弥补这一缺陷，一般蜗壳在其螺旋线段后总是有一段扩压管段，叶轮出来液体的动能有很大一部分是在其中减速扩压。

为了减少液流在扩压管段中转能时的损失，蜗壳扩压段的扩张角一般应不大于 10°。必须指出，蜗壳的螺旋形与设计流量下液体自由流动情况一致。如果泵在偏离设计流量下工作则液体自叶轮流出后的自由轨迹将与蜗壳的形状不一致，从而会产生冲击或脱流等情况。由于液体从叶轮流出时具有较大的速度，因此这种冲击或脱流所引起的水力损耗很大，它对离心泵的效率有很大的影响。

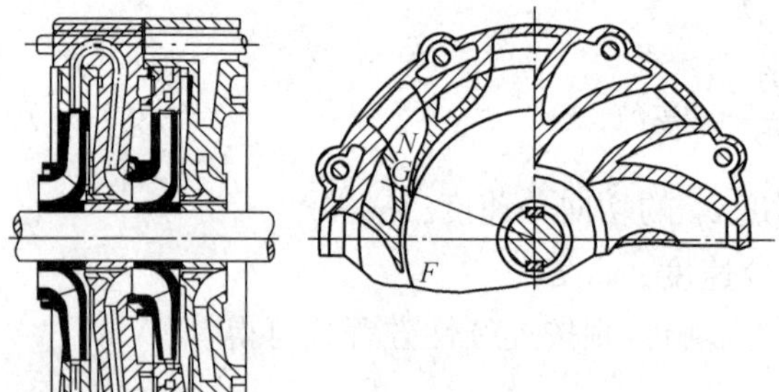

图 1-35　离心泵的导轮

2. 导轮

导轮是由包围在叶轮外面的正向导叶及将液流引向下一级叶轮吸液孔的反向导叶所组成，如图 1-35 所示。导轮的转能原理基本上与蜗壳是一样的。正向导叶开始的一段 *FG* 与蜗壳一样，是按设计工况下液流的自由轨迹绘出。而导叶的后半段 *GN* 则与相邻导叶的背面一起，形成一扩压管段。因此实际上可以将导轮看成是围绕着叶轮的若干个包角很小的蜗壳。

与蜗壳相比，导轮的优点是外形尺寸较小，用导轮转能的分段式多级泵较中开式的多级蜗壳泵容易铸造。而且导轮有较大的通用性，可以用不同数量尺寸相同的叶轮及导轮来形成多种级数不同的多级泵。但从安装检修方便来看，用导轮的分段式泵不及中开式蜗壳泵。而且用导轮转能的最大缺点是当工况与设计工况偏离时泵的效率下降较快。这是因为在蜗壳中只有一个隔舌，但在导轮中则正向导叶数一般有 3~6 片，当泵工况与设计工况偏离时，每片导叶处都会产生冲击，所以它的冲击损失要比蜗壳大。这在泵性能曲线上的反映是，用导轮转能的离心泵其 H-Q 及 η-Q 曲线均比用蜗壳转能的离心泵要陡，因而其平均效率也较蜗壳式要低。

1.7.3　离心泵叶轮的轴向力、径向力及其平衡措施

1. 离心泵叶轮的轴向力

离心泵工作时叶轮受到轴向力的原因有二个。主要是由于在叶轮吸液口处轮盘两侧所受的液流压力不同而产生的轴向力 F_{I}，其方向是从轮盘侧指向吸液口侧。F_{I} 的大小可近似地按下式计算

$$F_{\mathrm{I}}=(p_2-p_0)\pi(r_{is}^2-r_{ax}^2)$$

式中　各符号的意义见图 1-36。

除 F_{I} 之外，叶轮还受到由于液流进出叶轮的方向及速度不同而引起的动反力 F_{II}，其方向与 F_{I} 相反。F_{II} 的大小可按动量定律计算：$F_{\mathrm{II}}=\dfrac{\gamma}{g}Q_t c_0$，因此作用在一个叶轮上的轴向力为：$F_{oc}=F_{\mathrm{I}}-F_{\mathrm{II}}$。

应当指出，上面轴向力 F_{I} 的计算是近似的，因为实际上轮盖、轮盘与泵壳间的液流是有转动的，因此轮外两侧液流的压力大致如图 1-36 中的曲线 EK 及 CT 所示，是由外向里逐渐减小，所以按上式算得的 F_{I} 是偏大的。此外，对有 i 级的多级泵，如其叶轮的吸液口都在同一侧，则在轴承处受到的总轴向力将是 iF_{oc}，它往往可以达到很大的值，因此一般离心泵都有平衡轴向力的装置或措施。对立式泵，计算轴向力时尚须将转子的重量考虑进去。

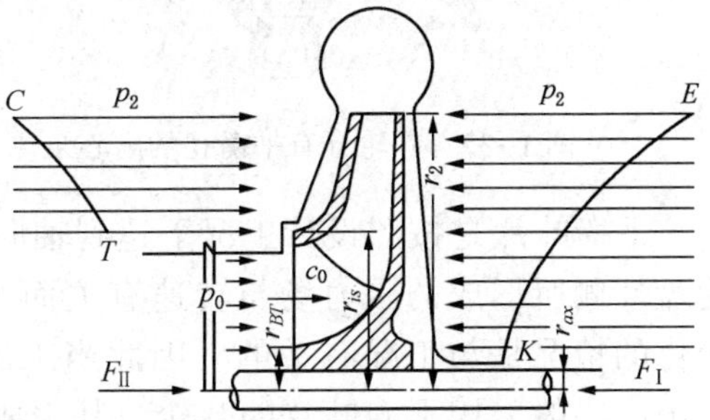

图 1-36　离心泵的轴向力

2. 轴向力的平衡

在叶轮的轴向力 F_{oc} 中，F_{I} 比 F_{II} 大得多，因此在考虑轴向平衡时，主要是着眼于轴向力 F_{I} 的平衡。

对单级离心泵，常用的轴向力平衡措施有如下几种：

(1) 开平衡孔　在叶轮轮盘上相对于吸液口处开几个平衡孔，使轮盘前后的空间连通起来而起均压作用。同时还在轮盘外侧相对于吸液口处铸出一密封凸缘，它与安装在泵壳上的密封环形成一迷宫密封，使密封环的内侧空间与压液室隔开(见图 1-37)，这样可使叶轮吸液口轮盘两侧液流的压力差大为减小，起到平衡轴向推力的作用。这种平衡轴向力措施的优点是装置简单，但由于后轮盘与泵壳间的密封是迷宫式，它必然会有泄漏，因此会使泵的内部泄漏增加，容积效率不高。此外，此内部泄漏在穿过平衡孔而流入吸液口时，会扰乱进入叶轮的主液流，这会增加轮内的水力损失而使泵的效率稍有降低。同时，由于结构上的原

因，平衡孔总的开孔面积不可能很大，泄漏液体流过平衡孔时有一定的阻力，因而轮盘前后的压力差不可能完全消除，采用开平衡孔后一般尚有10%～25%的轴向力得不到平衡而要靠轴承来承受。在分段式多级泵中，有时也用开平衡孔的措施来减少每级的轴向力，同时再用其他平衡装置来抵消剩余的轴向力。

（2）安装平衡叶片　这种平衡轴向力的方法是靠在轮盘外面铸出几片筋条状的径向平衡叶片(见图1-38)，当叶轮转动时，平衡叶片带动轮盘与泵壳间的液体，在离心力的作用下使近轴处形成低压。如平衡叶片的长度、高度、叶片数及与泵壳间的间隙等设计适当，则在工作转速下由平衡叶片形成的低压场作用在叶轮背后的推力，与设计工况下液流作用在叶轮前面的推力相抵消。因而轴向力得到平衡。

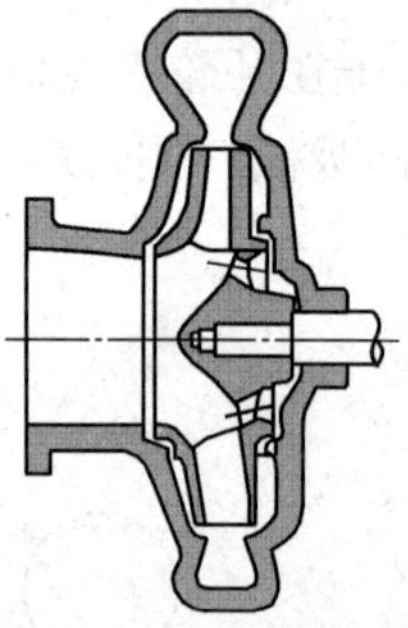

图1-37　叶轮开有平衡孔的离心泵

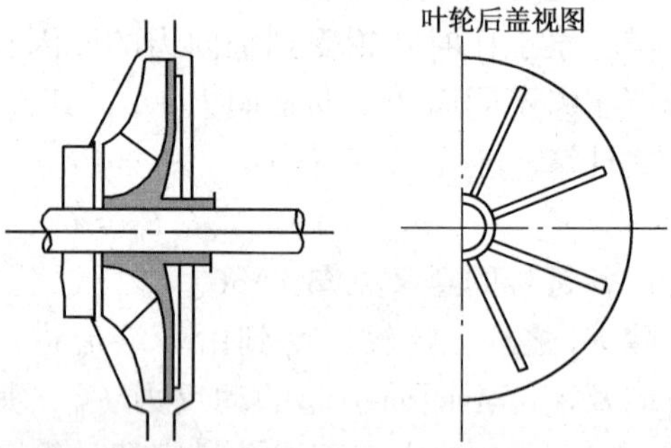

图1-38　背后带有平衡叶片的叶轮

平衡叶片是按照设计工况下达到轴向力平衡来定出其尺寸的，尺寸定后，平衡叶片在轮盘外侧所形成的压力场与转速有关而与工况无关。但在轮盖外侧的液流压力沿径向而变化的情况是与工况有关的，因此当工况偏离设计工况时，轴向力就不一定会完全得到平衡。一般采用平衡叶片的叶轮，其主要目的常是为了要在轮盘外轴的附近形成低压区，以改善装在那里的填料函的工作条件。叶轮带有平衡叶片后会使泵工作时的功耗稍有增加。

（3）采用双吸叶轮　由于双吸叶轮的两侧是对称的，所以其两侧所受的轴向力相等而自动抵消。但应指出，除了级数为奇数并用蜗壳转能的中开式多级泵外，在离心泵的设计或选型中，采用双吸叶轮往往不是为了解决轴向力的平衡问题，而是由于泵工作流量较大的缘故。轴向力会自己平衡只不过是采用双吸叶轮后的必然结果。

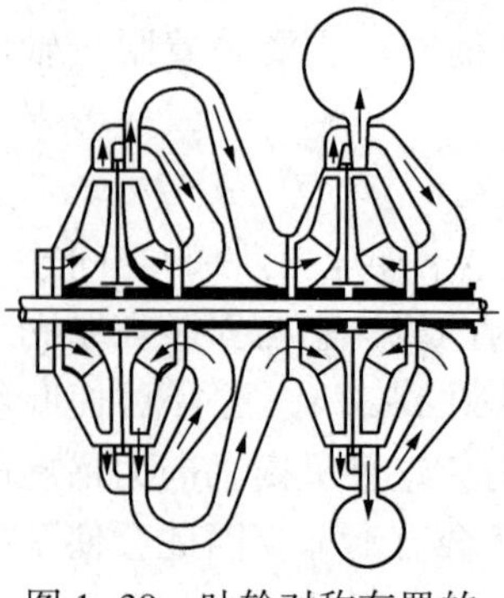

图1-39　叶轮对称布置的多级离心泵

对多级泵，其常用的轴向力平衡措施如下：

（1）对称地布置各级叶轮　此法常用于级数为偶数并用蜗壳转能的中开式多级泵。图1-39即为一台叶轮对称排列的四级离心泵。其中Ⅰ、Ⅲ级叶轮吸液口朝左，它们的轴向推力也向左。而Ⅱ、Ⅳ级叶轮吸液口向右，其轴向推力也向右，它与Ⅰ、Ⅲ级的轴向力相抵消。当多级泵为奇数而用对称布置各级叶轮来消除轴向力时，可以把第一级叶轮做成双吸式，其他各级则对称布置。

（2）采用平衡鼓　在离心式压缩机中则称为平衡盘。这种平衡轴向力的装置常用于叶轮不是对称布置的分段式多级离心泵，其结构及作用原理如图 1-40所示。

图中平衡鼓 A 是一圆柱体，它装在最后一级叶轮 B 及平衡室 C 之间。平衡鼓紧装在转轴上并随轴转动，盘的外圆柱面与安装在泵壳上的承磨环 E 之间的间隙做得很小，起着减小液流自最后一级漏向平衡室的密封作用(在离心式压缩机中，在平衡盘的柱面与机壳间装有迷宫密封装置)。平衡室 C 用管路与第一级的吸液室相通，使平衡室中的压力 p_c 与第一级吸液室中的 p_0 相等。但平衡鼓另一侧受到的压力是最后一级压液室的压力 p_2，因此平衡鼓两侧所受的压力不相等，有一个自叶轮入口推向平衡室的轴向推力 R_{oc}，其值是

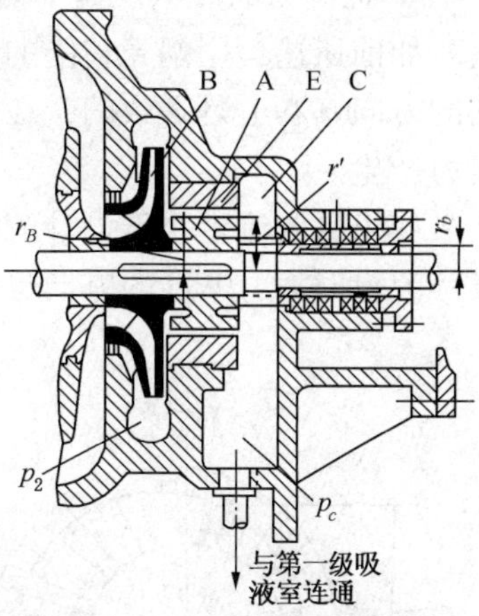

图 1-40　平衡鼓的结构原理图

$$R_{oc} = \pi p_2(r'^2 - r_B^2) - \pi p_0(r'^2 - r_b^2)$$

式中　各符号见图 1-40。

由于平衡鼓所受到的力 R_{oc} 是与叶轮的轴向推力 ip_{oc} 方向相反，因此只要平衡鼓的半径 r' 设计适当，就可以使 $R_{oc}=ip_{oc}$，整台泵的轴向推力因而可以得到平衡。但离心泵压液室中的压力是随工况而变化，当实际工况与设计工况偏离时，盘上的轴向力 R_{oc} 将与各叶轮的轴向力 ip_{oc} 不相等，其差值即为不平衡轴向力，它将由泵的轴承来承受。

(3) 采用自动平衡盘　这种平衡装置常用于分段式多级泵中，其结构如图 1-41 所示。固定在泵轴上的平衡盘 A 安装在多级泵最后一级的泵壳与平衡室 B 之间，平衡室 B 用连通管与第一级的吸液室相通，因此平衡室中的压力大致与吸液室中的压力 p_0 相同。泵工作时，有股液流在压力 p_2 的推动下，自最后一级经缝隙 Y 漏入自动平衡盘与泵壳间的中间室 C，再经固定在泵壳上的衬环 E 与自动平衡盘间的缝隙 Z 而漏到平衡室 B。设泄漏液流经缝隙 Y 及 Z 时的压力降分别为 Δp_y 及 Δp_z 则中间室 C 中的压力 $p_c=p_2-\Delta p_y=p_0+\Delta p_z$ 故 $p_2>p_c>p_0$，自动平衡盘 A 两侧受的压力不相等。如自动平衡盘两侧的受压轴向投影面积相等，并等于 F_A，则它将受到一轴向推力

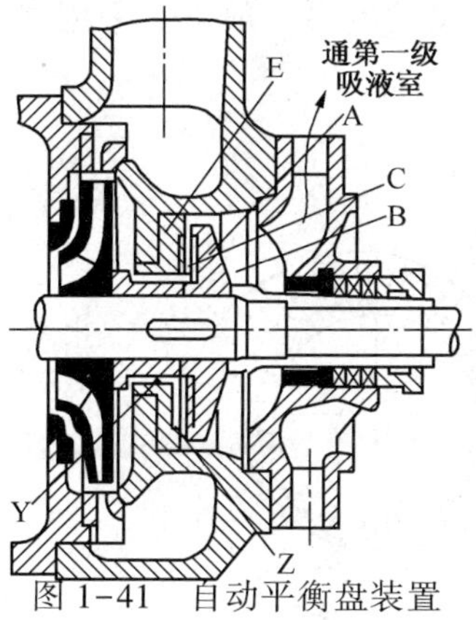

图 1-41　自动平衡盘装置

$$R_{oc} = (p_c - p_0)F_A = \Delta p_z F_A$$

此力的方向指向平衡室，并与作用在各叶轮上的轴向力 ip_{oc} 方向相反，结果使整台泵的轴向力得到平衡。

一般装有自动平衡盘的离心泵总是做成整个转子可以沿轴向作左右移动的。如开始时 $ip_{oc}>R_{oc}$，则轴将带着自动平衡盘移向叶轮侧而使缝隙 Z 变小。这时流过缝隙 Z 的阻力降 Δp_z 及中间室的压力 p_c 将增加，而泄漏及 Δp_y 将减小，所以作用在自动平衡盘上的轴向推力将增加。直到 R_{oc} 增大到与 ip_{oc} 相等时，由于轴向力平衡，转子便不再沿轴向移动。反之，如 $ip_{oc}<R_{oc}$，则自动平衡盘将反向移动而使缝隙 Z 增大，结果使 Δp_z 及 R_{oc} 自动下降。

最后，当 R_{oc} 降低到等于 ip_{oc} 时，轴向力得到平衡，转子不再移动。因此，采用自动平衡盘后泵在工作时其轴向力会自动得到平衡。

3. 径向力的产生及其平衡措施

如前所述，用蜗壳转能的离心泵，在设计流量下，蜗壳内的液体流动方向和液体流出叶轮的方向基本上是一致的，在叶轮周围，液体的流动速度和压力分布是均匀的，这时没有径向力产生。

如果泵的流量小于设计流量，则蜗壳中的液流速度减小，而叶轮中流出的液流速度则比设计流量时大，速度的方向也发生改变，因此液体从叶轮进入蜗壳时就发生冲击，使从叶轮中出来的液流速度减慢到蜗壳中的液流速度，同时把一部分动能传给蜗壳中的液流，使蜗壳中液流压力升高。蜗壳中的液体从隔舌流向扩压管的过程中，一路上不断受到从叶轮中流出的液体冲击，其压力不断升高，所以蜗壳中液流的压力分布是在隔舌处最小，在进入扩压管处最大，如图 1-42 所示。其结果使转子受到一个方向与隔舌成 90°的径向力 p。此外，由于蜗壳内压力分布不均匀，给叶轮的动反力大小也是不相同的。动反力的方向则与流出叶轮时的液流速度 c_2 方向相反。如把作用在叶轮上总的动反力 R 分解成由各个径向分速度 c_{r2} 产生的动反力 R_r 以及由各个周向分速度 c_{u2} 产生的动反力 R_u，则 R_r 应与压力分布不均匀所产生的径向力 p 的方向相反，R_u 则应与 p 垂直，并指向扩压管方向。转子最终受到的径向力，是 p 与 R 的向量和 F，它指向自隔舌起小于 90°的方向，如图 1-42 所示。

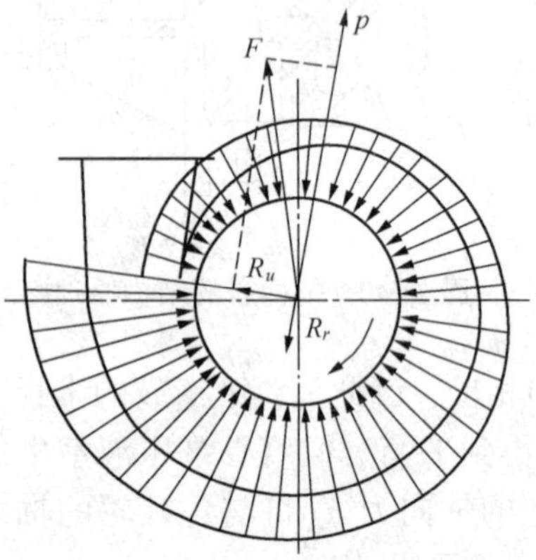

图 1-42　$Q<Q^*$ 时蜗壳中的压力分布及径向力

如泵的流量大于设计流量，按照同样的分析方法，可得到与上述情况相反的结果，如图 1-43所示。为了平衡径向力，方法之一是把蜗壳做成双蜗壳型式，如图 1-44 所示。这样，蜗壳中沿叶轮圆周的压力分布虽然仍不均匀，但是由于两个蜗壳对称布置，因此作用在叶轮上的力是平衡的。这种双蜗壳的结构比较复杂，尤其对于尺寸小的泵，在铸造时往往难以得到光洁的蜗壳内表面，这会降低泵的水力效率，所以对于小尺寸的泵一般不宜采用。对

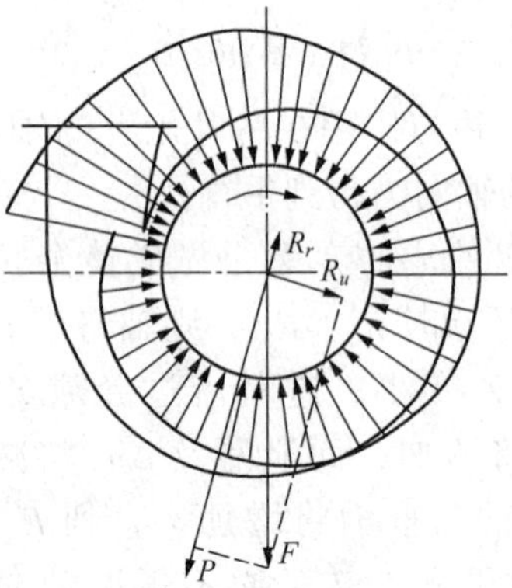

图 1-43　$Q>Q^*$ 时蜗壳中的压力分布及径向力

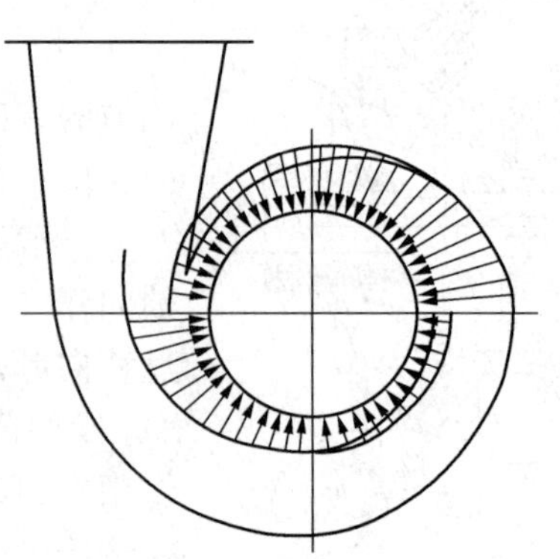
图 1-44　双蜗壳

于大型泵，经验证明双蜗壳的结构并不会增加太大的阻力，因而有时被采用。

1.7.4 密封装置

旋转的泵轴与固定泵体间的密封简称轴封。轴封的作用是防止高压液体从泵内漏出或防止空气进入泵内。轴封装置是泵的易损件之一。离心泵中常用的结构有骨架的橡胶密封、填料密封、机械密封和浮动环密封。

1. 填料密封

图1-45为带有液封环的填料密封，靠填料和轴(轴套)的外圆表面接触来实现密封。为了避免工作时填料与泵轴摩擦过于剧烈，填料的压紧度不易太大。

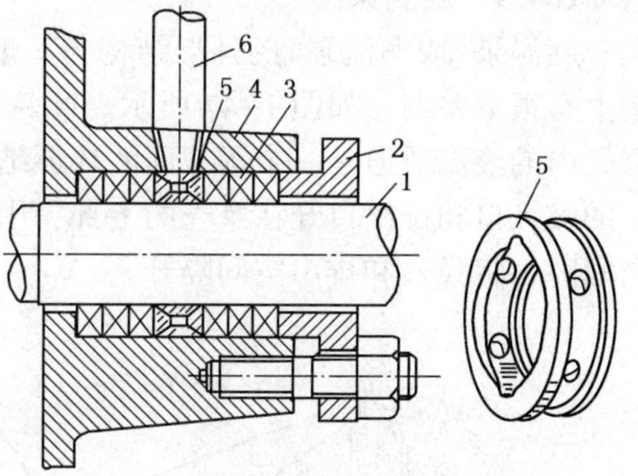

图1-45　带有液封环的填料密封
1—轴；2—压盖；3—填料；
4—填料箱；5—液封环；6—引液管

常用的填料有：浸透的棉织填料(适于低压，$t<40℃$清水泵)、石墨浸透的石棉填料(适于$t<250℃$，$p<18kgf/cm^2$，轴套圆周速度$<25m/s$)、金属箔包石棉芯子填料(适于$t<400℃$，$p<25kgf/cm^2$，石油产品及水)及近年来发展的柔性石棉填料(适于高、低温有腐蚀的介质)、碳素纤维填料(适于高速、高压)。

2. 机械密封

1）机械密封的主要构件

机械密封也称端面密封，典型结构见如图1-46。机械密封由下列几部分组成：

(1) 主要密封件　与轴一起旋转的动环与固定在压盖内的静环构成一对摩擦副，起到径向密封作用。

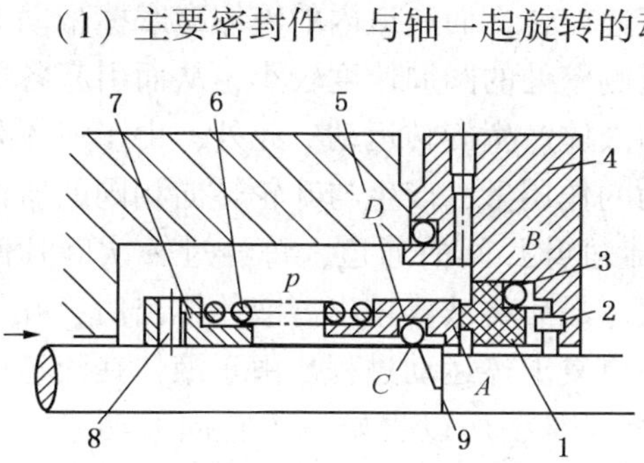

图1-46　机械密封结构图
1—静环；2—防转销；3—O形密封圈；4—压盖；
5—动环；6—弹簧；7—传动坐；8—固定销钉；
9—O形密封圈

(2) 辅助密封件　O形环、V形环、U形环、楔形环等。

(3) 紧固件　弹簧座、固定螺钉、压盖等，起静、动环定位、紧固、盛装的作用。

(4) 弹性件　弹簧、波纹管、隔膜等，使动静环贴合，起到预紧、补偿、缓冲的作用。

(5) 传动件　传动环、传动健、传动销等，带动动环随轴—起旋转。

2）机械密封的原理

机械密封的主要泄漏点位于图1-46中的A、B、C和D处，其中A处为主要密封点。机械密封是靠动环和静环的端面互相贴合，形成微小轴向间隙而起到密封作用的。机械密封目前有接触式或非接触式两大类，对接触式，其接触表面间的润滑情况有干摩擦、混合摩擦等多种，常用的机械密封大多为接触式混合摩擦，其动环端面靠密封室中液体的压力和压紧元件的压力压紧在静环端面上，并在两环形端面上产生适当的比压和保持一层极薄的液体膜，从而达到密封的目的。

1.8 其他类型泵

1.8.1 旋涡泵

旋涡泵(或涡流泵)的外形结构与一般单级单吸离心泵有些相似，但泵的主要部件在结构上有很大差别，如图 1-47 所示。叶轮上的叶片是在等厚度圆盘的两个端面上铣制而成，泵壳内的液流通道是一个等截面的环形结构，叶轮与泵壳同心安装，彼此间构成同心流道。泵的吸入口和排出口开在泵壳的上部，用隔板隔开。隔壁与叶轮相距很近，只留有很小的径向间隙，将吸入和排出空间隔开。

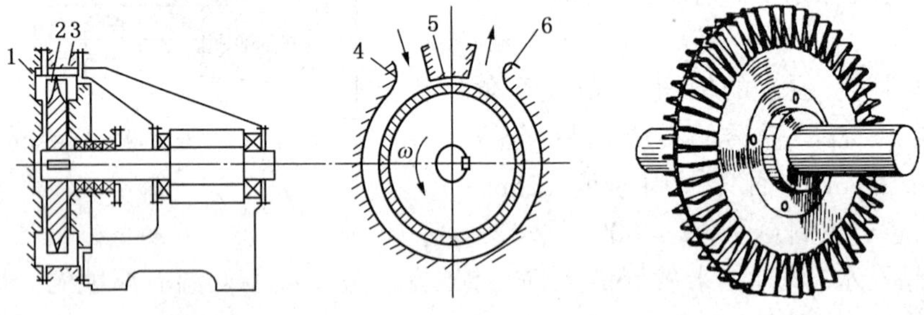

图 1-47 旋涡泵示意图

1—泵盖；2—叶轮；3—泵体；4—吸入口；5—隔板；6—排出口

旋涡泵的工作原理与离心泵有相似之处，也是靠离心力作用输送液体，但又不完全相同。当叶轮旋转时，叶片间的液体在叶片的带动下高速旋转，而流道内的液体靠摩擦带动而运动。所以，靠近叶轮处的圆周速度较大，接近流道侧壁处的圆周速度较小，从而引起各部分液体质点离心力不同，使叶片间的液体和流道内的液体产生旋转运动。此外，由于液体要跟着叶轮作旋转运动，从而使泵内液体在这两种运动的作用下，产生与叶轮转向相同的所谓“纵向旋涡”。液体依靠纵向旋涡，周而复始地多次流过叶片间的通道，每经过一次叶片间通道，就受到一次离心力作用，液体扬程就增加一次。最后将液体排出。液体排出后，叶片间通道便形成真空。液体不断从吸入口进入叶轮，并重复上述运动过程。由于液体在流道内撞击损失较大，因此这种泵的效率不高，一般不超过 45%，所以也妨碍了它向大功率方向发展。从目前生产的旋涡泵来看，功率一般不超过 30kW，流量为 0.05~1.5m^3/s，单级扬程可达 250m 左右，其比转数 n_s 通常为 6~50。对于这样低比转数的旋涡泵，其效率比离心泵高，虽然可用效率较高的容积泵，但由于旋涡泵结构简单，尺寸小，成本低，因此一般用旋涡代替低比转数离心泵。

旋涡泵的性能特点：当流量下降时，扬程功率反而增加，因而它不能在远离正常流量的小流量情况下运转，其流量调节也只能用旁路调节法。为了避免电动机超负荷，必须使出口阀在全开下启动。

旋涡泵型号说明：如 32WZM-30。其中：32 表示泵吸入口径，mm；Z 表示自吸；W 表示旋涡泵；30 表示泵的扬程，m。

1.8.2 往复泵

往复泵属于容积式泵，其结构如图 1-48 所示。一般由输送液体的液缸和传递动力的传动部分组成。当柱塞由于外力作用向右移动时，泵缸内密闭的工作室容积变大，压力降低，吸入池的液体在大气压力作用下，顶开吸入阀进入泵缸，这一过程称为吸入冲程。当柱塞由于外力作用向左推动时，泵缸内密闭工作室容积变小，压力升高，排出阀被顶开，吸入阀自动关闭，停止吸液，将缸内液体排出泵外，即排出冲程，然后，柱塞重复上述循环过程，液体不断被吸入和排出。

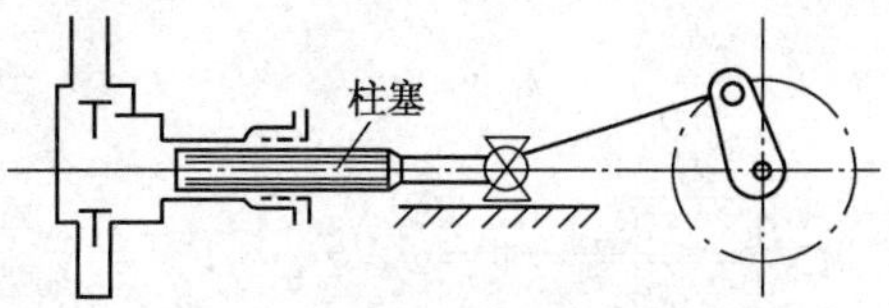

图 1-48　往复泵

由于这种泵的柱塞往复一次，只吸入和排出液体各一次，所以称为单作用泵。这种单作用泵排液是间断的，流量极不均匀，惯性阻力损失增加，并在运转中产生冲击和振动。为了减小单作用泵流量的不均匀性，减弱液流的脉动，一般在这种泵上设置有吸入空气室和排出空气室，在空气室内注入空气或惰性气体。

根据曲柄连杆机构的运动规律，柱塞的运动速度是按正弦曲线变化，随柱塞而运动的液体会产生惯性力。为了提高泵的流量，减小泵的流量不均匀性，也可以将三台这样的单作用泵，并联在一根相互错开 120°的曲轴上，泵进出口分别连接在公共的吸入和排出管上，使泵的流量达到基本均匀的要求，这种泵称为三作用泵，或三联泵。

对于压力较低的往复泵，常采用活塞式结构，以利于充分利用泵缸空间，将泵做成双作用泵，结构紧凑，如图 1-49 所示。活塞往复一次，有两次吸入和两次排出过程，其流量均匀性比单作用泵好。

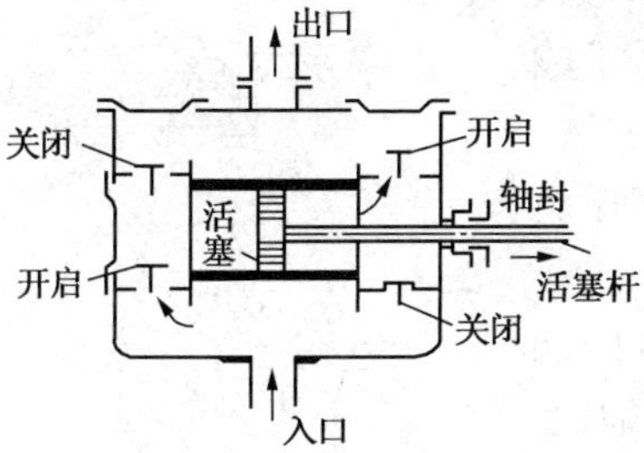

图 1-49　双作用泵

往复泵产生的压力，只取决于泵外界的阻力。只要原动机的功率和泵本身及管道的材料强度足够，在理论上往复泵可达到无限高的排出压力。往复泵的流量决定于泵缸的尺寸和往复次数，与排出压力无关，因而不能用改变排出压力的办法来调节流量。往复泵具有自吸能力，启动前不必灌泵，因而本不需要底阀，只是为了避免活塞与泵缸干磨，缩短启动时间和启动方便，才考虑在吸入系统中装设底阀。往复泵只能作为一种低速泵使用，否则往复泵在工作中也会产生汽蚀现象，泵阀出现严重滞后现象，阀门寿命显著降低，机器寿命大为缩短。

所以，往复泵主要用于小流量，高压力的地方。此外，往复泵效率比离心泵高，尤其是在小流量下更为明显。但由于往复泵结构复杂，往复次数较低，体积大，结构笨重，流量调节又不如离心泵方便，因而它的发展速度和应用范围不如离心泵。由于往复泵有泵阀存在，它不宜用来输送污浊或粘度高的液体。

目前生产上使用的往复泵，除了电动式外，在石油化工中还使用了蒸汽往复泵，如图 1-50。这种泵的优点是不会产生火花，很安全，特别适用于输送挥发性和易燃性液体。此外，泵的活塞往复次数调节方便，泵的流量比较均匀平稳，在易燃易爆的炼油厂和化工厂，用得较多。但它的机构庞大，蒸汽消耗量大，在一般工厂使用较少。

1.8.3　齿轮泵

齿轮泵属于容积式转子泵，是转子泵中最常用的一种泵。它和容积式的往复泵有所不同，它设有吸入阀和排出阀；转子作回转运动，转速较高，泵的尺寸小，结构紧凑；流量波动比离心泵大，但比往复泵小，近似均匀。转子泵一般依靠输送的液体润滑，所以一般适用于输送具

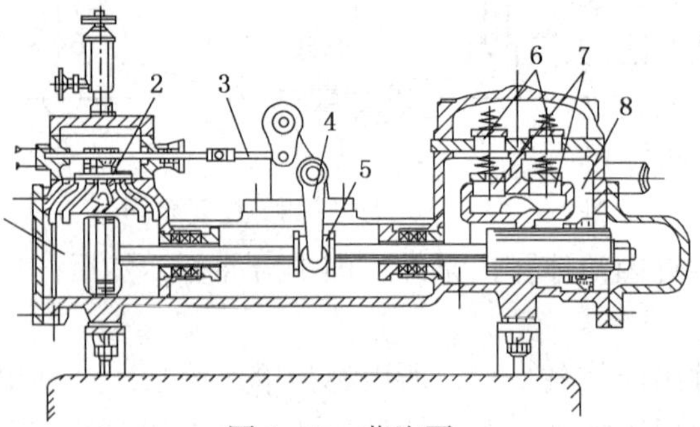

图 1-50　蒸汽泵

1—气缸；2—配气结构；3—拉杆；4—摇臂；5—连接器；6—排出阀；7—吸入阀；8—泵缸

有润滑性和不含固体颗粒的液体。齿轮泵由一对相互啮合的齿轮构成，按齿轮啮合方式，一般分为外啮合和内啮合齿轮泵。

图 1-51 为应用最广泛的一种外啮合小齿轮泵。驱动机带动主动齿轮反时针旋转，齿轮和泵壳的间隙，无论是周向还是侧面都很小，通常径向间隙为 0.10～0.15mm，端面间隙更小，为 0.04～0.10mm，以防液体倒流。泵体、泵盖和齿轮的各个齿间槽便形成密封的工作室，这样，齿轮便将泵壳分隔成吸入侧和排出侧。当齿轮转动时，在两啮合齿脱开之处，容积不断增大形成低压，将输送液体吸入泵内。当齿轮的齿顶转动到与泵壳内壁只有很小间隙时，液体被封闭在两齿与泵壳之间。随着齿轮的转动，这部分液体便挤压到排液侧面排出。为了防上排出管堵塞而造成泵和驱动机过载，在泵壳上设置有安全阀，调节弹簧可以调节允许的输出压力。

由于齿轮泵尺寸不宜过大，因而它的流量较小。当排出压力较高时，通过齿轮之间和齿轮与泵壳间的泄漏增大，容积效率降低，所以又不宜用在压力太高的地方。当输送粘性液体时，泄漏反而减小，因而特别适于输送具有润滑性和不含固体颗粒的液体。齿轮泵转速一般为 300～1450r/min。近年来，齿轮泵发展趋势是提高泵的转数并向高压力方向发展。

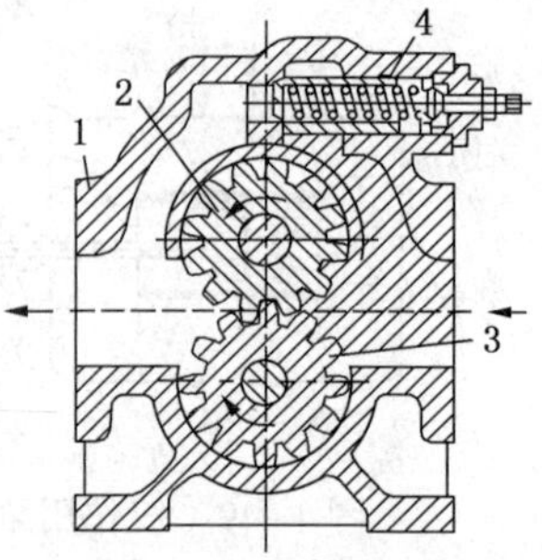

图 1-51　齿轮泵

1—泵体；2—主动齿轮；3—从动齿轮；4—安全阀体

齿轮泵在工作时，由于齿轮圆周上受到吸入和排出侧不同的压力，因而使转子受到相当大的径向力。齿轮泵吸排液体压力差越大，径向力也愈大。因此，齿轮的轴向宽度一般比较小，进出液体压力差要求也不宜过大。

1.8.4　螺杆泵

螺杆泵按其作用原理，仍属于容积式转子泵，它是利用泵壳内一根或数根螺杆互相啮合使室间容积变化来排送液体。图 1-53为一台外啮合双转子轴螺杆泵，主动螺杆与从动螺杆螺纹相反，从动螺杆通过同步齿轮由主动螺杆带动。当螺杆旋转时，由于两螺杆齿形互相紧密贴合，液体像螺母沿螺杆轴向移动，从螺杆的左端吸入液体，由螺杆右端排出。

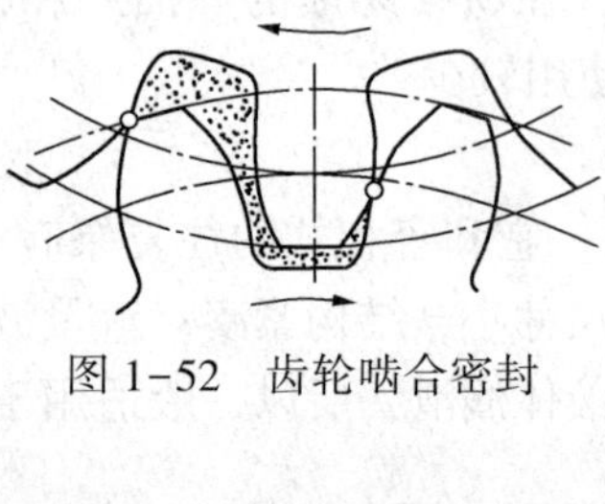

图 1-52　齿轮啮合密封

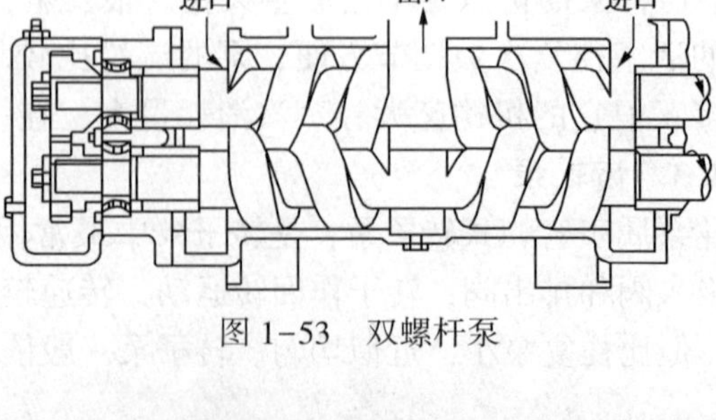

图 1-53　双螺杆泵

这种双螺杆泵属于非密闭式螺杆泵，螺旋剖面形状为梯形，无论是螺杆之间，还是螺杆与泵壳内壁或螺杆衬套之间都不接触，不能达到完全的密封。为了减少液体通过间隙的漏损，螺杆齿数取较多，使之形成一个曲折次数较多的迷宫密封，即增加密封腔的数目。这样，不得不将螺纹的导角减小，缩短螺距。从而，主动螺杆不能靠螺齿直接带动从动螺杆，而需要通过同步齿轮来传动。由于这种非密闭式螺杆容积效率和机械效率较低，所以只适用于低压力的地方。但是它的制造成本比密闭式螺杆泵低，对于输送液体也没有密闭式螺杆泵要求那样严格，因而可用来输送污液和没有润滑性的液体。密闭式螺杆泵，螺纹导角较大，齿数少，螺杆长度较短，从动螺杆可以直接由主动螺杆带动，而不需要借助同步齿轮。由于这种螺杆密封性能好，效率高，因而适用于压力较高的场合，但制造成本较高。对输送液体要求比较严格，常用于输送比较洁净而又具有自润滑的液体，广泛应用在中等粘度的润滑油系统和液压传动等场合，其流量可通过改变转速来调节。

螺杆泵由于效率高，流量均匀，而且流量随压力变化很小，运转平稳，无振动和噪音，工作可靠，使用寿命长，泵的转速高(目前可达 18000r/min)，结构紧凑，泵的吸入性能较好，允许输送液体的粘度变化范围大，因而在石油化工中应用日益增多。螺杆泵流量一般为 1.5～500m^3/h，排出压力低于 19.61MPa，目前大型螺杆泵流量可达 1500m^3/h。

1.8.5　密封式无泄漏泵

1. 屏蔽泵

屏蔽泵的结构特点是叶轮直接装在电机的轴上，泵与电机之间无须轴封，叶轮和电机转子一起在液体中旋转，由耐腐蚀、高电阻、非磁性的材料制成薄壁圆筒形屏蔽套将电机的定子和转子与被输送液体隔绝，屏蔽套密封焊接，做 100%的泄漏试验，保证电气部分与液体不接触，叶轮、电机一起装在密闭的外壳内，如图 1-54，其叶轮的结构有开式和闭式两种。

对于输送一般常温液体的屏蔽泵，轴承的冷却与润滑以及电机的冷却，是由泵的排液口引一股液体，从电机后面的轴承进入，经转子与定子的间隙和前轴承返回叶轮，形成循环系统。屏蔽泵的优点是无外泄漏、结构紧凑，轴承不需另加润滑剂。但制造困难、成本高、转子旋转摩擦阻力大，故泵的效率低。主要用于输送易燃、易爆、具有放射性或贵重的液体。屏蔽泵的流量范围在 0.9～200m^3/h，扬程为 16～98m，温度为 100～135℃(高温型)或-35～100℃(常温型)。

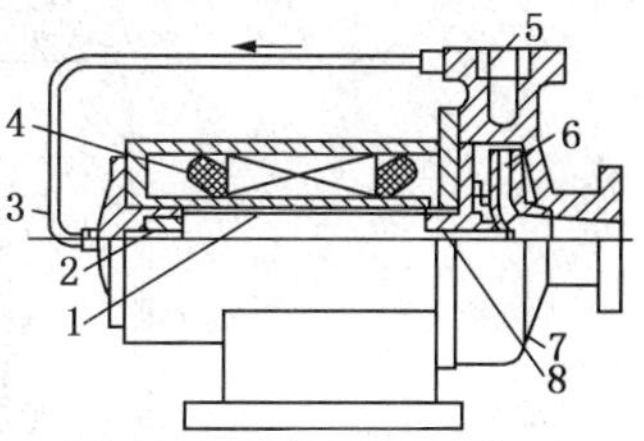

图 1-54　普通型屏蔽泵

1—转子；2—后轴承；3—环管路；4—定子；5—过滤器；6—叶轮；7—泵体；8—前轴承

2. 磁力传动泵

磁力传动泵与屏蔽泵一样，也是一种无泄漏泵，主要由泵和磁力联轴节两部分组成，如图 1-55。外磁筒在电机的带动下旋转，旋转的磁力线穿过不被磁化的隔离套带动内磁筒、泵轴与叶轮一起旋转。隔离套将内磁筒与叶轮一起密封在泵壳内，使动密封变成了静密封，从而实现了无泄漏。

磁力传动泵无轴封，减少了摩擦损失。泵轴的支承一般为滑动轴承，由输送液体冷却及润滑，故液体的润滑性、腐蚀性、含固体颗粒情况和温度等对轴承影响很大。一般润滑性好、温度低于 80℃的液体，轴承材料可采用青铜、填充聚四氯乙烯和尼龙等，对润滑性差、温度较高的液体，可采用石墨作轴承材料；当输送腐蚀性液体时，叶轮、泵体、轴、轴承应选耐腐蚀材料。

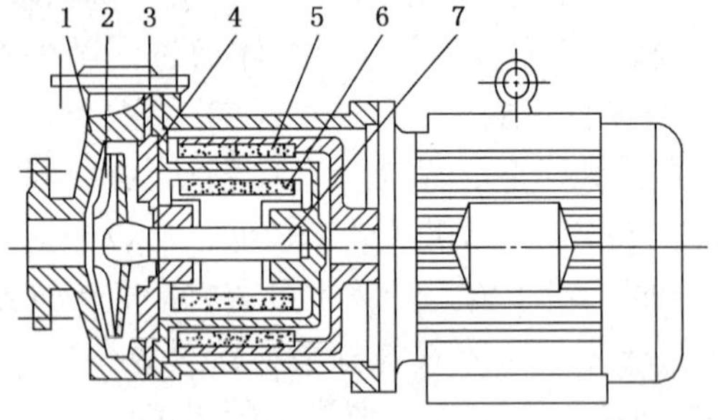

图 1-55 磁力传动泵

1—泵体；2—叶轮；3—隔板；4—隔离套；5—外磁转子；6—内磁转子；7—泵轴

磁力传动泵的缺点是磁力传动时，隔离套产生较大的电磁涡流损失，传动效率低，空转时因无液体冷却隔离套，隔离套升温会引起磁环退磁失效。

1.8.6 计量泵

石油化学工业中有时需要计量所输送的介质，如注缓蚀剂、输送酸、碱等，这种能够进行计量输送液体的泵称为计量泵，又称为比例泵或定量泵。计量泵排出量的调节机构是用来调节和驱动泵的柱塞或活塞的行程也就是用来调节泵缸的行程容积，从而达到调节流量的目的。多数计量泵都是往复式的，常见的计量泵有柱塞泵和隔膜泵。计量泵可以进行停车或不停车的无级流量调节和正确计量。多缸计量泵能实现两种以上介质，按准确比例进行混合和输送。

1. 柱塞式计量泵

如图 1-56 所示为 N 形曲轴调节机构的柱塞式计量泵，由泵缸、传动装置、驱动机构及行程调节机构等组成。

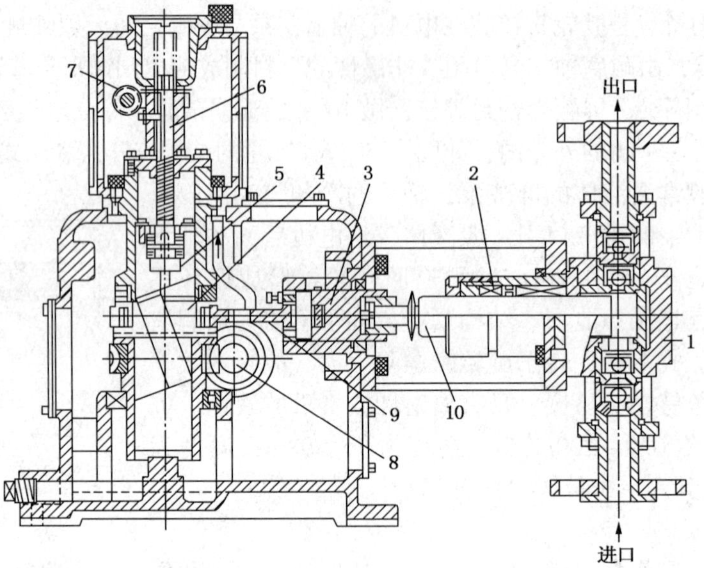

图 1-56 N 形曲轴调节机构的柱塞式计算泵

1—泵缸；2—填料箱；3—十字头；4—偏心轮；5—N 形曲轴；6—调节螺杆；7—调节用蜗轮蜗杆；8—转动用蜗轮蜗杆；9—连杆；10—柱塞

(1) 泵缸 柱塞计量泵的泵缸一般为单作用柱塞式往复泵，柱塞由传动机构带动在泵缸内作往复运动，柱塞密封装置采用密封环填料密封，进、出口阀采用双球型或双锥型阀。为了保证计量精度，泵阀和密封装置较一般往复泵要求高，其零部件的材料根据输送液体的性质进行选择。

(2) 传动机构 柱塞式计量泵的驱动机一般采用电动机，采用蜗轮蜗杆或齿轮减速装置减速，其他传动件往往不是一个单独的部件，大多和调节机构相配合。

(3) 调节机构　计量泵的流量调节一般采用柱塞行程调节机构来实现。泵在运转时，可将柱塞行程从最大值无级调节到最小值，使泵的流量在最大值到零的范围内调节，从而达到调节流量的目的。

2. 隔膜泵

隔膜式计量泵与柱塞式计量泵的传动方式及调节机构基本相同，大多可以互相通用，主要的区别是泵缸部分，见图1-57。隔膜式计量泵的泵缸一般采用优质灰铸铁铸造，隔膜采用橡胶、皮革、塑料或弹性金属片制成，泵缸内部与被输送液体的接触部分采用耐腐蚀材料衬里。吸液和排液依靠安装在吸、排液口的球形阀控制，隔膜泵的泵缸与隔膜之间为静密封，可以做到绝对不漏。泵的各传动件均不与被输送液体直接接触，只有泵缸、阀及隔膜的一侧与被输送液体相接触。因此，隔膜泵适用于输送易燃、易爆、有毒、贵重及具有腐蚀性的液体，也可以输送含有悬浮杂质的液体。

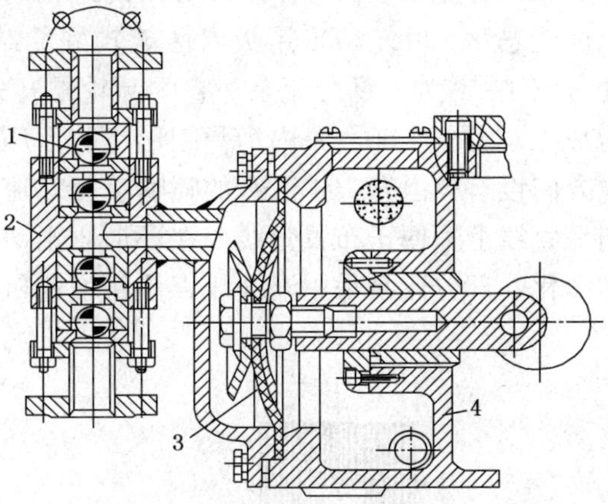

图1-57　隔膜泵

1—球阀；2—泵体；3—隔膜；4—托架

隔膜泵的流量小，排液压力不高；其计量的准确性不如柱塞式计量泵，运转可靠性较差，维修较困难，从而限制了它的应用范围。

1.8.7　低温泵

低温泵主要输送各种液态烃(最低温度达-104℃)、液化天然气(-62℃)、液态氧(-183℃)、液态氮(-253℃)等物料，这些液体在常温、常压下为气体，所以如果保冷不好，液体吸收外界热量后就会汽化，影响泵的正常工作。低温泵有下列特点：

(1) 低温泵一般为立式结构，便于埋在地下保冷及降低吸液高度，并在吸入口、吸液管及泵的轴封处设置排气装置，便于排除汽化的液体。

(2) 因介质易汽化，除了降低吸液高度外，还可设置诱导轮，改善抗汽蚀性能。

(3) 对轴封要求高。如果采用机械密封，动环与轴之间不能用密封圈密封(低温下失去弹性)，应采用波纹管密封。

(4) 对泵体及叶轮应考虑低温脆性及收缩变形问题。

(5) 轴承在液体中工作时，为防止滑动面发热引起汽化，轴承应选润滑性好，不易咬合的材料。

(6) 安装检修时，零部件应用溶剂清洗干净，待干燥后才能装入，这样可避免水或其他油脂带入泵内低温下冻结使轴承和机械密封损坏。另外为防止管路中的水、空气、油进入泵内，启动前应通入干燥的氮气，赶走水份、空气，并进行预冷。

图1-58为液氧泵，它的轴承不设置在液体内，可避免发热汽化，机械密封采用波纹管。为防止氧泄漏造成富氧空气引起燃烧，在机械密封后设有中间体，在中间体内设有迷宫密封，在迷宫密封的中部通入密封气，阻止从机械密封处漏出的少量氧气沿轴向泄出，密封气和氧气的混合气从泄漏管排出。

1.8.8 高速离心泵

高速离心泵转速一般在 10000r/min 以上，目前在石化行业中用的有两种：筒形多级离心泵和部分流泵。筒形多级离心泵的结构与一般离心泵大致相同，只是因转速增加后泵的汽蚀性能恶化，叶轮须采用吸入性能较好的结构。有的在第一级前加诱导轮，来改善吸入特性。图 1-59 为一部分流泵。它的叶轮是开式的，轴向力很小，叶片呈辐射状，出口安置角为 90°，如图 1-60，泵内为一圆形空腔，压出室为断面面积不大的环形空间，在压出室的切线方向设有扩散管，扩散管的喷嘴直径对流量影响很大。叶轮前设诱导轮，泵出口与入口在同一直线上，便于布置管线。在环形压出室与吸液管之间的泵体内有旋风分离器，使抽送液体净化。部分流泵采用渐开线直齿作增速机构。

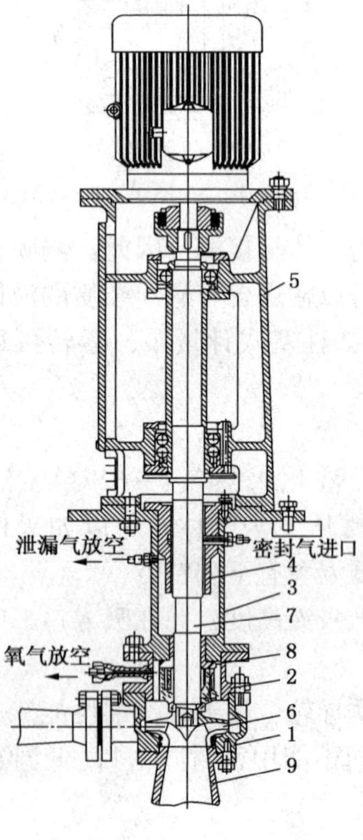

图 1-58 液氧泵

1—泵体；2—小中间体；3—中间体；4—迷宫密封；5—轴承部件；6—叶轮；7—轴；8—波纹管密封；9—吸入口

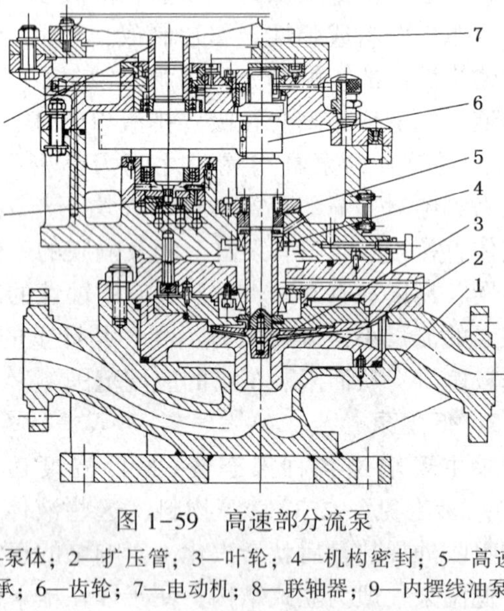

图 1-59 高速部分流泵

1—泵体；2—扩压管；3—叶轮；4—机构密封；5—高速轴承；6—齿轮；7—电动机；8—联轴器；9—内摆线油泵

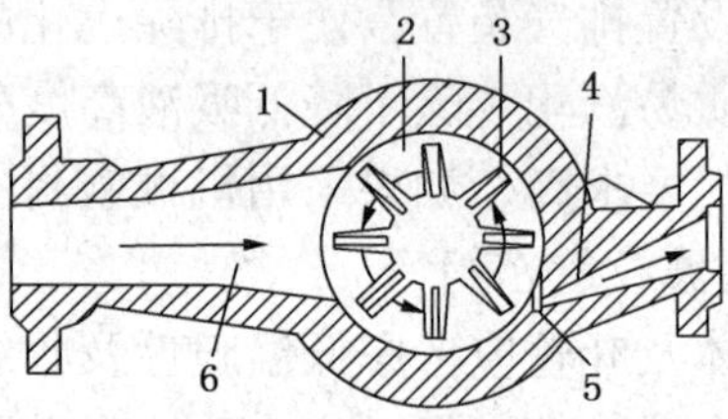

图 1-60 部分流泵作用原理图

1—泵体；2—环形空间；3—叶轮；4—锥形扩压管；5—扩压管喉部；6—吸入管

泵工作时液体进入吸液管后，轴向进入叶轮，在环形空间内随叶轮一起高速旋转，液体在离心力作用下被甩向环形压出室，一部分液体经喉部和扩散管流出泵外，其余部分继续随叶轮旋转，部分流泵由称得名。由于扩散管输出的流体相对于壳体内的容积很小，因而泵壳内液体对叶轮的相对速度低，水力损失小，轮阻损失也小，且无轴向力，故其扬程为一般泵的 3~4 倍。但当流量小到使扩散管喉部外接近叶轮出口速度时，泵扬程会急剧降至零，称切断工况。一般部分流泵的设计流量为切断点的 0.8 倍。

部分流泵的转速很高，机械密封的弹簧应静止不动。如果密封要求高时，可用双端面或串联机械密封。对机械密封还应进行冲洗和冷却，对易燃、易爆、有毒、凝固及结晶的液体除采用双端面密封外，在两端面间有两孔供给封液，以防泄漏。

部分流泵可输送清水或粘度较大的石油制品、化学腐蚀液、悬浮液以及含少量微细颗粒的液体，输送液体的温度为-110~250℃，流量范围0.5~70m^3/h，扬程11~180m，功率7.5~440kW，转速2960~31800r/min。

1.9　泵的选用

泵的选用是根据用户的使用要求，从现有的泵系列产品中选择出一种能够满足使用要求、运行安全可靠、经济性好，且又便于操作和维修保养的泵，而尽量不再进行重新设计和制造。因此，在选择泵时，应综合考虑，以使所选泵的型式、规格与使用的要求相一致。但有特殊要求的泵，则另当别论。

1.9.1　选用原则

选用泵包括选用泵的型式及其相配的传动部件、原动机等。正确选择泵是使用泵的关键。如果选择的不合适，就不能达到使用要求，或者造成设备、资金和能源的浪费，或者给泵的运行及所属系统带来不利的影响。

如果所选泵与原动机的转速不相适应，也会带来严重的后果。当转速超过泵的额定转速时，就可能使泵的叶轮破坏。当然，泵的选择与正确使用，还与管路系统的布置有关。因此，在选择泵时，一定要全面考虑，做细致的工作，以便使所选的泵能满足所需要的流量和扬程，并在管路系统中处于最佳工况。

在选择泵时，一般应遵循下列原则：

(1) 根据所输送的流体性质(如清水、粘性液体、含杂质的流体等)选择不同用途、不同类型的泵。

(2) 流量、扬程必须满足工作中所需要的最大负荷。额定流量一般直接采用工作中的最大流量，如缺少最大流量值时，常取正常流量的1.1~1.15倍。额定扬程一般取装置所需扬程的1.05~1.1倍。因为裕量过大会使工作点偏离高效工作区，裕量过小满足不了工作要求。

(3) 从节能观点选泵。一方面要尽可能选用效率高的泵，另一方面必须使泵的运行工作点长期位于高效工作区之内。如泵选用不当，虽然流量、扬程能满足用户的要求，但其工作点偏离高效工作区，则会造成不应有的过多的能耗，使生产成本增加。

(4) 为防止发生汽蚀，要求泵的必须汽蚀余量 $NPSH_r$ 小于装置汽蚀余量 $NPSH_a$。如不合乎此要求，需设法增加 $NPSH_a$，如降低泵的安装高度等，或要求制造泵的厂家降低泵的 $NPSH_r$ 值，或双方同时采取措施，达到要求。

(5) 按输送工质的特殊要求选泵。如工质易燃、易爆、有毒、腐蚀性强，含有气体、低温液化气、高温热油、药液等，它们有的对防泄漏的密封有特殊要求，有的要采用冷却措施和消毒措施等，因此，对泵的要求不同。

(6) 所选择的泵应具有结构简单、易于操作与维修、体积小、重量轻、设备投资少等特点。

（7）当符合用户要求的泵有两种以上的规格时，应以综合指标高者为最终选定的泵型号，再比较效率、可靠性、价格等参数。

1.9.2 泵的系列型谱

为促进泵的生产、优选品种、扩大批量、降低成本，同时又能较好地满足广大用户的各种要求，有必要实现泵的系列化、通用化、标准化。编制泵的系列型谱，是实现“三化”的一项重要工作。首先，按照泵的结构划分系列（例如单级离心泵系列、双吸泵系列，节段式多级泵系列等）或按照泵的用途划分系列（例如化工流程泵系列、锅炉给水泵系列等），然后每种系列根据泵的相似原理编制型谱。其大体做法是，选择经过实验表明性能良好的几种比转数模型泵作基型，按照一定流量间隔和一定扬程间隔确定若干种与模型泵几何相似、比转数相等的泵作为泵的产品。包括这些泵变转速或切割叶轮外径的高效工作区，使其布满广阔的扬程流量图，这种图即为泵的系列型谱图。以图 1-61 作为示例，它表示了一种按照国际标准 ISO-2858 编制的清水单级离心泵系列的型谱图。图中为使高扬程大流量的间隔不致太大，通常采用对数坐标表示。其中，斜直线为等比转数线。虽然比转数仅有几个，但与模型泵几何相似、比转数相等的泵可有几种。图中每种产品以点标出其设计工况，以泵的进口、出口和叶轮外径尺寸 mm 值标明其规格，还标出了高效工作区。从图中可以看出，虽然泵的品种规格不多，但却能布满如此大的流量扬程范围，显然，按照这种系列型谱图组织泵的生产，提供用户选型使用，是具有很多优越性的。

目前国内离心泵的系列已经比较齐全，用户可以根据自己的实际条件从各类泵的系列型谱中进行合理的选择。

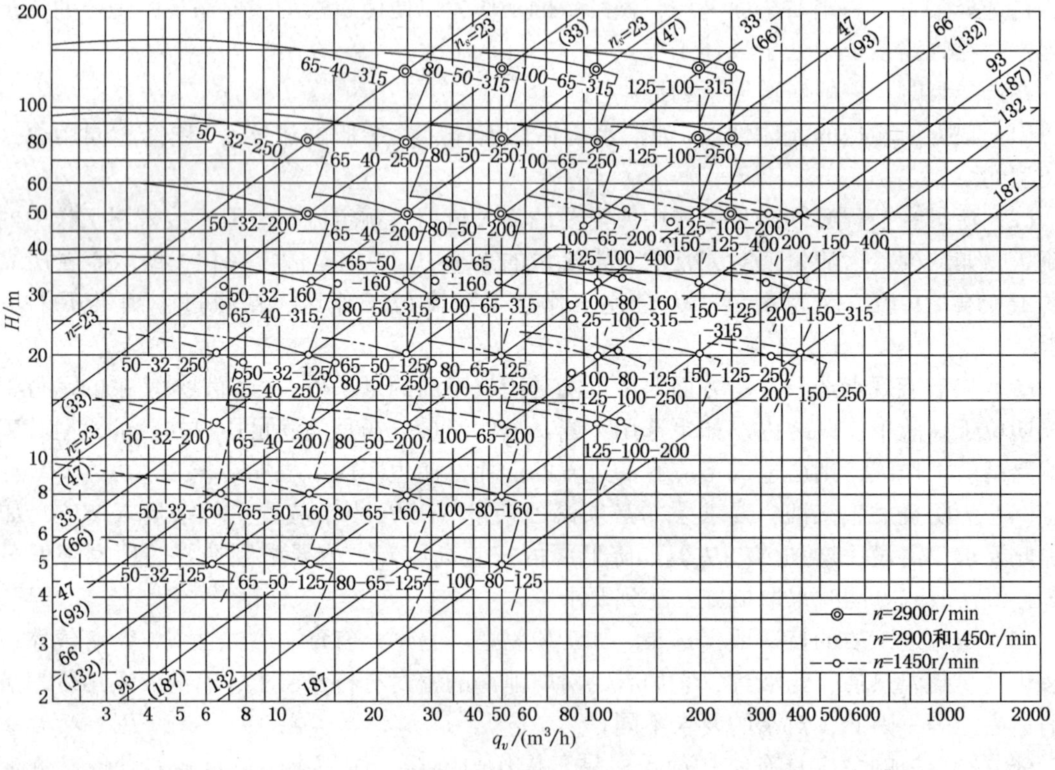

图 1-61　泵的系列型谱图

1.9.3 各种泵的适用范围

图1-62为各种泵的适用范围。由图可见离心泵适用的压力和流量范围是最大的，应用是最广的。

1.9.4 选用分类

1. 按性能要求选用

在泵的运行过程中，扬程变化大的，选用扬程曲线倾斜大的混流泵、轴流泵较适宜；而对运行中流量变化大的宜选用扬程曲线平缓、压力变化小的离心泵；如果考虑吸水性能，则在流量相同、转速相同的条件下，双吸泵较为优越；选用立式泵，并把叶轮部位置于水下面，对防止汽蚀是有利的。

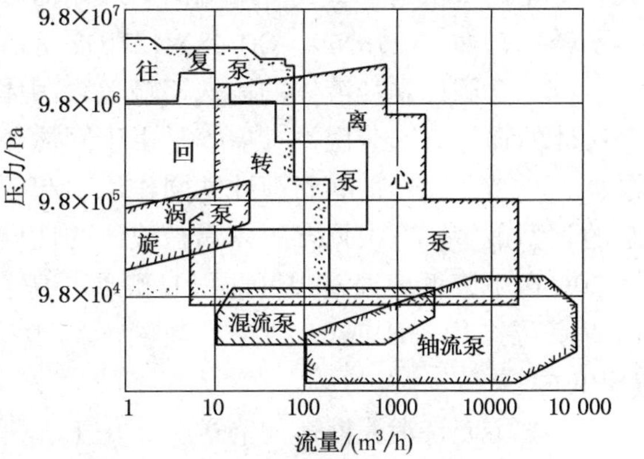

图1-62 各种泵的适用范围

2. 按工作介质选用

根据所输送的流体性质、化学性质(如粘性液体、易燃、易爆流体、腐蚀性强的流体、含杂质的流体、高温流体及清洁流体)选择不同用途、不同类型的泵。

(1) 粘性介质的输送 对于叶片式泵，随着液体粘度增大，其流量、扬程下降，功耗增加。对于容积式泵，随着液体粘度增大，一般泄漏量下降，容积效率增加，泵的流量增加，但泵的总效率下降，泵的功耗增加。不同类型泵的适用粘度范围见表1-5。

表1-5 不同类型泵的适用粘度范围

类型		使用粘度范围/(mm^2/s)	备注
叶片式泵	离心泵	<150	① 对 $NPSH_r$ 远小于 $NPSH_a$ 的离心泵，可用于粘度<500~650mm^2/s；当粘度>650mm^2/s以上，离心泵的性能下降很大，一般不宜再用离心泵，但由于离心泵输液无脉动、不需安全阀且流量调节简单，因此在化工生产中也常可见到离心泵用于粘度达1000mm^2/s的场合 ② 旋涡泵最大粘度一般不超过115mm^2/s ③ 当粘度大于此值时，可选用特殊设计的高粘度泵，如GN型计量泵和螺杆泵
	旋涡泵	<37.5	
容积式泵	往复泵	<850	
	计量泵	<800	
	旋转活塞泵	200~100000	
	单螺杆泵	10~560000	
	双螺杆泵	0.6~100000	
	三螺杆泵	21~600	
	齿轮泵	<2200	

(2) 含气液体的输送 输送含气液体时，泵的流量、扬程、效率均有所下降，含气量愈大，下降愈快。随着含气量的增加，泵容易出现噪声和扭动，严重时会加剧腐蚀或出现断流、断轴现象。各种类型泵输送介质的允许含气量极限见表1-6。

表1-6 各类泵含气量的允许极限

泵类型	离心泵	旋涡泵	容积式泵
允许含气量极限/%(体积)	<5	5~20	5~20

(3) 低温液化气的输送 低温液化气包括液态烃、液化天然气以及液态氧、液态氮等各

种液化气。这些介质的温度通常为-30～-196℃，输送这些介质的泵称为低温泵或深冷泵。绝大多数液化气具有腐蚀性和危险性，因此不允许泄漏到外界；一旦漏出液化气，由于液化气的气体吸热极易造成密封部位的结冰，因此输送液化气的低温泵对轴封的要求很严。目前大多采用机械密封，型式有单端面、双端面和串联式机械密封。泵常用的低温材料为：奥氏体不锈钢，如 OCr18Ni9、OCr28Ni12MO2 等。

(4) 含固体颗粒液体的输送　输送含固体颗粒液体的泵，常被称为杂质泵。杂质泵叶轮和泵体的损坏原因分两类：一类是由于固体颗粒磨蚀引起的，如矿山、水泥、电厂等行业用泵；另一类是磨蚀性和腐蚀性共同作用引起的，如磷肥工业中的磷酸料浆泵等。离心式杂质泵的类型很多，应根据含固体颗粒液体的性质选择不同类型的泵。以瓦尔曼泵为例，重量浓度 30%以下的低腐蚀渣浆可选用 L 型泵；高浓度强腐蚀渣浆可选用 AH 型泵；高扬程的低腐蚀渣浆可选用 HH 或 H 型泵；当液面高度变化较大又需浸入液下工作时，则应选用 SP (SPR)型泵。

(5) 不允许泄漏液体的输送　在化工、医药、石油化工等行业，输送易燃、易爆、易挥发、有毒、有腐蚀以及贵重流体时，要求泵只能微漏甚至不漏。离心泵按有无轴封，可分为有轴封泵和无轴封泵。有轴封泵的密封型式有填料密封和机械密封等。填料密封泄漏量一般为 3～80mL/h，制造良好的机械密封仅有微量泄漏，其泄漏量为 0.01～3mL/h。磁力驱动泵和屏蔽泵属于无轴封结构泵，结构上只有静密封而无动密封，用于输送液体时能保证一滴不漏。

(6) 腐蚀性介质的输送　泵输送介质的腐蚀性各不相同，同一介质对不同材料的腐蚀性也不尽相同。因此，根据介质的性质、使用温度，选用合适的金属、非金属材料，关系到泵的耐腐蚀特性和使用寿命。输送腐蚀性介质的泵有金属泵和非金属泵两种类型，而在非金属泵中又有主要部件(如泵体、叶轮等)全为非金属和金属材料加非金属(如丁腈橡胶等)衬里层的。

首先应根据使用经验确定腐蚀类型，然后根据腐蚀类型，选择合适的材料和防护措施。要求所选材料的机械性能、加工性能要好；用户能有使用该种材料用于类似介质中的经验；泵制造厂应该有加工该种材料的经验。如有多种材料可满足腐蚀要求时，应选择价格相对便宜、加工性能好的材料。

1.9.5 选用方法及步骤

1. 利用"泵型谱"选择

将所需要的流量 Q 和扬程 H 画到该型式的系列型谱图上，看其交点落在哪个切割工作区四边形中，即可读出该四边形内所标注的离心泵型号。如果交点不是恰好落在四边形的上边线上，则选用该泵后，可应用切割叶轮直径或降低工作转速的方法改变泵的性能曲线，使其通过交点。这就应从泵样本或系列性能表中查出该泵的泵性能曲线，以便换算。如果交点并不落在任一个工作区的四边形中，这说明没有一台泵能满足工作要求。在这种情况下，可适当改变泵的台数或改变泵所需要的流量和扬程等来满足要求。

2. 利用"泵性能表"选择

根据初步确定的泵的类型，在这种类型的泵性能表中查找与所需要的流量和扬程相一致或接近的一种或几种型号泵。若有两种或两种以上都能满足基本要求，再对其进行比较，权衡利弊，最后选定一种。如果在这种型式泵系列中找不到合适的型号，则可换一种系列或暂选一种比较接近要求的型号，通过改变叶轮直径或改变转速等措施，使其满足适用要求。

泵的选用步骤：

(1) 搜集原始数据：针对选型要求，搜集过程生产中所输送介质、流量和所需的扬程参数以及泵前泵后设备的有关参数的原始依据。

(2) 泵参数的选择及计算：根据原始数据和实际需要，留出合理的裕量，合理确定运行参数，作为选择泵的计算依据。

(3) 选型：按照工作要求和运行参数，采用合理的选择方法，选出均能满足适用要求的几种型式，然后进行全面比较，最后确定一种型式。

(4) 校核：型式选定后，进行有关校核计算，验证所选的泵是否满足使用要求。

【例题 1-5】 已知某装置如图，试选该装置中离心泵的型号。已知输送的介质是油，其密度为 850kg/m³，吸、排管系的阻力分别为 $\sum h_s = 1$m 油柱和 $\sum h_d = 25$m 油柱，炉子阻力为 $H_e = 16$m，$c_1 = c_2 = 0$，$Q = 22\text{m}^3/\text{h}$，$t = 60$℃，$p_v = 1.7\text{kg/cm}^2$，$\nu = 3\times10^{-6}\text{m}^2/\text{s}$。

解　(1)计算扬程

对 1—1、2—2 截面列伯努利方程，计算泵的扬程，则

$$\frac{p_1}{\rho g} + H_1 = \frac{p_2}{\rho g} + H_2 - H + \Sigma h_s + \Sigma h_d + H_e$$

$$H = \frac{p_2 - p_1}{\rho g} + (H_2 - H_1) + \Sigma h_s + \Sigma h_d + H_e$$

$$= \frac{(18 - 2) \times 100 \times 10^3}{850 \times 9.8} + 20 - 8 + 1 + 25 + 16$$

$$= 51.65(\text{m})$$

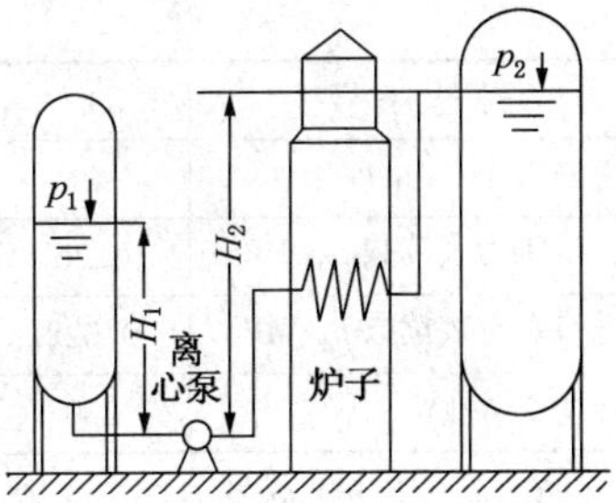

例题 1-5 用图

考虑安全性，泵的设计扬程为

$$H_d = 1.1 \times H = 51.65 \times 1.1 = 56.8(\text{m})$$

(2) 计算设计流量，按泵工作流量的 1.1 倍计，则

$$Q_d = 1.1 \times Q = 1.1 \times 22 = 24.2(\text{m}^3/\text{h})$$

(3) 选泵

根据介质的特性及扬程和流量的数值，可选离心油泵，从离心油泵的型谱图可选得泵的型号为 65Y-60 其流量为 25m³/h，扬程为 60m，转速为 2950r/min，效率为 55%，Δh_r 为 2.6m，结构为单级悬臂式。

(4) 核算吸入特性

$$\Delta h_a = \frac{p_1 - p_v}{\rho g} - H_1 - \Sigma h_s = \frac{(2 - 1.7) \times 100 \times 10^3}{850 \times 9.8} + 8 - 1 = 10.63(\text{m})$$

$$[NPSH] = \Delta h_r + 0.3 = 2.6 + 0.3 = 2.9(\text{m})$$

$$\Delta h_a > [NPSH] \qquad \text{不发生汽蚀}$$

(5) 根据转速、功率选电机

$$N = \frac{\rho g H Q}{10^3 \eta} = \frac{850 \times 9.8 \times 25 \times 60}{10^3 \times 55\% \times 3600} = 6.95(\text{kW})$$

电机功率考虑贮备功率为　$N_{\text{mol}} = 1.1N = 1.1\times6.95 = 7.65(\text{kW})$

最后根据转速、功率选电机。

习 题

1-1 有一台离心式清水泵，在流量为 $12m^3/min$ 时，出口管压力表读数为 0.37MPa，吸入口真空计读数为 0.028MPa，压力表与真空计间的垂直距离为 0.41m，吸水管与排水管直径分别为 350mm、300mm，水温 20℃，试求泵的扬程和有效功率。

1-2 有一单级单吸离心泵，叶轮外径为 400mm，内径为 150mm，转速为 1450r/min，$\beta_{A2}=30°$，出口有效截面 $A_2=0.03m^2$，理论流量 $Q_t=0.093m^3/s$，求：

(1) $H_{t\infty}$，作叶片出口速度三角形；

(2) 若 $Z=8$ 时，求 H_t，作叶片出口速度三角形；

(3) 若 $\beta_{A2}=50°$、90°时，计算(1)、(2)两项，并对结果进行比较。

1-3 某单级单吸离心泵，$n=2900r/min$，用 20℃清水进行试验，进、排水管径分别为 100mm、80mm，压力表与真空计垂直距离为 0.5m，现测得数据如下，求 $H-Q$、$N-Q$、$\eta-Q$ 性能曲线。

测量序号	1	2	3	4	5	6	7	8
流量 $Q/m^3\cdot h^{-1}$	0	20	40	60	80	100	120	140
出口压力表读数 p_2/MPa	0.26	0.251	0.245	0.230	0.210	0.180	0.140	0.110
进口真空表读数 p_1/MPa	0.028	0.028	0.028	0.028	0.028	0.028	0.028	0.028
轴功率 N/kW	2.0	2.8	3.5	4.3	6.0	7.0	7.5	7.2

1-4 若题 1-3 中的泵在图 1-2 装置中使用，求其工作点。已知装置参数 $\Delta Z_{AB}=20m$，进口管长 4m，装有过滤网和底阀及一个 90°弯头、排出管长 100m，装有一排出阀，一个止逆阀和 3 个 90°弯头。

1-5 有一吸入口径为 600mm 的双吸单级泵，输送常温清水，流量为 800L/s，$(H_s)_a=3.5m$，$\sum h_s=0.4m$ 水柱，求：

(1) 当 $Z_s=3m$ 时，该泵能否正常工作；

(2) 若装在海拔 1000m 的地区，介质为液温 40℃的水，则 Z_s 为多少？($p_a=9.2m$ 水柱，$p_v=0.75m$ 水柱)。

1-6 一台 Y 形离心油泵，从工作压力为 1.77MPa(绝对)的储油罐中吸入相对密度为 0.65 的油品送反应釜。已知该油品在工作温度下的饱和蒸汽压为 0.0687MPa，吸液管全部阻力损失为 4m，当泵的流量为 $50m^3/h$ 时，其许用汽蚀余量[$NPSH$]=3.6m，当地大气压力为 0.09MPa，试确定泵的安装高度。

1-7 储罐内储有 27℃的丁烷液，罐内液面上的工作压力为 0.412MPa(绝对)，最低液面在离心泵入口中心线以下 2.4m，若丁烷在 27℃时的饱和蒸汽压为 0.304MPa，密度为 $580kg/m^3$，吸液管阻力损失为 1.6m，泵的允许汽蚀余量[$NPSH$]=3.2m，求：

(1) 此泵的安装位置能否保证其正常运行？

(2) 若储罐内液面上的压力为 0.319MPa(绝对)，问此泵安装高度是否合适？

1-8 今需在大气压力为 0.1MPa 地区将敞口池中 20℃清水送至一塔顶作喷淋液，其装置如图题 1-8 所示。已知喷淋口 B 处口径为 80.5mm，塔内压力为 0.1274MPa(表压)，要求

泵流量 $Q=50m^3/h$，水的密度为 $1000kg/m^3$，吸、排水管阻力损失分别为 1.72m、10.74m，试为该系统选泵。若不能直接选用，可采用切割叶轮方法满足工况点，则应切割多少？

1-9　某石油化工厂水洗塔内喷淋用的常温清水拟用离心泵输送，装置情况如图题 1-9。蓄水池与喷淋头处高度差为 20m，塔内工作压力为 0.25MPa（表压），喷淋所需压力为 0.04MPa，水流量为 $50m^3/h$，管路全部用 $\phi 108\times 4mm$ 的钢管，其直管总长为 25m，中间有一个全开球形阀四个标准弯头，水的粘度为 1MPa · s，试为该系统选泵。

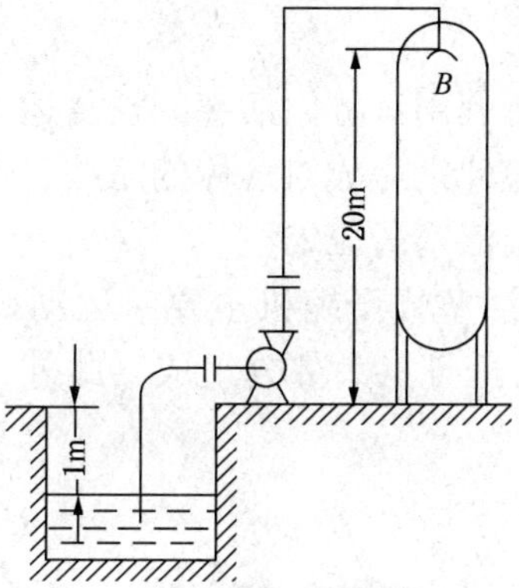

题 1-8

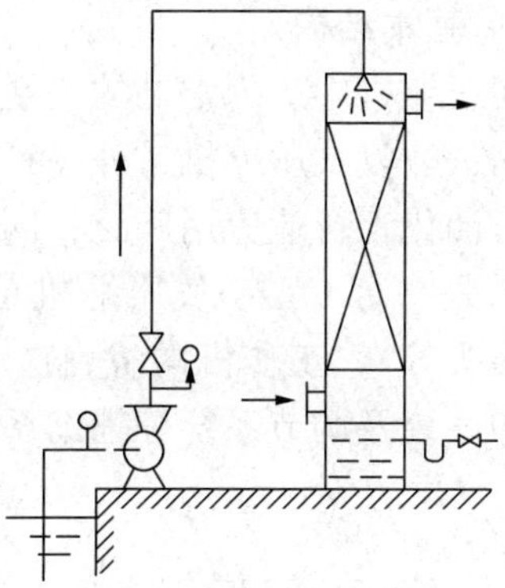

题 1-9

第2章 活塞式压缩机

2.1 活塞式压缩机的基本结构和工作原理

2.1.1 基本结构

往复式压缩机中最为常见的是活塞式压缩机，它是利用汽缸内活塞的往复运动来完成对气体的压缩，往复式压缩机另外一种型式是利用弹性膜片来完成对气体的压缩，由于活塞式压缩机在石油化工行业应用广泛，因此，本章主要介绍活塞式压缩机。

图2-1是一台L型空气压缩机总图。如图所示，活塞式压缩机主要由运动机构(曲轴、连杆、十字头等)、工作机构(汽缸、活塞、气阀等)与机身三大部分组成，此外，还有润滑系统、冷却系统及调节系统等辅助系统。

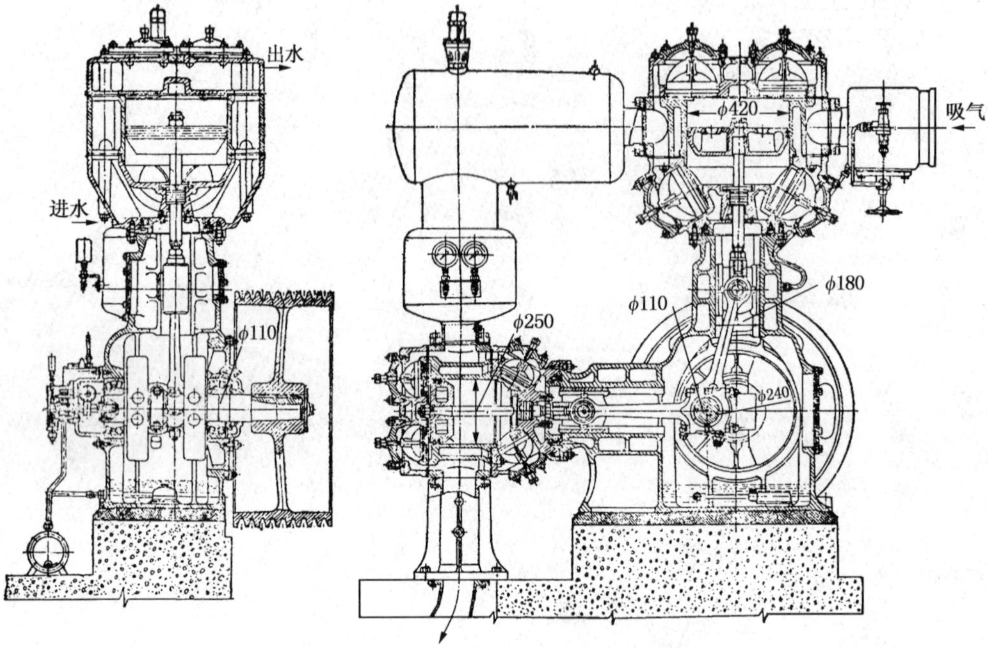

图2-1 L型空气压缩机

运动机构为曲柄连杆机构，使曲轴的旋转运动变为十字头的往复运动。在L型压缩机内，电动机经皮带轮或联轴器带动曲轴旋转，曲轴上有两个连杆(一个垂直，一个水平)。这两个连杆的另一端分别与两个十字头连接，而十字头被限定在滑道内只能作往复运动。这样，旋转的曲轴使连杆摆动，传到十字头作往复运动，而十字头再通过活塞杆使活塞在气缸内作往复运动。

机身上支承和安装整个运动机构与工作机构，又兼作润滑油箱用，曲轴用轴承支承在机身上，机身上两个滑道又支托着十字头，两个气缸分别固定在L型机身的两臂上。

工作机构是压缩机的主要部件。其气缸呈圆筒形，两端都装有若干吸气阀与排气阀。活塞在气缸中间作往复运动。本压缩机有两个气缸，一般垂直列为一级缸，水平列为二级缸。空气从一级缸被吸入经活塞压缩到约 0. 2MPa（表），经中间冷却器降温，又被吸入二级缸，再经压缩压到 0. 8MPa（表），排出到输气管路中供应用。

2. 1. 2　工作原理

气体分两次或更多次压缩升压的情况称多级压缩。不论有多少级气缸，在每个气缸内都经历着膨胀、吸气、压缩、排气等过程，其工作原理是完全相同。现以 L 型压缩机的一级气缸为例来分析说明。

图 2-2 是 L 型空压机一级缸的作用原理示意图。图中可见，设曲轴的曲柄半径为 r，则活塞从上到下移动的最大距离就为 $2r$，称为行程 S。若以一级缸中心线与曲柄之间的夹角为曲柄转角 α，则 $\alpha=0°\sim180°$间，活塞从上向下移动 $S=2r$；$\alpha=180°\sim360°$间，活塞又自下向上移动 $S=2r$，返回原来位置。亦即曲轴每转一周，活塞完成一上一下的运动，即走了二个行程。对活塞的每一侧气体而言，则完成了一次循环，包括四个过程——膨胀、吸气、压缩和排气。

图 2-2(a)，曲柄转角 $\alpha\approx0°\sim40°$间，活塞自外死点(即活塞离曲轴旋转中心最远距离处)开始向下移动。位于活塞上侧的缸内容积就逐步增大，而下侧的缸内容积就相应缩小。对上侧容积(称盖侧)而言，由于缸内还有前一循环中压缩而没有排尽的残余气体(即余隙容积内残留气体)，这部分气体就开始逐渐膨胀降压。此时缸内压力低于排气压力(0. 3MPa)，因而排气阀被排气管道内较高压力的气体压住而关死，而缸内压力这时又高于吸气压力，因而吸气管道内压力还低于缸内压力而吸气阀也未顶开，亦即两阀均关闭，缸内的残余气体则随着活塞的下移而不断膨胀降压，在 p-V 图上表示为过程 3-4，称为膨胀过程。与此同时，对下侧(即轴侧)容积而言，活塞下移而容积缩小，缸内气体被压缩而压力升高，称为压缩过程。

图 2-2(b)，曲柄转角 $\alpha\approx40°\sim180°$间，活塞继续下移，盖侧容积继续增大，缸内压力继续下降直到略低于吸气压力(0. 1MPa)时，吸气阀就被顶开，新鲜空气被吸入，直到活塞到达内死点(活塞离曲轴旋转中心最近位置)时为止，称为吸气过程，对轴侧容积而言，则是处于压缩接着排气过程。

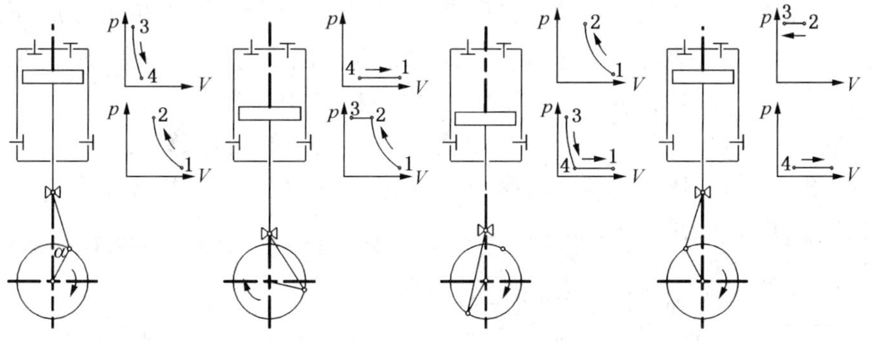

(a) (上)膨胀　(下)压缩　$\alpha=0°\sim40°$
(b) (上)吸气　(下)压缩-排气　$\alpha=40°\sim180°$
(c) (上)压缩　(下)膨胀-吸气　$\alpha=180°\sim280°$
(d) (上)排气　(下)吸气　$\alpha=280°\sim360°$

图 2-2　压缩机工作原理示意图

图 2-2(c)，曲柄转角 $\alpha \approx 180^\circ \sim 280^\circ$间，活塞自内死点开始向上移动，盖侧容积就逐步缩小而轴侧容积却相应增大。对盖侧容积而言，被吸入的新鲜空气就逐步被压缩升压，此时由于缸内压力已高于吸气压力而又低于排气压力，吸气阀已被关闭，排气阀又顶不开，故缸内气体就随着活塞上移而不断被压缩升压，称为压缩过程，轴侧容积此时则处于膨胀接着吸气过程。

图 2-2(d)，曲柄转角 $\alpha \approx 280^\circ \sim 360^\circ$间，活塞继续上移，盖侧容积继续缩小，缸内压力继续上升直到略高于排气压力(0.3MPa)时，排气阀就被顶开，于是压缩空气(0.3MPa)就不断被排出供应用，直到活塞到达外死点时为止，称为排气过程，此时轴侧容积则处于吸气过程。由上可见，曲轴旋转一周，活塞上下来回一次，并与气阀相应的开闭动作相配合，从而使缸内气体依次实现膨胀—吸气—压缩—排气这四个过程，循环不已，将低压气体升压而源源不断输出。

2.2 活塞式压缩机的热力性能

分析活塞式压缩机的热力性能，其目的就是根据所要求的排气量和工作压力来确定所需的功率、气缸直径、行程和转数等或是对已有压缩机进行改造，确定其所能达到的排气量与消耗的功率：

2.2.1 活塞式压缩机的理论工作过程

压缩机在每转中，都有吸气、压缩、排气、膨胀四个过程组成一个工作循环。为便于分析，先讨论压缩机的理论工作循环。所谓理论工作循环，往往作如下假设，而使压缩机的工作过程理想化：

(1) 气体在进、排气过程中没有阻力，且气体状态保持不变，在压缩过程中，多变指数保持不变；

(2) 压缩机没有余隙容积，因而被压缩的气体能够完全排净；

(3) 没有漏气现象；

(4) 被压缩的气体为理想气体。

在上述假设的前提下，压缩机的工作过程可以简化为如图 2-3 的三个热力过程：

(1) 进气　活塞自左死点 4 移动到右死点 1，吸气阀打开，气体在压力 p_1 下进入气缸，为等压过程 4-1。这时，气体以压力 p_1 推着活塞移动，对活塞作功为 $p_1 V_1$，即图上面积4-1-1′-0-4。

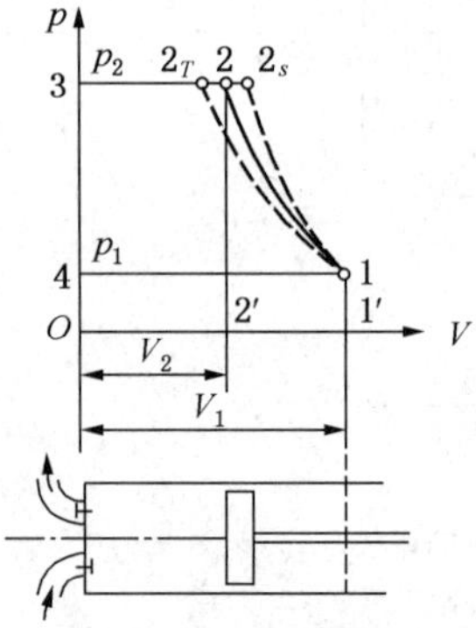

图 2-3　压缩机理论工作过程

(2) 压缩　活塞从右死点开始向左移动，阀关闭，气缸内气体压力逐步升高，一般是多变过程 1-2。气体状态从开始点 1(p_1，V_1，T_1)变到终点 2(p_2，V_2，T_2)。这时，活塞对气体作功 $\int p\mathrm{d}V$，即为图上面积 1-2-2′-1′-1。

(3) 排气　活塞继续从右向左移动，排气阀打开，气体在压力 p_2 下从缸内排出，为等压过程 2-3。这时，活塞将气体在等压下排出，对气体作功为 p_2V_2，即图上面积 2-3-0-2′-2。

下面分别讨论理论排气量和功率的计算。

1. 理论排气量

理论排气量就是单位时间内活塞工作面在吸气过程中扫过的气缸容积，也叫气缸行程容积，用符号 V_t 表示，单位为 m^3/min。

根据理论工作过程的假设，如果没有泄漏，则吸进多少气量，也就排出多少气量(排气重量等于吸气重量，但两者状态不同，故体积表现不同)。如果又不存在余隙容积、不考虑吸气时阻力损失，即假设吸气管道内与气缸内吸气状态相同，那么活塞工作面在吸气过程中在气缸内运动所扫过的容积也正是所能吸入的气体体积。所以理论最大排气量就可简化为单位时间内活塞工作面在吸气过程中在气缸内扫过的容积-气缸行程容积 V_t。

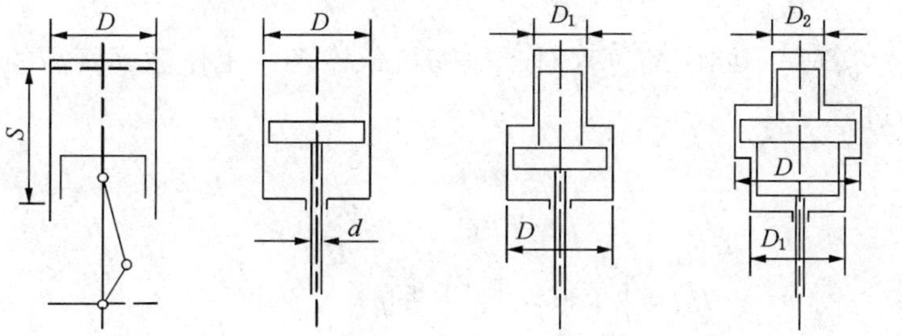

图 2-4　行程容积计算图

图 2-4(a)为单作用活塞。这种活塞只有一侧面积可吸入气体，称单作用。单位时间内扫过的容积称气缸行程容积，即为

$$V_t = \frac{\pi}{4}D^2Sn \tag{2-1}$$

图 2-4(b)为双作用活塞。气缸的行程容积为

$$V_t = \frac{\pi}{4}D^2Sn + \left(\frac{\pi}{4}D^2 - \frac{\pi}{4}d^2\right)Sn = \frac{\pi}{4}(2D^2 - d^2)Sn \tag{2-2}$$

图 2-4(c)为单作用级差活塞，其行程容积为

$$V_t = \frac{\pi}{4}(2D^2 - D_1^2)Sn \tag{2-3}$$

图 2-4(d)为双作用级差活塞，第一级活塞的两侧均为工作面，但都连有另一级活塞。一级缸的行程容积为

$$V_t = \frac{\pi}{4}(2D^2 - D_1^2 - D_2^2)Sn \tag{2-4}$$

式中　D——气缸直径，m；

d——活塞杆直径，m；

S——活塞行程，m；

n——曲轴转速，r/min。

2. 理论功率的计算

若假定气体对活塞作功为负值，活塞对气体作功为正值，则压缩机一个理论工作循环所消耗的功为

$$L = \int_1^2 V\mathrm{d}p \tag{2-5}$$

由此可见，压缩机的功耗取决于压缩过程曲线 1-2 的形状。如图 2-3，若设压缩过程始点一样，则等温过程曲线 $1-2_T$ 的斜率最小，较平坦。绝热过程曲线 $1-2_S$ 的斜率较大，较陡。多变过程($1<n<k$)曲线 1-2 则介于二者之间。从图上可明显地看出：等温压缩时，面积 $1-2_T-3-4-1$ 最小，即功耗最省；绝热压缩时，面积 $1-2_S-3-4-1$ 较大，即功耗较大，不经济。所以压缩机需良好地冷却，使之尽量接近等温压缩过程以节省功耗。但在压缩机的实际压缩过程中，由于气缸散热速率的限制，冷却效果远离等温过程的要求，往往是较接近于绝热过程。

根据式(2-5)可算得不同压缩过程时，压缩机每一理论工作循环所需的功。

1）等温压缩过程

过程方程为

$$pV = p_1V_1 = p_2V_2$$

$$L_{is} = \int_1^2 V\mathrm{d}p = \int_1^2 \frac{p_1V_1}{p}\mathrm{d}p = p_1V_1\ln\frac{p_2}{p_1} \tag{2-6}$$

式中 L_{is}——压缩机每转中等温压缩所耗功，N·m/r；

p_1、p_2——名义吸气与排气压力，MPa；

V_1——吸入气体体积(在吸气状态下)，m^3/r。

等温理论功率 N_{is}(单位 kW)为

$$N_{is} = 16.7p_1V_1\ln\frac{p_2}{p_1} \tag{2-7}$$

2）绝热压缩过程

过程方程为

$$pV^k = p_1V_1^k = p_2V_2^k$$

$$L_{ad} = \int_1^2 V\mathrm{d}p = \int_1^2 p_1^{\frac{1}{k}}V_1\frac{\mathrm{d}p}{p^{\frac{1}{k}}}\mathrm{d}p = \frac{k}{k-1}p_1V_1\left[\left(\frac{p_2}{p_1}\right)^{\frac{k-1}{k}} - 1\right] \tag{2-8}$$

式中 L_{ad}——压缩机每转中绝热压缩所耗功，N·m/r；

k——气体的绝热指数。

同理可得绝热压缩理论功率 N_{ad}(单位 kW)为

$$N_{ad} = 16.7\frac{k}{k-1}p_1V_1\left[\left(\frac{p_2}{p_1}\right)^{\frac{k-1}{k}} - 1\right] \tag{2-9}$$

绝热压缩终了的排气温度为

$$T_2 = T_1\left(\frac{p_2}{p_1}\right)^{\frac{k-1}{k}}$$

式中 T_1、T_2——绝热压缩时的吸气与排气温度，K。

3）多变压缩过程

过程方程为 $$pV^n = p_1V_1^n = p_2V_2^n$$

同理可推出多变压缩的理论功与功率为

$$L_b = \frac{n}{n-1} p_1 V_1 \left[\left(\frac{p_2}{p_1} \right)^{\frac{n-1}{n}} - 1 \right] \tag{2-11}$$

$$N_b = 16.7 \frac{n}{n-1} p_1 V_1 \left[\left(\frac{p_2}{p_1} \right)^{\frac{n-1}{n}} - 1 \right] \tag{2-12}$$

排气温度为

$$T_2 = T_1 \left(\frac{p_2}{p_1} \right)^{\frac{k-1}{k}} \tag{2-13}$$

式中　n——多变指数；

T_1、T_2——多变压缩时的吸气与排气温度，K。

实际压缩机中多变指数 n 很不易确定，它与气缸的传热效率有关。热量不易导出者，n 值就高，接近于绝热指数 K；反之，n 值就低。国内中型空气压缩机常取 $n=1.3$，微型空气压缩机取 $n=1.25$，大中型压缩机一般可取 $n=k$；小型压缩机取 $n=(0.9\sim0.98)k$。

2.2.2　活塞式压缩机的实际工作过程

前面分析了理论工作循环。但实际上，用示功器所测出的压缩机实际工作循环如图 2-5 所示。$A-B$ 表示压缩过程，$B-C$ 表示排气过程，$D-A$ 表示吸气过程，而 $C-D$ 则为残留在气缸余隙容积内的气体的膨胀过程。与理论工作循环(图 2-3)相比，有几个主要区别：

(1) 实际压缩机存在有余隙容积 V(气缸的死点间隙及阀内空隙等所占有的空间)。当活塞回程时，这部分气体就要膨胀，而理论工作循环中则忽略余隙容积的影响，不存在膨胀过程。

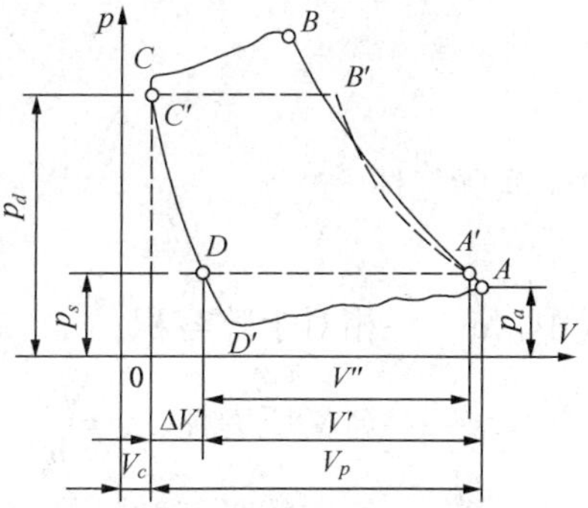

图 2-5　指示图

(2) 压缩机实际运转时，气体通过吸、排气阀都存在阻力损失。因此，实际吸气线($D-A$)低于吸气管道内压力 p_s(名义吸气压力线)；实际排气线($B-C$)又高于排气管道内压力 p_d(名义排气压力线)。

(3) 实际压缩过程中，由于温度发生变化，气体与气缸壁间就存在热交换，故实际压缩线与理论压缩线不重合。

下面根据实际工作循环来讨论排气量和功率的计算。

1. 实际排气量及排气系数

在压缩机排气端测得的单位时间内排出的气体容积值，换算到压缩机名义吸气状态(吸气管道内的压力、温度等)下的数值，称为实际排气量，用 V_m(m^3/min 或 m^3/h)表示。

由于压缩机运转时存在着余隙容积的影响、吸气阀及排气阀的阻力损失、吸气时气体与气缸壁间的热交换、气体泄漏等等因素，都使气缸的实际排气量远较气缸的理论排气量(即气缸的行程容积)为小。综合这些影响因素，实际排气量 V_m 与理论排气量 V_t 之间的关系可用排气系数 λ 来表示，则 $V_m=\lambda V_t$。显然，要求得实际排气量 V_m，只要确定排气系数 λ 值即可。由于 λ 是一个考虑了余隙容积、吸、排气阻力损失、气体与缸壁的热交换及泄漏影响的综合系数，令

$$\lambda = \frac{V_m}{V_t} \tag{2-14}$$

$$\lambda = \lambda_V \lambda_p \lambda_T \lambda_g \tag{2-15}$$

式中 λ_V——容积系数；

λ_p——压力系数；

λ_T——温度系数；

λ_g——泄漏系数。

下面将分别讨论各系数的意义及其选取。

1）容积系数 λ_V

由于气缸存在余隙容积 V_c，活塞走到外死点时，缸内气体不可能完全排尽。而当活塞回程时，这部分残留在余隙容积内压力高的气体就要膨胀，占去了一定的气缸容积，就使气缸工作容积 V_p 中有 $\Delta V'$ 部分失去了吸气作用(见图 2-5)。用容积系数 λ_V 来表示其影响，则为

$$\lambda_V = 1 - \alpha(\varepsilon^{\frac{1}{m}} - 1) \tag{2-16a}$$

对于实际气体

$$\lambda_V = 1 - \alpha\left(\frac{\xi_s}{\xi_d}\varepsilon^{\frac{1}{m}} - 1\right) \tag{2-16b}$$

式中 α——相对余隙容积；

ε——名义压力比，$\varepsilon = \frac{p_d}{p_s}$；

p_s、p_d——气缸的吸气和排气名义压力；

ξ_s、ξ_d——名义吸气和排气名义状态下的可压缩性系数；

m——气体的多变膨胀过程指数。

余隙容积与压缩机结构参数间有密切关系，因此在选取时应注意：在相同的活塞线速度和排气量下，高转速短行程压缩机的相对余隙容积大得多。另外，气阀在气缸上的布置不同，α 值也不同。气阀布置在气缸端面上，相对余隙容积就小，径向布置的就大，而在斜盖上布置时，介于两者之间；一般大直径的气缸具有较小的相对余隙容积，而小直径的气缸则具有较大的相对余隙容积，所以在多级压缩机中，高压级的 α 值要比低压级的大。

根据统计，压缩机的相对余隙容积值大多在下述范围内：

压力≤2MPa：$\alpha = 0.07 \sim 0.12$；

压力>2~32MPa：$\alpha = 0.12 \sim 0.16$。

膨胀过程指数 m 表示余隙容积中的气体膨胀时，气体与缸壁、活塞端部间的热交换情况。在整个膨胀过程中，它是变化的。从图 2-5 可看出：m 值越大，C-D 线越陡，则膨胀终了的 $\Delta V'$ 越小，容积系数 λ_V 将提高。所以，冷却良好的气缸，缸壁传给气体的热量较少，越接近于绝热膨胀，m 值就较高，容积系数 λ_V 也可提高。各种气体的大、中型压缩机，其 m 值可参照表 2-1 选取。

2）压力系数 λ_p

压缩机在吸气时，由于吸气管道及气阀的流通损失，吸气终了时缸内实际压力 p_a 总低于吸气管内名义吸气压力 p_s。把 p_a 压力下吸入的气体体积，折合到吸气管内名义压力 p_s，使气体体积又打一折扣 $\Delta V''$，相当于使吸气能力再次下降 $\Delta V''$。考虑这部分压力损失对吸气能力的影响而引用的系数称为压力系数 λ_p。压力系数 λ_p 一般是按经验确定。

表 2-1　不同压力下的 m 值

吸入压力 p_s(绝)/MPa	m	
	k 为任意值	$k=1.4$
≤0.15	$m=1+0.5(k-1)$	$m=1.2$
>0.15~0.4	$m=1+0.62(k-1)$	$m=1.25$
>0.4~1.0	$m=1+0.75(k-1)$	$m=1.3$
>1.0~3.0	$m=1+0.88(k-1)$	$m=1.35$
>3.0	$m=k$	$m=1.4$

常压进气时，$\lambda_p=0.95\sim0.98$。较小值用于通道截面较小或具有过强弹簧的气阀。

第二级以后，进气压力较高，相对压力损失就小，可取 $\lambda_p=0.98\sim1.0$。一般压缩机，第三级以后，就可以取 $\lambda_p=1.0$。

但当导管较长，气流速度较高，在导管与气缸间的缓冲容积不够大时，可能会发生较大的压力波动，此时 λ_p 就不能按上述范围选取，而要实际测定。

3）温度系数 λ_T

气体在气缸内被压缩过程中，温度升高，把热量传给气缸壁及活塞，使其温度亦升高，然后到下一循环吸入新鲜气体时，温度较高的缸壁与活塞又会把热量传给新鲜气体，使之温度升到 T''，体积也随之膨胀。尽管在 T''时具有体积 V''，但折算到名义吸气状态(p_a，T_a)下的气体体积就成为 V_a，比 V''要小，也就是因气体被加热而使气缸的吸气能力再次降低。因气体被加热而对气缸吸气能力的影响用温度系数 λ_T 来表示。要精确计算 λ_T 是很困难的。一般可根据压力比的大小，从图 2-6 选择适当的 λ_T。

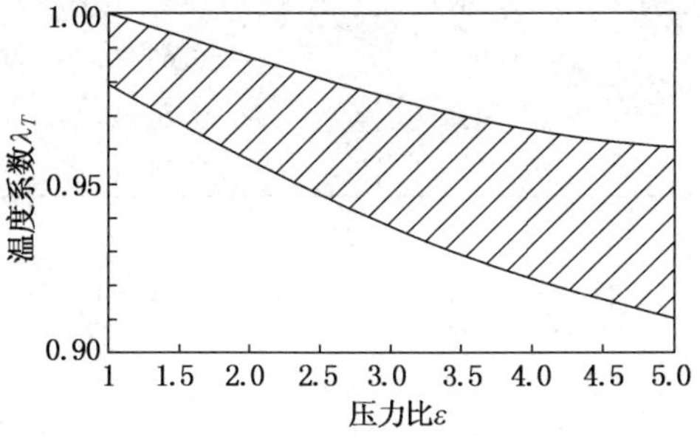

图 2-6　温度系数与压力比的关系

图 2-6 的斜线范围既考虑到 λ_T 与压力比等的各种关系，也考虑到了气阀阻力损失，选取时应注意：气缸冷却良好，传给气体热量少，λ_T 就高。一般风冷时 λ_T 取较低值；大、中型压缩机，气缸尺寸大，气体排量也大，相对表面积就较小，传给气体的热量少，则 λ_T 值可选取高值，反之小型压缩机和高压气缸则应选取较低值；转数较高时，缸壁和活塞表面来不及传给气体很多热量，则 λ_T 可选取较高值；吸气阀阻力大的 λ_T 选取较低值；气体的性质对 λ_T 值影响很大，当导传系数较高时易受热，故 λ_T 应取小些，一些绝热指数小的多原子气体，压缩终温较低，缸壁与活塞温度也较低，对吸入气体的传热也会少，则 λ_T 值可取高些。

4）泄漏系数 λ_g

压缩机的气阀、活塞环、填料以及管道、附属设备等处，由于密封不严而造成气体的泄漏是难以避免的，这样使压缩机的实际排气量总是比气缸吸入的气量为小。

压缩机的泄漏系数 λ_g 表示压缩机实际排出的气体 V_m 与第一级气缸吸入气体容积 V_s 之比，即

$$\lambda_g = \frac{V_m}{V_s} \tag{2-17}$$

泄漏系数一般取 λ_g=0.9~0.98。

选取 λ_g 值时应考虑：气阀、活塞、填料的密封性能，一般无油润滑压缩机的 λ_g 取得低一些；压力高，级数多，易泄漏，λ_g 要取小些；相对分子质量小的气体，如氢气，渗透性大，易泄漏，低粘度的气体，如石油气，也易泄漏，λ_g 要取小些；活塞杆、气缸等加工椭圆度过大，将增加泄漏量，λ_g 也应取小些。

综合考虑以上各因素，就可确定压缩机的排气系数，从而计算压缩机的实际排气量：

$$V_m = \lambda V_t = \lambda_V \lambda_p \lambda_T \lambda_g \lambda_t$$

根据统计，各类压缩机的排气系数 λ 大致范围如表 2-2 和表 2-3 所示，可供压缩机排气量估算时参考。

表 2-2　空气压缩机的排气系数

类　型	排气量/(m^3/min)	排气压力(表)/MPa	级　数	排气系数 λ
微型	0.15~0.90	0.7	1	0.58~0.60
小型、V 型、W 型	1~3	0.7	2	0.60~0.70
	3~12	0.7	2	0.79~0.86
L 型	10~100	0.7	2	0.70~0.82

表 2-3　其他气体压缩机的排气系数

类　型	主　要　参　数			
	排气量/(m^3/min)	排气压力(表)/MPa	级　数	排气系数 λ
氮、氢压缩机	≤40	15~32	4~6	0.73~0.79
	>100	32	6	0.75~0.80
石油气压缩机	10~117	1.1~4.3	2~4	0.65~0.80
CO_2 压缩机	45~65	21.0	0	0.75~0.76
O_2 压缩机	33~120	2.1~4.5	2~4	0.65~0.72

2. 功率和效率

活塞式压缩机是一种大量消耗动力的机器。降低压缩机的功率消耗，提高压缩机的经济性能，具有十分重要的意义。

1) 指示功率的计算

压缩机在单位时间内消耗于实际工作循环中的功称为指示功率 N_i。实际工作循环中由于存在进、排气时的压力损失等，故指示功必大于前面所分析的理论功。

实际工作循环较复杂，根据它来精确计算功率很困难，故一般是在理论功率计算的基础上加以修正。这里介绍国内常用的"等功法"对实际示功图进行简化假设，但保持计算出的总功值相等。对比实际工作循环与理论工作循环，影响功率大小的主要因素是进排气时阻力损失及压缩与膨胀过程多变指数的变化。

理论工作循环中，曾假设没有进、排气压力损失，进排气线就是名义吸气与名义排气压力线 4-1 与 2-3(见图 2-3)。实际工作中，由于进排气压力损失的影响，使实际工作循环比理论循环的面积要大，所增加的这部分面积就是压力损失所消耗的功率。为便于计算，求出实际排气压力的平均值为 p'_d 和实际吸气压力的平均值为 p'_s，在示功图(图 2-7)上表示为水平线 2′-3′与 4′-1′。使这两条线与 2-3、4-1 所包容的面积正好等于实际进、排气曲线与 2-3、4-1 所包容的面积。这样按 p'_d、p'_s 计算得出的功与实际示功图恰好相等。

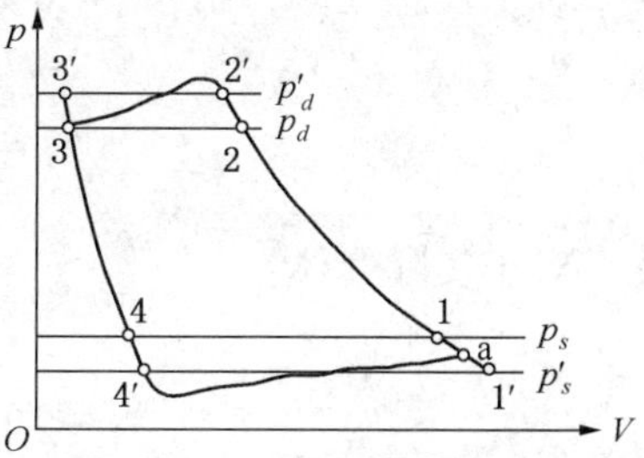

图 2-7　进排气过程简化图

令 $\Delta p_s = p_s - p'_s$ 为吸气时的平均压力损失，$\Delta p_d = p'_d - p_d$ 为排气时的平均压力损失，则任一级的平均实际吸、排气压力为

$$p'_{di} = p_{di}(1 + \delta_{di}) \tag{2-18a}$$

$$p'_{si} = p_{si}(1 - \delta_{si}) \tag{2-18b}$$

式中　δ_{si}——进气相对压力损失，$\delta_{di} = \dfrac{\Delta p_d}{p'_d}$；

δ_{di}——排气相对压力损失，$\delta_{si} = \dfrac{\Delta p_s}{p'_s}$。

δ_{si}、δ_{di} 可按图 2-8 的实验曲线来计算。图中纵座标是相对压力损失 δ_s 和 δ_d，横座标为名义吸排气压力值。上部两条曲线表示排气时相对压力损失，下部两条曲线表示吸气时相对压力损失，实线表示阻力较大的气阀及管路系统，虚线表示阻力较小的气阀及管路系统。

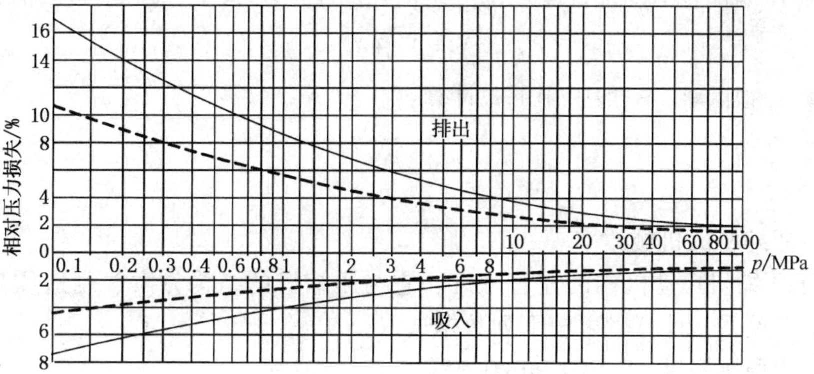

图 2-8　相对压力损失曲线

由于压缩机压缩与膨胀时过程指数都不是常数，简化中，同样采用“等功”的原则，即取过程指数为常数的曲线为 1′-2′及 3′-4′。这样选定的定值指数称为当量多变指数，经验表明，不论膨胀或压缩过程，其当量多变指数 n 近似地等于该气体的绝热指数 k 时，就能满足“等功”的原则。

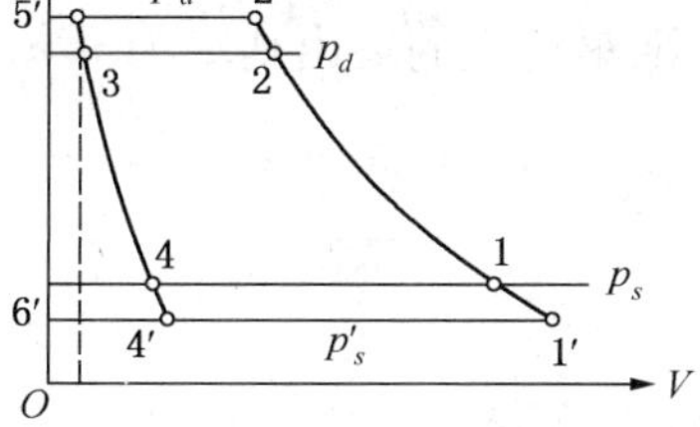

图 2-9　简化指示图

通过上述两方面简化，最后可得等面积的简化指示图如图 2-9 所示。并可用计算理论功类似的方法来计算指示功率，即每旋转一周所耗功为

$$L = \int_{1'}^{2'} V\mathrm{d}p - \int_{4'}^{5'} V\mathrm{d}p$$

$$= \text{面积 } 1' - 2' - 3' - 4' - 1'$$

对于理想气体，用 pV^k=常数代入，即可得指示功率计算公式为

$$N_i = 16.7 p_s V_t \lambda_V \frac{k}{k-1}\left[\left(\frac{p'_d}{p'_s}\right)^{\frac{k-1}{k}} - 1\right] \tag{2-19}$$

对于实际气体：

$$N_i = 16.7 p_s V_t \lambda_V \frac{k}{k-1}\left[\left(\frac{p'_d}{p'_s}\right)^{\frac{k-1}{k}} - 1\right]\frac{\xi_d + \xi_s}{2\xi_s} \tag{2-20}$$

式中 N_i——指示功率，kW；

p_s——名义吸气压力，MPa；

V_t——气缸的行程容积，m^3/min；

λ_V——气缸的容积系数；

k——绝热指数；

p'_s、p'_d——平均实际吸气与排气压力，MPa；

ξ_s、ξ_d——实际吸气和排气名义状态下的可压缩性系数。

2）轴功率和驱动机功率

（1）轴功率 N

驱动机传给压缩机曲轴的实际功率称为压缩机的轴功率 N。包括两部分：压缩机的指示功率 N_i 和克服压缩机各运动部件摩擦部分所消耗的摩擦功率 N_f。因此，压缩机的轴功率

$$N = N_i + N_f$$

精确计算 N_f 很困难，一般引用下式计算：

$$N = \frac{N_i}{\eta_m} \tag{2-21}$$

式中 η_m——压缩机的机械效率。

η_m 是表示压缩机运动机构的完善程度，它与压缩机的结构方案、制造质量、转速、润滑情况等等都有关系，计算时可按下列数据选取：

对于大、中型压缩机：η_m=0.90~0.95；

不带十字头的小型压缩机：η_m=0.85~0.90；

微型压缩机：η_m=0.80~0.87；

高压循环压缩机(效率低)：η_m=0.80~0.85。

无油润滑压缩机比相同情况下的有油润滑压缩机的机械效率要低些。

（2）驱动机功率

对于中、小型压缩机，若驱动机与压缩机间有传动装置，则驱动机的输出功率为

$$N_D = \frac{N}{\eta_c}$$

式中 η_c——传动效率。

对于皮带传动：η_c=0.96~0.99；

对于齿轮传动：η_c=0.97~0.99。

考虑到由于压缩机运转时负荷的波动、吸气状态的变化、冷却水温度变化以及压缩机的内泄漏等因素，都会造成功率的增加，因此选用驱动机时应留有 5%～15% 的储备功率，即选用驱动机功率应为

$$N'_D = (1.05 \sim 1.15) N_D$$

计算后，还应按驱动机现有标准规格来选取。

3）效率和比功率

为了衡量压缩机气缸内部在压送气体工作时的完善性，引入压缩机效率的概念，它是一个衡量压缩机本身经济性的指标。根据所取的衡量标准不同，可分为等温指示效率和绝热指示效率。

指示效率是压送同样数量的气体时所需的理论功率与指示功率之比值。

以压缩机理论工作循环所需要的理想最小等温功率 N_{is} 和实际工作循环的指示功率 N_i 之比，得等温指示效率 η_{i-is}

$$\eta_{i-is} = \frac{N_{is}}{N_i} \qquad (2-22)$$

同理，以压缩机理论工作循环所需要的绝热功率 N_{ad} 和指示功率 N_i 相之比，得绝热指示效率 η_{i-ad}。等温指示效率常用来评价接近等温状况工作的压缩机（如水冷式压缩机）的经济性能，它反映了压缩过程中的情况及吸、排气压力损失的影响。表 2-4 列举了国产压缩机的等温效率范围。而绝热指示效率则常用来评价接近于绝热状况工作的压缩机（如风冷式压缩机）的经济性能，其大概范围为 $\eta_{i-ad}=0.85 \sim 0.97$。

$$\eta_{i-ad} = \frac{N_{ad}}{N_i} \qquad (2-23)$$

表 2-4　某些类型压缩机的等温效率

类　型	主要参数			等温效率
	排气量/(m^3/min)	排气压力/MPa	级　数	
空气压缩机	<3	0.8	1	0.35～0.42
	<3	0.8～0.11	2	0.53～0.60
	3～12	0.8	2	0.53～0.60
	10～100	0.8	2	0.65～0.70
氮氢混合气压缩机	>13～40	32	6	0.60～0.70
	>100	32	6	0.62～0.68
石油气压缩机	10～100	4.3	4	0.64～0.68
二氧化碳压缩机	50	21	5	0.54～0.73
氧气压缩机	33～100	2.1～4.5		0.53～0.60

注：表内等温效率数值为理论等温功率与轴功率之比。

对于评价工作条件相同的动力用空气压缩机经济性时，还可以用比功率来衡量。比功率是指在一定排气压力下，每单位体积排气量所需的轴功率：

$$N_r = \frac{N}{V_m} \qquad (2-24)$$

据统计国内生产的空气压缩机排气量小于 $10m^3/min$ 时，$N_r=5.8\sim6.3kW/m^3/min$；排气量在 $10\sim100m^3/min$ 时，$N_r=5.0\sim5.3kW/m^3/min$。

2.2.3 多级压缩

当要求气体的工作压力较高时，采用单级压缩不仅不经济，有时甚至是不可能实现的，须采用多级压缩。多级压缩就是将气体从吸入开始，经过几次升压而达到所需的工作压力。图 2-10 是一台三级压缩机工作示意图。在气体进入下一级气缸进行压缩之前，必须经过中间冷却器进行等压冷却，然后在分离器中将凝液和润滑油排出，这是多级压缩流程的特点。这种三级压缩的理论工作循环 $p-V$ 图如图 2-11 所示。图上各点与图 2-10 相对应。

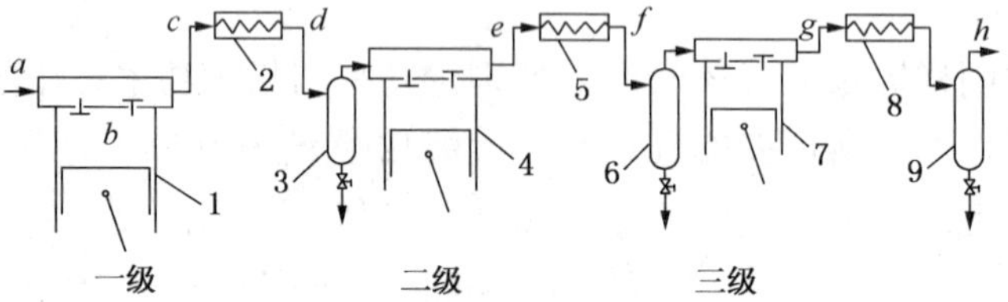

图 2-10 多级压缩流程

1—Ⅰ级缸；2—Ⅰ级冷却器；3—油水分离器；4—Ⅱ级缸；5—Ⅱ级冷却器；6—油水分离器；7—Ⅲ级缸；8—Ⅲ级冷却器；9—油水分离器

1. 多级压缩的优点

1）节省功率消耗

分析图 2-10 和图 2-11，由于分级压缩，气体经压缩升温，但经中间冷却器后，可使下一级的吸气温度又降低到接近于原始温度。表示在 $p-V$ 图（图 2-11）上，气体一级压缩后（bc 线），再经等压冷却（cd 线），使冷却后状态 d 可落在等温线上。其他二、三级压缩类似，经中间冷却后，可回到等温线上。所以有了中间冷却的分级压缩，共功耗就是面积 $abcdefgha$。而在相同压力下，如采用单级压缩，其功耗就是面积 $abmha$。两者相比，多级压缩的功耗就较单级压缩小，所节省的功耗就是图 2-11 上阴影面积。级数越多，省功越多，越接近于等温压缩。由于等温压缩所需理论功耗最小，所以中间冷却器内冷却越完善，气体经冷却后越接近于一级吸气温度，就越接近于等温压缩，也就越节省功耗。

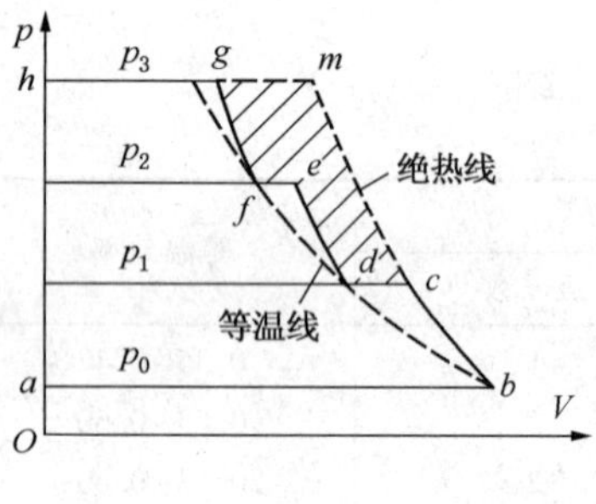

图 2-11 多级压缩 $p-V$ 图

2）提高气缸容积利用率

气缸内有余隙容积总是不可避免的。从图 2-12 上可看出，当压缩比 ε 越高时，排出压力越高，余隙容积内残留的气体膨胀后所占的容积也就越大，使容积系数 λ_V 减小。容积系数减小就使气缸所能吸入的新鲜气体量减少（见图 2-12）。甚至达到某一极限情况下，膨胀线与压缩线重合 $\lambda_V=0$，气缸就无法吸入新鲜气体。这时的压力比称为极限压力比。

$$\varepsilon_{极限}=\left(\frac{1}{\alpha+1}\right)^{m}$$

采用多级压缩就使每一级压缩比 ε 减小，λ_V 提高，从而提高各级气缸的容积利用率。

3）降低排气温度

由式（2-13）可知，压缩机排出气体的温度是随压缩比的增加而增高的，压缩比越高，排气温度就越高。但是，过高的排气温度往往是不能允许的。这是由于：在用油润滑的压缩机中，润滑油温度高了，会降低粘度，加剧磨损，当温度过高时易在缸内及阀上形成积炭，加剧磨损；有时甚至可能引起爆炸事故。一般规定空压机的排气温度应低于 160℃(固定式)或 180℃(移动式)；在无油润滑压缩机中，采用尼龙或聚四氟乙烯为密封元件。为了保护塑料的性能，当用聚四氟乙烯时，排气温度不超过 170℃，用尼龙时不超过 100℃；压缩石油裂解气时，温度过高，有些组分会聚合成胶状物，堵塞气阀，加剧磨损，故要求排气温度低于 100~110℃；某些气体如氧气、氯气，在温度较高时(特别有水汽时)，有强烈腐蚀性，故一般排气温度控制在 90~100℃。

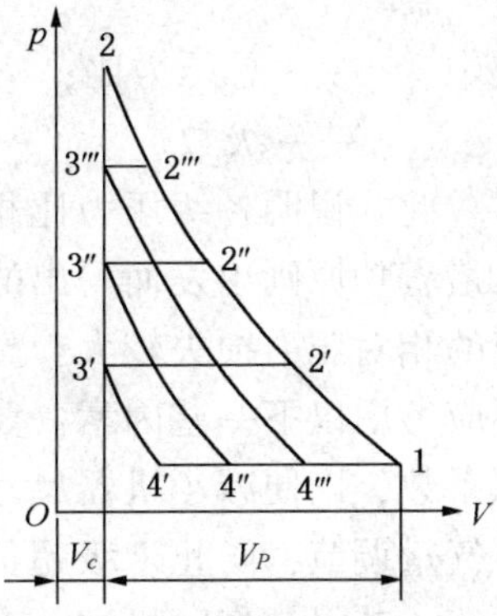

图 2-12　压力比对 λ_V 的影响

以上各种情况大大限制了排气温度，故就必须采用多级压缩，降低各级的压缩比以降低排气温度。

4) 降低作用在活塞上的气体力

当压缩比较高而采用单级压缩时，气缸直径较大，就有较高的气体终压作用在较大的活塞面积上，活塞上的气体力就较大。如采用多级压缩时，就能够大大降低作用于活塞上的气体力，因而有可能使机构轻便，机械效率提高。

当然，多级压缩也决不是级数越多越好，因为级数过多时，则使压缩机的结构趋于复杂，尺寸、重量和造价都要增加；气体通道增加，气阀及管路的压力损失增加，甚至有时增加级数使压缩机的工作循环由于更接近等温压缩而节省的功，还抵偿不了由于增加新的级而增加的气阀及管路阻力损失所消耗的功，所以级数过多，反而经济性下降；级数多了，运动机件也增多，发生故障的机会也将增加，由于摩擦表面增加，机械效率也将有所降低。

2. 级数选择及压力比分配

根据上述对多级压缩优缺点的分析，合适的选择级数要根据对压缩机的要求来确定。

对连续运转的大、中型压缩机，可靠性和经济性最重要，功率都较大，又长期转，故获得较高效率和节省功耗成为这种压缩机选择级数时考虑的主要矛盾。此外化工用压缩机级数选择还与工艺流程密切相关，一般每级压力比都不宜超过 4。

对间歇使用的小型压缩机及移动式压缩机主要是减轻重量，结构紧凑，尺寸小，而耗功处于次要地位。一般在允许的范围内，可适当提高级的压力比，采用尽量少的级数。对某些特殊气体的压缩机，级数的选择还必须首先考虑排气终温的限制。表 2-5 列出的级数选择系经验统计值，可供选择时参考级数确定后可按压缩机理论总功耗最节省的原则对各级之间的压力比分配，即

$$\frac{p_2}{p_1}=\frac{p_3}{p_2}=\frac{p_4}{p_3}=\cdots=\frac{p_{z+1}}{p_z}=\sqrt[z]{\frac{p_z}{p_1}}$$

表 2-5　终压与级数的关系

终压/MPa	0.5~0.6	0.6~3.0	1.4~15	3.6~40	15~100	20~100	80~150
级　数	1	2	3	4	5	6	7

或 $$\varepsilon_1=\varepsilon_2=\varepsilon_3=\cdots=\varepsilon_z=\sqrt[z]{\varepsilon_t} \tag{2-25}$$

式中 ε_t——总压力比；

z——级数。

此式说明各级压力比相等时压缩机理论总功耗最小。这一结论是针对理论压缩循环，并从最省功原则出发而得出的。实际上压缩机工作过程中还必须考虑各种压力损失，而且低压级的相对压力损失较大，高压级较小，所以各级压力比并不相等。同时在确定各级压力比时还应考虑以下一些因素：要满足化工工艺流程的要求；在大型压缩机中，为提高一级缸的容积系数，以便减小机器尺寸和重量，常取一级缸的压力比比其他级低 5%～10%；有时为便于气量调节，防止末级超负荷，往往将末级压力比取得稍低些；为保证各列活塞力及切向力均衡，获得较高的机械效率，还应根据具体情况调整压力比的分配。

3. 多级压缩机的排气量和行程容积计算

根据排气量定义中所规定的情况，若压缩机级间冷却器内有水分或液态烃类分离出来时，则必须将它们也换算为进口状态的体积加进去。经过这样的换算，压缩机的排气量便有了一个共同的比较标准，不因压缩机级数的多少而不同。同时，若由于级间有水分或烃类分离出来，则除第一级气缸外，以后的各个气缸的行程容积大小均受到影响。

1）凝析系数 μ_d

由于压缩机一级进口吸入的总是含有水蒸气(或其他易凝成分如烃类)的湿气。这些湿气体经压缩，水蒸气分压将提高，再经中间冷却器冷却后，就可能有冷凝液析出。这样就使后面各级气缸实际吸入的气量比第一级减少了，这种影响我们用凝析系数 μ_d 来表示。凝析系数是指析出水分后的气体容积与第一级原来吸入的气体容积的比值(都换算到第一级吸入状态的温度和压力)。设多级压缩机从第一级压缩到第 i 级，根据气体热力学性质，可得第 i 级的凝析系数 μ_{di} 为

$$\mu_{di}=\frac{V_{si}}{V_{s1}}=\frac{p_{s1}-\phi_1 p_{t1}}{p_{si}-p_{ti}}\frac{p_{si}}{p_{s1}} \tag{2-26}$$

式中 V_{s1}、V_{si}——分别为第一级、第 i 级吸气量，m^3/min；

p_{s1}、p_{si}——分别为第一级、第 i 级名义吸气压力，MPa；

p_{t1}、p_{ti}——分别为第一级、第 i 级名义吸气温度 T_{s1}、T_{si} 时的饱和蒸汽压力(见表 2-6)，MPa；

ϕ_1——第一级吸入湿气的相对湿度。

表 2-6 饱和水蒸气压力

温度 t/℃	饱和蒸汽压力 p_t/MPa	温度 t/℃	饱和蒸汽压力 p_t/MPa	温度 t/℃	饱和蒸汽压力 p_t/MPa
1	0.00066	9	0.00115	17	0.00194
2	0.00070	10	0.00123	18	0.00206
3	0.00076	11	0.00131	19	0.00219
4	0.00081	12	0.00140	20	0.00234
5	0.00087	13	0.00150	21	0.00243
6	0.00093	14	0.00160	22	0.00264
7	0.00100	15	0.00170	23	0.00281
8	0.00107	16	0.00182	24	0.00298

续表

温度 t/℃	饱和蒸汽压力 p_t/MPa	温度 t/℃	饱和蒸汽压力 p_t/MPa	温度 t/℃	饱和蒸汽压力 p_t/MPa
25	0.00316	37	0.00627	49	0.01173
26	0.00336	38	0.00662	50	0.01233
27	0.00356	39	0.00699	51	0.01295
28	0.00378	40	0.00737	52	0.01360
29	0.00400	41	0.00777	53	0.01428
30	0.00424	42	0.00819	54	0.01499
31	0.00449	43	0.00863	55	0.01573
32	0.00475	44	0.00909	56	0.01650
33	0.00503	45	0.00958	57	0.01730
34	0.00531	46	0.01008	58	0.01813
35	0.00562	47	0.01060	59	0.01901
36	0.00594	48	0.01115	60	0.01990

用上式计算凝析系数时，要注意：对第一级而言 $\mu_{d1}=1$，不必计算；对第 i 级，先要判别有无冷凝水析出。若算出

$$p_{bi}=\phi_1\cdot p_{t1}\cdot\frac{p_{si}}{p_{s1}}<p_{ti} \tag{2-27}$$

则说明此时没有冷凝水析出，此时对第 i 级及第 i 级以前都取 $\mu_{di}=1$。

当第一级为常压进气的压缩机，一般在第三级以后，压力已超过 1.0MPa，气体中残留的水蒸气已很少(前面已排走)，可近似地认为只剩下干气量了，此时 p_{ti} 与 p_{si} 相比数值甚小，可忽略不计。故其凝析系数近似为

$$\mu_{di}=\frac{p_{s1}-\phi_1 p_{t1}}{p_{s1}} \tag{2-28}$$

2）抽气(加气)系数 μ_0

在化工流程中，有时需在级间抽气或加气，而使压缩机级间气量发生变化。抽气(加气)系数正是反映这种变化程度的。在不考虑泄漏、凝析损失的情况下，μ_{0i} 等于某级吸气量 V_{si}(折算到第一级吸气状态下的体积量)与第一级吸气量 V_{s1} 的比值，即

$$\mu_{0i}=\frac{V_{si}}{V_{s1}}$$

抽气(加气)系数 μ_0 通常由工艺给出。

3）气缸行程容积和直径的确定

由于压缩机排气量是按第一级的名义吸气状态下的体积来表示的，所以确定排气量后，所要求的压缩机的第一级气缸行程容积即可按下式计算：

$$V_{t1}=\frac{V_m}{\lambda_1}=\frac{V_m}{\lambda_{V1}\lambda_{p1}\lambda_{T1}\lambda_{g1}} \tag{2-29}$$

式中 V_m——实际排气量(换算到第一级名义吸气状态下的容积)，m^3/min；

V_{t1}——第一级气缸的行程容积，m^3/min；

λ_1、λ_{V1}、λ_{p1}、λ_{T1}、λ_{g1}——第一级气缸的排气系数、容积系数、压力系数、温度系数和气密系数。

在确定第一级以后的各级气缸的行程容积时，还要考虑到有无冷凝液析出，要引入凝析系数 μ_d 和抽气(加气)系数 μ_0。同时再把按第一级吸气状态计算的实际排气量换算到所需计算的第 i 级吸气状态。因此，第 i 级气缸的行程容积为

$$V_{ti}=\frac{\mu_{di}\mu_{0i}}{\lambda_{V1}\lambda_{p1}\lambda_{T1}\lambda_{g1}}\frac{p_{s1}}{p_{si}}\frac{T_{si}}{T_{s1}}V_m \tag{2-30}$$

对于实际气体：

$$V_{ti}=\frac{\mu_{di}\mu_{0i}}{\lambda_{V1}\lambda_{p1}\lambda_{T1}\lambda_{g1}}\frac{p_{s1}}{p_{si}}\frac{T_{si}}{T_{s1}}\frac{\xi_{s1}}{\xi_{si}}V_m \tag{2-31}$$

式中 μ_d、μ_0——分别为第 i 级气缸的凝析系数和抽气(加气)系数；

p_{s1}、p_{si}——分别为第一级、第 i 级气缸的名义吸气压力，MPa；

T_{s1}、T_{si}——分别为第一级、第 i 级吸入状态下气体温度，K；

ξ_{s1}、ξ_{si}——分别为第一级、第 i 级吸入状态下的可压缩性系数；

其他符号同上式。

气缸行程容积确定后，即可根据图 2-4 计算所需气缸直径 D，单位 m。

对单作用筒形活塞，根据图 2-4(a)及式(2-1)

$$D=\sqrt{\frac{4V_{ti}}{\pi Sni}} \tag{2-32}$$

对双作用盘形活塞，根据图 2-4(b)及式(2-2)

$$D=\sqrt{\frac{2V_{ti}}{\pi Sni}+\frac{d^2}{2}} \tag{2-33}$$

对单作用级差活塞，根据图 2-4(c)及式(2-3)

$$D=\sqrt{\frac{4V_{ti}}{\pi Sni}+D_1^2} \tag{2-34}$$

对双作用级差活塞，根据图 2-4(d)及式(2-4)

$$D=\sqrt{\frac{2V_{ti}}{\pi Sni}+\frac{D_1^2+D_2^2}{2}} \tag{2-35}$$

式中 i——同级气缸数；

S——活塞行程，m；

n——压缩机转数，r/min；

d——活塞杆直径，m；

其他符号同前及见图 2-4。

为标准化和系列化，按上式计算出的缸径还必须按表 2-7 的气缸公称直径圆整。为了

保证排气量，圆整第一级缸径时一般趋向取较大值。

表 2-7　气缸的公称直径　mm

20	30	45	65	95	130	200	300	450	670	1000
21	32	48	67	100	140	210	320	480	710	1060
22	34	50	71	105	150	220	340	500	750	1120
24	36	53	75	110	160	240	360	530	800	1180
25	38	56	80	115	170	250	380	560	850	1250
26	40	60	85	120	180	260	400	600	900	—
28	42	63	90	125	190	280	420	630	950	—

4）各级吸、排气压力的修正

由于气缸直径圆整取值的结果，各级的压力将有所变化。根据稳定流动的原则，可以认为：除第一级外，其余各级的吸气压力将随第一级行程容积的增加而成比例地升高，随本级行程容积的增加而成比例地降低，由此可引出压力的修正系数：

$$\beta_i = \frac{V_{t1}^*}{V_{t1}}\frac{V_{ti}}{V_{ti}^*} = \frac{F_1^*}{F_1}\frac{F_i}{F_i^*} \tag{2-36}$$

$$\beta_{i+1} = \frac{V_{t1}^*}{V_{t1}}\frac{V_{t(i+1)}}{V_{t(i+1)}^*} = \frac{F_1^*}{F_1}\frac{F_{i+1}}{F_{i+1}^*} \tag{2-37}$$

式中　V_{t1}、V_{ti}、$V_{t(i+1)}$——分别为第一、i、i+1 级圆整前的气缸行程容积，m^3；

F_1、F_i、F_{i+1}——分别为第一、i、i+1 级圆整前的活塞工作面积，m^2；

V_{t1}^*、V_{ti}^*、$V_{t(i+1)}^*$——分别为第一、i、i+1 级圆整后的气缸行程容积，m^3；

F_1^*、F_i^*、F_{i+1}^*——分别为第一、i、i+1 级圆整后的实际活塞工作面积，m^2；

β_i、β_{i+1}——分别为第 i 级吸、排气压力修正值。

上式中任一级活塞总工作面积 F_i，可按下式求得：

$$F_i = \frac{V_{ti}}{Snz}$$

式中　S——活塞行程，m；

n——转速，r/min；

z——该级的缸数；

V_{ti}——该级的行程容积，m^3/min。

对于单作用气缸[如图 2-4(a)]：

$$F_i = 0.785D_i^2 \tag{2-38}$$

对于双作用气缸[如图 2-4(b)]：

轴侧活塞工作面积

$$F_z = \frac{1}{2}(F_i - f_d) \tag{2-39}$$

盖侧活塞工作面积

$$F_g = F_i \tag{2-40}$$

对于级差式气缸[如图2-4(c)]：

$$F_z - F_g = F'_g - f_d \qquad F_z + F_g = F_i$$

联立解之，可求得轴侧、盖侧的活塞工作面积。式中f_d为活塞杆截面积。

圆整后的第i级的名义吸、排气压力为

$$p_{si}^* = \beta_i p_{si}, \qquad p_{di}^* = \beta_{i+1} p_{di} \tag{2-41}$$

圆整后的第i级气缸内实际吸、排气压力为

$$p'_{si} = (1 - \delta_{si}) p_{si}^* \tag{2-42a}$$

$$p'_{di} = (1 + \delta_{di}) p_{di}^* \tag{2-42b}$$

式中 p_{si}、p_{di}——分别为第i级圆整前的名义吸、排气压力，MPa；

p_{si}^*、p_{di}^*——分别为第i级圆整后的名义吸、排气压力，MPa；

p'_{si}、p'_{di}——分别为第i级圆整后缸内实际吸、排气压力，MPa；

δ_{si}、δ_{di}——分别为第i级吸、排气相对压力损失。

4. 最大活塞力计算

活塞位于不同位置时，缸内气体压力不同，每列活塞所受的载荷也不同。当活塞处于内、外止点时的活塞力为最大，简称最大活塞力(又称最大气体力)。这时列中总活塞力等于气体压力作用在盖侧和轴侧活塞面积上的方向相反的气体力之差。于是

向轴行程终了时

$$P_z = \Sigma p'_{di} F_{zi} - \Sigma p'_{si} F_{gi} \tag{2-43a}$$

向盖行程终了时

$$P_g = \Sigma p'_{si} F_{zi} - \Sigma p'_{di} F_{gi} \tag{2-43b}$$

式中 p'_{si}、p'_{di}——分别为同列缸内各级实际吸、排气压力，MPa；

F_{zi}、F_{gi}——分别为同列缸内各对应级的轴侧、盖侧活塞工作面积，m^2；

P_z、P_g——分别为该列向轴、向盖行程中的最大活塞力，N。

活塞力的大小决定着运动机构的尺寸。在多列压缩机中，各列活塞力应接近，而且在同列中若向轴与向盖行程的最大活塞力相等，从强度观点来看，运动机构利用得最合理。

2.2.4 多级压缩机的功率和排气温度的计算

1. 多级压缩机的功率计算

多级压缩机所消耗的总指示功率N_t等于各级指示功率之总和，即

$$N_i = \Sigma N_{i-i}$$

各级气缸的指示功率N_{i-i}仍用前面公式(2-19)计算，写成通用形式为

$$N_{i-i} = 16.7 p'_{si} V_{ti} \lambda_{Vi} \frac{k}{k-1}\left[\left(\frac{p'_{di}}{p'_{si}}\right)^{\frac{k-1}{k}} - 1\right] \tag{2-44}$$

对于实际气体：

$$N_{i-i}=16.7p'_{si}V_{ti}\lambda_{Vi}\frac{k}{k-1}\left[\left(\frac{p'_{di}}{p'_{si}}\right)^{\frac{k-1}{k}}-1\right]\frac{\xi_{di}+\xi_{si}}{2\xi_{si}} \tag{2-45}$$

式中　N_{i-i}——第 i 级的指示功率，kW；

p'_{si}、p'_{di}——分别为第 i 级的实际平均吸、排气压力，MPa；

V_{ti}——第 i 级气缸的行程容积，m^3/min；

λ_{vi}——第 i 级气缸的容积系数；

ξ_{s1}、ξ_{di}——分别为第 i 级实际吸、排气状态下的可压缩性系数。

此外，多级压缩机的轴功率和驱动功率的计算方法与单级压缩机的计算方法相同。

2. 排气温度的计算

由于压缩机的排气温度不能过高，所以应当对各级缸的实际排气温度均按平均实际吸气与排气压力及绝热过程指数分别计算，即

$$T_{di}=T_{si}\left(\frac{p'_{di}}{p'_{si}}\right)^{\frac{k-1}{k}} \tag{2-46}$$

对于实际气体：

$$T_{di}=T_{si}\left(\frac{p'_{di}}{p'_{si}}\right)^{\frac{k_T-1}{k_T}} \tag{2-47}$$

式中　k_T——温度绝热指数，一般计算中可用理想气体的绝热指数代替。

在多级压缩机中，若发现某一级排气温度超过许用范围时，则应采取适当措施，如改变气缸直径或调整相应的余隙容积，以改变压力比的分配达到降低该级排气温度的目的。也可采取加强级前冷却、降低进气温度的同时，适当增加该级的余隙容积，以保持该级压力比不变，可有效地降低排气温度。

2.3　活塞式压缩机的动力性能

2.3.1　压缩机中作用力分析

活塞式压缩机由驱动机带动曲柄连杆机构运动，输入的扭矩用以克服气体力对它的阻力矩。曲柄连杆机构带动活塞组件作直线非等速往复运动，而存在惯性力；此外，运动机构相互间还有摩擦力存在。

现以卧式单缸单作用压缩机为例，进行作用力分析，见图 2-13。由于活塞作直线往复运动压缩气体，气缸内有大小相等方向相反的两个气体力 p，分别作用在活塞端部及气缸盖上，气体力通过活塞传给活塞杆、十字头销和曲柄销；同时又过通气缸盖传给机身。

1. 十字头销(活塞销)的受力分析

活塞端部受有气体力 p 作用，活塞-十字头组件还受有往复运动惯性力 I 及往复运动摩擦力 f。这些力都沿气缸中心线方向，并假设集中作用在十字头销(活塞销) C 上，三者之和称之为(综合)活塞力 p_t

$$p_t = p + I + f \quad \text{N} \tag{2-48}$$

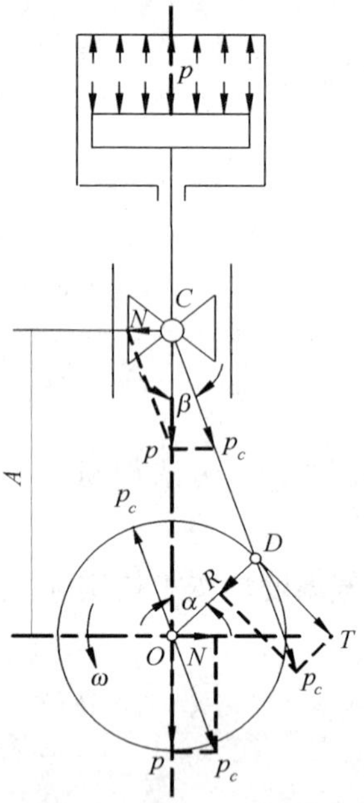

图 2-13 受力分析图

活塞力的大小和方向都随曲柄转角 α 而变化。

在 C 处，活塞力 p_t 又可分为两个分力：一个沿连杆中心线方向，传给连杆，称为连杆力 p_c；另一个垂直于十字头滑道，称为侧向力(或称法向力) N。

根据力的平衡关系，有：

$$p_c = \frac{p_t}{\cos\beta} \tag{2-49}$$

$$N = p_t \mathrm{tg}\beta \tag{2-50}$$

式中 β——连杆摆角，由连杆尺寸及曲柄转角 α 而定。

连杆力 p_c 作用在连杆中心线上，使连杆受拉或受压，同时又通过连杆作用于曲柄销。

侧向力 N 垂直作用于十字头滑道，又传给机身，使十字头滑道的磨损增加。

2. 曲柄销受力分析

连杆力 p_c 通过连杆作用在曲柄销(D 点)上。p_c 可分解成两个分力：一个是与曲柄垂直的切向力 T

$$T = p_c \sin(\alpha + \beta) = p_t \frac{\sin(\alpha + \beta)}{\cos\beta} \tag{2-51}$$

另一个是沿曲柄半径方向的径向力 R：

$$R = p_c \cos(\alpha + \beta) = p_t \frac{\cos(\alpha + \beta)}{\cos\beta} \tag{2-52}$$

切向力 T 和径向力 R 使曲轴承受弯曲和扭转。根据力的平移原则，在主轴颈(O 点)将作用有力 p_c 和力偶矩 M：

$$M = p_c \cdot h = T \cdot r = p_t r \frac{\sin(\alpha + \beta)}{\cos\beta} \tag{2-53}$$

式中 r——曲柄半径，m；

h——主轴颈中心 O 点到连杆中心线的垂直距离，m。

$$h = r\sin(\alpha + \beta)$$

力矩 M 的大小、方向均随曲柄转角 α 而变化，在大部分时间内，力矩 M 与原动机的驱动力矩 M_c 的方向相反，起阻止曲轴旋转的作用，故称为阻力矩。驱动力矩 M_c 的数值一般是近乎恒定的，而阻力矩 M 的数值却是随曲柄转角 α 的变化而周期变化的，因此造成压缩机运转过程中产生瞬时加速和瞬时减速的现象。根据绕定轴转动刚体的微分方程，对旋转中心 O 的各外力矩的代数和等于刚体对旋转中心的转动惯量与角加速度的乘积。即

$$M_c - M = J\varepsilon \tag{2-54}$$

式中 M——阻力矩；

M_c——驱动力矩；

J——压缩机机组中全部旋转质量的惯性矩；

ε——压缩机主轴的旋转角加速度，1/s。

一般不希望压缩机在旋转中角速度变化太多，因此需要用飞轮矩加以平衡。

在主轴颈上作用的力 p_{oi} 也可分为两个力：一是沿气缸中心线作用的分力 p'

$$p' = p_c\cos\beta = p_t$$

相当于活塞力 p_t 直接从十字头销处传过来；另一是垂直于气缸中心线的分力 N'

$$N' = p_c\sin\beta = p_t\frac{\sin\beta}{\cos\beta} = N$$

N'通过主轴承传给机身，而同时侧向力 N 又通过十字头滑道传给机身，两者恰好大小相等，方向相反，彼此相隔距离为 A，因而构成一对力偶 NA。此力偶作用在机身上，使机身有倾覆的趋势，因而称为倾覆力矩。此处力臂

$$A = l\cos\beta + r\cos\alpha = r\frac{\sin(\alpha+\beta)}{\sin\beta}$$

$$NA = Nr\frac{\sin(\alpha+\beta)}{\sin\beta} = P_t r\frac{\sin(\alpha+\beta)}{\sin\beta} = M$$

可见倾复力矩在数值上恰好与阻力矩 M 相等，方向上则与阻力矩 M 相反。

3. 基础受力分析

（1）气体力　在立式压缩机中，气体力 p 一方面作用在活塞端部，经连杆传到曲柄销，传到主轴颈处，使机身受力；但另一方面又作用在缸盖上，通过气缸而传到机身上，其大小与前者相等，方向相反，所以气体力在机身内部自己就平衡掉了，不会传到基础上。气体力只是使气缸、机身以及它们之间的连接螺钉等承受拉伸或压缩载荷。同样在卧式压缩机中，气体力也将在机身内部平衡，不传到基础上。

（2）摩擦力　摩擦力在机器内部总是成对出现，相互平衡掉，因而不会传到基础上。

（3）惯性力　往复惯性力 I 在没有采取其他措施时未被平衡掉，通过机座与地脚螺钉传给基础。不平衡的旋转惯性力 I_r，也将通过主轴承传给基础。

惯性力随曲轴的旋转而周期地变化，因而引起机组的振动。为减少机器振动，应力求采取措施平衡惯性力。

（4）力矩　阻力矩作用在曲轴上，由驱动力矩 M_c 平衡。但实际工作中，阻力矩与驱动力矩的瞬时值是不相等的，即

$$M_c - M = J\varepsilon$$

旋转质量惯性力矩 $J\varepsilon$ 也要影响机器的基础。

倾覆力矩 NA 有使机身倾覆的趋向，一般通过地脚螺钉传到基础上，其大小和方向均随曲柄转角而变化，因而引起机身摇摆与基础振动。

当压缩机与驱动机固定在同一基础上时，传到基础上的倾复力矩 NA 及惯性力矩 $J\varepsilon$ 将与驱动机给基础的反力矩 $-M_c$ 彼此抵消。

以上是以单列压缩机为例分析的。对多列压缩机，由于各列的惯性力不在同一直线上，还将引起列间惯性力矩等。

5.3.2 压缩机的运动分析与惯性力计算

1. 运动分析

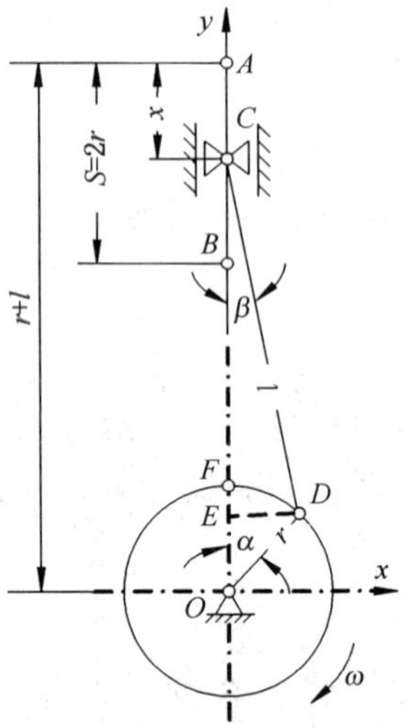

图 2-14 曲柄连杆机构图

图 2-14 表示压缩机曲柄连杆机构的几何关系。图中 A 点是活塞向盖行程的极限位置，为外止点；B 点为活塞向轴行程的极限位置，为内止点。两止点间距 AB 即为活塞运动的距离，即活塞行程(等于曲柄半径的两倍) $S=2r$。

曲柄转角 α 从外止点开始算起。当在任一曲柄转角 α 时，活塞位移为 x

$$x = AO - CO = AO - (OE + EC)$$
$$= l + r - (r\cos\alpha + l\cos\beta)$$

将上式中的 $\cos\beta$ 用曲柄转角 α 表示，经推导整理得

$$x = r\left[1 - \cos\alpha + \frac{\lambda}{4}(1 - \cos2\alpha)\right] \tag{2-55}$$

也可写成，相对活塞位移与曲柄转角关系为

$$\frac{x}{r} = 1 - \cos\alpha + \frac{\lambda}{4}(1 - \cos2\alpha) \tag{2-56}$$

式中 x——从外止点算起的活塞位移行程，m；

r——曲柄半径，m；

l——连杆长度，m；

λ——曲柄半径与连杆长度之比，$\lambda = \frac{r}{l}$，常取 $\lambda = 0.286 \sim 0.167$；

β——连杆摆角。

将活塞位移对时间求导数，即可求得活塞的速度：

$$c = \frac{dx}{dt} = \frac{dx}{d\alpha}\frac{d\alpha}{dt} = r\omega\left(\sin\alpha + \frac{\lambda}{2}\sin2\alpha\right) \tag{2-57}$$

再将上式对时间求导数，即可得出活塞的加速度：

$$c = \frac{dc}{dt} = \frac{dc}{d\alpha}\frac{d\alpha}{dt} = r\omega^2(\cos\alpha + \lambda\cos2\alpha) \tag{2-58}$$

由以上关系可以看出，活塞的位移、速度和加速度的大小和方向都是随曲柄转角 α 而变化的。

虽然曲轴近似地以等角速度 ω 旋转，但由于活塞十字头组件作直线往复运动，活塞在向轴和向盖行程中都作不等速运动，有加速度存在，必然存在惯性力。

惯性力 I = 质量 m × 加速度 a

2. 往复惯性力 I 的计算

往复惯性力 $I=m_p a$，即

$$I = m_p r\omega^2(\cos\alpha + \lambda\cos2\alpha) \tag{2-59}$$

式中 m_p——作往复运动部件的总质量，kg；

$$m_p = m_s + m'_l$$

m_s——作直线往复运动的活塞组件、十字头组件的质量；

m'_l——连杆质量 m_l 中一部分转化为作往复运动的质量，根据已有连杆的统计，可取

$$m'_l = (0.3 \sim 0.4) m_l$$

ω——曲轴角速度，1/s，$\omega = \dfrac{\pi n}{30}$。

计算中，可认为往复惯性力是沿气缸中心线，集中作用在十字头销上。

往复惯性力的大小与方向均随曲柄转角 α 而变化(如图 2-15)，惯性力方向总与加速度方向相反。通常规定：凡使连杆受拉时的力取为"+"值，使连杆受压时的力取为"-"值。在 0°~90°范围内，加速度 a 为正值，惯性力方向与运动方向相反，指向盖侧，使连杆受拉，取为正值；在 90°~180°范围内，作减速运动，即 a 为负值，惯性力方向与运动方向一致，指向轴侧，使连杆受压，取为负值。因此，由公式(2-59)计算所得的惯性力的正负号与上述假设是一致的，不必另行考虑正负号。

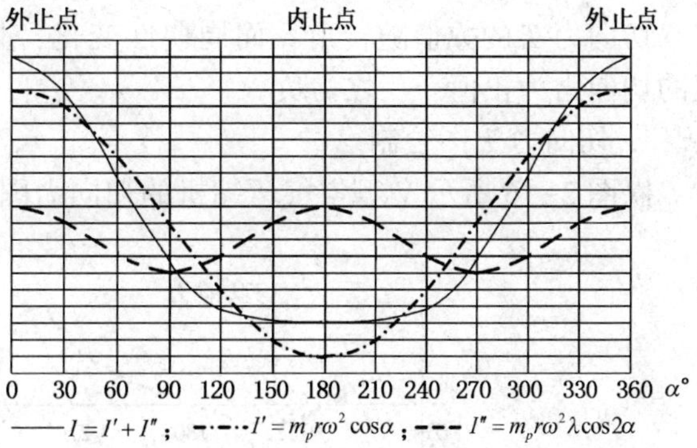

图 2-15　往复惯性力随曲柄转角 α 展开图

为便于分析，可将往复惯性力分成两项：

$$I = I' + I'' \tag{2-60}$$

$$I' = m_p r\omega^2 \cos\alpha \tag{2-61a}$$

$$I'' = m_p r\omega^2 \lambda \cos2\alpha \tag{2-61b}$$

I'称一阶惯性力，在曲轴旋转一周内，I'随 α 而作一次周期性变化。I''称二阶惯性力，在曲轴旋转一周内，I''作两次周期性变化。

在数值上，一阶惯性力比二阶惯性力大很多，因此应首先考虑一阶惯性力的变化及其影响。

3. 旋转惯性力 I_r 的计算

曲轴作等角速度旋转时，有向心加速度 $a_r = r\omega^2$。由于曲轴旋转时有不平衡的偏心质量 m_r，因此产生旋转惯性力为

$$I_r = m_r r\omega^2 \tag{2-62}$$

式中　m_r——旋转运动时集中在曲柄销中心的不平衡质量，kg；

$$m_r = m_c + m''_l$$

m_c——曲拐部分转化到曲柄销中心的不平衡质量，包括曲柄销及曲柄上与曲柄销中心对称部分质量 m_{c1} 和除去曲柄上与旋转中心对称部分后所剩下的质量 m_{c2}，kg；

$$m_c = m_{c1} + m_{c2}\frac{\rho}{r}$$

m''_l——连杆质量 m_l 中一部分转化为作旋转运动的质量。根据已有连杆的统计，可取

$$m''_l = (0.7 \sim 0.6) m_l$$

旋转惯性力作用在曲柄上，与向心加速度方向相反，即沿曲柄离心外指，其大小为常数，不随曲柄转角口而变化。

5.3.3 切向力及其均衡

在前面的作用力分析中已知，在曲柄销处有一与曲柄垂直的切向力 T

$$T = p_c \sin(\alpha + \beta) = p_t \frac{\sin(\alpha + \beta)}{\cos\beta}$$

切向力 T 的数值随转角 α 而周期性变化，且规定凡是构成与驱动力矩方向相反的阻力矩的切向力为正值，反之为负。

1. 切向力 T 图绘制

以图 2-16 所示 V 型空气压缩机的切向力图为例。

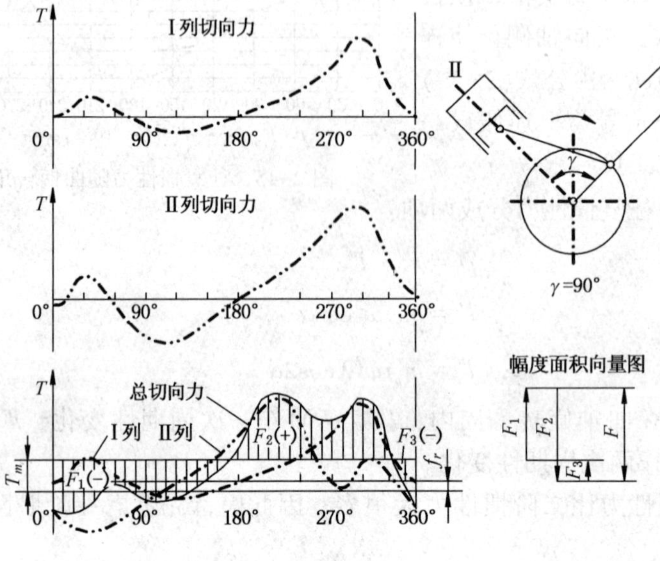

图 2-16 单重 V 型空气压缩机切向力图和幅度面积图

1）计算切向力值

作图时，首先按公式(2-51)列表计算出不同曲柄转角时的切向力值，选定合适的比例尺定座标，将许算结果逐点画出连成曲线。图 2-16 上两曲线分别表示Ⅰ列和Ⅱ列缸的单列切向力图。

2）求合成切向力

将各列切向力叠加。叠加时必须注意各列的相位关系。这里选Ⅰ级缸的曲柄转角 α 为基准，把Ⅱ级缸的转角 β(β 角是指从该列气缸中心线算起顺旋转方向转到曲柄所在位置的角度)折算成 α 的函数(即 $\beta=\gamma+\alpha$)，再将同一瞬时的切向力叠加成合成切向力。

3）求平均切向力 T

在曲轴每转内，瞬时切向力值是随曲柄转角而变化的，但每转内所需的功 L_T 却可以用

一个平均切向力 T_m 所作的功来表示。假设平均切向力 T_m 是一个定值，则

$$L_T = 2\pi r T_m = \pi S T_m \tag{2-63}$$

平均切向力 T_m 值可根据列表计算中的代数平均法求出，也可求出总切向力曲线与横座标包围的面积 A 后，再求出 T_m。

2. 切向力的均衡

对于其他类型的压缩机，其切向力也可以类似的方法求出。如下列四种结构型式为例，切向力图如图 2-17 所示。

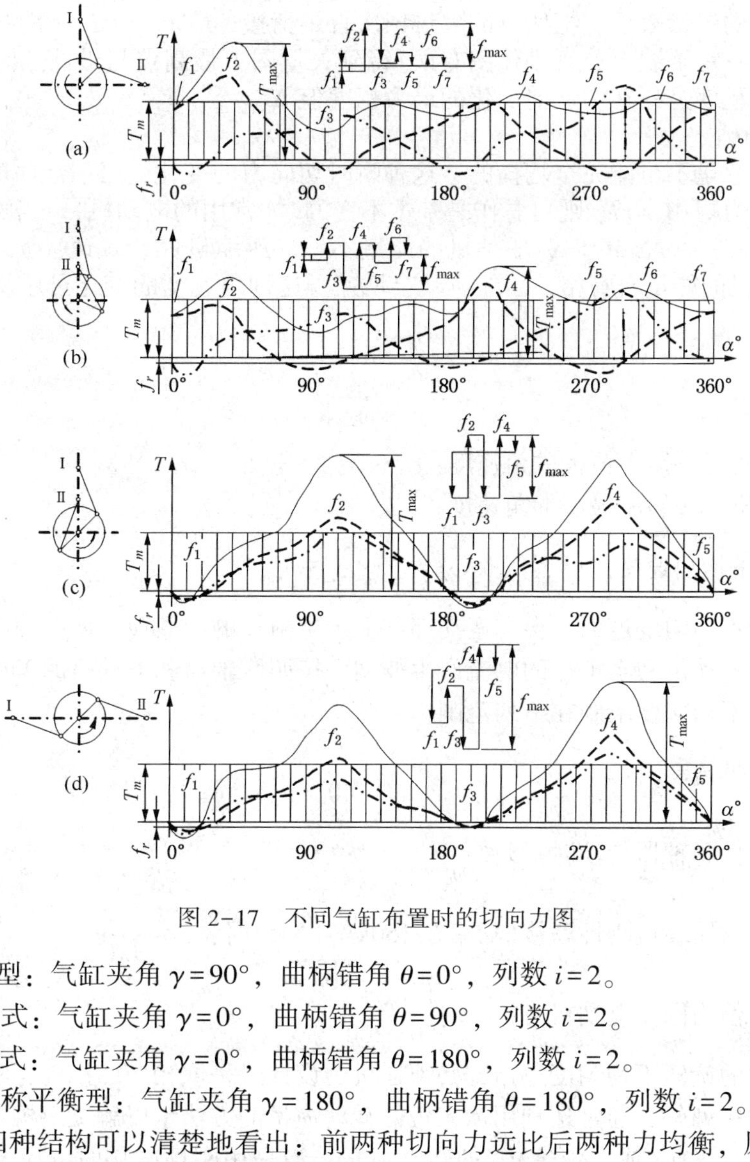

图 2-17　不同气缸布置时的切向力图

图中(a)L 型：气缸夹角 $\gamma=90°$，曲柄错角 $\theta=0°$，列数 $i=2$。

图中(b)立式：气缸夹角 $\gamma=0°$，曲柄错角 $\theta=90°$，列数 $i=2$。

图中(c)立式：气缸夹角 $\gamma=0°$，曲柄错角 $\theta=180°$，列数 $i=2$。

图中(d)对称平衡型：气缸夹角 $\gamma=180°$，曲柄错角 $\theta=180°$，列数 $i=2$。

比较上述四种结构可以清楚地看出：前两种切向力远比后两种力均衡，原因就是前两种两列切向力相位差 90°，切向力叠加时是波峰和波谷叠加，相互补充；而后两种由于两列切向力同相位或相位差 180°，切向力叠加时波峰和波峰叠加，使之更不均衡。所以在确定曲柄错角与气缸夹角的配置时，应考虑其对切向力均衡的影响。

由于切向力的不均衡与缸内气体力周期变化有关，所以若缸内气体力较均衡时，切向力也会较均衡，因此，一般低压级双作用活塞，以及活塞两侧都带有活塞杆的压缩机(如高压循环机)，活塞前后行程的气体力较均衡。此外，单列多级压缩机采用级差式活塞，气体力也较均衡。

由于切向力曲线与水平轴所包围的面积就代表功的大小。根据动能定理，动能的变化值等于功。因此，动能变化的最大幅度 $\Delta L_{\max}$ 又称最大剩余功，可以用切向力图上的面积矢量图来确定(见图 2-16)。若以平均切向力线 T_m 为基准，位于平均切向力下方的，表示阻力矩小于驱动力矩，其面积即为驱动机所富裕的功，规定为负值，并用箭头向上的矢量来表示；位于平均切向力上方，表示阻力矩大于驱动力矩，其面积即为驱动机不足的功，规定为正值，并用向下的矢量表示。把所有的矢量依次首尾衔接（最末一个矢量的终点应与第一个矢量的始点在同一水平线上，否则作图有误）得到矢量图上最高点与最低点间的差值。这个差值所代表的面积就是一转中动能变化的最大幅度值 $\Delta L_{\max}$。

3. 飞轮矩的确定

由于切向力总是不可能完全均衡的，这种瞬时切向力的变化，必引起瞬时阻力矩 $M=T_r$ 的变化，但驱动力矩 $M_c=rT_m$ 则可看作是基本不变的(如常用的电动机)。当瞬时切力大于平均切向力，即 $T>T_m$ 或 $M>M_c$ 时，驱动机的能量不够，压缩机就会减速；反之，当 $T<T_m$ 即 $M<M_c$ 时，驱动机的能量有富裕，压缩机就会增速。这种角速度的变化可用旋转不均匀度来表示：

$$\delta=\frac{\omega_{\max}-\omega_{\min}}{\omega_m} \tag{2-64}$$

式中 $\omega_{\max}$——机器一转中最大的角速度；

$\omega_{\min}$——机器一转中最小的角速度；

ω_m——平均角速度，可近似取 $\omega_m=\frac{1}{2}(\omega_{\max}+\omega_{\min})$。

机器的旋转不均匀度过大，会在运动部件上产生附加的动载荷，使联轴器负荷加重而寿命降低，还会使电动机乃至工厂的电流产生波动。按照联轴器和电动机的工作条件要求，通常将机器的旋转不均匀度限制在下列范围：

电动机经皮带传动时：　$\delta\leqslant\frac{1}{30}\sim\frac{1}{40}$；

电动机经弹性联轴器传动时：$\delta\leqslant\frac{1}{80}$；

异步电动机与压缩机刚性联接(功率在 150kW 以上)时：$\delta\leqslant\frac{1}{100}$；

刚性联接，但为同步电动机时：$\delta\leqslant\frac{1}{150}\sim\frac{1}{200}$。

为了使机器的旋转不均匀度适当，必须在机器设计时采取相应的措施，除了合理配置多列压缩机各列的排列外，通常还利用增大机器转动惯量的方法予以解决。机器的转动惯量包括曲轴、联轴器、飞轮(或皮带轮)等的转动惯量。当采用刚性联接时，还要涉及电机转子的转动惯量。由于在以上各种转动惯量中飞轮是专门设置的，其转动惯量最大，在工程中常常只取飞轮(包括刚性联接时电动机转子)的转动惯量进行计算。习惯用飞轮矩 GD^2 表示飞轮的转动惯量。

$$GD^2 = \frac{3600\Delta L_{max}}{n^2\delta} \tag{2-65}$$

式中　G——飞轮轮缘部分的质量，kg；

D——飞轮轮缘截面质心所形成圆的直径，m；

ΔL_{max}——动能变化的最大幅度值，J；

n——压缩机转速，r/min。

对于摩托压缩机或由内燃机驱动的压缩机，发动机所提供的驱动力矩也是变化的，这种情况下同样可以采用前述的方法求得其飞轮矩。

5.3.4　惯性力的平衡

惯性力和惯性力矩的数值和方向都随曲柄转角口而作周期变化，传给基础，将引起机组的振动。所以，应采取措施减小振动。减小振动最有效的方法是在机器内部平衡惯性力和惯性力矩。由于惯性力和惯性力矩是周期变化的，只有用变化周期相同，但方向相反的另一个惯性力和惯性力矩来平衡。采用多列结构，合理选择各列的曲柄错角以及在曲拐上附加平衡重的办法，都可使惯性力或惯性力矩达到部分或完全平衡。

1. 单列压缩机的惯性力平衡

1）旋转惯性力 I_r 的平衡

旋转惯性力的特点是其大小不变，而方向则随曲柄而转动，可以用加平衡重的办法来平衡，即在曲柄的相反方向，离曲轴旋转中心为 r 的地方，设置一个与不平衡旋转质量 m_r 相等的平衡重，则平衡重所产生的旋转惯性力与机器的旋转惯性力 I_r 正好大小相等，方向相反，就能达到完全平衡[图 2-18(a)]。

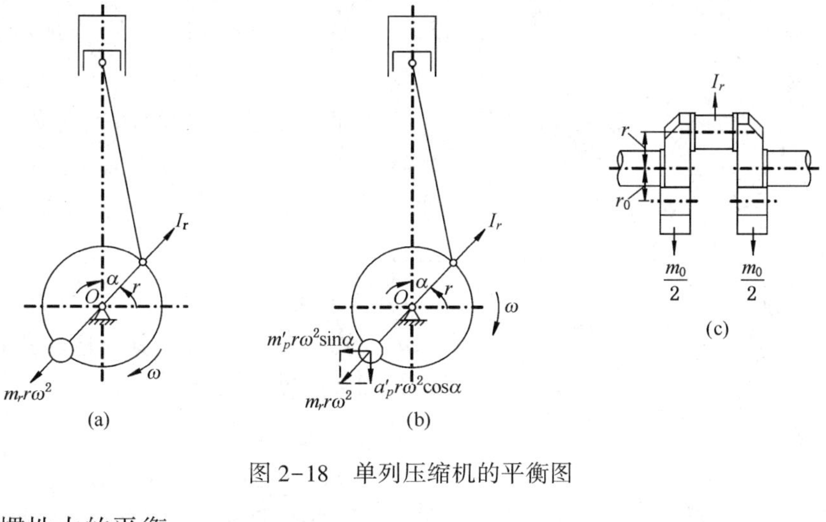

图 2-18　单列压缩机的平衡图

2）往复惯性力的平衡

如果在曲柄的相反方向，离曲轴旋转中心 r 处再加置一个质量为 m'_p 的平衡重，则沿曲柄相反方向形成离心力 $m'_p r\omega^2$，此力可分成水平与垂直两方向分力。当 m'_p 与往复运动质量相等时，此垂直分力 $m'_p r\omega^2\cos\alpha$ 与一阶往复惯性力 I' 恰好大小相等，方向相反，能得到平衡[图 2-18(b)]。但水平方向分力 $m'_p r\omega^2\sin\alpha$ 却无法平衡。所以，单列压缩机中设置平衡重，只能使一阶惯性力在曲柄旋转平面内转过 90°，而不能全平衡掉。这种方法常用在卧式压缩机中，将一阶惯性力的 30%～50%转移到垂直方向，以减少水平振动，这时平衡重的质量 $m'_p=(0.3\sim0.5)m_p$。在立式压缩机中，为减少滚动轴承受载，用这种方法将一阶惯性力的 15%～20%转移到水平方向。

实际设置的平衡重应把平衡旋转惯性力与往复惯性力的两部分总加起来，即总平衡重为 m_0，其重心到曲轴旋转中心的距离为 r_0[图 2-18(c)]应满足下列关系：

$$m_0 r_0 \omega^2 = (m_r + m_p) r\omega^2 \qquad (2-66)$$

平衡重应在两个曲柄上均匀配置。

二阶往复惯性力 I''的变化周期是曲柄半转的时间，不能用加置平衡重的办法来平衡，所以单列压缩机的平衡性较差，一般不常采用。

2. 多列压缩机的惯性力平衡

多列压缩机内总的惯性力与力矩是由各列惯性力和力矩合成的。利用其曲柄错角及气缸中心线夹角的合理组合，可使各列的惯性力得到部分或完全平衡。

多列压缩机可根据其主要结构参数来分类：

(1) 列数 i：几个气缸在同一中心线上串连的为一列。有单列、多列之分。

(2) 气缸中心线夹角 γ：任一列气缸的中心线相对于第一列气缸中心线的夹角($\gamma=0°$称为直列式；$\gamma=180°$称对置式；$0°<\gamma<180°$称角度式)。

(3) 曲轴上曲柄的错角 θ：有 0°，60°，90°，120°，180°等。

现以几个典型例子说明其惯性力平衡。

1) 直列式压缩机($\gamma=0°$)

(1) 曲柄错角为 90°($\theta=90°$)的直列式压缩机(见图 2-19)

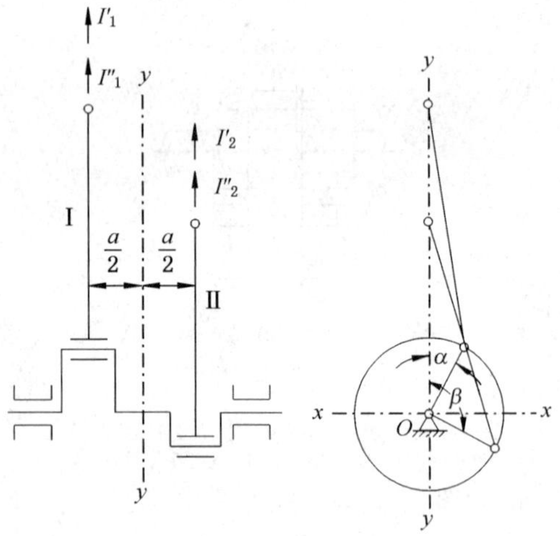

图 2-19 直列式压缩机惯性力平衡图

为便于进行惯性力的合成，作如下几点规定：

① 惯性力公式中的曲柄转角，都是以该列气缸中心线为起点，按曲轴旋转方向，转到该列曲柄所在位置的角度。各列曲柄转角可表示为 α，β…等；

② 为便于惯性力的合成计算，以某一列为基准(称之为第一列)，其曲柄转角称为 α，则其他各列的曲柄转角 β…等都表示为 α 的函数，以便进行合成计算；

③ 计算中取直角座标系，x 为水平轴，y 为垂直轴，各惯性力均投影到 x、y 轴按矢量合成。

根据上述规定，取第一列曲柄转角为 α，第二列曲柄转角为 $\beta=\alpha+90°$。则各种惯性力的平衡情况如下：

① 一阶往复惯性力 I'

第一列： $I'_1=m_{p1}r\omega^2\cos\alpha$

第二列： $I'_2=m_{p2}r\omega^2\cos\beta=m_{p2}r\omega^2\cos(\alpha+90°)=-m_{p2}r\omega^2\sin\alpha$

合成：　$I' = r\omega^2(m_{p1}\cos\alpha - m_{p2}\sin\alpha)$　(2-67)

无法平衡。

② 二阶往复惯性力 I''

第一列：　$I''_1 = m_{p1}r\omega^2\lambda\cos2\alpha$

第二列：　$I''_2 = m_{p2}r\omega^2\cos2\beta = m_{p2}r\omega^2\lambda\cos2(\alpha+90°) = -m_{p2}r\omega^2\lambda\cos2\alpha$

若使两列往复运动质量相等，即　$m_{p1} = m_{p2}$

则合成：　$I'' = I''_1 + I''_2 = 0$

可完全平衡掉。

③ 往复惯性力矩 M

设两列气缸中心线间距为 a，y 轴平分其间。对 y-y 轴而言，

一阶惯性力矩：

$$M' = I'_1\frac{a}{2} - I'_2\frac{a}{2} = m_p r\omega^2\frac{a}{2}(\cos\alpha + \sin\alpha) \qquad (2-68a)$$

二阶惯性力矩：

$$M'' = I''_1\frac{a}{2} - I''_2\frac{a}{2} = m_p r\omega^2\lambda\frac{a}{2}[(\cos2\alpha - (-\cos2\alpha)]$$

$$= m_p r\omega^2\lambda a\cos2\alpha \qquad (2-68b)$$

都不能平衡掉。

④ 旋转惯性力 I_r

$$I_r = \sqrt{(m_r r\omega^2)^2 + (m_r r\omega^2)^2} = \sqrt{2}(m_r r\omega^2) \qquad (2-69)$$

第一列和第二列的旋转惯性力均为：$I_r = m_r r\omega^2$，但方向相差 90°，按矢量合成为：合成惯性力方向与各列曲柄均差 45°，只能采用在每列曲柄对侧加置平衡重 m_0 的办法来平衡，每列平衡重

$$m_0 = m_r\frac{r}{r_0}$$

(2) 曲柄错角 $\theta = 180°$ 的双列立式压缩机（图 2-20）

这种压缩机 $\gamma = 0°$，$\theta = 180°$。根据惯性力合成的规则：取第一列曲柄转角为 α，第二列曲柄转角为 $\beta = \alpha + 180°$。

各种惯性力的平衡情况如下：

① 一阶往复惯性力 I'

第一列：　$I'_1 = m_{p1}r\omega^2\cos\alpha$

第二列：　$I'_2 = m_{p2}r\omega^2\cos\beta$

$= m_{p2}r\omega^2\cos(\alpha+180°)$

$= -m_{p2}r\omega^2\cos\alpha$

若使两列往复运动质量相等，即

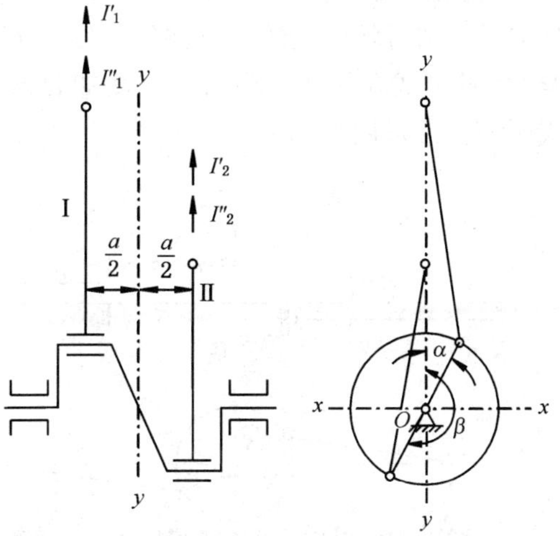

图 2-20　双列立式压缩机惯性力平衡图

$$m_{p1} = m_{p2}$$

则合成惯性力： $I' = I'_1 + I'_2 = 0$

完全平衡掉。

② 二阶往复惯性力 I''

第一列： $I''_1 = m_{p1} r\omega^2 \lambda \cos 2\alpha$

第二列：
$$I''_2 = m_{p2} r\omega^2 \lambda \cos 2(\alpha + 180°)$$
$$= m_{p2} r\omega^2 \lambda \cos 2\alpha$$

合成惯性力：
$$I''_1 = 2m_{p1} r\omega^2 \lambda \cos 2\alpha \tag{2-70}$$

无法平衡掉。

③ 往复惯性力矩 M（对 y-y 轴而言）

一阶惯性力矩：

$$M' = I'_1 \frac{a}{2} - I'_2 \frac{a}{2} = m_p r\omega^2 a\cos\alpha \tag{2-71a}$$

二阶惯性力矩：

$$M' = I'_1 \frac{a}{2} - I'_2 \frac{a}{2} = 0 \tag{2-71b}$$

一阶惯性力矩无法平衡。

④ 旋转惯性力 I_r

两列的旋转惯性力 I_r 恰好大小相等，方向相反，可完全平衡掉，但存在旋转惯性力矩。为此，仍应在每列曲柄对面，离旋转中心为 r_0 处加置平衡重以平衡旋转惯性力矩，平衡重为

$$m_0 = m_r \frac{r}{r_0}$$

对比以上两种立式压缩式，$\theta = 90°$时，只能平衡数值较小的二阶往复惯性力，而 $\theta = 180°$时，则可将较大的一阶往复惯性力平衡掉，较为有利。但在双作用或级差式压缩机中，$\theta = 90°$的型式在切向力均衡性方面却要比 $\theta = 180°$的为好，飞轮可取得小些，故大型双列立式压缩机常采用 $\theta = 90°$。

2）对置式压缩机

这类压缩机的气缸作水平布置，且在曲轴的两侧。下面以双列对称平衡式 M 型压缩机为例分析其惯性力的平衡（图 2-21），这类压缩机 $\gamma = 180°$，$\theta = 180°$。

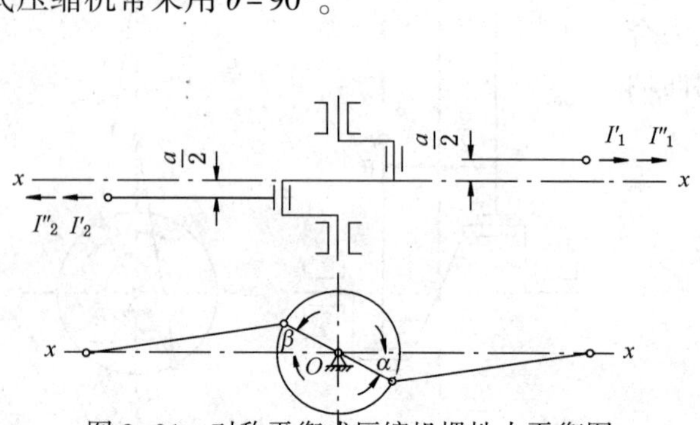

图 2-21　对称平衡式压缩机惯性力平衡图

取第一列气缸的曲柄转角为 α；取第二列气缸的曲柄转角自本身气缸的中心线算起为 β。由于 $\theta = 180°$，对顶角相等，故 $\beta = \alpha$。

于是各种惯性力的平衡情况如下：

① 一阶往惯性力

第一列：　$I'_1 = m_{p1} r\omega^2 \cos\alpha$

第二列：　$I'_2 = m_{p1} r\omega^2 \cos\beta = m_{p1} r\omega^2 \cos\alpha$

合成时由于气缸在两侧，惯性力方向恰好相反，故合成时数值应相减：

$$I' = I'_1 - I'_2 = (m_{p1} - m_{p2}) r\omega^2 \cos\alpha$$

当取 $m_{p1} = m_{p2}$时，$I' = 0$，可完全平衡掉。

② 二阶往复惯性力 I''

第一列：　$I''_1 = m_{p1} r\omega^2 \lambda \cos 2\alpha$

第二列：　$I''_2 = m_{p2} r\omega^2 \lambda \cos 2\beta = m_{p2} r\omega^2 \lambda \cos 2\alpha$

合成时：　$I'' = I''_1 - I''_2 = 0$

也可完全平衡掉。

③ 往复惯性力矩(对 x-x 轴而言)

一阶往复惯性力矩：

$$M' = I'_1 \frac{a}{2} + I'_2 \frac{a}{2} = m_p r\omega^2 a \cos\alpha \quad (2-72a)$$

二阶往复惯性力矩：

$$M'' = I''_1 \frac{a}{2} + I''_2 \frac{a}{2} = m_p r\omega^2 a \lambda \cos 2\alpha \quad (2-72b)$$

惯性力矩无法平衡掉。

④ 旋转惯性力 I_r

两列的 I_r 大小相等，方向相反，可完全平衡掉，但存在旋转惯性力矩，可用加平衡重的办法来平衡掉。

可见这种对称平衡型压缩机的一阶、二阶往复惯性力及旋转惯性力都可完全平衡掉，因此从动力平衡来看，是较好的型式，虽然其切向力均衡性较差，但由于惯性力平衡好，转数可提高，飞轮也不致太大，故目前大型压缩机广泛采用这种型式。

3) 角度式压缩机

其特点是气缸中心线间有一定夹角(且不为180°)。按气缸中心线的位置不同，又可分为 L 型、W 型、V 型和扇型等等。对于单重(单曲拐)角式压缩机，几个气缸的连杆都装在同一曲柄销上，故曲柄错角 $\theta = 0°$；对双重(双曲拐)角式压缩机，曲柄错角可为 $\theta = 90°$，$\theta = 180°$等。

在进行角式压缩机动力平衡计算时，应先确定好座标轴(x，y 轴)，合成时需将各列的惯性力分别投影到 x、y 轴上再合成计算。

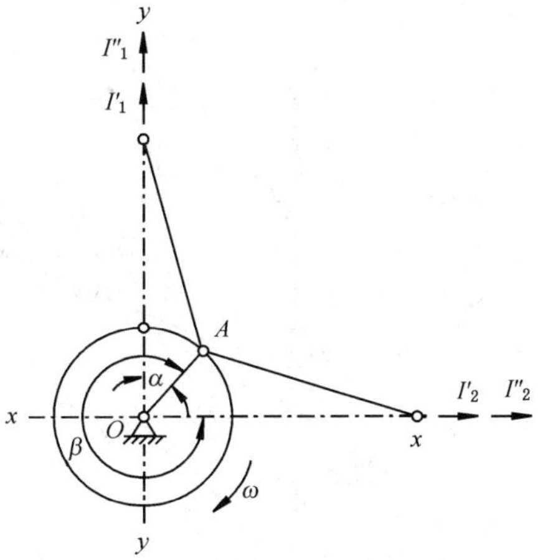

图 2-22　L 型压缩机惯性力平衡图

(1) 双列 L 型压缩机(图 2-22)

这种压缩机，$\gamma = 90°$，$\theta = 0°$。第一列气缸中心

线 oy，曲柄转角为 α；第二列气缸中心线 ox，其曲柄转角为 β，$\beta=270°+\alpha$。

① 一阶往复惯性力 I'

第一列：　$I'_1=m_{p1}r\omega^2\cos\alpha$（沿 y 轴）

第二列：　$I'_1=m_{p1}r\omega^2\cos\beta$

$=m_{p1}r\omega^2\cos(\alpha+270°)$

$=m_{p1}r\omega^2\sin\alpha$（沿 x 轴）

两者相差 90°，合成：　$I'=\sqrt{I'^2_1+I'^2_2}$

当 $m_{p1}=m_{p2}$，则

$$I' = m_pr\omega^2\sqrt{\cos^2\alpha + \sin^2\alpha} = m_pr\omega^2 \tag{2-73}$$

此值是不随曲柄转角 α 而变化，方向沿曲柄外指，因而可以用加平衡重 m_p 的办法来平衡掉。

② 二阶往复惯性力 I''

第一列：　$I''_1=m_{p1}r\omega^2\lambda\cos2\alpha$（沿 y 轴）

第二列：　$I''_1=m_{p2}r\omega^2\lambda\cos2(\alpha+270°)=-m_{p2}r\omega^2\lambda\cos2\alpha$（沿 x 轴）

合成：　$$I''=\sqrt{I''^2_1+I''^2_2}=m_pr\omega^2\lambda\sqrt{\cos^22\alpha+\cos^22\alpha}=\sqrt{2}m_pr\omega^2\lambda\cos2\alpha \tag{2-74}$$

无法平衡。

③ 往复惯性力矩

因两列连杆装在同一个曲柄销上，列间距甚小，可忽略不计。

④ 旋转惯性力 I_r

由于只有一个曲柄销，只有一个 I_r 作用在曲柄销上，可用加平衡重的办法来平衡之。由此可见，L 型压缩机可以用平衡重来平衡掉一阶往复惯性力及旋转惯性力。平衡重的质量

$$m_0 = (m_p + m_r)\frac{r}{r_0}$$

总的来看，其动力平衡性能还是较好的，而且切向力又较均衡，因此我国空压机大部分采用此种型式。

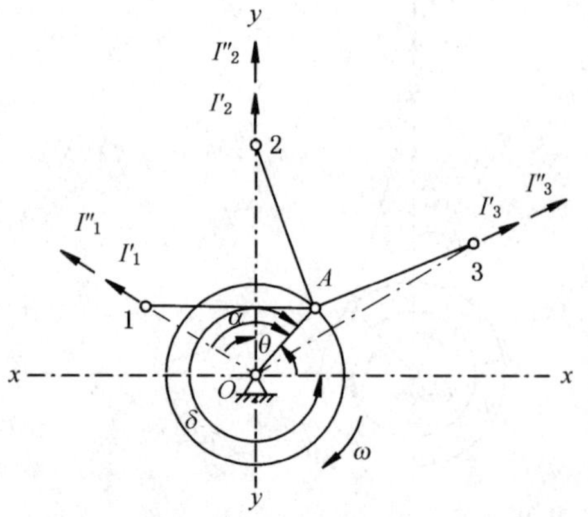

图 2-23　W 型压缩机惯性力平衡图

(2) 三列 W 型压缩机(图 2-23)

三列气缸中心线互成 60°，一个曲柄销带三列的连杆，即 $\gamma=60°$，$\theta=0°$

第一列：从气缸中心线 $O1$ 顺旋转方向转到曲柄 OA，其角度即为第一列曲柄转角 α；

第二列：从气缸中心线 $O2$ 顺旋转方向转到曲柄 OA，其角度即为第二列曲柄转角 β，$\beta=\alpha-60°$；

第三列：从气缸中心线 $O3$ 顺旋转方向转到曲柄 OA，其角度即为第三列曲柄转角 δ，$\delta=\alpha+240°$。

① 一阶往复惯性力 I'

第一列：$I'_1=m_{p1}r\omega^2\cos\alpha$，其方向沿 $O1$ 线，x 轴上的投影：

$$I'_{1x} = -I'_1\cos30° = -\frac{\sqrt{3}}{2}m_{p1}r\omega^2\cos\alpha$$

在 y 轴上的投影：

$$I'_{1y} = I'_1\sin30° = \frac{1}{2}m_{p1}r\omega^2\cos\alpha$$

第二列：$I'_2=m_{p2}r\omega^2\cos\beta=m_{p2}r\omega^2\cos(\alpha-60°)$，其方向沿 $O2$ 线，即沿 y 轴，故在 x 轴上投影为 0。

第三列：$I'_3=m_{p3}r\omega^2\cos\delta=m_{p3}r\omega^2\cos(\alpha+240°)$，其方向沿 $O3$ 线，在 x 轴上的投影：

$$I'_{3x} = I'_3\cos30° = \frac{\sqrt{3}}{2}m_{p3}r\omega^2\cos(\alpha + 240°)$$

在 y 轴上的投影：

$$I'_{3y} = I'_3\sin30° = \frac{1}{2}m_{p3}r\omega^2\cos(\alpha + 240°)$$

设取三列的运动质量都相等，$m_{p1}=m_{p2}=m_{p3}$

则合成惯性力：

$$I' = \sqrt{(I'_{1x} + I'_{2x} + I'_{3x})^2 + (I'_{1y} + I'_{2y} + I'_{3y})^2}$$

$$= m_pr\omega^2\sqrt{\left[-\frac{\sqrt{3}}{2}\cos\alpha + \frac{\sqrt{3}}{2}\cos(\alpha + 240°)\right]^2} = \frac{3}{2}m_pr\omega^2 \qquad (2-75)$$

合成惯性力的方向：

$$\mathrm{tg}\psi = \frac{I'_x}{I'_y} = \frac{-\frac{\sqrt{3}}{2}\cos\alpha + \frac{\sqrt{3}}{2}\cos(\alpha + 240°)}{\frac{1}{2}\cos\alpha + \cos(\alpha - 60°) + \frac{1}{2}\cos(\alpha + 240°)} = \mathrm{tg}(\alpha - 60°) \qquad (2-76)$$

即一阶惯性力 I' 的合力方向与 y 轴夹角 $\psi=\alpha-60°$，即是沿曲柄 OA 的方向。所以合成的一阶惯性力 I' 是沿曲柄半径离心外指的不变值，可用加平衡重的办法来平衡。

② 二阶往复惯性力 I''

第一列：$I''_1=m_{p1}r\omega^2\lambda\cos2\alpha$，在 x 轴上投影：

$$I''_{2x} = -I''_1\cos30° = -\frac{\sqrt{3}}{2}m_{p1}r\omega^2\lambda\cos2\alpha$$

在 y 轴上的投影：

$$I''_{2y} = I''_1\sin30° = \frac{1}{2}m_{p2}r\omega^2\lambda\cos2\alpha$$

第二列：$I''_2=m_{p2}r\omega^2\cos2(\alpha-60°)=m_{p2}r\omega^2\cos(2\alpha-120°)$，此力沿 y 轴方向作用，在 x 轴上的投影为 0。

第三列：$I''_3=m_{p3}r\omega^2\cos2(\alpha+240°)$，在 x 轴上投影：

$$I''_{3x}=I''_3\cos30°=\frac{\sqrt{3}}{2}m_{p3}r\omega^2\lambda\cos(2\alpha+480°)$$

在 y 轴上的投影：

$$I''_{3y}=I''_3\sin30°=\frac{1}{2}m_{p3}r\omega^2\lambda\cos(2\alpha+480°)$$

合成惯性力：

$$I''=\sqrt{(I''_{1x}+I''_{2x}+I''_{3x})^2+(I''_{1y}+I''_{2y}+I''_{3y})^2}$$

$$=\frac{1}{2}m_pr\omega^2\lambda\sqrt{5+2\cos4\alpha+2\sqrt{3}\sin\alpha} \qquad (2-77)$$

③ 往复惯性力矩 M

由于列间距很小，可忽略不计。

④ 旋转惯性力 I_r

可用加平衡重的办法来平衡。所需总的平衡重量为：$m_0=\left(\frac{3}{2}m_p+m_r\right)\frac{r}{r_0}$

这种压缩机，若用双重式(即两个曲拐，$\theta=180°$)，则一阶往复惯性力也可自行平衡掉，旋转惯性力亦可自行平衡掉。惯性力矩则用平衡重来平衡。所以总的动力平衡性能较好，一般常用于小型高转速压缩机。

综上所述，惯性力合成时要注意各列的相位差关系；同时，惯性力是一矢量，必须按矢量来合成。单列压缩机的动力平衡性能较差。多列压缩机，当合理布置气缸及曲柄位置时，就能得到较好的动力平衡性能。在进行动力平衡分析时，都要求各列往复运动质量相等，所以应力求使各列活塞、十字头组件的重量相差小些。在选择结构型式时，一般应先解决影响较大的一阶往复惯性力。高转速时，对二阶往复惯性力也要力求平衡。当往复惯性力矩不能得到平衡时，应尽量减小列间距，以减小惯性力矩值。

2.4 活塞式压缩机的总体结构及主要零部件

2.4.1 压缩机主要结构参数的选取

结构参数是指反映机器结构面貌和工作性能的主要特征数据。结构参数的合理选取，不仅能使机器的重量和所占空间最大限度地缩小，而且也将影响到机器的经济性和耐久性。应该注意，选取的结构参数必须符合“三化”(系列化、通用化、标准化)标准。

1. 转速 n

提高转速可以提高压缩机的排气量。这是对现有的机器挖潜改造的有效办法。提高转速，在相同尺寸、重量的条件下，机器可提供更大的排气量；若保持气量不变，机器重量和尺寸都可以减小。此外，高转速使原动机也相应轻小，造价便宜，并有可能使压缩机与电动机或高速内燃机直联。

转速提高以后出现的问题是：气阀寿命缩短；活塞平均速度增加，气阀阻力损失增大；

运动件的磨损加剧，对于动力平衡性不良的机器，惯性力增大，使基础振动的振幅值增加。因此，转速的提高受到一定的限制。

在确定转速时，应首先考虑选择适当的活塞平均速度，并将其控制在允许的范围内。当压缩机与驱动机直联时，还应顾及驱动机的额定转速。

一般活塞力较大的机器，转速相应地较低，因为活塞力较大则运动部件尺寸和重量也相应地增加，惯性力增长的速度往往显著地超过活塞力增长的程度。

现有压缩机转速，一般在下列范围内：大型 200～500r/min；中型 500～1000r/min；小型 1000～1500r/min。

2. 活塞行程 S

压缩机转速和活塞平均速度初步确定后，活塞行程可由下式求得

$$S = 30\frac{c_m}{n} \tag{2-78}$$

式中　c_m——活塞平均速度，m/s。

可以看出，在一定的活塞平均速度下，高转速的机器，势必取短行程。但行程缩短到一定程度时，将会使气缸相对余隙增加，气缸直径增大，活塞环密封周长以及曲柄连杆机构受力增大，气阀沿气缸径向布置发生困难，而不得不将气阀布置在缸盖或缸座上。由此可见高转速、短行程是有一定限制的。

行程与第一级缸径是保持合适比例的，据统计，$S/D_1 = 0.3 \sim 1.2$，上限多为老式低转速卧式大型压缩机，下限多为新型高速无十字头小型压缩机；大型对称平衡式压缩机 $S/D_1 = 0.40 \sim 0.55$；高压压循环压缩机 $S/D_1 = 1.20 \sim 1.72$，超高压压缩机 $S/D_1 = 4 \sim 6$。

活塞行程与活塞力之间，据统计与分析，有下列关系

$$S = A\sqrt{P} \tag{2-79}$$

式中　P——最大活塞力，kN；

A——系数，其值在 0.021～0.031 之间，短行程机器取较小值，长行程机器取较大值。

3. 活塞平均速度 c_m

由式(2-78)可知，活塞平均速度与转速和行程有关，其数值的大小将影响运动部件的摩擦和磨损，也影响气缸内的工作过程。活塞平均速度过高，气阀在气缸上安装时难以得到足够的安装面积，从而气阀、管道中的阻力损失增加，功率消耗及排气温度将会过高，压缩机运转经济性和使用可靠性将随之下降。

考虑上述因素，对采用一般环状、网状阀的大、中型压缩机，可取 $c_m = 3.5 \sim 4.5$m/s；对采用直流阀的大、中型低压压缩机，$c_m = 5 \sim 6$m/s；动力用空压机，$c_m = 3 \sim 4$m/s；移动式压缩机，$c_m = 3 \sim 5$m/s；微型和小型压缩机，$c_m \approx 2$m/s；用聚四氟乙烯或石墨环等无油润滑材料作活塞和填料的压缩机，$c_m \leqslant 3.5$m/s；无油润滑迷宫式压缩机，为减少泄漏，要求 $c_m \geqslant 4$m/s；乙炔等具有爆炸危险的压缩机，为安全计，$c_m \approx 1$m/s；超高压压缩机，顾及活塞和填料的寿命，$c_m \leqslant 2.5$m/s。

必须指出，上述 c_m 的限值，是在一定条件下的通例，并非绝对。在确定时，要根据具体情况分析，确定合理的 c_m 值。

4. 列数的选择和级在列中的配置

列数的选择，各列间相对位置的选择，以及级在列中的配置，这三个方面统称为压缩机的布置方案。在选定布置方案时，要考虑到机器运转的可靠性、检修维护的方便、飞轮的大小、机器外形尺寸等因素。

1）列数的选择

列数的选择应根据具体情况，作如下考虑：

（1）单列只用在一些微型的低压或高压压缩机，因动力平衡性能降为次要，以及由于密封等原因才予以采用；

（2）一般采用多列结构。其列数与排气量、排气压力、级数、活塞力、总体结构型式、运转维修以及是否采用级差式气缸和活塞等因素有关。

通常活塞力为(20~220)kN 时取 2~4 列，大于 220kN 取 3~8 列。国外大型压缩机多达 12 列。对于活塞力小于 20kN 时，大都为无十字头的压缩机，一般取 2~4 列。

立式压缩机可制成单列或多列。一般卧式压缩机可制成单列或双列，对称平衡式和对置式可制成多列结构，V 型只能制成两列(单重)或四列(双重)。W 型只能制成三列(单重)或六列(双重)，L 型可制成两列或双 L 型四列。

列数确定以后，各列的位置安排也很重要，应有利于各列气阀的装拆和其他维修工作。例如，H 型压缩机的电机在中间，使两列之间有足够的距离，便于装拆、维修；对称平衡式压缩机，列与列之间有相当大的空间可供利用；立式压缩机各列间比较拥挤，通常把气阀安装位置较小的高压列放在中间列的位置。

2）级在列中的配置

级在列中的配置，有十字头和无十字头压缩机不同。但基本原则是类似的，即应注意下列四个方面：

（1）为充分利用运动机构的材料强度，减轻其重量，力求各列在内、外死点时，最大活塞力相等。在高压时，希望往返行程中的功耗大致相等。

（2）力求减少气体泄漏。尽可能使每一级活塞密封周长减小；级差式气缸应使相邻容积的压力差较小，轴侧应配置较低的压力级，或在轴侧配置的高压级，靠轴侧方面再加设一容积，该容积通入较低压力的气体，以利于填料的密封。

（3）级间管道布置应短，并且装拆方便。

（4）同级若分几个气缸容积时，应使各气缸的进气和排气按时间错开，以减小级间管道与设备中的气流脉动。

在多列压箱机中，通常每列仅配置 1~2 级，个别达 3 级以上。每列配置一级，在无十字头压缩机中只能做成单作用，而有十字头压缩机，在低中压时大都做成双作用。当一列中级数较多时，常采用级差式气缸，此时气缸结构简单，利用率高，填料函也少，但活塞组较重，惯性力大，对卧式气缸磨损也较大。在级差式结构中，当一列中的级数为奇数时，常将压力最低的一级做成双作用，以利于活塞力的均衡。如果一列中的级数为偶数，为使活塞力均衡，可以设平衡室，如图 2-24 所示。平衡室不设阀门，而与某一级的吸入管连通，以保持一定的压力。设置平衡室占去了气缸的一部分有效空间，且会增加气体的泄漏。在大型压缩机中，最好每一列只设置 1~2 个气缸，卧式压缩机当活塞直径超过 1m 时，常采用悬挂式活塞，如图 2-25 所示。此时，气缸和活塞的磨损减小，功率消耗减小，但填料函的数目增加，结构较为复杂。

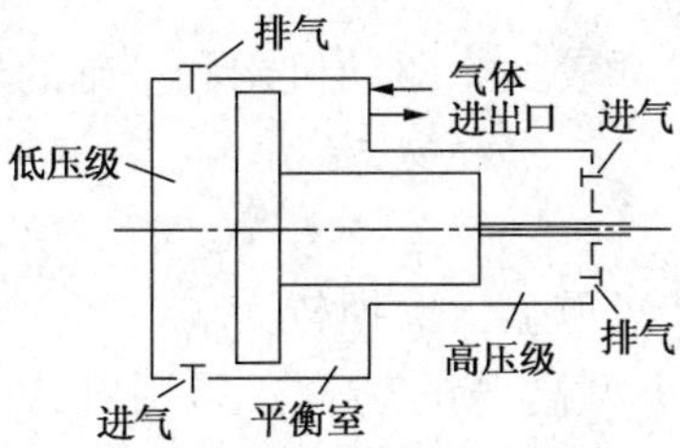

图 2-24　平衡室示意图

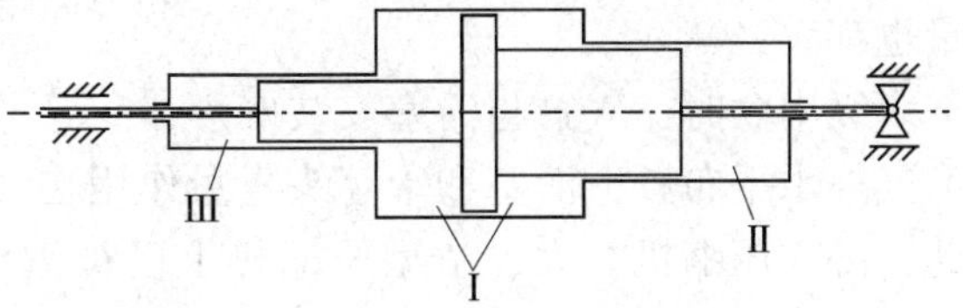

图 2-25　悬挂式活塞示意图

2.4.2　活塞式压缩机的总体结构分析

活塞式压缩机的型式根据各列气缸中心线夹角和位置的不同，可分为直列式、对置式和角度式三大类。

1. 直列式压缩机

各列气缸中心线夹角 $\gamma=0°$，又可分为立式（Z 型）和卧式（P 型）两类。

1）立式压缩机

各列气缸垂直布置，可单列也可多列，最多可达 6 列，国内牌号是 Z 型。常见的有空分装置用的三列立式氧气压缩机、小化肥厂用的 2Z 型循环压缩机等。

立式压缩机的优点有：

（1）气缸垂直布置，活塞自重不作用在缸壁上，气缸与活塞间沿圆周的磨损较均匀而且也较小，活塞杆与填料的磨损也较均匀。这使活塞环工作条件改善，使用寿命延长，密封效果较好；

（2）往复惯性力垂直作用在基础上，振动较小，使基础可小些；

（3）机身承受的主要是简单的拉压应力，使机身的形状简单，重量轻；

（4）占地面积小，厂房较小；

（5）气缸与活塞拆装方便。

它的缺点是：

（1）气缸列间距较小，几列气缸做成一体，加工要求高，安装调整较难，同时受到列间距的限制，气阀和级间管道不易布置；

（2）当做成级差式活塞而多级串联时，压缩机组较高，为拆装活塞，厂房要求大高度；

（3）大型压缩机时机身太高，操作维修不便。

因此，小型压缩机常做成立式，中型固定式压缩机有时也可用立式。无油润滑压缩机，尤其是迷宫式无油润滑压缩机，采用立式，对活塞环和填料工作是较为有利的。国内大型压缩机很少用立式。

2）卧式压缩机

气缸水平布置，只有单列与两列的结构，国内牌号为 P 型。

卧式压缩机的优点有：

（1）高度小，操作管理与维修较方便；

（2）可做成多级串联，减少列数，减少运动部件和填料数量，机身和曲轴结构也较简单；

（3）曲轴和连杆等拆装方便；

（4）大型压缩机的厂房较低。

它的主要缺点有：

(1) 惯性力平衡程度差，转速不能过高，机器尺寸和重量都较大，驱动机构和基础的尺寸和重量也都大；

(2) 多级串联时，气缸与活塞安装麻烦；

(3) 气缸水平布置，活塞和十字头重量作用在气缸缸壁及滑道上，磨损较大。

因此，卧式压缩机在大、中型压缩机上已被淘汰，但在小型高压的场合，采用卧式结构，仍然发挥其结构紧凑、零件少和可避免高压填料的优点。在循环压缩机中，由于压力比小，压力高，气缸重，机身小，所以也采用 P 型为多。

2. 对置式压缩机

各列气缸中心线夹角 $\gamma=180°$，气缸水平布置。按曲柄错角的排列特点，又可分为对称平衡型和对置型两种。

1) 对称平衡型压缩机

相邻两列曲柄错角 $\theta=180°$，例如国内化肥厂常见的 4M12 型二氧化碳压缩机和 H22 型氮氢压缩机等。

这种压缩机除具有一般卧式压缩机的优点外，还具有它独特的优点：

① 惯性力容易做到完全平衡，因而转速可提高，使机器和基础的尺寸和重量都可减小；

② 相邻两列活塞力作用方向相反，使轴颈受力改善，可减小主轴颈与主轴瓦间的磨损；

(3) 可做成多列，串联气缸少，安装方便。

它的缺点是运动部件增多，填料数量增多，且受压较高，机身和曲轴结构也较复杂。两列时，切向力的均衡性较差。

四列及四列以上的对称平衡压缩机，根据电动机布置位置的不同，又可分为 M 型与 H 型两种。

(1) M 型　电动机放在机身一侧[如图 2-26，图 2-28(f)]。它的主要优点是安装简单，列数容易增加，容易改型。缺点是机身和曲轴的刚度较差，制造困难。

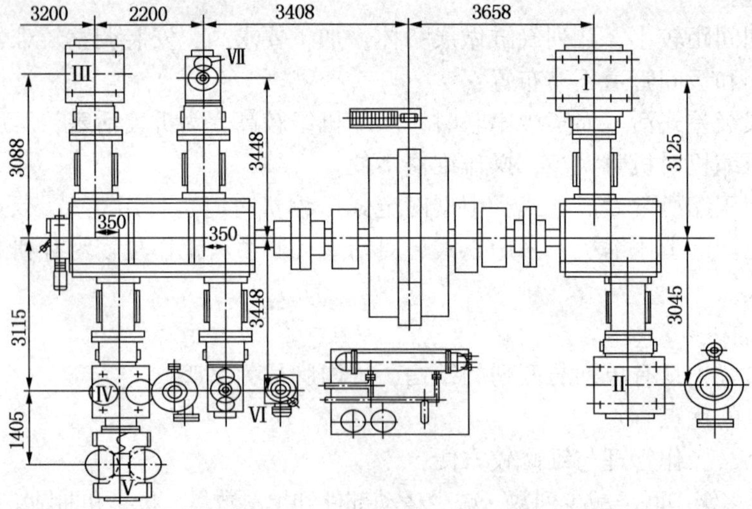

图 2-26　M 型对称平衡式压缩机

(2) H 型　电动机放在两个机身之间[如图 2-28(e)]。它的列间距较大，操作与维修方便；机身与曲轴的结构简单，易于制造。但列数只能做成四或八列的，不易改型，机身安装找正较难。

对称平衡型在大、中型压缩机中优点较明显，特别对高压多级大型压缩机，它是一种较合理的结构型式，目前国内外应用均较多。对于小型压缩机，由于惯性力平衡问题不那么突出，所以很少用这种型式。

2）对置型压缩机

相邻两列曲柄错角为 $\theta \neq 180°$，但是根据其结构特点又可分为两种情况：第一种，相对的气缸中心线不在一直线上，制成 3，5，7，9 等奇数列，如化肥厂用的 3D22 型氮氢压缩机；第二种，曲柄两侧相对的气缸中心线在一直线上，制成偶数列，如图 2-27 所示的超高压压缩机。

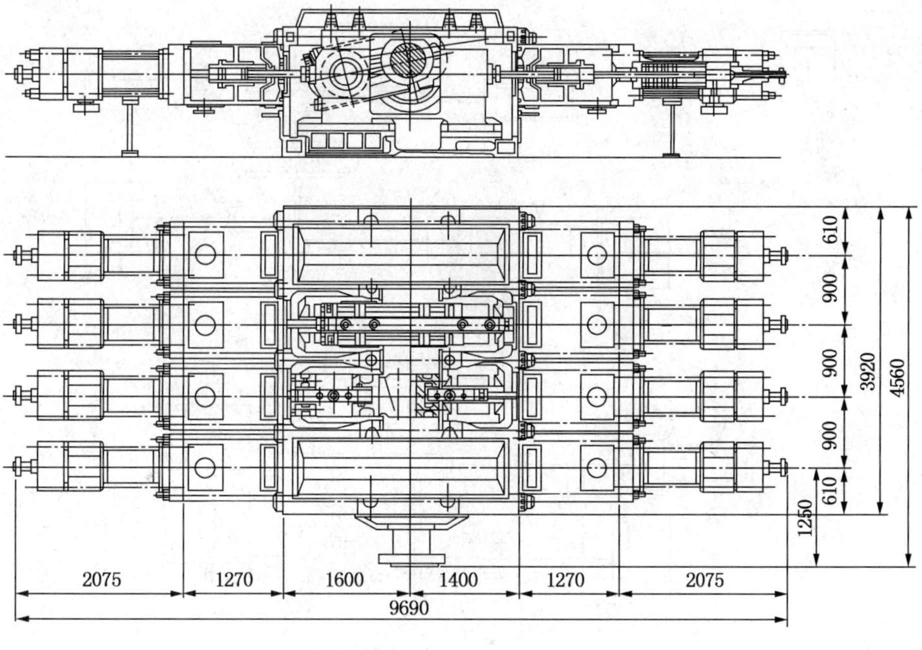

图 2-27　超高压压缩机

对置型压缩机具有卧式压缩机的优点，而且气缸可做成奇数排列，切向力较为均衡，机身、曲轴的刚性也较好；但惯性力平衡较差，主轴承数目多，曲轴与机身的制造精度相应地要求较高。

对于大型超高压压缩机，由于活塞力很大，采用了气缸中心线在一直线上的对置型，两相对列活塞上气体作用力就可以相互抵消一部分，改善了运动部件的受力情况，同时采用了多列结构后，切向力的均衡性也可得到改善。

3. 角度式压缩机

气缸中心线间具有一定夹角，但是不等于 0°或 180°。按气缸中心线位置的不同，又可分为 V 型、W 型、L 型和扇形(S 型)等。

V 型压缩机[图 2-28(b)]的同一曲拐上两列气缸中心线夹角可为 45°、60°、75°、90°等。一般单级压缩机 $\gamma=90°$，惯性力平衡最好。为了使结构紧凑，也可用 $\gamma=60°$。为了改善惯性力平衡性能，可做成双重曲拐($\theta=180°$)的双V型压缩机。

W型压缩机[图2-28(c)]的三列气缸中相邻两缸的中心线夹角可为45°、60°、75°等。一般单级压缩机用$\gamma=60°$，惯性力平衡最好。也有做成双W型的。

L型压缩机[图2-28(d)]的两列气缸中心线夹角为$\gamma=90°$，而且分别作垂直与水平布置。

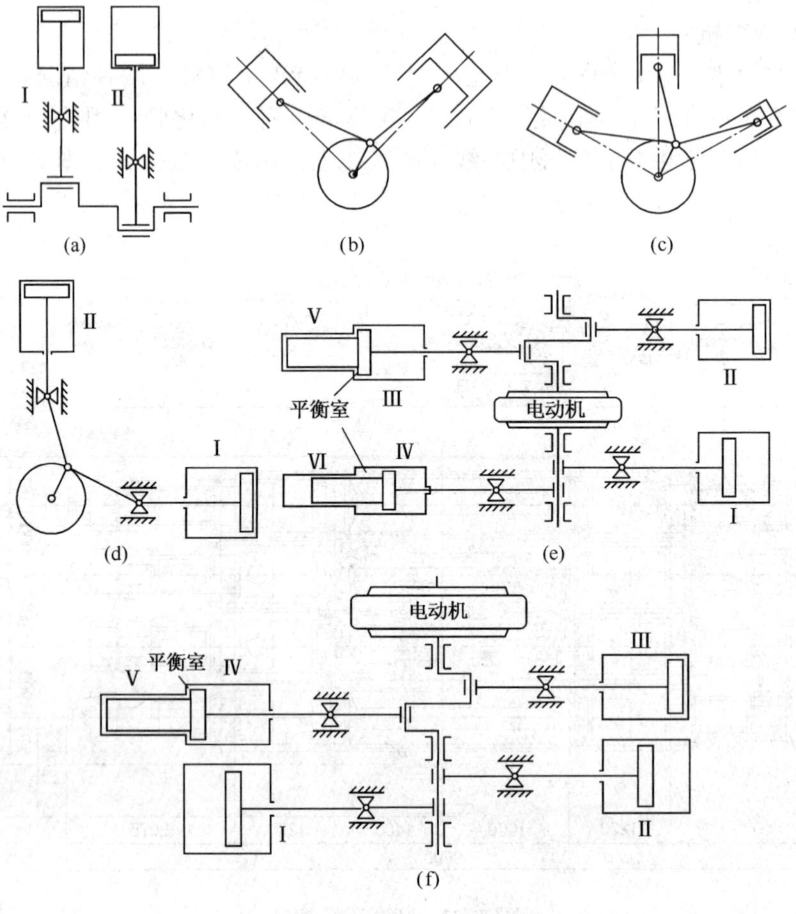

图2-28 不同结构型式压缩机简图

S型压缩机的四列气缸中相邻两列气缸中心线夹角可为45°、60°等。当$\gamma=45°$时，惯性力平衡最好。也有做成双S型(八列)的。

角度式压缩机的共同优点为：

(1) 各列的一阶往复惯性力的合力，可用装平衡重的办法达到大部分或完全平衡。双重角式可使惯性力与惯性力矩更趋于平衡。因此，角式压缩机可有较高转速。

(2) 气缸成角度布置，使气阀容易布置与安装，阀的流通面积可增大。而且其他辅助装置，如中间冷却器、分离器和级间管道可直接装在机器上，使压缩机型布置紧凑。

(3) 各列连杆可由同一曲拐驱动，减少曲拐数目，曲轴短，机器轴向尺寸小，因此主轴颈就可采用滚动轴承。

V型、W型、S型的各列气缸近似地处于同一个与曲轴中心线相垂直的平面上，就可以采用通风扇在机器端部鼓风冷却，迎风面大而效率高，因此移动式风冷压缩机常用 V 型、W 型、S 型结构。

L 型除上述共同优点外，还有它的独特处：

(1) 当两列往复运动质量相等时，二阶往复惯性力处于与水平成 45°角的方向，因此机器运转比 V 型要平稳；

(2) 机身受力情况比其他角式压缩机为有利，中间冷却器和级间管道布置更为紧凑；

(3) 大直径低压缸垂直布置，小直径高压缸水平布置，使重活塞布置在垂直列，磨损较小。

因此，L 型适用于两级压型机，我国应用最广的固定式动力用空气压缩机系列就是选用的 L 型。

多级压缩机往往做成多列的。多列的主要优点为：

(1) 通过曲柄错角的合理布置可以使惯性力平衡性改善，而且切向力也可均衡，因此机器转速可提高，重量可减轻，基础可减小；

(2) 功率相同的压缩机，列数增多，每列承受的气体力减小，每列运动机构减轻，转速可取得较高，使压缩机与驱动装置紧凑而较轻；

(3) 每列串联气缸数目可减少，使气缸与活塞拆装方便。

但是多列压缩机的零部件数目增多，制造费工，机器发生故障的可能性增多，曲轴较长，使曲轴和机身的刚性降低而且制造复杂。

2.4.3　压缩机的系列

国内现有的压缩机系列已有以下几种。

1. 微型空气压缩机系列

排量在 $3m^3/min$ 以下，排气压力在 1.0MPa 以下，称微型压缩机。系列中单级压缩的有 10 种排气量规格，12 个品种；两级压缩的有 6 种排气量规格，8 个品种。全系列共三种行程(30，55，70mm)，五种缸径(36，50，65，90，115mm)，转速都在 1500r/min 左右。一般用 Z 型、V 型、W 型、S 型等结构，几乎全采用空气冷却。这种压缩机广泛用于喷雾、喷漆、车胎充气、小型仪表用风等场合，需要量很大。

2. 动力用移动式空气压缩机系列

这类压缩机的排气量约在 $3\sim10m^3/min$ 之间，排气压力为 0.8MPa。在建筑、矿山、机械制造等行业中用以带动各种风动工具。制造成移动式风冷角度式压缩机，体积小，重量轻，操作修理简单。我国的系列内有两种行程(90mm，112mm)，一种转速(r/min)，四个品种，皆为两级压缩。

3. 动力用固定式空气压缩机系列

这类压缩机的排气量在 $10\sim100m^3/min$ 之间，排气压力为 0.8MPa。广泛用在各种工厂内供风动工具及仪表用风之用。系列内共有五个品种，都是两级压缩 L 型。

4. 中小型制冷压缩机系列

本系列有缸径为 125mm 及 170mm 的两种氨压缩机和缸径为 100mm 的一种氟里昂压缩机。结构上均为单级，单作用、逆流式，有 V 型、W 型及 S 型。

目前还没有形成系列。压缩机型号的编制方法如下(图 2-29)：

例如：2V-0.6/7 型空压机，2M5.5-10.7/44 石油气压缩机。

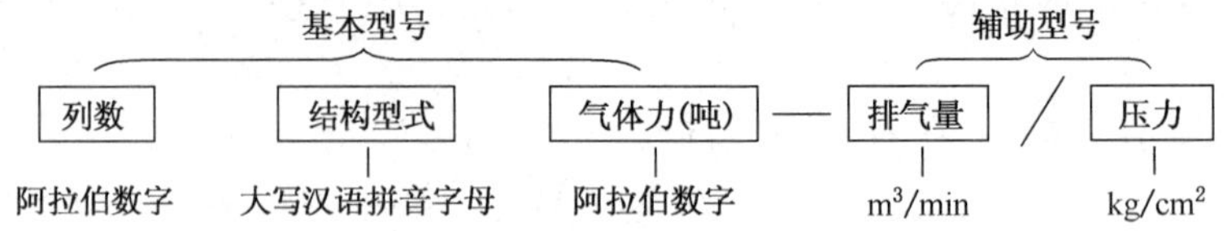

图 2-29 活塞式压缩机型号的编制方法

识别型号时应注意：

(1) 结构型式的代号如下：

代号	V	W	L	S	Z	P	D	M	H	T	Y	F	G
型式	V型	W型	L型	S型	Z型	P型	D型	对称平衡型		倒T型	移动式	发动机压缩机	隔膜式
								电机在一侧	电机在中间				

(2) 气体力≤1t 者不必加注数字。

(3) 排气量均以吸气状态下的排气量 m^3/min 为单位。<1m^3/min 的微型压缩机，有时也可以用 m^3/h 来表示。

对于制冷压缩机，可改用产冷量 10 万 kcal/h 来表示，如 2Y D8-6/100 乙烯压缩机，6 代表制冷量为 60kcal/h，100 表示蒸发温度为-100℃。

(4) 压力——对于常压进气的压缩机，只注排气压力[kg/cm(1kg/cm≈0.1MPa)，表压]。对于在一定压力下进气的压缩机，应注明在额定工况下的进气压力与排气压力，如 2D6.5-10/26-36 氢气循环压缩机，进气压力 26kgf/cm^2(2.6MPa)，排气压力为 36kgf/cm^2(3.6MPa)。

2.4.4 石油化工过程用压缩机的特点及选用

石油化工过程用压缩机的种类繁多，除空气外还有：氮氢混合气、氢气、循环气、石油气、天然气、二氧化碳、乙烯、丙烯、氧气、氯气和氨等。尽管这些气体的性质差别较远，但其压缩机的基本原理和基本结构还是与空气压缩机相似的，只是有其某些特点而已。

1. 气体性质对压缩机工作的影响

石油化工过程用的气体大都是由许多组分组成的混合气，但其中总有某些组分是主要的，因此可首先考虑这些主要组分的性质对压缩机工作的影响，有如下两方面：

1) 对压缩机性能参数的影响

气体的绝热指数 k、密度 ρ、压缩系数 ζ、导热系数 λ 和饱和蒸汽压 p_t 等对压缩机的性能参数都有影响。

气体绝热指数 k 的大小直接影响压缩机的压缩与膨胀过程，从而也影响排气量、功率与排气温度。对于双原子气体(H_2、O_2、N_2、Cl_2、CO 等)，绝热指数与空气接近，$k=1.4$，所以影响不大。但多原子气体(NH_3、烃类)的绝热指数比空气小，$k=1.3\sim1.1$。所以其他条件一样时，压缩这类气体的排气量、功率与排气温度比压缩空气时为低。

气体的密度和导热率的影响。氢的重度比空气小，导热率比空气高，所以压缩氢气时的压力系数和温度系数均比空气为高，使排气量也大。同时，由于密度小，气体流动阻力小，故功耗也较省。这点在用空气来作氢气压缩机试车时必须注意，防止电流超载。相反，丙烷、丁烷等都比空气为重，则功耗也会增大，排气量则有所减小。

气体的压缩系数对功率的影响。如 N_2+3H_2 的混合气在压缩终了时的压缩系数 ξ_d 比压缩开始时的压缩系数 ξ_s 大，与理想气体相比，其排气量及功耗均要变大。相反，对于丙烷，其 $\xi_d<\xi_s$，情况就恰好相反。

气体的饱和蒸汽压的影响。当湿气内某组分的分压等于或高于其饱和蒸汽压时，该组分便凝成液体而析出，相对地使排气量减小而功率增大。

2）对压缩机正常工作的影响

石油化工厂内有许多气体与空气混合，在一定比例下会发生爆炸，因此必须注意气体的爆炸极限，采取良好的密封措施。

不少气体还会引起人体中毒，例如氨的浓度在 0.5%～1.0%时，30min 内就会使人窒息死亡，所以必须采取严格密封及良好的通风措施，保证其浓度低于 0.026%。

不饱和组分在低温高压时会液化而凝成液体析出，使气缸润滑油稀释与被玷污，使机件较快磨损。凝液被活塞杆带入机身内，又会稀释传动机构的润滑油，烧坏轴瓦。液化严重时，缸内会发生水击，使缸体破裂。为了防止液化，可限制缸套冷却水温度，一般应超过进排气的平均温度，也可提高润滑油粘度和油量来防止稀释；也可采用无油润滑压缩机，设置辅助填料函和刮油环，采用液体分离设备等。

当 CO、CO_2、Cl_2 气中含有水分时，会产生酸腐蚀，所以必须去除水分。当气体中含有 H_2S、NH_3 和乙炔时，应避免铜制零部件与其接触，否则会很快被腐蚀。

石油气内含有不饱和烃与芳香烃，在压缩温度超过 90～120℃时，该类组分会叠合成胶状物或积炭，使气阀、活塞环和填料很易磨损，为此需用多级压缩来控制压缩终温。

2. 石油化工过程用压缩机的特点

根据气体的特性，与空气压缩机相比，石油化工过程用压缩机具有一些明显的特点。其典型机型有：氮氢气压缩机、氧气压缩机、二氧化碳压缩机和石油气压缩机等。现仅以石油气压缩机为例，介绍其主要特点。

图 2-30 所示石油气压缩机为两列对称平衡型四级压缩机。

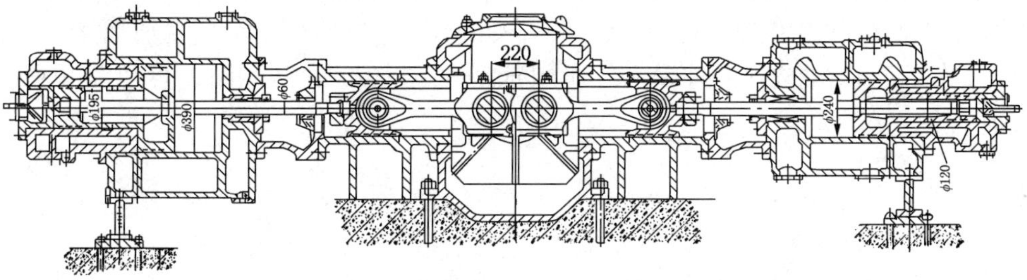

图 2-30　两列对称平衡型石油气压缩机

由于石油气中的重组分在 100℃以上时会生成煤焦油状产物，粘着阀片、填料和活塞环等，破坏压缩机的正常运转，所以要采用四级压缩，使每级压力比在 2.5 左右，以保证排气温度不超过 90～100℃。

石油气压缩过程会析出冷凝液，因而气缸的排气阀应布置在下面。有的还设有排液阀，定期地放出冷凝液，以防止产生液击。在级间还要有分离器，缓冲罐要有排液管线。机身上要设置中间接体，防止凝液进入机身使机油稀释。

3. 活塞式压缩机的选用原则

选择压缩机，首先应满足工艺工艺条件，尤其是气量的消耗和气体的压力。此外，还应考虑其他特殊要求(如对空气的净化和干燥)等。其选择原则如下：

(1) 选择的压缩机的生产能力与工艺设计中耗气量相适当，并力求机组效率高，占用厂房面积小，运转可靠，维修方便。

根据排气压力 p_d 和排气量 V_m，可在国产压缩机产品样本里选取。当然，能够满足 p_d 和 V_m 的要求，除了活塞式压缩机外，还有回转式(如螺杆压缩机、滑板压缩机)等，使用中应具体分析。

(2) 考虑必要的备用机组，即采用适当的保证系数。一般认为相同压力参数的压缩机，在同一压气站内不少于 2 台，但也不宜过多，以免增加占地面积和操作维护的困难。若停气不影响生产时，也可选用一台。

(3) 为使压缩机操作、维护方便，应力求选用同一型号的。当用气量不同，应选容量大小不同的机组，以免经常停车启动。同一压力参数时，不要超过二种型号。

(4) 应当充分利用库存和调拨的设备，以免积压浪费。

(5) 当压缩机使用地点在高原地区，因大气压力降低，将影响压缩机的排气量。其修正系数如下：

海拔高度/m	0	305	610	914	1219	1524	1829	2134	2438	2743	3048	3658	4572
修正系数	1	1.03	1.07	1.10	1.14	1.17	1.20	1.23	1.26	1.29	1.32	1.37	1.43

2.4.5 活塞式压缩机的主要零部件

活塞式压缩机的零部件很多，这里仅对曲轴、连杆、活塞、气缸、气阀以及填料密封等主要零部件的结构及工作原理作一简介。

1. 曲轴

曲轴是压缩机中重要的运动部件，外界输入的转矩要通过曲轴传给连杆、十字头，从而推动活塞作往复运动。它又承受从连杆传来的周期变化的气体力与惯性力等。

曲轴的基本结构如图 2-31 所示。每个曲轴由主轴颈(按置在主轴承上)、曲柄销(与连杆大头相连)、曲柄(及平衡铁)所组成。根据气缸数目不同，可以是单拐曲轴或多拐曲轴。

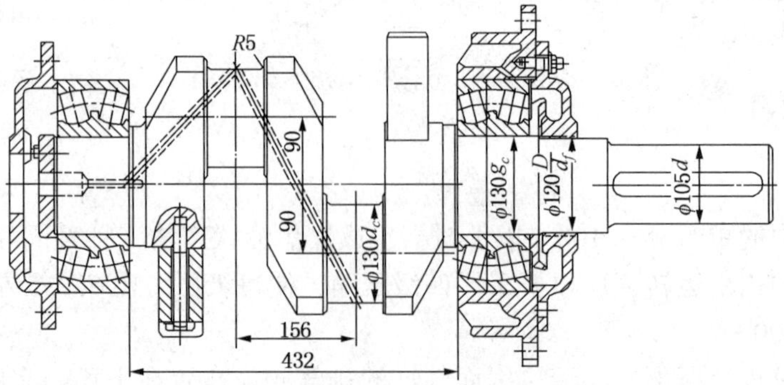

图 2-31 曲轴组件

曲轴各部分几何形状应尽量避免形状突变，使应力分布均匀，提高抗疲劳强度，且应有足够的刚度。曲轴可以锻造或铸造加工。

曲轴运转中，曲轴轴颈与轴瓦间、曲柄销与连杆大头瓦间由于相对运动而产生磨损，故应有良好的润滑。所需压力润滑油的油道，多在曲轴内钻成（见图 2-31 中虚线所示）。由曲轴轴头润滑油泵将压力润滑油分别送到轴瓦和曲柄销处。

曲轴上只有两点支承时，可用滚动轴承，如国产 L 型空压机常用双列球面向心球轴承。多曲拐曲轴采用多点支承时，就必须用滑动轴承。一般在相邻两主轴承间，只配置 1～2 个曲拐，以免曲轴产生过大挠度而导致轴承的不均匀磨损。

曲柄上装置的平衡铁，用以平衡惯性力。

2. 连杆

连杆是将作用在活塞上的气体力等传递给曲轴，又将曲轴的旋转运动转换为活塞的往复运动的机件。连杆包括大头、小头、杆体三部分，如图 2-32 所示。大头一端与曲柄销相连。大头常用剖分结构，装配时用连杆螺栓固紧。小头一端与十字头销（或活塞销）相连。杆身截面形式有圆形、矩形和工字形几种，其中以工字形截面受力较好，节省金属材料，最为经济合理。

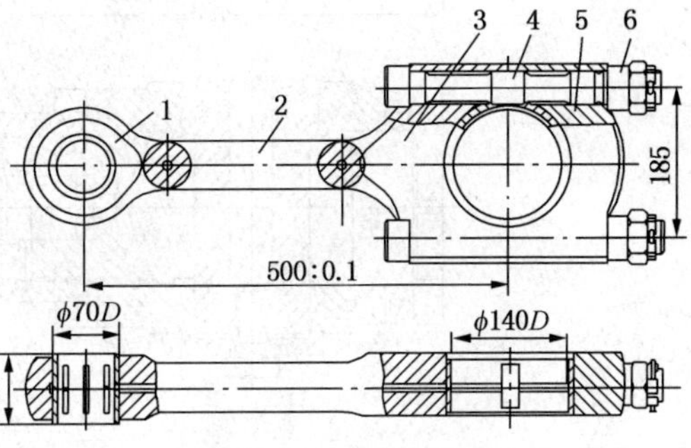

图 2-32　连杆组件
1—小头；2—杆体；3—大头；
4—连杆螺栓；5—大头盖；6—连杆螺母

考虑到润滑的要求，连杆小头所需的润滑油，大多数均自连杆大头轴承处引来，故杆身中往往钻有油孔（见图 2-32）；也有用附油管紧贴在杆身一侧的结构。

3. 十字头

十字头是连接活塞杆与连杆的零件，它具有导向作用。

压缩机中大量采用的是闭式十字头结构，如图 2-33 所示。十字头与活塞杆的连接型式分为螺纹连接、联接器连接、法兰连接等。

螺纹连接方式，结构简单，易调气缸中死点间隙。但调整时需转动活塞，且在十字头体上切削螺纹时，经数次拆装后极易磨损，不易保证精度要求。故这种结构只适用于小型压缩机上。当不在十字头体上切削螺纹，而采用两螺母夹持固定的结构时，常用于大、中型压缩机中。

联接器和法兰连接结构，使用可靠，调整方便，使活塞杆与十字头容易对中。但结构笨重，故多用在大型压缩机上。

十字头与连杆的连接由十字头销来完成。

4. 气缸

气缸是活塞式压缩机工作部件中的主要部分。根据压缩机不同的压力、排量、气体性质等需要，应选用不同的材料与结构型式。基本要求是：应具有足够的强度与刚度；应具有良好的冷却、润滑及耐磨性；应尽可能地减少余隙容积和气体阻力；应有利于制造和方便检修；应符合“三化”要求以便于互换。

一般说来，工作压力低于 6MPa 的气缸用铸铁制造；工作压力在 6～20MPa 的用稀土球墨铸铁或铸钢；更高的用碳钢或合金钢锻造。

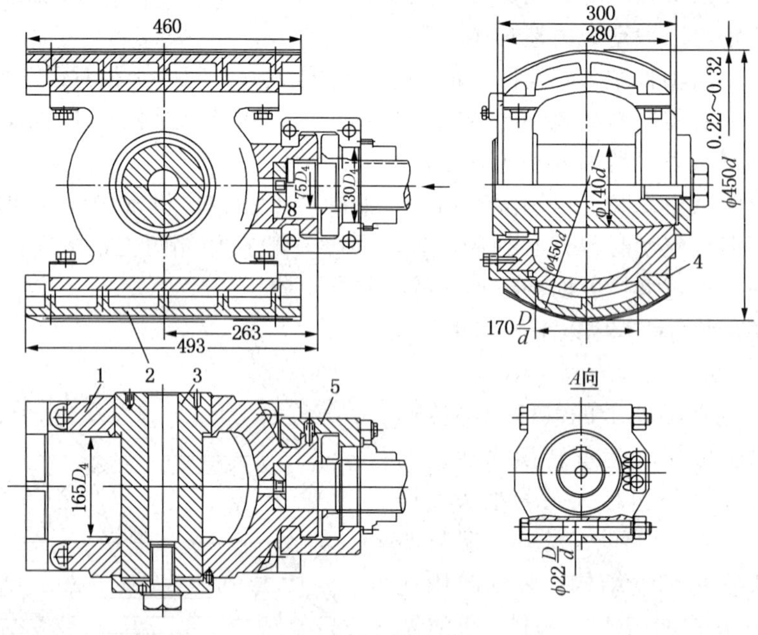

图 2-33 闭式十字头

1—十字头体；2—滑履；3—十字头销；4—垫片组；5—联轴器

与活塞外圆相配合的气缸(或缸套)的内壁表面，称为工作表面(也称镜面)。为增加气缸耐磨性和密封性，工作表面应保证足够的加工精度。

根据气缸的冷却方式，可分风冷和水冷两种。风冷式气缸一般用于小型低压移动式压缩机，它的结构简单，重量轻。靠气缸外加有环向(或纵向)散热片冷却，如图 2-34 所示。大多数压缩机气缸是用水冷却的，铸铁气缸的水套可直接铸出，图 2-35 所示为双层壁气缸，它具有突起的阀室，其余部分由水套包围着气缸工作容积，以充分冷却气缸，使气缸壁的温度均匀，减小气缸变形，并改善工作表面的润滑条件和气阀工作条件，消除活塞环的烧结现象等。

此外，气阀在气缸上的布置方式对气缸结构有很大影响。布置气阀的主要要求是：通道截面要大，余隙容积要小，安装和修理要方便。

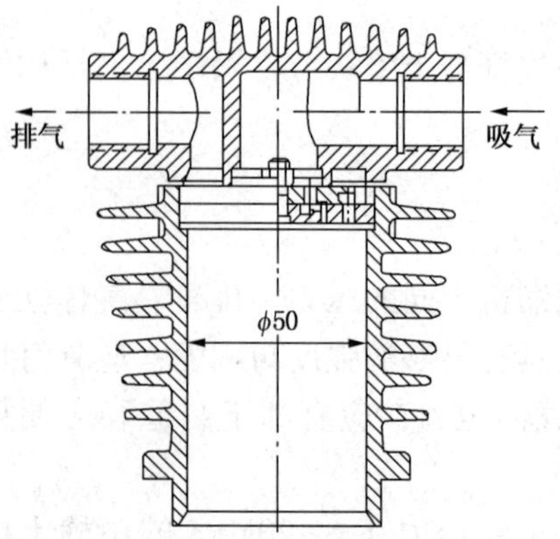

图 2-34 风冷式气缸

气阀在气缸上配置有三种基本方式：一种是配置在气缸盖上，如图 2-36 所示。另一种是配置在气缸体上(见图 2-35)，气阀轴线与气缸轴线相垂直的径向布置。再一种是混合布置，如图 2-37 所示，常用于双作用气缸，盖侧的气阀采用轴向配置，轴侧的气阀采用径向布置，以减小余隙容积和气缸长度。

对小型无十字头压缩机，为简化气缸结构，可用组合气阀安装在缸盖上(见图 2-34)。组合阀比单个阀更好地利用了端盖面积，且余隙容积也较小。

5. 气阀

气阀是往复活塞式压缩机中的重要部件，也是易损坏的部件之一。它的好坏直接影响压缩机的排气量与功率消耗以及运转的可靠性，目前压缩机正向高转速方向发展，而限制转速提高的关键问题之一就是气阀。

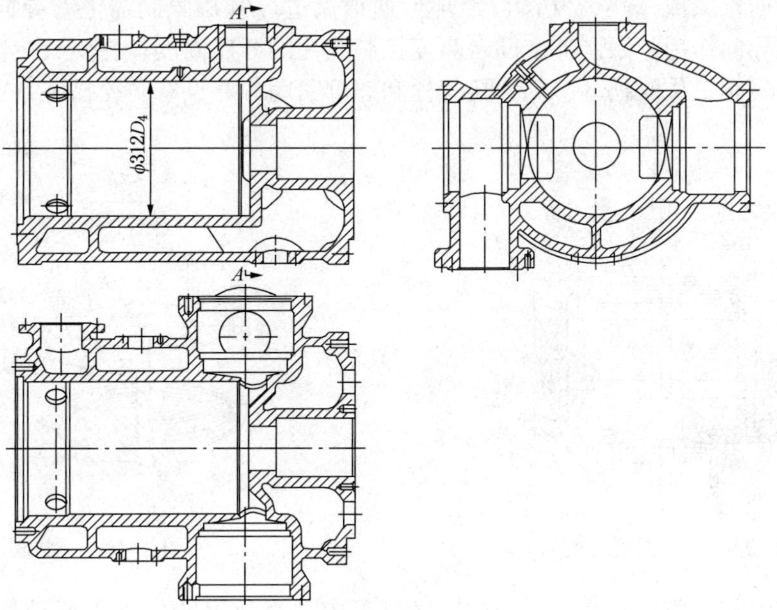

图 2-35　双层壁铸铁气缸

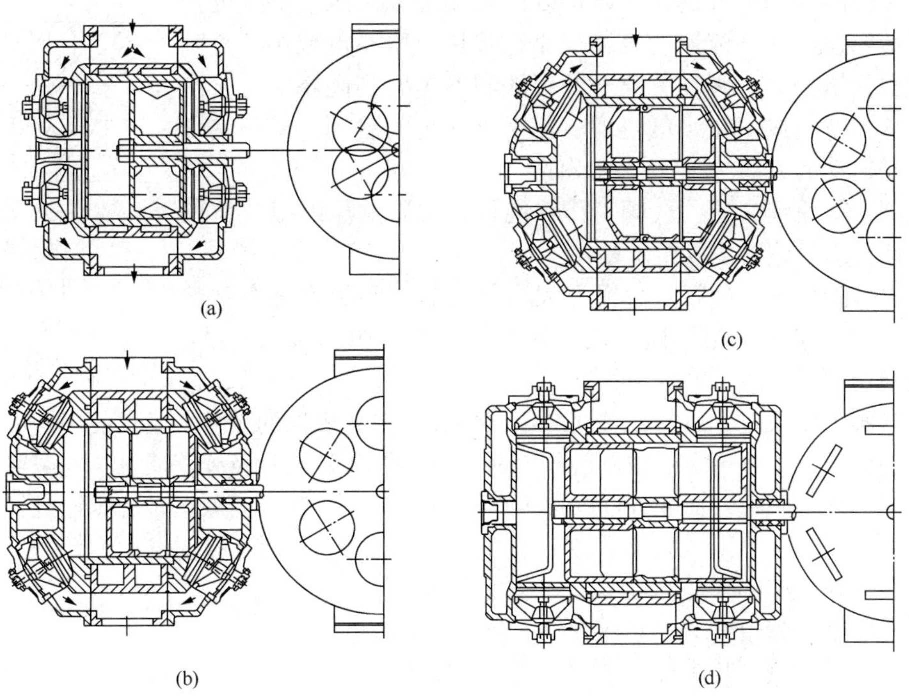

图 2-36　气阀在缸盖上配置情况

活塞式压缩机一般都采用“自动阀”，也就是气阀的开启与关闭是依靠阀片两边的压力差实现的。

压缩机的气阀种类很多，图 2-38 所示为国内最常用的环状阀。它由阀座、阀片、弹簧、升程限制器等零件组成，阀片是圆环形薄片，一般为 1~5 环；阀座由几个同心的环形通道组成，由筋条联成一体，气体可经环形通道流过。升程限制器上有导向块，对阀片的启、闭运动起导向作用。限制器上凸台高度控制阀片的开启高度，弹簧放在升程限制器的凹槽中。为防止气阀工作时松动，用连接螺栓和螺母紧固，并设有防松措施。

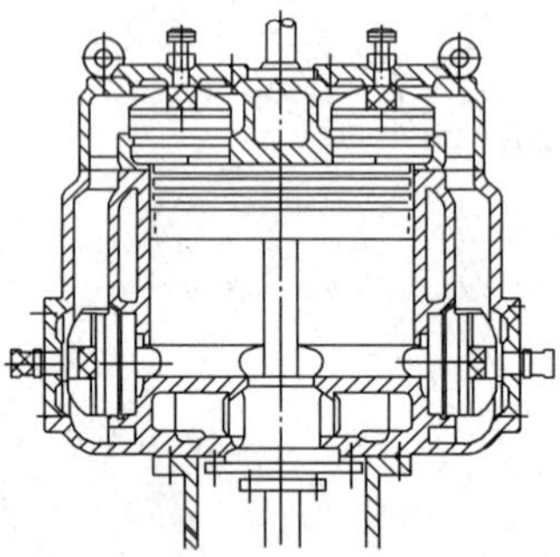
图 2-37　气阀混合配置

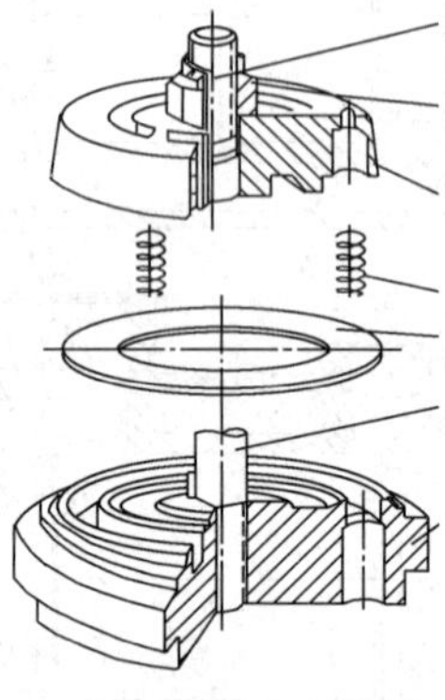

图 2-38　环状阀

图 2-39 为进气阀工作示意图。在进气过程中，当活塞向内死点运动使气缸内气体膨胀，压力不断降低，当低于进气管内压力，阀片 2 上的压差足以克服弹簧 3 力及阀片的惯性力时，阀片便离开阀座开启，气体得以进入气缸。当活塞快接近内死点时，活塞速度和气流速度急剧变小；阀片上压差也减小，直到不足以克服弹簧力时，阀片就离开升程限制器 1 回到阀座 4 上，气阀关闭。这样就完成一个吸气过程。至于排气阀的启闭，道理完全一样，只是运动的方向与进气阀相反而已。

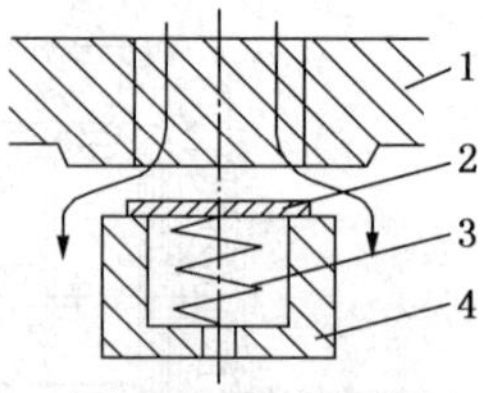

图 2-39　进气阀工作示意图
1—升程限制器；2—阀片；3—弹簧；4—阀座

从气阀工作原理来看，气阀工作性能将直接影响压缩机气缸的工作，因此，对气阀的主要要求是：

（1）阻力损失小。气阀阻力损失大小与气流的阀隙速度及弹簧力大小有关。气速高，能量损失大；弹簧力过大，阻力损失也大。一般按经验选取。

（2）气阀关闭及时、迅速，关闭时不漏气，以提高机器的效率，延长使用期。

（3）寿命长、工作可靠。限制气阀寿命的主要因素是阀片及弹簧质量，一般对长期连续运转的压缩机要求阀片寿命在 6000h 以上，对移动式、短期或间歇运转的压缩机，阀片寿命可稍低些。

（4）余隙容积要小。

此外还要求气阀组装、安装、维修方便，加工简单等。

压缩机的气阀除环状阀外，还有网状阀、碟状阀、孔阀以及直流阀等。其作用原理与环状阀大体相同，但各有不同的特点。

6. 活塞

活塞与气缸构成压缩容积，是压缩机中重要的工作部件。它可分为两大类：

1）筒形活塞

常为单作用活塞，用于小型无十字头的压缩机，通过活塞销与连杆直接相连接。筒形活塞的一般典型结构见图 2-40，活塞顶部直接承受缸内气体压力。环部上装有活塞环以保证密封。裙部下方装一至两道刮油环，起着上行均布润滑油作用，下行起着刮油作用。

筒形活塞的裙部用于承受侧向力。

2）盘形活塞

用于低、中压双作用气缸。为了减轻重量，一般铸成空心的，两端面用加强筋连接，如图 2-41 所示。

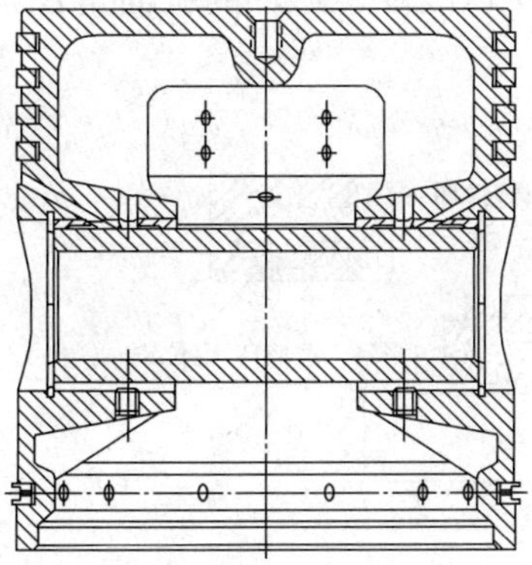

图 2-40　筒形活塞

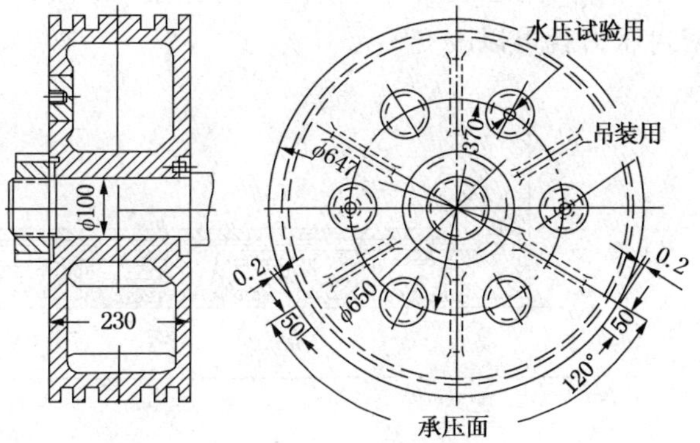

图 2-41　盘形活塞

一般在大直径盘形活塞上专门用耐磨材料制成承压表面（占圆周上 90°或 120°的范围），以减轻卧式气缸的磨损和改善活塞环的密封性。

活塞环是密封气缸镜面和活塞之间的缝隙用的零件，另外还起布油与导热作用。活塞环常用切口形式有直切口、搭接切口和斜切口三种。为减小切口间隙的泄漏，安装活塞环时，必须使相邻两环的切口互相错开 180°左右。

7. 填料

活塞杆与气缸间的密封常采用两种金属填料——平面填料与锥面填料。它们的密封原理都是靠气体压力保证密封的。

1）平面填料

国内常用的平面填料是三、六瓣结构，如图 2-42 所示。在填函小室内装有两个金属环，一为三瓣环；一为六瓣环，由三段圆弧及三块扇形组成。它们外面都用扣紧弹簧扣紧在活塞杆上。安装时，三瓣环紧靠气缸侧，六瓣环的切口必须与三瓣环切口互相错开。

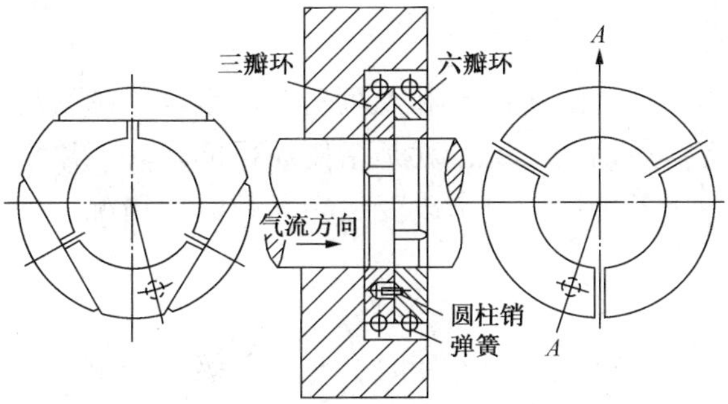

图 2-42　三、六瓣密封圈

气缸内的高压气体沿三瓣环与活塞杆的径向间隙，从三瓣环的径向切口处漏入小室内，由于六瓣环的径向切口在外面被扇形块盖住，在轴向被三瓣环挡住，所以小室内的压力气体不会从六瓣环处再向外泄漏，相反，却可将六瓣环紧紧压抱在活塞杆上而达到密封作用。气缸内压力越高，六瓣环在活塞杆上抱得越紧，所以有自密封作用，三、六瓣环常用耐磨材料如铸铁或青铜等制成。平面填料函只用于压力 $p<10\text{MPa}$。高压下采用锥面填料。

2）锥面填料

锥面填料函的结构见图 2-43。基本密封元件由 T 形环和两个锥形环组成，三者各有一切口，安装时切口彼此错开 120°，用定位销来保证，并且放置在具有锥面的整体环(支承环与压紧环)组成的小室中。气体压力轴向作用于支承环及压紧环的两端面上，通过锥面将力传给 T 形环与两个锥形环。若支承环给锥形环的作用力为 p，作用在锥形环的锥面上，它的垂直分力 $p_{\cos\beta}$就是锥形环对活塞杆的压紧力，见图 2-43。所以改变锥形环的锥面角 β，杆上的密封压力就可以改变。

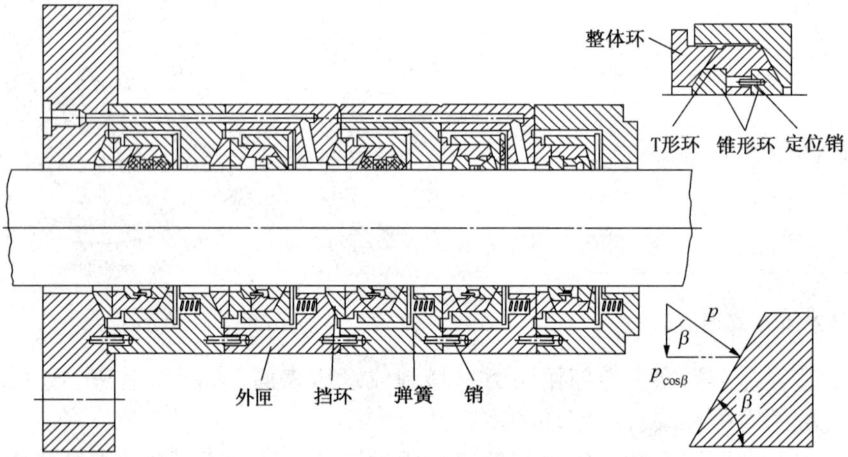

图 2-43 锥面填料函结构图

密封环与 T 型环常用青铜 ZQSn8-12(用于 $p>30\text{MPa}$)或巴氏合金 ChSnSbl1-6(用于 $p\leqslant 30\text{MPa}$)，整体支承环和压紧环用碳钢。

锥面填料函密封的压力差大，它与杆间比压也较大，因此对于润滑油的供应要求较多。此外，还要注意冷却良好，以改善填料的工作条件，提高寿命。

2.5 活塞式压缩机的运转

2.5.1 压缩机的变工况及计算

每台压缩机都是根据一定条件(如排气量、吸、排气压力和温度等)设计的。在额定工况下，它的各参数都应能按设计条件保持稳定。所谓变工况，就是指压缩机的运转偏离设计条件，例如压缩机启动过程、调节过程以及由于各种原因要求改变运转参数时的情况。

1. 影响压缩机变工况的因素

1）吸气压力改变

在高原上使用的压缩机，当吸气压力降低，而排气压力不变时，对于单级压缩机，压力比势必升高，容积系数降低(图 2-44)，排气量将明显下降。对于多级压缩机，主要导致末级压力比升高，容积系数下降，并使末级吸气压力也相应回升，依次影响各级压力比回升，所以一级排气量亦将有所下降。但是级数愈多，回升的影响愈小，所以对排气量的影响也愈小。两级空气压缩机的高原试验指出：在海拔 4500m 以下，海拔高度每升高 1000m，大气平均压力降低 10%~12%，压缩机的容积系数平均降低 2.0%~3.0%，相应地影响了排气量的降低。

吸气压力改变时，功率的变化可从图 2-44 中看出。只有当压缩机的设计压力比大于 1.1(k+1)时(k 为气体绝热指数)，吸气压力降低，则功率也降低(因吸气压力下降所减少的功率超过因压力比上升所增加的功率)。但是，当设计压力比低于 1.1(k+1)时(如循环机)，则吸气压力下降时功率反而上升。

2) 排气压力改变

如果使用中要提高压缩机的排气压力(吸气压力不变)，在多级压缩机中，主要影响末级压力比，但各级压力比也略有上升。一级压力比的上升，使得容积系数下降，排气量减少，在相反的情况下，排气量将有所增加(图 2-45)。提高排气压力，功率多半是增加的。

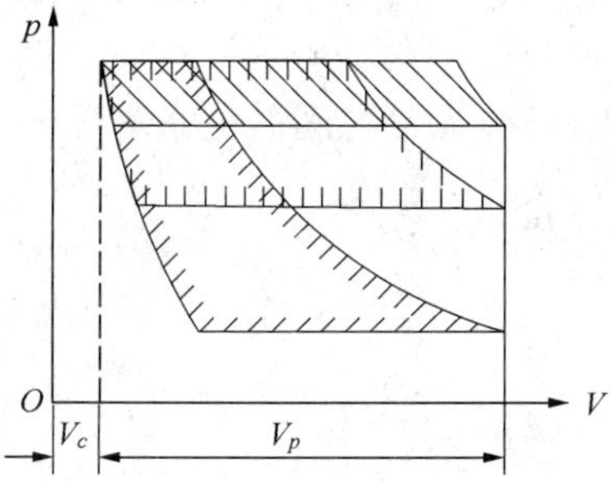

图 2-44　不同吸气压力的指示图

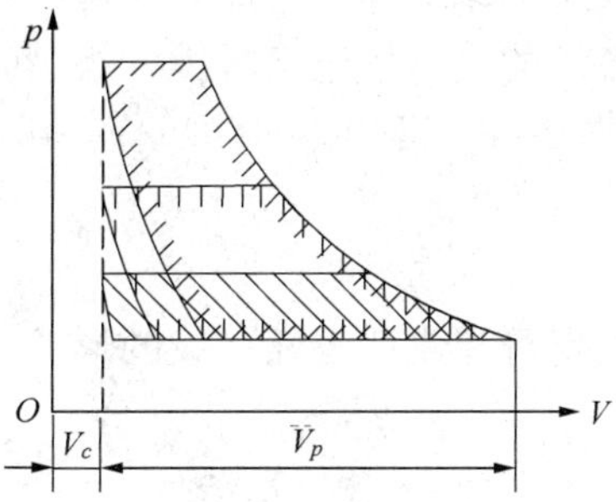

图 2-45　不同排气压力的指示图

3) 压缩介质改变

容积系数同气体的绝热指数大小有关，压缩具有较高绝热指数的气体，容积系数较大，排气量将比压缩低绝热指数的气体要大些；绝热指数高的气体，所需压缩功率比绝热指数低的气体大。图 2-46 为在相同吸排气压力和相同的气缸余隙容积时，压缩不同绝热指数的气体时的指示图，从图上可以清楚地反映气体的绝热指数对容积系数和压缩功率的影响。

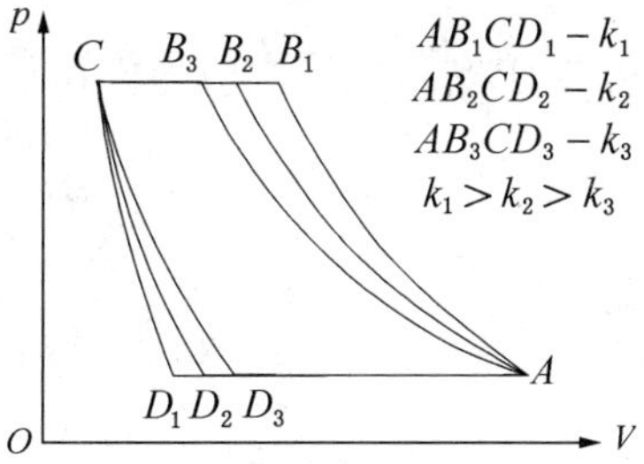

图 2-46　不同绝热指数气体力的指示图

压缩具有不同密度的气体时，密度大的气体，阻力损失大，使气缸吸气终了压力下降，故排气量略有降低。根据同样原因，也使得轴功率增加。例如氢气压缩机，当用空气试车时要特别注意，否则将引起电机超载。

导热系数大的气体，吸气过程气体受热强烈，具有较低的温度系数，这是使压缩机排气量降低的一个因素。

不同气体的压缩性系数也不同，这也要影响到排气量和功率。图 2-47 表示不同压缩性系数的气体的膨胀过程，在相同的吸排气压差下，ξ 值大的气体，膨胀过程要短些。

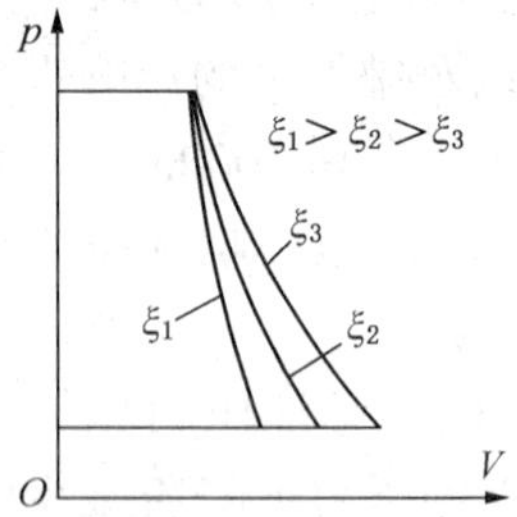

图 2-47 不同压缩性系数值气体的膨胀过程

4) 转数改变

压缩机在一定范围内增加转数，排气量会相应增加。但是如果压缩机在不改变有关气体流通部件(如气阀、中间管道、冷却器等)的情况下增加转数，则功率增加的速度要大大超过排气量增加的速度，是很不经济的。因为转数增加，气体流动速度增加，若看成阻力损失同流速平方成正比，则气缸的实际压力比将因压缩机转数增加而明显地上升，这又导致压缩机的容积系数下降；气体的流动阻力损失增加还使得气缸的吸气温度上升，引起温度系数降低；此外，增加转数时，为提高阀片的寿命，应该使气阀弹簧力增强些，这又导致压力系数降低。基于以上原因，增加转数后，排气量将不会成比例地增加。所以提高转数时，应对压缩机的有关气体流通部件进行相应的改造。

2. 压缩机变工况的计算

影响压缩机工况的因素很多，各因素间的相互关系又相当复杂，为了便于分析和计算，当进行变工况计算时常作必要的简化。由于简化时假定条件不同，所采用的计算方法也不同，但其基本原理都是一样的。可以这样认为，当机器转速一定时，按照流体稳定流动的观点，若各级的气体量稳定时，各级级间的压力也应保持稳定。

从式(2-30)可知，压缩机任一级的行程容积与压缩机排气量之间的关系为

$$V_{ti} = \frac{\mu_{di}\mu_{0i}}{\lambda_{V1}\lambda_{p1}\lambda_{T1}\lambda_{g1}} \frac{p_{s1}}{p_{si}} \frac{T_{si}}{T_{s1}} V_m$$

上式也可写成适于任一级的形式：

$$V_m = \frac{\lambda_{V1}\lambda_{p1}\lambda_{T1}\lambda_{g1}}{\mu_{d1}\mu_{01}} V_{t1} = \cdots = \frac{\lambda_{V1}\lambda_{pi}\lambda_{Ti}\lambda_{gi}}{\mu_{di}\mu_{0i}} \frac{p_{si}}{p_{s1}} \frac{T_{s1}}{T_{si}} V_{ti}$$

$$\lambda_{V1} V_{t1} = \frac{p_{s2}}{p_{s1}} \frac{T_{s1}}{T_{s2}} \frac{\lambda_{V2}}{\mu_{02}} V_{t2} = \cdots = \frac{p_{si}}{p_{s1}} \frac{T_{s1}}{T_{si}} \frac{\lambda_{Vi}}{\mu_{0i}} V_{ti} = \text{const}$$

对于实际气体，应考虑可压缩性系数的影响，同理可得：

$$\lambda_{V1} V_{t1} = \frac{p_{s2}}{p_{s1}} \frac{T_{s1}}{T_{s2}} \frac{\lambda_{V2}}{\mu_{02}} \frac{\xi_{s1}}{\xi_{s2}} V_{t2} = \cdots = \frac{p_{si}}{p_{s1}} \frac{T_{s1}}{T_{si}} \frac{\lambda_{Vi}}{\mu_{0i}} \frac{\xi_{s1}}{\xi_{si}} V_{ti} = \text{const}$$

令常数为 C_i，则理想气体各级的常数为

$$C_i = \frac{p_{si}}{p_{s1}} \frac{T_{s1}}{T_{si}} \frac{\lambda_{Vi}}{\mu_{0i}} V_{ti} = \text{const} \qquad (2-80)$$

实际气体各级的常数为

$$C_i = \frac{p_{si}}{p_{s1}} \frac{T_{s1}}{T_{si}} \frac{\lambda_{Vi}}{\mu_{0i}} \frac{\xi_{s1}}{\xi_{si}} V_{ti} = \text{const} \qquad (2-81)$$

式中 λ_{Vi}、μ_{0i}——分别为第 i 级(任意级)的容积系数、抽气系数；
T_{s1}、T_{si}——分别为第 1 级及第 i 级的名义吸气温度；
p_{s1}、p_{si}——分别为第 1 级及第 i 级的名义吸气压力；

ξ_{s1}、ξ_{si}——分别为第 1 级及第 i 级名义吸气状态下的可压缩性系数；

V_{ti}——第 i 级气缸的行程容积；

C_i——任意级的常数值，在稳定情况下，各级的 C 值应相等。

上式表示出多级压缩机稳定工作时，各级参数间应保持的关系式。在气缸结构尺寸一定的情况下，当已知任意级的 V_{ti}、T_{si}、p_{si} 值时，就可求得该级的和值。代入上式后就可确定出该级的常数值 C_i。如果按此条件算出的各级常数值 C 相等时，就说明所取的各级间压力等参数是合理的，即可保持此新工况的稳定。

由于各级的吸气压力 p_{si} 取决于压力系数 λ_p，而 λ_p 值又受压力比的影响，所以计算时要采用试算法，具体步骤如下。

1）第一次复算

各级的吸气压力可按下式确定：

$$p_{si} = p_{s1}\frac{V_{t1}}{V_{ti}} \tag{2-82}$$

分别算出各级的常数值 C 后，若各级 C 值相等，就说明所假设的各级名义吸气压力合理；若不相等，则需视其精确度 B 的大小而定。B 值应在以下范围，否则需进行第二次复算，B 值按下式确定：

$$B = \frac{C_{\min}}{C_{\max}} = 0.97 \sim 0.98$$

式中　$C_{\max}$，C_{mim}——分别为复算时各级常数值中的最大、最小值。

2）第二次复算

应按下式重新假定各级的吸气压力：

$$p_{si}^{*} = \frac{1}{2}p_{si}\left(1 + \frac{C_1}{C_i}\right) \tag{2-83}$$

式中　C_1，C_i，p_{s1}——均指第一次复算时各级的相应值；

p_{si}^{*}——指第二次复算所取的压力值。

如果新算出的 $C_{\max}$ 与 $C_{\min}$ 的比值 B 仍小于 0.97~0.98，还必须进行第三次复算。

（3）第三次复算

同第二次一样，可重新假设各级的吸气压力：

$$p_{si}^{**} = \frac{1}{2}p_{si}^{*}\left(1 + \frac{C_1^{*}}{C_i^{*}}\right) \tag{2-84}$$

式中　C_1^{*}，C_i^{*}，p_{s1}^{*}——均指第二次复算时各级的相应值；

p_{si}^{**}——指第三次复算时所取的压力值。

这样逐次进行复算，直至 $B \geqslant 0.97 \sim 0.98$ 时，才算合理。如不能达到要求，就应改变有关级的缸径或余隙容积。

2.5.2　排气量调节

在生产过程中，由于种种原因，可能要求改变压缩机的排气量，例如炼油与化工生产中因操作条件变动，常要求排气量降低或提高。

在压缩系统中，当压缩机的排气量大于用气量的时候，即供过于求时，压缩机出口储气罐及管线上的压力(称为背压)将会逐渐升高。根据活塞式压缩机工作原理得知，压缩机的排气量却不会由于背压的升高而自动相应减少。因此，如不进行调节，当压力超过许可值时，会出现事故。

相反，当压缩系统中求过于供的时候，背压下降。压缩机排气量也不会因背压下降而增加，此时却无法调节，必须采用其他措施，如提高转速、增加进气压力和增大气缸等改进方法。

下面仅介绍压缩系统中供过于求的调节方法。

1. 利用减荷阀-压力调节器暂时切断吸气法

减荷阀结构如图2-48。当贮气罐中压力超过预先规定值时，高压气体就将压力调节器的调节阀压开，气体经调节阀进入减荷阀活塞缸内。高压气体将活塞向上顶，碟形阀随之向上与阀座顶紧而关闭通路，使之无法吸气，压缩机即进入暂时空转。此时气量供小于求，达到调节排气量的目的。当贮气罐中压力降低到预先规定值时，压力调节器的弹簧力大于气体的作用力，使调节阀关闭。因而减荷阀活塞缸内压力亦下降，在减荷阀上部的弹簧即将碟形阀向下压，打开通路，重新吸气，压缩机恢复负荷运转。这种方法是间断供气的调节方法。

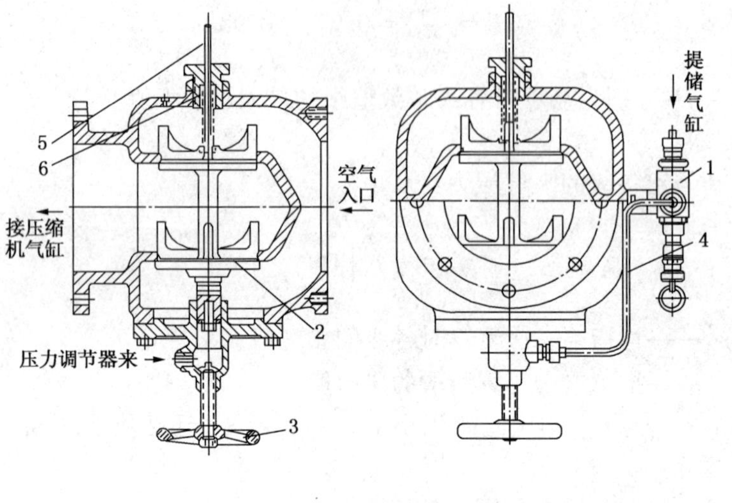

图2-48 减荷阀

1—压力调节器；2—碟形阀；3—手轮；4—连接管；5—导杆；6—弹簧

减荷阀关闭后，压缩机需将吸气阀与减荷阀之间容积中的气体抽净后，才停止输气。若减荷阀不严密，会有少量气体被吸入，类似节流吸入，使缸内温度急剧升高，因而减荷阀必须严密不漏，且尽量靠近吸气阀。

减荷阀亦可用手轮人工操作，开车时亦可用它减荷启动。

这种调节多用于中小型空压机，装置简单可靠。但在背压不变情况下，由于减荷阀截断进气，使吸气腔内接近真空，使活塞上形成的压差很大，而造成启动的困难，使用时应注意。

2. 连通吸入管与排出管使多余气体回到吸入管

这种调节法最简单，但功耗太大，不经济。连通管路示意图如图 2-49。

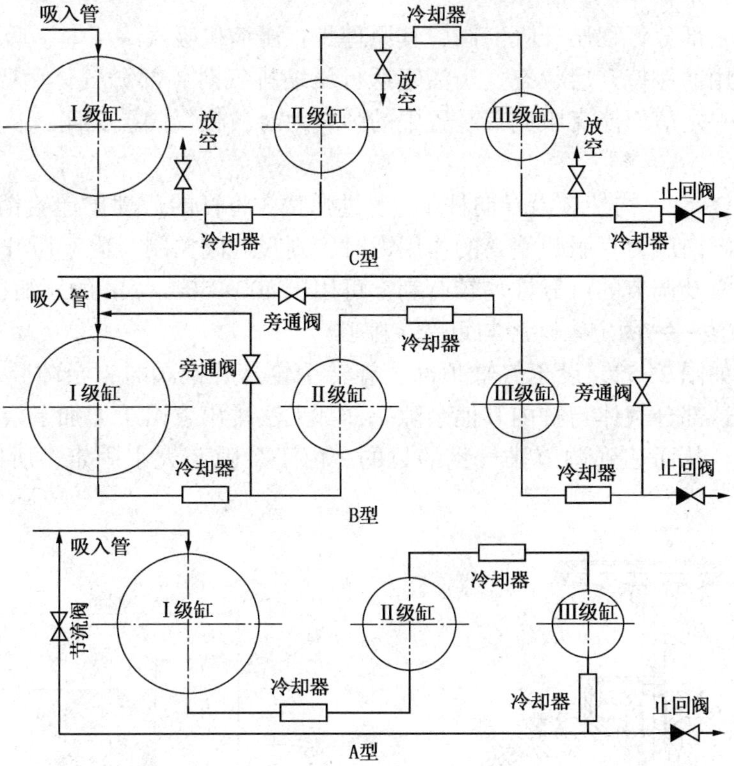

图 2-49　各种连通管路的配置示意图

A 型：末级与第一级节流连通，使进入第一级的压力可以保持原吸气压力。因此各级压力均可不变，并可连续调节，但调节量小，一般在短期运转中可用它。

B 型：多用于大型压缩机中，也可以作为启动卸荷之用，也可以用作调节各级压力比。当第一级出口管引出部分气量回到吸入管时，第一级吸气压力稍升高，因而压力比变小。中间各级压力比可不变。如总压力比不变，则末级压力比将增大，随之排温也升高，应予注意。

C 型：在空气压缩机中使用较多。此方法启动时的卸载比较完善，紧急卸荷比较迅速。

3. 强制使吸气阀片顶开，压缩机空转

这种调节方法目前采用较普遍，在大、中型压缩机上使用较多，又可作卸载空转启动用。

第一种方法是完全顶开吸气阀，结构如图 2-50。

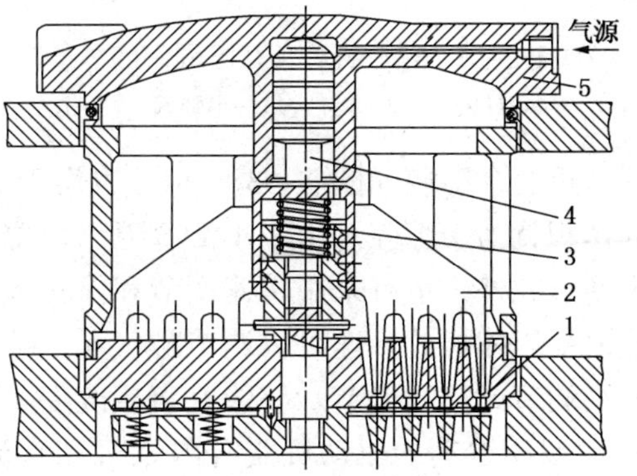

图 2-50　完全顶开吸气阀调节装置

1—升程挡板；2—压叉；3—弹簧；4—顶杆；5—阀盖

气源来自贮气罐。当贮气罐压力超过规定值时，通过压力调节器引来高压气将小活塞 4 向下压，压叉 2 随之向下压，吸气阀被顶开，气缸无法形成密闭，也就无法进行压缩，相当于压缩机空转，从而减少排气量。当贮罐压力下降时，压力调节器切断气源，活塞上部气体放空，压叉借助弹簧 3 而升起，阀片恢复关闭位置，压缩机恢复正常工作。

另一种方式是部分行程压开吸气阀，其原理是：压缩机吸气终了时，吸气阀片借助调节装置中弹簧力作用而保持开启状态。当活塞返行压缩排气时，部分气体由吸气阀流出缸外。当缸内压力达到一定值而能克服调节装置中的弹簧力时，吸气阀被关闭，从而起到了定量调节作用。

其结构如图 2-51，构件 2 沿导向杆 1，通过弹簧 3 将杆的运动传递给销子 4，由销子将阀片顶开。当气缸内压力克服弹簧 3 的作用力时，则吸气阀关闭。由于压开构件是小质量的销子，对阀片寿命及调节的可靠性均较有利，可用于 400~500r/min 的压缩机上。

4. 调节余隙法——固定余隙腔与可变余隙腔

固定余隙腔如图 2-52，设于气缸顶部。旋转手轮打开锥阀时，余隙腔与气缸连通充满气体。当排气时这部分气体与缸内其他余隙一样都无法排出。由于增加了余隙量，所以吸入新鲜气量将减少，从而达到调节排气量的目的。由于余隙腔大小固定，所以调节量是固定的，多用于高压级。

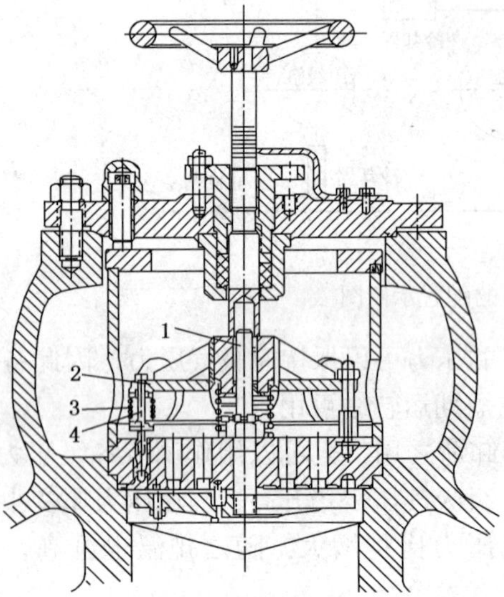

图 2-51　部分行程顶开吸气阀调节装置

1—导向杆；2—构件；3—小弹簧；4—销子

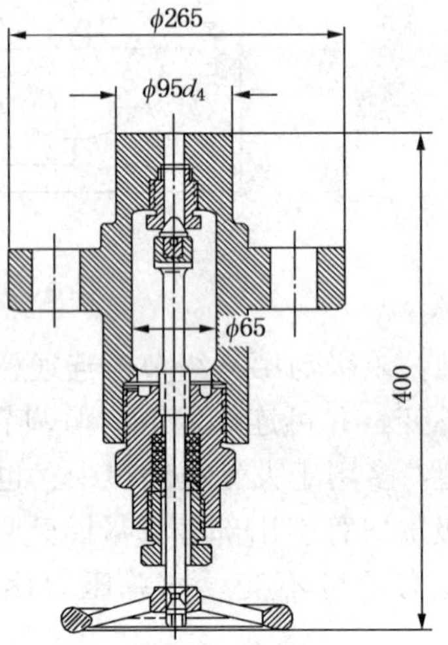

图 2-52　高压级不变容积的补助容积和连通阀

可变余隙腔如图 2-53 所示，也设于气缸顶部。旋转手轮可使小活塞退出。小活塞退出的体积就为余隙腔。由于小活塞退出位置可随手轮而变，所以余隙腔大小可变，调节量也就可变。此外，也有采用转速调节和停转调节方法的。因为压缩机的排气量 V_m 正比于转速 n，故改变压缩机的转速可以调节排气量。按照驱动机器的转速是分级变化或连续变化，可得到分级调节或连续调节。一般是直接改变驱动机器的转速，而不借助于变速机构。

易于变速的驱动机器有内燃机和直流电动机。但直流电动机因电源问题而很少应用；内燃机在低于额定转速下运转时，效率下降，经济性变差，且变速范围只能在 60%~100% 内变动，使排气量调节的范围受到限制。

常见的交流电动机是不变转速的。虽有分级变速或连续变速的三相交流电动机，但因结构复杂、价格昂贵、效率较低等原因，很少采用。因此，转速调节的应用，受到了限制。

转速调节的特点是：

(1) 不需要加装任何调节机构。

(2) 压缩机功率消耗小，随着转速的降低，气阀和管路中的压力损失减少，气体在气缸中的热交换改善，使单位气体量的指示功降低。

(3) 不引起各级压力比的改变。

至于停转调节，只能在排气量极度地大于耗气量，或贮气容积很大时才应用。这是一种间断调节，从能量消耗角度来看，此种调节是比较经济的。但它的缺点是：压缩机频繁地启动和停转，使磨蚀加剧；当用大功率电动机驱动压缩机时，将影响电网的稳定等。在生产实践中，只有一些微型压缩机采用停转调节。

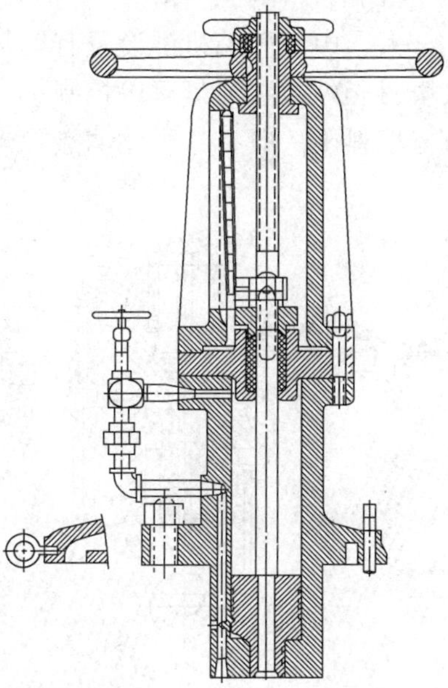

图 2-53　变容积的补助容积

2.5.3　压缩机的润滑与冷却

1. 压缩机的润滑

压缩机中所有作相对运动的零件表面(如活塞环与气缸、活塞杆与填料、连杆大头与曲柄销、连杆小头与十字头销、十字头与滑道、主轴与主轴承等)，除采用自润滑材料外，都需进行润滑。润滑的目的在于减小摩擦功率，提高机械效率，延长机器寿命。气缸、填料函中的润滑油还起阻塞气体的作用，提高活塞环、填料的密封能力。此外，润滑油能冷却摩擦表面，导走摩擦热，防止润滑部位咬死或烧伤，防止零件生锈。

1) 气缸与填料函的润滑

(1) 气缸润滑方式

① 飞溅润滑　一般用于小型无十字头单作用压缩机。曲轴旋转时，装在连杆上的打油杆将曲轴箱中的润滑油飞溅，形成的油滴或油雾直接落到气缸镜面上。可以看出，飞溅润滑的强弱取决于曲轴箱中油面的高度。因此应特别注意保持油面在一定的范围(可用油面指示尺、油面指示器检查或根据经验定时加油)。

飞溅润滑的优点是简单。缺点是润滑油耗量大，散热不良；润滑油未经过滤，运动件磨损较大；气缸和运动机构只能采用同一种润滑油。

必须注意，曲轴箱中的最高油面不能碰到连杆和平衡铁，否则将引起附加的功率消耗。

② 压力润滑　多用于大、中型有十字头压缩机。润滑油由注油器提高压力后注入气缸内，注油器产生的油压必须大于注油点处气体的压力，该气体压力约等于活塞两边气体压力的平均值。由于注油点和注油量可以控制，因此压力润滑应用广泛。

气缸注油点的确定，对立式压缩机气缸，沿气缸周向配置 1~2 个注油点；对卧式压缩机气缸，润滑油从上面注入(填料函也相同)，视气缸的大小，配置 1~2 个注油点。注油点在气缸中心线方向的位置，单作用气缸在第一道活塞环往返行程的中间位置，双作用气缸处于气缸工作表面长度的中间位置。

(2) 填料函的润滑

大、中型压缩机都设置有填料函，与气缸压力润滑一样，润滑油也是在一定的压力下注入填料函内，注油量可以控制。

填料函一般有一个注油点，当气体压力大于50大气压时，则有两个注油点。

(3) 注油器

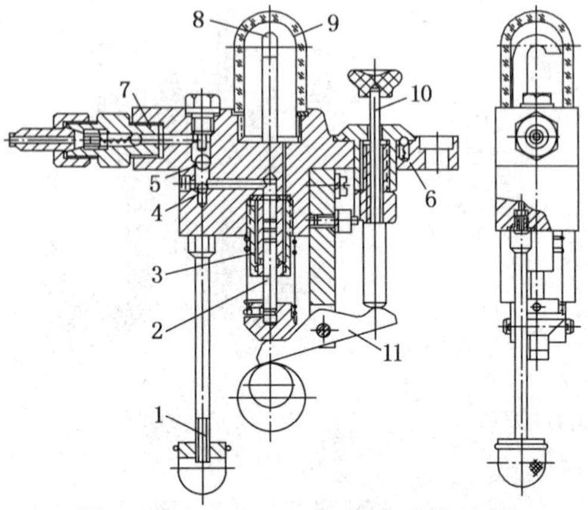

图 2-54 ZD-12/320 真空式注油器

1—吸入管；2—柱塞；3—油缸；4—进油阀；5—排油阀；6—支架；7—接管；8—漏油管；9—示滴器；10—顶杆；11—摆杆

注油器通常由一些独立的柱塞油泵组成，每个油泵供给一个注油点。油泵装在公共的油箱内，由一根具有若干偏心轮或凸轮的公共轴驱动。图 2-54 为国内广泛使用的 ZD-12/320 真空滴油式注油器，经实践证明，这种注油器的工作是可靠的。

柱塞2由偏心轮经摆杆11带动。当柱塞下行时，油缸内形成真空，润滑油通过吸入管1吸入，经示滴器9中的滴油管8滴出，经过通道通过进油阀4进入油缸3；当柱塞上行时，润滑油即通过排油阀5经接管7输送至润滑点。旋转顶杆10的外套，可以调节柱塞的行程，借以调节油量。在压缩机启动前，可用手按顶杆10或转动手柄(图中未画出)，先将油注入气缸后再启动机器。这种注油器由单独的电动机通过减速器驱动。

压力润滑时，在气缸注油点的接管处应设置止逆阀，低压时设置一道止逆阀即可，而高压时必须设置双重止逆阀，以防止油管破裂时发生气体倒流事故，并便于压缩机在不停转时更换注油泵。高压压缩机的填料处，也要用单独的注油管注油，并且在润滑油的入口处设置止逆阀。注油器压力的选择，一般是以机器的最高排气压力为依据。压力在16MPa以下的均选用中压注油器。注油器头数的选择，除根据气缸及填料的注油点数外，还应加适当的备用头。

(4) 气缸润滑油消耗量

气缸润滑油消耗量应有一定的定额。润滑油量不足会引起摩擦功率增加，运动件加速磨损和发热，甚至活塞和气缸咬住，填料烧坏，润滑油量过多会引起积炭，当温度过高时，会引起燃烧、爆炸事故，严重的积炭会破坏气阀的工作，阻塞通道，增加阻力损失。此外，润滑油量过多，气体冷却器的换热表面的传热系数将下降。

气缸润滑油消耗量可按下式确定：

$$Q = 120q\pi DSn \tag{2-85}$$

式中 D——气缸直径，m；

S——活塞行程，m；

n——曲轴转速，r/min；

q——气缸摩擦表面上每小时每平方米的润滑油消耗量，kg/h · m^2。对立式压缩机：$q=2\times10^{-6}$kg/h · m^2；卧式压缩机：$q=2.5\times10^{-6}$kg/h · m^2。

对压缩机的高压级，终压为5~10MPa时，其所需润滑油量应较上述计算的增加1.5~2倍；终压为22~35MPa时，则增加3~4倍。新使用的压缩机，在活塞与气缸的跑合时期，其润滑油量可提高 2 倍，活塞维修或更换活塞环后，润滑油量可提高到 1.5 倍。

填料函的润滑油消耗量，应根据被润滑的活塞杆表面积而定，每 $100m^2$ 为$(1 \sim 3) \times 10^{-3}$，较大值用于高压级填料。

2）曲柄连杆机构的润滑

曲柄连杆机梅的润滑部位是主轴承和主轴颈、连杆大头瓦和曲柄销、连杆小头铜套和活塞销或十字头销，以及滑道和十字头等摩擦副。

（1）曲柄连杆机构的润滑

曲柄连杆机构的润滑系统，除了简单的飞溅润滑外，大中型压缩机广泛采用的是压力润滑。压力润滑是靠油泵将润滑油压送到各摩擦面，并连续不断地循环供油，故称为循环润滑系统。采用压力润滑后，轴承承受较高的压力而仍能保持液体润滑；能冲去轴承中的金属磨屑及杂物；导出摩擦表面的热量；润滑油不断获得滤清与冷却，提高了压缩机工作的可靠性。

为使压缩机的结构紧凑，中小型压缩机都采用由曲轴直接带动油泵的传动方式，称内传动。大型压缩机多采用单独的驱动机带动油泵，称外传动。无论是内传动或是外传动系统，油路均是循环的，循环油路上应设置油冷却器和油过滤器。

润滑油路根据压缩机的列数多少而有多种型式，但由曲轴（或主轴承）→连杆大头→连杆小头→十字头滑道→油箱的基本油路是一样的。

（2）润滑油泵

目前润滑油的输送多采用齿轮油泵或转子油泵。齿轮泵工作可靠，油压稳定，常用于大中型压缩机；转子油泵除了工作可靠外，当输油量相同时其体积较齿轮油泵小。

① 齿轮油泵　图 2-55 为齿轮油泵工作原理图。当一对相互啮合转动的齿轮在吸油腔内脱开时，由于容积的扩大而产生吸油作用。在排油腔进入啮合时，由于容积的缩小而产生压油作用。图中 A 是困油旁通槽，它开于泵体端面，用于释出两齿啮合后困于齿顶间隙中的油。由于困油旁通槽的排出侧不得超过中心线，使齿轮泵只能单向地工作。

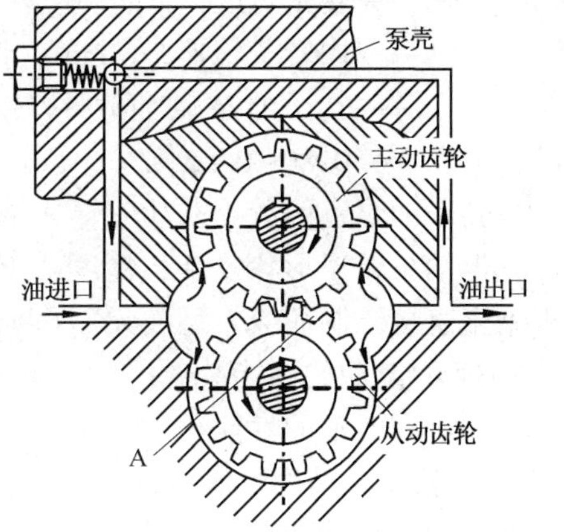

图 2-55　齿轮油汞工作原理图

齿轮油泵的排油量 Q_0 与其几何尺寸关系为

$$Q_0 = 2\pi D_0 Bmn\eta_0 \qquad (2-86)$$

式中　D_0——齿轮节圆直径，m；

B——齿轮的齿宽，m；

m——齿轮的模数，m；

n——齿轮的转速，r/min；

η_0——输油效率，其值与油压、油温、转速及制造质量有关，$\eta_0 = 0.7 \sim 0.85$。

② 转子油泵　图 2-56 是转子油泵的工作原理图。它由泵壳、外转子（五个齿）、内转子（四个齿）和轴等组成。内转子每个齿形曲线在任何时候都与外转子上某一点相切，因此

每个齿都形成一个封闭容积，由于内外转子的齿数不等，存在转速差，由此使这些封闭容积发生周期性的扩大和缩小，实现吸油和压油作用。

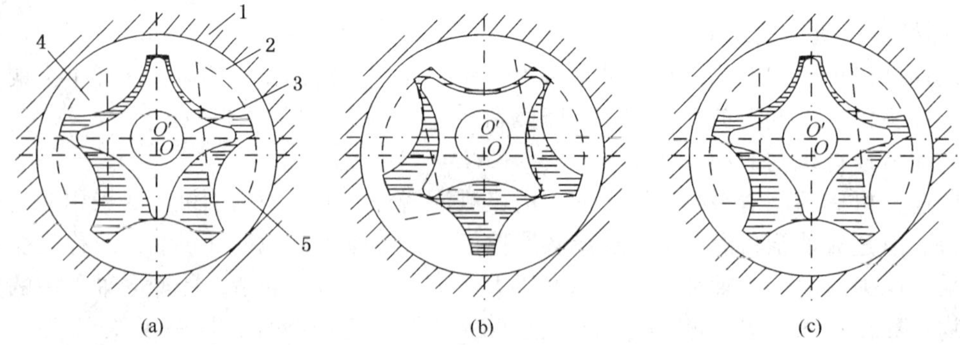

图 2-56 转子油泵的工作原理图

1—壳体；2—外转子；3—内转子；4—油入口；5—油出口

转子油泵的输油量 Q_0 与其几何尺寸关系为

$$Q_0 = 4F_0Bn\eta_0 \tag{2-87}$$

式中 F_0——内转子一个齿所扫过的面积，m^2；

B——转子宽度，m；

n——内转子转速，r/min；

η_0——转子油泵供油效率，其值与油泵的输油压力、转速及制造精度有关，η_0 = 0.80~0.85。

转子油泵一般置于非功率输入端，内转子与曲轴相接，并由曲轴驱动。转子油泵结构紧凑，但油泵转子形状复杂，精度要求较高，所以用一般加工方法很难达到要求。目前均以粉末冶金直接压制而成，型面无需再加工，制造也很简单，并已制订了转子油泵系列。

3）润滑油的性能及选用

（1）润滑油的性能

① 粘度　粘度是润滑油最主要的性质，也是润滑油分类的根据，通常粘度又分为动力粘度、运动粘度和恩氏粘度三种。润滑油粘度大，则内摩擦阻力大，增加摩擦功率的消耗；粘度太小，则不能形成油膜，也增加摩擦功率的消耗和磨损。

② 闪点及燃点　润滑油被加热时，在油表面上形成油蒸气，当加热到某一温度时，油蒸气遇到明火便能产生瞬息燃烧，出现蓝色火焰一闪，当油蒸气一直烧完即熄灭，这时的温度称为闪点。润滑油继续加热，当接近火焰时润滑油能一直燃烧的温度称为燃点。

③ 凝固点　在一定条件下，润滑油开始完全失去流动性时的温度。

④ 氧化安定性　润滑油在金属表面形成的油膜，在金属催化作用下能与空气中的氧起化学作用，生成酯酸、焦油、沥青等产物，使润滑油色泽变黑，粘度和酸值增加，并能析出胶状沉积物阻塞油道和滤清器。润滑油的氧化与其温度有关，温度高，油的氧化进行得快，所以要限制润滑油的温度。

⑤ 酸值　以中和一克油所需苛性钾的毫克数来计量。润滑油中的酸类对巴氏合金中的铅有腐蚀作用，并能加速润滑油的氧化，要加以限制。

⑥ 水溶性　又称水分离性，即要求水和油互不溶成乳状。乳化能降低氧化安定性，并使油的粘度恶化。

(2) 润滑油的选择

气缸润滑油处于高压高温下，且与压缩气体接触，对其有一定的要求：高压高温下具有一定的粘性和化学稳定性，在气缸中不会形成胶堵物和积碳现象，不会引起其他化学反应；润滑油的闪点应高出排气温度 20~50℃等。

无十字头压缩机，由于气缸润滑油不能与曲轴箱中的油分开，所以一般均采用压缩机油。

空气压缩机，除要求润滑油有足够的粘度以满足润滑和密封外，油质的抗氧化性能要好，油的闪点应高于排气温度约 40℃，可选用 HS-13 或 HS-19 压缩机油。

低压单级压缩机，或终压小于 4MPa 的两级或三级压缩机，可采用 HS-13 压缩机油；压力比 $\varepsilon>3$ 的多级空压机，可采用 HS-19 压缩机油(当缺乏 HS-13 和 HS-19 压缩机油时，则可分别用 HG-11 饱和气缸油和适当牌号的航空机油代用)；终压超过 35MPa 的多级压缩机，最后几级压力比较高时，可采用 HS-22 压缩机油，因它含有抗氧化、抗磨添加剂，性能更加稳定。

氮气和氢气压缩机以及氮氢混合气压缩机，由于压缩气体对润滑油具有化学惰性，故可用压缩机油。也可用饱和气缸油代用，低压时用 HG-11 饱和气缸油，高压时用 HG-24 饱和气缸油。

石油气压缩机的气体对润滑油有溶解作用，会破坏油膜，宜用高粘度润滑油。或用合成润滑剂硅酮油，它不溶于气体和油类，具有独特的化学惰性、低挥发性、高闪点(>260℃)及低温流动性(凝点-40℃)，承载能力及摩擦系数与普通润滑油相似。

曲柄连杆机构的润滑，无十字头压缩机的循环润滑油与气缸润滑油相同；有十字头压缩机一般可采用 HJ-20、HJ-30、HJ-40、HJ-50 机械油，其中 HJ-40、HJ-50 机械油用于大型压缩机。一般高压大型多级压缩机也可采用压缩机油，或适当牌号的航空机油。

2. 压缩机的冷却

活塞式压缩机运转时，气体被压缩，温度随之升高。为保证压缩机安全可靠地运行，应严格控制压缩气体的温度，而需对其采取冷却措施。活塞式压缩机冷却系统通常由中间冷却器、气缸和填料的水套、润滑油冷却器、后冷却器、水管路以及其他附件组成。

1) 冷却系统的配置原则和基本方案

(1) 冷却系统的配置原则

① 保证进入中间冷却器的水温在系统中为最低，而气缸和填料水套的进水温度不应过低。风冷式压缩机，最冷空气要先进入冷却器，故多为吸风式。

② 经济性好，即系统耗水量小，管路简单。

③ 运行时检视和调节水量方便。

(2) 冷却系统配置的基本方案

串联系统如图 2-57 所示。冷却水首先进入中间冷却器，然后依次进入气缸水套，最后经后冷却器排出。

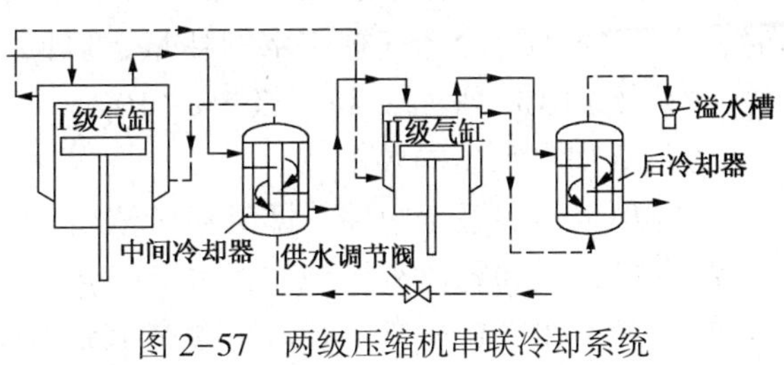

图 2-57　两级压缩机串联冷却系统

串联冷却系统适用于两级压缩机，三级以上不予应用。它的优点是：耗水量小，管路简单，检视和调节水量、水温的装置较少；缺点是：导管截面尺寸较大，安装不便，特别是各冷却部分不能单独调节，当密封性受到破坏时，气体泄入冷却水中，无法检视其破坏位置。

① 并联系统　如图 2-58 所示。冷却水总管分出若干支管，分别通至每一冷却部分，然后经各自的漏斗或总溢水槽，最后通到泄水管中。

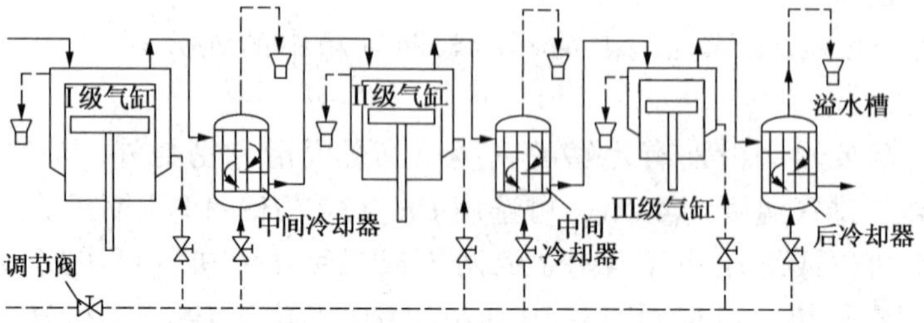

图 2-58　三级压缩机并联冷却系统

并联冷却系统适用于多级压绵机。它的优点是：各级中间冷却器进水温度均为最低，能使气体得到最完善的冷却，各部分所需冷却水量、水温能任意调节，此外，系统各部位彼此独立，容易判断损坏的部位；缺点是：耗水量大，管路复杂，调节检视装置也较多。

② 混联系统　如图 2-59 所示。混联系统适用于两级和多级压缩机。该系统中每一中间冷却器与相应的气缸水套组成串联系统，然后各级之间构成并联形式。它具有串联和并联两者的优点，不仅冷却水量利用合理，且各级具有相同的回冷完善度。

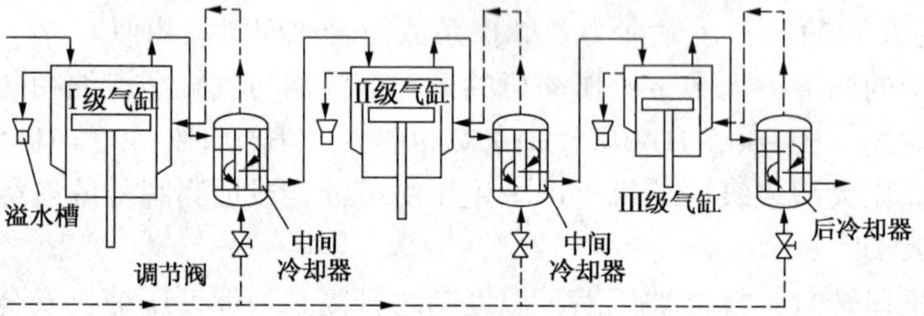

图 2-59　混联冷却系统

在上述三种冷却系统中，填料的冷却装置部分和气缸的冷却相同，润滑油冷却器通常配置在后冷却器前面。在并联和混联系统中，溢水槽多为总合式，以便集中检视。

冷却水在通路中的流动，分有压流动和溢流流动两种。后者各部分的相对几何位置应逐渐下降，以利溢流。

冷却水流速：有压流动时，气缸部分通常为 1~1.5m/s，中间冷却器可取 2m/s；溢流流动时，小于 1m/s。冷却气缸用水的耗量，以同级冷却器水耗量百分数计：低压级占 15%~20%，中压级 10%~15%，高压级 5%~10%。

2）对冷却水水质的要求

① 冷却水应接近于中性，即氢离子浓度 pH 值在 6.5~9.5 范围之内。

② 有机物质和悬浮机械杂质皆≤25mmg/L，含油量≤55mmg/L。

③ 硬度≤10°（1°相当 1 升水中含有 10mmgCaO 或 7.19mmgMgO）。

上述要求达不到时，应采取沉淀池、过滤池进行净化处理，并用回收器进行脱油，以改善水质。

2.5.4　气流脉动与管路振动

压缩机运行时，气体管路和管系设备容易发生振动。压缩机系统的振动是由下列情况所引起：气缸中气体对活塞和曲柄的反作用力；惯性力平衡不完全；吸入和排出气流的脉动。前者通过机器传给基础，又传给与气缸相连的管段或传给较远区段的支承；而气流脉动是机器和管路振动的主要原因。

振动在多数情况下，导致指示功率上升和排气量下降，气阀的磨损和损坏加剧，气缸和运动机构零件的负荷增大，安全阀的严密性受到破坏以及管路中仪表读数失真，产生噪音源和影响操作人员的身体健康。因此，对管路和管系设备的振动必须予以控制。

1. 气柱共振

管道内容纳的气体称为气柱。气柱可压缩、膨胀，像弹簧一样。因此气柱具有一定的弹性，且具有一定的质量，所以气柱本身就是一个振动系统。由于自动阀吸气和排气引起管道内气体流量周期性变化，导致气流压力作相应的变化，即压力波动。此种压力波沿着气柱这弹性体，以该气体的声速进行传播。在任何情况下只要气流方向发生变化(由支管、弯管、管道截面变化引起)就会产生作用在管道上的力，脉动气流的能量转变为管道振动的机械能，即机械振动或激振力。振动着的管道，反过来又牵扯气缸，产生“摇头”、“抬缸”现象。

因此对管路系统来说有两个振动系统：一个是管道内的气柱振动，一个是管路系统的机械振动。激发也有两个：一个是压缩机向管路吸气或排气的激发；一个是气流压力脉动所形成激振力的激发。

压缩机吸气或排气的气流脉动规律很复杂。可以通过谐量分析方法，把其分解成数阶谐量。其中谐量幅度最大的称主谐量，主谐量的频率称为激发主频率，可按下式计算：

$$\omega = \frac{\pi n}{30} m \tag{2-88}$$

式中　ω——激发主频率，1/s；

n——曲轴的转速，r/min；

m——脉动的简谐阶次，单缸单作用压缩机，$m=1$，2，3…，求主频率时 $m=1$；曲柄错角 180°的两个单作用气缸或双作用压缩机，其频率是转速的倍数，$m=2$，4，6…，求主频率时 $m=2$，等等。

对于气柱振动系统，根据配管及管路始端和终端的边界条件，有一系列固有频率。当激发频率与某一阶的气柱固有频率相重合时，则气柱系统将出现最大的振动响应，形成强烈的气流压力脉动，这种现象即为气柱共振。

2. 管路机械共振

管路系统(包括管路附件、支承)也是一个振动系统，当受有激振力作用时，就会激起管路系统作机械振动。对于管路机械振动系统，同样也有一系列的固有频率，当激发频率与某一阶机械振动固有频率相重台时，则管路系统将呈现出最大的振动响应，形成强烈的机械振动，这就是管路的机械共振。

最坏的配管情况是三个频率重合，即激发频率等于气柱固有频率又等于管路机械振动的固有频率，既有气柱共振，又有管路机械共振，这导致管路发生强烈的振动，引起管道、支承和其他结构的破坏。

2.5.5 减小气流脉动的措施

为了减小气流脉动，首先需要确定其振动的性质。为此需测出振动的频率和振幅，计算出系统内气柱的固有频率，希望气柱的固有频率比激发频率高 30%或低 30%。最合理的途径是消除激发的根源，可以在压缩系统中设置缓冲器、声学滤波器、孔板和改变管道长度。

1. 设置缓冲器

缓冲器的作用似一支柔性弹簧，起隔离振源的作用。它能使后面管道的气流缓和，降低排气期间气体冲击所造成的损失，以及降低管道内的阻力损失。它不仅能降低脉动气流的振幅，而且也能改变气流的固有频率。

缓冲器后面管道内气流的稳定程度取决于缓冲容积的大小及压缩机气缸工作的特点。输出气流的平稳性通常用压力脉动不均匀度 δ_p 表示。

$$\delta_p = \frac{p_{\max} - p_{\min}}{p_0} = \frac{2\Delta p_{\max}}{p_0} \qquad (2-89)$$

式中 $p_{\max}$——缓冲器中不均匀压力最大值，MPa；

$p_{\min}$——缓冲器中不均匀压力最小值，MPa；

p_0——压力变化的平均值，$p_0 = \frac{p_{\max}+p_{\min}}{2}$，MPa；

Δp_{mas}——压力脉动的最大幅度，MPa。

δ_p 的限制值，可按表 2-8 选取。对轻质气体或含氢气的混合气体取较大值。

表 2-8 [δ_p]值

压力 p/MPa	[δ_p]	压力 p/MPa	[δ_p]
<0.5	0.02~0.08	10~20	0.02~0.05
0.5~10	0.02~0.06	20~50	0.02~0.04

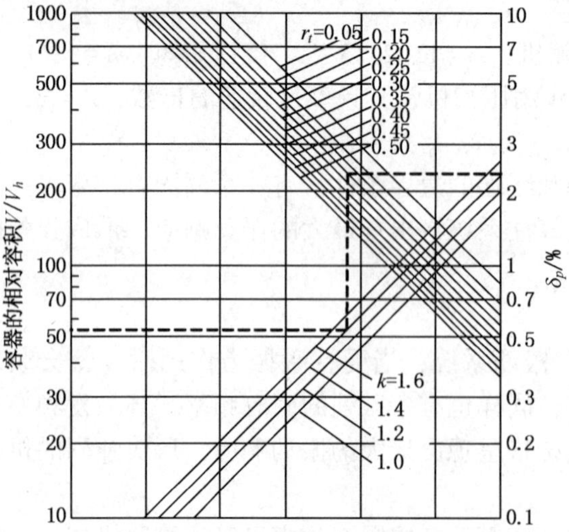

图 2-60 缓冲容积曲线图

缓冲器容积的大小与连接导管的长度和截面积、压缩机的转速、气流脉动的频率、所需要的压力不均匀度及导管中气体的声速等有关，为方便计算，通常利用理论分析计算的结果，将其绘制在图上供选择缓冲器容积用。图 2-60 为确定缓冲容积的曲线图。

图中，r_t 为曲轴每转中吸气过程或排气过程所占的时间比例，k 为压缩气体的绝热指数，V/V_t 为缓冲容积与气缸行程的比值。图中虚线为应用示例。必须指出：曲线只适用于空气或与空气密度相近的气体。当压缩其他气体时，由图中求得的缓冲容积应按下式修正：

$$V' = V\sqrt{\frac{R_a}{R}} \quad m^3 \tag{2-90}$$

式中　V——按曲线图求得的缓冲容积，m^3；

R_a——空气的气体常数，J/kmol · K；

R——压缩气体的气体常数，J/kmol · K。

曲线图只适用于单作用气缸。容积相同的双作用气缸，所需的缓冲容积可取排气量相同的单作用气缸缓冲容积的 1/2.5，相位差为 90°的两个双作用气缸共用的缓冲器，其容积可取单作气缸缓冲容积的 1/6.2。

缓冲器的结构型式，低压时为圆筒形，高压时可制成球形，也有在缓冲器内加装芯子进一步构成声学滤波器。

缓冲器安装时，最好不要用中间接管，而直接配置在气缸旁。若不能这样配置时，则连接管道应比气缸接管的截面约大 50%。管道拐弯处应取较大的弯曲半径，以保证气流平稳流动。一个级如有几个气缸，最好用一个缓冲器。缓冲器上进排气管的配置对压力脉动的衰减也有影响，如图 2-61 所示。图中(a)的缓冲作用最差；(b)的缓冲作用比(a)可提高 15%~20%；(c)由于气流的转折，可比(b)减小脉动振幅达 60%。

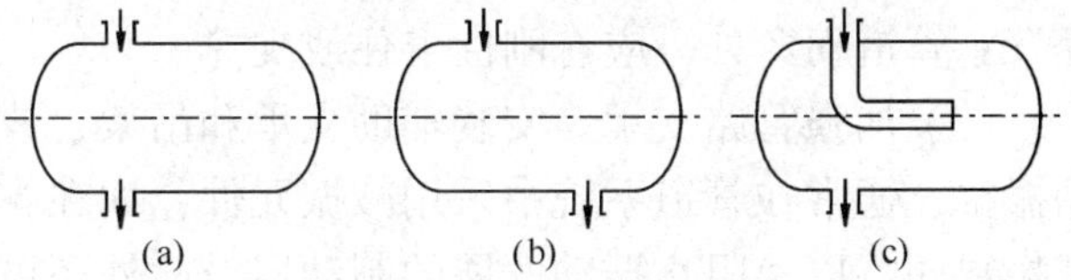

图 2-61　缓冲器与管道的连接方式

2. 声学滤波器消振

声学滤波器的作用原理是基于声波的干涉，可分为声抗式、声阻式和组合式三种。声抗消振器是根据滤波的原理，阻止一定频率的脉动在消振器后面的管道内通行，这频率取决于消振器膛内气体的质量和弹性；声阻消振器是克服粘性摩擦力(变为热能)使脉动的能量吸收或扩散；组合式滤波器兼有声抗式和声阻式的作用，是压缩机常用的消振器，如图 2-62 所示。

组合式声学滤波器由内腔隔板分成两个不等的容积，并采用两根或三根两端开启而沿长度上开有小孔的导管连通；进出口管上也开有小孔。这种结构使气流沿导管并通过侧面小孔分离与传播压力波，通过不同长度的路径达到各波相互干涉，当许多不同频率的波在滤波器内混合时，就能达到消除共振的目的。

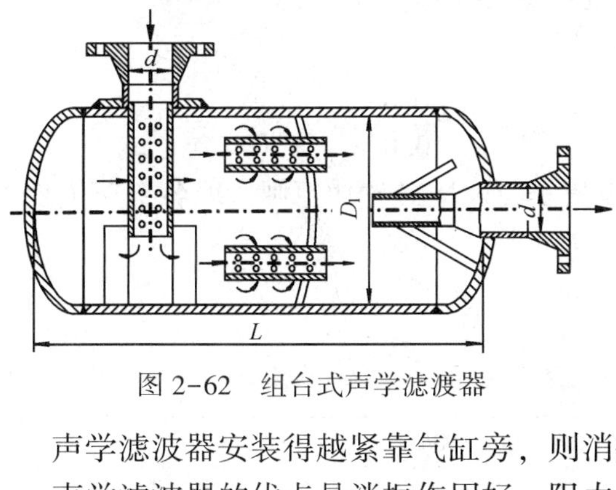

图 2-62　组台式声学滤渡器

组合式声学滤波器内进口侧与出口侧的容积比为 3 : 2，器内连接导管的总截面积较导管的截面积要大些，连接导管上小孔的直径为 $1/4d$，以小孔间距为 $1/3d$。

声学滤波器安装得越紧靠气缸旁，则消振越好。

声学滤波器的优点是消振作用好，阻力小，但结构较复杂，不如缓冲器用得普遍。

3. 孔板消振

在管道上应用孔板能使气流的压力脉动得到一定程度的缓和。孔板装在气流前面，如空压机吸气管道上，是在滤清器法兰和管道法兰处；在排气管道上，是储气罐进口法兰处。装孔板的地方必须是压力的波节处，切忌随意安放。

孔板是一薄板，厚度为$(3\sim5)\times10^{-2}$m，$d/D=0.43\sim0.52$（d—孔板内径，m；D—管道内径，m），声速高的介质应取下限，反之取上限。

用孔板消除气流脉动会引起压力损失和功率损失，且可能有噪音，经济性较差，因此采用孔板只有与共振相比较才是合理的。

4. 改变管道长度

缩短管道长度，有利于提高管道系统的刚度，提高系统的固有频率和共振的简谐阶次，从而消除共振，同时也降低了激振力。

除了减小气流脉动，从而减小管道振动以外，还可以采取以下方法。

（1）为防止管道系统发生共振，在选择管段两支座之间的距离时，应使管段的固有频率比激发主频率高30%或低30%。较有利的情况是把管段的固有频率设计成低于激发主频率。

（2）管道拐弯处是激振力作用的地方，布置管道时，应尽量不用弯头，不用急剧拐弯的管子，而采用圆弧半径较大的弯管；空气管道应尽可能平直；当管路程长时，推荐使用大直径管；管道拐弯处，应有刚性卡住或支撑。

（3）加强管路支承。安装辅助支承和吊架，改变支承弹性元件的刚性。为降低管道的振动振幅，通常在管道系统中采用减振元件，如在支承上用石棉胶板、石棉或其他材料制成的减振垫圈，以及阻止振动发展的制动器。此外还可以在管道上紧固动力消振器等。

2.6 活塞式压缩机计算示例

2.6.1 活塞式压缩机热力计算示例

一台L型空气压缩机（如图2-63所示），排气量$Q=10\text{m}^3/\text{min}$，排气压力$p_d=0.882$MPa，进气压力$p_s=0.098$MPa，进气温度$t_s=25℃$，排气经水冷却后的气体温度比$t_s$高10℃，进气相对湿度$\phi=0.8$，转速$n=480\text{r/min}$，行程$S=0.2$m。试对其进行热力计算。

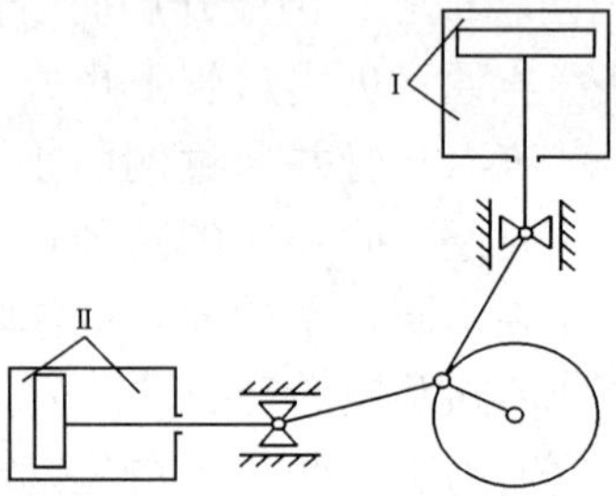

图2-63 L型空气压缩机结构示意图

（1）确定级数及压力比

总压力比 $$\varepsilon_z=\frac{p_d}{p_s}=\frac{0.882}{0.098}=9$$

由表2-5取级数$z=2$。按最省功原则，取各级压力比相等，即

$$\varepsilon_1=\varepsilon_2=\sqrt{\varepsilon_z}=\sqrt{9}=3$$

（2）计算各级名义进、排气压力

级　次	进气压力/MPa	排气压力/MPa	压力比
Ⅰ	0.098	0.294	3
Ⅱ	0.294	0.882	3

（3）计算各级容积系数

按理想气体、绝热过程考虑，对空气$k=1.4$。由式(2-15)

$$\lambda_V = 1 - \alpha(\varepsilon^{\frac{1}{m}} - 1)$$

相对余隙分别取为：$\alpha_1 = 0.09$，$\alpha_2 = 0.12$，多变膨胀指数 m 按表 2-1 取为：$m_1 = 1.2$，$m_2 = 1.25$。

级　次	α	m	ε	$\alpha(\varepsilon^{\frac{1}{m}}-1)$	$\lambda_V=1-\alpha(\varepsilon^{\frac{1}{m}}-1)$
Ⅰ	0.09	1.20	3	0.135	0.865
Ⅱ	0.12	1.25	3	0.169	0.831

（4）确定各级压力系数

压力系数取为：$\lambda_{p1}=0.97$，$\lambda_{p2}=0.99$

（5）确定各级温度系数

温度系数根据图 2-6 取为：$\lambda_{T1}=\lambda_{T2}=0.95$

（6）确定各级泄漏系数

泄漏系数取为：$\lambda_{g1}=0.96$，$\lambda_{g2}=0.96$

（7）计算各级排气系数

由式(2-15)　　$\lambda=\lambda_V\lambda_p\lambda_T\lambda_g$

级　次	λ_V	λ_p	λ_T	λ_g	$\lambda=\lambda_V\lambda_p\lambda_T\lambda_g$
Ⅰ	0.865	0.970	0.950	0.960	0.765
Ⅱ	0.831	0.980	0.950	0.965	0.747

（8）计算各级凝析系数

由式(2-26)

$$\mu_{di} = \frac{V_{si}}{V_{s1}} = \frac{p_{s1} - \phi_1 p_{t1}}{p_{si} - p_{ti}} \frac{p_{si}}{p_{s1}}$$

Ⅰ级无凝析，$\mu_{d1} = 1$。查表 2-6 得 $t_{s1} = 25℃$ 时，$p_{t1} = 0.00316\text{MPa}$；$t_{s2} = 35℃$ 时，$p_{t2}=0.00562\text{MPa}$。

级　次	p_s	ϕ	p_t	$p_{s1}-\phi_1 p_{t1}$	$p_{si}-p_{ti}$	$\frac{p_{s1}-\phi_1 p_{t1}}{p_{si}-p_{ti}}$	$\frac{p_{si}}{p_{s1}}$	μ_d
Ⅰ	0.098	0.8	0.00316	—	—	—	—	1
Ⅱ	0.294	—	0.00562	0.0955	0.288	0.331	3	0.99

（9）确定各级抽气系数

无抽气。取抽气系数 $\mu_0=1$

（10）计算各级气缸行程容积

由式(2-30)

$$V_{ti} = \frac{\mu_{di}\mu_{0i}}{\lambda_i} \frac{p_{s1}}{p_{si}} \frac{T_{si}}{T_{s1}} V_m$$

级　次	μ_{di}	μ_{0i}	λ_i	$\frac{\mu_{di}\mu_{0i}}{\lambda_i}$	p_{s1}	$\frac{p_{s1}}{p_{si}}$	T_{si}	$\frac{T_{si}}{T_{s1}}$	V_m	V_{ti}
Ⅰ	1	1	0.765	1.307	0.098	1	303	1	10	13.07
Ⅱ	0.99	1	0.747	1.326	0.294	0.333	313	1.033	10	4.57

(11) 计算缸级气缸直径

按图 2-63，Ⅰ、Ⅱ级皆为双作用缸，$i=1$。取活塞杆直径 $d=0.035\text{m}$，由式(2-33)

$$D=\sqrt{\frac{2V_{ti}}{\pi Sni}+\frac{d^2}{2}}$$

级　次	V_{ti}	S	n	$\frac{2V_{ti}}{\pi Sni}$	d	$\frac{d^2}{2}$	$D=\sqrt{\frac{2V_{ti}}{\pi Sni}+\frac{d^2}{2}}$	按表 2-7 圆整
Ⅰ	13.07	0.200	480	0.087	0.035	0.000613	0.296	0.300
Ⅱ	4.57	0.200	480	0.030	0.035	0.000613	0.176	0.180

(12) 计算各级气缸直径圆整后的行程容积

由式(2-2)

$$V_t=\frac{\pi}{4}(2D^2-d^2)Sn,\quad V_{ti}^*=\frac{\pi}{4}(2D^2-d^2)Sn$$

级　次	S	n	D	d	$2D^2-d^2$	
Ⅰ	0.200	480	0.300	0.035	0.1788	13.47
Ⅱ	0.200	480	0.180	0.035	0.0636	4.79

(13) 计算各级压力修正系数

由式(2-36)、式(2-37)

$$\beta_i=\frac{V_{t1}^*}{V_{t1}}\frac{V_{ti}}{V_{ti}^*},\quad \beta_{i+1}=\frac{V_{t1}^*}{V_{t1}}\frac{V_{t(i+1)}}{V_{t(i+1)}^*}$$

级　次	V_{ti}	V_{ti}^*	$\frac{V_{t1}^*}{V_{t1}}$	$\frac{V_{t(i+1)}}{V_{t(i+1)}^*}$	$\beta_i=\frac{V_{t1}^*}{V_{t1}}\frac{V_{ti}}{V_{ti}^*}$	$\beta_{i+1}=\frac{V_{t1}^*}{V_{t1}}\frac{V_{t(i+1)}}{V_{t(i+1)}^*}$
Ⅰ	13.07	13.47	1.031	—	1	0.984
Ⅱ	4.57	4.790	—	0.954	0.984	1

(14) 修正各级名义进、排气压力及压力比

由式(2-41)

$$p_{si}^*=\beta_i p_{si},\quad p_{di}^*=\beta_{i+1}p_{di}$$

级　次	p_{si}	p_{di}	β_i	β_{i+1}	$p_{si}^*=\beta_i p_{si}$	$p_{di}^*=\beta_{i+1}p_{di}$	$\varepsilon^*=p_{di}^*/p_{si}^*$
Ⅰ	0.098	0.294	1	0.984	0.098	0.289	2.92
Ⅱ	0.294	0.882	0.984	1	0.289	0.882	3.05

(15) 计算进、排气压力修正后的容积系数

进、排气压力修正后的容积系数

$$\lambda'_{Vi} = \lambda_{Vi}\frac{V_{ti}}{V_{ti}^*}$$

级　次	λ_{Vi}	V_{ti}	V_{ti}^*	V_{ti}/V_{ti}^*	λ'_{Vi}
Ⅰ	0.865	13.07	13.47	0.970	0.839
Ⅱ	0.831	4.57	4.790	0.954	0.793

(16) 计算各级实际进、排气压力及压力比

由式(2-42a，b)

$$p'_{si} = (1-\delta_{si})p_{si}^*,\ p'_{di} = (1+\delta_{di})p_{di}^*$$

根据各级修正后的进、排气压力，查图 2-8，取图中虚线值得各级进排气的相对压力损失如下表所示。

级　次	p_{si}^*	p_{di}^*	δ_{si}	δ_{di}	$1-\delta_{si}$	$1+\delta_{di}$	p'_{si}	p'_{di}	ε'
Ⅰ	0.098	0.289	0.045	0.08	0.955	1.08	0.0936	0.312	3.33
Ⅱ	0.289	0.882	0.035	0.06	0.965	1.06	0.279	0.935	3.35

(17) 计算各级实际排气温度

由式(2-46)

$$T_{di} = T_{si}\left(\frac{p'_{di}}{p'_{si}}\right)^{\frac{k-1}{k}}$$

级　次	T_{si}	p'_{si}	p'_{di}	ε'	k	$\frac{k-1}{k}$	$T_{di}=T_{si}\varepsilon'^{\frac{k-1}{k}}$
Ⅰ	298	0.0936	0.312	3.33	1.4	0.286	420
Ⅱ	308	0.279	0.935	3.35	1.4	0.286	435

(18) 计算各级活塞力

由式(2-39)、式(2-40)

$$F_g = 0.785D_i^2,\ F_z = 0.785(D_i^2 - d^2)$$

计算各级轴侧和盖侧活塞面积

m^2

级　次	D_i	d_i	D_i^2	d^2	$D_i^2-d^2$	F_g	F_z
Ⅰ	0.300	0.035	0.09	0.001225	0.088775	0.0707	0.0697
Ⅱ	0.180	0.035	0.0324	0.001225	0.031175	0.0254	0.0245

由式(2-43a，b)

$$P_z = \Sigma p'_{di}F_{zi} - \Sigma p'_{si}F_{gi},\ P_g = \Sigma p'_{si}F_{zi} - \Sigma p'_{di}F_{gi}$$

计算各级(列)活塞力

级次	向轴行程终了活塞力 P_z/kN						向盖行程终了活塞力 P_g/kN					
	轴侧(+)			盖侧(-)			轴侧(+)			盖侧(-)		
	p'_d	F_z	p'_dF_z	p'_s	F_g	p'_sF_g	p'_s	F_z	p'_sF_z	p'_d	F_g	p'_dF_g
Ⅰ	0.312	0.0697	21.75	0.0936	0.0707	6.62	0.0936	0.0697	6.52	0.312	0.0707	22.06
	P_{z1}=21.75-6.62=15.13						P_{g1}=6.52-22.06=-15.54					
Ⅱ	0.935	0.0245	22.91	0.279	0.0254	7.09	0.279	0.0245	6.84	0.935	0.0254	23.75
	P_{z2}=22.91-7.09=15.82						P_{g2}=6.84-23.75=-16.91					

(19) 计算轴功率，选取电机

由式(2-44)

$$N_{i-i} = 16.7p'_{si}V_{ti}\lambda_{Vi}\frac{k}{k-1}(\varepsilon'^{\frac{k-1}{k}}_i - 1)$$

计算各级指示功率

级 次	p'_{si}	V_{ti}	λ_{Vi}	k	$k/(k-1)$	ε'_i	$(k-1)/k$	$\varepsilon'^{\frac{k-1}{k}}_i-1$	N_{i-i}
Ⅰ	0.0936	13.47	0.839	1.4	3.5	3.33	0.286	0.411	25.41
Ⅱ	0.279	4.790	0.793	1.4	3.5	3.36	0.286	0.414	25.64

总指示功率：$N_i=N_{i-1}+N_{i-2}=25.41+25.64=51.05$(kW)

取机械效率 $\eta_m=0.9$，由式(2-21)得轴功率

$$N = \frac{N_i}{\eta_m} = \frac{51.05}{0.9} = 56.72(\text{kW})$$

取传动效率 $\eta_c=0.96$，得电机功率

$$N_D = \frac{N}{\eta_c} = \frac{56.72}{0.96} = 59.08(\text{kW})$$

为安全起见，取10%的储备功率

$$N'_D = 1.10 \times N_D = 1.1 \times 59.08 = 65.0(\text{kW})$$

依此选用75kW的电机。

2.6.2 活塞式压缩机动力计算示例

对热力计算示例中的3L-10/8空压机进行动力计算。

1. 由热力计算中确定的有关数据和结构参数

级次	进气温度 T/K	吸气压力(绝) p'_s/MPa	排气压力(绝) p'_d/MPa	气缸直径 D/m	相对余隙容积 α	指示功率 N_i/kW
Ⅰ	298	0.0936	0.312	0.30	0.09	25.41
Ⅱ	308	0.279	0.935	0.18	0.12	25.64

其他参数：

活塞杆直径 $d_1=d_2=0.035$m

活塞行程 $S=0.2$m

曲柄半径 $r=0.1$m

连杆长度　　$L=0.4\text{m}(\lambda=r/L=0.1/0.4=0.25)$

主轴转速　　$n=480\text{r/min}$ $(\omega=\pi n/30=50.24/\text{s})$

机械效率　　$\eta_m=0.9$

轴功率　　$N=56.72\text{kW}$

往复运动部件质量　Ⅰ级 39kg，Ⅱ级 28kg

2. 动力计算步骤

按图 2-64 和图 2-65 所示流程图(图中符号说明见附录)编程在计算机上计算得：各列往复惯性力、往复摩擦力、气体力、综合活塞力和切向力其结果见表 2-9 和表 2-10。根据表 2-9 和表 2-10 数据绘制的综合活塞力图和切向力图见图 2-66 和图 2-67。其中往复惯性力按下式计算：

$$I=m_p r\omega^2(\cos\alpha+\lambda\cos2\alpha)$$

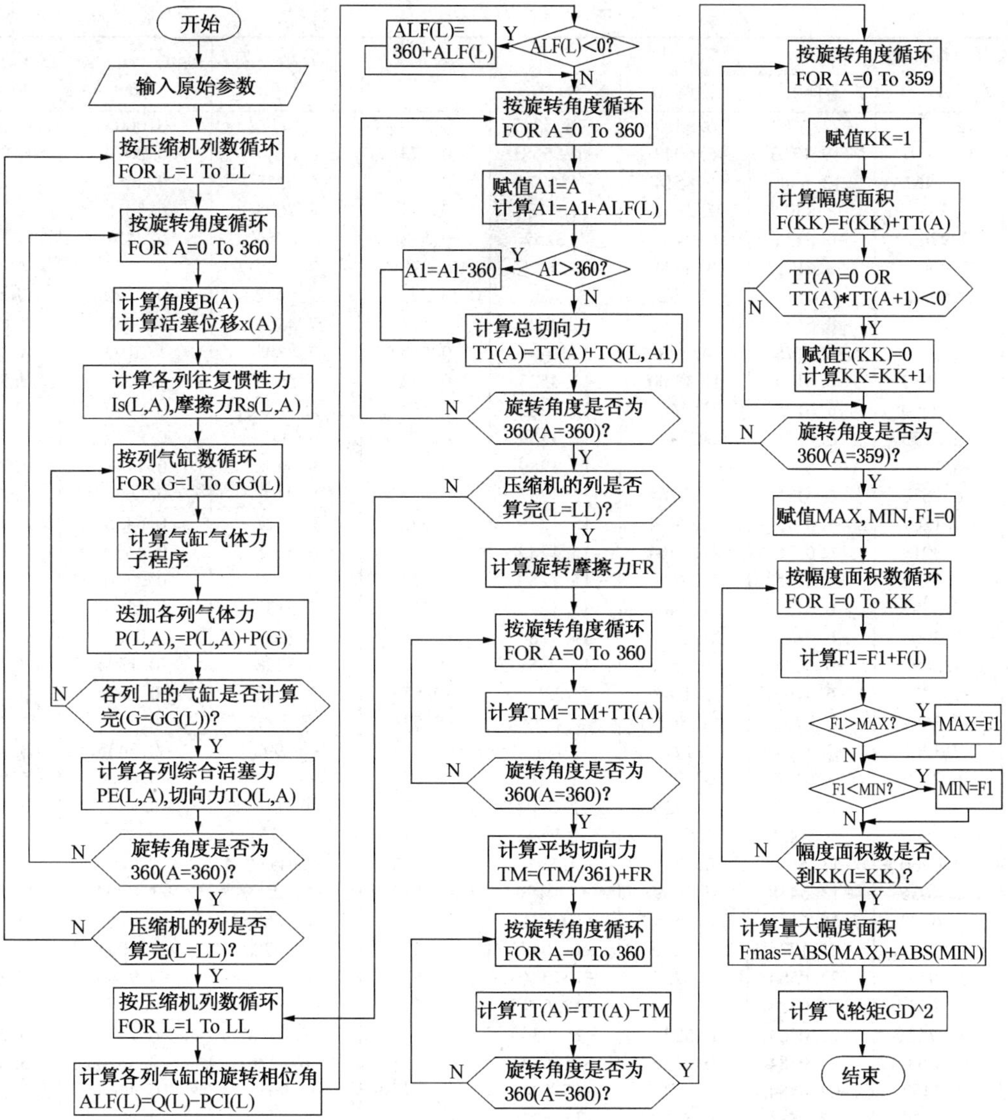

图 2-64　主程序流程图

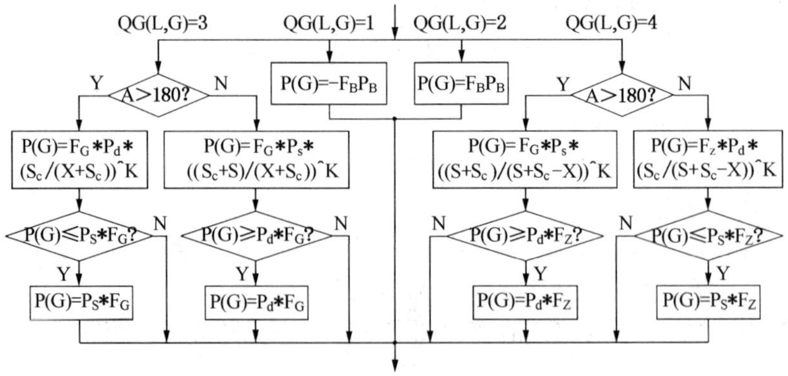

图 2-65　计算气缸气体力子程序流程图

表 2-9　I 列切向力　　kN

α°	往复惯性力	气体力			往复摩擦力	综合活塞力	$\frac{\sin(\alpha+\beta)}{\cos\beta}$⑦	切向力
	①	盖侧②	轴侧③	Σ②+③,④	⑤	①+④+⑤,⑥		⑥×⑦
0	12.3173	-22.0584	6.5239	-15.5345	0.000	-3.2172	0.0000	0.0000
10	12.0190	-19.1723	6.6042	-12.5681	0.573	0.0244	0.2079	0.0053
20	11.1467	-13.5489	6.8514	-6.6974	0.573	5.0228	0.4064	2.1229
30	9.7654	-8.8592	7.2856	-1.5736	0.573	8.7653	0.5870	5.339
40	7.9762	-6.6175	7.9432	1.3257	0.573	9.8754	0.7421	7.5795
50	5.9061	-6.6175	8.8824	2.2649	0.573	8.7445	0.8657	7.7954
60	3.6952	-6.6175	10.1920	3.5745	0.573	7.8432	0.9540	7.662
70	1.4831	-6.6175	12.0063	5.3888	0.573	7.4454	1.0051	7.6118
80	-0.6038	-6.6175	14.5286	7.9110	0.573	7.8807	1.0197	8.1086
90	-2.4635	-6.6175	18.0700	11.4525	0.573	9.5625	1.0000	9.5625
100	-4.0260	-6.6175	21.7464	15.1289	0.573	11.6764	0.9499	10.9839
110	-5.2573	-6.6175	21.7464	15.1289	0.573	10.4451	0.8742	8.9517
120	-6.1586	-6.6175	21.7464	15.1289	0.573	9.5438	0.7781	7.2069
130	-6.7617	-6.6175	21.7464	15.1289	0.573	8.9407	0.6664	5.7276
140	-7.1207	-6.6175	21.7464	15.1289	0.573	8.5817	0.5435	4.4459
150	-7.3019	-6.6175	21.7464	15.1289	0.573	8.4005	0.4130	3.2837
160	-7.3724	-6.6175	21.7464	15.1289	0.573	8.3300	0.2776	2.1772
170	-7.3892	-6.6175	21.7464	15.1289	0.573	8.3132	0.1394	1.0878
180	-7.3904	-6.6175	21.7464	15.1289	0.000	7.7385	0.0000	0.0000
190	-7.3892	-6.6664	19.9518	13.2855	-0.573	5.3228	-0.1394	-0.6965
200	-7.3724	-6.8166	15.8466	9.0301	-0.573	1.0842	-0.2776	-0.2834
210	-7.3019	-7.0796	11.5644	4.4849	-0.573	-3.3905	-0.4130	1.3253
220	-7.1207	-7.4764	8.1776	0.7012	-0.573	-6.993	-0.5435	3.6228
230	-6.7617	-8.0407	6.5239	-1.5168	-0.573	-8.852	-0.6664	5.6708
240	-6.1586	-8.8247	6.5239	-2.3008	-0.573	-9.0329	-0.7781	6.8211
250	-5.2573	-9.9082	6.5239	-3.3843	-0.573	-9.2151	-0.8742	7.8976
260	-4.0260	-11.4155	6.5239	-4.8916	-0.573	-9.4911	-0.9499	8.9282
270	-2.4635	-13.5438	6.5239	-7.0199	-0.573	-10.0569	-1.0000	10.0568
280	-0.6038	-16.6152	6.5239	-10.0913	-0.573	-11.2686	-1.0197	11.5944
290	1.4831	-21.1724	6.5239	-14.6485	-0.573	-13.7389	-1.0051	14.046
300	3.6952	-22.0584	6.5239	-15.5345	-0.573	-12.4128	-0.9540	12.1262
310	5.9061	-22.0584	6.5239	-15.5345	-0.573	-10.2019	-0.8657	9.0946
320	7.9762	-22.0584	6.5239	-15.5345	-0.573	-8.1318	-0.7421	6.2412
330	9.7654	-22.0584	6.5239	-15.5345	-0.573	-6.3426	-0.5870	3.8633
340	11.1467	-22.0584	6.5239	-15.5345	-0.573	-4.9613	-0.4064	2.0970
350	12.0190	-22.0584	6.5239	-15.5345	-0.573	-4.0890	-0.2079	0.8850
360	12.3173	-22.0584	6.5239	-15.5345	0.000	-3.2172	0.0000	0.0000

表 2-10　Ⅱ列切向力　kN

α°	往复惯性力 ①	气体力			往复摩擦力 ⑤	综合活塞力 ①+④+⑤，⑥	$\frac{\sin(\alpha+\beta)}{\cos\beta}$ ⑦	切向力 ⑥×⑦
		盖侧②	轴侧③	Σ②+③，④				
0	8. 8432	−23. 7490	6. 8355	−16. 9135	0. 0000	−8. 0703	0. 0000	0. 0000
10	8. 6290	−21. 3505	6. 9173	−14. 4331	0. 5787	−5. 2254	0. 2079	−1. 1310
20	8. 0027	−16. 2327	7. 1691	−9. 0636	0. 5787	−0. 4822	0. 4064	−0. 2038
30	7. 0110	−11. 4020	7. 6102	−3. 7919	0. 5787	3. 7978	0. 5870	2. 3133
40	5. 7265	−7. 9183	8. 2757	0. 3574	0. 5787	6. 6626	0. 7421	5. 1136
50	4. 2403	−7. 0866	9. 2212	2. 1346	0. 5787	6. 9536	0. 8657	6. 1989
60	2. 6529	−7. 0866	10. 5303	3. 4437	0. 5787	6. 6753	0. 9540	6. 5211
70	1. 0648	−7. 0866	12. 3266	5. 2400	0. 5787	6. 8835	1. 0051	7. 0373
80	−0. 4335	−7. 0866	14. 7926	7. 7060	0. 5787	7. 8512	1. 0197	8. 0783
90	−1. 7686	−7. 0866	18. 1984	11. 1118	0. 5787	9. 9219	1. 0000	9. 9219
100	−2. 8905	−7. 0866	22. 9075	15. 8209	0. 5787	13. 5091	0. 9499	12. 708
110	−3. 7745	−7. 0866	22. 9075	15. 8209	0. 5787	12. 6251	0. 8742	10. 820
120	−4. 4216	−7. 0866	22. 9075	15. 8209	0. 5787	11. 978	0. 7781	9. 0451
130	−4. 8545	−7. 0866	22. 9075	15. 8209	0. 5787	11. 5451	0. 6664	7. 3960
140	−5. 1123	−7. 0866	22. 9075	15. 8209	0. 5787	11. 2873	0. 5435	5. 8476
150	−5. 2424	−7. 0866	22. 9075	15. 8209	0. 5787	11. 1572	0. 4130	4. 3612
160	−5. 2930	−7. 0866	22. 9075	15. 8209	0. 5787	11. 1066	0. 2776	2. 9030
170	−5. 3051	−7. 0866	22. 9075	15. 8209	0. 5787	11. 0945	0. 1394	1. 4518
180	−5. 3059	−7. 0866	22. 9075	15. 8209	0. 0000	10. 515	0. 0000	0. 0000
190	−5. 3051	−7. 1375	21. 4640	14. 3265	−0. 5787	8. 4427	−0. 1394	−1. 1048
200	−5. 2930	−7. 2939	17. 9510	10. 6571	−0. 5787	4. 7854	−0. 2776	−1. 2508
210	−5. 2424	−7. 5674	13. 9177	6. 3503	−0. 5787	0. 5292	−0. 4130	−0. 2069
220	−5. 1123	−7. 9791	10. 3963	2. 4172	−0. 5787	−3. 2738	−0. 5435	1. 6960
230	−4. 8545	−8. 5627	7. 6943	−0. 8684	−0. 5787	−6. 3016	−0. 6664	4. 0370
240	−4. 4216	−9. 3699	6. 8355	−2. 5344	−0. 5787	−7. 5347	−0. 7781	5. 6898
250	−3. 7745	−10. 4790	6. 8355	−3. 6435	−0. 5787	−7. 9967	−0. 8742	6. 8534
260	−2. 8905	−12. 0097	6. 8355	−5. 1742	−0. 5787	−8. 6434	−0. 9499	8. 1307
270	−1. 7686	−14. 1482	6. 8355	−7. 3127	−0. 5787	−9. 66	−1. 0000	9. 6600
280	−0. 4335	−17. 1904	6. 8355	−10. 3549	−0. 5787	−11. 3671	−1. 0197	11. 6958
290	1. 0648	−21. 6163	6. 8355	−14. 7808	−0. 5787	−14. 2947	−1. 0051	14. 6142
300	2. 6529	−23. 7490	6. 8355	−16. 9135	−0. 5787	−14. 8393	−0. 9540	14. 4966
310	4. 2403	−23. 7490	6. 8355	−16. 9135	−0. 5787	−13. 2519	−0. 8657	11. 8136
320	5. 7265	−23. 7490	6. 8355	−16. 9135	−0. 5787	−11. 7657	−0. 7421	9. 0303
330	7. 0110	−23. 7490	6. 8355	−16. 9135	−0. 5787	−10. 4812	−0. 5870	6. 3842
340	8. 0027	−23. 7490	6. 8355	−16. 9135	−0. 5787	−9. 4895	−0. 4064	4. 0108
350	8. 6290	−23. 7490	6. 8355	−16. 9135	−0. 5787	−8. 8632	−0. 2079	1. 9184
360	8. 8432	−23. 7490	6. 8355	−16. 9135	0. 0000	−8. 0703	0. 0000	0. 0000

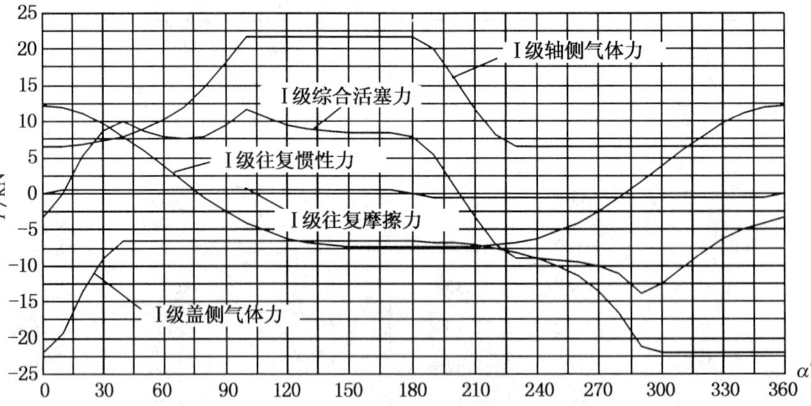

(a)

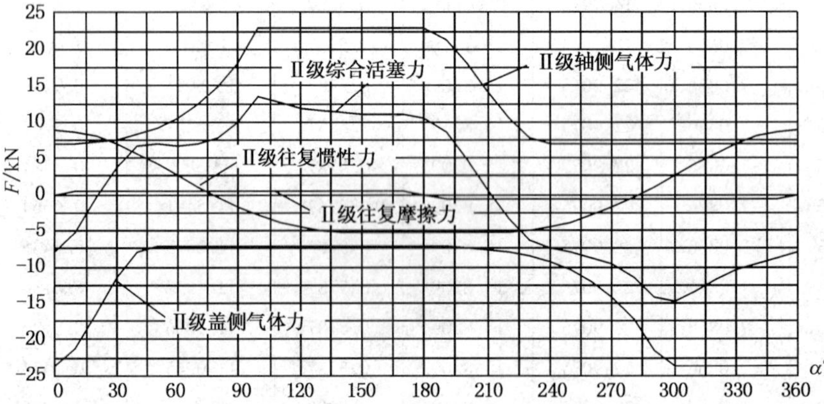

(b)

图 2-66 各列综合活塞力图

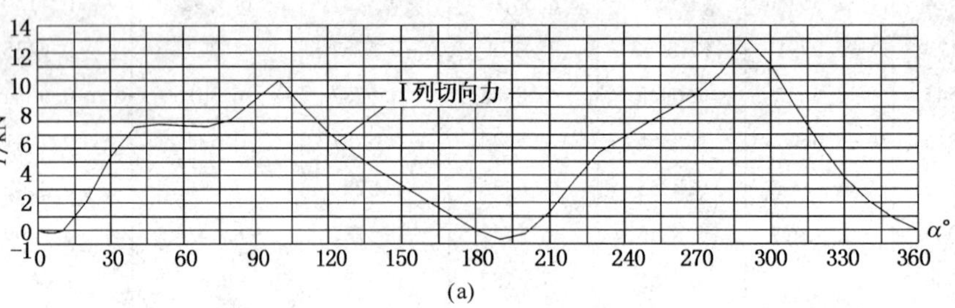

(a)

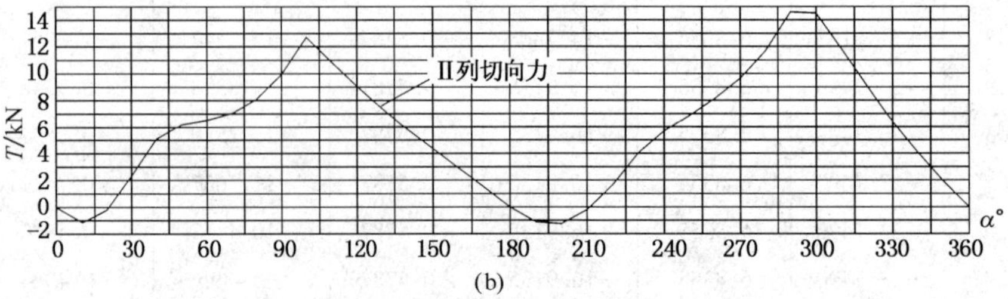

(b)

图 2-67 各列切向力图

气体力按图 2-64 所示气体力程序流程图进行计算。往复摩擦力按下式计算：

$$f=\frac{60\times 0.65(1/\eta_m-1)N_{i-i}}{2\pi Sn}$$

综合活塞力按下式计算：

$$P_t=P+I+f$$

切向力按按下式计算：

$$T=P_t\frac{\sin(\alpha+\beta)}{\cos\beta}$$

根据各列切向力，进行总切向力迭加。以第Ⅰ列为基准，Ⅱ列前置 90°(方案 a)和 270°(方案 b)进行总切向力迭加。所谓Ⅱ列前置 90°(和 270°)，就是按曲柄旋转方向，从基准列(Ⅰ列)中心线到Ⅱ列中心线的角度。在进行总切向力迭加时，应计入旋转摩擦力产生的切向力，其值按下式计算：

$$f_r=\frac{60\times 0.35(1/\eta_m-1)N_i}{\pi Sn}$$

将有关参数代入上式，算得 f_r=0. 4kN。

按上述步骤进行总切向力迭加结果见表 2-11。根据表 2-11 数据绘制的总切向力图见图 2-68。

表 2-11　总切向力　　kN

Ⅰ列(级)为基准，Ⅱ列(级)前置 90°						Ⅰ列(级)为基准，Ⅱ列(级)前置 270°					
α°	Ⅰ切向力 ①	α°	Ⅱ切向力 ②	α°	总切向力 ①+②	α°	Ⅰ切向力 ③	α°	Ⅱ切向力 ④	α°	总切向力 ③+④
0	0. 0000	270	9. 6600	0	9. 6600	0	0. 0000	90	9. 9219	0	9. 9219
10	0. 0053	280	11. 6958	10	11. 7011	10	0. 0053	100	12. 708	10	12. 7133
20	2. 1229	290	14614. 2	20	16. 7372	20	2. 1229	110	10. 820	20	12. 9430
30	5. 3390	300	14496. 6	30	19. 8356	30	5. 3390	120	9. 0451	30	14. 3841
40	7. 5795	310	11813. 6	40	19. 3931	40	7. 5795	130	7. 3960	40	14. 9755
50	7. 7954	320	9030. 3	50	16. 8257	50	7. 7954	140	5. 8476	50	13. 6430
60	7. 6620	330	6384. 2	60	14. 0462	60	7. 6620	150	4. 3612	60	12. 0233
70	7. 6118	340	4010. 8	70	11. 6226	70	7. 6118	160	2. 9030	70	10. 5148
80	8. 1086	350	1918. 4	80	10. 0270	80	8. 1086	170	1. 4518	80	9. 5604
90	9. 5625	360	0. 0000	90	9. 5625	90	9. 5625	180	0. 0000	90	9. 5625
100	10. 9839	10	−1. 1310	100	9. 8530	100	10. 9839	190	−1. 1048	100	9. 8792
110	8. 9517	20	−0. 2038	110	8. 7479	110	8. 9517	200	−1. 2508	110	7. 7010
120	7. 2069	30	2. 3133	120	9. 5202	120	7. 2069	210	−0. 2069	120	7. 0000
130	5. 7276	40	5. 1136	130	10. 8412	130	5. 7276	220	1. 6960	130	7. 4236
140	4. 4459	50	6. 1989	140	10. 6448	140	4. 4459	230	4. 0370	140	8. 4829

续表

Ⅰ列(级)为基准，Ⅱ列(级)前置90°						Ⅰ列(级)为基准，Ⅱ列(级)前置270°					
α°	Ⅰ切向力 ①	α°	Ⅱ切向力 ②	α°	总切向力 ①+②	α°	Ⅰ切向力 ③	α°	Ⅱ切向力 ④	α°	总切向力 ③+④
150	3. 2837	60	6. 5211	150	9. 8048	150	3. 2837	240	5. 6898	150	8. 9734
160	2. 1772	70	7. 0373	160	9. 2145	160	2. 1772	250	6. 8534	160	9. 0306
170	1. 0878	80	8. 0783	170	9. 1661	170	1. 0878	260	8. 1307	170	9. 2186
180	0. 0000	90	9. 9219	180	9. 9219	180	0. 0000	270	9. 6600	180	9. 6600
190	−0. 6965	100	12. 708	190	12. 0115	190	−0. 6965	280	11. 6958	190	10. 9993
200	−0. 2834	110	10. 820	200	10. 5367	200	−0. 2834	290	14614. 2	200	14. 3309
210	1. 3253	120	9. 0451	210	10. 3704	210	1. 3253	300	14496. 6	210	15. 8219
220	3. 6228	130	7. 3960	220	11. 0188	220	3. 6228	310	11813. 6	220	15. 4364
230	5. 6708	140	5. 8476	230	11. 5183	230	5. 6708	320	9030. 3	230	14. 7010
240	6. 8211	150	4. 3612	240	11. 1824	240	6. 8211	330	6384. 2	240	13. 2053
250	7. 8976	160	2. 9030	250	10. 8006	250	7. 8976	340	4010. 8	250	11. 9085
260	8. 9282	170	1. 4518	260	10. 3800	260	8. 9282	350	1918. 4	260	10. 8466
270	10. 0568	180	0. 0000	270	10. 0568	270	10. 0568	360	0. 0000	270	10. 0568
280	11. 5944	190	−1. 1048	280	10. 4897	280	11. 5944	10	−1. 1310	280	10. 4634
290	14. 0460	200	−1. 2508	290	12. 7952	290	14. 0460	20	−0. 2038	290	13. 8422
300	12. 1262	210	−0. 2069	300	11. 9193	300	12. 1262	30	2. 3133	300	14. 4395
310	9. 0946	220	1. 6960	310	10. 7906	310	9. 0946	40	5. 1136	310	14. 2082
320	6. 2412	230	4. 0370	320	10. 2782	320	6. 2412	50	6. 1989	320	12. 4401
330	3. 8633	240	5. 6898	330	9. 5531	330	3. 8633	60	6. 5211	330	10. 3845
340	2. 0970	250	6. 8534	340	8. 9503	340	2. 0970	70	7. 0373	340	9. 1343
350	0. 8850	260	8. 1307	350	9. 0158	350	0. 8850	80	8. 0783	350	8. 9633
360	0. 0000	270	9. 6600	360	9. 6600	360	0. 0000	90	9. 9219	360	9. 9219

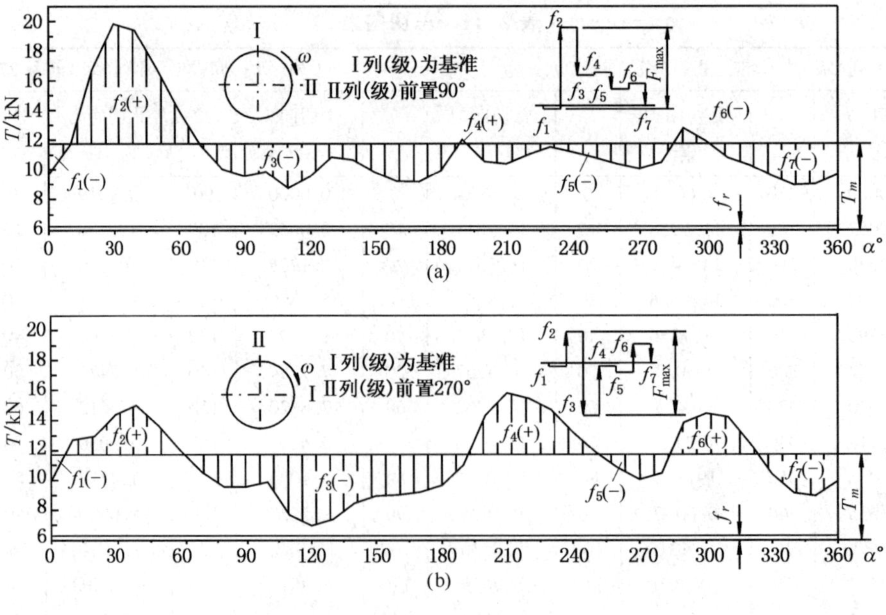

图 2-68 总切向力图

根据总切向力计算结果按图 2-63 所示流程计算平均切向力、幅度面积和最大幅度面积。计算中取力比例尺 $m_p = 1\text{N/m}$，长度比例尺 $m_s = \pi S/360 = 0.00174\text{m/m}$，计算结果见表 2-12。

表 2-12　飞轮矩计算结果

总切向力迭加方案		Ⅰ列(级)为基准 Ⅱ列(级)前置 90°	Ⅰ列(级)为基准 Ⅱ列(级)前置 270°
平均切向力 T_m/N		117500	117500
幅度面积/m^2	f_1	-8665	-4613
	f_2	311175	120151
	f_3	-175475	-294755
	f_4	1809	175254
	f_5	-58009	-25155
	f_6	19201	92476
	f_7	-90127	-63358
最大幅度面积 F_{max}/m^2		311175	294755
最大动能变化值 ΔL_{max}/N · m		541.445	512.874
飞轮矩 GD^2/N · m^2		339.4	321.5

由最大幅度面积按下式计算压缩机动能变化的最大幅度值：

$$\Delta L_{max} = m_p m_s F_{max}$$

最后根据式

$$GD^2 = \frac{3600\Delta L_{max}}{n^2\delta}$$

计算压缩机的飞轮矩(计算结果见表 2-12)。

从所求得的飞轮矩 GD^2 值来看，方案 b 较好，因所需的 GD^2 较小，但Ⅰ级活塞较重，考虑到与气缸壁的磨损等情况，还是建议采用方案 a，即Ⅰ级缸放置在垂直位置。另外，方案 b 相当于方案 a 的反转，因此，在进行活塞式压缩机安装调试时一定要注意机器的旋转方向，因为压缩机的旋转方向通常是按 GD^2 较小条件确定的，如果装反，将会对压缩机的运行带来不利的影响。

附录　图 2-64、图 2-65 中符号说明

L——循环变量，表示压缩机的列。

LL——压缩机的列数。

A——循环变量，表示压缩机曲柄转角 α。

B——角度，$B = \mathrm{arctg}\left(\frac{\lambda\sin\alpha}{\sqrt{1-\lambda^2\sin^2\alpha}}\right)$。

x——活塞位移，m。$x=r\left[(1-\cos\alpha)+\frac{\lambda}{4}(1+\cos2\alpha)\right]$

G——循环变量，表示压缩机各列上的气缸。

GG——压缩机各列上的气缸数目。

Is——各列往复惯性力，N。

Rs——各列往复摩擦力，N。

P——气缸的气体力，N。

PE——综合活塞力 P_Σ，N。$P_\Sigma=P+Is+Rs$

TQ——各列切向力 T，N。$T=P_\Sigma\frac{\sin(\alpha+\beta)}{\cos\beta}$

ALF——各列气缸的相位角，α。

Q——各列曲柄错角 θ。

PCI——各列气缸中心线夹角 ψ。

A1——中间变量。

TT——总切向力，N。

TM——平均切向力 T_m，N。

FR——旋转摩擦力 f_r，N。

KK——幅度面积数。

F——幅度面积，m^2。

MAX——最大幅度面积差，m^2。

MIN——最小幅度面积差，m^2。

F_{max}——最大幅度面积，m^2。

GD^2——飞轮矩，$N\cdot m^2$。$GD^2=3600\frac{\Delta L_{max}}{n^2\delta}$

QG——各列上各种气缸的类型代号。

QG(L，G)= 1 表示气缸为盖侧平衡室

QG(L，G)= 2 表示气缸为轴侧平衡室

QG(L，G)= 3 表示气缸为盖侧气缸

QG(L，G)= 4 表示气缸为轴侧气缸

F_G、F_Z——盖、轴侧活塞面积，m^2。

P_d、P_s——各级气缸实际吸、排气压力 p'_d，p'_s，MPa。

P_B——平衡室压力，MPa。

F_B——平衡室轴向投影面积，m^2。

S——活塞行程容积 s，m。

S_c——余隙容积折合长度 S_c，m。

K——各级绝热指数 k。

习　题

2-1　每小时需要将80kg的常压空气送入表压力为0.45MPa的某设备中。现有一单级单作用压缩机，气缸直径180mm，活塞行程200mm，转速240r/mim，气缸相对余隙容积0.05，实际容积效率为理论的0.90，吸气温度20℃，膨胀过程指数1.25，问该压缩机能否使用，如不适用，应采取何种措施，使之满足要求。

2-2　试核算3L-20/3.5气体压缩机的排气量，并核算电动机是否超载，该压缩机气缸直径300mm，活塞杆直径35mm，活塞行程200mm，转速480r/min，吸气压力0.098MPa，排气压力0.35MPa(表压)，气缸相对余隙容积0.05，绝热指数1.40，电机与压缩机用皮带连结，电机功率95kW。

2-3　如图题2-3所示，三级卧式压缩机，Ⅰ级吸气压力0.1MPa，Ⅲ级排气压力3.5MPa(均为绝对压力)，各级吸气压力损失4%，排气压力损失4%，压缩机排气量35m³/min，活塞行程600mm，转速150r/min，排气系数为第Ⅰ级0.85，第Ⅱ级0.88，第Ⅲ级0.90，活塞杆直径110mm，若各级吸气温度相同，求往返行程中作用于活塞上的最大气体是多少？

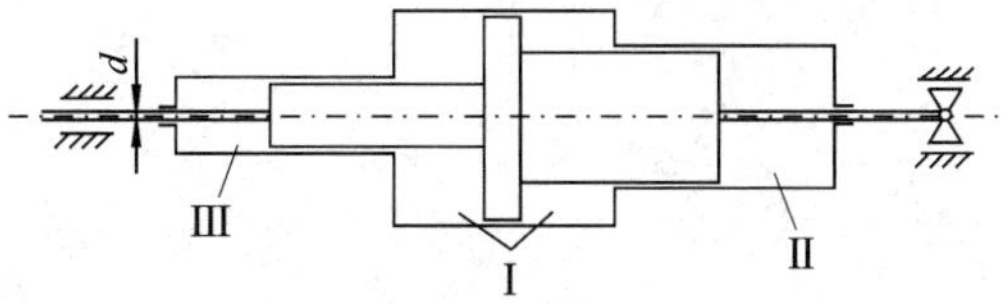

题2-3

2-4　已知某压缩机排气量31.5m³/min，Ⅰ级吸气压力0.13MPa，Ⅱ级排气压力0.75MPa(绝对)，Ⅰ级吸气温度38℃，冷却完善，Ⅱ级凝析系数0.97，无抽气要求，绝热指数1.40，Ⅱ级气缸相对余隙容积0.08，活塞行程240mm，转速500r/min，活塞杆直径60mm，求第Ⅱ级气缸直径。

2-5　某空气机将空气从0.098MPa压缩到0.7MPa(绝对)，压缩机标准条件下排气量13m³/min，压缩机轴功率68kW，机械效率0.90，求等温效率和绝热效率。

2-6　已知某压缩机的工作容积0.01m³，转速400r/min，吸气压力0.098MPa，排气压力0.3MPa(绝对)，气缸相对余隙容积7%，压缩介质的绝热指数1.40，气缸用水冷却，试估算其生产能力。若用电动机直接带动，电动机功率应为多少？

2-7　计算某压缩机的最大和最小往复惯性力，已知压缩机活塞平均速度3m/s，转速450r/min，连杆大小头中心距400mm，往复运动部件总质量38.2kg。

2-8　试确定图题2-8所示某空气压缩机总切向力图中ω_{max}和ω_{min}值所对应的曲柄转角。

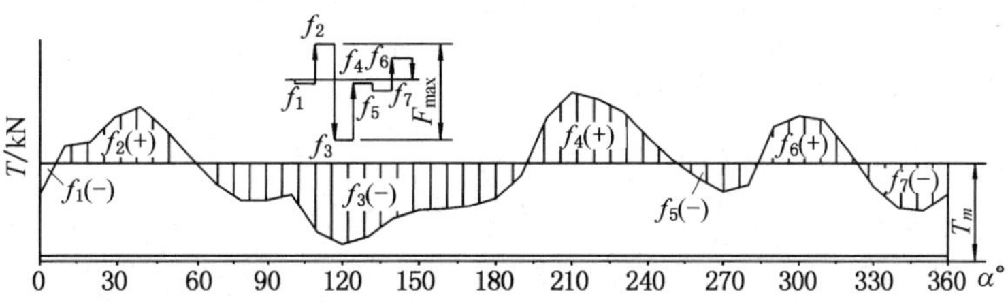

题2-8

2-9　试分析图题 2-9 所示 V 型二级压缩机一阶往复惯性力的平衡，已知Ⅰ列为Ⅰ级，Ⅱ列为Ⅱ级，各列往复运动质量相等。

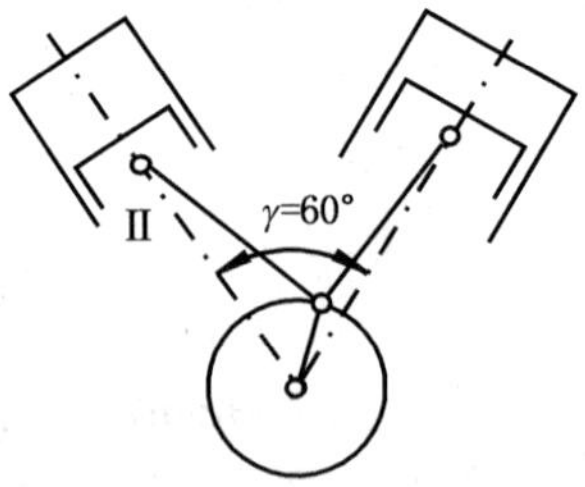

题 2-9

2-10　一台转速为 300r/min 的活塞式压缩机，曲柄转角 60°时其气体力为 15000N，往复运动件质量 350kg，曲柄半径 0.16m，连杆长径比 0.25，求此时十字头作用于滑道上侧向力的大小及方向。

第3章　离心式压缩机

离心式压缩机是属于速度式透平压缩机的一种。在早期，离心式压缩机主要用来压缩空气，并且只适用于低、中压力和气量很大的场合。后来，随着各种生产工艺过程的需求和离心式压缩机制造工艺和设计技术的提高，离心式压缩机已应用到高压领域。尤其近20年来，在离心式压缩机设计、制造方面，不断采用新技术、新结构和新工艺，如采用高压浮环密封结构和干气密封结构，较好地解决了高压下的轴端密封；采用多油楔径向轴承及可倾瓦止推轴承，减少了油膜振荡；圆筒形机壳的使用解决了高压气缸的强度和密封性；电蚀加工解决了小流量下窄流道叶轮的加工。目前世界许多厂家已能生产出排气压力达$(280\sim340)\times10^5$Pa或更高的高压离心式压缩机，同时进气流量范围为$80\sim6000m^3/min$。离心式压缩机已广泛应用在石油炼制(重整、催化裂化生产等)、化工(合成氨、尿素、乙烯、复合肥料等)、天然气(集输工程、天然气液化等)以及空气分离等各个部门。

3.1　离心式压缩机主要构件及基本原理

3.1.1　离心式压缩机主要构件

目前，在石油化工企业使用较多的离心式压缩机为沈阳鼓风机厂生产的MCL系列中低压水平剖分式多级离心压缩机和BCL系列高压筒形压缩机。MCL系列机组可用于各种中低压工业装置，如乙烯装置、空分装置、润滑油装置、炼油、化肥等化工装置及城市煤气输送等。

MCL机型的进口流量$Q=20\sim3500m^3/min$，最高出口压力为6.0MPa，工作转速$n=4000\sim18000r/min$，最大轴功率$N=20000kW$。BCL系列为中高压多级筒型压缩机组，其最高工作压力可达到70MPa。BCL系列机组特别适合于高压精练装置即石油化工装置配套。本系列适合于各种气候条件，露天场所长期运行。BCL压缩机机壳由锻造筒体加端盖构成，材料为碳钢或合金钢。隔板为锻钢或球墨铸铁制成。BCL系列压缩机分为三种即：BCL、2BCL和DBCL。BCL机型的进口流量：$Q=20\sim3000m^3/min$，最高出口压力为70.0MPa，工作转速$n=6000\sim18000r/min$，最大轴功率$N=20000kW$。

图3-1为MCL型离心式压缩机基本结构图，由图上可看出，离心式压缩机是由带叶轮的转子及与其配合的固定元件所组成，其主要构件有：

(1) 叶轮　是离心式压缩机中惟一的作功部件。它随轴高速旋转，气体在叶轮中受旋转离心力和扩压流动作用，因此气体流出叶轮时的压力和速度都得到明显提高。

(2) 扩压器　是离心式压缩机中的转能部件。气体从叶轮流出时速度很高，为此在叶轮出口后设置流通截面逐渐扩大的扩压器，以将这部分速度能有效地转变为压力能。

(3) 弯道　是设置于扩压器后的气流通道。其作用是将扩压器后的气体由离心方向改为向心方向，以便引入下一级叶轮去继续进行压缩。

(4) 回流器　其作用是为了使气流以一定方向均匀进入下一级叶轮入口。回流器中一般都装有导向叶片。

（5）吸气室　其作用是将气体从进气管（或中间冷却器出口）均匀地引入叶轮进行压缩。

（6）蜗壳　其主要作用是把从扩压器或直接从叶轮出来的气体收集起来，并引出机外。在蜗壳收集气体的过程中，由于蜗壳外径及通流截面的逐渐扩大，因此它也起着一定的降速扩压作用。

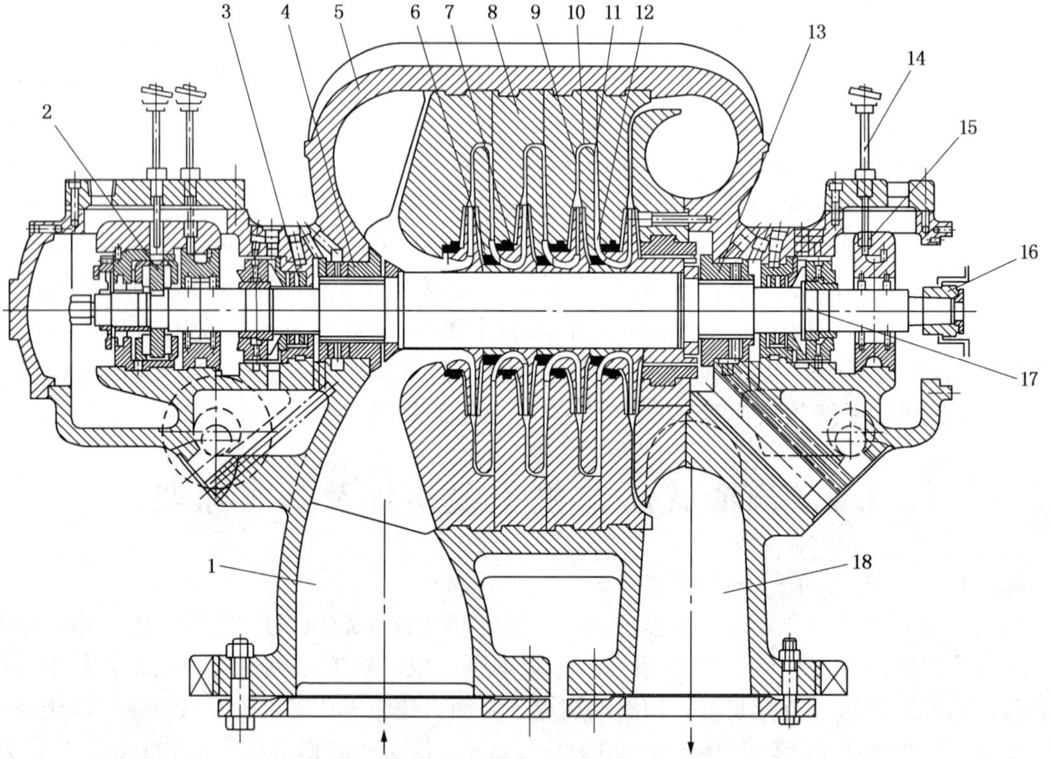

图 3-1　MCL 型离心式压缩机基本结构图

1—吸气室；2—止推轴承；3—轴端密封；4—后置密封；5—机壳；6—叶轮；7—轴盖密封；8—隔板；9—扩压器；10—弯道；11—回流器；12—级间密封；13—前置密封；14—轴承测温计；15—止推轴承；16—联轴器；17—主轴；18—排出口

在离心式压缩机中，习惯将叶轮与轴的组件统称为转子；而将扩压器、弯道、回流器、吸气室和蜗壳等称为固定元件。

除了上述构件外，为了减少气体向外泄漏，在机壳两端还装轴封；为减少内部泄漏，在隔板内孔和叶轮轮盖进口外圆面上还分别装有密封装置；为了平衡轴向力，在机器的一端装有平衡盘等。

此外，为了使压缩机持续安全、高效率地运转，还必须有一些辅助设备和系统，如油路系统、自动控制及故障诊断系统。

3.1.2　基本工作原理

离心式压缩机的基本工作原理与离心泵有许多相似处。气体由吸气室吸入，通过叶轮对气体作功后，使气体的压力、速度、温度都得到提高，然后再进入扩压器，将气体的速度能转变为压力能。当通过一级叶轮对气体作功、扩压后不能满足输送要求时，就必须把气体再引入下一级继续进行压缩。为此，在扩压器后设置了弯道、回流器，使气体由离心方向变为向心方向，均匀地进入下一级叶轮进口，至此，气体流过了一个“级”，再继续进入以后各级继续压缩，最后由排出口排出。气体在离心式压缩机中是沿着与压缩机轴线垂直的半径方向流动的。

一台离心式压缩机总是由一级或多级所组成的，所以“级”就是由一个叶轮和与之相配合的固定元件构成的基本单元。图 3-2(a)为压缩机的中间级，它是由叶轮、扩压器、弯道和回流器等几个元件组成；在压缩机的每段进口处的第一级，除了上述元件外还包括进气室，见图 3-2(b)所示；而在压缩机每段的最后一级没有弯道和回流器，代之以排气室。故在本章中将“级”作为主要研究对象。在以后级的分析和计算中，就着重分析、计算压缩机内几个关键截面上的参数。这些关键截面的位置，如图 3-2 所示。

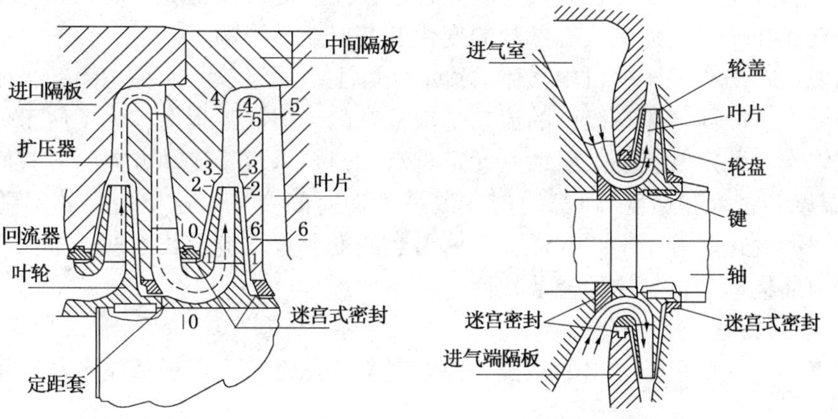

(a) 压缩机的中间级　　(b) 压缩机的首级叶轮和进气室

图 3-2　级的关键截面位置

0—叶轮进口截面；1—叶片叶道进口截面；2—叶轮出口截面；3—扩压器进口截面；4—扩压器出口截面；5—回流器进口截面；6—回流器出口截面(即级的出口截面 d)

3.1.3　离心式压缩机的主要优缺点

离心式压缩机之所以能获得越来越广泛的应用，主要是由于它具有以下优点：

(1) 单机流量大　目前合成氨装置中合成气体压缩机的排气量达 6000m^3/min 以上。在产量大于 600 吨/日的合成氨厂中主要的工艺用压缩机几乎都采用了离心式压缩机。图 3-3 表示出活塞式压缩机和离心式压缩机等的应用范围。

(2) 重量轻、体积小　无论机组占地面积还是质量都比同一气量的活塞式压缩机小得多。

(3) 运转可靠性　机组连续运转时间在一年以上，运转平稳，操作可靠，因此它的运转率高，而且易损件少，维修方便。故目前大型石油化工过程用离心式压缩机多为单机运行。

(4) 气体不与机器润滑系统的油接触　在压缩气体过程中，可以做到绝对不带油，有利于气体进行化学反应。

(5) 转速较高　适宜用工业汽轮机或燃气轮机直接驱动，可以合理而充分地利用工艺过程本身的热能，节约能源。

目前，离心式压缩机还存在一些缺点：

(1) 还不适用于气量太小及压力比过高的场合。

(2) 离心式压缩机的效率一般仍低于活塞式压缩机。

(3) 离心式压缩机的稳定工况区较窄。

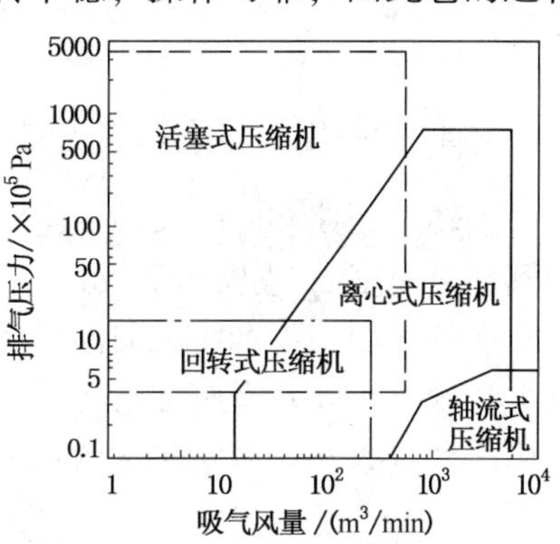

图 3-3　各类压缩机的适用范围

3.2 气体在级中的流动及基本方程

气体在压缩机叶轮中的流动与液体在泵叶轮中流动非常类似，都是沿半径方向流动的，其圆周速度为 u，相对速度为 w，绝对速度为 c。但由于气体与液体性质不同，又使其流动过程有所区别。首先，在常温和常压下，气体与液体的密度相差很大，因此当它们通过叶轮获得同样的能头时，两者的压力升 Δp 相差很大；其次，气体是可压缩的，在气体压力提高的同时，其他状态参数如比容、温度等都在变化。尤其在高速下，气体的流动更复杂。由于这些区别，不仅要用到欧拉方程和伯努利方程分析流体的流动情况，而且要运用热力学基本方程来分析气体在压缩过程中状态参数的变化及其对流动影响。

严格地说，在离心式压缩机中气体的流动实际上是属于三元非稳态流动，而且气体又有粘性和可压缩性，因此气体在级中的流动是很复杂的。但在工程上，为了便于分析研究，常假设级中气体作一元定常流动。所谓一元定常流动是指垂直于流动方向的各截面上的流动参数(压力、温度、密度和速度等)都均匀一致且不随时间变化。这里所指的不随时间变化就是参数随时间的变化率等于零。这样，气体参数的变化仅与流道长度这一坐标有关，本章就以这种简化为前提来分析气体的流动特性。

3.2.1 欧拉方程

在介绍离心泵一章里推导出的欧拉方程对离心式压缩机也同样适用。在这里，欧拉公式写成

$$H_T = u_2 c_{u2} - u_1 c_{u1} \tag{3-1}$$

$$H_T = \frac{u_2^2 - u_1^2}{2} + \frac{w_1^2 - w_2^2}{2} + \frac{c_2^2 - c_1^2}{2} \tag{3-2}$$

即叶轮对气体作功，使每千克气体所获得的能量 H_T，称为理论能头，单位 J/kg。如果知道了叶道进、出口处气流速度，就可以计算出理论能头，而且可以不管叶道内部气体流动情况如何，以及气体性质是否相同。因此，无论什么介质，只要叶轮尺寸、转子转速和流量一定，那么理论能头就确定了。

在离心式压缩机中，当设计成气体径向进入叶轮叶道时，则 $a_1 = 90°$，$c_{u1} = 0$，称为无预旋，故式(3-1)可写成

$$H_T = u_2 c_{u2} = u_2^2 \frac{c_{u2}}{u_2} = \varphi_{u2} u_2^2 \tag{3-2a}$$

式中 φ_{u2}——理论能头系数或周速系数，$\varphi_{u2} = \dfrac{c_{u2}}{u_2}$。

当转子转速和叶轮尺寸一定时，叶轮出口圆周速度 u 就确定了，因此理论能头 H_T 取决于圆周分速度 c_{u2}或周速系数 φ_{u2}。与离心泵中分析相同，当叶片有限多时，叶道中的气体由于惯性的作用，而产生轴向漩涡运动，使叶道中的气体流动更加复杂。由于目前还很难从理论上精确计算叶片有限多时叶轮出口处气流的圆周分速度 c_{u2}。因此，和离心泵一样，工程上用滑移系数 μ 来表示轴向漩涡对理论能头的影响。

$$\mu = \frac{H_T}{H_{T\infty}} = \frac{c_{u2}}{c_{u2\infty}} \tag{3-2b}$$

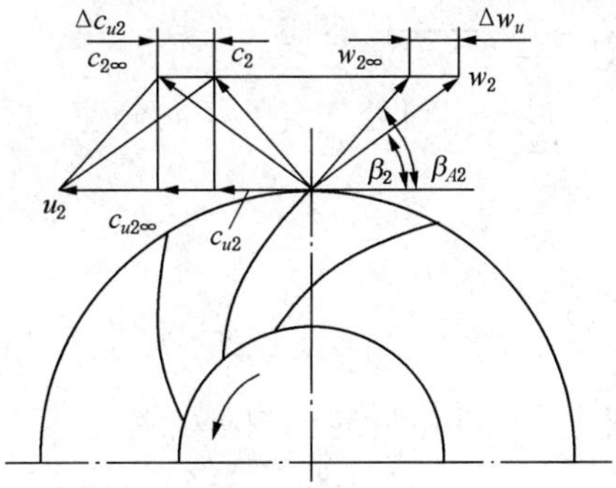

图 3-4 滑动系数分析

有关计算滑移系数 μ 的公式很多，但往往都是从某种假定出发，得出一些近似计算公式；或根据实验数据得出一些经验公式，因此都有一定的局限性。这里推荐常用于离心式压缩机的斯陀道拉(Stodola)公式，来反映轴向漩涡对圆周分速的影响。斯陀道拉公式是最早提出计算 μ 值的公式，尽管也有一些假设，但实践已证明它适用于后弯叶片型离心式压缩机叶轮的能头计算。对于 $\beta_{A2}=90°$ 的径向直叶片，此时计算的数值偏低，不宜采用。

斯陀道拉认为，轴向漩涡的转速与叶轮转速相等，但方向相反；并假设轴向漩涡的直径近似等于叶轮叶道的有效宽度。轴向漩涡导致叶轮出口处气流产生平均附加圆周分速度 Δw_{u2}，如图 3-4，其数值为

$$\Delta w_{u2} = \frac{\pi n}{60}\left(\frac{\pi D_2}{z}\sin\beta_{A2}\right) = \frac{\pi u_2}{z}\sin\beta_{A2}$$

式中 n——叶轮转速；r/min；

D_2——叶轮出口处直径；m；

z——叶轮叶片数；

β_{A2}——叶轮出口处叶片角。

由图 3-4 可以看出，$\Delta c_{u2}=\Delta w_{u2}$，$c_{u2}=c_{u2\infty}-\Delta c_{u2}$，所以

$$c_{u2} = c_{u2\infty} - \Delta w_{u2} = u_2 - c_{r2}\text{ctg}\beta_{A2} - \frac{\pi u_2}{z}\sin\beta_{A2} \tag{3-3}$$

$$\varphi_{u2} = \frac{c_{u2}}{u_2} = 1 - \frac{c_{r2}}{u_2}\text{ctg}\beta_{A2} - \frac{\pi}{z}\sin\beta_{A2} \tag{3-3a}$$

$$\mu = \frac{c_{u2}}{c_{u2\infty}} = 1 - \frac{\frac{\pi}{z}\sin\beta_{A2}}{1 - \frac{c_{r2}}{u_2}\text{ctg}\beta_{A2}} \tag{3-3b}$$

将式(3-3)代入式(3-2a)，得出无预旋时的理论能头为

$$H_T = u_2 c_{u2} = u_2^2\left(1 - \varphi_{r2}\text{ctg}\beta_{A2} - \frac{\pi}{z}\sin\beta_{A2}\right) \tag{3-4}$$

式中 φ_{r2}——流量系数，$\varphi_{r2}=\dfrac{c_{r2}}{u_2}$。

根据连续性方程式，在定常流动时，通过任意截面的气体质量流量是一定的，即 $G=G_i$。因此各截面体积流量间的关系为

$$Q_i = \frac{Q_s}{\nu_s}v_i = \frac{Q_s}{\frac{\nu_s}{\nu_i}} = \frac{Q_s}{k_{\nu i}} \tag{3-5}$$

式中 Q_s——压缩机进口处的气体流量，也就是进口状态下的体积流量，m^3/s；

ν_s、ν_i——分别为进口截面 s 与任意截面 i 的气体比容，$\nu=\dfrac{1}{\rho}$，m^3/kg；

k_{vi}——比容比，$k_{vi}=\dfrac{v_s}{v_i}$。

叶轮出口处气流的径向分速 c_{r2} 及流量系数 φ_{r2} 可写为

$$c_{r2}=\frac{Q_2}{F_2}=\frac{Q_s}{\pi D_2 b_2 \tau_2 k_{v2}}$$

$$\varphi_{r2}=\frac{Q_s}{\pi D_2 b_2 \tau_2 k_{v2} u_2} \tag{3-6}$$

式中 τ_2——叶轮出口处叶片阻塞系数。对叶片数为 z、叶片厚度为 δ 和摺边宽度为 Δ 的叶轮(见图 3-5)，阻塞系数 τ 可用下式计算

$$\tau=\frac{\pi Db-\dfrac{z\delta b}{\sin\beta_A}-\dfrac{2z\delta\Delta}{\sin\beta_A}}{\pi Db}=1-\frac{z\delta\left(1+\dfrac{2\Delta}{b}\right)}{\pi D\sin\beta_A} \tag{3-7}$$

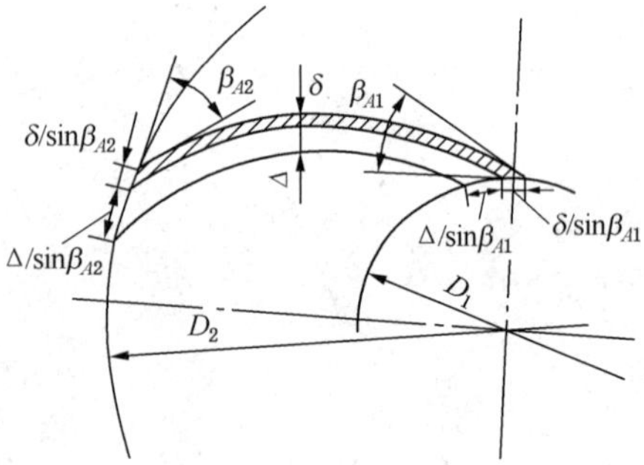

图 3-5 叶片厚度与折边

当将叶道进口 1 或叶轮出口 2 截面的几何参数代入式(3-7)，便可得叶道进口叶片阻塞系数 τ_1 和叶轮出口处叶片阻塞系数 τ_2。对叶片无摺边的阻塞系数，其计算式与离心泵一章里的计算公式相同。

【例题 3-1】 离心式压缩机 DA350-61 第一级叶轮的外径 $D_2=600$mm，叶片出口角 $\beta_{A2}=45°$，叶片数 $z=18$，流量系数 $\varphi_{r2}=0.248$，转速 $n=8600$r/min。求叶轮使每千克气体所获得的理论能头。

解 根据式(3-4)可直接计算

$$H_T=u_2c_{u2}=u_2^2\left(1-\varphi_{r2}\operatorname{ctg}\beta_{A2}-\frac{\pi}{2}\sin\beta_{A2}\right)$$

$$u_2=\frac{\pi D_2 n}{60}=\frac{\pi\times0.6\times8600}{60}=270.2(\text{m/s})$$

$$H_T=270.2^2\left(1-0.248\operatorname{ctg}45°-\frac{\pi}{18}\sin45°\right)$$

$$=73008.04\times0.6286=45892.85(\text{J/kg})$$

3.2.2 总耗功和功率

叶轮工作时所消耗的功用于两个方面，一方面是叶轮通过叶片对叶道内的气体作功，称为叶片功 W_T，它就是气体获得的理论能头 H_T；另一方面是叶轮本身在旋转时存在两种损失所消耗的功(见图 3-6)：①叶轮的轮盘和轮盖的外表面及轮缘等与周围气体有相对运动，产生摩擦而消耗功，称为轮阻损失功 W_{df}。根据能量守恒及转换定律，轮阻损失功转变成热量而被气体吸收，从而转化为气体的能头 $H_{df}(W_{df}=H_{df})$。②由于叶轮轮盖处存在泄漏，有流量为 G_l(kg/s)的气体从叶轮出口返回到叶轮入口，并且反复循环，把能量消耗在轮盖密封处，这项消耗功称为内漏气损失功 W_l，它也转变成热量而被气体吸收，进而转化为气体的能量头 $H_l(W_l=H_l)$。这样，叶轮对每千克有效气体作的总功为

$$W_{tot}=W_T+W_{df}+W_l$$

同样，每千克有效气体从叶轮中得到相应的总能头 H_{tot} 为：

$$H_{tot}=H_T+H_{df}+H_l \tag{3-8}$$

在离心式压缩机中，叶轮是惟一的作功元件，因此气体从叶轮中获得的能头也就是气体由级中获得的能头。从上面分析可以看出，气体在级中获得的总能头 H_{tot}是以两种方式得到的，一种是叶片直接对气体作功，以机械能形式传给气体的理论能头 H_T，另一种是由于轮阻及内漏气损失消耗的功，以热能形式传给气体，使气体获得能头 $H_{df}+H_l$，它不包括在理论能头 H_T 中。在不考虑气体对外传热的条件下，根据能量平衡，则 $W=H$，故以后均以符号 H 来表示功或能头。

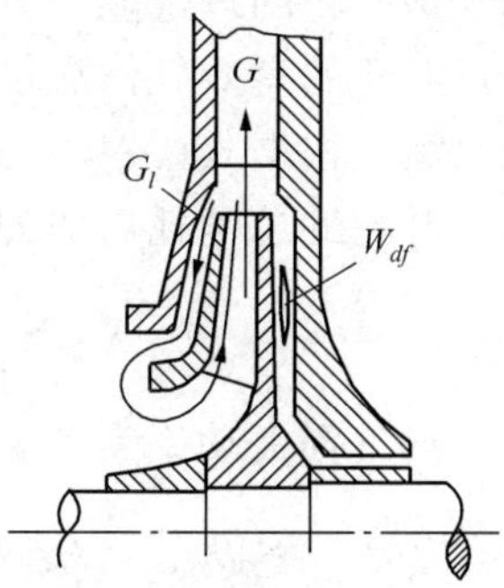

图 3-6 叶轮内漏气损失及轮阻损失分析

通过叶轮的有效气体流量为 G(kg/s)，叶片对它作功消耗的理论功率 N_T(kW)为

$$N_T = \frac{GH_T}{1000}$$

轮阻损失消耗的功率为 N_{df}(kW)，内漏气损失消耗的功率为 N_l(kW)。由于轮盖处的内漏气，故经过叶道的实际流量为 G_{tot}，等于有效流量 G 和内漏气流量 G_l 之和，即

$$G_{tot} = G + G_l$$

因此，在考虑了轮阻损失及内漏气损失之后，叶轮消耗的总功率 N_{tot} 为

$$N_{tot} = N_T + N_l + N_{df} = \frac{G_{tot}H_T}{1000} + N_{df} = \frac{GH_T}{1000}\left(1 + \frac{G_l}{G} + \frac{1000}{GH_T}N_{df}\right)$$

令 $\beta_l = \dfrac{G_l}{G}$为内漏气损失系数；$\beta_{df} = \dfrac{1000N_{df}}{GH_T}$为轮阻损失系数，其中 N_{df}的计算公式与离心泵部分相同。

则
$$N_{tot} = \frac{GH_T}{1000}(1 + \beta_l + \beta_{df}) \tag{3-9}$$

β_l 与 β_{df}两个系数需要计算得到。但在压缩机结构设计之前可根据实际经验先假设某一值，待结构设计后再进行验算。对于压缩机型叶片叶轮级，一般情况下，取 $\beta_l+\beta_{df}=0.02\sim0.03$，对高压比小流量的级取较大值，对较大流量的级取较小值。对于水泵型叶片叶轮级，约取 $\beta_l+\beta_{df}=0.045$。

叶轮对每千克有效气体的总耗功 H_{tot}、轮阻损失耗功 H_{df}及内漏气损失耗功 H_l 以及相应的功率 N_{df}、N_l 可分别表示为

$$H_{tot} = (1 + \beta_l + \beta_{df})H_T \tag{3-10}$$

$$H_{df} = \beta_{df}H_T; \qquad N_{df} = \frac{\beta_{df}GH_T}{1000} \tag{3-11}$$

$$H_l = \beta_l H_T; \qquad N_l = \frac{\beta_l GH_T}{1000} \tag{3-12}$$

以上分析说明，每千克有效气体经过叶轮后，获得了总能头 H_{tot}，这将使气体的状态参数发生变化，且这些变化都应遵循能量守恒定律。下面将分析以热量形式和机械能形式表示的能量方程式，即能量方程和伯努利方程，从而进一步了解级中能量的分配及状态参数的变化规律。

【例 3-2】 计算 DA350-61 离心式压缩机第一级叶轮的总功率消耗 N_{tot}，漏气损失功率

N_l及轮阻损失功率N_{df}和叶轮对气体做功所消耗的功率N_T，以及每千克有效气体的总耗功。已知该叶轮的理论能头$H_T=45892$J/kg，取内漏气损失系数$\beta_l=0.012$，轮阻系数$\beta_{df}=0.03$，通过叶轮的有效气体流量$G=6.95$kg/s。

解 根据式(3-9)~式(3-12)可分别求出

叶轮的总消耗功率为

$$N_{tot}=\frac{6.95\times45892}{1000}(1+0.012+0.03)=332.35(\text{kW})$$

漏气损失功率为

$$N_l=\frac{\beta_l GH_T}{1000}=\frac{0.012\times6.95\times45892}{1000}=3.83(\text{kW})$$

轮阻损失功率为

$$N_{df}=\frac{\beta_{df}GH_T}{1000}=\frac{0.03\times6.95\times45892}{1000}9.57(\text{kW})$$

叶轮对有效气体做功消耗的功率为

$$N_T=\frac{GH_T}{1000}=\frac{6.95\times45892}{1000}=319.95(\text{kW})$$

每千克有效气体的总耗功为

$$\begin{aligned}H_{tot}&=(1+\beta_l+\beta_{df})H_T\\&=(1+0.012+0.03)\times45892\\&=47819.5(\text{J/kg})\end{aligned}$$

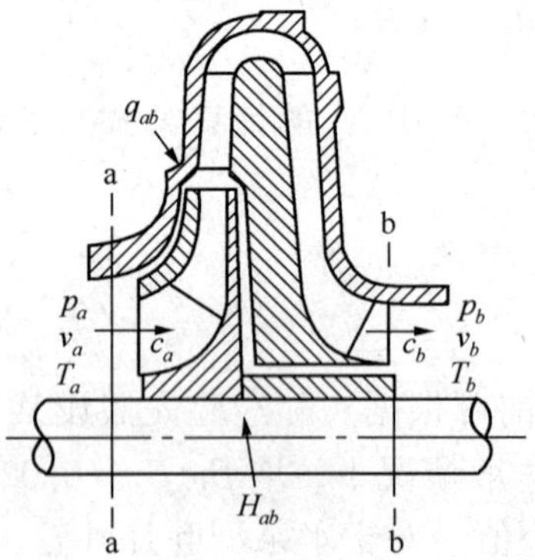

图3-7 推导能量方程用图

3.2.3 能量方程式

当气体在级中稳定流动时，取级中任意两截面a、b间气体作为所研究的开口热力系统，如图3-7所示。气体由a截面流进，由b截面流出，a、b截面上气体的状态参数分别p_a、T_a、ν_a及p_b、T_b、ν_b，气流速度分别为c_a及c_b。

根据开口稳定流动系统的能量方程，对a、b两截面间的每千克气体有下列方程式：

$$H_{ab}+q_{ab}=(i_b-i_a)+\frac{c_b^2-c_a^2}{2}+g(z_b-z_a)\tag{3-13}$$

式中 H_{ab}——每千克气体在a、b两截面间对外界输出或输入的功，J/kg。在离心式压缩机中规定，外界对气体作功时H为正，气体对外界作功时H为负(注意：此处功的正负符号定义与工程热力学中的定义相反)；

q_{ab}——每千克气体在a、b两截面间对外界输出或输入的热量，J/kg。在离心式压缩机中规定，外界给气体加热时q为正，气体传给外界放热时q为负；

i_a、i_b——每千克气体在a、b截面具有的焓值，J/kg；

c_a、c_b——分别在a、b截面的气体速度，m/s；

z_a、z_b——a、b截面的位置高度，m。

式(3-13)是热力学第一定律应用于开口稳定流动系统的能量方程式。

对离心式压缩机来说，a、b截面的位置高度差(z_b-z_a)相对很小，可以忽略不计，故式

(3-13)可写成

$$H_{ab} + q_{ab} = i_b - i_a + \frac{c_b^2 - c_a^2}{2} \tag{3-14}$$

对理想气体，$\Delta i = c_p \Delta T$，$k = \frac{c_p}{c_\nu}$，$c_p - c_\nu = R$(c_p 为定压比热；c_ν 为定容比热)。而且在离心式压缩机应用上式计算时，由于压缩机中气体流量较大，每千克气体与外界的热交换同气体压缩时焓值的变化比较起来小得多，通常将外界加给气体的热量或气体向外界放出的热量 q_{ab} 忽略不计，即认为 $q_{ab}=0$，因此有

$$H_{ab} = c_p(T_a - T_b) + \frac{c_b^2 - c_a^2}{2} = \frac{kR}{k-1}(T_b - T_a) + \frac{c_b^2 - c_a^2}{2} \tag{3-15}$$

式中　k——气体绝热指数；

T_a、T_b——分别为 a、b 截面的气体绝对温度，K。

式(3-14)及式(3-15)称为稳定流动能量方程式或能量方程式，是离心式压缩机级中气动计算的重要公式，通过它可以求出各截面温度、速度的变化规律。公式中的 a、b 可取级中任意两个截面。当 a、b 截面分别为级的进、出口截面时，公式中的 $H_{ab}=H_{tot}$，一个级的能量方程式可写为

$$H_{tot} = c_p(T_d - T_s) + \frac{c_d^2 - c_s^2}{2} = \frac{kR}{k-1}(T_d - T_s) + \frac{c_d^2 - c_s^2}{2} \tag{3-16}$$

式中　H_{tot}——级的总能头，J/kg；

T_s、T_d——分别为级进出、口处气体的实际温度，K；

c_s、c_d——分别为级进、出口处气体的速度，m/s；

R——气体常数，J/kg · K。

显然，式(3-16)中级进、出口处气体的实际温度，包括了由于级中轮阻损失和内漏气损失所引起的气体温度变化。

同理，若 a、b 截面分别为扩压器进、出口截面 3 和 4 时，因扩压器内没有外功加入，即 $H_{ab}=0$，则扩压器的能量方程为

$$c_p(T_4 - T_3) = \frac{c_3^2 - c_4^2}{2}$$

说明扩压器中绝对速度的减小，增加了气体的热焓。

3.2.4　伯努利方程

将热力学第一定律应用于闭口热力系统时，针对每千克气体可写出

$$\mathrm{d}q = \mathrm{d}u + p\mathrm{d}\nu$$

即

$$\mathrm{d}q = \mathrm{d}u + \mathrm{d}(p\nu) - \nu\mathrm{d}p$$

$$\mathrm{d}p = \mathrm{d}u + \mathrm{d}(p\nu) - \nu\mathrm{d}p = \mathrm{d}i - \nu\mathrm{d}p \tag{3-17}$$

式中　q——每千克气体在封闭系统中所获得的热量，J/kg；

u——每千克气体具有的内能，J/kg。

式(3-17)是从闭口热力系统中导出的，它表明在闭口系统中，气体吸收热量后，其焓值增加，同时气体对外作膨胀功。当气体在 a、b 截面间作稳定流动时，如观察坐标取在该气流上，则此气流也是封闭系统，应用式(3-17)，积分后得

$$q_{a-b} = i_b - i_a - \int_{p_a}^{p_b} \nu \mathrm{d}p \tag{3-18}$$

式中 q_{a-b}——每千克气体从 a 截面流至 b 截面所吸收的热量。它应该包括外界传给气体的热量 q_{ab} 及气体由 a 流动到 b 截面时所有的能量损失 $(h_{los})_{ab}$ 转化的热量 $(q_{los})_{ab}$，即

$$q_{a-b} = q_{ab} + (q_{los})_{ab} = q_{ab} + (h_{los})_{ab}$$

因此，式(3-18)变成

$$i_b - i_a = q_{ab} + (h_{los})_{ab} + \int_{p_a}^{p_b} \nu \mathrm{d}p \tag{3-19}$$

将能量方程式(3-14)代入上式，得

$$H_{ab} = \int_{p_a}^{p_b} \nu \mathrm{d}p + \frac{c_b^2 - c_a^2}{2} + (h_{los})_{ab} \tag{3-20}$$

式(3-20)就是伯努利方程，是以机械能形式表示的能量守衡方程。它表明，在稳定流动中外界对气体所作的功，表现为气体静压头的提高($\int_{p_a}^{p_b} \nu \mathrm{d}p$)，速度头的提高$\left(\frac{c_b^2-c_a^2}{2}\right)$并克服各种能量损失$(h_{los})_{ab}$。它是计算压缩机中气体压力变化的一个重要方程式。显然，式(3-20)中前两项为有效功，而第三项为能量损失，应采取措施尽量减少它。

若式(3-20)中 a、b 截面分别为级的进、出口截面时，则有

$$H_{tot} = \int_{p_s}^{p_d} \nu \mathrm{d}p + \frac{c_d^2 - c_s^2}{2} + (h_{los})_{sd} \tag{3-21}$$

式中 p_s、p_d——分别为级进、出口处气体压力，Pa；

$(h_{los})_{sd}$——从级进口到级出口全部能量损失，J/kg；

ν——气体比容，m^3/kg。

气体从级进口到级出口全部能量损失包括：轮阻损失 $h_{df}(h_{df}=H_{df})$，内漏气损失 h_l $(h_l=H_l)$，以及气体在流道中流动所引起的各种流动损失 h_{hyd}，即

$$h_{los} = h_{df} + h_l + h_{hyd}$$

代入式(3-21)得

$$H_{tot} = \int_{p_s}^{p_d} \nu \mathrm{d}p + \frac{c_d^2 - c_s^2}{2} + h_{hyd} + h_{df} + h_l \tag{3-22}$$

将式(3-8)与式(3-22)相比较，得到

$$H_T = \int_{p_s}^{p_d} \nu \mathrm{d}p + \frac{c_d^2 - c_s^2}{2} + h_{hyd} \tag{3-23}$$

式(3-22)及式(3-23)表示了气体获得的总能头的分配，如图3-8所示。

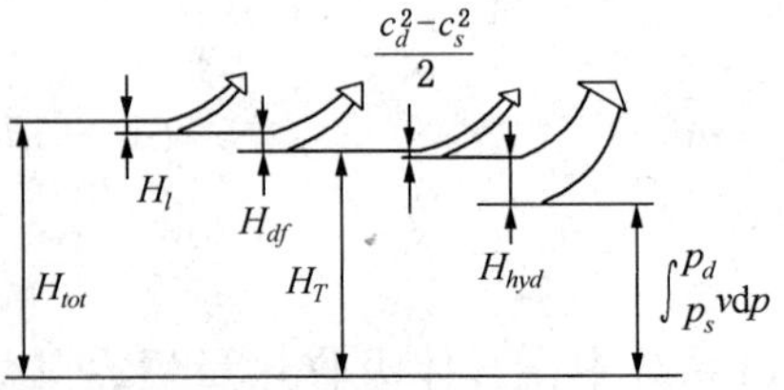

图3-8 级的总能头分配

在离心式压缩机计算中，总是将包括温度的能量方程式与包括气体压力及损失能头的伯努利方程同时使用，用以分析级中气流参数的变化规律。

若式(3-20)中 a、b 截面分别为扩压器的进、出口截面3、4时，则有

$$\int_{p_3}^{p_4} \nu \mathrm{d}p + \frac{c_4^2 - c_3^2}{2} + (h_{hyd})_{34} = 0$$

或
$$\frac{c_3^2 - c_4^2}{2} = \int_{p_3}^{p_4} \nu \mathrm{d}p + (h_{hyd})_{34}$$

此式说明扩压器中速度头减小的结果，并没有全部转化为气体的静压头，而有一部分用于克服扩压器中的流动损失。

在应用式(3-22)进行计算时，静压头 $\int_{p_s}^{p_d} \nu \mathrm{d}p$ 的大小与气体压缩过程有关。由热力学可知，气体压缩过程分等温、绝热、多变三种压缩过程。被压缩的气体静压头的提高也就是压缩机对气体所作的压缩功，通常称为压缩能头或技术功。

下面分三种过程来分析压缩功的大小。

1. 等温压缩

等温压缩过程中温度始终保持常数，即

$$p\nu = RT = RT_s = RT_d$$

则等温压缩功 H_{is} 为

$$H_{is} = \int_{p_s}^{p_d} \nu \mathrm{d}p = \int_{p_s}^{p_d} RT_s \frac{\mathrm{d}p}{p} = RT_s \ln \frac{p_d}{p_s} \tag{3-24}$$

式中　R——气体常数，J/kg · K；

T_s——级入口处气体的温度，K；

p_s、p_d——级入口与出口处气体的压力，Pa。

2. 绝热压缩

绝热压缩过程中与外界无热量交换，且无流动损失，又称为等熵过程，其气体状态过程方程为

$$p\nu^k = 常数$$

则绝热压缩功
$$H_{ad} = \int_{p_s}^{p_d} \nu \mathrm{d}p = \int_{p_s}^{p_d} p_s^{\frac{1}{k}} \nu_s p^{-\frac{1}{k}} \mathrm{d}p = \frac{k}{k-1} p_s \nu_s \left[\left(\frac{p_d}{p_s} \right)^{\frac{k-1}{k}} - 1 \right] \tag{3-25}$$

式(3-25)又可写成

$$H_{ad} = \frac{k}{k-1} RT_s \left[\left(\frac{p_d}{p_s} \right)^{\frac{k-1}{k}} - 1 \right] = \frac{k}{k-1} RT_s \left(\frac{T'_d}{T_s} - 1 \right) \tag{3-25a}$$

$$= \frac{k}{k-1} R(T'_d - T_s)$$

式中　k——绝热压缩指数；

T'_d——级出口处气体温度，K。

3. 多变压缩

多变压缩过程中存在能量损失，气体与外界可能有热交换。多变过程的过程方程与绝热过程的相似，即 $p\nu^m = 常数$，多变压缩功 H_{pol} 为

$$H_{pol} = \int_{p_s}^{p_d} \nu dp = \frac{m}{m-1} RT_s \left[\left(\frac{p_d}{p_s} \right)^{\frac{m-1}{m}} - 1 \right] = \frac{m}{m-1} R(T_d - T_s) \tag{3-26}$$

式中 m——多变压缩指数

T_d——级中气体压缩为多变过程时，级出口处气体温度，K。

3.2.5 级效率

由伯努利方程(3-20)知，$H_{ab}-\dfrac{c_b^2-c_a^2}{2}$是外功中可以用来使气体压力升高并克服损失的能头，称为可用能头。由于气体在压缩机级中流动时，损失是不可避免的，因此，可用能头不能全部变成使气体压力升高的压缩能头，而将可用能头中真正用于压缩气体的能头所占的比例称为效率。即

$$\eta_{ab}=\frac{\int_{p_a}^{p_b}\nu dp}{H_{ab}-\dfrac{c_b^2-c_a^2}{2}}=1-\frac{(h_{los})_{ab}}{H_{ab}-\dfrac{c_b^2-c_a^2}{2}} \tag{3-27}$$

式(3-27)中，当 a、b 分别为级的进口 s 和出口 d 截面时，则称 η 为级效率，表达式为

$$\eta=\frac{\int_{p_s}^{p_d}\nu \mathrm{d}p}{H_{tot}-\dfrac{c_d^2-c_s^2}{2}} \tag{3-28}$$

由于压缩过程不同，有三种效率。

1. 多变效率 η_{pol}

在离心式压缩机中，气体在级中的实际压缩过程一般可用多变过程来表示，多变压缩功为 $H_{pol}=\int_{p_s}^{p_d}\nu \mathrm{d}p$，则多变效率 η_{pol} 为

$$\eta_{pol}=\frac{H_{pol}}{H_{tot}-\dfrac{c_d^2-c_s^2}{2}} \tag{3-29}$$

它表示级的多变压缩功与级的可用能头之比。

将能量方程式(3-16)及多变压缩功式(3-26)代入式(3-29)，则有

$$\eta_{pol}=\frac{\dfrac{mR}{m-1}(T_d-T_s)}{\dfrac{kR}{k-1}(T_d-T_s)}=\frac{\dfrac{m}{m-1}}{\dfrac{k}{k-1}} \tag{3-29a}$$

令 $\sigma=\dfrac{m}{m-1}$为多变指数系数

则

$$\sigma=\frac{m}{m-1}=\frac{k}{k-1}\eta_{pol} \tag{3-29b}$$

式(3-29a)表示了气体压缩过程的多变指数 m 与多变效率 η_{pol}间的关系。气体在级中流动时，不仅没有对外传热($q=0$)，反而将所有损失消耗的能头(h_{los})又以热量形式传给了气体，因此在离心式压缩机中气体压缩过程的多变压缩指数 m 大于绝热压缩过程指数 k。故级的多变效率 η_{pol}总是小于1。级中能量损失愈大，则气体在流动过程中吸热愈多，多变过程指数 m 与绝热指数 k 的差值愈大，多变效率愈低。

根据多变过程方程

$$\frac{p_d}{p_s}=\left(\frac{T_d}{T_s}\right)^{\frac{m}{m-1}}$$

可得多变效率又可按下式计算

$$\eta_{pol}=\frac{\frac{m}{m-1}}{\frac{k}{k-1}}=\frac{k}{k-1}\frac{\lg\frac{p_d}{p_s}}{\lg\frac{T_d}{T_s}} \tag{3-29c}$$

在级的模型试验中，测出级进、出口处温度和压力，按上式计算出模型级的多变效率。一般压缩机的多变效率 $\eta_{pol}=0.7\sim0.84$。

2. 绝热效率 η_{ad}

绝热效率 η_{ad} 是假定级中气体由压力 p_s 绝热压缩至 p_d 时的压缩功 H_{ad} 与可用能头之比，即

$$\eta_{ad}=\frac{H_{ad}}{H_{tot}-\frac{c_d^2-c_s^2}{2}}=\frac{\frac{kR}{k-1}(T'_d-T_s)}{\frac{kR}{k-1}(T_d-T_s)}=\frac{T'_d-T_s}{T_d-T_s} \tag{3-30}$$

式中　T'_d——为假定按绝热过程压缩时级出口处的气体温度，K；

T_d——级出口处的实际气体温度，K。

绝热效率还可用下式从多变效率直接得到

$$\eta_{ad}=\frac{\frac{k}{k-1}RT_s\left[\left(\frac{p_d}{p_s}\right)^{\frac{k-1}{k}}-1\right]}{\frac{k}{k-1}RT_s\left[\left(\frac{p_d}{p_s}\right)^{\frac{m-1}{m}}-1\right]}=\frac{\left(\frac{p_d}{p_s}\right)^{\frac{k-1}{k}}-1}{\left(\frac{p_d}{p_s}\right)^{\frac{k-1}{k\eta_{pol}}}-1} \tag{3-30a}$$

上式就是绝热效率与多变效率的关系式。

3. 等温效率 η_{is}

等温效率 η_{is} 是指级中气体由 p_s 等温压缩至 p_d 时的等温压缩功 H_{is} 与级中可用能头之比，即

$$\eta_{is}=\frac{H_{is}}{H_{tot}-\frac{c_d^2-c_s^2}{2}} \tag{3-31}$$

在有冷却的压缩机中，常采用 η_{is} 来衡量机器冷却好坏。若实际多变过程愈接近等温过程，则等温效率就愈高。

4. 流动效率 η_{hyd}

流动效率 η_{hyd} 是级的多变压缩功 H_{pol} 与叶轮对气体作功所获得的理论能头之比，即

$$\eta_{hyd}=\frac{H_{pol}}{H_T}=\frac{H_T-\frac{c_d^2-c_s^2}{2}-h_{hyd}}{H_t} \tag{3-32}$$

由级的多变效率定义式(3-29)可知

$$H_{pol}=\left(H_{tot}-\frac{c_d^2-c_s^2}{2}\right)\eta_{pol}$$

因离心式压缩机级进、出口处气体的动能差$\left(\frac{c_d^2-c_s^2}{2}\right)$很小，可以忽略，则

$$H_{pol} \approx H_{tot}\eta_{pol} = (1+\beta_l+\beta_{df})H_T\eta_{pol} \tag{3-32a}$$

$$\eta_{hyd} \approx \frac{H_{tot}\eta_{pol}}{H_T} = (1+\beta_l+\beta_{df})\eta_{pol}$$

或

$$\eta_{hyd} = 1 - \frac{h_{hyd}}{H_T} \tag{3-32b}$$

根据流动效率的定义，H_{pol}可写成

$$H_{pol} = \eta_{hyd}H_T = \eta_{hyd}\varphi_{u2}u_2^2$$

令 $\varphi_{pol}=\varphi_{pol}\eta_{hyd}$，称为多变能头系数或能头系数。于是

$$H_{pol}=\varphi_{pol}u_2^2 \tag{3-33}$$

因此，在圆周速度 u_2 相同的条件下，可以用能头系数来表示压缩机级中多变压缩功的大小。一般 $\varphi_{pol}=0.45\sim0.7$。由此可以估算级的多变能头，在已知总压力比时，便能确定压缩机需要的级数。

【例题 3-3】 某离心式空气压缩机的一个级，空气进、出口参数 $t_s=20℃$，$p_s=101.3\times10^3$Pa，$p_d=155\times10^3$Pa。试计算压缩一千克空气需要的 H_{is}、$H_{ad}(k=1.4)$和 $H_{pol}(m=1.59)$各为多少？

解 空气的气体常数$R=287.64$ J/kg·K

$$T_s=273+20=293\text{K}$$

$$H_{is}=RT_s\ln\frac{p_d}{p_s}=287.64\times293\times\ln\frac{155\times10^3}{101.3\times10^3}=35847\text{J/kg}$$

$$H_{ad}=\frac{k}{k-1}RT_s\left[\left(\frac{p_d}{p_s}\right)^{\frac{k-1}{k}}-1\right]$$

$$=\frac{1.4}{1.4-1}287.64\times293\left[\left(\frac{155\times10^3}{101.3\times10^3}\right)^{\frac{1.4-1}{1.4}}-1\right]=38116\text{J/kg}$$

$$H_{pol}=\frac{m}{m-1}RT_s\left[\left(\frac{p_d}{p_s}\right)^{\frac{m-1}{m}}-1\right]$$

$$=\frac{1.59}{1.59-1}\times287.64\times293\left[\left(\frac{155\times10^3}{101.3\times10^3}\right)^{\frac{1.59-1}{1.59}}-1\right]=38830\text{J/kg}$$

通过计算可知，在进气温度和压力比相同的条件下，等温压缩功最小，排气温度最低；多变压缩功最大，排气温度最高。所以多级压缩时常做成多段，增加段间冷却以降低气体温度，使压缩过程向等温过程靠近，达到节省压缩功的目的。此外，压缩功大小与气体性质有关，在同样压力比下压缩轻的气体(气体常数 R 较大)比压缩重气体需要的压缩功大。例如压缩氢气需要的压缩功比压缩空气需要的压缩功大 14.4 倍。由于同一压缩机的级压缩同一质量流量的不同气体所提供的理论能头 H_T 是相同的，所以，当压力比相同时，压缩轻气体需要的级数比重气体的多。

【例题 3-4】 对某一单级离心鼓风机的性能要求为：$p_s=10\times10^4$Pa，$p_d=15\times10^4$Pa，$T_s=293$K，$R=288.3$J/kg·K，$k=1.4$。并知该机叶轮的叶片数 $z=18$，叶片出口角$=45°$，流

量系数 $\varphi_{r2}=0.23$，取机器转速 $n=8200\text{r/min}$，$\beta_l+\beta_{df}=0.04$。试计算叶轮的圆周速度 u_2 和叶轮外径 D_2 为多少？

解　根据相类似级的多变效率，选取 $\eta_{pol}=0.77$，则

$$\frac{m}{m-1}=\frac{k}{k-1}\eta_{pol}=\frac{1.4}{1.4-1}0.77=2.695$$

多变压缩功 H_{pol} 为

$$H_{pol}=\frac{m}{m-1}RT_s\left[\left(\frac{p_d}{p_s}\right)^{\frac{m-1}{m}}-1\right]$$

$$=2.695\times 288.3\times 293\left[1.5^{\frac{1}{2.695}}-1\right]=36961\text{J/kg}$$

流动效率 η_{hyd} 为

$$\eta_{hyd}=(1+\beta_l+\beta_{df})\eta_{pol}=1.04\times 0.77=0.8$$

周速系数 φ_{u2} 为

$$\varphi_{u2}=1-\varphi_{r2}\text{ctg}\beta_{A2}-\frac{\pi}{z}\sin\beta_{A2}=1-0.23\text{ctg}45^\circ-\frac{\pi}{18}\sin45^\circ$$

$$=1-0.23-0.1234=0.6466$$

由式(3-33)计算叶轮圆周速度 u_2 为

$$u_2=\sqrt{\frac{H_{pol}}{\varphi_{u2}\eta_{hyd}}}=\sqrt{\frac{36961}{0.6466\times 0.8}}=267.3\text{m/s}$$

$$D_2=\frac{60u_2}{\pi n}=\frac{60\times 267.3}{\pi\times 8200}=0.623\text{m}$$

3.2.6　气体状态参数的变化

1. 级中气体温度的变化

流动的气体所具有的焓与动能之和，即 $c_pT+\frac{c^2}{2}$，表示其总能量。就是说，气体的总能量决定于气体的状态参数温度 T 与速度 c。当气流与外界没有能量交换，而将其速度滞止到零时的温度称为滞止温度(又称总温)，以 T_{st} 表示，它也是气体的一个状态参数。如果流动着的气流与速度被滞止到零的气流具有相同的总能量，则可用一个气体状态参数 T_{st} 来表示其总能量。

$$c_pT+\frac{c^2}{2}=c_pt_{st}$$

相应于滞止温度的焓称为滞止焓(或总焓)，以 i_{st} 表示。

$$i_{st}=c_pT_{st}$$

于是，能量方程(3-15)式可写成

$$H_{ab}=c_p(T_b-T_a)+\frac{c_b^2-c_a^2}{2}=c_p[(T_{st})_b-(T_{st})_a]=(i_{st})_a-(i_{st})_b \qquad (3-34)$$

在绝能流动中，气体的滞止温度 T_{st} 或滞止焓 i_{st} 是常数。气体滞止温度或滞止焓增加，就说明外界必然有能量给气体。气体在叶轮叶道中流动时，叶轮对气体做功，因此它的滞止温度是增加的。而在叶轮出口以后级中其他截面的滞止温度与叶轮出口处的滞止温度是一样的。

级中任意截面 i 的气流温度 T_i 为

$$T_i = (T_{st})_i - \frac{c_i^2}{2c_p} = (T_{st})_i - \frac{c_i^2}{\dfrac{2kR}{k-1}}$$

T_i 总小于 T_{st}。

若吸气室进口法兰 S 截面的气体温度为 T_s，利用能量方程可以求得级中任意截面 i 的气流温度 T_i：

$$T_i = T_s + \frac{H_{tot}}{\dfrac{kR}{k-1}} + \frac{c_s^2 - c_i^2}{2\dfrac{kR}{k-1}}$$

而

$$\Delta T_i = T_i - T_s = \frac{k-1}{kR}\left(H_{tot} - \frac{c_i^2 - c_s^2}{2}\right) \tag{3-35}$$

对于叶道以前级中的各截面，因无外功加入，$H_{tot}=0$，故

$$\Delta T_i = \frac{k-1}{kR}\left(\frac{c_s^2 - c_i^2}{2}\right) \tag{3-35a}$$

2. 级中气流压力和比容的变化

当气体流经压缩机级的不同部件时，由于流动状态各不相同，因此在这些部件中，气体多变过程指数是不相同的。但目前通常在计算级的各截面上气体的压力 p 和比容 ν 时，一般把整个级中的气体状态参数的变化用同一个平均多变指数 m 来进行计算。也就是说，在一个级中的多变效率是不变的。这种计算方法称之为级效率法。

气体在级中状态参数的变化服从多变过程方程，可表示为

$$\frac{p_i}{p_s} = \left(\frac{T_i}{T_s}\right)^{\frac{m}{m-1}} = \left(\frac{T_i}{T_s}\right)^{\sigma} = \left(1 + \frac{\Delta T_i}{T_s}\right)^{\sigma} \tag{3-36}$$

将式(3-35)代入上式，因级的进、出口处动能差很小，可以忽略。故级进、出口的压力比 ε 可写成

$$\varepsilon = \frac{p_d}{p_s} \approx \left(1 + \frac{k-1}{kR}\frac{H_{tot}}{T_s}\right)^{\sigma} \tag{3-37}$$

利用高等数学中的方法可以将上式展开成多项级数形式，当 ε 不大时，$\dfrac{k-1}{k\eta_{pol}}\dfrac{H_{pol}}{RT_s}$项一般很小，其高次项可忽略，故只取前两项，有

$$\varepsilon \approx 1 + \frac{H_{pol}}{RT} \tag{3-37a}$$

比容比 $k_{\nu i}$ 为

$$k_{\nu i} = \frac{\nu_s}{\nu_i} = \left(\frac{T_i}{T_s}\right)^{\frac{1}{m-1}} = \left(\frac{T_i}{T_s}\right)^{\sigma-1} = \left(1 + \frac{\Delta T_i}{T_i}\right)^{\sigma-1} \tag{3-38}$$

从上面分析可看出，在离心式压缩机的级效率法计算中，往往将气流在级中关键截面处的压力、比容等参数与 ΔT_i 联系起来，以便在算出 ΔT_i 后，其他状态参数随之可以算出。当然，除级效率法外，还有流道法等，但工程上应用不多。

3.2.7 级中关键截面气流参数计算举例(级效率法)

若已知离心式压缩机的几何尺寸、工作转速 n、进气状态(p_s、T_s、c_s)及压缩机的气量

Q_s，可以计算各级给气体的总能头 H_{tot} 和各级压力比 ε，这是性能校核计算。

首先要算出级的总能头 H_{tot}，根据式(3-10)、式(3-5)可得

$$H_{tot} = (1 + \beta_l + \beta_{df})H_T = (1 + \beta_l + \beta_{df})\left(1 - \varphi_{2r}\mathrm{ctg}\beta_{2A} - \frac{\pi}{z}\sin\beta_{2A}\right)u_2^2$$

流量系数 φ_{2r} 按式(3-6)计算

$$\varphi_{2r} = \frac{Q_s}{\pi D_2 b_2 \tau_2 k_{v2} u_2}$$

比容比 k_{v2} 则应按公式(3-38)计算

$$k_{v2} = \left(1 + \frac{\Delta T_2}{T_s}\right)^{\sigma - 1}$$

ΔT_2 根据式(3-35)计算

$$\Delta T_2 = \frac{k - 1}{kR}\left(H_{tot} - \frac{c_2^2 - c_s^2}{2}\right)$$

上式中 c_2 可根据叶轮出口处速度三角形几何关系求出

$$c_2 = \sqrt{c_{r2}^2 + c_{u2}^2} = u_2\sqrt{\varphi_{r2}^2 + \varphi_{u2}^2}$$

总之，在用级效率法进行校核计算时，首先按已知的级多变效率 η_{pol} 算出多变指数 m 或 σ 后，再由以上五式联立解出 H_{tot}、φ_{r2}、k_{v2}、ΔT_2 及 c_2 五个参数，但一般得不到简单的解析式，要用试算法求解。

算出级的 H_{tot} 后，其余气流参数如 p、c、ν 等随之便可算出。

3.3　级中能量损失

在上节中已说明，气体在级中流动时，流动损失、内漏气损失和轮阻损失都是不可避免的。为了提高效率，必须尽量减少这些能量损失。应当指出，在离心式压缩机中流道内的气体流动是很复杂的，有关产生流动损失的机理研究及其计算，目前还很不完善。为便于定性分析，常将流动损失大致分为摩阻损失、冲击损失、分离损失、二次涡流损失、尾迹损失以及当气速超过音速后产生激波所引起的波阻损失等。有关流动中的摩阻损失定性分析也已经在离心泵一章中讨论了。

3.3.1　流动损失

1. 冲击损失

当流量偏离设计工况点时，其叶轮和叶片扩压器的进气冲角 $i=\beta_{A1}-\beta_1\neq 0$，于是气流对叶片产生冲击造成冲击损失。尤为严重的是在叶片附近还产生较大的扩张角，造成分离损失，导致能量损失显著增加。应当引起注意的是，用户在调节离心式压缩机运行工况时，流量小于设计，相当于 $i>0$，如图 3-9(b)所示，在叶片非工作面前源缘发生分离，并在通道中向叶轮逐渐造成很大的分离损失。而流量大于设计流量，相当于冲角 $i<0$，如图 3-9(c)所示，在叶片工作面前缘发生分离，但它不明显扩散。此外，在任何流量下，由于边界层逐渐增厚和轴向漩涡造成的滑移影响，在叶片出口附近工作面上往往有一点分离区。

2. 分离损失

由流体力学可知，当粘性流体沿固体壁面流动时，紧挨壁面很薄的一层为边界层，如图

3-10 所示，在边界层中，沿其厚度 δ 方向流体速度急剧变化，严重地影响着流动中的能量损失。此外，在扩压流道中还常常会发生边界层增厚，进而边界层与流道壁面的脱离，甚至在接近壁面的边界层中产生反向流动的漩涡，引起很大的能量损失。这种现象称为边界层分离，由其产生的能量损失称为分离损失。

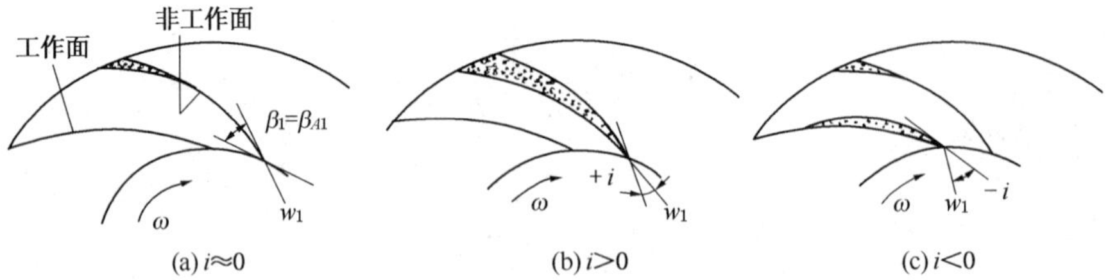

图 3-9　不同冲角下的冲击损失

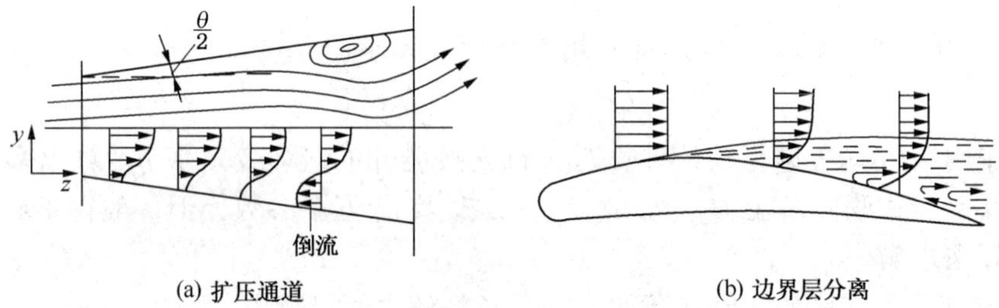

图 3-10　流体沿壁面流动时的流场示意图

从以上分析可知，粘性流体在压力降落区内流动(加速流动时)，不会出现边界层分离。在压力升高的减速扩压区内流动才有可能出现分离，形成漩涡。扩压程度愈大，分离点愈提前出现，也就是愈容易发生分离。

在离心式压缩机中，有很多减速扩压的流道，就可能出现边界层分离，产生漩涡，引起很大的能量损失——分离损失。同时因边界层增厚及分离，使主气流的实际通流截面减小，达不到原设计的扩压目的，影响了级中气体的流动。

为了减少分离损失，对压缩机级中扩压形通道，常常限制其扩张角或扩张度。对圆锥形扩压管(图 3-11)，其扩张角 θ 定义为

$$\theta = 2\mathrm{tg}^{-1}\frac{d_2 - d_1}{2l} \tag{3-39}$$

式中　θ——扩张角；

l——圆锥形扩压管长度，mm；

d_1、d_2——圆锥形扩压管进、出口直径，mm。

对压缩机的通流部分，因不是圆锥形，只可用当量扩张角 θ_{eq} 来表示。

$$\theta_{eq} = 2\mathrm{tg}^{-1}\frac{\sqrt{D_2 b_2 \sin\beta_{A2}} - \sqrt{D_1 b_1 \sin\beta_{A1}}}{l\sqrt{z}} \tag{3-40}$$

式中　l——叶道长度。

实际叶轮还要考虑阻塞系数 τ 的影响。若沿流道的面积是不均匀变化时，则用“当地当

量扩张角”。一般要求压缩机级中流道的当地当量扩张角小于 6°~7°。

除了扩张角概念外，通常还用扩压度概念。对可压缩流体，通常要求进、出口速度之比 w_1/w_2 满足

$$w_1/w_2 = \frac{\rho_2 F_2}{\rho_1 F_1} \leqslant 1.6 \sim 1.8，\text{不能大于 } 2 \tag{3-41}$$

压缩机的叶轮叶道，是一个有能量加入的扩压流道，除了上面分析的影响因素外，由于叶轮在旋转，边界层中气流还受到离心力的作用，从而减缓了边界层的分离。叶道中边界层分离大多发生在非工作面，特别是接近叶轮出口处。

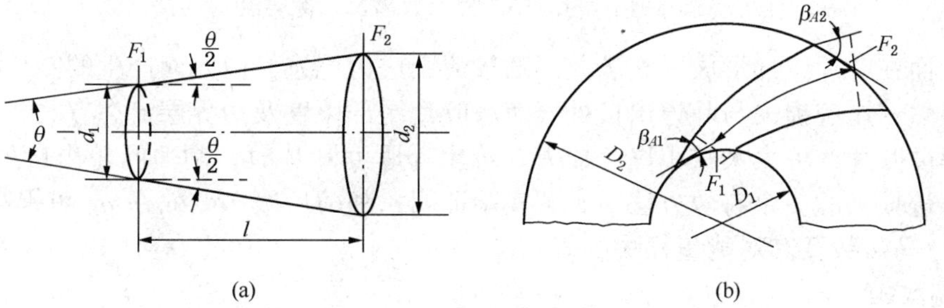

图 3-11　扩压管

3. 二次涡流及尾迹损失

二次涡流发生在速度方向急剧变化处，如叶轮叶道、吸入室、弯道等。

有关二次涡流的基本概念分析如下：由于叶道是弯曲的，并存在轴向涡流，因此在同一直径的叶道截面上气流速度是不均匀的（见图 3-12）。对后弯叶片型叶轮，叶片工作面（x 面）气速小，压力高；而叶片非工作面（y 面）气速大，压力低。这样叶道两侧壁处气体在压力差作用下，就会产生由工作面向非工作面的流动。这种流动的方向与主气流方向 w 相垂直，称之为二次涡流。它干扰了主气流的流动，并造成能量损失。同时由于二次涡流的存在，工作面则因补充了新的具有较大动能的气流，而使其边界层减薄；而非工作面侧相反，边界层增厚更加速了边界层的分离。

在离心式压缩机的弯道及进气室等流道中，气体流动方向发生急剧变化，也会引起边界层分离及二次涡流。以弯道为例进行分析，弯管内外侧的压力分布如图 3-13（a）所示。由于内外侧壁压力不均一，而产生由外侧壁向内侧壁的二次涡流，它往往是一对反向旋转的双螺旋流动，如图 3-13（b）所示。双螺旋运动必然在主流以外增加了局部流速，从而增加了能量损失。弯管中的这种流动主要与曲率半径大小有关，过小的曲率半径会恶化流动状况。当增加曲率半径受到限制时，可在弯管内装导流片，使速度分布均匀，减少能量损失。

另外，在离心式压缩机叶轮流道的子午面上，气流由轴向转向径向时，也有类似的二次涡流现象。

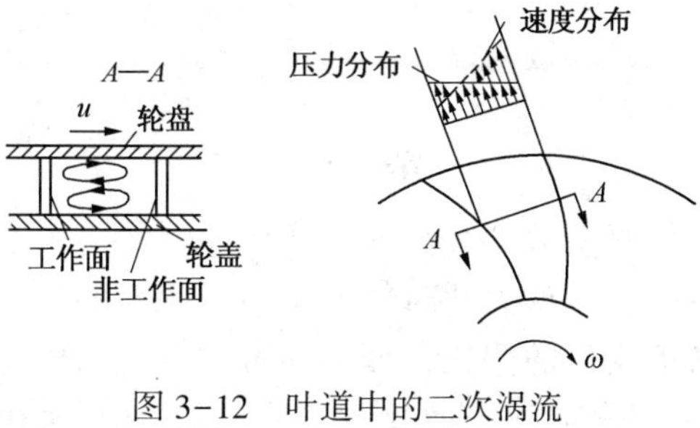

图 3-12　叶道中的二次涡流

除了上述能量损失外，在离心式压缩机级中，还存在尾迹损失。尾迹的产生是由于叶片有一定的厚度，当气流从叶道中流出叶轮时，通流截面

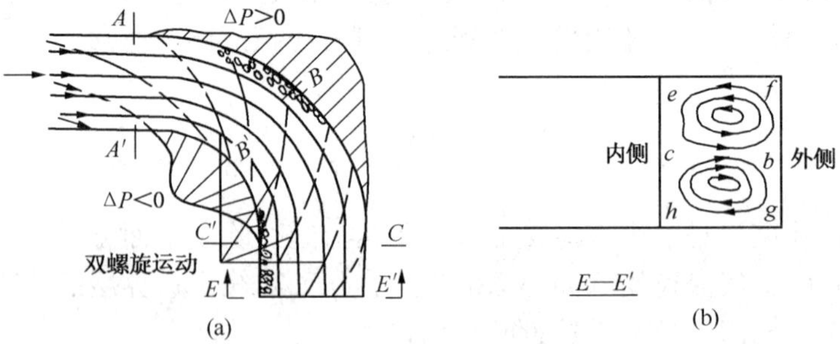

图 3-13 弯管中边界层分离及二次涡流

突然扩大，而在叶片尾部形成了充满漩涡的气流，成为尾迹，由此而产生的能量损失称为尾迹损失。显然，尾迹损失与叶道出口处气速、叶片尾部厚度及边界层流态有关。采用翼形叶片代替等厚度叶片，可大大减小尾迹损失。若用等厚度叶片时，削薄叶轮出口处叶片厚度，也是减小尾迹损失的一个有效方法。有关实验证明，削薄后级多变效率 η_{pol} 可提高 2%。

3.3.2 马赫数及其对能量损失的影响

1. 马赫数 M

流场中任一点处的气流速度 c 与该点气温下的音速 a 之比，称为该点气流的马赫数，以符号 M 表示，即

$$M = \frac{c}{a}$$

在一般情况下，由于音波在气体中推进时气体状态的变化非常微小，故可以认为气体的熵是个定值，因而可将音波的传播过程视为等熵绝热过程。音速的计算式可以由动量方程式及连续性方程到处，其值为

$$a = \sqrt{\frac{\mathrm{d}p}{\mathrm{d}\rho}}$$

对理想气体，则有

$$a = \sqrt{k\frac{p}{\rho}} = \sqrt{kRT}$$

式中 k——绝热指数；

R——气体常数，J/kg · K；

T——气体温度，K；

ρ——气体密度，kg/m^3；

p——气体压力，Pa。

马赫数为

$$M = \frac{c}{a} = \frac{c}{\sqrt{kRT}} \tag{3-42}$$

马赫数是表征气流可压缩性的一个准数。但是，当 $M \leqslant 0.3$ 时，一般可以不考虑密度的变化，即认为此时气流是不可压缩的，它所引起的误差也不超过 9%。当 $M>0.3$ 时，就必须考虑密度的变化，即必须考虑气流的可压缩性了，否则会造成很大的误差，也就是说，气体的可压缩性只有在高速时才明显地显示出来。

2. 激波和波阻损失

在气体动力学里已经讨论过，亚音速和超音速气流有根本差别，即在亚音速($M<1$)气流中，扰动的效应虽然随距离的增加而减弱，但它能达到物体周围空间的任意点，而在超音速($M>1$)气流中，扰动效应只能在马赫锥内起作用，锥前的气流是不受影响的。

前面对流动损失的分析都属于亚音速范围，而在 $M>1$ 的超音速气流中，除前述损失外，还有一种特殊的能量损失——激波及波阻。

当超音速气流绕物体流动时，强扰动的波峰表面上将会有很大的压力及密度的突然变化，即在流场中往往出现突跃的压缩波。气流通过这种压缩波时，压力、温度、密度都突跃地升高，速度突跃地下降，气流受到突然的压缩。这种突跃压缩波叫激波。超音速气流被压缩时，一般都会产生激波。所以激波是超音速气流中的重要现象。

因为气流通过激波时，有压力、密度、温度及速度的突跃，因此从热力学观点分析，这是一个不可逆过程，有很大的能量损失。同时由于激波面压力的突增，大大加速了边界层分离，引起更大的能量损失。由激波引起的这些能量损失的总和称为波阻损失。

在离心式压缩机中，随着气流马赫数的增大，气流在流道中压力递增程度也加大，这就使边界层分离的可能性增大。当 M 接近 1 时，在压缩机流道的某个局部地区气流速度可能达到音速而形成激波，产生波阻损失。总之，当气速增大时，级中的能量损失将急剧增加。

3.3.3 轮阻损失

离心式压缩机与离心泵一样，在叶轮旋转时轮盖、轮盘的外侧及叶轮外缘要和周围的气体发生摩擦，而产生轮阻损失。轮阻损失功率 N_{df}(单位 kW)的计算方法与离心泵的计算相同。

$$N_{df} = K_{df}\rho_2 g\left(\frac{u_2}{100}\right)^3 D_2^2\left(1 + \frac{5e}{D_2}\right) \tag{3-43}$$

式中轮阻损失系数 $K_{df} = \dfrac{100^2}{10^4}\pi C_f$，对离心式压缩机，叶轮多为车削制成，可取 $K_{df} \approx 0.54$，得

$$N_{df} = 0.54\rho_2 D_2^2\left(\frac{u_2}{100}\right)^3 \tag{3-44}$$

所以

$$\beta_{df} = \frac{1000N_{df}}{GH_T} = \frac{1000 \times 0.54\rho_2 D_2^2\left(\dfrac{u_2}{100}\right)^3}{\rho_2 c_{r2}\pi D_2 b_2 \tau_2 u_2 c_{u2}} = \frac{0.172}{1000\varphi_{r2}\varphi_{u2}\tau_2 \dfrac{b_2}{D_2}} \tag{3-45}$$

对双吸式叶轮，β_{df}应取上式的 1/2。

应当指出，K_{df}值是实心圆盘以低速在水中旋转实验所得，它与实际离心式压缩机叶轮不尽相同，因此用它计算的轮阻损失不够准确。有些研究者建议，将式(3-45)中的 0.172 修正为 0.11。

3.3.4 漏气损失系数

如前面所述，叶轮漏气损失是指轮盖的漏气损失。轮盖密封一般都采用迷宫型密封，而且齿数不多，一般 3~5 个。一般来说，轮盖密封直径越大，密封间隙越大，密封齿数越少，就会导致漏气量越大，反之则漏气损失系数就越小，级的通过流量越大。例如叶轮出口宽度 b_2 大，径向分速系数大，都表明叶轮流量大，因此叶轮漏气损失系数就小。一般 β_l 不超过 0.01~0.02。

3.4 离心式压缩机的特性曲线

级的性能曲线是指在气体状态(进口流量 Q_s，进气压力 P_s，进气温度 T_s)一定，转速不变的条件下，级的压力比 ε、多变效率 η_{pol} 以及功率 N_{tot} 随该级进气量 Q_s 而变化的关系曲线。即包括 $\varepsilon-Q_s$、$\eta_{pol}-Q_s$ 和 $N_{tot}-Q_s$ 三条曲线。实际上只要知道 $\varepsilon-Q_s$ 曲线和 $\eta_{pol}-Q_s$ 曲线就可以计算出 $N_{tot}-Q_s$。因为当已知 η_{pol} 后可按式(3-29b)算出级多变过程指数 m，这时又已知 ε，根据式(3-37a)算出 H_{pol}，在忽略了进、出口动能差后可得

$$N_{tol} \approx \frac{N_{pol}}{\eta_{pol}} = \frac{\rho Q_s H_{pol}}{1000\eta_{pol}}$$

故下面只需定性地分析 $\varepsilon-Q_s$ 及 $\eta_{pol}-Q_s$ 两条性能曲线就可以了。图 3-14 为某离心式压缩机模型级的性能曲线。

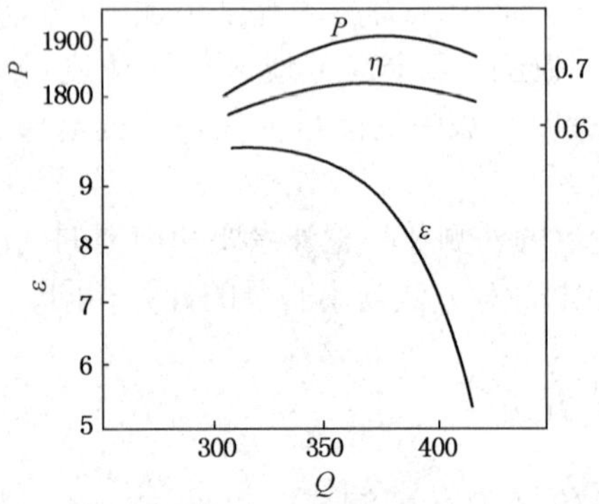

图 3-14 某模型级特性曲线

3.4.1 级的特性曲线

1. $\varepsilon-Q_s$ 曲线

由式(3-23)，当静压头用多变压缩功表示，并忽略级进出口动能差时得

$$H_{pol} = \int_s^d \frac{dp}{\rho} \approx H_T - h_{hyd}$$

由式(3-4)可知，当压缩机级的几何参数一定，而且转速 n 不变时，H_T 随 Q_s 增大而呈线性减少。但 h_{hyd} 较复杂，可以近似地认为起主要影响的是摩阻损失 h_f 及冲击损失 h_s。这两项损失与流量的关系已在离心泵一章中给出。由此可得出

$$H_{pol} = H_T - h_f - h_s = H_T - c_{k1}Q_s^2 - c_{k2}(Q_d - Q_s)^2$$

和分析离心泵 $H-Q$ 性能曲线用的方法一样，也用于级的 $\varepsilon-Q_s$ 曲线的分析，从而得 $H_{pol}-Q_s$ 到曲线，如图 3-15 所示。

根据式(3-37a)得

$$\varepsilon = \frac{p_d}{p_s} \approx 1 + \frac{H_{pol}}{RT_s}$$

可知，在进气温度 T_s 及气体常数 R 一定的条件下，$(\varepsilon-1)$ 与 H_{pol} 成正比，也就是说 $\varepsilon-Q_s$ 曲线的形状与 $H_{pol}-Q_s$ 曲线的形状相似，随流量增大而压力比减小。

2. $\eta_{pol}-Q_s$ 曲线

一般在设计工况时，由于气体流动情况与叶片几何形状匹配，流动损失最小，这时级效率最高。当流量大于设计流量 Q_d 时，流动损失 h_f 及 h_ε 都增大，自 Q_d 起，随流量的增大而效率下降；当流量小于设计流量 Q_d 时，虽 h_f 随流量减少而减少，但 h_ε 随流量减少却急剧增加。此外，在流量小时，内漏气损失及轮阻损失所占的相对

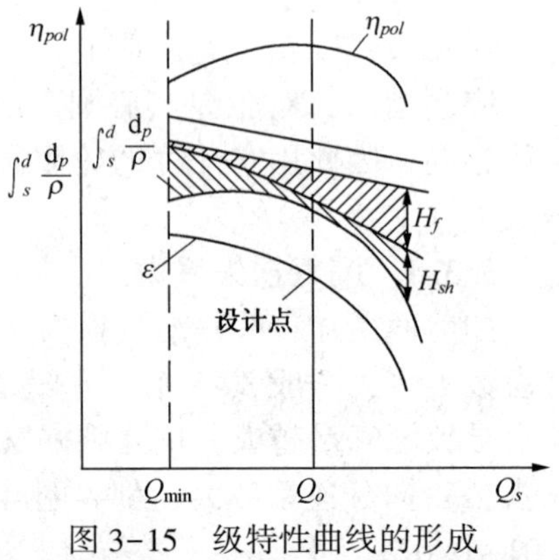

图 3-15 级特性曲线的形成

比例就增大。因而在流量小时，效率随流量减小而下降，这就使 $\eta_{pol}-Q_s$ 性能曲线呈现出中间高，两头低的形状，如图 3-15 所示。

上面只是定性分析了 $\varepsilon-Q_s$ 和 $\eta_{pol}-Q_s$ 曲线的形状，由于目前对离心式压缩机中各元件的流动损失还处于研究阶段，要精确计算各种损失还缺乏完整可靠的数据。因此，离心式压缩机级的性能曲线以及整台压缩机的性能曲线，还不能用理论计算的方法准确地得到，只能实际测试而得到，或者由已有的性能曲线利用相似理论进行换算。当级的叶轮几何尺寸一定时，在转速 n、进气温度 T_s 和气体常数 R 一定的条件下，可以测得性能曲线。所以在实测的性能曲线图上，必须注明转速、进气温度及介质。

3. 喘振工况

从图 3-14 看出，离心式压缩机级的性能曲线不能达到 $Q_s=0$ 的点。当流量减小到某一值(称为最小流量 $Q_{\min}$)时，离心式压缩机就不能稳定工作，气流出现脉动，振动加剧，伴随着吼叫声，这种不稳定工况称为“喘振工况”，这一流量极限 $Q_{\min}$ 称为“喘振流量”。压缩机性能曲线的左端只能到 $Q_{\min}$，流量不能再减小了。

前已分析，当流量偏离设计流量 Q_d 时，气流在叶片进口处与叶片发生冲击。对压缩机来说，在进口段产生严重的局部扩压区，在叶片的一侧引起气流边界层严重分离。具体地讲，当流量大于设计流量时(冲角 $i<0$)，在叶片的工作面产生边界层分离，出现漩涡区，但大量实验表明，叶片工作面上的气流分离区不会发展下去，因此负冲角方向对压缩机的工作稳定性影响不大。然而，当流量小于设计流量时，冲角为正值($i>0$)，气流的边界层分离发生在叶片非工作面，在此区域内，分离一旦产生，就有继续发展下去的趋势，使叶道进出口出现强烈的气流脉动。但由于各个叶片制造与安装不尽相同，同时由于来流的不均匀性，使得气流脱离往往在一个或几个叶片上首先发生，如图 3-16 所示中的 B 叶道所示，造成 B 叶道有效通道大为减少，从而使原先要流过 B 叶道的气流相当多地流向 A 叶道和 C 叶道。随即促使 C 叶道接着发生严重脱离，从而改善了 A 叶道，依次类推，造成脱离区以与叶轮旋转方向相反的 ω' 转动。由实验可知，$\omega'=(0.2\sim0.6)\omega$，故从绝对坐标系观察脱离区与叶轮同向旋转，以上这种现象称为“旋转脱离”。旋转脱离区有时也可能同时在某几个叶道中出现，而形成数个脱离团。旋转脱离使气流产生流速、压力等参数的周向脉动，其脉动的幅值小，频率高。旋转脱离的出现，使级进、出口气流的压力、流量等产生强烈脉动，并对叶片产生周期性的交变作用力，导致叶片振动。

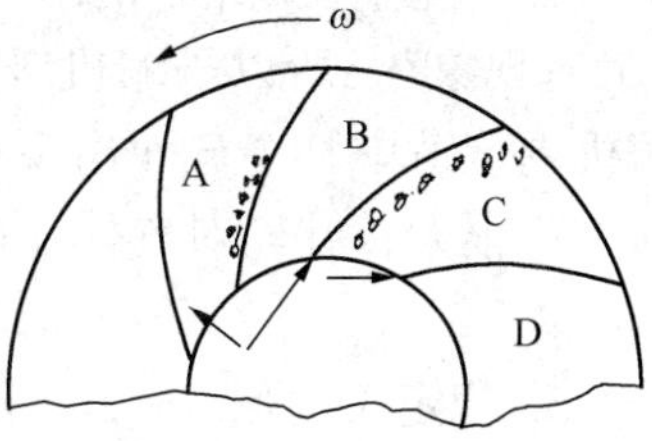

图 3-16　旋转脱离现象示意图

若流量再进一步减小，那么几个叶道的边界层分离区可能联成一片，甚至使整个流道都出现分离现象，以致压缩机不能正常工作。这时级(或机)出口压力下降。通常压缩机是与管网联合工作的，当压缩机出口压力突然下降时，管网中的压力可能大于压缩机的出口压力，于是气流就从管网往压缩机中倒流，直到管网中压力降到低于压缩机出口压力为止。这时压缩机又恢复工作，以较大的排气量向管网供气，管网中压力又随之提高，与此同时，流量又减小，又重复上述倒流的现象，如此周而复始，在整个压缩机-管网系统中产生周期性的低频高振幅压力脉动。其频率及振幅的大小，和管网的气体储量有关，储量愈大则频率越低，振幅越大。这种压力脉动会引起严重的噪音，并使机组发生强烈振动，这种现象叫做

"喘振"。压缩机决不允许在喘振工况下操作，因此压缩机级的性能曲线左端只能到喘振时的流量 Q_{min}。

图 3-17 给出了压缩机出口气流参数随时间的变化曲线。当压缩机正常运转时，排气压力、流量等参数脉动值小，频率高，如图 3-18(a)所示。当流量减少到接近喘振流量时，脉动加剧。若流量减少到出现喘振时，气流参数会出现周期性的波动，振幅大，频率低，同时平均排气压力下降，如图 3-18(b)所示。

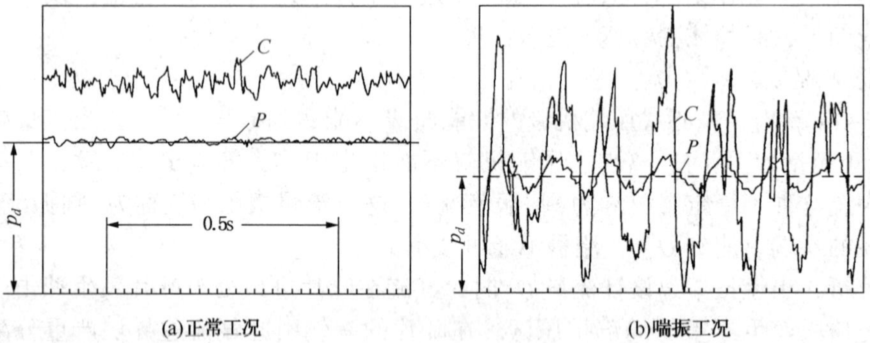

图 3-17 压缩机出口参数随时间变化曲线

总之，压缩机的喘振是一个很复杂的物理现象，它既与气流边界层有关，又与压缩机所在的管网系统有关。对此，有待更进一步的研究。

4. 堵塞工况

在转速不变时，当级中流量加大到某个最大值 Q_{max} 时，压比和效率垂直下降，就会出现"阻塞现象"，所以压缩机级性能曲线右端只能到 Q_{max}。这可能出现两种情况：第一，在压缩机内流道中某个截面出现声速，已不可能再加大流量；第二，流量加大，摩擦损失及冲击损失都很大，叶轮对气体作的功全部用来克服流动损失上，使级中气体压力得不到提高，即 $\varepsilon=1$。

5. 稳定工况区

性能曲线上喘振工况与堵塞工况之间的区域称为稳定工况区。这个区域的大小可用比值 $k_Q=\dfrac{Q_{max}}{Q_{min}}$ 或 $k'_Q=\dfrac{Q_{max}-Q_{min}}{Q_d}$ 来表示。k_Q 愈大表示级的稳定工况区愈宽。同时还用比值 $\dfrac{Q_{min}}{Q_d}$ 来衡量设计工况离开喘振工况的程度，比值愈小说明设计工况离喘振点较远，工作越稳定。

衡量一个级性能的好坏，不仅要求在设计流量下有最高的效率和较高的压力比，还要较宽的稳定工作范围。影响稳定工作范围的因素很多，主要与叶片出口角 β_{A2} 密切相关。试验证明，由 β_{A2} 小的后弯叶片型叶轮组成的级，具有较宽的稳定工作范围。其原因是叶道中气流速度比较均匀，具有较小的喘振流量，从而改善了叶片扩压器的进口条件，因而当考虑流动损失后，性能曲线下降就较径向叶片型叶轮缓慢。

3.4.2 离心式压缩机的性能曲线

由于气体通过一级叶轮所获的能头(或压力比)是有限的，这是因为理论能头 H_T 与 u_2^2 成正比，但选用高的圆周速度 u_2，受材料强度、叶轮进出口气流马赫数的限制；此外，当速度 u_2 一定，则必须增大 D_2，结果使叶道相对宽度 $\dfrac{b_2}{D_2}$ 减小，效率下降。因此对一般合金钢材料制成的闭式叶轮的圆周速度 u_2，不宜大于 320m/s。当要求的压力比高时，常采用多级离心式压缩机。

整台离心式压缩机的性能曲线形状大致与级性能曲线相似。它是在一定转速、一定进气状态下，对一定的气体介质进行试验得到的，如图 3-18 所示。

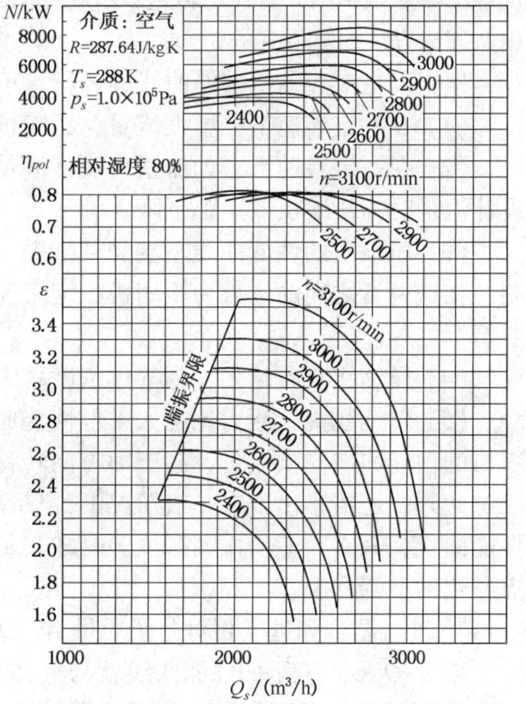

图 3-18　离心式压缩机的性能曲线综合图

1. 级数对压缩机性能的影响

图 3-19 以两级串联为例分析了级数对压缩机性能的影响。性能曲线的横坐标为各级吸气状态下的气量 Q_s，对于两级串联时，第Ⅰ级的进气量 $Q_{s\mathrm{I}}=\dfrac{G_{\mathrm{I}}}{\rho_{s\mathrm{I}}}=\dfrac{G_{\mathrm{I}}RT_{s\mathrm{I}}}{p_{s\mathrm{I}}}$，第Ⅱ级的进气量 $Q_{s\mathrm{II}}=\dfrac{G_{\mathrm{II}}}{\rho_{s\mathrm{II}}}=\dfrac{G_{\mathrm{II}}RT_{s\mathrm{II}}}{p_{s\mathrm{II}}}$。根据连续性方程，两串联级的质量流量 $G_{\mathrm{I}}=G_{\mathrm{II}}=G_{\mathrm{I+II}}$，故有

$$Q_{s\mathrm{II}}=\frac{\rho_{s\mathrm{I}}}{\rho_{s\mathrm{II}}}Q_{s\mathrm{I}}=\frac{p_{s\mathrm{I}}}{p_{s\mathrm{II}}}\frac{T_{s\mathrm{II}}}{T_{s\mathrm{I}}}Q_{s\mathrm{I}} \qquad (3-46)$$

式(3-46)表明两级串联时第Ⅰ级进气量与第二级进气量之间的对应关系。由于串联时两级的吸气状态不同，因此各级进气体积流量(在各自吸气状态下)不等，这就需要先按式(3-46)算出第Ⅱ级所对应的流量 $Q_{s\mathrm{II}}$ 及此时的压力比 $\varepsilon_{\mathrm{II}}$，再根据两级串联后压力比 $\varepsilon_{\mathrm{I+II}}=\varepsilon_{\mathrm{I}}\varepsilon_{\mathrm{II}}$ 的关系找出串联后流量-压力比关系曲线。

由图 3-19 可知，两级串联后的性能曲线的喘振流量 $(Q_{\mathrm{I+II}})_{\min}$ 变大，比单级时向右移了，而两级串联后的最大流量 $(Q_{\mathrm{I+II}})_{\max}$ 则小于第Ⅰ级单独工作时的 $(Q_{\mathrm{I}})_{\max}$。也就是说，两级串联工作后，使喘振流量增大，而堵塞流量减小，$\varepsilon-Q_s$ 曲线变陡，稳定工况区变窄。

显然，级数越多，密度变化越大，稳定工况区也就越窄，因此多级离心式压缩机稳定工况区的宽窄，主要取决于最后几级的特性。为了扩大多级压缩机的稳定工况区，应尽量使后面几级叶轮的 β_{A2} 较小，具有较平坦的性能曲线。

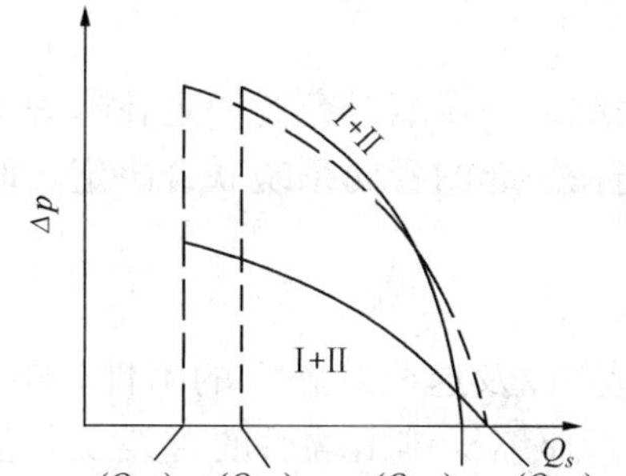

图 3-19　两级串联性能曲线的形成

2. 转速对压缩机性能曲线的影响

和离心泵类似，离心式压缩机或级在不同转速下可以得到不同的性能曲线，可参见图 3-19 所示。当 n 转速增大时，压缩机的压力比将显著增加，$\varepsilon-Q_s$ 曲线向右上方移动。另外，当 n 增大时，气流马赫数也增大，这时流量若偏离设计工况，就会使损失大大增加，性能曲线变陡，使稳定工况范围变窄。

由图 3-18 还可看出，在每一个转速下，每一条 $\varepsilon-Q_s$ 曲线的左端，都是各自的喘振点。将这些点连接起来。形成性能曲线图上的一条喘振界眼。压缩机只能在喘振界限右边

正常工作。该图中只有额定转速3000r/min的性能曲线是试验测得的，其余转速下的曲线是用相似理论方法换算得到的。

根据以上对压缩机性能曲线的分析，可得出以下结论：

(1) 在一定转速下，增大流量，压缩机的压力比将下降；反之，则上升。

(2) 在一定转速下，如流量为设计流量时，压缩机效率达到最高值。当流量大于或小于设计流量时，压缩机效率都下降。

(3) 压缩机的性能曲线左端受到喘振工况(Q_{min})的限制，右端受到堵塞工况(Q_{max})的限制，在这两者之间的区域为压缩机稳定工况区。稳定工况区的宽窄，是衡量压缩机性能的重要指标之一。

(4) 压缩机级数越多，则气体密度越大，性能曲线越陡，稳定工况区越窄。

(5) 转速越高，压力比越大，但性能曲线越陡、稳定工况区越窄。随着转速的增高，压缩机的性能曲线向大流量、高压力方向转移。

此外，还需指出，在一般情况下，只作出压缩机稳定工况区内的性能曲线。喘振区内的性能曲线，只有在专门做喘振试验时才表示出来。喘振点大多发生在性能曲线 ε-Q_s 的最高点左边的下降线上。

3. 进气温度和进气相对分子质量对压缩机性能曲线的影响

以 ε-Q 形式表示的性能曲线就与气体的性质和进气状态密切相关。假设用同一台压缩机分别压缩两种不同气体，如果机器转速相同，那么机器所提供的 H_{pol}-Q_s 曲线基本相同，但 ε-Q 曲线就不相同。根据式

$$\varepsilon \approx 1 + \frac{H_{pol}}{RT_s}$$

可以看出，如果进气温度 T_s 不变，在相同容积流量 Q_s 下(此时 H_{pol} 也基本对应相等)，压缩重的气体(R 小的气体)所得到的压力 ε 比较大；反之，压缩轻的气体，所得的 ε 较小。同样，假设压缩的是同一种气体介质，但进气温度 T_s 不同，根据上式，也可算出两条 ε-Q_s 曲线。进气温度较高的气体，其 ε-Q_s 曲线在下方，进气温度较低的性能曲线在上方。

以上所述是压缩机级的主要性能曲线 ε-Q_s 的变化规律，至于其他性能曲线如 N-Q_s 及 η-Q_s 也相应地随着条件改变而有所变化。因此离心式压缩机的性能曲线图上应标明压缩机的设计条件(或试验条件)才不致于被误用。

3.5 离心式压缩机的性能调节

压缩机在使用时总是与其他设备和管道相联系起来，因此最终压缩机究竟稳定在哪一工况点工作，则不单独决定于压缩机本身，而是由与压缩机连在一起的管网系统联合决定。而当管网状态改变时，压缩机的工况也将随之改变。

3.5.1 管网性能曲线

所谓管网，一般是指与压缩机连接的进气管路、排气管路以及这些管路上的附件(如阀门等)及设备的总称。但对离心式压缩机来说，管网通常是指压缩机排出端后的管线及其他装置。这样规定后，在研究压缩机与其管网的关系时就可以避开压缩机的进气条件随工况而变化的问题，使问题得到简化。

图 3-20 表示压缩机(排气系统中)与一设备(或容器)相连的示意图。排气管上有调控阀门。为了把气体送入压力为 p_r 的设备内，管网始端的压力(称为管网端压也即压缩机出口的背压)p 为

$$p = p_r + \Delta p = p_r + AQ^2 \qquad (3-47)$$

式中 Δp 包括管网中的摩擦损失和局部阻力损失，这些损失均正比于流量平方，故用 AQ^2 表示，A 为阻力损失系数。

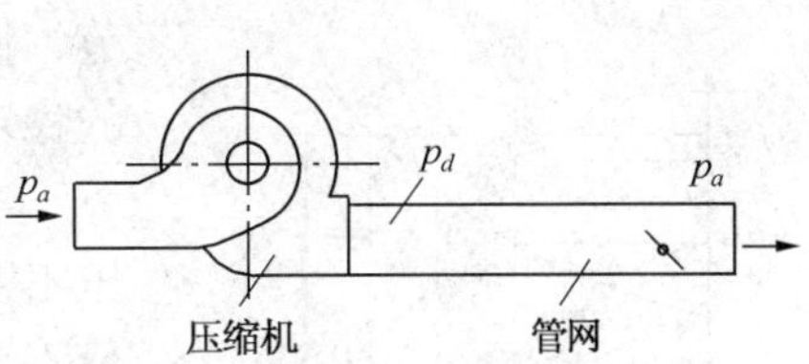

图 3-20　压缩机和管网系统

将式(3-47)表示在图 3-21 上，它是管网端压 p_r 与进气量的关系曲线，称为管网性能曲线，管网性能曲线实际上相当于管网的阻力曲线，此曲线的形状与容器内的压力 p_r 及通过管网的阻力 Δp 有关。它可分为三种形式：图 3-21(a)为管网阻力与流量无关，当从压缩机到容器的管路很短、阀门全开时，因阻力损失很小如 $\Delta p\approx 0$，所以 $p\approx p_r$，此时管网性能曲线与流量无关：图 3-21(b)则可用 $p=AQ_s^2$ 表示，大部分管网属于这种形式，如输气管道等；图 3-21(c)为上述两种形式的混合，其管网特性曲线表示为 $p=p_r+AQ_s^2$。

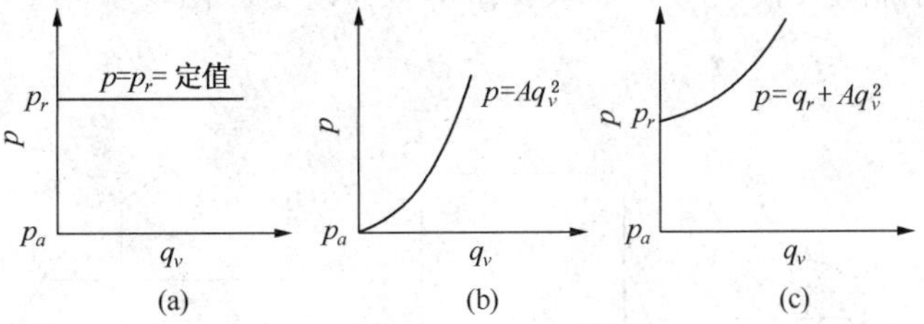

图 3-21　管网性能曲线

3.5.2　离心式压缩机的工作点

当离心式压缩机向管网中输送气体时，如果气体流量和排出压力都相当稳定(即波动甚小)，这就表明压缩机和管网的性能协调，处于稳定操作状态。这个稳定工作点具有两个条件：一是压缩机的排气量等于管网的进气量；二是压缩机提供的排压等于管网所需的端压。所以这个稳定工作点一定是压缩机性能曲线与管网性能曲线之交点。为了便于说明，我们把容积流量折算成质量流量 G。图 3-22 中线 1 为压缩机性能曲线，线 2 为管网性能曲线，两者的交点为 A 点，这就是压缩机的稳定工作点。假设因某种原因，压缩机不是在 A 点而是某 A_1 工况下工作，此时压缩机所提供的流量 G_1 大于 A 点工况下的 G_0，在流量为 G_1 的情况下管网要求的端压为 p_{B1}，比压缩机此时提供的压力 p_{A1} 还大 Δp，这时压缩机只能减少流量；随着气量减小，压缩机排气压力逐渐上升，直到回到 A 工况点才稳定下来。假设压缩机在 A_2 工况点下工作，这时压缩机提供的排气压力 p_{A2} 大于管网要求的压力 p_{B2}，压缩机流量将自动增加，同时排气压力则随之降低，直到和管网压力相等才稳定(A 点)。这就证明只有两条性能曲线的交点 A 才是压缩机的稳定工况点。

当压缩机的性能曲线与管网性能曲线两者或两者之一发生变化时，交点就要变动，也就是说压缩机工况发生变化，从而实现各种变工况操作。

3.5.3　离心式压缩机工况的调节

合理地选择离心式压缩机，应该使压缩机能在设计工况附近操作，因为这时压缩机效率高。但由于生产上工艺参数不可避免地会有变化，所以经常需要对压缩机进行手动或自动调

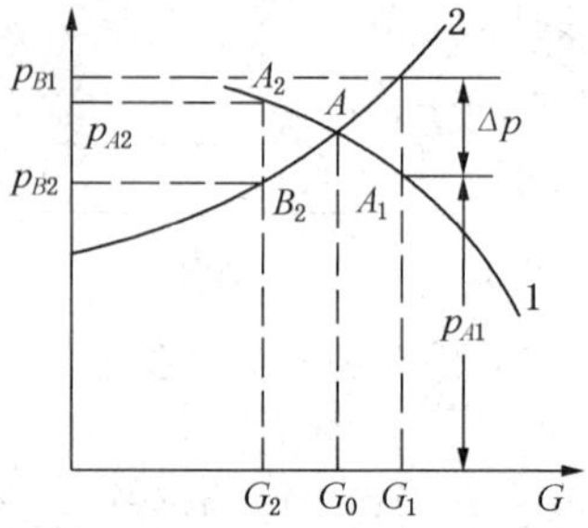

图 3-22 离心式压缩机的稳定工况

节，使压缩机能适应生产要求，改变工况点，以保持生产系统的稳定。

离心式压缩机的调节一般有两种：一是等压调节，即在背压不变的前提下调节流量；另一种是等流量调节，即在保证流量不变的情况下调节压缩机排气压力，前者用得更为普遍。压缩机调节的实质就是改变压缩机的工况点，所用的方法从原理上讲就是设法改变压缩机的性能曲线或者改变管网性能曲线，使这两条线的交点改变。具体地说有以下几种调节方式。

1. 出口节流调节

在机器出口安装调节阀(图 3-23)，如果管网中容器压力不变，要求把流量从 G_s 减到 G'_s。这时只要把出口调节阀(出口节流)关小，使管网性能曲线变陡，曲线 2 变为线 3，压缩机工况点就由 s 点移到 s'点，s'点的流量为 G'_s，达到调节目的。此法无论是调节机构还是操作方法都极简单，但其缺点是浪费功率较大，(p'_s-p_r)压差完全消耗于阀门的附加阻力损失上。如果容器中压力改变，但要求流量不变，也可用出口节流方法调节压力。

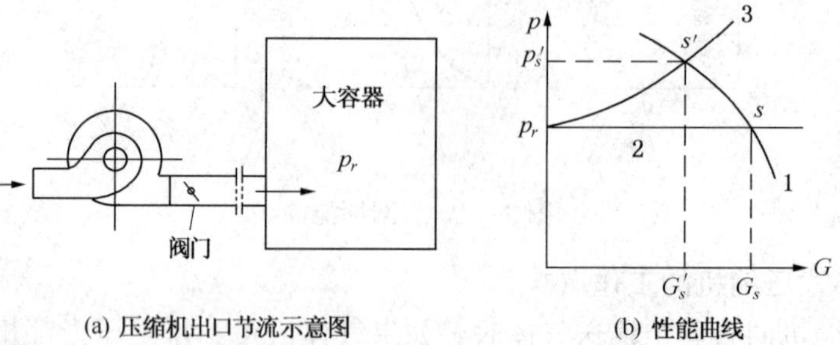

图 3-23 压缩机出口节流调节

由上可见，出口节流调节是不经济的，尤其当压缩机性能曲线较陡而调节流量的范围又较大时，它的缺点更为突出。所以目前除在风机及小型鼓风机使用外，压缩机很少采用。

2. 进口节流调节

如图 3-24 所示，在压缩机进气管上安装调节阀(一般是蝶阀)。当调节阀全开时，阀后的气体压力 p_s 等于阀前的气体压力 p_a，此时压缩机性能曲线为线 1。关小调节阀，压缩机进气压力就降为 $p'_s<p_a$，并随流量而变化，如线 2 所示。进气压力降低直接影响到压缩机排气压力 p_d 使压缩机性能曲线由线 1 下移至线 3。如果进气调节阀进一步关小，进气压力与进气流量的关系由线 2 变至线 4，此时压缩机性能曲线变成线 5。所以进口节流调节，实际上是改变了压缩机的性能曲线。

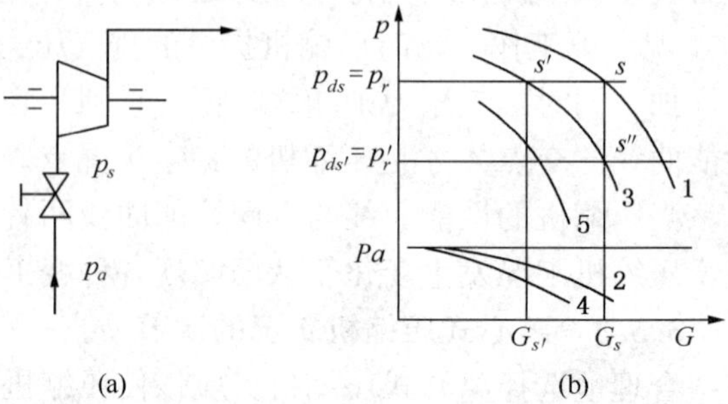

图 3-24 进口节流调节系统

假若压缩机原在 s 点工作，容器压力 p_r 不变，现在要求流量从 G_s 到 $G_{s'}$。当采用进口节流方法调节时，只要关小进口调节阀，使压缩机性能曲线下移变成线 3，此时压缩机工况点就是 s'，流量为 $G_{s'}$，达到调节目的。同样，如果要求减小压缩机排气压力而希望流量保持不变，也可以用进口节流调节来实现压缩机在 s''。和出口节流法相比，进口节流法的经济性较好。据资料介绍，对某压缩机进行测试表明：当流量变化为 60%~80%的范围内，进口节流比出口节流省功率约为 4%~5%。所以这是一种比较简便而常用的调节方法。另外，关小进口阀，会使压缩机性能曲线向小流量方向移动，减小极限喘振流量，因而可使压缩机在更小的流量下稳定运行，这是进口节流的另一优点。但它还是有一定的节流损失，同时工况变化后对压缩机级效率也有影响。

3. 改变转速调节

对于如汽轮机、燃气轮机等驱动的压缩机采用转速调节最方便，为了节能，许多电机驱动的压缩机也通过变频改变转速运行。当压缩机改变转速时，其性能曲线也会相应地改变，所以可用这个方法来改变工况点，满足生产的要求。如图 3-25 所示。如有一压缩机向压力为 p_r 的容器中输气，设计流量为 G_s，设计转速为 n，此时工况点为 s。现若要求 p_r 不变，而流量减小到 G''_s(或增大至 G'_s)，此时只要将压缩机的转速降为 n''(或升至 n')，就可使压缩机性能曲线改变而得到新的工况点 s''(或 s')，使流量达到 g''_s(或 g'_s)。同样，当容器压力降到 p''_r 而要求流量保持不变时，则只要把转速降至 n''，使工作点由 s 点移至 s''即可。

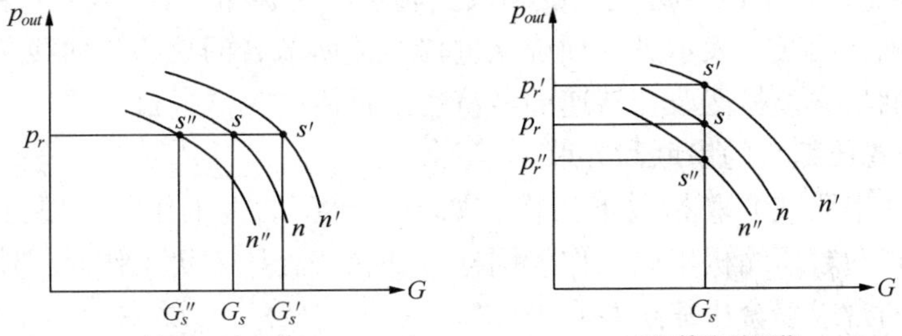

图 3-25　改变转速调节流量和压力

由于离心式压缩机的能头 H_T 正比于 n^2，所以用变转速调节法可以得到相当大的调节范围。另外，变转速调节法并不引起其他附加损失，所以它是目前大型压缩机经常采用的调节方法。

4. 转动进口导叶调节(又称进气预旋调节)

在压缩机叶轮入口前设置可转动的进口导向叶片，并由专门机构使各导向叶片能绕自身轴旋转，从而可改变导向叶片的安装角，使进入叶轮的气流产生预旋绕，以改变压缩机性能曲线而实现压缩机的调节。进口导叶转动后若叶轮进口气流得到一个与叶轮转向一致的旋绕，周向分速 $c_{u1}>0$ 时，称为正旋绕；若产生与叶轮转向相反的旋绕，即 $c_{u1}<0$，称为负旋绕。根据欧拉方程可知

$$H_T = u_2 c_{u2} - u_1 c_{u1} = u_2\left(c_{u2} - \frac{D_1}{D_2}c_{u1}\right) \tag{3 - 48}$$

可见压缩机能量头 H_T 随 c_{u1} 改变而改变。正旋绕时 $c_{u1}>0$，H_T 将减小，压缩机性能曲线下移；负旋绕时 $c_{u1}<0$，H_T 将增大，性能曲线上移。所以如果要使压缩机流量减小，就可用正旋绕来调节。图 3-26 中曲线 1 是无旋绕时的性能曲线，其余各线是不同正旋绕时的曲线，预旋角愈大，性能曲线愈陡，喘振流量则有所减小。同时，转动进口导叶后，叶轮入口处存在冲角，增大了冲击损失，故效率有所下降，但与进口节流相比，能量损失要小些。

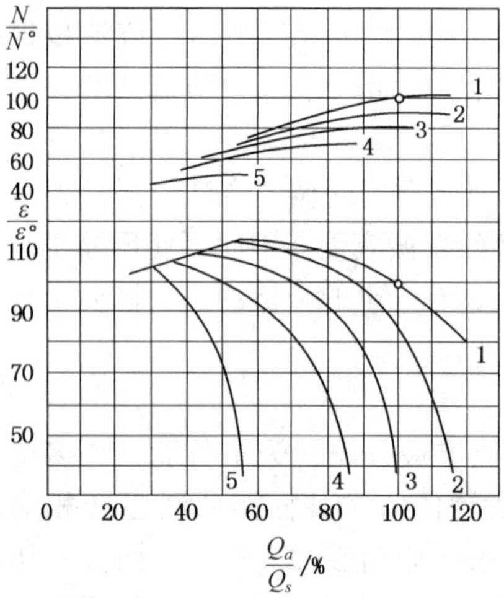

图 3-26 转动可调进气导叶调节压缩机的性能曲线

可转动导叶本身的调节机构比较复杂，特别对多级压缩机，如果每一级前都采用可转动导叶，整台机器就非常复杂，甚至无法实现。一般在通风机或鼓风机上采用，因它们的 D_1/D_2 比压缩机大，从式(3-48)看，调节的效果比较明显。

此外还有可转动的扩压器叶片调节方法，转动扩压器的叶片角度以适应变化了的流量，可使冲角减小，稳定工况区扩大，而且使压缩机性能曲线向小流量方向平移，这对等压下调节流量很有利，而对于其他调节任务就不太适合，加上机构复杂，所以很少在压缩机上应用。

图 3-27 表示了进口节流、进气预旋和改变转速三种调节方法的经济性对比。其中以进口节流为比较基础，曲线 1 表示进气预旋比进口节流所节省的功率；曲线 2 表示改变转速比进口节流所节省的功率。显然改变转速的经济性最佳。

3.5.4 离心式压缩机的串联和并联

压缩机可以在串联或并联情况下工作。如果一台压缩机工作时，压力不能达到所需要求，就可以考虑将两台压缩机串联工作。同样，如果一台压缩机工作时，流量不能满足所需要求，也可以将两台或多台压缩机并联工作。

当压缩机串联工作时，两台压缩机的质量流量 G 应相等，对应的进口体积流量应满足关系。两台压缩机串联后，总的性能曲线要比单机陡。为了保证合适的稳定工作范围，一般要求第二台压缩机的稳定工况区最好比第一台宽。

由于压缩机的串联增加了整个系统的复杂性，因此很少采用。一般在设计时，应使一台压缩机就能满足压力要求。

而压缩机的并联时，应满足压比相同原则来形成并联的性能曲线。压缩机的并联常用于以下情况：

(1) 必须增加输气量，而又不需要对现有的压缩机做重新改造；

(2) 气体用量很大，用一台压缩机可能尺寸过大或制造上有困难，这时应考虑两台小的压缩机并联供气；

(3) 用户的用气量经常变动，这时用两台机器并联，一台作为主要工作机，另一台作辅机。辅机在所需的输气量大时，同主机同时供气，而当输气量少时，可停机。例如在天然气长

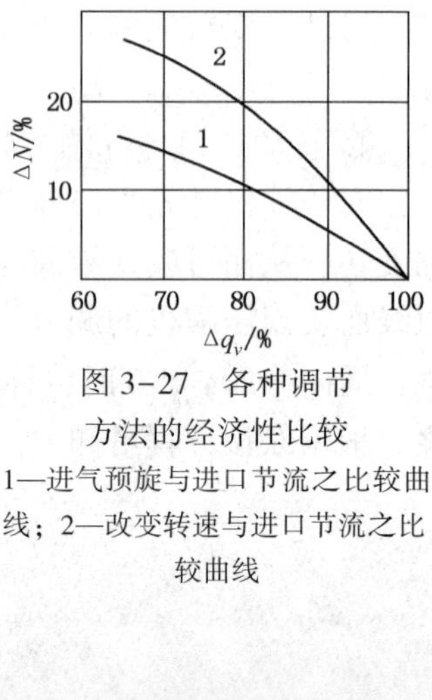

图 3-27 各种调节方法的经济性比较

1—进气预旋与进口节流之比较曲线；2—改变转速与进口节流之比较曲线

输管线的输气量在冬天和夏天波动量大，这时利用辅机可以实现输气量的调峰。

3.6　相似原理在离心式压缩机中的应用

3.6.1　离心式压缩机相似应具备的条件

在离心泵部分里已经指出两机相似的条件，对离心式压缩机来说，如果保持模型机与原型机的流动过程相似，则它们之间所有对应的热力参数、气动参数和几何参数之比都相同，对应的效率、损失系数都相等，即

$$\frac{p'_1}{p_1}=\frac{p'_2}{p_2};\quad \frac{T'_1}{T_1}=\frac{T'_2}{T_2};\quad \frac{u'_1}{u_1}=\frac{u'_2}{u_2};\quad \frac{c'_1}{c_1}=\frac{c'_2}{c_2}$$

对于理想气体，多变过程的压力和温度之间的关系为

$$\frac{p'_2}{p'_1}=\left(\frac{T'_2}{T'_1}\right)^{\frac{m'}{m'-1}},\quad \frac{p_2}{p_1}=\left(\frac{T_2}{T_1}\right)^{\frac{m}{m-1}}$$

故

$$m'=m$$

如果两流动的气体绝热指数 k 相等，根据 η_{pol} 与 m 的关系

$$\frac{k'}{k'-1}\eta'_{pol}=\frac{m'}{m'-1},\quad \frac{k}{k-1}\eta_{pol}=\frac{m}{m-1}$$

必有

$$\eta'_{pol}=\eta_{pol}$$

下面就两机流动相似的条件具体分析。

1. 几何相似

与离心泵一样，几何相似也是指两机（或两对应级）的通流部分的几何形状相似。对叶轮来说，同样要满足

$$\frac{D'_1}{D_1}=\frac{D'_2}{D_2}=\frac{b'_1}{b_2}=\cdots=\frac{D'}{D}=\lambda_L$$

$$z'=z;\quad \beta'_{A1}=\beta_{A1};\quad \beta'_{A2}=\beta_{A2};\quad \tau'_1=\tau_1;\quad \tau'_2=\tau_2 \tag{3-49}$$

2. 进口运动相似

进口运动相似主要是指叶道进口处的速度三角形相似。这时

$$\frac{c'_1}{c_1}=\frac{u'_1}{u_1}=\frac{w'_1}{w_1}$$

如进口无预旋，则

$$\frac{c'_{r1}}{u'_1}=\frac{c_{r1}}{u_1}$$

即

$$\varphi'_{r1}=\varphi_{r1} \tag{3-50}$$

这说明如果进口处是无预旋的，流量系数 φ_{r1} 相等，就表明进口速度三角形相似。对于有预旋的情况，除要求 φ_{r1} 相等外，还应有预旋角相等，或 c_1 与 u_1 间的夹角 a_1 相等。如果进口速度三角形不相似，这时 $\varphi_{r1}\neq\varphi'_{r1}$，$\beta_1\neq\beta'_1$，则冲角不等。因为冲角对流动影响很大，因此速度三角形不相似，流动也不会相似。

3. 动力相似

1）雷诺数相等

与离心泵相似一样，动力相似要求两机雷诺数相等，离心式压缩机的雷诺数往往大于其

临界值(约为 $5\times10^6\sim10^7$)，机内的流动已进入自动模化区，这时流动摩擦阻力系数近似为一常数。在这种情况下，也就不必要求"雷诺数相等"这一条件，除非是模型尺寸很小或进口压力很低(气体密度很小)时，雷诺数小于临界值，才不得不考虑它对流动的影响。

2）马赫数相等

马赫数是表征气流可压缩性的一个准数，它反映了气体在流动中引起体积发生变化所需要(或产生)的惯性力与弹性力的比值。如果两机动力相似，其对应马赫数 M 应相等($M'=M$)。所以对应马赫数相等是相似的一个必要条件。反之，若对应的马赫数相等，两机的对应同类性能参数(如温度比、速度比、压力比、比容比等)才可能相等。

为了使问题进一步简化，还可用一个不随工况变化的特征马赫数 $\overline{M}_{u2}$ 相等来代替"对应马赫数相等"的条件。

$$\overline{M}_{u2}=\frac{u_2}{\sqrt{kRT_s}}=\frac{u'_2}{\sqrt{k'R'T'_s}}=\overline{M}'_{u2} \qquad (3-51)$$

以上已从理论上分析了两个几何相似，运动相似的压缩机，其动力相似的条件有特征雷诺数相等及特征马赫数相等，$(\overline{Re})'_{u2}=(\overline{Re})_{u2}$，$\overline{M}_{u2}=\overline{M}'_{u2}$。但实际上这两个相似条件要同时得到满足是困难的，这从下面联解 $(\overline{Re})_{u2}$ 及 $\overline{M}_{u2}$ 中可看出，假设两机的气体介质相同，则

$$\frac{D_2u_2}{\nu_s}=\frac{D'_2u'_2}{\nu'_s}$$

及
$$\frac{u_2}{\sqrt{T_s}}=\frac{u'_2}{\sqrt{T'_s}}$$

联解上面两式即得
$$D_2=\frac{\nu_s}{\nu'_s}\sqrt{\frac{T'_s}{T_s}}D'_2 \qquad (3-52)$$

所以对动力相似条件只要求特征马赫数 $\overline{M}_{u2}=\overline{M}'_{u2}$ 即可。

4. 热力相似

离心式压缩机中气体的压缩过程是个热力过程，气体状态的变化与其绝热指数有着密切关系。绝热指数 $k=\frac{c_p}{c_v}$，它是反映气体分子结构及性质的一个准数，所以要保证两机流动过程相似，必须保证 k 值相等。如果 $k'\neq k$，即使两机马赫数 M 都对应相等，对应的性能参数的比值也不可能相等，也就是两机的性能不会相似，出口速度三角形也不会相似，这样就连运动相似也得不到保证。所以等熵绝热指数 k 相等应该是两机相似的先决条件。

如果两机的 k 值相等，性能相似，那么还可以证明两机的多变指数 m 及多变效率 η_{pol} 也对应相等，证明如下

已知
$$\frac{p_2}{p_1}=\left(\frac{T_2}{T_1}\right)^{\frac{m}{m-1}};\qquad \frac{p'_2}{p'_1}=\left(\frac{T'_2}{T'_1}\right)^{\frac{m'}{m'-1}}$$

因两机性能相似，故压力比和温度比对应相等，则 $m=m'$。

又已知 $k'=k$ 和 $m=m'$，由式(3-29a)

$$\frac{m}{m-1}=\frac{k}{k-1}\eta_{pol};\qquad \frac{m'}{m'-1}=\frac{k'}{k'-1}\eta'_{pol}$$

可知
$$\eta_{pol}=\eta'_{pol}$$

综上所述，要保持两离心式压缩机流动过程完全相似，必须具备以下相似条件：

(1) 几何相似；

(2) 进口速度三角形相似；

(3) 特征马赫数相等；

(4) 气体等熵绝热指数相等。

其中几何相似、特征马赫数相等和绝热指数相等是两机流动相似的先决条件，因为它们仅决定于两机的初始条件，而与机器工作时的工况无关，若再加上进口速度三角形相似则为两机流动相似的充要条件。如果满足上述相似条件，则两机流动相似，各对应点参数之比相等。

对于具有中间冷却、各段转速相同的多段离心式压缩机的相似，除了上述四个相似条件外，还应补充“各对应段的进气温度之比应该相等”的条件，即

$$\frac{T_{s\mathrm{I}}}{T'_{s\mathrm{I}}}=\frac{T_{s\mathrm{II}}}{T'_{s\mathrm{II}}}=\frac{T_{s\mathrm{III}}}{T'_{s\mathrm{III}}}=\cdots=\frac{T_{si}}{T'_{si}} \tag{3-53}$$

3.6.2　离心式压缩机完全相似的性能换算

通常根据离心式压缩机级或段的模型试验结果进行设计、制造以后，为了验证其性能是否达到设计要求而必须进行产品试验。不管是模型试验，还是产品试验，试验条件(如进气条件、介质和转速等)和设计条件往往不能完全一致，但若两者完全满足相似条件，则试验条件下所得的性能参数，就可用完全相似性能换算方法换算成设计条件下的性能参数。为便于分析，将试验条件下的性能参数右上角加撇，以示区别。

首先确定试验转速。根据 $\overline{M}_{u2}=\overline{M}'_{u2}$ 和 $k=k'$ 相似条件，则

$$\frac{D_2 n}{\sqrt{RT_s}}=\frac{D'_2 n'}{\sqrt{R'T'_s}}$$

$$n'=\frac{1}{\lambda_L}\sqrt{\frac{R'T'_s}{RT_s}}\,n \tag{3-54}$$

式中　n'——模型机或试验条件下的转速；

n——原形机或设计条件下的转速；

λ_L——几何尺寸的比例常数，$\lambda_L=\dfrac{D'_2}{D_2}$。

由上式看出，试验转速 n' 与试验时所采用气体的气体常数 R'、进口温度 T'_s 和尺寸比例常数 λ_L 有关。只有在 n' 转速下，才能保证试验条件与设计条件符合流动过程的完全相似。在 n' 转速下，试验测得的性能参数或性能曲线，可以按照完全相似换算成设计条件下的性能参数或性能曲线。

(1) 转速之间的换算　$n=\lambda_L\sqrt{\dfrac{RT_s}{R'T'_s}}\,n'$

(2) 流量之间的换算　根据进口速度三角形相似和几何相似，体积流量间的关系为

$$\frac{Q_1}{Q'_1}=\frac{c_{r1}f_1}{c'_{r1}f'_1}=\frac{u_1}{u'_1}\frac{1}{\lambda_L^2}=\frac{n}{n'}\frac{1}{\lambda_L^3}$$

则

$$Q_1=\frac{1}{\lambda_L^3}\frac{n}{n'}Q'_1=\frac{1}{\lambda_L^2}\sqrt{\frac{RT_s}{R'T'_s}}\,Q'_1$$

如采用进口流量 Q_s，则相应有

$$Q_s = \frac{Q'_s}{\lambda_L^3}\frac{n}{n'} = \frac{Q'_s}{\lambda_L^2}\sqrt{\frac{RT_s}{R'T'_s}} \tag{3-55}$$

质量流量间的关系为

$$\frac{G}{G'} = \frac{Q_s\rho_s}{Q'_s\rho'_s} = \frac{Q_sR'T'_sp_s}{Q'_sRT_sp'_s}$$

将式(3-55)代入上式可得

$$G = \frac{1}{\lambda_L^2}\sqrt{\frac{R'T'_s}{RT_s}}\frac{p_s}{p'_s}G' \tag{3-56}$$

(3) 压力比间的换算　完全相似时，对应压力比相等，即

$$\varepsilon = \varepsilon'$$

(4) 多变效率之间的换算　由于符合相似条件，即 $p'_2/p_2 = p'_1/p_1$；$T'_2/T_2 = T'_1/T_1$，则多变指数 $m' = m$

因
$$\frac{m'}{m'-1} = \frac{k'}{k-1}\eta'_{pol}$$

$$\frac{m}{m-1} = \frac{k}{k-1}\eta_{pol}$$

而
$$k' = k$$

所以
$$\eta'_{pol} = \eta_{pol}$$

(5) 能头间的换算　离心式压缩机多变能头 $H_{pol} = \eta_{hyd}H_T = \eta_{hyd}\varphi_{u2}u_2^2$。如两机相似，则 $\eta'_{hyd} = \eta_{hyd}$，$\varphi'_{u2} = \varphi_{u2}$，故多变能头之比为

$$\frac{H_{pol}}{H'_{pol}} = \frac{u_2^2}{u'^2_2} = \left(\frac{D_2}{D'_2}\right)^2\left(\frac{n}{n'}\right)^2 \tag{3-57}$$

如多变能头以下面公式表示

$$H_{pol} = \frac{m}{m-1}RT_s(\varepsilon^{\frac{m-1}{m}} - 1)$$

因两机相似时，$m = m'$，$\varepsilon = \varepsilon'$，则多变能头之比可用下式表式

$$\frac{H_{pol}}{H'_{pol}} = \frac{RT_s}{R'T'_s} \tag{3-58}$$

又因 $\eta_{pol} = \eta'_{pol}$，$\eta_{ab} = \eta'_{ad}$，则

$$H_{pol} = H_{tot}\eta_{pol};\ H_{ad} = H_{tot}\eta_{ad}$$

故总能头之换算可写为
$$\frac{H_{tot}}{H'_{tot}} = \frac{RT_s}{R'T'_s} \tag{3-59}$$

同样，绝热能头之换算可写为
$$H_{ad} = \frac{RT_s}{R'T'_s}H'_{ad} \tag{3-60}$$

(6) 功率间的换算

$$N_{tot} = H_{tot}G;\ N'_{tot} = H'_{tot}G'$$

$$\frac{N_{tot}}{N'_{tot}} = \frac{H_{tot}G}{H'_{tot}G'}$$

将式(3-56)和(3-59)代入上式，则功率关系为

$$\frac{N_{tot}}{N'_{tot}} = \frac{GH_{tot}}{G'H'_{tot}} = \frac{1}{\lambda_L^2}\sqrt{\frac{RT_s}{R'T'_s}} \cdot \frac{p_s}{p'_s} \tag{3-61}$$

从上式可知，当进口条件相同时，功率与尺寸比例常数的平方成正比，所以 λ_L 愈小，达到相同压力比时模型机所需的功率也就愈小。为了减小模型试验时的功率，因此往往把模型机的尺寸做得比原形机的尺寸要小。但是，当 λ_L 较小时，由式(3-54)可知，这时模型机的转速就需要相应增大。

从式(3-61)还可看出，模型机功率和进口压力 p'_s 有关。p'_s 愈小，N' 也愈小。因此，为了节省试验时的功率，可用进口节流来降低进气压力 p'_s。

3.6.3　近似相似时的性能换算

无论是模型试验，还是产品试验，往往受试验条件的限制，不可能保证产品试验条件与设计条件完全符合相似条件，而只能满足其中部分相似条件。这时，完全相似换算关系就不再全部适用，只能从部分相似条件中找出某些联系，再适当地补充一些条件，使两机工况保持一定的近似相似，从而解决生产实际中的性能换算问题，这种性能换算称为近似换算。下面分别讨论 $k=k'$、$\overline{M}_{u2} \neq \overline{M}'_{u2}$ 和 $k \neq k'$ 两种情况的性能换算。

1. $k=k'$，而特征马赫数 $\overline{M}_{u2} \neq \overline{M}'_{u2}$ 的近似换算

产品试验时，本应按式(3-54)即 $n' = \frac{1}{\lambda_L}\sqrt{\frac{R'T'_s}{RT_s}}n$ 来确定试验转速，但由于受试验设备条件的限制，试验转速往往采用设计转速。这时很难满足完全相似的四个条件，只能满足三个。此时如果 $\overline{M}_{u2}$ 与 $\overline{M}'_{u2}$ 相差不大或 $\overline{M}_{u2}$ 值较小($\overline{M}_{u2} \leqslant 1$)，这时气体的可压缩性比较接近，可近似地认为 $\overline{M}_{u2} \neq \overline{M}'_{u2}$，对气体参数的变化和摩擦阻力系数的影响很小，可以不要求 $\overline{M}_{u2} = \overline{M}'_{u2}$ 相等的相似条件。也就是说，在几何相似和 $k=k'$ 前提下，如果进口速度三角形相似，就可以近似地认为叶轮出口的速度三角形也相似。这样，便可得到下列换算关系。

(1) 流量换算关系　根据两机叶道进口速度三角形相似，则 $\varphi_{r1} = \varphi'_{r1}$，相应地有

$$Q_s = \frac{1}{\lambda_L^3}\frac{n}{n'}Q'_s \tag{3-62}$$

(2) 能头、压力比换算关系　由于认为叶轮出口速度三角形相似，可得

$$\varphi_{r2} = \varphi'_{r2};\ \varphi_{u2} = \varphi'_{u2}$$

并认为摩擦阻力系数相同，β_{df} 和 β_l 值对应相等，则认为

$$\eta_{pol} = \eta'_{pol};\ \eta_{hyd} = \eta'_{hyd}$$

根据 $k=k'$ 和 $\eta_{pol} = \eta'_{pol}$，则得

$$m = m'$$

因 $\varphi_{u2} = \varphi'_{u2}$ 和 $\varphi_{pol} = \varphi_{u2}\eta_{hyd}$，故多变能头系数相等，即

$$\varphi_{pol} = \varphi'_{pol}$$

则多变能头的关系为

$$\frac{H_{pol}}{H'_{pol}} = \frac{\varphi_{pol}u_2^2}{\varphi'_{pol}u'^2_2} = \frac{u_2^2}{u'^2_2} = \frac{1}{\lambda_L^2}\left(\frac{n}{n'}\right)^2 \tag{3-63}$$

根据压力比 ε 和多变能头 H_{pol} 关系式

$$H_{pol} = \frac{m}{m-1}RT_s(\varepsilon^{\frac{m-1}{m}} - 1)$$

$$H'_{pol}=\frac{m'}{m'-1}R'T'_s(\varepsilon'^{\frac{m'}{m'-1}}-1)$$

将上两式相除，再代入式(3-63)，整理后可得

$$\varepsilon=[1+A(\varepsilon'^{\frac{m'-1}{m'}}-1)]^{\frac{m}{m-1}}$$

式中

$$A=\frac{1}{\lambda_L^2}\left(\frac{n}{n'}\right)^2\frac{R'T'_s}{RT_s}$$

上述压力比换算方法称为多变换算法，是压力比换算的一种基本方法，较准确，但复杂，适用于各种不同 k 值的气体和不带冷却的压缩机的压力比换算。此外，还有采用其他简化换算方法，如等温换算法、等容换算法、平均换算法等。

(3) 功率换算关系

$$N_{tot}=GH_{tot}=\rho_sQ_s\frac{H_{pol}}{\eta_{pol}}$$

$$N'_{tot}=G'H'_{tot}=\rho'_sQ'_s\frac{H'_{pol}}{\eta'_{pol}}$$

故

$$N_{tot}=\frac{Q_s\rho_sH_{pol}}{Q'_s\rho'_sH'_{pol}}H'_{tot}$$

将式(3-62)、式(3-63)和 $\rho_s=\frac{p_s}{RT_s}$ 代入上式，得

$$N_{tot}=\frac{1}{\lambda_L^5}\left(\frac{n}{n'}\right)^3\frac{R'T'_sp_s}{RT_sp'_s}H'_{tot} \tag{3-64}$$

必须指出，流量换算式(3-62)用于压力比 $\varepsilon<2.5$ 的机器是符合实际情况的，当压力比较大时，误差就比较大。这是因为式(3-62)是在 $\overline{M}_{u2}\neq\overline{M}'_{u2}$，但对比容比变化影响不大，如进口速度三角形相似，认为其他截面速度三角形也相似的条件下得出的。实际上，在压力比较大时，由于 $\overline{M}_{u2}\neq\overline{M}'_{u2}$，即使第一级叶道进口处的速度三角形相似，而后面几级的速度三角形差别也很大。为此，对压力比较高的压缩机，不应采用保持进口速度三角形相似的方法进行流量换算。这时可采用压缩机进、出口之间某一截面处速度三角形仍保持相似，使在设计条件和实验条件下，各级速度三角形相差不致太大。如果在进、出口中间截面处速度三角形相似，则由流量系数相等，即 $\varphi_{rm}=\varphi'_{rm}$，可得与式(3-62)相似的关系式

$$Q_m=\frac{1}{\lambda_L^3}\frac{n}{n'}Q'_m$$

令 Q_m 同进口流量 Q_s 之比为

$$\frac{Q_m}{Q_s}=\frac{\nu_m}{\nu_s}=\frac{1}{k_m};\qquad \frac{Q'_m}{Q'_s}=\frac{\nu'_m}{\nu'_s}=\frac{1}{k'_{\nu m}}$$

由此得进口流量的换算关系为

$$Q_s=\frac{1}{\lambda_L^3}\frac{n}{n'}\frac{k_{\nu m}}{k'_{\nu m}}Q'_s \tag{3-65}$$

按上式计算，必须要知道 $k_{\nu m}/k'_{\nu m}$ 值，通常推荐用半温升平均比容法来计算，即

$$\frac{k_{\nu m}}{k'_{\nu m}}=\frac{\sqrt{\left(1+\dfrac{\Delta T}{2T_s}\right)^{\frac{1}{m-1}}}}{\sqrt{\left(1+\dfrac{\Delta T'}{2T'_s}\right)^{\frac{1}{m'-1}}}}$$

当转速与完全相似时的试验转速相差在 20%~30%范围内时，上述公式换算结果误差在3%以内。

2. 绝热指数 $k\neq k'$时的近似换算

当离心式压缩机试验时不能采用原设计气体，尤其设计气体为易燃、易爆、腐蚀、有毒等介质时，试验时常采用空气作介质，这就会遇到 $k\neq k'$的问题。这时两个流动过程就不相似。为了尽可能使产品试验条件与设计条件之间保持近似相似，可使压缩机进、出口比容比保持相等，即

$$\frac{\nu_s}{\nu_d}=\frac{\nu'_s}{\nu'_d} \tag{3-66}$$

由于机器进、出口比容比相等，则机器进、出口速度三角形就对应相似，但是机器中间各截面处的速度三角形并不相似，因而可认为在机器进、出口截面之间的流动过程是近似相似。那么怎样才能保持机器进、出口比容比相等？根据压力比与比容比的关系，应使其压力比的$\frac{1}{m}$次方相等，即

$$\frac{\nu_s}{\nu_d}=\left(\frac{p_d}{p_s}\right)^{\frac{1}{m}}$$

则

$$\left(\frac{p_d}{p_s}\right)^{\frac{1}{m}}=\left(\frac{p'_d}{p'_s}\right)^{\frac{1}{m'}};\quad \varepsilon^{\frac{1}{m}}=\varepsilon'^{\frac{1}{m}} \tag{3-67}$$

由于机器工况近似相似，可以认为效率和能头系数都相等，即

$$\eta_{pol}=\eta'_{pol};\ \eta_{hyd}=\eta'_{hyd};\ \varphi_{pol}=\varphi'_{pol}$$

则得到与式(3-51)相同的多变能头关系式

$$\frac{H_{pol}}{H'_{pol}}=\frac{\varphi_{pol}u_2^2}{\varphi'_{pol}u'^2_2}=\frac{1}{\lambda_L^2}\left(\frac{n}{n'}\right)^2$$

又因

$$H_{pol}=\frac{m}{m-1}RT_s(\varepsilon^{\frac{m-1}{m}}-1);\quad H'_{pol}=\frac{m'}{m'-1}R'T'_s(\varepsilon'^{\frac{m'-1}{m'}}-1)$$

$$\varepsilon^{\frac{1}{m}}=\varepsilon'^{\frac{1}{m}}$$

故得

$$n'=\frac{n}{\lambda_L}\sqrt{\frac{\dfrac{m'}{m'-1}R'T'_s(\varepsilon'^{\frac{m'-1}{m'}}-1)}{\dfrac{m}{m-1}RT_s(\varepsilon^{\frac{m-1}{m}}-1)}}=\frac{n}{\lambda_L}\sqrt{\frac{\dfrac{m'}{m'-1}R'T'_s(\varepsilon^{\frac{m'-1}{m'}}-1)}{\dfrac{m}{m-1}RT_s(\varepsilon^{\frac{m-1}{m}}-1)}} \tag{3-68}$$

式(3-68)是 $k\neq k'$而用等比容变化换算时，两机转速间所应有的关系，由式(3-68)看出，如 $k=k'$，因 $\eta_{pol}=\eta'_{pol}$，故 $m=m'$，这时公式(3-68)变成

$$n'=\frac{n}{\lambda_L}\sqrt{\frac{R'T'_s}{RT_s}}$$

即完全相似时的两机转速对应关系式(3-54)。比较这两关系式可知，完全相似时，两机转

速间的关系与 ε 或 Q_s 等无关，即与工况无关。而按式(3-68)进行 $k=k'$ 等比容变化近似换算时，两机对应转速之比与 ε、m(或 η_{pol})有关，即与工况有关。因而即使模型机的转速 $n'=$ const，而由模型机性能 曲线上每一个点在用 $k\neq k'$ 等比容变化换算成原型机性能时，换算出来的原型机每一点的对应转速不同。也就是说，一条 $n=$ const 的模型机性能曲线，单靠 $k\neq k'$ 用等比容变化近似换算，是不能一次就得到一条 $n=$ const 的原型机性能曲线。如要得到 $n=$ const 的原型机性能曲线，还要用 $\overline{M}_{u2}\neq\overline{M}'_{u2}$ 的近似相似换算来进一步换算。

流量换算式为

$$Q_s=\frac{1}{\lambda_L^3}\frac{n}{n'}Q'_s \tag{3-69}$$

功率换算式为

$$N_{tot}=\frac{1}{\lambda_L^5}\left(\frac{n}{n'}\right)^3\frac{R'}{R}\frac{T'_s}{T_s}\frac{p_s}{p'_s}N'_{tot} \tag{3-70}$$

等比容换算法是有一定使用范围的。因为 k 值相差越大，中间截面上的比容比差别也越大；机器进、出口比容比越大，中间截面上的比容比差别也越大，换算误差也就越大。因此，当压力比较大时，试验时应采用与设计条件下 k 值相同或相近的气体来进行试验。

3.7 离心式压缩机的主要零部件

离心式压缩机由很多零件组成，我们通常把工作时转动的零部件称为转子，主要包括轴、叶轮、平衡盘、推力盘等；把不转动的零部件称为定子，它包括吸入室、机壳、隔板、密封和轴承等。扩压器、弯道、回流器和蜗壳，实际上是机壳与隔板之间或隔板与隔板之间的不同形状的气体通流空间。

在离心式压缩机的主要零部件中，有些离心泵相同，本节不再重述，仅对叶轮和扩压器等给予补充分析。

3.7.1 叶轮

有关叶轮的形状结构形式在离心泵一章已有分析，本节着重分析叶轮的主要设计参数对性能的影响。

叶轮的设计参数很多，主要有：叶片安装角 β_{A1}、β_{A2}，流量系数 φ_{r2}，叶轮相对宽度 b_2/D_2，轮径比 D_1/D_2 以及叶片数 z 等。应当指出，离心式压缩机的设计参数往往不是独立确定，而是相互制约的，这就增加了设计的复杂性。

1. 叶片安装角

叶轮叶片出口安装角 β_{A2} 的选取离心泵一章已作介绍。叶片入口安装角 β_{A1} 的确定是从避免气体进入叶道时产生冲击损失考虑的，即在设计工况下，β_{A1} 基本上应等于入口气流相对速度方向角 β_1。但 β_{A1} 不能过小($\not<15°$)，否则叶道将过长，会增加流动损失。一般压缩机型叶轮取 $\beta_{A1}=30°\sim34°$，水泵型叶轮 $\beta_{A1}=25°\sim30°$ 为宜。在多级压缩机中，为了便于设计及加工，常对同一段叶轮取同一个 β_{A1} 值，这样前面和后面的级将有几度正冲角或负冲角，只要冲角不太大，在允许范围内还是可以的。

2. 流量系数 φ_{r2}

流量系数 $\varphi_{r2}=\dfrac{c_{r2}}{u_2}$ 是一个随压缩机气量变化而变化的气动参数，要选择的是设计工况下

的流量系数。φ_{r2}的取值合理与否对级的能头及效率影响很大。从欧拉方程式

$$H_T = \mu(1 - \varphi_{r2}\mathrm{ctg}\beta_{A2})u_2^2$$

可以看出，当取 φ_{r2}较小时，H_T 较大。所以，为了保证级的能头不至于太小，应该选取较小的 φ_{r2}值。但选择 φ_{r2}值的另一原则是应该使气流在叶道中不产生倒流。因为叶道中的气流由于受轴向涡流和曲线形通道造成的离心惯性力影响，气流分布是不均匀的，为了不使低速处的气流速度小到零，甚至为负值(倒流)，就必须保证叶道中具有足够大的平均速度，因此太小也不利。叶道中气流的不均匀程度随 β_{A2}增大而增大，因此流量系数的适宜值也就随 β_{A2}的增大而增大。不同型式叶轮的流量系数推荐数值如表 3-1 所示

表 3-1　不同型式叶轮的流量系数推荐值

叶轮型式	强后弯型	后弯型	径向型
φ_{r2}	0.10~0.20	0.18~0.32	0.24~0.40

3. 叶轮相对宽度 b_2/D_2

叶轮宽度 b_2 与进气量、叶轮直径以及所选择的流量系数均有关系。在叶轮直径一定的情况下，大流量要求 b_2 大，小流量则 b_2 小，但实际上相对宽度 b_2/D_2 太大或太小对级的效率都不利。如 b_2/D_2 过大，叶道中气速分布严重不均匀，容易出现边界层分离，导致叶轮及扩压器效率下降。若 b_2/D_2 过小，则叶道水力半径减小，Re 数减小而使摩擦系数增大，而且 b_2/D_2 过小，从轮阻损失系数及泄漏损失系数的计算式来看，这两种损失也相应增大，使级效率下降。所以 b_2/D_2 应有适当的范围，试验表明 $0.025 < b_2/D_2 < 0.065$ 较合适。对径向叶片型叶轮宜取较小值，对强后弯叶片型叶轮取偏大值。

4. 叶轮直径比 D_1/D_2

叶轮入口直径与出口直径之比 D_1/D_2 过大或过小都会降低气流在叶轮中的流动效率。若 D_1/D_2 过大，则会增加叶道的扩张角，容易造成边界层分离，同时还会使$(u_2^2 - u_1^2)$减小，不能充分利用叶轮给气体的旋转惯性力来提高气体静压，这也降低了级效率。反之若 D_1/D_2 过小，则使叶道过长，摩擦阻力损失增加，也影响效率。根据试验结果，一般认为 $D_1/D_2 = 0.45 \sim 0.65$ 较合适。

5. 叶轮叶片型线

叶片一般有圆弧型、直线型、机翼型及扭曲型等。一般多采用圆弧型，因为它加工方便，且性能较好。

6. 叶片数 z

叶轮中的叶片起着对气体作功、并引导气体作有效流动的作用。如果叶片太少，则有效导流作用弱，轴向涡流的强度增加，使能量头 H_T 减小。同时，叶片过少，还会增大扩张角，使级效率降低。若叶片数太多，将使叶片阻塞系数 τ_1 及 τ_2 减小，增加摩擦损失，对 H_T 及 η 都不利。对于 β_{A2} 大的叶轮，叶片数 z 应多取些，以限制其扩张角；而对于 β_{A2} 小的叶轮，叶片数 z 应取少些，以减少摩擦损失。压缩机型及径向型叶轮取 $z = 14 \sim 32$，水泵型叶轮取 $z = 6 \sim 12$。

3.7.2　扩压器

离心式压缩机叶轮出口的气流绝对速度 c_2 一般很大，可达 200~300m/s，对高能头的叶轮，其气流绝对速度还可高达 500m/s 以上。这部分动能在叶轮给气体的总能头中占相当大

的比例。例如径向直叶片式叶轮，这部分动能几乎占叶轮耗功的一半；对水泵型或压缩机型叶轮，也占25%~40%。所以这部分动能必须有效地转换为压力能，使其有效利用。这就是扩压器的任务。

扩压器一般分为无叶扩压器和叶片扩压器。

1. 无叶扩压器

（1）结构和工作原理　无叶扩压器通常是由两个平行壁面构成的环形通道所组成。如图3-28所示。从叶轮中流出的气体，经过扩压器通道时，由于通道截面面积逐渐增大，速度逐渐降低，而压力逐渐升高。其扩压原理可通过对扩压器进口截面3—3和扩压器出口截面4—4间的伯努利方程来说明：

$$\frac{c_3^2 - c_4^2}{2} = \int_{p_3}^{p_4} \nu \mathrm{d}p + (H_{hyd})_{diff} \tag{3-71}$$

由于$c_3 > c_4$，因此$\int_{p_3}^{p_4} \nu \mathrm{d}p$为正值。当然流体在扩压器中的流动损失总和$(H_{hyd})_{diff}$应尽量小，而使动能尽量转化为压力能。

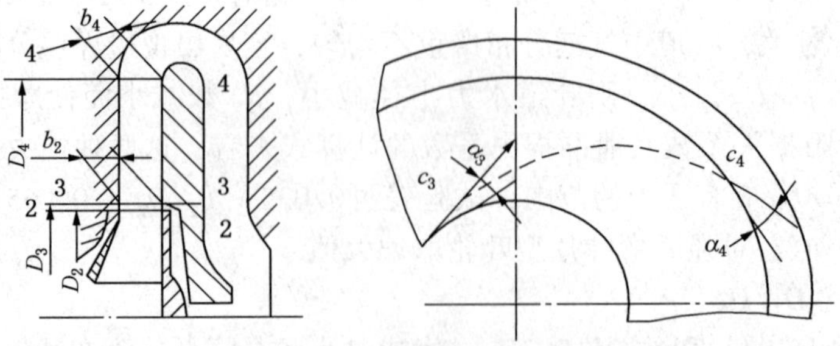

图3-28　无叶扩压器

（2）无叶扩压器内气体的运动　为了分析方便，先不考虑气体粘性所产生的摩擦力影响。这样，无叶扩压器内的流动应遵循动量矩守恒定律，故任意截面（直径D、宽度b、密度ρ）上的周向分速c_u和3—3截面上的c_{u3}间存在如下关系：

$$c_u \frac{D}{2} = c_{u3} \frac{D_3}{2}$$

故

$$\frac{c_u}{c_{u3}} = \frac{D_3}{D} \quad 或 \quad \frac{c_{u4}}{c_{u3}} = \frac{D_3}{D_4}$$

上式说明，无叶扩压器中气流的周向分速c_u是随直径D的增加而下降，即$c_u D=$常数。

按照质量守恒定律，气流在3—3截面上的径向分速c_{r3}和任意截面上径向分速c_r间有如下关系：

$$G = \pi D_3 b_3 \rho_3 c_{r3} = \pi D b \rho c_r$$

故

$$c_r = \frac{D_3 b_3 \rho_3}{D b \rho} c_{r3} \tag{3-72}$$

对于无叶扩压器，一般宽度b是不变的，即$b = b_3 = b_4$。若不考虑扩压器中气流密度的变化，则式(3-72)为

$$\frac{c_r}{c_{r3}} = \frac{D_3}{D}$$

即 $c_r D$=常数，说明气流的径向分速也是随直径 D 的增大而下降。

因为气流绝对速度 $c=\sqrt{c_r^2+c_u^2}$，若不考虑壁面摩擦力和密度变化时，则有

$$c=\sqrt{\left(\frac{D_3}{D}c_{r3}\right)^2+\left(\frac{D_3}{D}c_{u3}\right)^2}=\frac{D_3}{D}c_3 \tag{3-73}$$

由式(3-76)可知，无叶扩压器的扩压(降速)能力，主要是依靠直径 D 的增大来达到的。

这时气体在任意直径处的方向角 α 为

$$\alpha=\mathrm{tg}^{-1}\frac{c_r}{c_u}=\mathrm{tg}^{-1}\frac{c_{r3}}{c_{u3}}=\alpha_3=\text{常数}$$

上式说明在无叶扩压器中，气流按方向角 α 不变的轨迹运动，即按对数螺旋线轨迹运动。

在实际流动中，由于直径增大，气体的压力随流速减小而增加，气体的密度也相应增加，即 $\rho>\rho_3$。由式(3-72)可知，这时的 c_r 随直径的增大下降得更快，即

$$c_r=\frac{D_3\rho_3}{D\rho}c_{r3}$$

同时壁面也有摩擦力作用于气体，使气流动量矩减小，而使 c_u 也随直径的增大而下降更快，即

$$c_u\frac{D}{2}<c_{u3}\frac{D_3}{2};\qquad c_u<c_{u3}\frac{D_3}{D}$$

由于 c_r 及 c_u 都下降得更快，等宽度无叶扩压器内气流的方向角仍可近似地认为不变。这时气流绝对速度 c 的变化为

$$\frac{c}{c_3}=\frac{c_r\sin\alpha_3}{c_{r3}\sin\alpha}=\frac{c_r}{c_{r3}}=\frac{D_3\rho_3}{D\rho} \tag{3-74}$$

将式(3-74)和式(3-73)相比较，说明在考虑了密度变化后，由于 $\rho>\rho_3$，气流速度的下降程度将更快。

(3) 无叶扩压器的主要几何参数　主要几何参数是指进口宽度 b_3、出口宽度 b_4 及直径比 $\frac{D_4}{D_3}$ 或 $\frac{D_4}{D_2}$。一般取 $b_3=b_4=b_2$，$c_2=c_3$。有时为了避免从叶轮出来的气流对扩压器壁面的冲击，取 $b_3=b_2+(1\sim2)$ mm。此外，由于叶轮出来的气流一般总是不均匀的，有时为了加速气流均匀，使 b_3 稍小于 b_2。

无叶扩压器直径比 $\frac{D_4}{D_3}$ 是按气流在扩压器中的减速需要来确定的。气流速度比 $\frac{c_4}{c_2}$ 大致与直径比 $\frac{D_4}{D_2}$ 成反比，即

$$\frac{c_4}{c_2}=\frac{c_{r4}\sin\alpha_2}{c_{r2}\sin\alpha_4}\approx\frac{c_{r4}}{c_{r2}}\approx\frac{D_2}{D_4}$$

这说明要扩压器充分扩压，势必加大扩压器外径。从扩压器内的流动损失考虑，扩压器内的流动损失基本上分为两部分：壁面摩擦损失和扩压过程中产生的边界层分离损失。为了减小分离损失，扩压程度不能太大。由于无叶扩压器是依靠直径增大来扩压的，所以一般限

制$\frac{D_4}{D_2} \leqslant 1.50 \sim 1.70$。无叶扩压器的 D_3 一般稍大于 D_2，通常 $D_3 = (1.03 \sim 1.12) D_2$，当 D_2 大时，系数可取小值。

(4) 无叶扩压器的特点　在各种扩压器中，它是结构最简单、变工况适应好的扩压器。因为工况变化时，虽然叶轮出口气流速度的大小和方向要改变，但在扩压器中不会发生冲击损失，所以稳定工况范围大。另外无叶扩压器的通用性好，只要扩压器的 D_3 及 b_3 合适，可用于不同的 β_{A2} 的叶轮。无叶扩压器另一个重要特点是当进入扩压器的气流速度 c_3 超音速时，在扩压器内也不会形成激波。

无叶扩压器的缺点是它主要利用增加直径来达到扩压目的，要增加扩压效果，必然要尽量加大直径，这就加大了机器的径向尺寸。另一个缺点是因为气流方向角基本不变，因此流动轨迹较长，摩擦损失较大，故设计工况下效率低于叶片扩压器，α 角愈小则效率愈低。因此，一般要求气流角 α_2 不小于 18°。

2. 叶片扩压器

(1) 结构和工作原理　如果在无叶扩压器的环形通道中，均匀安装叶片，就成为叶片扩压器，如图 3-29 所示。在叶片扩压器内的气流也同样属于没有能量加入而有流动损失的扩压流动，因此式(3-74)仍然适用。但在环形通道中安了叶片后，叶道中的气流就受到叶片的引导，迫使气流沿着叶片方向运动，叶片对气流有作用力，使经过扩压器的气流的动量矩发生变化。气体在叶道中的运动轨迹基本上与叶片形状一致，即 $\alpha = \alpha_A$。由于扩压器叶片安置角是由进口向出口逐渐增加的，即 $\alpha_{A3} < \alpha_A < \alpha_{A4}$。因此气流在叶片扩压器中流动时，气流方向角也是不断增加的，即 $\alpha_3 < \alpha < \alpha_4$。

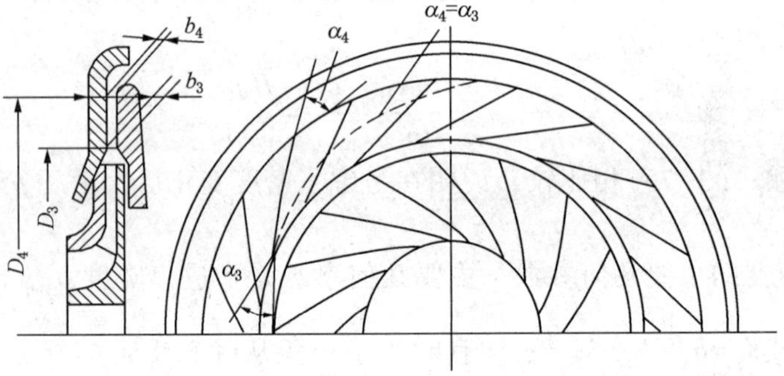

图 3-29　叶片扩压器

按照质量守恒定律，径向分速的变化规律为

$$c_r = \frac{D_3}{D} \frac{b_3}{b} \frac{\tau_3}{\tau} \frac{\rho_3}{\rho} c_{r3}$$

因为

$$c = \frac{c_r}{\sin\alpha};\ c_3 = \frac{c_{r3}}{\sin\alpha_3}$$

故

$$\frac{c}{c_3} = \frac{D_3}{D} \frac{b_3}{b} \frac{\tau_3}{\tau} \frac{\rho_3}{\rho} \frac{\sin\alpha_3}{\sin\alpha}$$

如忽略叶道中叶片阻塞系数的影响，则在等宽度的叶片扩压器中，气流速度的变化为

$$\frac{c}{c_3} = \frac{D_3 \rho_3}{D\rho} \frac{\sin\alpha_3}{\sin\alpha} \tag{3-75}$$

将式(3-75)与式(3-74)相比，可以看出，叶片扩压器内的气流速度降低，除了利用直径增大外，还依靠叶片强迫气流转弯，使 $\alpha>\alpha_3$。因此在相同的$\frac{D_4}{D_3}$下，它的减速能力要比无叶扩压器大；反之，若两者的扩压度相同时，叶片扩压器的$\frac{D_4}{D_3}$要比无叶扩压器小。

(2) 叶片扩压器的主要几何参数　参数包括 D_3、D_4、b_3、b_4、α_{A3}、α_{A4}和叶片数 z_3 及叶片形状。现简要讨论它们的选择原则及其对级性能的影响。

进口直径 D_3 与进口宽度 b_3 因 D_3 稍大于 D_2，这一小段环形间隙就相当于一个小型无叶扩压器，其作用一方面可以使叶轮出口速度不均匀性通过这一过渡段而降低，从而改善了进入叶片扩压器内的流动，并使流速由 c_2 降至 c_3；另一方面，这段间隙中的气体，具有气垫作用，可以降低扩压器进口气流脉动所产生的噪音。通常取 $D_3=(1.08\sim1.15)D_2$。至于进口宽度 b_3，一般取 $b_3=b_2$ 或$\frac{b_3}{b_2}=1.05\sim1.1$。

① 叶片进口安装角 α_{A3}　α_{A3}通常取与气流角 α_3 相等。在 $b_3=b_2$ 时，可以认为 $\alpha_3=\alpha_2$。

② 出口宽度 b_4、出口直径 D_4 及出口角 α_{A4}　叶片扩压器都做成等宽度的流道，即 $b_3=b_4$，D_4 和 α_{A4}直接决定了扩压器的出口面积 F_4。D_4、α_{A4}增加则 F_4 增大，也就使扩压度增大。但是 F_4/F_3 过大，将使能量损失增大，扩压效果也不明显。因为一般扩压器内的扩压作用主要在扩压器的前半段，愈到后面，扩压作用就愈弱。所以一般把 F_4/F_3 限制在 2.5~3.0 以下。根据这一原则，推荐 $D_4/D_3=1.3\sim1.55$，$\alpha_{A4}-\alpha_{A3}=12^\circ\sim15^\circ$，叶片扩压器的出口角 $\alpha_{A4}=32^\circ\sim40^\circ$范围内。

③ 叶片数 z_3　叶片扩压器的叶片数仍可参照叶轮叶片数来取，通常 $z_3=16\sim22$，但最好少于叶轮叶片数 z。因为从叶轮道流出的气流是不均匀的，如果扩压器叶片数多于叶轮叶片数，那就有可能使叶片扩压器某一流道接受的是高速流动的气流，而与其相邻的流道接受的是低速流动的气流，这样扩压器各流道接受了速度、能量不同的气流，这就使扩压器稳定工作范围缩小，喘振提前发生。另外，扩压器与叶轮的叶片数不应相等或成整数倍，以免发生共振。叶片扩压器一般不采用长短叶片结构，故 $z_3=z_4$。

④ 叶片的型线　叶片中心线一般是圆弧形或直板形，其中单圆弧形最为常见。单圆弧形型线绘制方法与叶轮叶片相同。

(3) 叶片扩压器的特点　它具有扩压程度大而尺寸小的优点。此外叶片扩压器中的气流由于受到叶片的引导，使得流道短，流动损失小。在设计工况下，叶片扩压器的效率一般要比无叶扩压器高 3%~5%。当 α_2 小时，两者的差别就大，反之亦然。所以，叶片扩压器适用于 α_2 较小的情况以及径向直叶片叶轮的级。但在 $\alpha_2<11^\circ\sim13^\circ$时，它的工作性能也不好，这时要采用直壁扩压器。

叶片扩压器的缺点是在工况偏离设计工况时，由于 α_3 与 α_{A3}不一致，产生冲击损失，使级效率下降较多，当冲角增大到一定值后，会因发生强烈的分离现象而导致压缩机喘振。因此，安有叶片扩压器的级或压缩机的性能曲线较陡，稳定工况区较窄。

3.7.3　弯道和回流器

为了把扩压器后的气体引导到下一级去进一步增压，在扩压器后设置了弯道和回流器，如图 3-30 所示，其中截面 4—4 至截面 5—5 为弯道，截面 5—5 至 6—6 为回流器。弯道一般不安装叶片，气体如同在无叶扩压器中流动一样，在弯道中流动也遵循质量守恒和动量矩不变的原理。气体从扩压器出来后经弯道拐 180°弯进入回流器。

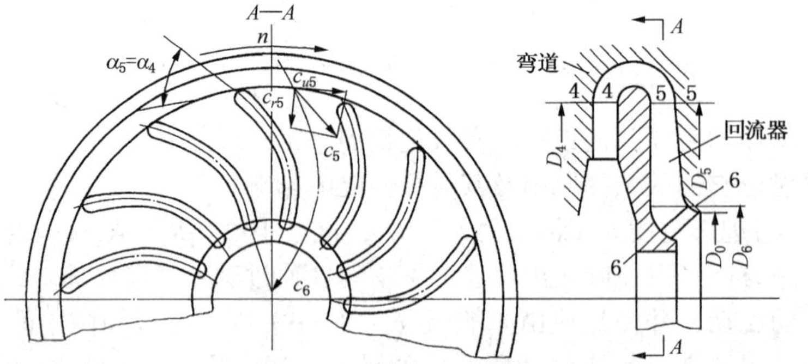

图 3-30 弯道和回流器

一般 $b_4=(1.0\sim1.05)b_5$，$D_5=D_4$，$\alpha_5=\alpha_4$。实际气体有黏性，气流转弯后在截面 5—5 参数不均匀，实际回流器气流入口角要比扩压器气流角大些。有试验表明在无叶扩压器后的弯道中转弯后气流角增加约 8°，对叶片扩压器后的弯道，转弯后气流角增加约 4°，考虑到叶片扩压器气体流出角要落后于叶片出口角，因此，回流器入口角可取和叶片扩压器出口角相等设计，即 $\alpha_{A5}=\alpha_{A4}$。

由于气体进入回流器仍具有绕叶轮轴线的旋绕运动，为了保证下一级叶轮入口轴向进气，回流器必须装叶片，叶片数一般有 12~18 片，为了避免在出口处叶片过密，就要减少出口处叶片数，这时隔板分里外两部分，里面叶片数通常为外部叶片数的一半，为使气流从回流器出口处气流角 $\alpha_6=90°$，通常回流器叶片几何出口角 $\alpha_{A6}=90°$，或考虑到实际气流的落后角，可以使叶片向反旋绕方向增加 5°~8°，即 $\alpha_{A6}=90°+(5°\sim8°)$ 以使实际的气流出口角接近 90°。如果要求有预旋，除了安装导流通叶片的办法外，也可以通过选取 α_{A6} 角来达到预旋的目的，一般可以在±30°范围内（即 $\alpha_{A6}=90°\pm30°$）选取。

回流器叶片可以采用等厚度的，并在进口处削薄，也可以是机翼形叶形。

弯道和回流器中能量损失比较大，可用下式计算。

$$h_{rc}=\lambda_c\frac{c_4^2}{2}$$

式中 λ_c——弯道和回流器损失系数，一般可取 $\lambda_c\approx0.7\sim1.0$，对前面为无叶扩压器的取较大值。

3.7.4 排气室

排气室的作用是把从扩压器或者叶轮（无扩压器时）出来的气体汇集起来，引到机外输气管道或冷却器中去，并把较高的气流速度降低至排气室出口的气流速度，使气体压力进一步提高。

排气室可以有不同形式，在离心式压缩机中最典型的是一种形似蜗牛壳的排气蜗壳。图 3-31 所示为单排气口蜗壳示意图。横截面可以有许多形式，如除圆形外，梯形、梨形等也很常见。蜗壳可以布置在扩压器之后也可以直接布置在叶轮后面，相对于叶轮来说可以是对称的也可以是非对称的，如图 3-31（a）、（b）。如图 3-36（c）所示的蜗壳布置在叶轮的一侧，并且外径保持不变，通道面积的改变由减小内径来达到，故称为不对称内蜗壳。当然也可以有内径不变，外径变化或者内外径同时变化的不对称蜗壳。排气口有单排气口，一个蜗壳包括全周；也可有多排气口，则每个蜗壳包络圆周的一部分。

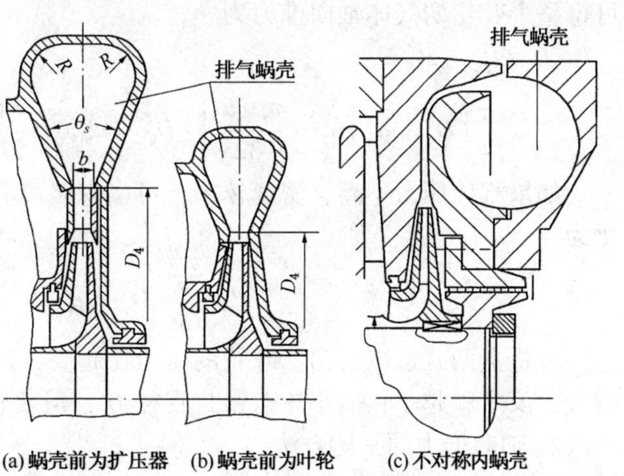

图 3-31　蜗壳的结构型式

3.7.5　轴向力及其平衡装置

1. 转子的轴向力

由于叶轮的轮盘和轮盖两侧所受的气体作用力不同，相互抵消后，还会剩下一部分轴向力作用于转子，所有叶轮轴向力之代数和就是整个转子的气体轴向推力，作用方向一般是从高压端向低压端。转子的轴向推力经平衡后，剩下的轴向推力由推力轴承来承担，如果推力过大，会影响轴承寿命，甚至损坏机器。因此，在运行中必须严密注视轴向推力的变化，确保机器的安全运转。在分析叶轮轴向力时，通常作出两个假定。

(1) 在叶轮出口即 $r=r_2$ 处，无论是轮盘侧还是轮盖侧气体压力都等于叶轮出口压力，即

$$p_{盘r_2}=p_{盖r_2}=p_2$$

(2) 在轮盘、轮盖和隔板间空腔中气体的旋转速度为叶轮旋转速度的一半。

在上述假定的基础上可以得出如下结论：叶轮两侧气体压力分布一样，如图 3-32 所示，在从 D_s 到 D_2 范围内叶轮两侧的气体轴向力是一样的，但方向相反，可以互相抵消。因此，叶轮的轴向力就是轮盖侧从 d_j 到 D_s 和轮盘侧从 d_m 到 D_s 间气体作用的结果。

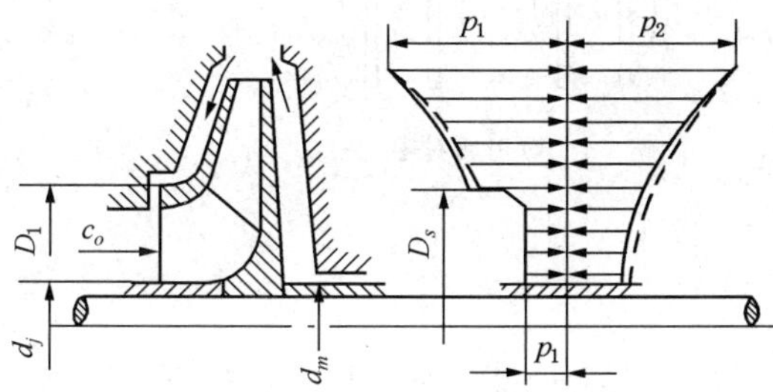

图 3-32　叶轮上的轴向力

下面分别予以说明。

轮盖侧由气体静压力产生的轴向力为 $\frac{\pi}{4}(D_s^2-d_j^2)p_0$，气体以速度 c_0 轴向进入叶轮，拐 90°弯后径向流入叶片流道，对叶轮产生的冲力根据动量方程式为 Gc_0 则向右的轴向力 p_0 由上述部分组成，即

$$P_0 = \frac{\pi}{4}(D_s^2 - d_j^2)p_0 + Gc_0$$

轮盘侧 D_s 至 d_m 间 $p_{盘}$ 产生向左的轴向力为 $P_2 = \int_{d_m/2}^{D_s/2} p_{盘}\, 2\pi r\mathrm{d}r$

轮盘处气体径向受力平衡条件：

$$\frac{\mathrm{d}p_{盘}}{\mathrm{d}r} = \rho\omega_s^2 r$$

式中　$\omega_s=\omega/2$，假定轴向间隙处的密度等于其平均密度 $\rho=\rho_m$，于是得到间隙处任意位置处的气体压力

$$p_{盘} = \int_{p_{盘}}^{p_2}\mathrm{d}p_{盘} = p_2 - \int_{D/2}^{D_2/2}\rho_m\omega_s^2 r\mathrm{d}r = p_2 - \frac{\rho_m\omega^2}{32}(D_2^2 - D^2)$$

可得整个叶轮的气体轴向推力为

$$P = P_2 - P_0$$

$$= \frac{\pi}{4}(D_s^2 - d_m^2)p_2 - \frac{\pi\rho_m u_2^2}{32}\left[(D_s^2 - d_m^2) - \frac{1}{2D_2^2}(D_s^4 - D_m^4)\right] - \frac{\pi}{4}(D_s^2 - d_j^2)p_0 - Gc_0$$

如果气体压力不高，密度较小，可以忽略离心力的影响，如取 $d_m \approx d_1 = d$，则上式可简化为

$$P = \frac{\pi}{4}(D_s^2 - d^2)(p_2 - p_0) - Gc_0$$

分析上两式可以看出：叶轮的压力比越高，即叶轮出口和进口的压力差越大，轴向推力越大，反之就越小；减小轮盖密封直径 D_s，可使轴向推力减少。

2. 轴向推力的平衡方法

1）叶轮对置或分段对置

单级叶轮产生的轴向力，其方向是指向叶轮入口的，如将多级叶轮采取对排，如图3-33所示，则入口方向相反的叶轮，会产生方向相反的轴向力，可相互得到部分平衡，因此，它是多级离心式压缩机最常用的轴向力平衡方法。这个方法的主要缺点是管系布置复杂。

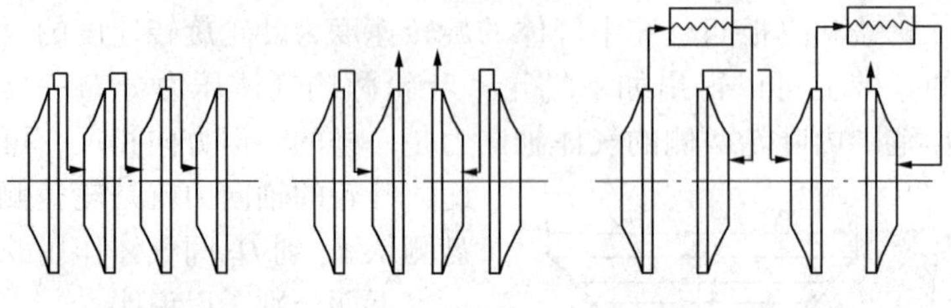

(a) 叶轮顺排　(b) 叶轮对排　(c) 叶轮对排

图 3-33　叶轮对称排列

2）平衡盘装置(平衡活塞)

平衡盘装置其结构如图 3-34 所示。平衡盘一般装在高压端，外缘与气缸间设有迷宫式密封，使平衡盘两侧保持压力差，一侧是高压气体，另一侧接转子的第一级入口，使气体压力接近于进气压力。这样平衡盘两侧的压力差作用在平衡盘上，产生一个轴向力，方向正好和叶轮的轴向力相反。作用在平衡盘的轴向力为

$$P_{eq} = \frac{\pi}{4}(p_Z - p_j)(D_{sP}^2 - D_{aP}^2) \qquad (3-76)$$

式中　p_Z——平衡盘前的气体压力，即末级叶轮出口压力；

p_j——平衡盘后的气体压力，即进气管中压力加平衡管压差。

可以配置 D_{sP}和 D_{aP}使转子轴向力的大部分得到平衡。平衡盘结构简单，不影响气体管线的布置，应用极为普遍。

3）叶轮背面加筋

对于高压离心式压缩机，还可以考虑在叶轮的背面加筋，如图 3-35 所示。该筋相当于一个半开式叶轮，在叶轮旋转时，它可以大大减小轮盘带筋部分的压力，图中的 eij 线为不

带筋时的压力分布，而 eih 为带筋时的压力分布。可见带筋时叶轮背面靠近内径处的压力显著下降，因此，合理选择筋的长度，可将叶轮的部分轴向力平衡掉。这种方法在介质密度较大时，效果更为明显。

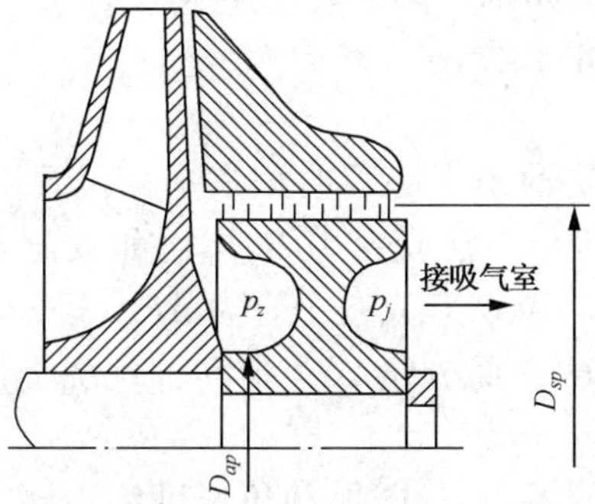

图 3-34　平衡盘示意图

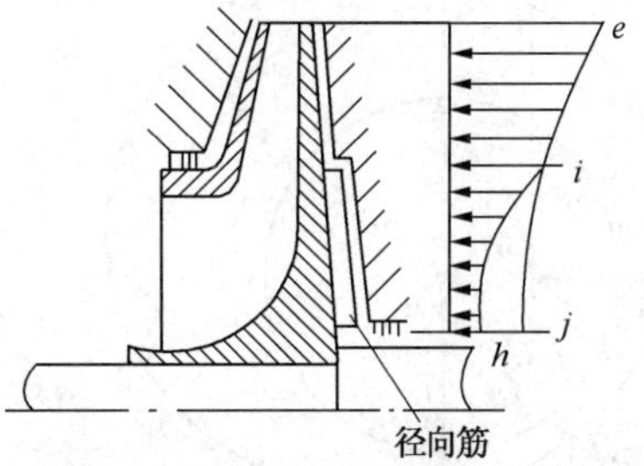

图 3-35　轮盘背面加筋减少轴向力

采用平衡方法是为了减小转子的轴向推力，以减轻止推轴承的负荷。当然，全部平衡掉轴向推力是没有必要的，因为那样反而会使转子工作不稳定，容易窜动。一般平衡掉转子气体轴向推力的 70%，剩下 30%的气体轴向推力作用在推力轴承上。

3.7.6　轴承

离心式压缩机的轴承有两类，一是径向支持轴承，二是轴向推力轴承。径向支持轴承的作用是承受转子重量和其他附加径向力，保持转子转动中心和汽缸中心一致，并在一定转速下正常旋转。轴向推力轴承的作用是承受转子的轴向力，限制转子的轴向窜动，保持转子在气缸中的轴向位置。离心式压缩机的两类轴承均为滑动轴承。

1. 滑动轴承的工作原理

滑动轴承是依靠轴颈（或止推盘）本身的旋转，把润滑油带入轴颈（或止推盘）与轴瓦之间，形成楔状油膜，受到负荷的挤压建立起油膜压力以承受载荷，示意图见图 3-36。要使油膜稳定并具有承载能力，必须使油隙呈现楔状，进油口大，出油口小，轴颈（或止推盘）副轴瓦有相对速度，油具有一定的粘度。从图 3-36 中可以看出轴承油膜各处的压强并不一致，从油楔进油口起沿下半瓦油膜压强逐渐升高至最大压强 P_{max}，然后逐渐减少。支持轴承的任务就是在一定的负荷 G、转速和供油情况下，形成油膜压力，承受负荷 G，保持轴颈与轴瓦之间有一定的最小间隙 h_{min}，而且油温不宜过高。

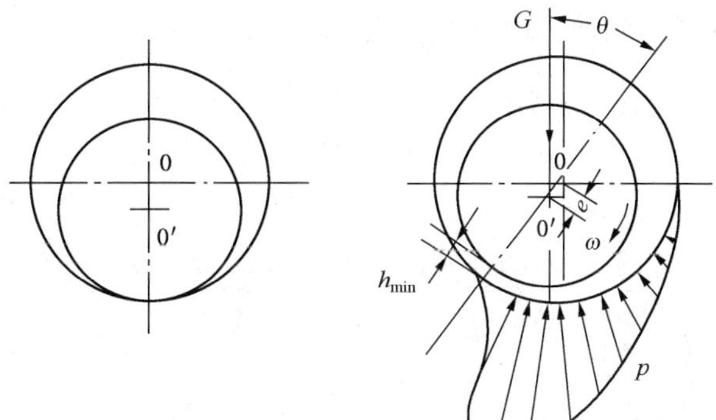

图 3-36　径向滑动轴承楔形油膜形成示意图

轴承油膜的形成和油膜压强的大小受轴的转速、润滑油粘度、轴承间隙以及轴承负荷和轴承结构等因素的影响。一般转速越高，油的粘度越大，被带进的油就越多，油膜压强就越大，承受的载荷也就越大。但是，油的粘度过大，会使油分布不均匀，增加摩擦损失，不能保持良好的润滑效果。轴承间隙过大，对油膜的形成不利，并增大油量的消耗；轴承间隙过小，又会使油量不足，不能满足轴承冷却的要求。负荷过大，油膜形成会很困难，当超过轴承的承载能力时，轴瓦就会烧坏。因此，滑动轴承必须具有合理的参数，才能确保滑动轴承的良好工作效果。

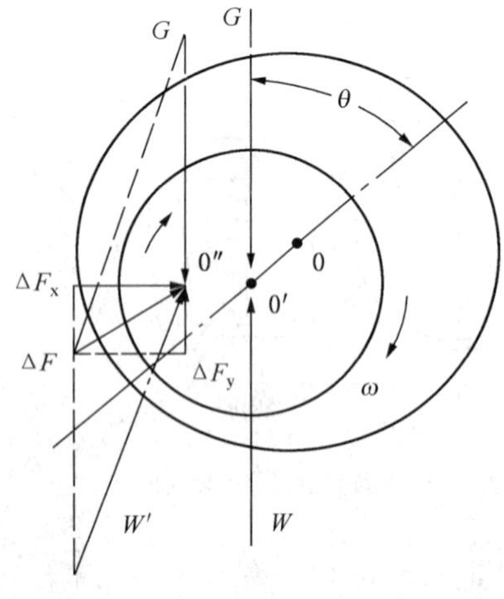

图 3-37 轴颈受力分析

2. 半速涡动和油膜振荡

1）半速涡动

当外界的干扰使轴颈中心瞬时偏离平衡位置由 O' 移至 O''，如图 3-37 所示，油膜合力 W' 不再和载荷 G 大小相等、方向相反，W' 和 G 形成一个合力 ΔF，其分量 ΔF_x 推动轴颈趋向返回 O'，而分量 ΔF_y 推动轴颈绕平衡位置 O' 涡动。

涡动具有以下的特点：① 涡动角速度约为转子角速度的一半或稍低，故称之为半速涡动；② 涡动与转子的转向相同；③ 涡动一旦产生，就在相当广的转速范围内持续下去，而且始终保持 $\omega_{涡} \leqslant 1/2\omega$。

轴颈的涡动可能有以下三种情况，如图 3-38 所示：① 收敛的，油膜阻尼力大于推动力，则 O'' 趋向 O' 形成收敛轨迹；② 稳定的，油膜推动力所作的功与阻尼力吸收的功相等，则 O'' 形成一个包围 O' 近似椭圆形的封闭轨迹，只要 O'' 距 O' 在允许范围内稳定运转则不会形成什么危害；③ 发散的，油膜推动力大于阻尼力，则 O'' 形成不断远离 O' 的发散轨迹，显然这是十分危险的。

2）油膜振荡

当转子转速升高到二倍于第一阶临界转速时，此时半速涡动的角速度 $\omega_{涡}$ 恰好等于第一阶临界转速 ω_{c1}，则转子-轴承等发生共振性振荡，人们将它称为油膜振荡。油膜振荡一旦产生，其振荡频率就趋近并保持第一阶临界转速的频率不变，而不再随转子转速的升高而变化，油膜振荡的振幅比半速涡动的振幅要大得多，常有毁坏机器的危险。为了避免发生油膜振荡，常要求 $n_{工作}<2n_{c1}$。

图 3-39 给出了一个轻载转子油膜涡动发展过程的示例。但应注意，轻载、中载、重载转子发生半速涡动和油膜振荡的起始转速随振幅的大小是有所不同的，有的重载转子，不出现半速涡动，而在转速超过二倍于第一阶临界转速后的某一更大转速时，直接发生油膜振荡。

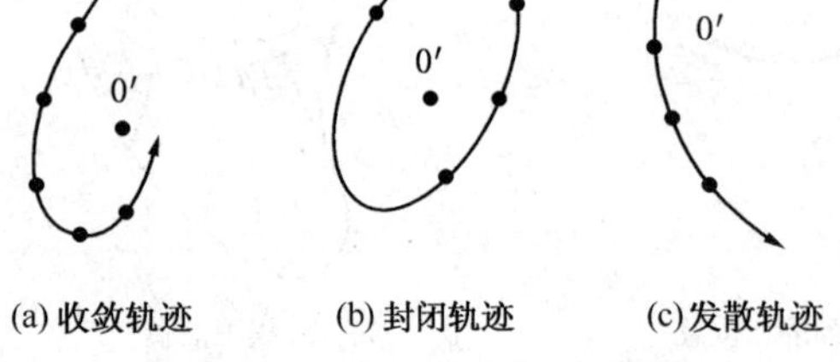

图 3-38 轴颈中心涡动的三种情况

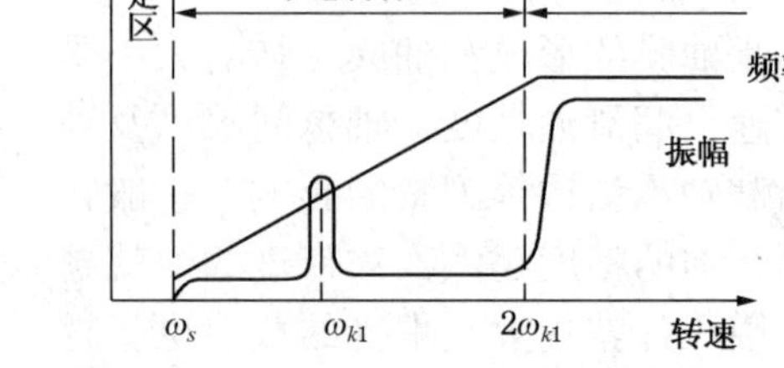

图 3-39 轻转子油膜振荡发展的过程

3）防止油膜振荡的方法

油膜振荡与转子和轴承两种因素都有关系。因此，防止油膜振荡应从转子和轴承两方面着手。

（1）提高转子刚度，即提高转子的第一阶临界转速，从而可以扩大转子-轴承系统的稳定工作区，使其转子的工作转速 $n<2n_{c1}$，这样就可以避免发生油膜振荡。但是对于多级离心压缩机而言，实际应用的多是高速轻载柔性转子，提高转子的刚度往往比较困难。

（2）采用抑振性能良好的轴承，改变轴承的结构或参数，不涉及到整个系统的结构和性能，相对来说较容易实现。滑动轴承发展出多种型式，其中有的轴承既具有很好的承载能力和润滑性能，又具有良好的抑制性能，能够消除油膜振荡，保持转子平稳运转，但其轴承结构往往比一般轴承复杂。

3. 径向支持轴承

离心式压缩机径向轴承采用最早和最普遍的是圆柱瓦轴承，后来逐渐采用椭圆瓦轴承（柠檬眼轴承）、多油叶（油楔）轴承和可倾瓦轴承。

1）圆柱瓦轴承

如图 3-40 所示，圆柱瓦轴承有上下两半瓦，并用螺钉连接在一起，为保证上下瓦对正，中心设有销钉定位。轴瓦内孔浇有巴氏合金（轴承合金），它具有质软、熔点低和耐热性能良好等特点。润滑油由下轴承垫块上的油孔进入轴瓦并由轴颈带入油楔，经由轴承的两端而泄入轴承箱内。

这种轴承在低速重载时，轴颈处于较大的偏心下工作，因而工作是稳定的。可是在高速轻载的情况下，就处于非常小的偏心下工作，因此表现出极大的不稳定性，容易发生油膜涡动和油膜振荡。轴颈越是高速轻载，轴心和轴承中心越接近，越易于发生涡动，反之若转子为重载，或载荷越大，开始发生涡动的转速越高，则越不易发生涡动。油膜振荡一旦发生，危害极大，常常有毁坏设备的危险，因此，在高速轻载下很少采用这种轴承。

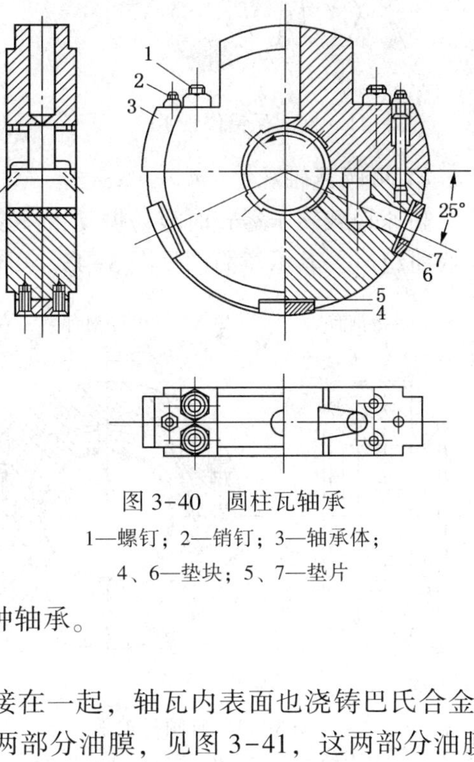

图 3-40　圆柱瓦轴承

1—螺钉；2—销钉；3—轴承体；4、6—垫块；5、7—垫片

2）椭圆瓦轴承

椭圆瓦轴承也是两半瓦，上下瓦之间用螺钉连接在一起，轴瓦内表面也浇铸巴氏合金，但轴瓦的内表面呈椭圆形。轴颈在旋转中形成上下两部分油膜，见图 3-41，这两部分油膜的压力产生的合力与外载荷平衡。这种轴承与圆柱瓦轴承相比稳定性能好，可减小运转中轴的上下晃动。其次，由于侧隙较大，沿轴向流出的油量大，散热好，轴承温度低。但是，这种轴承的承载能力比圆柱瓦轴承低，由于产生上下两部分油膜，功率消耗大。它在垂直方向抗振性能好，但水平方向抗振性能差一些。

3）多油叶（油楔）轴承

多油叶（油楔）轴承的轴承是由多块轴瓦组成，轴瓦的布置可以是对称的，也可以是非对称的，瓦块数一般为 3~5 块，它的油楔数要比椭圆形轴承多，且每个油楔都相对于轴承中心处于较大的偏心率下工作，轴颈受多方油楔的作用，故抑制振动性能优于椭圆瓦轴承。

图 3-42 为三油叶(油楔)轴承示意图，图中(a)为非对称三油叶轴承，其主要承载油楔尺寸比其余油楔的尺寸大，且无发散区，只适用于单向旋转的转子；图中(b)为对称三油叶轴承，可适用于正转或反转的转子。

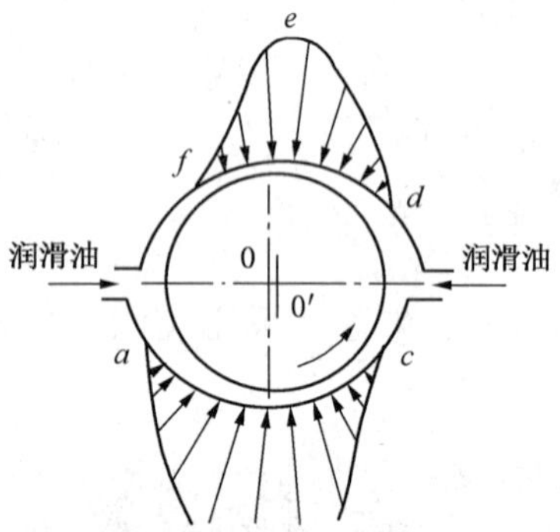

图 3-41　椭圆瓦错位轴承

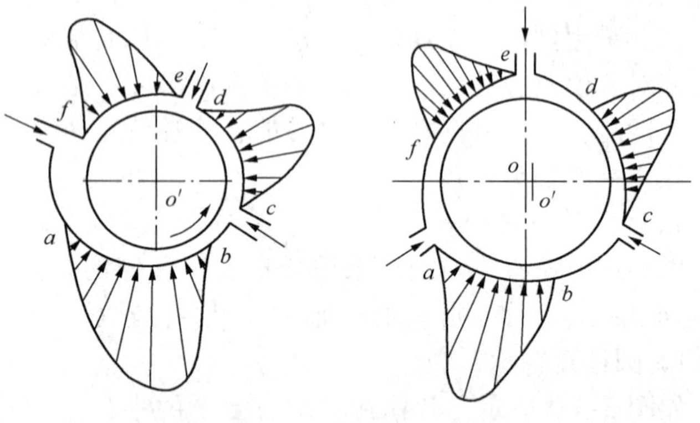

(a)非对称三油叶轴承　(b)对称三油叶轴承

图 3-42　三油叶(油楔)轴承

4) 可倾瓦轴承

高速轻载转子运转时容易振动，不易稳定，可采用多瓦块的可倾瓦轴承，它由多块可倾瓦块所组成，其示意简图见图 3-43。可倾瓦块有 3、4、5、6 块等多种，瓦块等距离地沿轴颈圆周布置，瓦块的背面呈弧面或球面，有的线接触，有的点接触，相当于一个支点，瓦块在轴承内可以自由摆动(5°~10°)以形成最佳油膜。

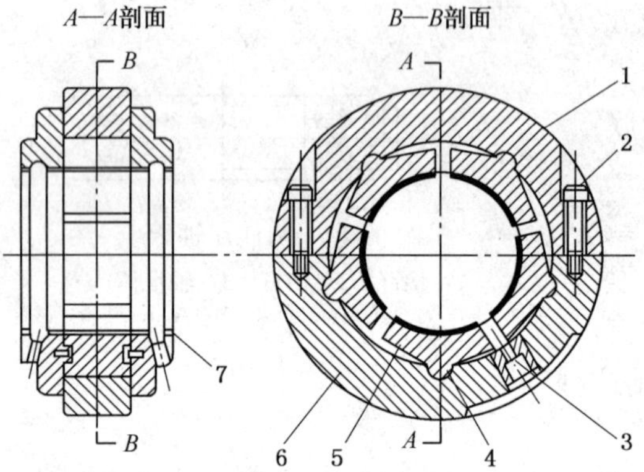

图 3-43　可倾瓦轴承

1—上轴承套；2—连接螺钉；3—进油孔；4—支撑脊；5—可倾瓦块；6—下轴承套；7—挡油圈

可倾瓦块在圆周上的均布有两种形式，一种是在轴承下方的垂直中心线上设置一个瓦块，其优点是便于转子轴在停转时能放置在一个瓦块上，同时也便于冷态找正。当转子轴转动时，有一种趋势迫使油膜进入瓦块和轴承的间隙里去。另一种方式就是瓦块的块间置于轴承的垂直中心线的下方。前者多见，国内外制造厂家皆有不同的推荐形式。

这种轴承在运行中，每个瓦块都按旋转轴颈产生的液力自行调整本身的位置，每一瓦块都建立了一个最佳的油楔。由于瓦块间的周向间隙大，油膜不像圆柱瓦轴承那样的连续，不存在和旋转油膜一起产生的不稳定性。

由于这种轴承可倾瓦块可以自由摆动，与轴颈同步位移，在工况变化时总能形成最佳油膜，油膜稳定，抗振性能好，不易发生涡动和油膜振荡，可增加转子的稳定性，故广泛用于高速轻载压缩机。

4. 轴向推力轴承

推力轴承是离心式压缩机的关键部件，它的安全运行对机组的运行具有十分重要的影响。据统计，由于推力轴承的故障造成压缩机的停车，约占压缩机事故停车系数的 30% 左右。

离心式压缩机在运行中，由于叶轮两侧存在着压差，高压端与低压端也存在着压差，因此产生轴向力。除了平衡盘平衡掉 70% 的气体轴向力，剩下的 30% 的轴向力由推力轴承来承担。

常见的推力轴承有米切尔式和多斯伯雷式，它们的共同点是活动多块式，在止推块下有一个支点，这个支点一般都偏离止推块(瓦块)的中心，止推块可以绕支点摆动，根据载荷和转速的变化形成有利的油膜。

1）米切尔式轴承

米切尔式轴承的结构示意图见图 3-44，它由推力盘、止推瓦块和基环所组成。止推瓦块直接与基环接触，是单层的，两者之间有一个支点，它一般偏离止推瓦块的中心。止推瓦块可以绕这一支点摆动，当止推瓦块受力时，可以自动调节止推瓦块的位置，形成油楔，承受轴向力。

在推力盘的两侧布置主推力瓦块和副推力瓦块，一般为 6~12 块。正常的情况下，转子的轴向力通过推力盘再经过油膜传给主推力瓦块，然后通过基环传给轴承座。在启动或甩负荷时可能出现反向轴向推力，此推力将由副推力瓦块来承受。

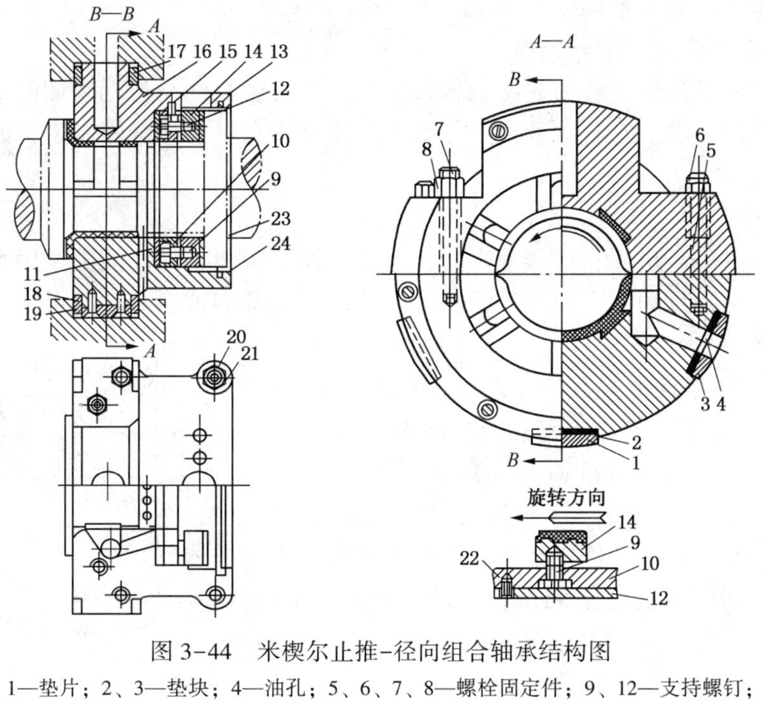

图 3-44　米楔尔止推-径向组合轴承结构图

1—垫片；2、3—垫块；4—油孔；5、6、7、8—螺栓固定件；9、12—支持螺钉；10—套环；11—薄环；13—挡油圈；14—止推块；15—定位销；16—轴承压盖；17、18—垫块；19—定位销；20、21—螺栓固定件；22—螺钉；23—推力盘；24—轴承座

2）金斯伯雷式轴承

金斯伯雷式止推轴承是英国格拉斯的专利技术，其结构示意图见 3-45。它由止推瓦块、

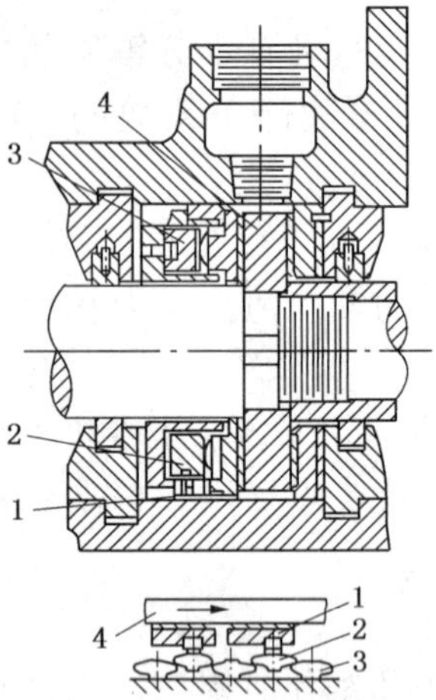

图 3-45　金斯伯雷止推轴承结构图

1—扇形推力块；2—上摇块；3—下摇块；4—推力盘

上水准块（上摇块）、下水准块（下摇块）和基环所组成，它们之间用球面支点接触，保证止推瓦块和水准块（摇块）可以自由摆动，使载荷分布均匀。当止推盘随轴发生倾斜时，推力瓦块可通过上下水准块的作用自动找平，使得所有推力瓦块保持在与推力盘均匀接触的同一平面上，这样可以保证所有的推力瓦块均匀承受轴向推力，避免引起局部磨损。

一般情况下，转子的轴向力总是指向吸入侧，但在启动时由于吸入气的冲击作用，则往往产生一个反方向的轴向推力。为了承受启动时的轴向推力，该轴承也采用双止推轴承，承受正常工作时轴向推力的一面称为止推面，承受启动时轴向推力的一面称为副止推面。有时副止推面不用止推瓦块，而用有巴氏合金的止推环。

润滑油从轴承座与外壳之间进来，经过基环背面的油槽，并通过基环与轴颈之间的空隙进入止推盘与止推瓦块之间。止推盘转动起来，由于离心力的作用，油被甩出，由轴承座的上方排油口排出。

这种止推轴承的特点是载荷分布均匀，调节灵活，能补偿转子的不对中的偏斜。但轴向尺寸长，结构复杂，特别适用于高速轻载的高压压缩机组，特别是轴向推力不易估算准确的机组，目前在美国已形成系列化。

3.7.7　离心式压缩机密封装置

离心式压缩机的密封装置为非接触转轴密封，没有密封件与运动表面的摩擦，结构设计简单、耐用和运行可靠。它有多种形式，本节简要介绍常见非接触转轴密封的基本原理、结构特点和适用范围。

1. 间隙密封

间隙密封一般为流阻型非接触动密封，系统流体沿着微小环形间隙利用粘性摩擦的耗损进行节流而达到密封目的。有固定环密封、浮动环密封等多种形式，既可用于液体环境，也可用于气体环境。

1）间隙密封的结构形式及特点

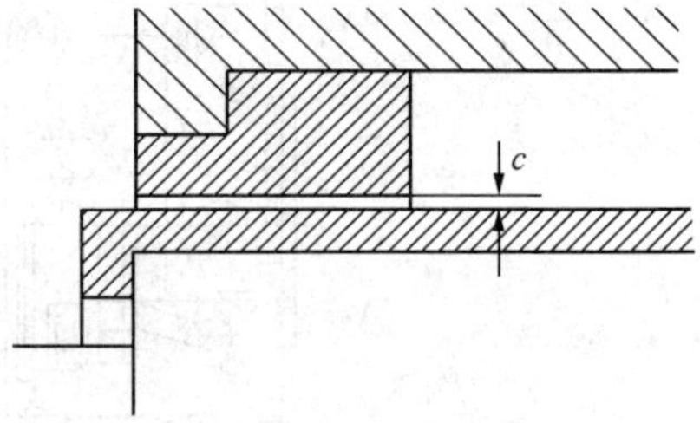

图 3-46　固定衬套密封

如图 3-46 所示的普通固定衬套密封即为一典型的间隙密封，流体通过衬套与轴的微小间隙 c 流动时，由于流体的粘性摩擦作用而实现降压密封的目的。固定衬套密封设计简单，安装容易，价格低廉，但由于长度较大，必须具有较大的间隙以避免轴的偏转、跳动等因素引起轴与衬套的固体接触，从而具有较大的泄漏率。固定衬套密封常用做低压离心机轴端密封等。

为了保证密封效果，需要较长的间隙通道，同时又便于制造，浮动衬套密封通常由几个密封环组合而成，形成多级浮动环密封。

2）间隙密封的原理

图 3-47 为一浮动环间隙密封结构简图，径向间隙为 h，轴向长度为 L。考虑到轴和密封

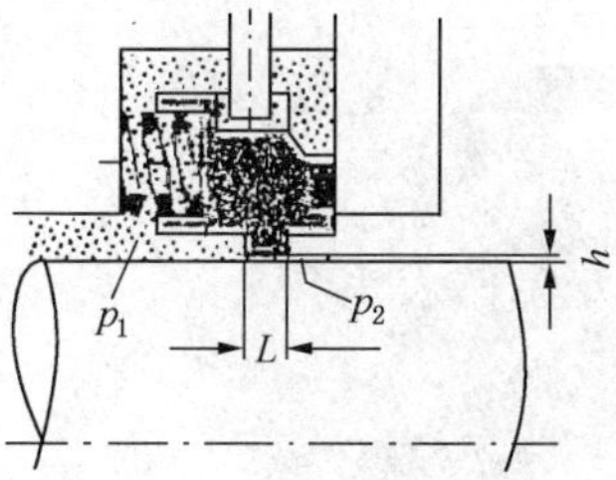

图 3-47　浮动环间隙密封的典型结构

环的相对热膨胀，间隙 h 一般为 10~20μm。在弹簧力和介质压力的作用，使密封通过 O 形密封圈与壳体上的一个垂直于轴表面的光滑表面保持接触，密封环可以沿径向自由移动，但受定位销钉的限制不能转动。考虑到密封环与轴可能出现的摩擦磨损，密封环一般由减摩或耐磨材料制造，如炭-石墨、碳化硅等。

3）间隙密封的对中机理

浮动环间隙密封在工作过程中具有自对中特性。密封环安装之后，其内表面与轴之间存在一定间隙，且不可避免地存在一定程度的偏心。当然为减少磨损和泄漏率，偏心程度应尽可能地小。在流体动压润滑轴承中，偏心间隙产生的流体动压力支撑起轴承载荷，使轴浮于油膜之上。同样，由于浮动环与轴的偏心，轴旋转时产生的流体动压力将使得环浮起，并与轴趋于同心，形成非接触状态。浮动环自动对中的另一机理是由于流体沿轴向压力分布不一致而产生。

浮动环间隙密封的对象流体，既可以是液体，也可以是气体。带封液的液膜浮动环密封常用于易燃、液爆、贵重或有毒气体的密封，但密封的成本必须考虑提供封液压力控制、循环和回收的费用，并且如果封液对被密封的气体可能造成污染，则须采用高成本的气液分离装置。基于这些理由，这类用于密封气体的带封液液膜浮动环密封正逐渐被气体膜润滑密封系统所代替。

2. 迷宫密封

迷宫密封是一种由一系列节流齿隙和膨胀空腔构成的非接触密封形式，主要用于密封气体介质，图 3-48 为三种典型结构。迷宫密封的转子和机壳间存在间隙，无固体接触，允许有热膨胀差存在，适应高温、高压、高转速场合，并且结构简单，性能稳定可靠，广泛用做蒸汽透平、燃气透平、离心式压缩机、鼓风机等热力机械的轴端密封或级间密封。迷宫密封的惟一缺点是泄漏大。

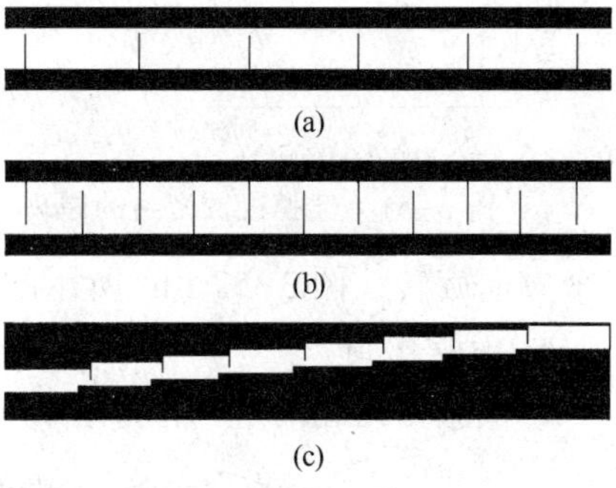

图 3-48　迷宫密封的典型结构
（a）直通型迷宫；（b）交错型迷宫；（c）阶梯型迷宫

迷宫密封的实际结构将导致气体流动为湍流。一个节流齿隙和一个膨胀空腔构成了一级迷宫，多级迷宫组成了实际应用的迷宫密封。见图 3-49 所示。齿隙的作用是把气体的势能（压力能）转变成动能，迷宫空腔的作用是通过气体的湍流混合作用尽可能地把气流经齿隙转化的动能转化为热能，而不是让它再恢复为压力能。

3. 气膜密封

气膜密封一般指依靠几微米的气体薄膜润滑的机械密封，也称为干气密封。气膜密封是一种新型、先进的旋转轴密封，由它来密封旋转机械中的气体或液体介质。与其他密封相比，气膜密封具有泄漏量少、磨损小、寿命长、能耗低，操作简单可靠，被密封的流体不受油污染等特点。

图 3-50 为一种典型的螺旋槽气膜密封产品，其旋转环的端面加工有深度仅为几微米的螺旋形浅槽。

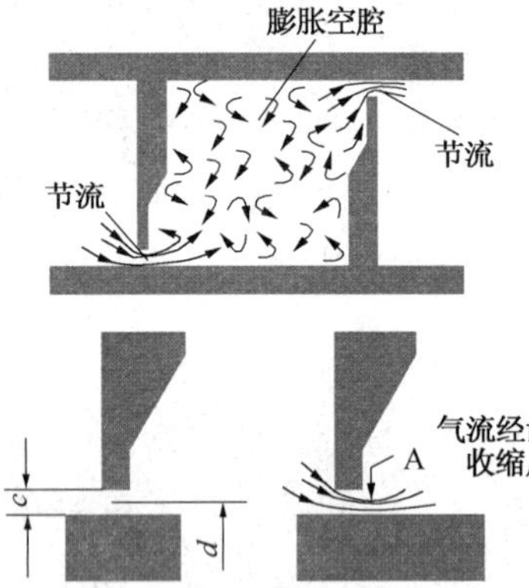

图 3-49　气流在齿隙和膨胀空腔的流动

图 3-50　一种典型的螺旋槽气膜密封产品

气膜机械密封和传统上的液相用机械密封类似，只不过气膜机械密封的两端面被一稳定的薄气膜分隔开，成为非接触状态。由于气体的粘度很小，需要依靠强有力的流体动压效应来产生分离端面的流体压力，同时使气膜具有足够的刚度以抵抗外界载荷的波动，保持端面的非接触。图 3-51 表示出了气膜密封的主要构件和密封机理，端面的分离间隙会自动调整以维持端面的开启力与外界的闭合力平衡。

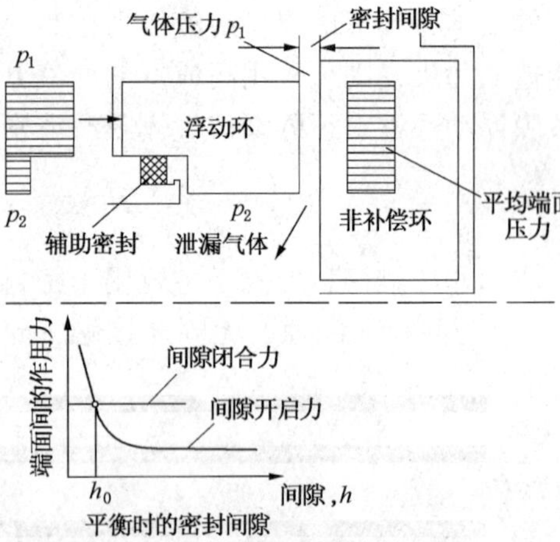

图 3-51　气膜机械密封的原理

增加流体动压效应是通过在密封端面上加工流体动压槽来实现的，不过该流体动压槽同时具有提供、控制气膜流体静压效应和动压效应的作用，所以气膜密封被认为是同时具有静压效应和动压效应的混合型密封。

流体动压槽的形状有多种形式，图 3-52（a）所示的螺旋槽或三角形槽为单向槽，只允许轴向一个方向旋转。图 3-52（b）所示的锤形槽或方形槽为双向槽，对轴的旋转方向无限制。

4. 液膜密封

与气膜密封相对应，液膜密封一般指全液膜润滑非接触机械密封，减少或排除机械密封

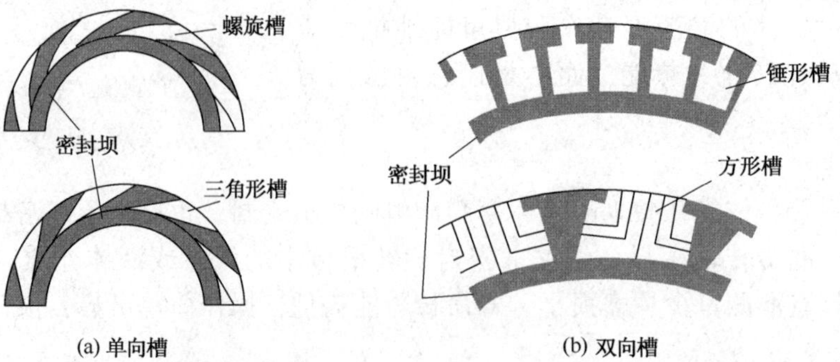

图 3-52　不同的端面槽型结构

的泄漏，同时改善密封端面的润滑状况和操作稳定性。近年出现的“上游泵送”密封概念有效地解决了这一难题，实现了非接触机械密封的低泄漏率，甚至零泄漏。

上游泵送液膜润滑机械密封，简单说来，就是普通机械密封的端面由一具有低流量、高压力“端面泵”所代替，该“泵”把少量的隔离流体沿着密封端面输送到密封腔。该密封端面的“泵”效应通过在端面开各种流体动压槽来实现，最常见的是螺旋槽。由于密封腔的液体压力比隔离流体的压力高，而隔离流体的流向是从低压的隔离流体腔流向高压的密封腔，故常被称为向“上游”泵送。与气膜密封不同的是，液膜密封的开槽区处于低压侧，槽与低压流体相通；未开槽的密封坝区靠近被密封的高压过程流体。

一种典型的上游泵送机械密封见图3-53，其螺旋槽端面结构见图3-54。

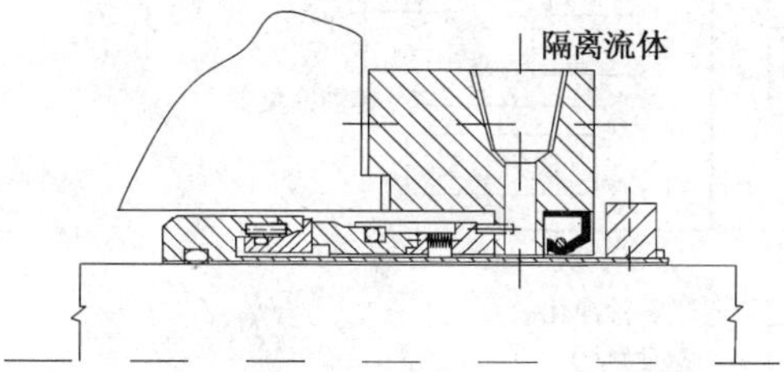

图3-53　上游泵送液膜机械密封

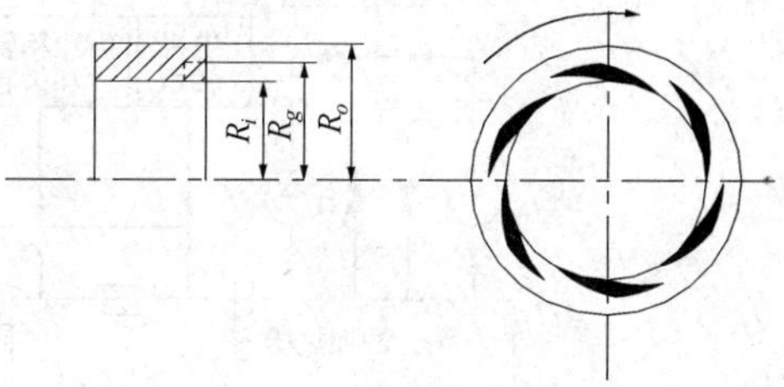

图3-54　液膜机械密封开槽端面

3.8　离心式压缩机润滑系统

离心式压缩机润滑的主要作用是：

（1）在相对运动的摩擦表面之间形成稳定的润滑油膜，减少磨损、降低摩擦功耗，延长摩擦元件的使用寿命；

（2）防止摩擦表面发生锈蚀；

（3）带走热量从而起到冷却摩擦表面的作用；

（4）带走着附于零件表面的污物以及磨损产生的磨屑，达到清洁摩擦表面的效果；

（5）密封压缩气体的工作容积。

离心式压缩机的良好润滑对于保障机器的安全、可靠使用及长周期运行具有十分重要的意义。影响离心式压缩机润滑效果的主要因素有润滑系统的结构、供油量、润滑方式和润滑油的品质等。

3.8.1　离心式压缩机润滑系统的组成

为确保在滑动轴承与主轴颈表面间形成稳定的润滑油膜，一般离心式压缩机采用强制压力油循环润滑方式，其润滑系统主要由润滑油箱、主油泵、辅助油泵、油冷却器、油过滤器、高位油箱(停车槽)、油净化装置、阀门与管路以及温度、压力、液位和磨屑监测报警仪表等组成，见如图3-55。正常工作时，油箱里的润滑油通过泵吸入过滤器，由润滑油泵加压，再经油冷却器、油过滤器、调节阀(调整工作所需压力)，提供清洁的润滑油供系统使用，满足压缩机组中各摩擦副润滑及工作容积密封的需要。

1. 润滑油箱

润滑油箱是润滑油供给、回收、沉降和储存的设备。离心式压缩机润滑油箱的常见配置有：

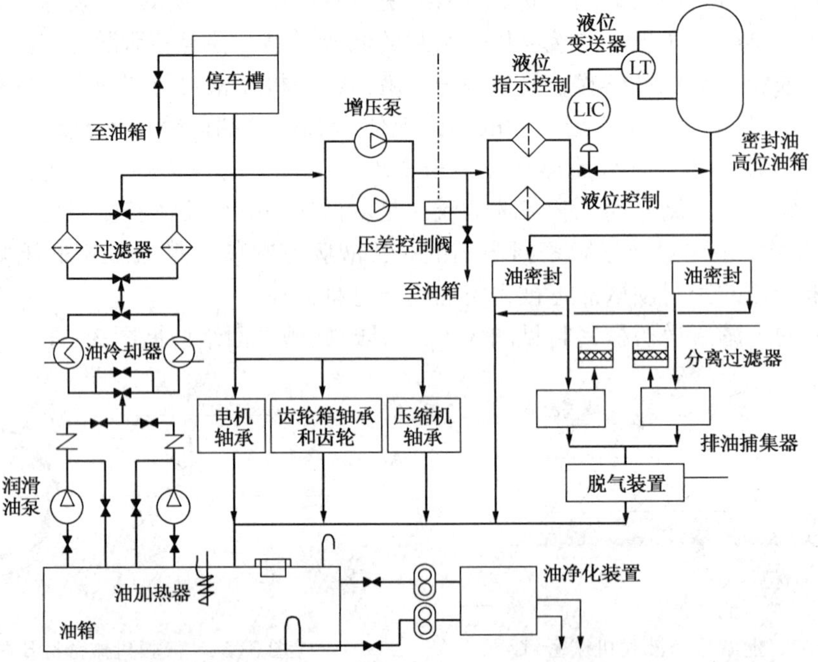

图 3-55 压缩机润滑系统简图

(1) 加热器　可采用蒸气加热或电加热方式，用以开车前对箱内润滑油进行加热升温，保证机组启动时润滑油温度升至35~45℃的范围，以满足机组启动运行的需要；

(2) 回油口和油泵的吸入口　一般设在油箱两侧，用以连接各回油管路和润滑油泵；

(3) 过滤挡板　水平设置在油箱中部,可使流回油箱的润滑油有沉降杂质和气体释放的时间,从而保证润滑油的品质;挡板上装有活门和通气管,用于连通油箱上、下部和释放气体；

(4) 液位指示计　设在油箱侧壁，用以监视油箱内润滑油位的变化情况；

(5) 低液位报警开关　当系统中润滑油损耗导致油箱中液位低于设定值时用于启动报警器，防止机组运行中润滑油位出现突变，影响机组的安全运行；

(6) 温度传感器与指示计　用以监测油箱中润滑油的温度变化，防止润滑油加热升温超出预定范围；

(7) 呼吸装置　设在油箱上部。

另外，油箱还带有充油过滤、排油及放空连接设施。某些压缩机的润滑油箱还设有与油净化装置的连接设施。

2. 润滑油泵

离心式压缩机的润滑油泵一般均配置主、辅两台，主油泵运行，辅助油泵备用。当主油泵或油路系统发生故障，使系统油压降低至一定数值时，辅助油泵自动启动投入运行，为机组各润滑点提供适量的润滑油。所配油泵流量一般为200~350L/min，出口压力应不小于0.5MPa，润滑油经减压，以0.08~0.15MPa的压力进入轴承。润滑油泵一般采用齿轮泵和常压离心泵。

3. 油冷却器

返回油箱的润滑油温度通常有所升高，这样的润滑油重新循环进入润滑部位前必须经过冷却。油冷却器用于对出油泵后的润滑油进行冷却，以控制进入润滑部位的油温。为始终保持供油温度在 35~45℃的范围内，油冷却器一般配置两台，一台使用，一台备用，必要时可切换使用；在一台冷却效果不佳时还可两台同时使用。

油冷却器常用的结构形式有列管式和板式，在工作过程中通过交换油与另一种流体(通常为水)的热量来降低油的温度，润滑系统油温的控制可通过温度调节阀或压力敏感阀决定油是流经还是旁通冷却器来实现。

图 3-56 为采用管式油冷却器并联一台板式换热器，增加散热面积以提高冷却效果的油冷却系统简图。

4. 油过滤器

润滑油过滤器装于泵的出口，用于进压缩机润滑油的过滤，以防止外来的或机器中产生的污染物进入系统，是保证润滑油质量的有效措施。为保证机组的安全运行，过滤器均配置两台，运行一台，备用一台。

离心式压缩机润滑油过滤器有筒式、盘式和网式三种基本类型。筒式滤器使用最普遍，需要定期更换滤芯；而另外两种可清洗后再用。

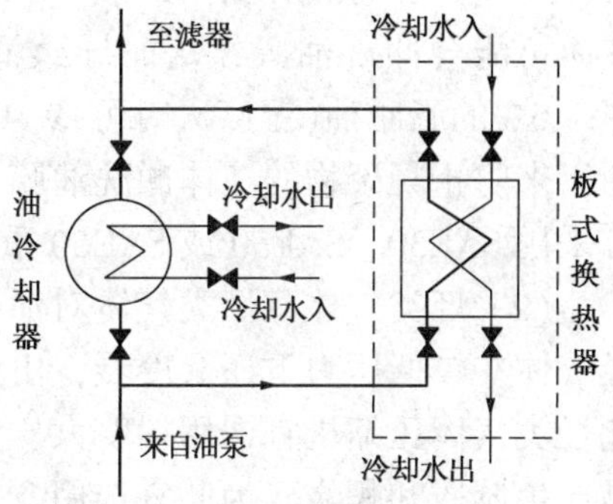

图 3-56　油冷却器与板式换热器并联

为防止滤器堵塞引发设备事故，所有滤器都配有旁通阀或溢流阀或作为滤器的一部分安装在油路上。当压差超过某一特定值时，阀开启允许润滑油流旁通滤器。某些滤器装有截止阀，以防止机组停机后油反向流动。尽管滤器性质各有差异，但大多数滤器可阻止大约 50μm 的颗粒。

5. 高位油箱

高位油箱(停车槽)是一种保护性设施，当主、辅助油泵供油中断时，高位油箱的润滑油进入沿油管靠重力作用进入各润滑部位，以维持机组润滑的需要。高位油箱的储油量应至少维持 5min 的供油时间。

6. 密封油系统

密封油系统对保障离心式压缩机浮环油膜密封的工作可靠性、防止浮环磨损具有极其重要的影响。典型的密封油系统如图 3-46 右上部分所示，来自润滑总管的润滑油由增压油泵增压，经过密封油过滤器过滤，进入密封油总管，给压缩机轴两端的浮环油膜密封供油。安装在增压油泵出口旁通管线上的压差控制阀一端与油管连接，另一端与参考气(与密封容积腔内气体连通)相连，用以维持增压泵出口的油压高于参考气压，这对于保证浮环密封效果是至关重要的。显然，若腔内气压高于密封油压，则会发生气体泄漏。为确保密封效果，系统同时采用了高位油箱，靠高位油箱的位置高度使油气产生一定的压差；由压差控制阀维持的油气压差可通过液位控制阀在液位变送器和液位指示控制器的控制下保持高位油箱的正常液位。这一控制过程如下，当运行中参考气压升高，油气压差减少，高位油箱油位降低，液位变送器监测到液位这种变化，通过液位控制器作用于液位控制阀，开大阀门，提高进入压缩机密封的油流量和压力；而当油气压差过高时，调节过程与上述过程相反。

为防止水分、气体及其他污染物长时间、过量与润滑油混合导致润滑油变质和影响机组润滑与密封效果，许多离心式压缩机润滑系统还配备了专门的油净化装置和排气脱气装置。

3.8.2 离心式压缩机润滑油的选择

合理润滑及正确选择润滑油是保证离心式压缩机安全、可靠、长周期运行的重要措施，如果润滑不当或使用了不合适的润滑油，不仅影响润滑与密封效能，还会引发设备事故。因此，必须严格依据压缩机的特定工况及对润滑油使用性能的要求，正确合理选择润滑油，离心式压缩机润滑油选择的主要依据是轴承类别、运行速度、载荷大小、压缩介质与工作环境等。与空气压缩机油相比照，压缩其他常见介质的压缩机对润滑油性能的要求有如下特点：

(1) 天然气　天然气会被油吸收，使油的粘度降低，因此选用润滑油油的粘度一般要比相同型号、同等压力空气压缩机所用油的粘度要高些。不同天然气中乙烷以上的可凝物含量，干气为2~13mL/m^{3}以内，贫气为13~40mL/m^3，湿气为40~54mL/m^3，这些可凝物的液体可能会冲洗油膜，从而导致润滑油膜破坏，因此，对湿气或贫气，可在压缩机中加3%~5%的脂肪油(湿度大时可掺10%~20%)或5%~8%不溶的植物油无敏脂或动物脂混合油，来防止凝聚物的液体冲洗油膜。天然气中的含硫量过高，还会对压缩机产生腐蚀，此时宜采用SAE30、SAE50或SAE60重负荷发动机油。

(2) 烃类气体　烃类气体对油有很大的亲和力，会溶解油，使润滑油粘度降低；高分子烃气体在较低压力下还会冷凝，由此产生的冷凝液也会为稀释润滑油或对油膜产生冲洗，因此烃类气体压缩机宜选用粘度大、油性与粘附性较好的润滑油；烃类气体含有不安定成分时易产生胶质和积炭，为此宜选用含抗氧化剂和清净分散剂的压缩机油。

(3) 惰性气体　惰性气体一般对润滑油无作用，氢、氮可使用与压缩干空气相同的压缩机油。二氧化碳及一氧化碳均与矿物油有互溶性，会使油的粘度降低，如果有水，还会产生腐蚀性碳酸。因此，在保持干燥的同时，应选用更高粘度牌号的润滑油，以减少油气带出。

压缩氨或合成气(常含大量氨)时，系统必须保持干燥，尽可能减少油与输送气接触。当有水分存在时，氨与油的酸性氧化物作用会生成沉淀。因此，此类气体压缩机最好选用专用抗氨型汽轮机油。

(4) 化学活性气体　这类气体会与润滑油发生作用，应慎重考虑。硫化氢压缩机的润滑系统及气缸要保持干燥，如有水分存在，则硫化氢的腐蚀性很强，润滑油的选择与压缩湿空气时相同，宜使用抗氧防锈型汽轮机油；一氧化二氮与二氧化硫均能与油互混，由此降低油的粘度，故应选用粘度较高的润滑油，如采用SAE40或SAE50润滑油；压缩一氧化二氮时不能用有分散剂的重负荷发动机油，否则可能与生成的硝酸起作用而产生大量的沉积物；二氧化硫是一种选择性溶剂，它有助于分出润滑油中任何生成焦油状的成分，并沉淀出来，因此当压缩二氧化硫时宜选用防锈抗氧型汽轮机油。

习　题

3-1　离心式压缩机的级由哪些部件组成，每个部件的作用是什么？

3-2　离心式压缩机的总能头H_{tot}包括哪几部分？为什么泄漏损失能头H_l和轮盘阻力损失能头H_{df}都要计入总能头？

3-3　离心式压缩机中的流动损失包括哪几项？

3-4　什么叫喘振工况？离心式压缩机中阻塞工况是在什么情况下产生的？

3-5　离心式压缩机流量调节可用哪些方法，最常用的是哪些方法，有何特点？

3-6　离心式压缩机完全相似的三个先决条件是什么？在性能换算中有哪两种近似相似

情况？

3-7　已知离心式空气压缩机第一级叶轮直径 $D_2 = 380\text{mm}$，$D_1 = 202\text{mm}$；叶轮出口叶片角 $\beta_{2A} = 400$，出口叶片数 $z = 16$；设流量系数 $\varphi_{2r} = 0.233$，叶轮转速 $n = 1380\text{r/min}$，$\alpha_1 = 90°$。求叶轮对单位质量气体所作的理论能头 H_T 及叶片无限多的叶轮理论能头 $H_{T\infty}$，并加以比较。

3-8　已知离心式空气压缩机某级叶轮的有效流量 $m = 6.95\text{kg/s}$，漏气损失系数为 $\beta_l = 0.013$，轮损失系数为 $\beta_{df} = 0.03$。叶轮对单位质量气体做功 $H_T = 45895\text{J/kg}$。试计算叶轮作功消耗的理论功率、轮阻损失功率、漏气损失功率、叶轮对气体做功消耗的总功率和叶轮对单位质量有效气体的总耗功。

3-9　已知某单位离心式鼓风机的性能要求：

进口压力	$p_s = 98066.5\text{Pa}$	进口容积流量	$Q_s = 200\text{m}^3/\text{min}$
出口压力	$p_d = 147099.7\text{Pa}$	气体常数	$R = 288.4\text{J/kg}\cdot\text{K}$
进气温度	$t_s = 20℃$	绝热指数	$k = 1.4$

多变效率 η_{pol} 一般为 0.7~0.84，多变能头系数 $\varphi_{pol} = 0.6 \sim 0.7$。这里选取多变效率 $\eta_{pol} = 0.77$，$\varphi_{pol} = 0.65$。试确定叶轮的圆周速度 u_2。

3-10　题 3-9 中的鼓风机压缩过程若分为等温压缩、绝热压缩和多变压缩($n = 1.59$)时，试计算单位质量气体的压缩功各为多少？并分析比较其大小。

3-11　有一台离心式压缩机，其操作条件为：入口压力 $p_s = 28\times10^5\text{Pa}$(绝)，出口压力 $p_d = 40\times10^5\text{Pa}$(绝)，入口温度 $t_s = 37℃$，气体相对分子质量为 $M = 28.016$，绝热指数 $k = 1.4$，进气量 $Q_s = 96\text{m}^3/\text{min}$，该机多变效率 $\eta_{pol} = 0.7$，转速 $n = 9600\text{r/min}$，求：

(1) 该机的多变能头 H_{pol}、总功率 N_{tot} 及气体出口温度 t_d 是多少？

(2) 若该机有五个 $D_2 = 450\text{mm}$ 的叶轮组成五级(级间无冷却)，试分析每个叶轮的平均能头系数 φ_{u2} 为多少？

第 4 章　轴流式压缩机

4.1　概　　述

4.1.1　轴流式压缩机的特点

轴流式压缩机属透平式压缩机，该种压缩机由于气体在机内基本是沿轴向流动的，故称之为轴流式压缩机，其与离心压缩机都是石油化工、矿山冶金、交通运输以及能源动力等领域广泛使用的压缩机。

轴流式压缩机与离心压缩机相比，具有以下特点：

(1) 设计工况下效率较高，单机热效率可达 84%~89%；

(2) 流量大，重量轻，体积较小；

(3) 结构较简单；

(4) 单级压比较低，亚音速级压比一般为 1.05~1.28；

(5) 稳定工况区较窄，性能曲线较陡，变工况调节性能差，容易发生喘振；

(6) 对固体杂质敏感，叶片易受磨损；

(7) 叶片形状复杂，制造及工艺要求高。

轴流式压缩机具有效率高和流量大的特点，在石油化工企业将逐步取代传统流程用离心空气压缩机，其还可与动力回收透平机直联，回收高温中、低压尾气中的能量。

4.1.2　典型结构与工作过程

图 4-1 为我国自行设计生产的 Z3205-46 轴流式压缩机的纵剖面图，该压缩机用于高炉鼓风，由汽轮机驱动。

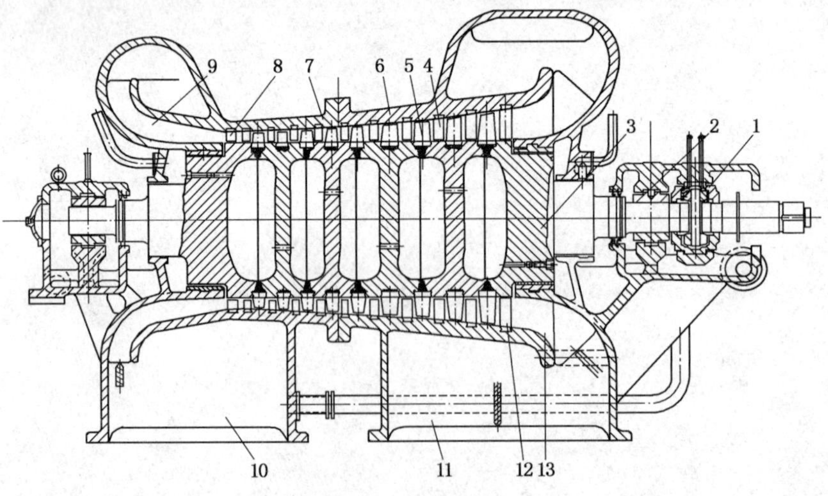

图 4-1　Z3250-46 轴流式压缩机

1—止推轴承；2—径向轴承；3—转鼓；4—导流器(静叶)；5—动叶；6—前气缸；7—后气缸；8—出口导流器；9—扩压器；10—出气管；11—进气室；12—进气导流器；13—收敛器

该机结构分为转子和定子两部分：转子由转鼓、动叶、止推盘等组成；定子由气缸、静叶、扩压器、收敛器、进口导流器、出口导流器、出气管等组成。压缩机的通流部分由各级的主要工作元件——静叶与动叶的环形叶栅组成；气缸有垂直中分面与水平中分面，并由前者将气缸分为前气缸与后气缸。下面以该压缩机为例，对其通流部分的主要部件的功用叙述如下：

（1）进气室　进气室的作用是使从进气管来的气体均匀进入环形收敛器。

（2）收敛器　使进气室中的气体适当加速，保证进气导流器中的气流具有均匀的速度场和压力场。

（3）进气导流器　由装在气缸上的均布叶片组成，其作用是使气流以一定速度和方向进入第一级动叶。

（4）动叶　由装在转鼓上的叶片组成，它是压缩机对气体做功的惟一元件。转鼓和装在其上的动叶构成转子的主要部分。转子高速旋转，带动叶片对气体做功，使气流的速度和压力得到提高。

（5）静叶(导流器)　由均匀装在气缸上的叶片组成。其作用是一方面将从动叶出来的气体具有的动能尽可能多地转换成压力能，另一方面使气流按一定方向和速度进入下一级继续压缩。

（6）出口导流器　使来自末级导流器的气流转变为轴向流动，避免气流在扩压器中由于旋绕运动而增加损失，降低效率。

（7）扩压器　使出口导流器出来的气流均匀减速，从而进一步提高气体的压力。

（8）排气室　将气流收集起来，经排气管排出。

轴流式压缩机除由上述部件组成外，和离心压缩机一样，还有密封、径向轴承、止推轴承等部件，以及其他辅助设备。

压缩机工作时旋转动叶将机械能传递给气体，使气体的动能与压力能增加，而后气体进入静叶中，静叶使气体的动能减少压力能进一步升高，并改变气流方向使之以适当的角度进入下一级动叶，如此气体的压力逐渐升高，最后由排气管排出。

4.1.3　型号与系列

轴流式压缩机有两种系列，即固定静叶系列与静叶可调系列。我国最大的轴流式压缩机生产厂家之一陕西鼓风机厂，引进瑞士苏尔寿公司的全套专利技术，具有世界先进水平。该厂产品分为 A 与 AV 两个系列。

A 系列为固定静叶压缩机，其工况点调节通过改变原动机的转速达到，原动机一般为汽轮机、燃气轮机或调频高速电动机。

AV 系列为静叶可调压缩机，它的前几级静叶片通过曲柄带动调节(用液压伺服马达带动调节缸，调节缸再带动曲柄)。由于静叶可调，则采用恒速电动机或汽轮机驱动，稳定工况范围宽，流量变化范围比 A 系列大一倍。AV 系列噪音小，经济性好，操作反应迅速，不宜发生喘振，机组运行安全可靠。

两种轴流式压缩机的型号表示方法如下：

A(AV) 63—14

14 级

转鼓名义直径为 63cm

静叶不可调(静叶可调) 的轴流式压缩机

部分 A 与 AV 系列轴流式压缩机的性能参数见表 4-1、表 4-2。

表 4-1 部分 A 系列轴流式压缩机性能参数表

型 号	级 数	压 比	吸入流量/$10^3Nm^3 \cdot h^{-1}$	功率/102kW	转数/$r \cdot min^{-1}$
A40	9~17	2.9~7.6	65~84	33~83	9549
A50	9~17	2.9~7.7	110~132	56~135	7639
A71	9~17	3~7.7	230~275	115~270	5380
A112	9~17	3~7.7	550~680	290~690	3410

表 4-2 部分 AV 系列轴流式压缩机性能参数表

型 号	级 数	压 比	吸入流量/$10^3Nm^3 \cdot h^{-1}$	功率/102kW	转数/$r \cdot min^{-1}$
AV40	9~18	2.7~7.2	70~85	34~84	88320
AV50	9~18	2.7~7.3	110~135	50~130	7066
AV71	9~18	2.7~7.3	215~275	100~270	4976
AV112	9~18	2.7~7.3	550~680	270~650	3153

4.1.4 轴流式压缩机的主要性能参数

轴流式压缩机的主要性能参数有流量、压力、转速、功率与效率。

(1) 流量　压缩机的流量可用容积流量(m^3/s)或质量流量 G(kg/s)表示，在标准状态或给定进气条件下二者可以相互转换，通常根据用户的需要给定。一般移动式压缩机多采用质量流量，固定式压缩机采用容积流量，在石油化工等行业常用标准状态的容积流量，单位是 $m^3/h(N)$。

(2) 压比　压缩机的压比表示了压力提高的程度，即 $\varepsilon = \dfrac{p_{out}}{p_{in}}$，这里 p_{out} 和 p_{in} 分别表示压缩机出口与进口的气体压力。

(3) 转速　压缩机的转速是指压缩机转子旋转的速度，单位为 r/min。

(4) 功率　压缩机的功率是指驱动压缩机所需的轴功率 N，其单位为 kW。

(5) 效率　压缩机的效率表征了压缩机中能量转换的完善程度，有等熵效率 η_{ad}、多变效率 η_{pol} 等多种表示方法。

一般轴流式压缩机都用铭牌标明其主要性能参数、工作介质和进气条件。

4.2 轴流式压缩机工作原理

4.2.1 级

通过上节对轴流式压缩机典型结构的介绍，我们知道，轴流式压缩机有两大基本组成部分：一是以转轴为主体可以旋转的部分，简称压缩机转子；一是以机壳及装在其上各静止部件为主体的固定部分，简称压缩机静子或定子。

图 4-2 是一台五级轴流式压缩机通流部分示意图，转鼓形式的转轴上装有五排叶片，组成转子的主要部分，其上旋转的叶片称为动叶；每排动叶之后，都有一排固定在气缸体上的静止叶片，称为静叶(或导叶)。

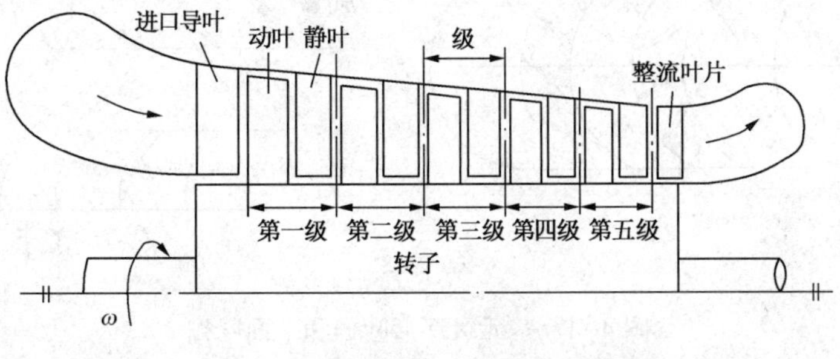

图 4-2　轴流式压缩机通流部分示意图

一排动叶和紧跟其后的一排静叶，组成一个“级”，它是轴流式压缩机的基本单元。由多个级有序排列，串联在一起便构成了多级轴流式压缩机。

气体经过级时从外界获得能量，提高了压力，所以级是轴流式压缩机最基本的做功单元，只要掌握了级中气流的特点和增压原理，便可了解整台多级轴流式压缩机的工作原理。

在研究压缩机级中气体流动时，我们主要分析动叶排前、动叶排与静叶排之间、静叶排之后三个垂直于转轴回转面上气流参数的变化情况，通常以 1—1 截面，2—2 截面，3—3 截面来表示，这些截面即为级的特征截面，如图 4-3 所示。

级的主要几何尺寸为：

D_t——级的外径(包括动叶顶部与气缸内壁之间的径向间隙)，即气缸内径；

D_h——级的内径，即轮毂直径；

$\bar{d}$——轮毂比，$\bar{d}=D_h/D_t$，即级内径与级外径的比值；

l——叶片高度；

δ_r——径向间隙，即叶尖与气缸内壁之间的距离；

δ_z——轴向间隙，即二叶片排之间的轴向距离。

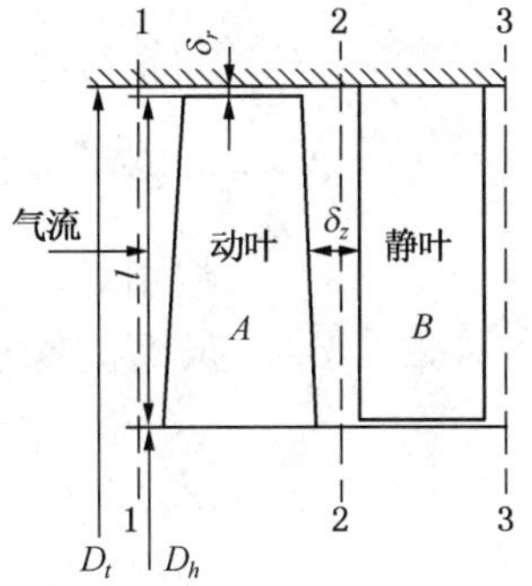

图 4-3　级的简图

由于级的动叶不同半径处的圆周速度不同，沿径向各环形截面上的气体流动情况也不相同，因此在研究级中流动情况时，一般首先分析某一半径截面处的流动状况。

4.2.2　基元级

在级压比不太大的情况下，通常假定级中气流沿着与轴同心的一个个圆柱表面流动，认为气流的径向分速度 $c_r\approx0$。设想用一个直径等于级平均直径，轴线与压缩机轴线重合的圆柱面去切割级的叶片排，便得到了动叶和静叶两排叶片切面，如图 4-4(a)所示。由形状相同，沿圆周方向均布的叶片切面组成的环形表面称为环形叶栅，叶片切面即为该叶片在此半径处的叶型。

一对动叶环形叶栅和静叶环形叶栅组成一个基元级。轴流式压缩机的级就是由无数个半径不同的基元级叠加而成的。为了便于研究，可将环形叶栅沿轴线切开并在平面上展开成平面叶栅，认为其在圆周方向可无限延长，如图 4-4(b)所示。经验表明，在研究基元级中气体流动时，用平面叶栅代替环形叶栅既方便又基本符合实际情况。

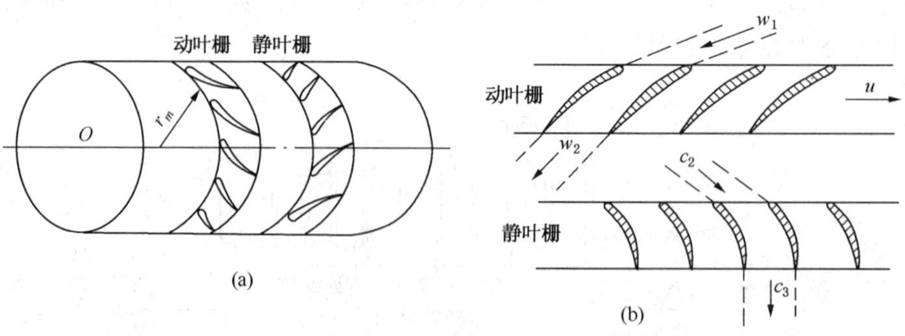

图 4-4　基元级环形叶栅和平面叶栅

基元级平面叶栅是由一定数量、间隔一定距离、按照一定要求排列的相同叶型所组成。所以要了解气流在叶栅中的流动，必须对叶型和叶栅有所了解。

下面介绍一下基元级叶型和叶栅的主要几何参数，如图 4-5 所示。

(1) 叶型的几何参数有：

中线——叶型型线内切圆圆心的连线；

b——叶弦长，连接中线两端点的直线长度；

c——叶型最大厚度，$\bar{c}=\dfrac{c}{b}$ 为叶型最大相对厚度；

f——叶型中线最大挠度，$\bar{f}=\dfrac{f}{b}$ 为叶型相对最大挠度；

a——叶型前缘至最大挠度处的距离，$\bar{a}=\dfrac{a}{b}$ 为最大挠度处的相对距离；

e——叶型前缘至最大厚度处的距离，$\bar{e}=\dfrac{e}{b}$ 为最大厚度处的相对距离；

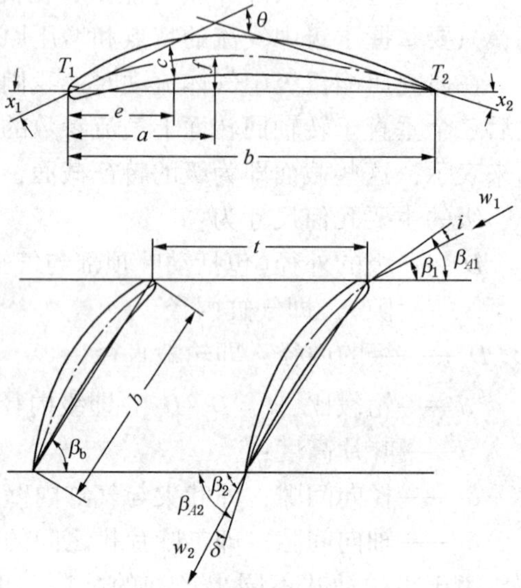

图 4-5　叶型、叶栅几何参数及气流特征角

r_1、r_2——前缘、后缘的圆弧半径；

x_1——前缘方向角，叶型前缘点处中线的切线与叶弦 b 的夹角；

x_2——后缘方向角，叶型后缘点处中线的切线与叶弦 b 的夹角；

θ——叶型弯曲角，$\theta=x_1+x_2$。

(2) 叶栅几何参数及气流特征角：

t——栅距，叶栅中相邻叶型在周向间的距离；

τ——叶栅稠度，$\tau=\dfrac{b}{t}$；

$\bar{t}$——相对栅距，$\bar{t}=\dfrac{t}{b}$；

β_b——叶型安装角，叶弦与周向间的夹角；

β_{A1}——叶型进口几何角(进口安装角)，叶型前缘点处中线的切线与周向间的夹角；

β_{A2}——叶型出口几何角(出口安装角)，叶型后缘点处中线的切线与周向间的夹角；

$\theta=\beta_{A2}-\beta_{A1}$——叶型弯曲角；

β_1、β_2——进、出口气流角，叶栅前、后气流相对速度 ω_1、ω_2 与圆周速度之间的夹角；

$\Delta=\beta_2-\beta_1$——气流转折角；

$\Delta\beta=\beta_{A1}-\beta_1$——进口气流冲角；

$\delta=\beta_{A2}-\beta_2$——出口气流落后角。

4.2.3 基元级速度三角形

基元级中气流与叶片相互作用，完成能量的传递与转换，使得叶栅进出口气流速度发生变化，因此我们可以利用基元级叶栅进出口处速度的变化来分析级的工作情况。图 4-6是叶栅进出口截面处的速度三角形。

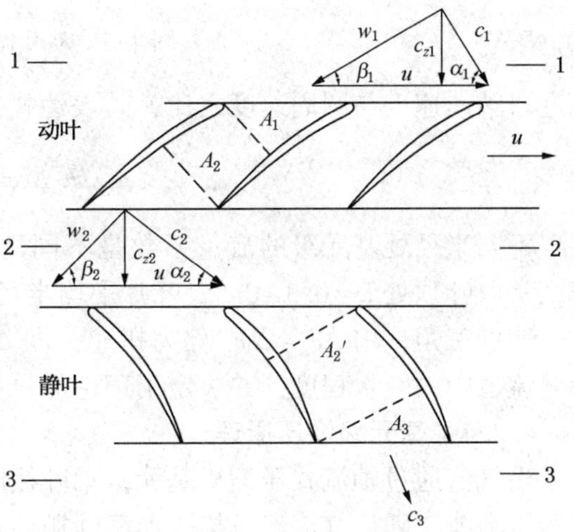

图 4-6 叶栅进出口截面处速度三角形

在动叶栅进口 1—1 截面，气流以绝对速度 c_1 和气流角 a_1 进入动叶，由于受叶片牵连，以牵连速度 u_1 作圆周运动，故气流以相对速度 w_1 进入动叶栅，c_1、w_1 和 u_1 构成了动叶栅进口速度三角形，绝对速度矢量为 $\vec{c}_1=\vec{w}_1+\vec{u}_1$。$\alpha_1$ 和 β_1 分别为动叶绝对进口气流角和相对进口气流角。

气流经过动叶叶栅绕流后，以相对速度 w_2 和气流角 β_2 流出动叶栅 2—2 截面，w_2、u_2 和 c_2 构成了动叶栅出口速度三角形，绝对速度矢量为 $\vec{c}_2=\vec{w}_2+\vec{u}_2$。动叶出口绝对气流角和相对气流角分别为 α_2 和 β_2。

由图 4-6 可以看出，由于动叶栅流道和静叶栅流道都是弯曲的，所以动叶栅进出口的相对速度 w_1 和 w_2 的方向与大小均有变化。气流流出动叶栅，再以绝对速度 c_2 和气流角 a_2 进入静叶栅。因静叶栅无牵连运动，故气流经静叶流道后以绝对速度 c_3 流出静叶栅，不存在静叶出口速度三角形，近似认为，$c_1=c_3$，$a_1=a_3$。

绝对速度 c 同样可分解为轴向分速度 c_z 和周向分速度 c_u。为了研究方便，常将动叶栅进出口速度三角形画在一起，如图 4-7(a)和(b)所示，图(a)为 $c_{z1}\neq c_{z2}$时基元级速度三角形，图(b)为 $c_{z1}=c_{z2}$时基元级速度三角形。

对于亚音速轴流式压缩机的级压比较小，一般动叶进出口容积流量变化不大，可近似认为

$$c_{z1}=c_{z2}=w_{z1}=w_{z2}$$

与离心压缩机速度三角形不同的是，轴流式压缩机气流沿基元级圆柱面流动，故圆周速度 $u_1=u_2=u$。

在实际应用中常以流量系数来表示压缩机基元级通流能力的大小。流量系数定义为基元

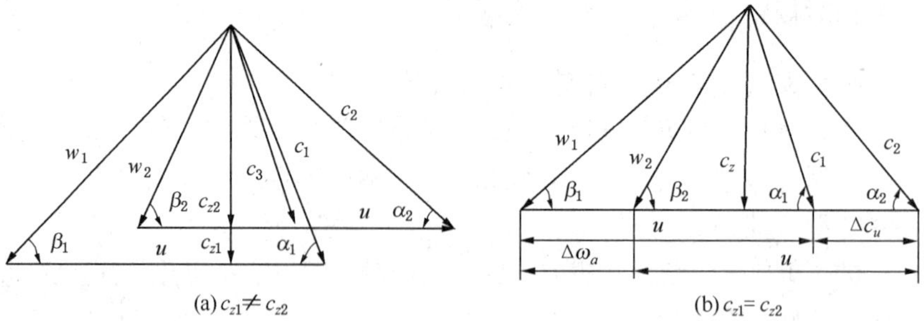

图 4-7　动叶栅进出口速度三角形

级进口轴向速度与圆周速度之比，其表达式：

$$\varphi = \frac{c_{z1}}{u} \tag{4-1}$$

不同半径处基元级的流量系数是不同的，一般以叶顶处或平均直径处的流量系数为代表。常取叶顶处 $\varphi=0.3\sim0.5$，叶片平均半径处 $\varphi=0.5\sim0.75$。

速度三角形中 $\Delta c_u=\Delta w_u$ 称为扭速，即 $\Delta c_u=c_{u2}-c_{u1}$，$\Delta w_u=w_{u1}-w_{u2}$。扭速反映了气流在叶栅流道中的转折程度，并决定了理论能量头 h_t 的大小。

4.2.4　基元级增压原理

当气流通过轴流式压缩机基元级动叶栅时，旋转动叶对气流作功的结果，使气体获得动能和压力能，随后气流经过扩张形静叶栅通道时，部分动能又转化为压力能。因此在研究轴流式压缩机旋转动叶与气流的能量转换关系时，叶轮机械的欧拉方程同样适用。这里依据翼型和叶栅理论来讨论轴流式压缩机旋转叶轮对气流做功的基本工作原理。

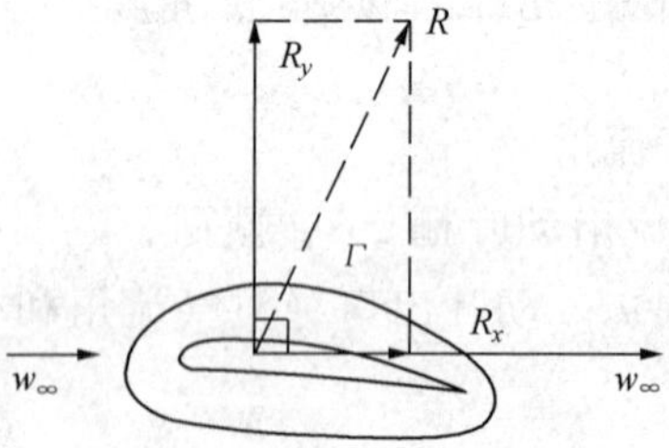

图 4-8　绕流翼型的环量与受力

基元级平面动叶栅的单个翼型和翼型受力如图 4-8 所示。根据流体力学中库塔—儒可夫斯定理，理想不可压缩流体绕翼型流动时，在翼型周围产生一个环量 Γ。在翼型背面(吸力面)上，气流与环量 Γ 的环流方向相同，合成后速度增大，压力相应降低；在翼型腹面(压力面)上，气流与环量 Γ 的环流方向相反，合成后速度减小，压力相应增加。所以沿着整个翼型表面作用的压力总和便是流体作用于翼型上的升力 R_y。对于实际的有粘流体，翼型还会受到向后的推动阻力 R_x，则作用在翼型上的合力为

$$\vec{R}=\vec{R}_x+\vec{R}_y \tag{4-2}$$

其中升力为

$$\vec{R}_y=\rho_\infty w_\infty \Gamma$$

式中　ρ_∞、w_∞ 分别为气流无限远处的密度和相对速度，$\vec{R}_y$ 的方向是沿相对速度 w_∞ 的方向绕环量反方向转 90°。

实际绕流叶栅与上述单个孤立翼型相类似，但由于叶栅的导流作用，每个翼型周围所产生的环量及翼型上的作用力与孤立翼型略有区别，图 4-9 表示了绕流叶栅受力情况。

如果取单位径向高度的叶栅，以图中所示 $a_1b_1b_2a_2a_1$ 为控制面，可以得到：绕流该控制

面中翼型的环量就等于绕该控制面的环量，这一环量可表示为

$$\Gamma = \int w_1 \mathrm{d}l \tag{4-3}$$

其中各段环量为

$$\Gamma_{a_1b_1} = tw_1\cos\beta_1 = tw_{u1}$$

$$\Gamma_{b1b2} = -\Gamma_{a2a1}$$

$$\Gamma_{b2a2} = -tw_2\cos\beta_2 = -tw_{u2}$$

则环量：$\Gamma = \Gamma_{a1b1} + \Gamma_{b1b2} + \Gamma_{b2a2} + \Gamma_{a2a1}$

$$= t(w_{u1} - w_{u2}) \tag{4-4}$$

以上各式中 t 为叶栅栅距。

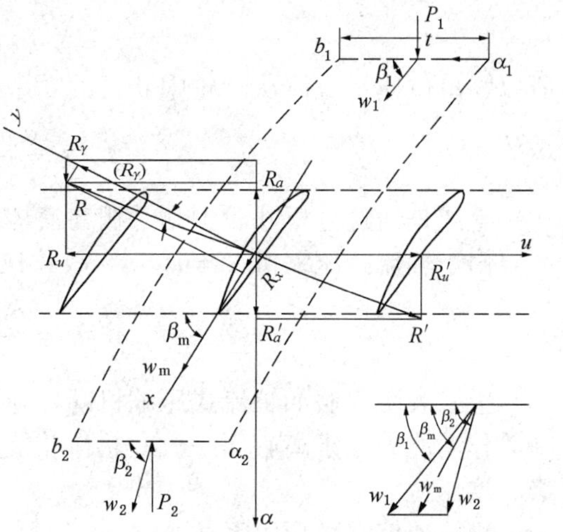

图 4-9　绕流叶栅受力图

由此可得理想无粘流体作用于叶栅中任一翼型上的升力 R_y 为

$$R_y = \rho w_m \Gamma = \rho w_m t(w_{u1} - w_{u2}) \quad (\mathrm{N}) \tag{4-5}$$

式中　w_m——平均相对速度，$w_m = \dfrac{w_1 + w_2}{2}$；

ρ——平均密度，对于不可压缩流体，平均密度 $\rho = \rho_1 = \rho_2$；对于可压缩流体，平均密度 $\rho = \dfrac{2\rho_1\rho_2}{\rho_1 + \rho_2}$。

升力 R_y 方向沿 w_m 方向绕环量反方向转 90°。所以，根据不可压缩流体的连续方程，则升力 R_y 的周向分量 R_u 和轴向分量 R_z 分别为

$$R_u = R_y\sin\beta_m = \rho w_a t(w_{u1} - w_{u2}) \tag{4-6}$$

$$R_z = R_y\cos\beta_m = \rho t\,\frac{w_1^2 - w_2^2}{2} \tag{4-7}$$

式中　w_a——沿径向各基元级速度的平均值，以平均半径处基元级的速度来表示。

实际上，对于有粘不可压缩流体，如果流体流经叶栅存在总压损失，由于控制体内流体的总压损失是沿轴向的，故该损失仅对 R_z 有影响，而对 R_u 无影响。

由上面分析可知，假如叶栅不动，由于流体对叶栅中每个翼型作用有力 $\vec{R}_z$，使得叶轮沿 $\vec{R}_u$ 方向旋转。但是实际轴流式压缩机叶轮沿图 4-9 中 u 的方向旋转，每个基元级动叶栅对流体作功施加作用力，使流体接受机械功沿叶栅流动。所以，动叶栅对流体的作用力为主动力，而流体对动叶栅的作用力为反作用力，两者大小相等，方向相反，即 $\vec{R'}_u = -\vec{R}_u$，$\vec{R'}_z = -\vec{R}_z$。这表明动叶栅对流体作正功，流体对动叶栅作负功，则当动叶栅以圆周速度运动时，每个单位高度的动叶片传递给流体的功率 N'（单位 kW）为

$$N' = R'_u u = \rho t w_a(w_{u1} - w_{u2})u$$

$$= \rho t w_a(c_{u2} - c_{u1})u \tag{4-8}$$

若叶轮的叶片数为 z，叶片高度为 l，则通过叶轮流体的质量流量 G（单位 kg/s）为

$$G = \rho tlzw_a$$

因此叶轮传递给流体的功率 N 为

$$N = N'lz = \rho tlzw_a u(c_{u2} - c_{u1})$$
$$= Gu(c_{u2} - c_{u1}) \tag{4-9}$$

所以，单位质量流体从叶轮中获得的功率，即理论能量头 h_t(单位 J/kg)为

$$h_t = \frac{N}{G} = u(c_{u2} - c_{u1}) \tag{4-10}$$

上式是通过分析叶轮中动叶栅与流体之间的作用力推导得出的欧拉方程。

由于轴流式压缩机 $u_1 = u_2 = u$，故欧拉方程第二表达为

$$h_t = \frac{c_2^2 - c_1^2}{2} + \frac{w_1^2 - w_2^2}{2} \tag{4-11}$$

上式表明：假如轴流式压缩机叶轮与离心压缩机叶轮外径尺寸相同，那么轴流式压缩机叶轮作功能力小于离心压缩机叶轮作功能力，同样轴流式压缩机级的增压比小于离心压缩机级的增压比。

根据速度三角形关系式

$$c_{u2} = u - c_z \mathrm{ctg}\beta_2, \quad c_{u1} = u - c_z \mathrm{ctg}\beta_1$$

式(4-10)还可表示为

$$h_t = uc_z(\mathrm{ctg}\beta_1 - \mathrm{ctg}\beta_2) \tag{4-12}$$

对于作功的动叶进出口 1~2 截面，其伯努利方程为

$$h_t = \int_1^2 \frac{\mathrm{d}p}{\rho} + \frac{c_2^2 - c_1^2}{2} + h_{hyd1-2} \tag{4-13}$$

对于绝能流动的静叶进出口 2~3 截面，其伯努利方程为

$$\frac{c_2^2 - c_1^2}{2} = \int_2^3 \frac{\mathrm{d}p}{\rho} + h_{hyd2-3} \tag{4-14}$$

综合式(4-13)和式(4-14)，轴流式压缩机级进出口 1~3 截面的伯努利方程为

$$h_t = \int_1^3 \frac{\mathrm{d}p}{\rho} + \frac{c_3^2 - c_1^2}{2} + h_{hyd1-3} \tag{4-15}$$

上式说明，通过旋转叶轮加给流体的机械能，用来提高动叶和静叶的气体压力，使气体动能发生变化，并克服流动阻力损失。

基元级理论能量头系数是一个无量纲数，是表示轴流式压缩机叶栅工作性能的重要参数之一，其定义式为

$$\bar{h}_t = \frac{h_t}{u^2} \tag{4-16}$$

则

$$\bar{h}_t = \frac{\Delta w_u}{u} = \frac{c_z}{u}(\mathrm{ctg}\beta_1 - \mathrm{ctg}\beta_2)$$

在圆周速度一定时，能量头系数反映了气流在叶栅中的转折程度，表征了能量头的大小，其与圆周速度、气流速度及基元级的叶片形状、安装角度等有关。各基元级的能量头系数不同，一般用叶片平均半径处的能量头系数或叶顶处的能量头系数来表示级的能量头系数。

4.2.5 预旋与反作用度

1. 预旋

预旋又称预扭，即气流进入基元级动叶栅前所具有的周向旋绕程度，可用周向分速度

c_{u1}表示预旋值的大小。

当 $c_{u1}>0$ 时称为正预旋，即气流预旋方向与圆周速度方向一致。正预旋常用于圆周速度较大的情形，此时采用正预旋可减小 w_1，以控制 M_{w1}在一定范围内，但应注意正预旋过大有可能使 M_{c1}增大超过 M_{w1}。当 M_{w1}已达到较大值时，那么在 w_1 一定时可用正预旋来提高 u，以增大理论能量头 h_t。

当 $c_{u1}<0$ 时称为负预旋，即气流预旋方向与圆周速度方向相反。如果圆周速度一定且又不大，M_{w1}不超过允许值时，可采用负预旋以提高 h_t，增加级压比。u 较低的固定式轴流式压缩机可采用负预旋；对于多级轴流式压缩机由于后几级温度高，音速大，采用负预旋较为有利。

当 $c_{u1}=0$ 时称为无预旋，即轴向进气。

2. 反作用度

气流通过基元级时，气体静压能在动叶栅和静叶栅中都有所提高。动叶栅中气体静压增占总能量头的比例大小，对级的工作性能以及效率都有一定影响。因此引入了反作用度的概念，以此表示在基元级动叶栅中增加的理论静压能量头 h_{st}在理论能量头 h_t 中所占有的比例，反作用度又称反动度或反应度，即

$$\rho_R=\frac{h_{st}}{h_t}=\frac{\dfrac{w_1^2-w_2^2}{2}}{\dfrac{w_1^2-w_2^2}{2}+\dfrac{c_2^2-c_1^2}{2}} \tag{4-17}$$

反作用度 ρ_R 反映了流体压力的提高在动叶栅和静叶栅中的分配关系。反作用度值越大，则表示在动叶栅中理论能量头转变为压力能的成分越多。

3. 几种典型反作用度的基元级

基元级速度三角形表示了基元级中流动特征与参数变化间的关系。不同反作用度的基元级，其速度三角形也不相同，并且影响到动静叶栅中静压能的分配及对预旋的要求等，因此有必要加以分析讨论。

在这里我们主要讨论轴流式压缩机中应用较多的典型的基元级，即 $\rho_R=0.5$、$0.7\sim0.9$、1 三种基元级，其叶型及速度三角形如图 4-10 所示。

为便于研究，假设其具有相同的圆周速度 u、轴向分速度 c_z 和扭速 $\Delta c_u(\Delta w_u)$，则流量系数、能量头系数、理论能量头也必然相同，并忽略流动损失的影响。

1）$\rho_R=1$ 的基元级

经式(4-17)推导可得 $\rho_R=1$ 的基元级动叶栅进出口绝对速度 c_1、c_2 大小相等，且位于轴向两侧呈对称形状，如图 4-10(a)所示。动叶栅中气流绝对速度仅改变方向，不改变大小，并且 $w_1>w_2$，$w_1\gg c_2$。在基元级中，动叶栅对气体所作功全部转化为压力能；而在静叶栅中压增为零，仅改变绝对速度方向，气流以合适的角度进入下一级。

由于这种基元级的相对速度 w_1 最大，需注意防止 M_{w1}值超过允许值。在固定式轴流式压缩机中，当圆周速度 u 和轴向分速度 c_z 都不太大时，可采用 $\rho_R=1$ 的基元级，但由于 $c_{u1}<0$为负预旋进气，所以用在第一级时需安装前置静叶进气导流器。

2）$\rho_R=0.5$ 的基元级

由其定义式，可得：$h_{st}=0.5h_t$

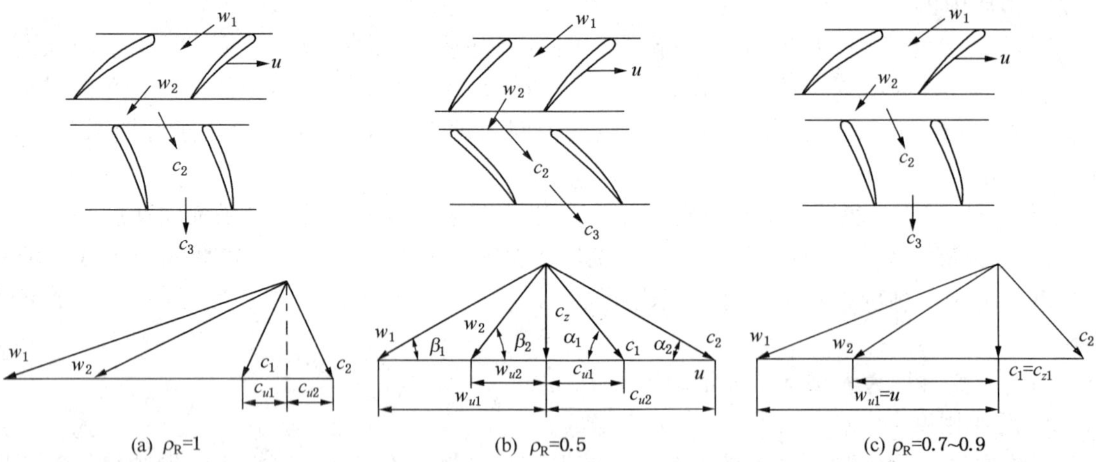

图 4-10 典型基元级叶栅及其速度三角形

在 $\rho_R=0.5$ 的基元级中，动、静叶栅中压增相同，负荷平均分配，速度三角形呈对称形状。在相同圆周速度 u 和轴向分速度 c_z 下，其最大速度 w_1 或 w_2 及相应 M_{w1} 或 M_{c2} 将小于其他基元级，所以流动损失小，效率较高。从另一角度分析，由于具有较大的 u 和 c_z，使得 M_{w1} 或 M_{c2} 不能超过允许值，所以在 u 较大、级压比较高的情况下宜被采用，但由于 $c_{u1}>0$ 属正预旋进气，用在第一级时也需安装前置静叶进气导流器。

3）$\rho_R=0.7\sim0.9$ 的基元级

这种基元级的特点是动叶栅进口气流无预旋轴向进气或接近轴向进气，即 $c_1=c_{z1}$；$c_{u1}=0$；$w_{u1}=u$。

由定义式可知：$\rho_R=1-\dfrac{c_{u1}}{u}-\dfrac{\Delta c_u}{2u}=1-\dfrac{c_{u2}}{2u}=1-\dfrac{\varphi}{2}$

基元级速度三角形及工作特点介于 $\rho_R=0.5$ 和 $\rho_R=1$ 基元级之间。由于无预旋轴向进气，故在第一级前不必设置前置静叶进气导流器，从而减小整体轴向尺寸。

在轴流式压缩机中 $\rho_R=0.5\sim1.0$ 的基元级应用较多。$\rho_R=0.5$ 的级由于 $M_{w1}=M_{c2}$，且两者都较小，流动状况好，效率高。当 $\rho_R>0.5$ 时，M_{w1} 增加使动叶栅流动易恶化；当 $\rho_R<0.5$ 时，M_{c2} 增加使静叶栅流动易恶化，两者都使基元级效率下降；而在其他条件相同时，不同的流量系数 φ 下，当 $\rho_R=0.5$ 时有最高效率。

故 $\rho_R=0.5$ 称为最佳反作用度，此时级处在最佳通流状态，$\varphi=0.5$ 称为最佳流量系数。当 $\varphi=0.5$ 且 $\rho_R=0.5$ 时，则级处在最佳工作状态。

4.2.6 级中能量损失与级效率

轴流式压缩机接受外界加入的机械能，但这部分能量不可能全部转化为压缩机内工质的压力能，有部分消耗于级中流动损失、机械损失、漏气损失、轮阻损失等。本节仅讨论轴流式压缩机级中的几种流动损失，即叶型损失、环端面损失、二次流损失，其他能量损失可参考离心压缩机部分的有关内容。

1. 级中能量损失

1）叶型损失

叶型损失又称翼型损失，是指气流在动、静叶表面边界层中的流动损失，包括摩擦损

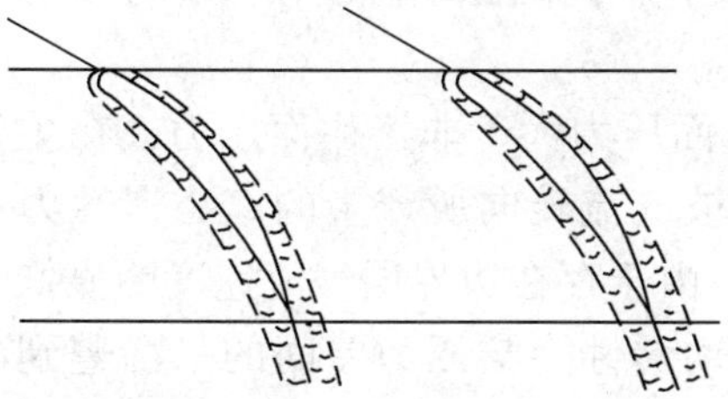

图 4-11　叶型损失

失、分离损失和尾迹损失，如图 4-11 所示。

（1）摩擦损失　当气流流过叶型表面时，在其表面产生边界层，由于边界层的速度梯度很大，故将产生较大的牛顿粘性摩擦损失，即摩擦损失。

摩擦损失与叶型表面边界层的类型有关，即与层流边界层或紊流边界层有关。边界层的类型主要取决于气流的雷诺数 *Re*、自由紊流度以及叶栅、叶型的几何参数等。无分离的边界层厚度与翼型表面的摩擦损失可按边界层理论中有关公式计算，但因其计算复杂，工程中常以实验为依据作经验估算。

（2）分离损失　当叶型表面边界层较厚且压增较大时，会出现边界层的分离，造成很大的能量损失，即为分离损失。压缩机中分离区多发生在叶型背面的后部。变工况时，如果流量减小正冲角增大，则在叶型背面气流分离明显，而且分离区容易扩大，故损失很大；如果流量增加负冲角增大，则在叶型腹面气流分离不易扩大，故损失较小。

（3）尾迹损失　翼型凸面（背面）和凹面（腹面）边界层在叶片后缘汇合形成的流体滞止和涡流区称为尾迹。尾迹中的涡流把流体的能量耗散为不可逆的热量，造成尾迹损失，同时由于尾迹中的气流十分混乱，总压低，速度小，在与主气流掺混过程中也存在能量损失。

叶型损失属于平面叶栅流动损失，可通过平面叶栅实验中的总压损失系数求取。

动叶栅叶型上的边界层具有一定的速度并在离心力的作用下被甩向叶片的顶部，使得边界层的厚度和分离程度有所减弱，这虽然形成了沿径向的二次流动，但总的来说对动叶栅的流动是有利的，因此在动叶栅中的叶型损失比静叶栅要小。

2）环端面损失

气流在气缸和转子轮毂表面流动时，产生的摩擦和涡流损失统称为环端面损失，如图 4-12所示。环端面损失影响到气流轴向速度的分布，使得气流的轴向速度在外径和内径附近受其影响而减小，中间部分的则增大。

环端面损失的大小与叶片高度 l 及平均半径处的栅距 t_m 有关，以环端面损失系数 C_{xa} 来表示。

环端面损失系数 C_{xa} 的经验估算式为

$$C_{xa} = A\frac{t_m}{l} \tag{4-18}$$

式中　A——系数，霍维尔推荐 $A=0.02$；斯杰芬逊推荐 $A=0.03$；

t_m——叶片平均半径处栅距；

l——叶片高度。

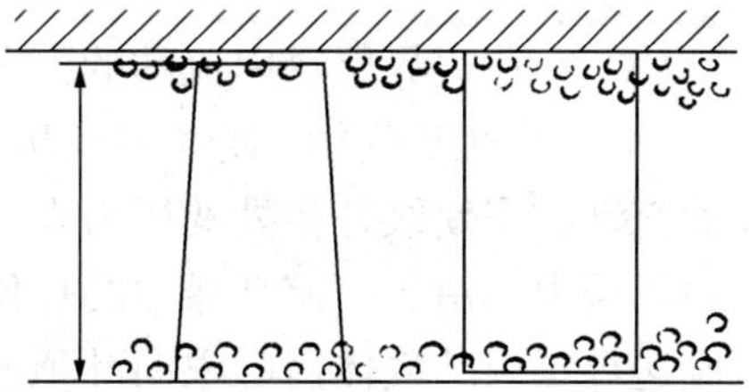

图 4-12　环端面损失

3）二次流损失

由于轴流式压缩机中气体流动较为复杂，叶片长度有限，在叶片排所构成的气流通道中，尤其在叶片顶部和根部附近，存在着与主气流方向不同的横向流动，这些流动统称为二次流动，如图 4-13 所示。由于二次流动干扰主气流的流动，故产生的损失称为二次流损失。在轴流式压缩机中，二次流损失主要有双涡损失、径向间隙端流动损失、叶身边界层径向流动的潜移流动损失。

（1）双涡损失　如图 4-14 所示，动叶转动叶片工作面压力大于非工作面压力，在主气流横向方向存在一压力差。叶道中间部分的横向压力差被气流转向所产生的离心惯性力平衡，横向流动并不明显。但是在流道的上、下环端面处，由于存在边界层气流速度明显低于主气流速度，且紧贴壁面处的气动惯性力很小，使得气动惯性力与压力差间的平衡遭到破坏。因此该区域内气流在横向压力梯度的作用下，沿端面壁由叶片工作面向非工作面移动，引起主气流的扰动和损失，导致气流偏离正常方向，产生对后面叶片排不利的冲角，这种二次流损失便称为双涡流损失。

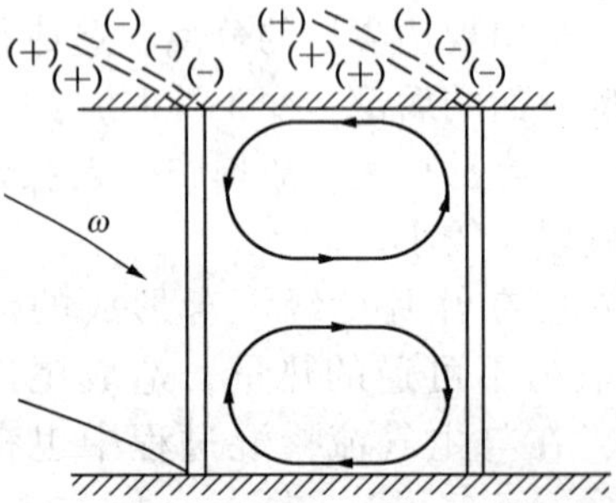

图 4-13　二次流损失

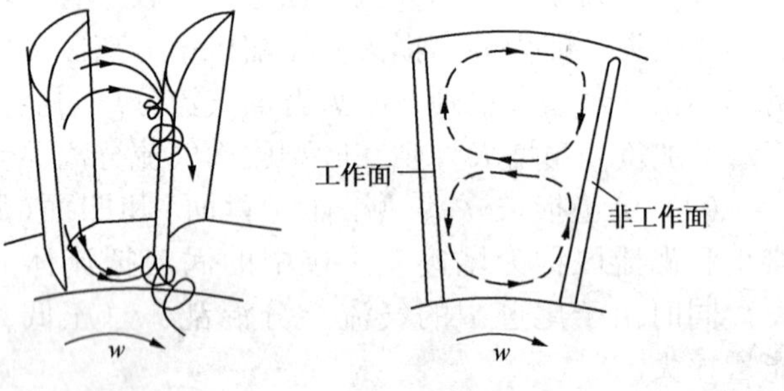

图 4-14　双涡损失

（2）径向间隙端流动损失　为了防止叶片顶部与气缸内壁（或转子轮毂与静叶）相撞，其间留有一定间隙。气流沿叶片工作面绕过叶顶径向间隙流至非工作面，在叶顶附近产生涡流，存在涡流损失，如图 4-15(a)所示。另外还有部分气流在轴向压力差作用下通过径向间隙由叶栅后向叶栅前流动，形成倒流损失。涡流损失和倒流损失都属于径向间隙端流动损失，如图 4-15(b)所示。

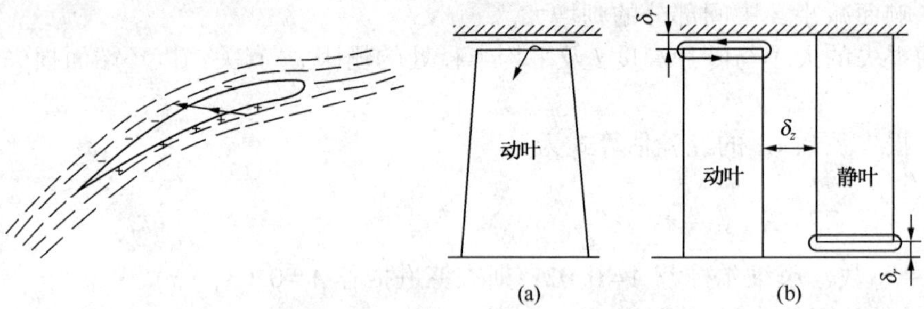

图 4-15　径向间隙端流动损失

（3）叶片边界层径向流动的潜移流动损失　在轴流式压缩机流道中，由气流周向分速度 c_u 而产生的离心力，使气体有从动叶排内径向外径流动的趋势。为保持气流基本上沿圆柱面流动，需使级外径处的压力大于内径处的压力，即以径向压力差来平衡离心力。在动叶片边界层中，由于气流粘滞力的作用，使得动叶片边界层中气流离心力大于径向压力，造成动叶边界层内的气体由叶根向叶顶的径向潜移流动，产生的损失便为径向潜移流动损失，如图 4-16 所示。静叶栅中的情况正好与动叶栅相反，由于静叶边界层流速趋于零，边界层中气流在压差作用下由外径向内径潜移，也会造成潜移流动损失。但是在动叶栅中 $u \gg c_u$，而静叶栅中 $u=0$，所以边界层中径向潜移流动损失主要发生在动叶栅中。

级中二次流损失的实际情况十分复杂，在应用中一般采用经验公式来估算二次流损失系数的大小。即

$$C_{xs} = 0.018C_y^2 \tag{4-19}$$

或

$$C_{xs} = 0.113\frac{c_y^2}{\pi\dfrac{l}{b}} \tag{4-20}$$

式中 C_y——叶栅的升力系数；

$\dfrac{l}{b}$——展弦比。

2. 级中总损失

级中的流动损失，从整个叶道来看，叶道两端损失比中间部分大。但是在考虑基元级损失时，常将环端面损失与二次流损失平均分配给沿径向的基元级，并以此估算压缩机叶栅效率。叶栅中总损失可通过叶栅流动损失系数 C_x 来计算，即

$$C_x = C_{xp} + C_{xa} + C_{xs} \tag{4-21}$$

式中 C_{xp}、C_{xa}、C_{xs}分别为叶型损失、环端面损失及二次流损失系数。C_x 又称阻力系数。

图 4-17 是某单级轴流式压缩机在不同工况下流动损失的分解图。由图可见，在设计工况下，叶型损失、二次流损失和环端面损失分别约占 4.2%、4.4%和 2.2%。当流量系数增加时，环端面损失有所增大；叶型损失在设计工况点一般较小，当偏离设计工况点时，叶型损失将会明显增大。

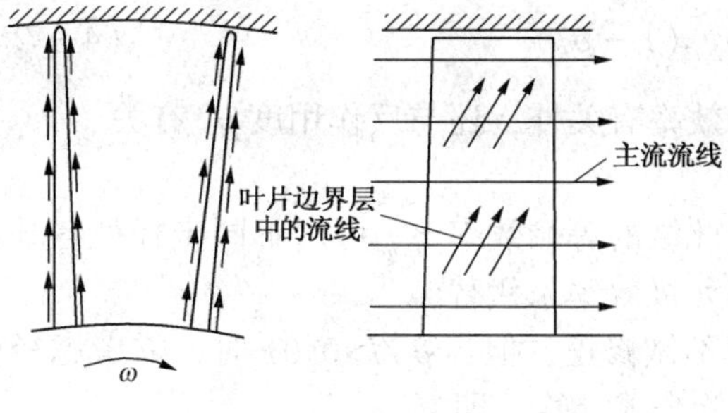

图 4-16 叶片边界层径向流动潜移流动损失

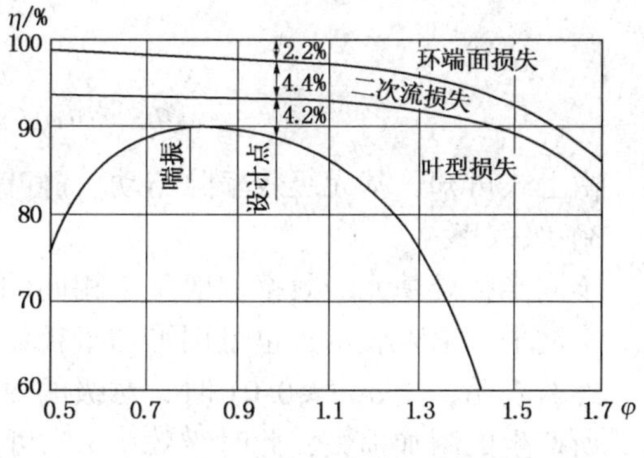

图 4-17 级中损失、效率随流量系数的变化

由于轴向间隙中的流动损失已包括在环端面损失和尾迹损失中，可不另作计算。但为得到稳定均匀的气流，减少损失，两排叶栅间应保持适当的轴向间隙 δ_z。

3. 级效率

1）叶栅效率

动叶栅的效率是指相对速度动能的减少中有多少转变为理想有用等熵压缩功 h_{ad1-2}，即

$$\eta_{1-2} = \frac{h_{ad1-2}}{\dfrac{w_1^2 - w_2^2}{2}} \tag{4-22}$$

动叶栅的效率 η_{1-2} 也可表示为

$$\eta_{1-2} = \frac{1 - \mu_{12}\tan\beta_m}{1 + \mu_{12}\cot\beta_m} \tag{4-23}$$

式中 $\mu_{1-2} = \left(\frac{C_x}{C_y}\right)_{1-2}$ 为动叶栅中的阻升比，C_x 和 C_y 分别为阻力系数和升力系数。

同样，静叶栅效率 η_{2-3} 可表示为

$$\eta_{2-3} = \frac{h_{ad2-3}}{\frac{c_2^2 - c_3^2}{2}} = \frac{1 - \mu_{23}\tan a_m}{1 + \mu_{23}\cot a_m} \tag{4-24}$$

式中 $\mu_{2-3} = \left(\frac{C_x}{C_y}\right)_{2-3}$ 为静叶栅中的阻升比，C_x 和 C_y 符号意义同上。

2）基元级效率

基元级的等熵效率是等熵压缩功与多变压缩功和级的流动损失之和的比值，即

$$\eta_{ad} = \frac{h_{ad}}{h_{pol} + h_{h1-3}} \tag{4-25}$$

由伯努利方程得到：$\eta_{ad} = \frac{h_{ad1-3}}{h_t} \approx \frac{h_{ad1-2}}{h_t} + \frac{h_{ad2-3}}{h_t}$

如用叶栅效率和反作用度来表示，则整个基元级的等熵效率可表示为

$$\eta_{ad} \approx \frac{h_{ad1-2} + h_{ad2-3}}{h_t} = \frac{h_{ad1-2}}{\frac{\omega_1^2 - \omega_2^2}{2}} \frac{\frac{\omega_1^2 - \omega_2^2}{2}}{h_t} + \frac{h_{ad2-3}}{\frac{c_2^2 - c_3^2}{2}} \frac{\frac{c_2^2 - c_3^2}{2}}{h_t}$$

即

$$\eta_{ad} = \eta_{1-2}\rho_R + \eta_{2-3}(1 - \rho_R) \tag{4-26}$$

由上式可知，基元级效率除与动、静叶栅的效率有关外，还与反作用度 ρ_R 有关。

3）级效率

不同半径处基元级效率一般是不相同的，因此级的等熵效率 η'_{ad} 可用不同半径处各基元级效率的平均值来表示，也可用平均半径处的基元级效率来代替。

经验表明，当 $\delta_r/l \leqslant 0.01$ 时，对级的效率可不做修正；但当 $\delta_r/l > 0.01$ 时，需考虑径向间隙所产生的附加损失，此时级效率 η'_{ad} 可用经验公式计算，即

$$\eta'_{ad} = \eta_{ad} - \Delta\eta = \eta_{ad} - 2.8\left(\frac{\delta_r}{l} - 0.01\right) \tag{5-27}$$

和离心压缩机级相比，气流流经轴流式压缩机级的路程短，且流线较直，因此轴流式压缩机的效率高于离心压缩机，一般亚音速轴流式压缩机的等熵效率达 90%~92%。

4.2.7 轴流式压缩机叶片扭曲规律

轴流式压缩机的一个重要特征是动叶片呈复杂扭曲状(图 4-18 所示)，从叶根到叶顶叶型逐渐变薄，为非等截面直叶片；叶型弯曲角与叶型进口安装角逐渐变小。由图 4-19 动叶片顶视图中可以看到，动叶片根部截面、均径截面及叶片顶部截面处的叶型安装 β_{A1} 角均不相同，叶片的厚度及叶型弯曲角也不相同。

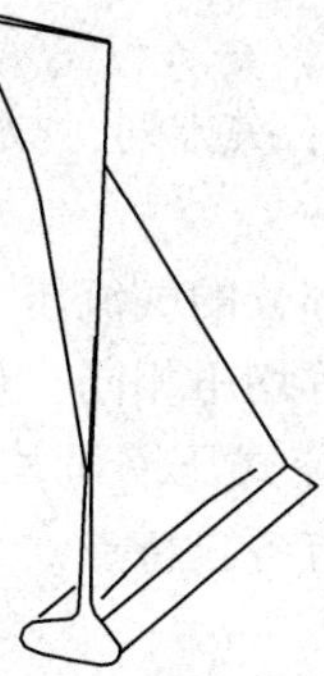

图 4-18　变截面扭曲叶片

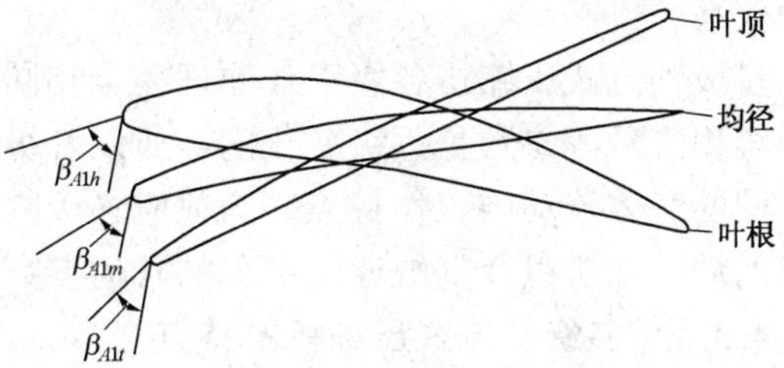

图 4-19　动叶片顶视图

动叶片变截面的扭曲变化是由于圆周速度沿叶高增大，以及对各基元级加功量大致相等的要求，使得速度三角形沿叶高改变，叶型进口与出口安装角、弯曲角沿叶高也相应改变所造成。动叶片扭曲变化遵循一定规律，并有多种扭曲方法。最常见的有等环量扭曲规律法和等反动度扭曲规律法。这两种方法应用早且使用广泛，下面仅就两种方法的特点加以介绍。

1. 等环量扭曲规律

该规律应用早，理论和实践证明由于其在一定的径高比和流动条件下，可获得较高的级效率，而被广泛采用，其特征是速度等环量为常数。

等环量级的特点是沿径向的理论能量头和轴向速度保持不变，无预旋流动，故效率高；计算简单方便，计算结果与实际流动情况较为接近。但等环量级动叶片扭曲厉害，制造加工困难，对叶片的强度和振动均有影响；动叶片顶部 M_{w1} 较大，影响到圆周速度和级压比的提高。因此等环量级常用于圆周速度不大，压比较低的固定式轴流式压缩机及多级轴流式压缩机的后几级，但对于高压比大流量多级轴流式压缩机的第一级或前几级，则不宜采用。

2. 等反作用度扭曲规律

等反作用度扭曲规律是轴流式压缩机级较常采用的另一种扭曲规律，其特征是沿径向理论能量头 h_t 和反作用度 ρ_R 沿整个叶高保持不变。

该种规律的特点是周向分速度随半径的增大而加大，轴向分速度随半径的增大而减小，使得 M_{w1} 不致过大，因此可采用较大的圆周速度来提高整机压力比，避免了等环量级的缺点。动叶片沿径向扭曲程度小，制造加工、强度和抗振性好；计算较为复杂且不准确，计算值大于实测值。在反作用度较小时，轴向分速沿径向变化较为显著，所以为防止叶顶处出现负的轴向分速值，一般选 $\rho_R=0.6\sim0.85$，$u\geqslant310\text{m/s}$。

等反作用度级适用于高压力比、大流量、高圆周速度的级，尤其适于多级轴流式压缩机的前几级。

两种常用的扭曲规律各有特点和利弊，在实际应用中应根据轴流式压缩机的工作环境和操作条件选择合适的扭曲规律。

4.3　多级轴流式压缩机

轴流式压缩机的单级压比较小，一般轴流式压缩机的级压比约为 1.10~1.3，移动式轴流式压缩机的亚音速级压比可达1.4，跨音速和超音速级压比可达1.5。为提高轴流式压缩机的压比，必须采用多级压缩，现最高级数可达20级。

多级轴流式压缩机结构简单，只需将各级在轴向前后衔接，依次排列，故其流道短直，效率较高。

多级轴流式压缩机各级工作原理完全相同，但由于各级通流部分的气流压力、温度、流速及容积流量等参数是逐级变化的，所以各级的进气状态及流场等均不相同，从而形成了各级不同的气体流动与工作特点。为适应各级的流动状况，保证轴流式压缩机整机性能良好，各级的动静叶排以及气缸通流部分的几何参数也不尽相同，并具有各自特点。

4.3.1 多级轴流式压缩机的特点

多级轴流式压缩机由于各级的工作条件不同，各级特点及需注意的问题也有所不同，现叙述如下。

1. 第一级(首级)

第一级容积流量大，气动性能与几何参数对后面各级有重大影响，在应用中应予以充分重视。第一级通流面积最大，叶高 l 最长，轮毂比 $\bar{d}_1$ 最小，叶片数最少，叶片扭曲较厉害，叶尖与叶根的基元级工作条件差异大，气流的三元流问题较为突出，而且对叶片的强度及振动等问题影响较大。

第一级变工况适应性差，常常首先出现旋转失速而引发喘振，影响其后各级及整机工作的稳定性。因此在选用时应使第一级具有较宽的稳定工况范围。但是第一级又具有进气较为均匀，温度低，环端面边界层薄等有利条件。

2. 末级

末级情况正好与第一级相反，容积流量最小，通流面积最小，叶高 l 最短，轮毂比 $\bar{d}$ 最大，叶片短是末级的主要问题。

气流流场畸变较大，环端面损失和二次流损失较大，使得末级效率较低；在实际运行中设计工况值不易得到保证，在工况变化时，末级工况偏离设计值较远。在转速大于设计转速时，末级首先发生旋转失速，进而引发喘振；当转速低于设计转速时，末级易发生阻塞工况。

但是末级叶片短，叶片扭曲不厉害，气流较接近于圆柱面流动，末级温度高，音速大，马赫数较小而不易超过允许值。

3. 中间各级

工作条件介于首、末级之间，其结构几何尺寸适中，无首、末级的叶片过长或过短带来的问题，工作条件较好，损失小且效率高；在变工况时速度三角形变化不大，比较而言不易形成旋转失速或阻塞等不稳定工况。在实际应用中中间各级应采用较大的 h_t 值，以提高整个压缩机的工作能力和效率。

4.3.2 多级轴流式压缩机通流部分的形式

通流部分是由若干级组成的气流通道(包括进、出口导叶)，通流部分的形状对压缩机的尺寸、重量和性能影响较大。当气体稳定流动时，压缩机中质量流量 G 应满足连续方程，即

$$G = F\rho c_z = 常数$$

由于各级气流密度 ρ 是逐级增大的，故各级通流面积 F 的选取取决于轴向速度 c_z 的选

取。若选择 c_z 逐级增大，将使损失增大；若使各级 C_z 不变，则通流面积减小过快，使得末级叶片过短而损失增大；若选择 c_z 逐级减小，使通道面积缓慢减小，可满足气流损失小且基本符合平面流动的假设。因此多级轴流式压缩机一般按 c_z 逐级略有减小，通流面积逐级平缓减少的原则来选取。

按照上述原则，多级轴流式压缩机通流部分的结构形式有等外径、等内径、等平均直径、混合式及较新型的轴流-离心式综合型等，如图 4-20 所示。

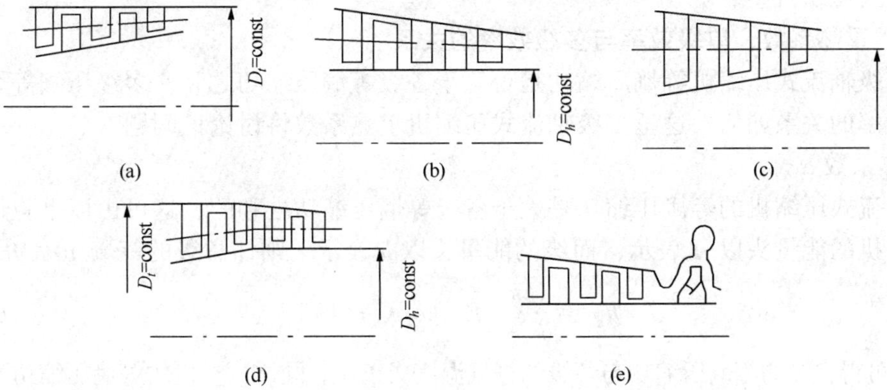

图 4-20　通流部分的几种形式

1. 等外径形式[图 4-20(a)]

该形式各级外径 D_t 相同，各级动叶顶部圆周速度相等，且各级平均半径处及轮毂处圆周速度逐级增大，假如扭速 Δw_u 变化不大，则理论能量头逐级增加。等外径形式可以减少级数，缩短压缩机轴向尺寸。由于气缸内径相同，气缸加工较为方便，而且结构简单；但由于叶片高度逐级降低，在流量较小且压比较高的情况下，可能使得后几级叶片过短，降低气动性能；同时因为转子轮毂直径逐级增大而形成圆锥形转子，使轮毂制造加工困难。等外径形式常应用于移动式压缩机。

2. 等内径形式[图 4-20(b)]

等内径形式各级内径 D_h 相同，而各级均径 D_m 与外径 D_t 逐级减小。与等外径形式相反，由于均径处圆周速度逐级减少，则理论能量头 h_t 也逐级减小，因此在相同条件下级数较多，压缩机轴向尺寸相应增加。该种形式的叶片由于高度逐级下降的程度不大，末级叶片比等外径形式叶片高，所以流动损失较小，效率较高，无锥度转子轮毂加工方便，但由于气缸内孔有一定锥度，给制造加工也带来困难。固定式轴流式压缩机通流部分常采用这种结构形式。

3. 等平均直径形式[图 4-20(c)]

等平均直径形式各级平均直径 D_m 与均径处圆周速度不变，且外径 D_t 逐级减小，内径 D_h 逐级增大。通流部分性能介于前述两种形式之间，然而由于转子内外径都是变化的，给转子轮毂和气缸制造加工均带来不便，且结构较为复杂。目前该种形式较少应用。

4. 混合形式[图 4-20(d)]

该种形式的通流部分一般是前面几级采用等外径形式，后面几级采用等内径形式相结合而成，以适应前后各级不同的工作情况。前几级容积流量大，采用等外径使叶片不致太长，能量头逐级增大，级压比增加；而后几级由于容积流量逐级减小，采用等内径形式，使得叶片不致过短，从而保证后几级仍有较高的效率。当然这种形式的结构和加工都较为复杂。压比高、流量大、级数较多的轴流式压缩机可采用混合形式的通流部分。

5. 轴流-离心式综合型［图 4-20(e)］

对于高压比的压缩机，为利用离心式压缩机单级压比高的优点，在压缩机的末级采用离心级，由此既可减少级数，又可避免末级叶片太短而引起效率降低的问题，该种型式为一种较新的轴流式压缩机型。

4.3.3 重热系数、单级效率与多级效率的关系

对于多级轴流式压缩机等熵压缩功是否等于各级等熵压缩功之和？多级压缩等熵效率与各级等熵效率的关系如何？这里多级轴流式压缩机重热系数将讨论该问题。

1. 重热系数 α

多级轴流式压缩机的等熵压缩功是大于各级等熵压缩功之和的，这可由以下叙述加以说明：如果整机的能量头以 H 表示，而级的能量头以 h 表示，则任意级的等熵压缩功为

$$h_{adi} = \frac{k}{k-1}RT_i(\varepsilon_i^{\frac{k-1}{k}} - 1) \tag{4-28}$$

由上式可得，级的等熵压缩功与各级的进气温度成正比。同样，整机的等熵压缩功可表示为

$$H_{ad} = \frac{k}{k-1}RT_i(\varepsilon_c^{\frac{k-1}{k}} - 1) \tag{4-29}$$

由式 4-29 可知，整机等熵压缩功与第 i 级的进口温度也成正比。

实际每级压缩中均存在损失，压缩过程中由于热阻损失使气体温度升高，相应下一级进气温度得到提高，从 T-s 图(图 4-21)可以看到，若各级的进气温度相同，那么从第二级开始有：实际压缩过程出口温度高于等熵压缩过程出口温度，即 $T_2>T'_2$、$T_3>T'_3$……则该现象便称为多级重热现象。

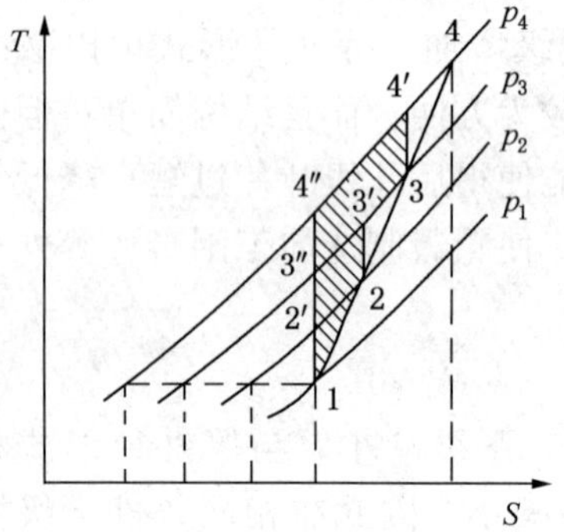

图 4-21 多级压缩机 T-S 图

于是得到

$$\Sigma h_{adi} > H_{ad} \tag{4-30}$$

可以将上式写成

$$\Sigma h_{adi} = \alpha H_{ad} \tag{4-31}$$

即多级轴流式压缩机的等熵压缩功小于各级等熵压缩功之和。式中 α 即为重热系数，它是一个大于 1 的数，级数越多则 α 越大。重热系数反映了多级轴流式压缩机各级效率与整机效率的差别，其大小与流动损失、级数有关。流动损失越大，级数越多，或者压缩机压比越高，则其值越大。对于空气，当压比小于 8 时，$\alpha = 1.02 \sim 1.06$。

2. 重热系数 α、整机等熵效率 η_{adc}、级平均等熵效率 η_{ad} 的关系

由上面分析可知：由于存在重热现象，相应地使整机等熵效率小于级平均等熵效率，即

$$\eta_{adc} < \eta_{ad} \tag{4-32}$$

从而得到：

$$\alpha = \frac{\eta_{ad}}{\eta_{adc}} \tag{4-33}$$

一般轴流式压缩机的级等熵效率可达 0. 92~0. 94，而整机的等熵效率只为 0. 90~0. 92。

3. 重热系数 α 与整机效率及级数 z 的关系

研究表明重热系数 α 与整机效率和级数 z 存在如下关系

$$\alpha = 1 + \left(\frac{\eta_{polc}}{\eta_{adc}} - 1\right)\left(1 - \frac{1}{z}\right) \tag{4-34}$$

式中 η_{polc}/η_{adc} 反映了压缩机损失的大小。由该式可以得出当损失与级数增加时，则重热系数将增大。

4. 整机效率 η_{adc} 和整机压比 ε_c 的关系

研究结果整机效率 η_{adc} 和整机压比 ε_c 存在如下的关系：

$$\eta_{adc} = \frac{\varepsilon_c^{\frac{k-1}{k}} - 1}{\varepsilon_c^{\frac{m-1}{m}} - 1} \tag{4-35}$$

图 4-22 表示了 η_{adc} 与 ε_c 的关系曲线。由图可见，压比越大，即级数越多，η_{adc} 与 η_{adi} 之间差异越大。

4.3.4　能量头、流量系数沿级的变化

1. 能量头的逐级分配

设级的平均等熵能量头为 h_{adm}，则

$$h_{adm} = \Sigma h_{ad}/z = \alpha H_{ad}/z \tag{4-36}$$

式中　α——重热系数；

z——级数；

H_{ad}——整机的等熵压缩功。

一般固定式轴流式压缩机的平均能量头 H_{adm} 约为 16000~25000J/kg，移动式轴流式压缩机约为 21000~35000J/kg。

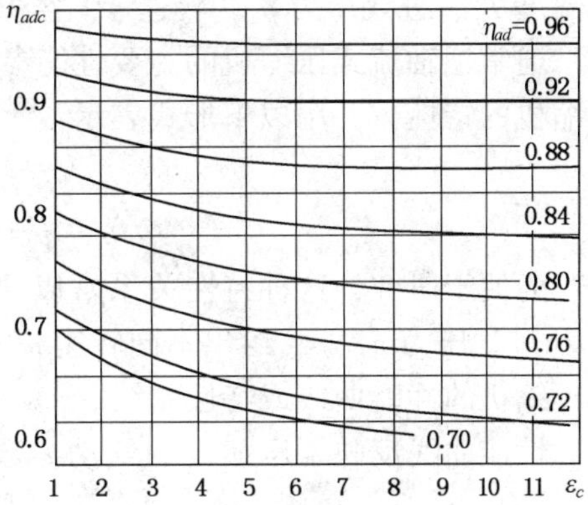

图 4-22　级等熵效率与压缩机等熵效率的关系

由于前几级与最后几级的工作条件差，效率低，变工况性能差，所以各级能量头的分配原则：中间各级分配较多的能量头，而两头分配较少的能量头。

一般第一级的等熵能量头选取 $h_{ad1} = (0.8 \sim 0.9)h_{adm}$；末级的等熵能量头选取 $h_{adz} = (0.9 \sim 0.94)h_{adm}$；中间各级的等熵能量头选取 $h_{adi} = (1.0 \sim 1.1)h_{adm}$。

2. 流量系数或轴向速度的逐级变化

流量系数 φ 或轴向速度 c_z 是轴流式压缩机级的重要气动参数，它们反映了压缩机的通流能力，且与能量头和马赫数 M 有一定的关系：

由式：$h_t = uc_z(\cot\beta_1 - \cot\beta_2)$

可知：在其他参数一定时，加大 c_z 可以提高级的能量头，并相应增加级压比。

又由流量 $Q = Fc_z = \varphi uF$　m^3/s

可得：在流量 Q 一定时，增加 φ 或 c_z 可相应减小轴流式压缩机通流面积 F 和外径；在通流面积 F 一定时，增大 φ 或 c_z 可相应增大通流能力。

因为 $w_1 = \sqrt{c_{z1}^2 + (u - c_{u1})^2}$

所以增加 c_z 使 w_1 增大，从而增大 $M_{\omega 1}$。

由上面分析可知：应该合理选择多级轴流式压缩机各级 φ 或 c_z 的数值，以达到提高级的能量头，却不会使 M_{w1} 过大的目的。

目前固定式轴流式压缩机常选用：第一级 $c_z=90\sim120$m/s，末级 $c_z=80\sim110$m/s；移动式压缩机常选用：第一级 $c_z=140\sim200$m/s，末级 $c_z=100\sim170$m/s。

多级轴流式压缩机 φ 或 c_z 的变化应是逐级平缓的，以免破坏通流部分的平直与光滑性，同时还应考虑变工况或变转速情况下，某些级将发生不稳定工况。

反作用度 ρ_R 也是级的一个重要参数，ρ_R 与级的加功量和效率有很大的关系。理论上认为 $\rho_R=0.5$ 的基元级有最佳效率，但在选择多级轴流式压缩机各级均径处基元级的反作用度时，需考虑各级实际工作条件，并与各级所采用的叶片扭曲形式相匹配。

4.4 轴流式压缩机性能

4.4.1 性能曲线

轴流式压缩机的主要性能参数为压比 ε、效率 η、功率 N。它们的数值可由压缩机的进气温度 T_1、进气压力 p_1、转速 n、容积流量 Q(或质量流量 G)等独立参数来确定。

通常把轴流式压缩机的主要性能参数 ε、η 与决定工作状况的独立参数之间的关系称为压缩机的特性，并用以下形式表示：

$$\varepsilon=f_1(T_1、p_1、n、Q)$$

$$\eta=f_2(T_1、p_1、n、Q)$$

为便于研究，这种特性关系常以曲线形式表示，如图4-23所示。即在一定的进气温度 T_1 和进气压力 p_1 下，绘出不同转速 n 下的压比 ε、效率 η 与流量 Q 的关系曲线，此曲线即为压缩机的性能曲线或特性曲线。

性能曲线反映了压缩机的气动参数、热力参数、结构参数与结构形式等因素的综合关系，利用性能曲线可以方便地了解压缩机的基本性能，判断稳定工况范围及不稳定工况位置，确定设计工况条件，并以此选择满足生产要求的轴流式压缩机。

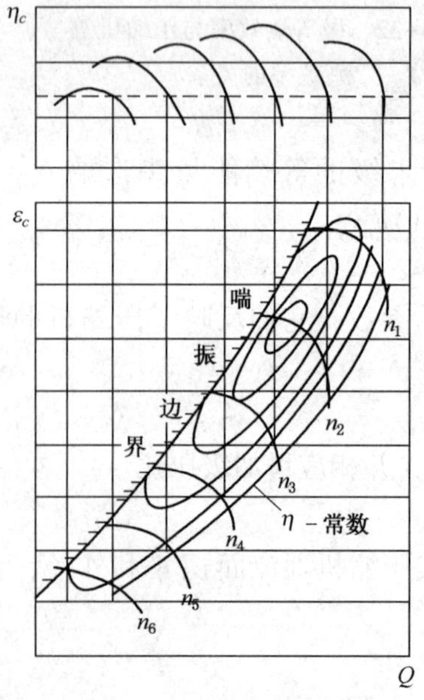

图 4-23 压缩机性能曲线

实际应用中常采用逐级计算法来估算压缩机的性能，但由于难以得到不同工况下各种因素对损失的影响及级间相互影响的准确数据，通过计算得到的性能曲线很不准确。通常准确可靠的压缩机性能曲线是通过实物机性能试验得到。

轴流式压缩机性能曲线一般有两种表示方法：

1. 给定进气条件下的性能曲线

这种性能曲线是在压缩机进气温度 T_1 和进气压力 p_1 一定时，不同转速 n 下的压比 ε、效率 η 与流量 Q 的关系曲线，其函数关系为

$$\varepsilon=f_1(n,\ Q)$$

$$\eta=f_2(n,\ Q)$$

为了方便可在压比与流量关系曲线上直接作出等效率

曲线，并把两组关系曲线合在同一张图上，如图 4-23 所示。

性能曲线图中的参数有时可用其他形式的参数来代替，例如用排气压力 p_{out} 代替压比 ε；用质量流量 G 代替容积流量 Q；用圆周速度 u 代替转速 n 等等。这种在给定进气条件下确定的性能曲线称为正常性能曲线，如果进气条件改变，则正常性能曲线也随之改变。

2. 组合参数表示的性能曲线

当压缩机进气条件发生改变时，同一台压缩机将得到不同的正常特性曲线，给压缩机的选择和应用带来不便。

根据相似原理，如果马赫数 M、雷诺数 Re、等熵指数 k、流量系数 φ 相等，就认为同一台压缩机在不同工况下，或两台几何相似的压缩机流动相似。考虑到轴流式压缩机中一般 $Re>Re_{cr}$，那么对于 k 值相等的工质，只要保持 M 和 φ 相等，则压比 ε 和效率 η 就相等，并有

$$\varepsilon = f_1(M_u, \varphi)$$

$$\eta = f_2(M_u, \varphi)$$

或

$$\varepsilon = f_1\left(\frac{u}{\sqrt{T_1}}, \frac{c_z}{\sqrt{T_1}}\right)$$

$$\eta = f_2\left(\frac{u}{\sqrt{T_1}}, \frac{c_z}{\sqrt{T_1}}\right)$$

由于相应性能曲线的坐标参数都是无因次的，故该曲线称为无因次性能曲线。

对于同一种工质，同一台压缩机，根据 $p_1Q=GRT_1$ 和 $Q=Fc_z$，得到组合参数表示的性能曲线：

$$\varepsilon = f_1\left(\frac{n}{\sqrt{T_1}}, \frac{G\sqrt{T_1}}{p_1}\right)$$

$$\eta = f_2\left(\frac{n}{\sqrt{T_1}}, \frac{G\sqrt{T_1}}{p_1}\right)$$

由组合参数表示的性能曲线具有无因次性能曲线的特点，不受进气条件变化的影响，比正常性能曲线有较好的通用性，故称为通用性能曲线。图 4-24 为一组合参数表示的压缩机性能曲线，其外形与正常性能曲线相似，通过试验得出通用性能曲线比较麻烦，但在进气条件发生变化时，不需另作性能曲线，使用起来较为方便而得到广泛应用。

4.4.2　多级轴流式压缩机性能曲线的特点

(1) 在转速一定时，流量增大，压比下降；流量减小，压比增加。

(2) 转速越高则压比显著提高，性能曲线也变得更陡峭，稳定工作区变窄，并向大流量区移动。

(3) 转速一定，在某一进口流量下，压缩机效率有最大值；不同转速下，在某一转速时压缩机效率曲线有最高位置。

(4) 实验表明，压缩机级数越多，压比越高，变工况时性能变化就更为敏感，则性能曲线越陡，稳定工作区越窄。

(5) 存在喘振与阻塞等不稳定工况。

4.4.3 轴流式压缩机与离心压缩机性能曲线的差别

轴流式压缩机与离心压缩机的结构形式有很大的区别，性能曲线也存在差异，并各具特点。图 4-25 为两台进口流量变化范围大致相同的轴流式压缩机和离心压缩机的性能曲线图。从图中可以看到两种压缩机性能曲线的差别。

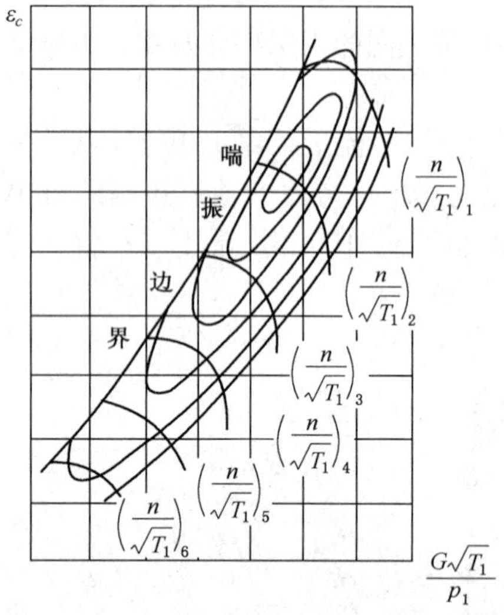

图 4-24　通用性能曲线

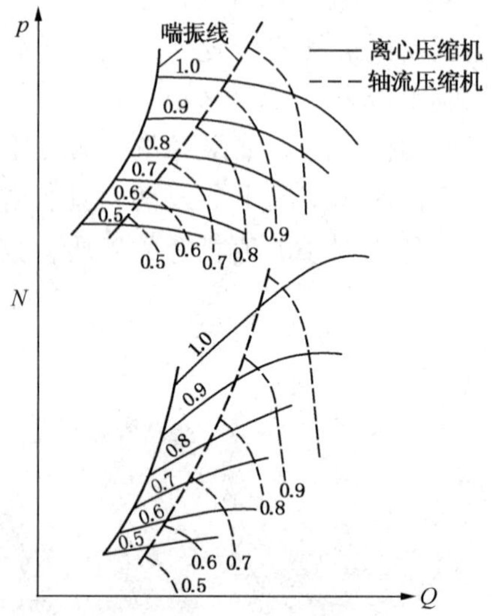

图 4-25　轴流与离心压缩机性能曲线的比较

轴流式压缩机效率比较高。这是由于在轴流式压缩机中气体直接从一级进入下一级，流道短。

轴流式压缩机级压比低。因为轴流式压缩机利用叶栅流道扩压原理来提高气体压力，而离心压缩机依靠离心力作用来提高气体压力，故轴流式压缩机级压比低于离心压缩机。

轴流式压缩机稳定工作区较窄。这是因为轴流式压缩机叶栅对气流冲角的变化较为敏感，故其性能曲线与离心压缩机相比较陡，稳定工作区较窄。轴流式压缩机的喘振几乎都发生在性能曲线极值点的右侧，而离心压缩机却发生在性能曲线的左侧。轴流式压缩机的输入功率一般随流量增加而减小。

4.4.4 轴流式压缩机的不稳定工况与阻塞工况

压缩机在设计工况下运行时，各级流动状况良好，工作协调，效率高。但在实际运行中常因操作条件等改变进行变工况运行，产生不稳定工况与阻塞工况。对于轴流式压缩机典型的不稳定工况有旋转失速工况、喘振工况以及由气动力与叶片弹性特性相互作用引起的颤振工况。由于不稳定工况与阻塞工况的气体流动较为复杂，影响因素较多，本部分我们只简要说明旋转失速工况、喘振工况及阻塞工况的形成机理。

1. 旋转失速

旋转失速是轴流式压缩机最常出现的一种不稳定气动现象。在一定转速下，随着气流流量不断下降，进入叶栅气流正冲角 i 不断增大，叶片背部(非工作面)的气流分离愈发严重。另外叶片在制造、安装中也存在误差，以及气流本身的不均匀性等因素的影响，总会在一个或几个绕流最差的叶片上首先发生分离现象，使流道内损失加大，静压能下降。由于没有足够的能量以维持气体的正常流动，结果使进入叶栅旋转前方的叶片的气流冲角减小，而进入旋转后方的叶片的气流冲角增大，则前方叶片摆脱气体脱离状况，如图 4-26 所示，而后方叶片又进入脱离状况，即气流脱离现象沿叶栅圆周速度 u 的反方向传播，形成旋转脱离现象，由旋转脱离所引起的气动不稳定现象称为旋转失速。

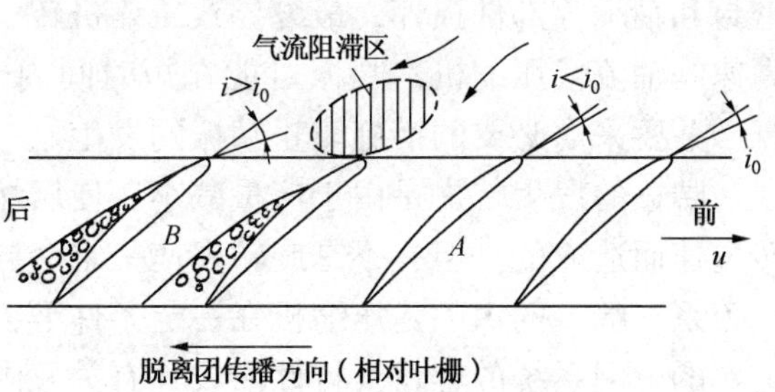

图 4-26 旋转失速示意图

旋转失速导致压缩机流动性能恶化，压比和效率下降。旋转失速时分离气流以一定频率旋转传播，使叶片受到周期性的激振力。当与旋转失速的频率接近或吻合，将引起叶片振动，甚至损坏叶片造成严重事故。强烈的旋转失速会引发整个机组产生一种危险性更大的不稳定气动现象——喘振工况。因此有必要了解旋转失速的机理，采取有效的防止措施。

旋转失速分为渐进失速和突变失速两种类型。渐进失速进展缓慢，特性曲线连续，分离区逐渐扩大，脱离团逐渐增多，压缩机压比和效率逐渐下降，如图 4-27(a)所示。突变失速的特性曲线如图 4-27(b)中所示，随流量下降，压缩机某级中突然出现大面积气流分离区，级性能突然下降，压比、效率与流量突然变化，工作点由正常特性曲线上的 a 点突然跌至另一特性曲线上的 b 点。

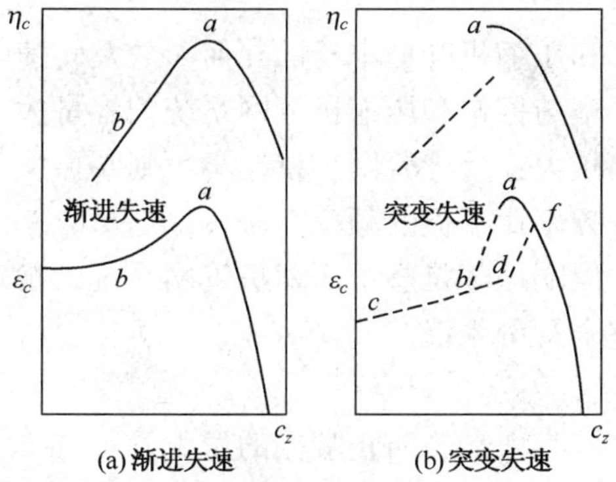

图 4-27 旋转失速时的特性曲线

实践表明，多级轴流式压缩机中某一级或几级中发生渐进失速，压缩机能正常工作，但如果压缩机中某一级中发生突变失速，则整台压缩机即进入不稳定工况而不能正常工作。

压缩机产生的旋转失速类型与转速有很大关系，影响旋转失速的因素还有压缩机叶栅叶型、叶片扭曲规律、叶栅稠度、叶片安装角、轴向与径向间隙等几何参数；气流冲角、进口相对速度、马赫数、气流折转角等气动参数。由于旋转失速是一种复杂的气动现象，很难确定具有普遍意义的定量计算公式。

2. 喘振工况

轴流式压缩机在一定转速下随着流量的减小，进入叶栅的气流冲角增大，叶栅中将发生气流脱离现象，并可能发生突变型旋转失速，导致流动性能恶化，压缩机出口压力明显下降。此时如果与压缩机联合工作的管网容量较大，管网中气体压力未立即下降且暂时维持较高值，两者存在压力差，使得管网中气体在压力差作用下向压缩机倒流，结果逐渐消除了压力差。当两者达到平衡，气流又在叶片推动力作用下正向流动，压缩机又恢复向管网供气，管网压力回升。当管网气体压力增加到一定值时，叶栅中突变失速又将使压缩机出口压力下降，再次发生管网气流倒流现象。周而复始地循环，产生了压缩机-管网系统气流的周期性振荡现象，使压缩机流量、压力等气动参数大幅度脉动，机组产生强烈振动，并伴有异常噪音，这便是破坏性非常严重的压缩机不稳定工况——“喘振工况”。

喘振使压缩机转子与定子元件承受交变应力而断裂；级间压力失常造成强烈振动，使得密封和轴承等部件损坏，最终导致压缩机转子与静子相碰撞而造成严重事故。尤其对于高压高速的轴流式压缩机，喘振可能在短时间内破坏机器，因此不允许压缩机在喘振工况下运行，并要采取必要的措施防止喘振的发生。

喘振的发生首先是由于流量减小，使压缩机叶栅中气动参数与几何参数不协调，发生旋转失速而造成的。但并不是旋转失速一定会导致喘振的发生，喘振还与管网系统的工作有密切关系。喘振的内因是压缩机在一定条件下会出现强烈的突变失速，而外因是与压缩机联合工作的管网系统的容量及特性曲线等有关。内因只有在外因作用下，才会促使喘振的发生。

喘振和旋转失速都是轴流式压缩机中常见的两种不稳定工况，旋转失速是喘振的前奏，两者间有一定联系，但两种现象本身所反映的机理并不相同，存在许多差异，主要区别有：

（1）周向流场不同。旋转失速时压缩机叶栅中一个或几个气流脱离团沿叶栅周向传播，故气流脉动沿圆周方向，周向流场不对称。喘振时气流沿压缩机轴向流动，即轴向脉动，流场基本是对称的。

（2）旋转失速时，沿压缩机叶栅周向的气流流量随时间而脉动，而通过通流部分各截面的平均流量不随时间而改变；但是喘振时通过压缩机的平均流量随时间而改变，压缩机的功率也有脉动。

（3）旋转失速时的气流脉动频率与振幅大小主要和压缩机叶栅本身的几何参数及转速等因素有关，与压缩机管网容量大小无关。而喘振的频率与振幅和压缩机管网系统的容量大小有密切关系，管网容量越大，则喘振频率越低，振幅越大；反之管网容量越小，则喘振频率越高，振幅越小。通常轴流式压缩机旋转失速的脉动频率比喘振的频率高得多。

（4）旋转失速是压缩机本身的气动稳定性问题；但喘振却是整个压缩机管网系统的稳定性问题，不能只考虑压缩机本身的性能，必须联系整个管网系统。

3. 防喘振措施

由于压缩机喘振工况的危害性很大，所以必须采取有效措施防止喘振的发生。

喘振取决于冲角的大小，而冲角又取决于叶栅前速度三角形的形状，所以预防喘振应该从三方面入手，即改变轴向分速度、改变圆周速度以及改变周向分速度。常采用以下三种方法：

1）中间放气法

当多级轴流式压缩机流量过小且小于防喘振线流量时，可在压缩机中间某级处放气，使第一级流量由 G 增加为 $G+\Delta G$，使气流轴向速度增加，减小气流正冲角 i，使得叶栅进口速度三角形与叶片几何参数相适应，消除气流分离，防止喘振发生，如图 4-28 所示。同时还可避免后几级流量系数过大，防止末级发生阻塞工况。

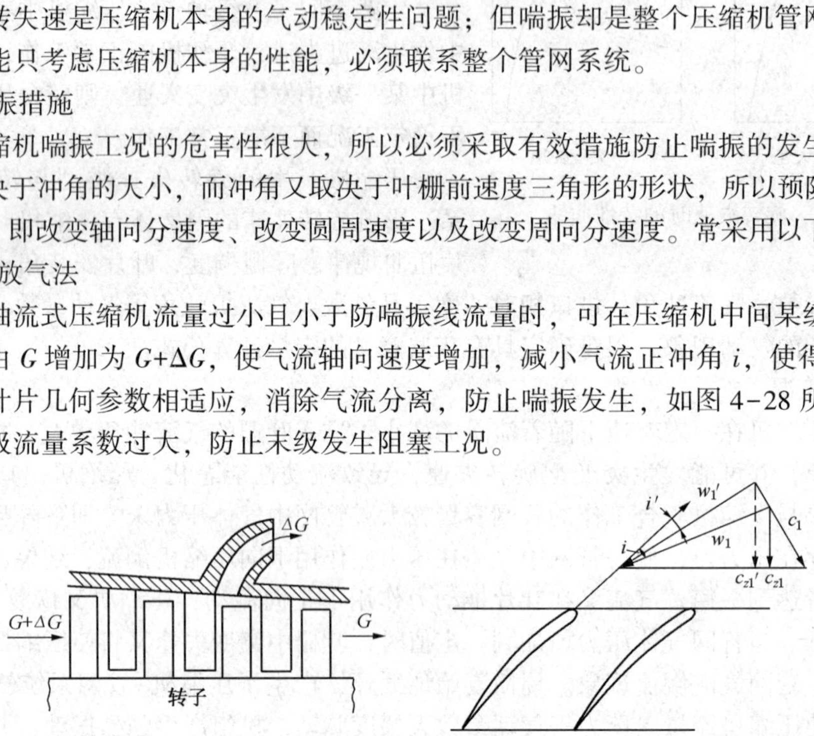

图 4-28　中间放气法示意图

中间放气法结构简单，使用方便，能有效防止低速度、小流量工况下发生喘振，是一种较常采用的防喘振方法。但因放气而损失部分压缩气体和能量，所以经济性较差。

除中间放气法外，还可在压缩机排气管上安装防喘振放气装置，这既能防止喘振发生，又可调节供气量，然而由于放气压力更高，如不有效加以利用，将会造成更大的能量损失。

2）静叶可调法

用可调节的导向静叶片，来改变级进口速度三角形的周向分速，以适应动叶几何参数，减小气流冲角，避免气流分离与喘振的发生。采用静叶调节，除能防止喘振和阻塞工况，还可调节流量，扩大稳定工作范围，使压缩机在变工况时保持较高的效率。

静叶调节的工作原理如图 4-29 所示。在给定转速下，当流量减小时，轴向速度变小，使得气流冲角增大，将发生喘振，此时如果调节静叶，减小静叶安装角，则可保持气流 w_1 以原有方向进入动叶，即可避免发生喘振。同样，当流量增大时，通过调节使静叶安装角增大，保持气流 w_1 方向不变，从而改善流动状况，防止气流分离。

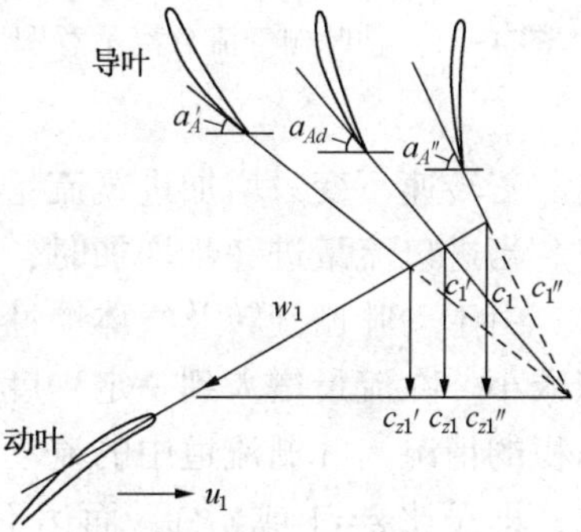

图 4-29　静叶可调法原理

静叶可调法结构较为复杂，却是一种广泛采用的防喘振调节方法。由于静叶可转动的角度有限，故不能保证沿叶高各基元级的气流方向与几何角都完全相适应。因此该方法只适用于一定范围内的调节，当工况范围变化较大而超出调节范围时，还需配合其他的防喘振措施。

3）双转子法

双转子法是通过改变圆周速度 u 的值，从而改变气流冲角，达到防喘振的目的。图 4-30 为双转子结构示意图，轴流式压缩机结构上分为高压和低压两部分，分别由两个转速不同的汽轮机转子带动。在低速小流量时，前几级易发生喘振，可减小前几级低压部分的转速，进而减小圆周速度 u，减小正冲角，防止发生喘振；高压部分易发生阻塞，可采用高转速，则相应增大圆周速度 u，使气流负冲角不至过大，避免发生阻塞工况。双转子法适用于高压比的多级压缩机。

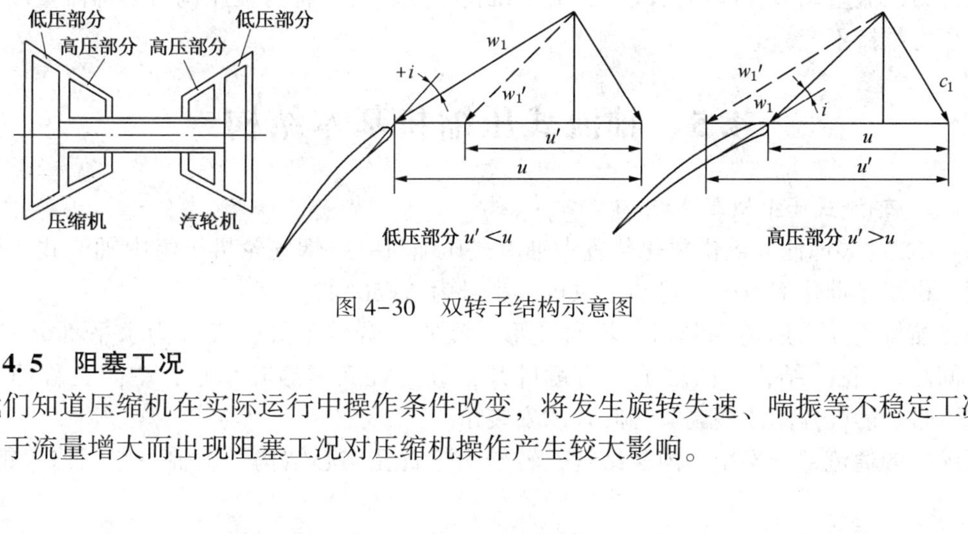

图 4-30　双转子结构示意图

4.4.5　阻塞工况

我们知道压缩机在实际运行中操作条件改变，将发生旋转失速、喘振等不稳定工况，有时会由于流量增大而出现阻塞工况对压缩机操作产生较大影响。

当压缩机在一定转速下运行，转速不变，增加流量，当流量增大到某一值，压缩机性能恶化，流量和压力得不到提高，这就是压缩机的阻塞工况。

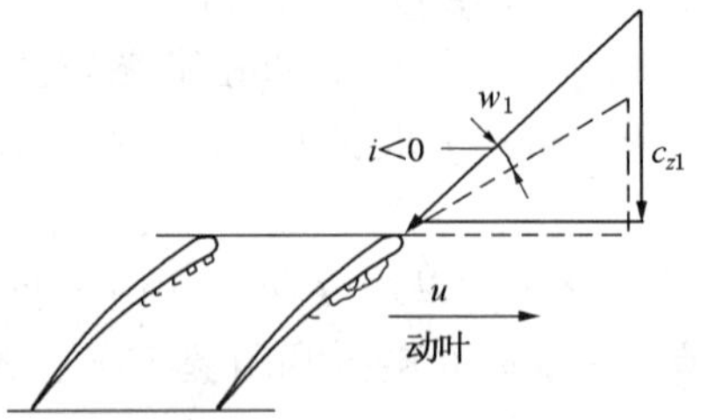

图 4-31 动叶栅气流分离示意图

图 4-31 为压缩机流量增加时动叶栅中气流发生分离时的图形。流量增加，则气流冲角减小，负冲角增大，叶栅通道中的气流发生分离，使流道最小有效通流截面 A_{min} 减小，相应截面处气流速度 w 值增大。当 w 值达到音速时，通过叶栅通道的流量即达到临界值，此时进气速度达到最大，相当于叶栅通道被阻塞，故称为“阻塞工况”。

若转速不变只增加进气流量，则轴向速度 c_z 随之增大，进入动叶的气流冲角将逐渐减小。当进口流量进一步增加时，进气冲角将变为较大的负值，动叶工作面将出现气流分离现象。由于动叶栅旋转及气体惯性作用，动叶非工作面处产生气流分离现象使流道出口有效面积减小。在流量增大到一定程度，有可能出现流道出口有效通流面积小于流道进口有效通流面积的情况，叶栅流道中的流动由扩压性质转变为收敛性质，气体压力得不到提高，甚至降低，即压比 $\varepsilon=1$ 或 $\varepsilon<1$，而达不到增压的目的，这种情况也是一种“阻塞工况”，又称“涡轮工况”。

阻塞工况在压缩机性能曲线图上反映为当流量增大时等转速线上的垂直线段，由于在阻塞工况下压缩机性能下降，所以一般压缩机不能在阻塞工况下工作。

4.4.6 轴流式压缩机的工况调节

压缩机总是与管网系统一起联合工作。压缩机性能曲线与管网性能曲线的交点称为工作点，如果工作点处于压缩机的稳定工作区内，则压缩机可以稳定保证工艺系统所需的流量和压力，使得系统正常工作。当系统操作参数与外界条件发生变化，管网特性及工作点位置也将发生变化，使压缩机偏离设计工况，甚至离开稳定工作区，进入喘振或阻塞等不稳定工况。因此为适应管网特性及工作点的变化要求，需对压缩机进行工况调节，保证系统安全高效工作。

在实际运行操作中常用的工况调节方式有两种：

一种为恒流量调节，即压力改变，流量维持不变；另一种为恒压调节，即流量改变但要求气体压力维持不变。

4.5 轴流式压缩机基本结构

4.4.1 轴流式压缩机基本结构

图 4-32 为某炼油厂催化裂化装置中轴流式压缩机——烟气轮机机组中轴流式压缩机的结构图，机组是催化剂再生装置的主风机，型号为 AV50-12。

该压缩机机壳采用铸钢制造，不易变形，吸收噪音效果好，气缸为水平剖分三缸（外壳、中间缸、内缸）结构。内缸上装有静叶片，故内缸又称静叶承缸，中间缸称静叶调节缸，它可带动静叶片的曲柄调节静叶片的安装角。

压缩机的通流部分采用等内径结构，转子为等直径实心结构，主轴一般用铬镍钢制造，

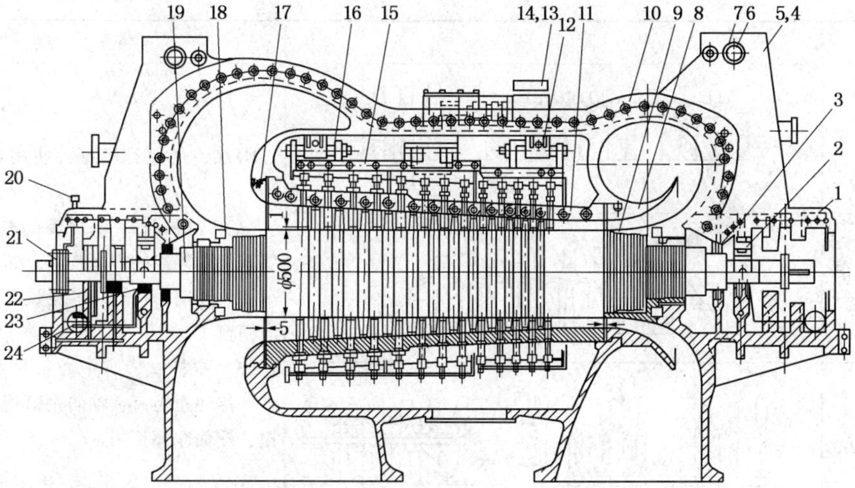

图 4-32　AV50-12 轴流式压缩机结构图

1—轴承箱；2—径向轴承；3—轴封；4—支腿；5—横向导向键；6—螺栓；7—垫圈；
8—扩压器；9—密封套(排气侧)；10—机壳；11—静叶承缸；12—调节缸支撑；
13—伺服马达(右)；14—伺服马达(左)；15—调节缸；16—驱动环；17—进口收敛器；
18—密封套(进气侧)；19—转子；20—位移监测器；21—联轴器；
22—止推轴承；23—径向轴承；24——热电偶

内缸直径由进气口到排气口逐渐减小。叶片采用 NACA 叶型为原始叶型，动叶片顶部基本按等环量规律扭曲，采用反应度为 0.8 的 N8 叶型与反动度为 0.5 的 N5 叶型。叶片采用不锈钢制造，用纵树型榫头或倒梯形榫头装在转子的凹槽内，每两个动叶片间用隔叶块定位。可调式静叶片，其圆柱型叶根装在静叶承缸上，通过液压伺服马达带动转动，且各级静叶片的曲柄长度不同，以满足各级静叶片的不同角度要求。

下面就轴流式压缩机各部结构和功能作一简单介绍。

1. 转子

1）转子类型

轴流式压缩机转子作为高速旋转部件，要求其结构紧凑，具有足够的强度和刚度。转子种类多，基本上可以分为转鼓型(鼓筒型)、盘轴型(轮盘型)和盘鼓结合型三种，各种型式的特点如表 5-3 所示。

表 5-3　轴流式压缩机转子分类

分类	简　　图	特　　点
鼓筒型	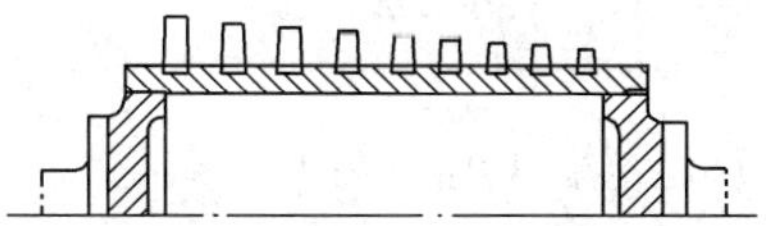	结构简单，加工量少，刚性好(多为刚轴)。动叶周向装入，但强度差，轮缘许用周向速度低，$u \leqslant 150 \sim 180 m/s$
盘轴型	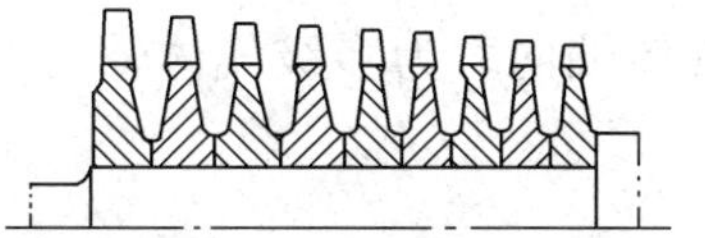	叶轮与轴用过盈连接，可以不用键而靠过盈预紧力传递扭矩。动叶可轴向装配。刚性较差，一般为柔轴

续表

分类		简 图	特 点
盘鼓结合型	焊接式	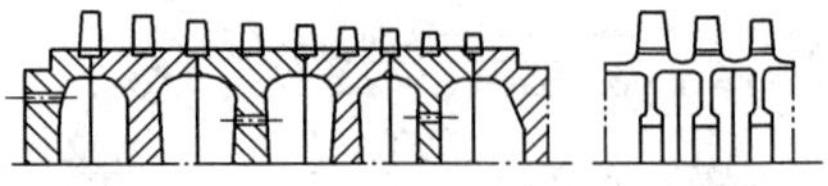	刚性、强度都较好，使用最广泛。它又分： （1）焊接式。要求焊接技术较高，薄叶轮要求使用先进的焊接技术，如电子束焊等 （2）径向销钉式。叶轮过盈配合并压入轴向销钉 （3）拉杆式。有中心拉杆和外围拉杆两种。传递扭矩有：轴向销钉传扭、端面齿传扭、端面摩擦传扭
	径向销钉式	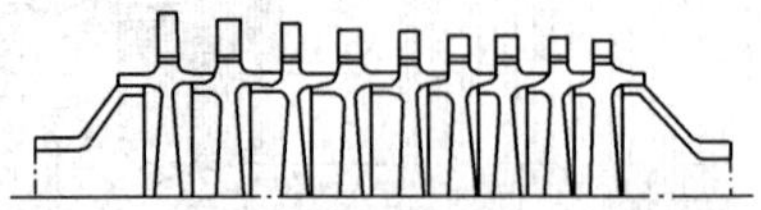	
	拉杆式	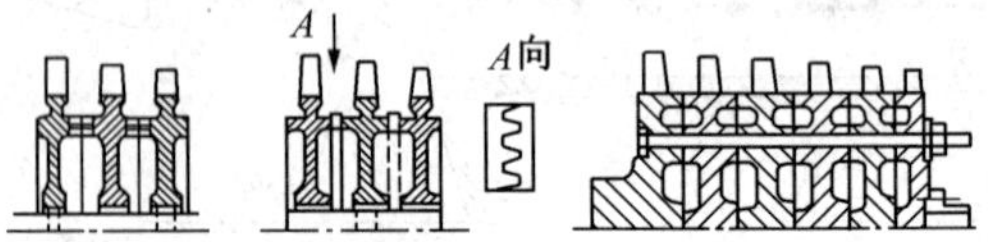(a) 轴向销钉传扭 (b) 端面齿传扭 (c) 摩擦传扭	

2）动叶

动叶由叶身、叶根两部分组成，如图 4-33 所示。叶身是叶片的型线部分，厚度一般为长的 2.5%~8%；叶根形式有燕尾型、纵树型、齿型及销钉型等，燕尾型叶根尺寸紧凑，加工方便，轮缘强度好，应用最广。动叶通过叶根将叶片固定在转鼓或轮盘上，传递叶片对转鼓或轮盘的作用力。叶片装配方式有轴向或周向装配，每种各有其特点，根据需要选用。

3）转子的气体轴向推力

轴流式压缩机气体轴向推力采用如下计算方法：图 4-34 是轮盘式转子计算轴向推力图。由图可见，如果忽略压力沿半径方向的变化以及级进、出口轴向速度的变化，对一级而言，气体轴向力(包括叶片轴向力和轮盘轴向力)为

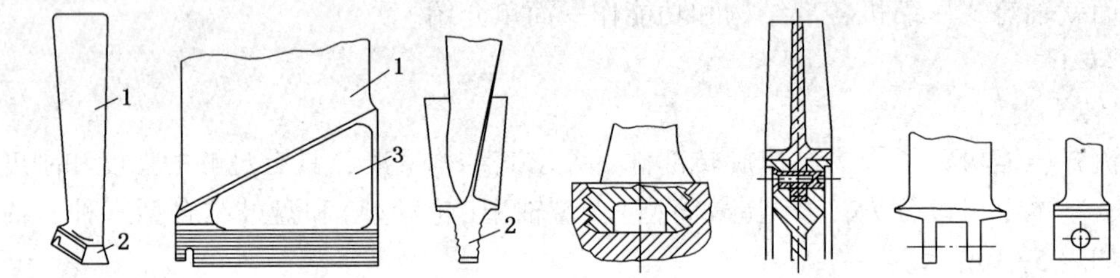

(a) 燕尾型叶根　(b) 纵树根　(c) 齿型　(d) 销钉型　(e) 销钉型

图 4-33　动叶结构图

1—叶身；2—叶根；3—过渡部分

$$p_{st} \approx \frac{\pi}{4}(D_t^2 - D_h^2)(p_2 - p_1) \tag{4-37}$$

对整个转子来说，气体轴向力为各级的轴向力之和，再加上进、排气端的轴向力。

对转鼓型转子，见图 4-35，转子的气体轴向力为多级气体轴向力之和与转鼓表面及两端的轴向力之代数和。即

$$p = \sum_{i=1}^{z} p_{st.\ i} + p_z \tag{4-38}$$

一般对图 4-35 所示转子 $\sum_{i=1}^{z} p_{st.\ i}$ 的方向向左为正，而 p_z 的方向向右为负，则两端轴向力 p_z 为

$$p_z = \frac{\pi}{4}(D_{h1}^2 - d_1^2)p_1 + \frac{\pi}{4}(D_{h2}^2 - D_{h1}^2)\left(\frac{p_1 + p_2}{2}\right) - \frac{\pi}{4}(D_{h2}^2 - D_m^2)p_2 - \frac{\pi}{4}(D_m^2 - d_2^2)p_a \tag{4-39}$$

而各级的轴向力和前面轮盘式转子级的轴向力计算方法一样，为级前、后压差乘以叶片的圆环面积。

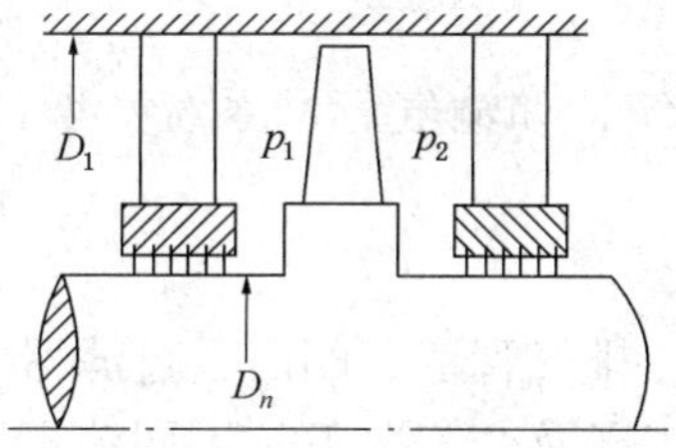

图 4-34　轮盘式转子计算轴向推力图

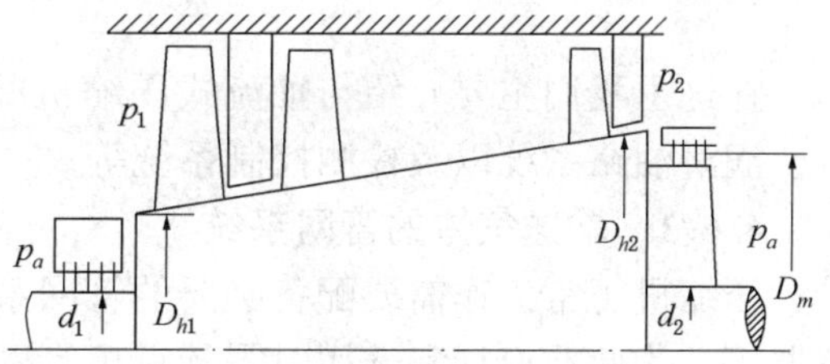

图 4-35　转鼓形转子计算轴向推力图

2. 固定元件

1）气缸

轴流式压缩机气缸都制成水平剖分型，材质为铸铁或铸钢；气缸壁厚按工作压力设计，外表面加纵横筋片以增加刚性，减轻重量。气缸一般分为内气缸和外气缸，内气缸固定静叶。图 4-32 所示的AV50-12 轴流式压缩机压缩机为瑞士苏尔寿公司制造的，该类型压缩机的气缸采用三缸结构，配有静叶可调装置，设有中间气缸（也称静叶调节缸），形成内、中间、外三气缸结构。

双层气缸、三层气缸结构极大地减小了应力和由热膨胀而引起的变形，增加了刚度，便于气缸的铸造和机加工。轴承座与气缸可以铸成一体，对于大型压缩机也可以分开制作，并由螺栓连接在一起。

进气管道有轴向型和蜗壳型，要求其具有良好的气动性能，收敛段和扩压段应有足够的长度，当量扩张角不宜过大。

2）静叶

静叶叶身有与动叶叶身相似的叶型，均匀固定在动叶后的气缸上，使动叶中流出气体的动能转化为压力能并控制下一级动叶前的速度和方向。

静叶分为固定静叶和可调静叶两种，静叶通过燕尾型或其他形式叶根固定在气缸上，见图 4-36，为改变叶片安装角度，设有专门的调节机构。静叶调节是轴流式压缩机常用的调节方法。一般静叶内端装有内环，它比不带内环的静叶具有刚性大、振动性能好的优点，并能防止叶端漏气。

其他部件如密封、轴承、平衡盘等与离心压缩机类似，此处不再赘述。

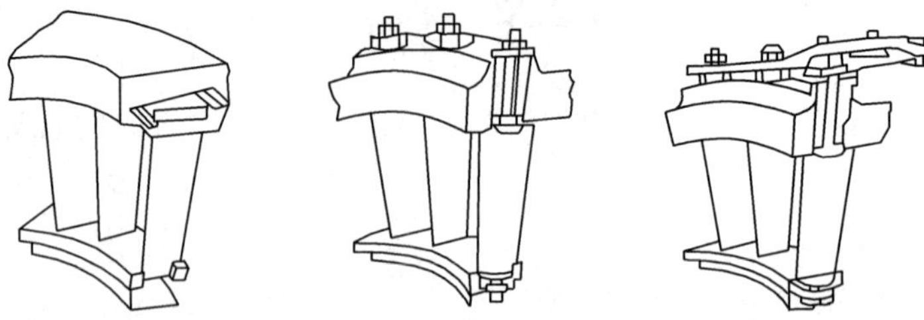

图 4-36 固定式和可调式静叶片

4.6 轴流式压缩机辅助系统

在这里我们主要介绍与轴流式压缩机配套的辅助系统，如输气管网系统、增(减)速设备、润滑油路系统以及检测控制系统等。

4.6.1 输送气体的管网系统

压缩机正常工作需要配备必要的管网系统，包括进、排气管道、阀门、过滤器、油气分离器等，为此在设计和选用时需计算出管网系统在设计工况及变工况下，不同流量下管网系统各部件的阻力压降，以便了解系统的阻力特性，并对压缩机在设计工况下进、出口的压力、温度、流速等参数提出确切的数值。应当指出，如果管线过长，阀门等局部阻力部件过多，则需加大压力比，以克服该段管网的阻力压降，达到所需压力，特别在压缩机压比不大时，更需注意该问题。

4.6.2 增(减)速设备

由于压缩机组工作转速较高，有的可达数千转甚至上万转，而电动机的转速一般为1500r/min或3000r/min，因此在采用电动机驱动时，则需要增速(个别需要减速)，以达到压缩机的工作转速。增(减)速设备多为齿轮变速箱。齿轮变速箱按照增(减)速比和传动功率来选购，或直接由压缩机制造厂配备。

4.6.3 油路系统

一般轴流式压缩机组油路系统的组成包括(图 4-37)：储油箱、润滑油泵、油冷却器、油过滤器及高位油槽等。油路系统按照其功能分为三部分：一是用于轴承、齿轮等部位润滑的称为润滑油，起到润滑、支承和冷却作用，运行中要求有合适的油温、油压和清洁度，系统需设置高位油槽，以防突然停电、停车、油泵停止工作时，打开阀门使高处的油靠重力流下以润滑机器，带走热量，确证设备安全；二是用于机组控制系统的称为控制油，以保证控制系统的正常工作，要求其压力符合操作要求，且无杂质，在一般情况下设有蓄能器，其目的是确保控制压力稳定；三是用于密封装置的称为密封油，起密封作用，要求保证油压，以形成适当的密封压差，确保密封效果，在密封装置中由于存在油气掺混情况，密封油流出后应由油气分离器将其分开，然后润滑油返回循环油路系统。

油路系统在实际使用中要考虑管路的阻力降来选择能够提供所需流量和压力的油泵，确定输油管道的尺寸及储油箱的体积，以满足机组运行的需求；选择合适的油过滤器和油冷却器，保证润滑油的清洁和温度。

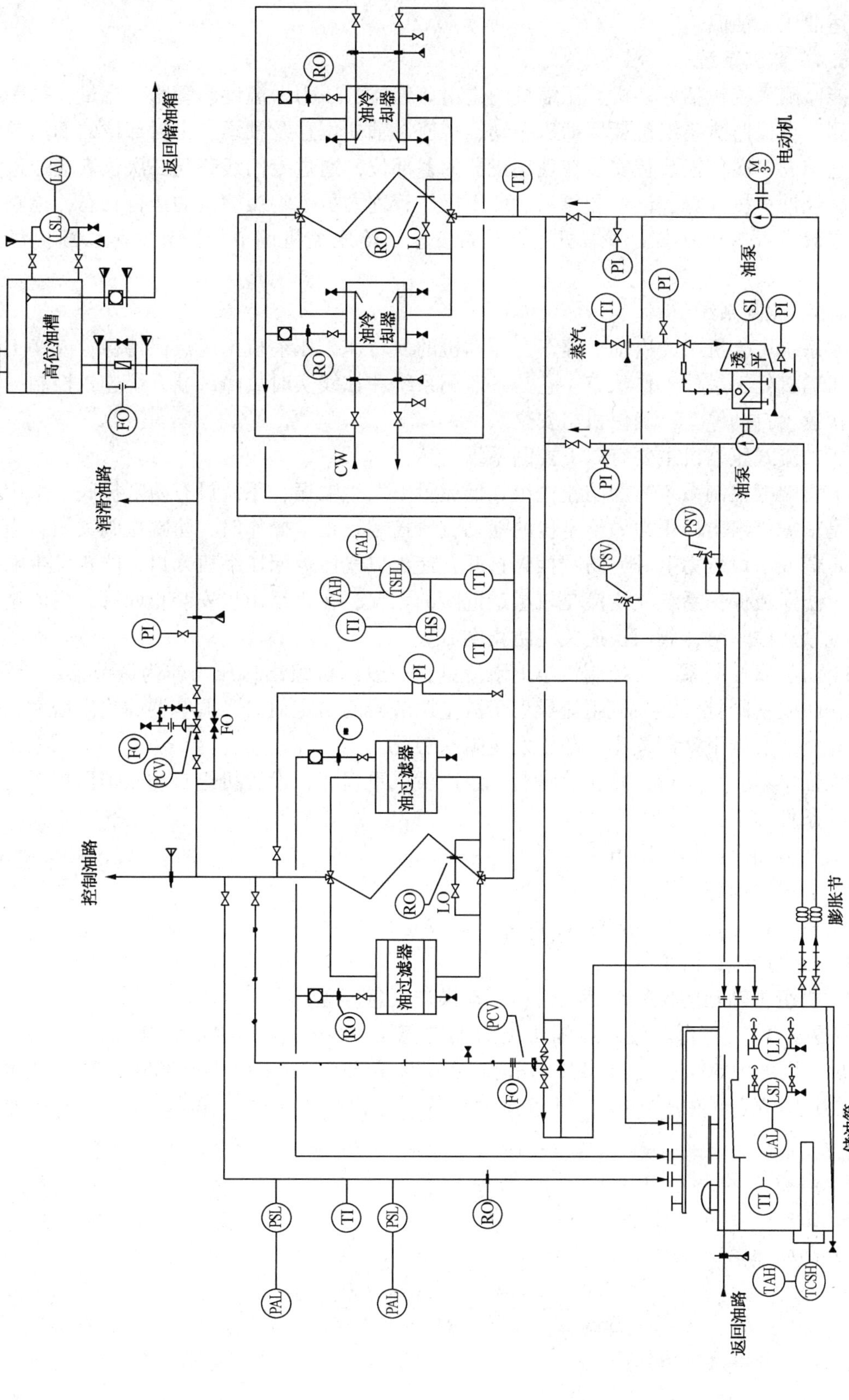

图 4-37 轴流式压缩机机组油路系统图

压缩机在启动前、停车后一段时间内，油路系统均应处于工作状态，调节使各润滑部位保持合适油压、油温。

4.6.4 监测系统

性能监测系统包括原动机、压缩机的进出口气体的压力、温度、管路中流量、功率等参数的监测。自保监测系统包括压缩机振动、转速、轴向位移及轴承、密封部位的油温参数的测量。它们的一次仪表装置安装在现场机器的各部位，通过专门线路与二次仪表连通进行信号处理，经计算机计算、记录和显示，便于操作管理人员了解压缩机的运行状态，检查各技术性能参数是否达到要求，压缩机运行是否安全，给压缩机调节控制和故障诊断提供基本信息。

4.6.5 控制系统

控制系统用于机组的启动、停车，原动机的变转速、压缩机工况点保持稳定或变工况调节，使压缩机处于最佳工作状态。它与各监测系统和在线实时故障诊断系统连锁控制，实现紧急、快速、自动停车，确保机组安全。

对于轴流式压缩机主要有以下控制系统：

(1) 防喘振控制系统　为防止机组在低流量下发生喘振，系统设有防喘振阀，采用的控制方案是依据机组出口压力做给定值的随动流量控制。正常操作时，防喘振阀关闭；当流量小于给定值或出口压力上升，防喘振阀打开，使出口气体返回压缩机入口，防止发生喘振。

(2) 防逆流保护系统　逆流是机组最危险的工况，在机组出口安装止回阀，当流量低于规定值或紧急停车时，阀门快速关闭防止倒流。

(3) 防阻塞控制系统　控制机组上限流量，一般以机组出口压力作为调节器的给定值，正常操作防阻塞阀打开，当机组流量大于流量调节器的给定值时，调节器的输出增大，使机组出口管路上的反阻塞阀关小，防止发生阻塞工况。

为保证机组安全运行，防止故障对机组产生严重损坏，设置机组自动联锁保护系统。紧急停机的条件如下：

(1) 润滑油压力超低限值；

(2) 润滑油温超高限值；

(3) 机组转速超过额定转速 110%；

(4) 机组产生逆流工况；

(5) 机组主轴轴向位移超高限值；手动操作紧急停车。

【例题 4-1】　一台轴流式压缩机级的平均直径为 36cm，叶片高度为 7cm，转速 20000 r/min,反作用度为 50%，若进口压力和温度分别 $p_1=0.1\text{MPa}$ 和 $T_1=305\text{K}$，轴向速度 $c_z=180$，动叶出口气流角 $\beta_2=70°$，试求流量系数、容积流量、气流角 α_1、α_2 和 β_1；理论能量头。

解　由 $D_m=36\text{cm}$，$l=7\text{cm}$

得：$D_t=39.5\text{cm}$，$D_h=32.5\text{cm}$

计算圆周速度：

$$u=\frac{\pi D_m n}{60}=\frac{3.14\times0.36\times2000}{60}=376.8\text{m/s}$$

由式(4-1)得流量系数：

$$\varphi = \frac{c_z}{u} = \frac{180}{376.8} = 0.48$$

因为
$$Q = c_{z1}A_1 = \frac{\pi}{4}(D_t^2 - D_h^2)c_{z1}$$

所以　　　容积流量 $Q = \dfrac{3.14 \times (0.395^2 - 0.325^2)}{4} = 7.12(\mathrm{m^3/s})$

由反作用度 $\rho_R = 50\%$ 可知：

$$c_1 = \omega_2$$

$$c_z = c_{z1} = c_{z2}$$

$$\alpha_1 = \beta_2$$

$$\alpha_2 = \beta_1$$

则
$$\alpha_1 = \beta_2 = 70°$$

同样根据速度三角形，那么

$$\alpha_2 = \beta_1 = \arctan\frac{c_z}{u - \omega_{u2}} = \arctan\frac{c_z}{u - c_z\cot\beta_2} = \arctan\frac{180}{376.8 - 180\cot 70°} = 30°$$

由公式(4-12)，$h_t = uc_z(\cot\beta_1 - \cot\beta_2)$

则理论能量头：$h_t = 376.8 \times 180 \times (\cot 30° - \cot 70°) = 92788.7(\mathrm{J/kg})$

习　题

4-1　一台单级轴流风机的动叶顶部直径为 60cm，动叶根部(轮毂)直径为 30cm，转速为 960r/min，轴功率为 1kW，若进口压力 $p_1 = 0.102\mathrm{MPa}$，温度 $T_1 = 318\mathrm{K}$，进口气流角 $\alpha_1 = 90°$，均径处出口气流角 $\beta_2 = 80°$，流量系数 $\varphi = 0.25$，试求风机的容积流量、理论能量头及进气气流角 β_1。

4-2　某轴流式压缩机的动叶顶部直径为 68cm，根部直径为 32cm，平均直径处 $u_m = 100\mathrm{m/s}$，气流角 $\alpha_{m1} = 83°$，$\beta_{m1} = 39°$，$\alpha_{m2} = 40°$，$\beta_{m2} = 83°$。动叶为等环量扭曲规律，且轴向 c_z 不变，试求：

（1）动叶顶部、根部二截面处的圆周速度；

（2）气流角 α_1、α_2、β_1 和 β_2；

（3）理论能头、能量头系数、流量系数；

（4）反作用度。

4-3　某轴流式压缩机，设某级平均半径处，动叶栅的效率为 0.91，静叶栅的效率为 0.94，基元级的反作用度为 0.8。试求：

（1）该基元级的绝热效率；

（2）若级的相对径向间隙 $\delta_r/l = 0.013$，试问该级的效率为多少？

第 5 章　螺杆式压缩机

5.1　概　　述

通常所称的螺杆式压缩机即指双螺杆式压缩机。与活塞压缩机等其他类型的压缩机相比，螺杆式压缩机是一种比较新颖的压缩机。

5.1.1　基本结构和工作原理

1. 基本结构

螺杆式压缩机的基本结构如图 5-1 所示。在压缩机的机体中，平行地配置有一对相互啮合的螺旋形转子。通常把节圆外具有凸齿的转子，称为阳转子或阳螺杆；把节圆内具有凹齿的转子，称为阴转子或阴螺杆。一般阳转子与原动机连接，由阳转子带动阴转子转动。因此，阳转子又称为主动转子，阴转子又称为从动转子。转子上的球轴承使转子实现轴向定位，并承受压缩机中的轴向力。同样，转子两端的圆柱滚子轴承使转子实现径向定位，并承受压缩机中的径向力。在压缩机机体的两端，分别开设一定形状和大小的孔口。一个供吸气用，称吸气孔口；另一个供排气用，称排气孔口。

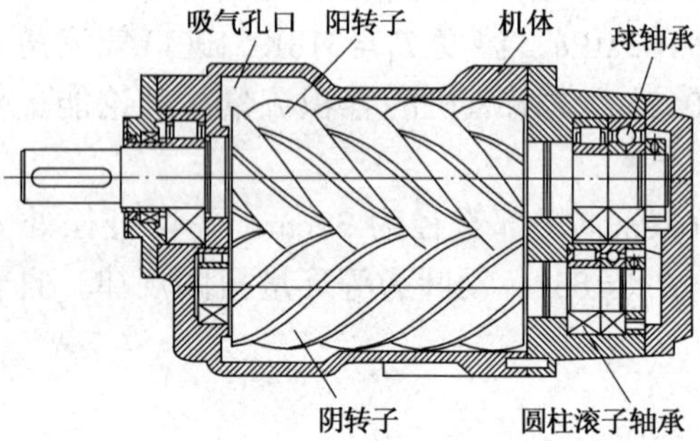

(a)平面图

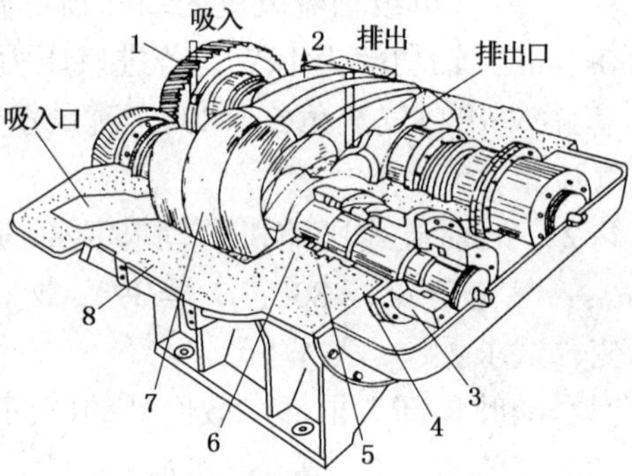

(b)立体图

图 5-1　螺杆式压缩机结构示意图

1—同步齿轮；2—阴转子；3—推力轴承；4—轴承；5—挡油环；6—轴封；7—阳转子；8—气缸

2. 工作原理

螺杆式压缩机的基元容积是由阳、阴转子和气缸内壁面之间形成的一对齿间容积，随着转子的旋转，基元容积的大小和空间位置都在不断变化。

螺杆式压缩机的工作循环可分为吸气、压缩和排气三个过程。随着转子旋转，每对相互啮合的齿相继完成相同的工作循环，为简单起见，这里只研究其中的一对齿。

1）吸气过程

图 5-2 示出螺杆式压缩机的吸气过程，所研究的一对齿用箭头标出。在图 5-2 中，阳

转子按逆时针方向旋转，阴转子按顺时针方向旋转，图中的转子端面是吸气端面。机壳上有特定形状的吸气孔口，如图中粗实线所示。

(a) 吸气过程即将开始　　(b) 吸气过程中　　(c) 吸气过程结束

图 5-2　螺杆式压缩机的吸气过程

图 5-2(a)示出吸气过程即将开始时的转子位置。在这一时刻，这一对齿前端的型线完全啮合，且即将与吸气孔口连通。

随着转子开始运动，由于齿的一端逐渐脱离啮合而形成了齿间容积，这个齿间容积的扩大，在其内部形成了一定的真空，而此齿间容积又仅与吸气口连通，因此气体便在压差作用下流入其中，如图 5-2(b)中阴影部分所示。在随后的转子旋转过程中，阳转子齿不断从阴转子的齿槽中脱离出来，齿间容积不断扩大，并与吸气孔口保持连通。从某种意义上讲，也可以把这个过程看成是活塞(阳转子齿)在气缸(阴转子齿槽)中滑动。

吸气过程结束时的转子位置如图 5-2(c)所示，其最显著的特征是齿间容积达到最大值，随着转子的旋转，所研究的齿间容积不会再增加。齿间容积在此位置与吸气孔口断开，吸气过程结束。

2）压缩过程

图 5-3 示出螺杆式压缩机的压缩过程。这是从上面看相互啮合的转子。图中的转子端面是排气端面，机壳上的排气孔口如图中粗实线所示。在这里，阳转子沿顺时针方向旋转，阴转子沿逆时针方向旋转。

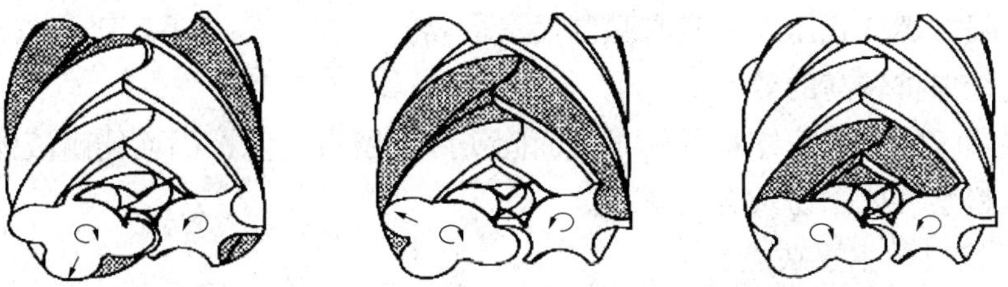

(a) 压缩过程即将开始　　(b) 压缩过程中　　(c) 压缩过程结束，排气过程开始

图 5-3　螺杆式压缩机的压缩过程

图 5-3(a)示出压缩过程即将开始时的转子位置。此时，气体被转子齿和机壳包围在一个封闭的空间中，齿间容积由于转子齿的啮合就要开始减小。

随着转子的旋转，齿间容积由于转子齿的啮合而不断减小。被密封在齿间容积中的气体所占据的体积也随之减小，导致压力升高，从而实现气体的压缩过程，如图 5-3(b)所示。

压缩过程可一直持续到齿间容积即将与排气孔口连通之前，如图 5-3(c)所示。

3）排气过程

图 5-4 示出螺杆式压缩机的排气过程。齿间容积与排气孔口连通后，即开始排气过程。随着齿间容积的不断缩小，具有排气压力的气体逐渐通过排气孔口被排出，见图 5-4(a)。这个过程一直持续到齿末端的型线完全啮合，见图 5-4(b)。此时，齿间容积内的气体通过排气孔口被完全排出，封闭的齿间容积的体积将变为零。

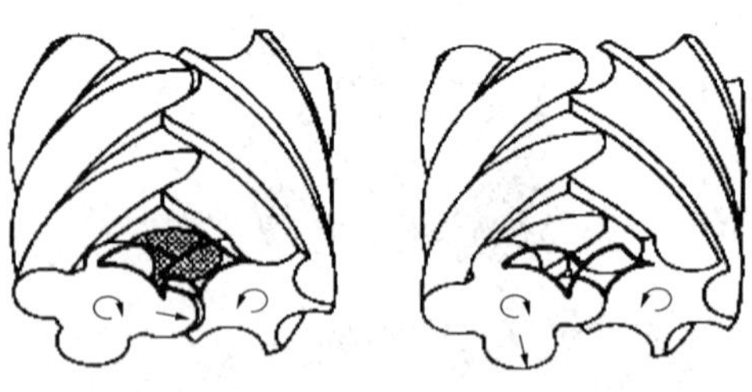

(a) 排气过程中　　(b) 排气过程结束

图 5-4　螺杆式压缩机的排气过程

从上述工作原理可以看出，螺杆式压缩机是一种工作容积作回转运动的容积式气体压缩机械。气体的压缩依靠容积的变化来实现，而容积的变化又是借助压缩机的一对转子在机壳内作回转运动来达到。与活塞压缩机的区别，是它的工作容积在周期性扩大和缩小的同时，其空间位置也在变更。只要在机壳上合理地配置吸、排气孔口，就能实现压缩机的基本工作过程——吸气、压缩及排气过程。

5.1.2　螺杆式压缩机特点

就气体压力提高的原理而言，螺杆式压缩机与活塞压缩机相同，都属于容积式压缩机。就主要部件的运动形式而言，又与透平压缩机相似。所以，螺杆式压缩机同时兼有上述两类压缩机的特点。

1. 螺杆式压缩机的优点

（1）可靠性高。螺杆式压缩机零部件少，没有易损件，因而它运转可靠，寿命长，大修间隔期可达 4~8 万 h。

（2）操作维护方便。操作人员不必经过长时间的专业培训，可实现无人值守运转。

（3）动力平衡性好。螺杆式压缩机没有不平衡惯性力，机器可平稳地高速工作，可实现无基础运转，特别适合用作移动式压缩机，体积小、重量轻、占地面积少。

（4）适应性强。螺杆式压缩机具有强制输气的特点，排气量几乎不受排气压力的影响，在宽广的范围内能保护较高的效率。

（5）多相混输。螺杆式压缩机的转子齿面间实际上留有间隙，因而能耐液体冲击，可压送含液气体、含粉尘气体、易聚合气体等。

2. 螺杆式压缩机的主要缺点

（1）造价高。螺杆式压缩机的转子齿面是一空间曲面，需利用特制的刀具，在价格昂贵的专用设备上进行加工。另外，对螺杆式压缩机气缸的加工精度也有较高的要求。所以，螺杆式压缩机的造价较高。

（2）不能用于高压场合。由于受到依靠间隙密封气体、转子刚度和轴承寿命等方面的限制，螺杆式压缩机只能适用于中、低压范围，排气压力一般不能超过 4.5MPa。

（3）不能制成微型。目前一般只有容积流量大于 0.2m^3/min 时，螺杆式压缩机才具有优越的性能。

5.1.3 分类及适用范围

1. 分类

螺杆式压缩机有多种分类方法：按运行方式的不同，分为无油压缩机和喷油压缩机两类；

按被压缩气体种类和用途的不同，分为空气压缩机、制冷压缩机和工艺压缩机三种；

按结构形式的不同，分为移动式和固定式、开启式和封闭式等。

每种螺杆式压缩机的工作原理完全相同，只是在某个主要特征上又有显著的区别。每一种螺杆式压缩机都有其固有的特点，满足一定的功能，并适用于一定的范围。

图 5-5 为无油螺杆式压缩机的结构示意图，在无油螺杆式压缩机中，气体在压缩时不与润滑油接触。无油机器的转子并不直接接触，相互间存在一定的间隙。阳转子通过同步齿轮带动阴转子高速旋转，同步齿轮在传输动力的同时，还确保了转子间的间隙。值得指出的是：所谓“无油”，指的是气体在被压缩过程中，完全不与油接触，即压缩机的压缩腔或转子之间没有油润滑。但压缩机中的轴承、齿轮等零部件，仍是用普通润滑方式进行润滑的，只是在这些润滑部位和压缩腔之间，采取了有效的隔离轴封。

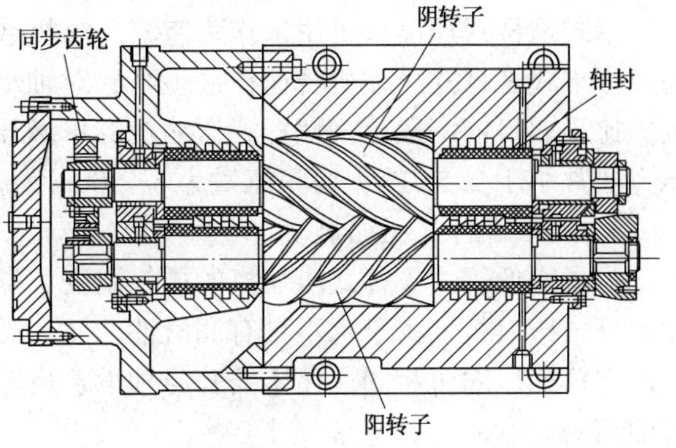

图 5-5 无油螺杆式压缩机的结构示意图

在喷油螺杆式压缩机中，大量的润滑油被喷入所压缩的气体介质中，起着润滑、密封、冷却和降低噪声的作用。喷油机器中不设同步齿轮，一对转子就像一对齿轮一样，由阳转子直接带动阴转子旋转。所以，喷油机器的结构更为简单。

2. 适用范围

1）喷油螺杆空气压缩机

喷油螺杆空气压缩机分为固定式和移动式两类。固定式的使用场所不变，用电动机驱动，具有较好的消声措施，主要为各种气动工具及气控仪表提供压缩空气。移动式适合于在野外流动作业场所，采用内燃机或电动机驱动。

动力用的喷油螺杆空气压缩机已系列化，一般都是在大气压力下吸入气体，单级排气压力有 0.8MPa、1.1MPa 和 1.4MPa 等不同形式。少数用于驱动大型风钻的两级压缩机，排气压力可达到 2.6MPa。喷油螺杆空气压缩机目前的容积流量范围为 0.2～100m^3/min。食品、医药及棉纺企业，占据了许多原属于无油压缩机的市场。

2）喷油螺杆制冷压缩机

螺杆制冷压缩机都采用喷油润滑的方式运行。按与电动机联接方式的不同，分为开启式、半封闭式和全封闭式三种。目前，半封闭和全封闭式螺杆制冷压缩机广泛应用于民用住宅和商用楼房的中央空调系统，此外，螺杆制冷压缩机还用于工业制冷、食品冷冻、冷藏，以及各种交通运输工具的制冷装置中。目前绝大多数螺杆制冷压缩机中采用 R22 或 NH_3 制冷剂，也有一些采用 R134a 或 R410A 等制冷剂。

3）喷油螺杆工艺压缩机

喷油螺杆工艺压缩机用来压缩各种工艺流程中的气体，既包括 CO_2 和 N_2 这样的惰性气体，也包括像 H_2 和 He 这样的轻气体，还包括一些化学性质活泼的气体，如 HCl、Cl_2 等。由于其要求相似，通常喷油螺杆工艺压缩机是由喷油螺杆制冷压缩机改制而成，运行于其设计工况之内。

喷油螺杆工艺压缩机的工作压力由工艺流程确定，单级压比可达 10，排气压力通常小于 1.4MPa，但最高可达 9.0MPa，容积流量范围为 1~200m^3/min。

4）干式螺杆式压缩机

干式螺杆式压缩机可用来作为空气压缩机或工艺压缩机，压缩过程中没有液体内冷却和润滑。干式螺杆式压缩机转速往往很高，对轴承和轴封要求较高，而且排气温度也较高，单级压比小。目前一般干式螺杆式压缩机的单级压比为 1.5~3.5，双级压比可达 8~10，排气压力通常小于 2.5MPa，容积流量为 3~500m^3/min。

5）喷水螺杆式压缩机

为了降低干式螺杆式压缩机的排气温度，提高单级排气压力，发展了向压缩腔喷水的无油螺杆式压缩机。由于水不具有润滑性，故这类压缩机中也设有同步齿轮，结构基本与干式无油螺杆式压缩机相同。在压缩腔与轴承、齿轮间，也需有可靠的轴封，以使喷入的水与润滑油相隔离。

6）其他螺杆机械

螺杆式压缩机可作为真空泵使用，单级真空度可达 98%，能耗较其他类型真空泵低 20%~50%。与螺杆式压缩机功能相反的螺杆膨胀机，还用于高压气体的动力回收和低品位热源的动力转换等场合。用螺杆膨胀机替代制冷系统中的节流阀后，整个制冷系统的综合性能可以得到提高。另外，与螺杆式压缩机类似的螺杆多相混输泵，可进行油、气、水多相混输，用于降低采油成本和提高油井产量。

5.1.4 发展历程及发展方向

1. 发展历程

20 世纪 30 年代，瑞典工程师 Alf Lysholm 在对燃气轮机进行研究时，发明了螺杆式压缩机。在理论上，螺杆式压缩机具有他所需要的那些特点，但由于必须具有非常大的容积流量，才能满足燃气轮机工作的要求，所以螺杆式压缩机并没有在此领域获得应用。尽管如此，Alf Lysholm 及其所在的瑞典 SRM 公司，对螺杆式压缩机在其他领域的应用，继续进行了深入的研究。1937 年，Alf Lysholm 在 SRM 公司研制成功了两类螺杆式压缩机试验样机，并取得了令人满意的测试结果。1946 年，位于苏格兰的英国 James Howden 公司，第一个从瑞典 SRM 公司获得了生产螺杆式压缩机的许可证。随后，欧洲、美国和日本的多家公司也陆续从瑞典 SRM 公司获得了这种许可证，从事螺杆式压缩机的生产和销售。

最先发展起来的螺杆式压缩机是无油螺杆式压缩机，1957 年喷油螺杆空气压缩机投入了应用，1961 年又研制成功了喷油螺杆制冷压缩机和螺杆工艺压缩机。经过持续的基础理论研究和产品开发试验，通过对转子型线的不断改进和专用转子加工设备的开发成功，螺杆式压缩机的优越性能得到了不断的发挥。

2. 发展方向

螺杆式压缩机广泛应用于矿山、化工、动力、冶金、建筑、机械、制冷等工业部门，在宽广的容量和工况范围内，逐步替代了其他种类的压缩机。统计数据表明，螺杆式压缩机的销售量已占所有容积式压缩机销售量的80%以上，在所有正在运行的容积式压缩机中，有50%是螺杆式压缩机。今后螺杆式压缩机的市场份额仍将不断扩大，特别是无油螺杆空气压缩机和各类螺杆工艺压缩机，会获得更快的发展。为进一步改善螺杆式压缩机的性能、扩大其应用范围，应在以下几方面做深入的研究：

(1) 在型线啮合特性、转子受力变形和受热膨胀等方面研究的基础上，创造新的高效型线，以提高螺杆式压缩机的效率。

(2) 分析喷油对螺杆式压缩机工作过程中泄漏、换热和摩擦等方面的影响机理，优化喷油参数设计。

(3) 研究吸排气过程的流动特性，在流场分析的基础上，进一步合理配置吸排气孔口和相关连接管道。

(4) 分析螺杆式压缩机噪声产生机理，研究型线设计和孔口配置等，从而更有效地降低噪声。

(5) 研究转子螺旋齿面的新型加工工艺，如少切削和无切削加工工艺。

(6) 扩大螺杆式压缩机的参数范围，主要应向小容积流量、高排气压力的方向发展。同时，研究气量调节机构与智能控制系统，提高调节工况下压缩机运转的经济性，进一步扩大螺杆式压缩机的应用范围。

5.2　螺杆式压缩机转子型线

5.2.1　转子型线

螺杆式压缩机的功用是经济有效地压缩各类气体介质，转子型线对螺杆式压缩机的效率、体积及加工成本等方面有着决定性的影响。为此，转子型线除应满足一般啮合运动的要求外，还要满足密封的要求。

螺杆式压缩机中，最关键的是一对相互啮合的转子，转子的齿面与转子轴线垂直面的截交线称为转子型线，由转子型线作螺旋运动就形成了转子的齿面，故又把转子型线称为端面型线。螺杆式压缩机的阴、阳转子型线，必须是满足啮合定律的共轭型线，即不论在任何位置，经过型线接触点的公法线必须通过节点。对螺杆式压缩机性能有重大影响的转子型线要素有接触线、泄漏三角形、封闭容积和齿间面积等。

1. 接触线

螺杆式压缩机的阴、阳转子啮合时，两转子齿面相互接触而形成的空间曲线称为接触线，两转子型线啮合运动的啮合点轨迹，叫做型线的啮合线，显然，接触线在转子端面上的投影就是啮合线。

2. 泄漏三角形

从图5-6中的5可看出，螺杆压缩机转子接触线的顶点和机壳的转子气缸之间会形成一个空间曲边三角形，称作泄漏三角形。通过泄漏三角形，气体将从压力高的齿间容积，泄至压力低的邻近齿间容积。

3. 封闭容积

如果齿间容积开始扩大，不能立即开始吸气的过程，就会产生吸气封闭容积，见图5-6

中的3，吸气封闭容积的存在，会影响齿间容积的正常充气。

4. 齿间面积

齿间面积是齿间容积在转子端面上的投影，如图5-6中的6、9，转子型线的齿间面积越大，转子的齿间容积就越大。

螺杆式压缩机转子的型线通常由多段曲线首尾相接组成，其中主要有摆线、圆弧、椭圆及抛物线等。

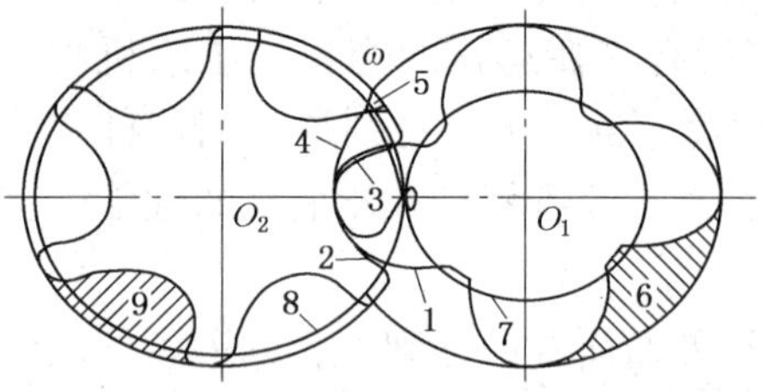

(a) 型线、啮合线、齿间面积、封闭容积、泄露三角形

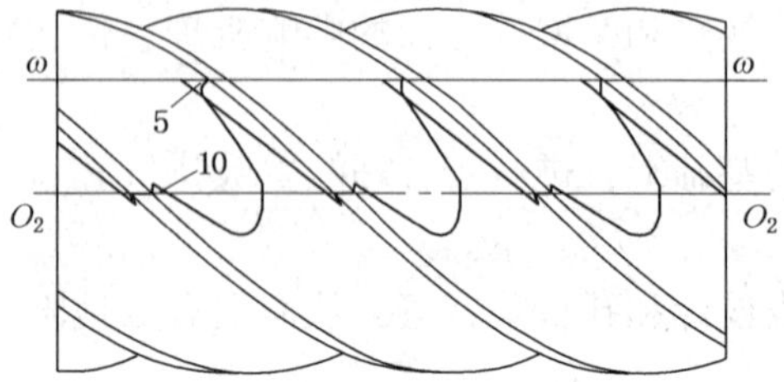

(b) 泄露三角形和接触线

图5-6　转子型线、啮合线、齿间面积、封闭容积、泄露三角形和接触线

1—阳转子型线；2—阴转子型线；3—封闭容积；4—啮合线；5—泄露三角形；6—阳转子齿间面积；7—阳转子节元；8—阴转子节元；9—阴转子齿间面积；10—接触线

5.2.2　转子型线的种类

转子型线对螺杆式压缩机的性能、造价和寿命都有直接的影响，螺杆式压缩机性能的不断提高及其市场份额的不断扩大，是与转子型线的发展密不可分的。近年来，随着计算机在螺杆式压缩机领域的应用，精确解析螺杆式压缩机转子的几何特性成为可能，在工作过程模拟的基础上，出现了各具特色的第三代转子型线，其特征是组成齿曲线中不再有点、直线和摆线，而均采用圆弧、椭圆、抛物线等曲线。

1. 对称圆弧型线

图5-7示出的是一种原始对称圆弧型线，这种型线的组成齿曲线都在节圆的一侧，有时又称为单边对称圆弧型线。图5-8所示的是一种双边对称的圆弧型线，这种型线的组成齿曲线位于节圆的两侧。

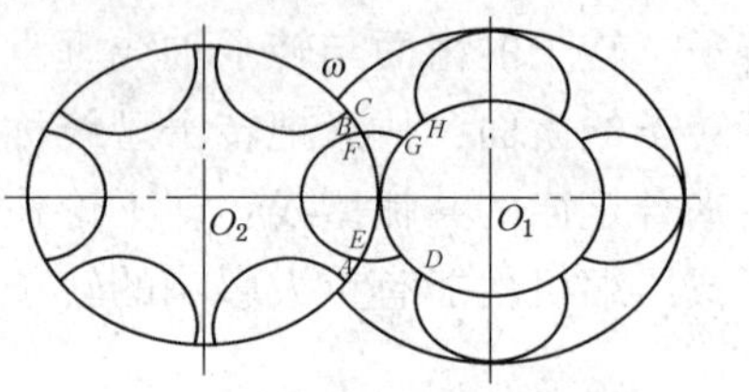

(a) 型线

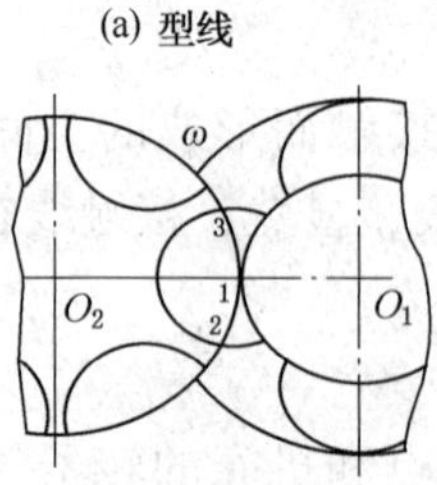

(b) 啮合线

图5-7　原始对称圆弧型线及其啮合线

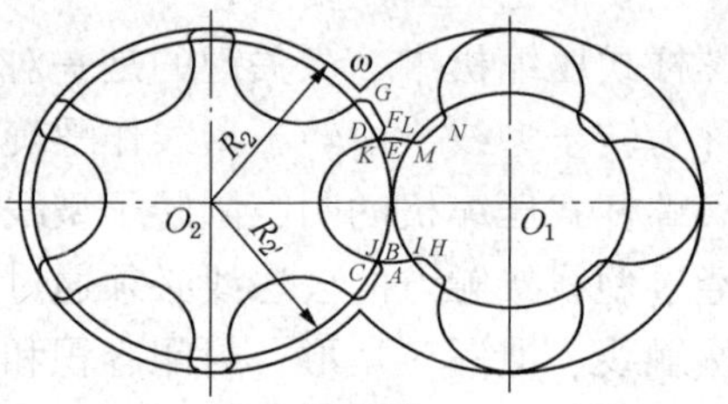

(a) 型线

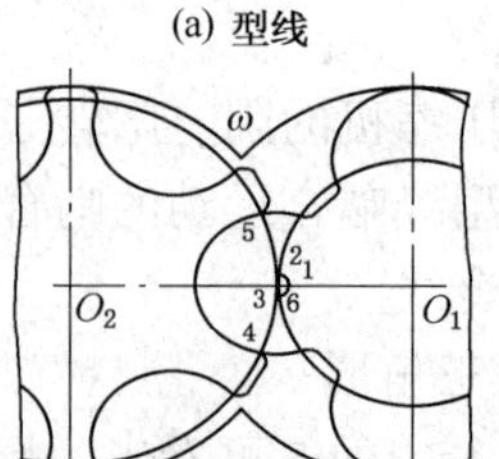

(b) 啮合线

图5-8　双边对称圆弧型线

2. 不对称型线

随着喷油技术的发展，喷油螺杆式压缩机获得了广泛的应用。喷入的油能对狭窄的接触线间隙进行很好的密封，从而大幅度减少了横向泄漏。考虑到面积较大的泄漏三角形不能被油有效地密封，故发展了各种各样的不对称型线，用来克服对称圆弧型线泄漏三角形大、轴向气密性差的缺陷。这就从根本上改善了对称圆弧型线轴向气密性差的缺陷。但其缺点主要是接触线长且具有封闭容积。

图 5-9 示出原始不对称型线，图 5-10 示出的为对原始不对称型线进行倒棱修正后的一种型线，称为单边不对称摆线-销齿圆弧型线，图 5-11 为双边不对称摆线包络圆弧型线，简称 SRM-A 型线。与原始不对称型线相比，SRM-A 型线的特点是：采用齿顶圆弧既保护了摆线形成点，又便于测量阳螺杆外径；采用齿峰圆弧，把原来的“曲线对曲面”密封改为更好的“曲面对曲面”密封；采用圆弧包络线，使接触线更短，去除了阳转子齿根上的尖点，改善了应力集中状态，有利于承受较大的载荷。此外，避免了原始不对称型线上整段曲线瞬时啮合和瞬时脱开的泵吸作用，有益于保护业已形成的油膜、降低噪声。

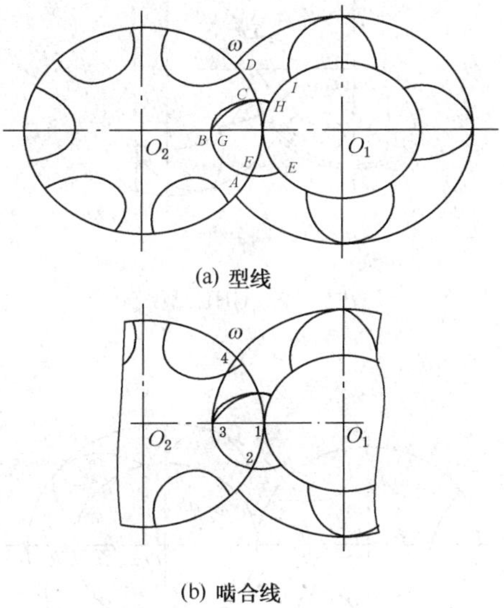

(a) 型线

(b) 啮合线

图 5-9　原始不对称圆弧型线

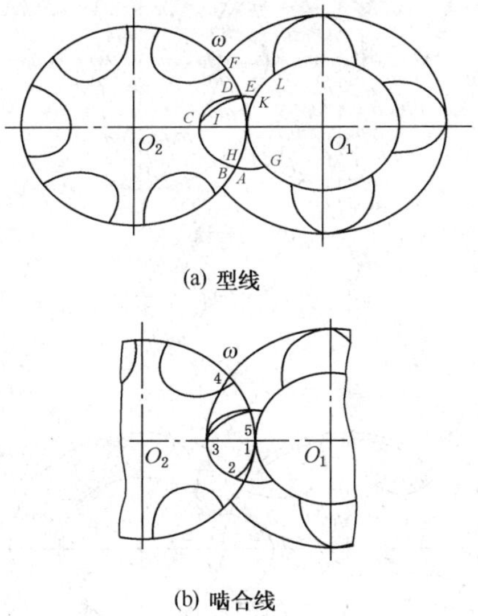

(a) 型线

(b) 啮合线

图 5-10　单边不对称摆线-销齿圆弧型线

3. 新的不对称型线

因为型线对压缩机的效率、性能、体积等有着决定性的影响，故型线的研究在螺杆式压缩机的发展过程中始终是一个关键问题。近年来，有关的制造厂家业已研制出一些新的高效型线。德国 GHH 公司开发的一种新型线如图 5-12 所示。

由图 5-12 可见，在 GHH 型线中采用点啮合摆线作组成齿曲线，尽量减少泄漏三角形面积，从而降低了泄漏损失。采用阳转子齿数为 5、阴转子齿数为 6 的齿数组合，可使基元容积间的压差减小、吸排气孔口面积增大，有利于压缩机效率的提高。另外，GHH 型线呈流线型，这在阴转子上表现尤为明显，从而降低了流体动力损失。

从图 5-13 可以看出，SRM-D 型线是对 SRM-A 型线的进一步改进。SRM-D 型线的组成齿曲线均为圆弧及其包络线，在转子间完全实现“曲面对曲面”的密封，有助于形成流体动力润滑油膜，降低通过接触线的横向泄漏，提高压缩机效率。另外，还改善了转子的加工性能，便于采用滚削法加工。

日本日立公司的新型线如图 5-14 所示。图 5-14 可以看出，日立型线综合了SRM-D型线和 GHH 型线的优点。在阴阳转子齿数组合方面，日立型线与 GHH 型线相同；而在齿曲

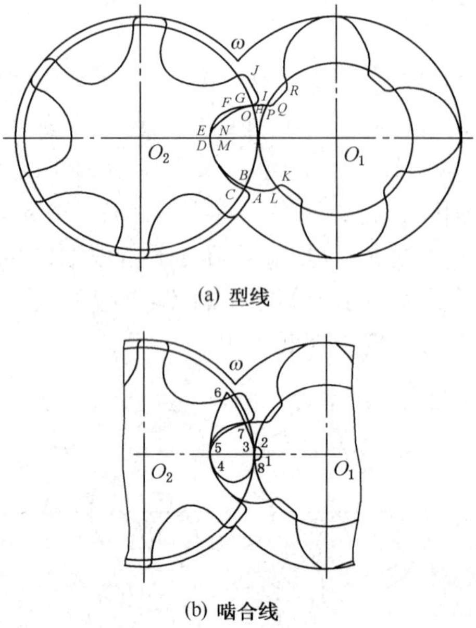

(a) 型线

(b) 啮合线

图 5-11　SRM-A 型线

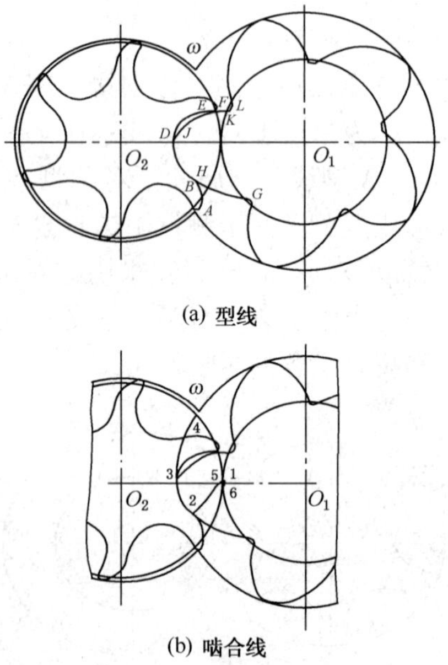

(a) 型线

(b) 啮合线

图 5-12　GHH 型线

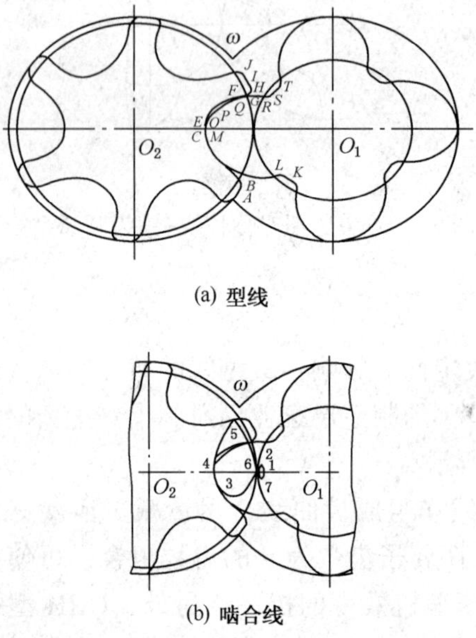

(a) 型线

(b) 啮合线

图 5-13　SRM-D 型线

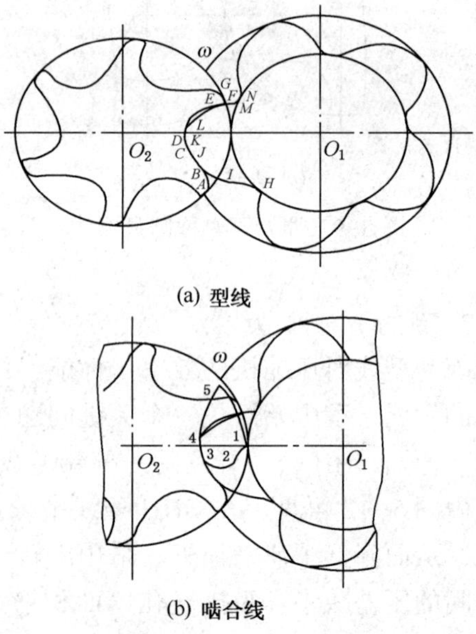

(a) 型线

(b) 啮合线

图 5-14　日立型线

线组成方面，日立型线又类似于 SRM-D 型线，均为圆弧及其包络线。因此，日立型线具有较好的综合性能。

5.3　螺杆式压缩机的性能

5.3.1　理论工作过程

为便于由浅入深地讨论问题，先研究螺杆式压缩机的理论工作过程，即假定压缩机是在无摩擦、无热交换、无泄漏、无吸排气压力损失的情况下，进行吸气、压缩和排气。

螺杆式压缩机转子的每个运动周期内，分别有若干个齿间容积依次进行相同的工作过程。因此，在研究螺杆式压缩机的工作过程时，只需讨论其中某一个齿间容积的全部过程，就能完全了解整个机器的工作。

1. 理想工作过程

按容积压缩机压缩气体的原理，为了充分利用工作容积实现气体的压缩，应在齿间容积扩大时，与吸气孔口联通，开始吸气过程。在齿间容积达到最大容积时，结束吸气过程；然后，齿间容积在封闭状态下减少容积，并在与排气孔门联通前，压力升高到排气压力，完成压缩过程；最后，随着齿间容积的进一步减少，所有高压气体逐渐从排气孔口排出。图 5-15 是这种理想工作过程的指示图。由于吸、排气孔口位置等压缩机结构参数的影响，会使压缩机的工作过程与上述的理想工作过程有所不同。

2. 内、外压力比不相等的工作过程

压缩机的齿间容积与排气孔口即将连通之前，齿间容积内的气体压力 p_i 称为内压缩终了压力。内压缩终了压力与吸气压力之比，称为内压力比。排气管内的气体压力 p_d 称为外压力或背压力，它与吸气压力的比值称为外压力比。螺杆式压缩机吸、排气孔口的位置及形状决定了内压力比；运行工况或工艺流程中所要求的吸、排气压力，决定了外压力比。与一般活塞压缩机不同，螺杆式压缩机的内、外压力比可以不相等。

在排气压力大于内压缩终了压力的情况下，齿间容积与排气孔口连通的瞬时，排气孔口中的气体将迅速倒流入齿间容积中。使其中的压力从 p_i 突然上升至 p_d，然后再随着齿间容积的不断缩小，排出气体[图 5-16(a)]。在排气压力低于内压缩终了压力的情况下，齿间容积与排气孔口连通的瞬时，齿间容积中的气体会迅速流入排气孔口中，使齿间容积中的气体压力突然降至 p_d，然后再随着基容积的继续缩小，将气体排出[图 5-16(b)]。由此可见，

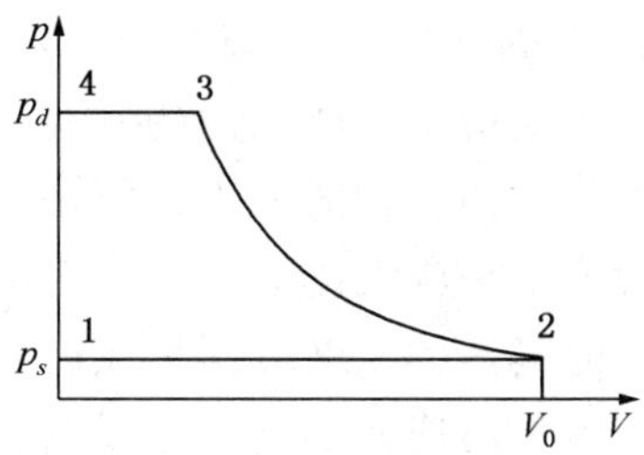

图 5-15　理想工作过程

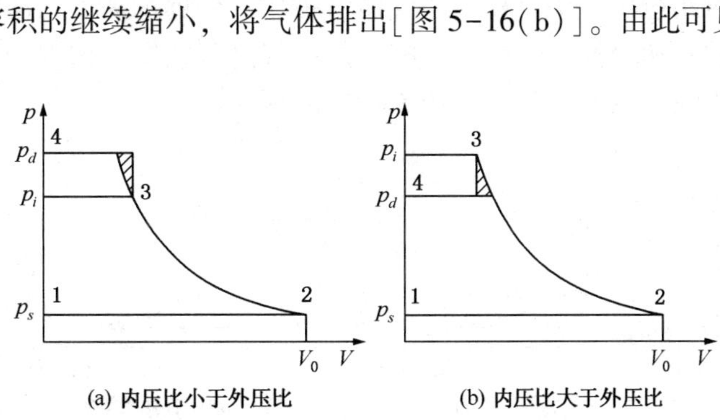

图 5-16　内、外压力不相等的工作过程

内、外压力比不相等时，总是造成附加能量损失，如图 5-16 中的阴影面积所示。另外，由于内、外压力不相等，还会伴随着强烈的周期性排气噪声。

3. 吸气提前或延迟结束的工作过程

当吸气过程在齿间容积达到最大值之前结束时，齿间容积中的气体将在吸气结束之后进行膨胀，达到最大容值后，再从降低了的压力开始压缩过程，如图 5-17(a)所示。当吸气过程在齿间容积达到最大值之后结束时，齿间容积中的气体将有一部分重新回流到吸气孔口内，然后再与吸气孔口脱离，并开始压缩过程，如图 5-17(b)所示。显然，吸气过程提前或延迟结束，都使齿间容积吸气量减少，从而影响压缩机的容积流量。

4. 具有穿通容积的工作过程

齿间容积所能达到的最小容积称为穿通容积，类似于活塞压缩机中的余隙容积。当穿通容积不为零时，齿间容积中的气体不能全部排出。余留的高压气体膨胀到一定的压力后，齿间容积才能吸进新鲜气体，在指示图上将多出一条膨胀线，如图 5-18 所示。

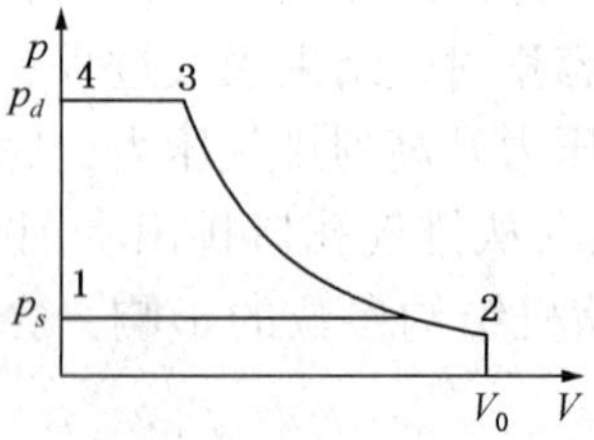

(a) 吸气提前结束

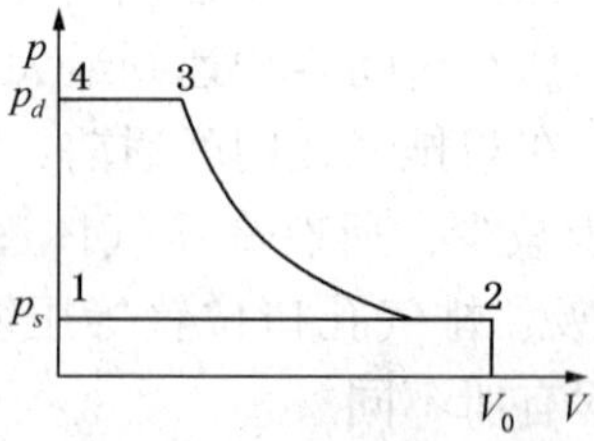

(b) 吸气延迟结束

图 5-17 吸气提前或延迟结束的工作过程

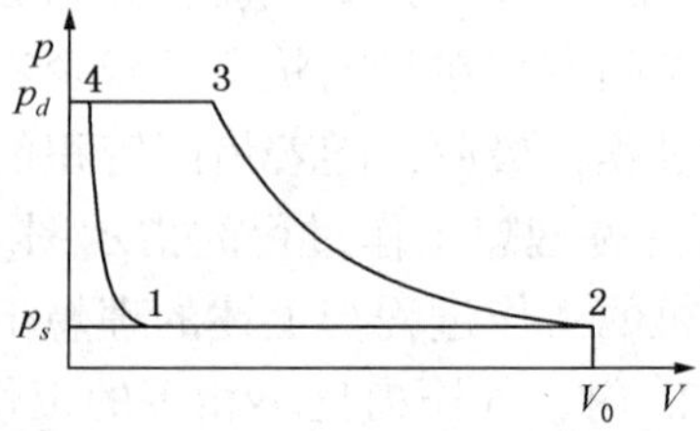

图 5-18 具有穿通容积的工作过程

5. 具有封闭容积的工作过程

在齿间容积达到最小值之后，如果不立即开始吸气，就会产生吸气封闭容积。由于吸气封闭容积的存在，使齿间容积在扩大的初期，其内的气体压力低于吸气口处的气体压力。在齿间容积与吸气孔口连通时，齿间容积内的气体压力会突然升高到吸气压力，然后才进行正常的吸气过程，如图 5-19(a)所示。所以，吸气封闭容积的存在，影响了齿间容积的正常充气，将使压缩机的耗功增加。在齿间容积达到最小值之前，如果排气已经结束，就会产生排气封闭容积。该容积内的气体将被压缩到远远高于内压缩终了压力的某一数值，这将使压缩机的耗功增加。另外，在随后的吸气过程初期，这部分余留的高压气体将进行膨胀，导致压缩机吸气量的降低，如图 5-19(b)所示。

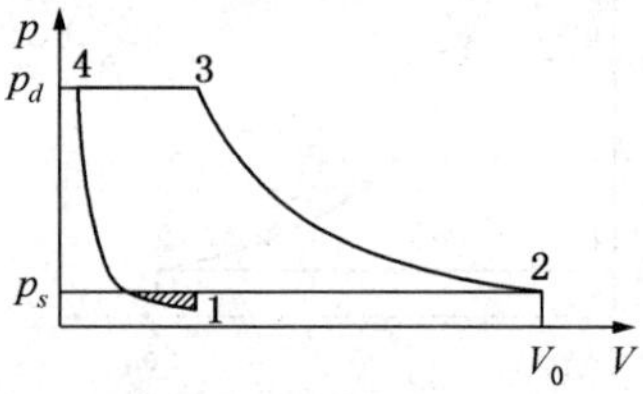

(a) 吸气封闭容积的影响

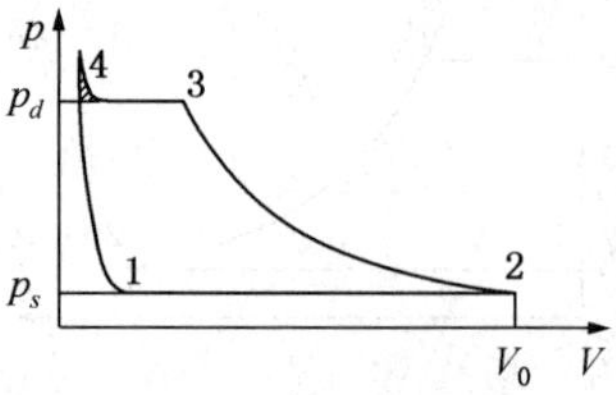

(b) 排气封闭容积的影响

图 5-19 具有封闭容积的工作过程

6. 无内压缩的工作过程

当压缩机中气体压力的升高，并不是由于齿间容积的减小，而是因为排出管道中高压气体的倒流而得以实现时，即气体的压缩过程是在齿间容积与排出管道连通的瞬时完成的，这种压缩过程称为无内压缩过程。如图 5-20 所示，无内压缩时，压缩机附加能量损失极大，且排气温度也较有内压缩时高，故只限于在低压鼓风机中使用。

5.3.2　实际工作过程

螺杆式压缩机的实际工作过程与上述的理论工作过程有很大差别。这是因为在实际工作过程中，齿间容积内的气体要通过间隙发生泄漏，气体流经吸、排气孔口时，会产生压力损失，被压缩气体要与外界发生热交换等。图 5-21 所示为一种螺杆式压缩机的实测指示图。

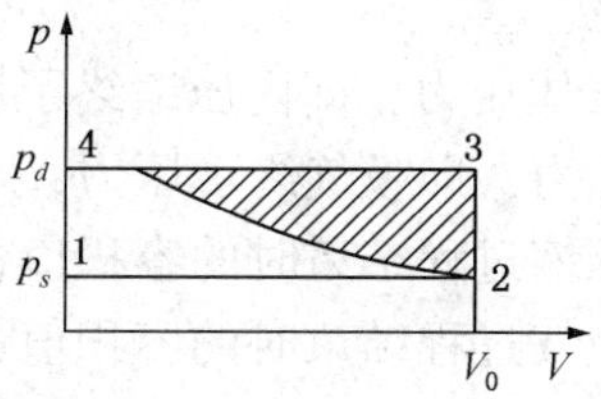

图 5-20　无内压缩的工作过程

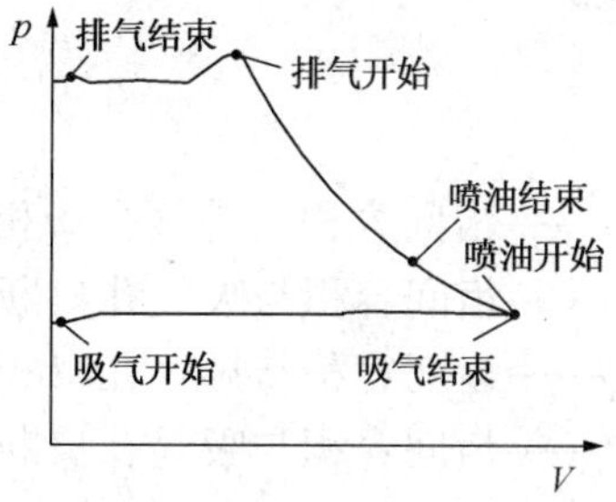

图 5-21　螺杆式压缩机的实测指示图

1. 气体泄漏的影响

螺杆式压缩机中气体的泄漏，可分为内泄漏及外泄漏两类。泄漏使压缩机的容积流量和效率都有所降低，在低转速螺杆式压缩机中，泄漏损失是影响压缩机性能的主要因素。泄漏的气体不会直接影响到压缩机的容积流量时，称为内泄漏。例如，气体从具有较高压力处，泄漏至不处于吸气过程的齿间容积，即属于内泄漏。内泄漏使齿间容积中气体的温度升高，导致压缩过程功耗增加。另外，由于内泄漏的加热作用，也会间接降低压缩机的容积流量。

直接影响容积流量的气体泄漏，称为外泄漏。泄漏到处于吸气过程的齿间容积中的气体，或直接泄漏到吸气孔口的气体，均属外泄漏。显然，外泄漏直接使容积流量减少。

2. 气体流动损失的影响

实际气体流动时，不可避免存在沿程阻力损失和局部阻力损失。若气体在流动过程中，同时具有压力脉动时，这种损失将会更大。沿程阻力损失是由气体粘性引起的，它的大小与流速平方成正比，并与流动状态、表面粗糙度及流动距离等有关。局部阻力损失是因截面突变引起的，它的大小与截面突变情况有关，并与流速平方成正比。由此可见，提高转速将使气流速度增加，因而导致流动损失显著增加。

3. 气体动力损失的影响

螺杆式压缩机中的气体动力损失，主要是指转子扰动气体的摩擦鼓风损失。气体动力损失也随转子转速的增加而明显增大，在高转速螺杆式压缩机中，气体动力损失对效率起主要影响。

4. 热交换的影响

气体进入压缩机时，会与机体发生热交换，使吸气结束时温度升高。这样，换算到吸气状态的容积流量就减少了。

5. 喷液的影响

在绝大多数的螺杆式压缩机中，常向工作腔内喷入具有一定压力的液体。一方面，喷入的液体具有冷却、密封、润滑和降噪的作用，有利于机器性能的提高；另一方面，喷入的液体又会引起转子对液体的扰动损失和液体粘性摩擦损失。所以，喷液的种类及喷液量也对螺杆式压缩机的性能具有重要影响。

5.3.3 内压力比及压力分布图

1. 内压力比

螺杆式压缩机的内压力比，是指齿间容积的内压缩终了压力与吸气压力之比。若被压缩气体可作为理想气体处理，并假定压缩过程为可逆绝热过程，则齿间容积所达到的压缩终了内压力比为

$$\varepsilon_i = \frac{p_i}{p_s} = \left(\frac{V_o}{V_i}\right)^k = \varepsilon_V^k \tag{5-1}$$

式中 p_i——齿间容积与排气孔口相连通时，该容积内的气体压力，即内压缩终了压力；

p_s——齿间容积与吸气孔口断开瞬时，其内之气体压力，即吸气终了压力；

V_i——齿间容积与排气孔口相连通时的容积值，即压缩过程结束时的容积值；

V_o——齿间容积与吸气孔口断开瞬时的容积值，即吸气过程结束时的容积值；

ε_V——压缩机的内容积比；

k——气体的等熵指数，即 c_p/c_ν。

由式(5-1)可见，内压力比与气体性质密切相关。对于螺杆式压缩机，每台压缩机一般都有一个固定的内容积比，但内压力比却随着被压缩的气体性质的不同而不同。不同种类的气体，等熵指数差别很大。若一台螺杆式压缩机的内容积比为 3.5，根据式(5-1)，上述部分气体的内压力比如下：丙烷 4.17、氨 5.03、空气 5.78、氮气 7.71。

从上面的分析可见，虽然用内压力比来描述螺杆式压缩机比较方便，但一般不把内压力比看成是螺杆式压缩机的基本参数，除非它的工质总是同一种气体。所以，常用内压力比来区分螺杆空气压缩机，在螺杆制冷压缩机及螺杆工艺压缩机中，则通常用内容积比。

值得指出的是，虽然在大多数情况下，螺杆式压缩机的内容积比是一个常数，但在有的压缩机中，内容积比却是可变的，这将在以后的章节中加以讨论。

在实际的螺杆式压缩机中，内压力比的准确计算，需要采用工作过程数学模拟的方法。若压缩气体可视为理想气体，则内压力比可用下式近似计算：

$$\varepsilon_i = \frac{p_i}{p_s} = \left(\frac{V_o}{V_i}\right)^m = \varepsilon_\nu^m \tag{5-2}$$

式中，m 为多方过程指数，其数值取决于螺杆式压缩机的运行方式、结构间隙值等因素，可选取同类机器的经验数据。由式(5-2)，可以求出已有机器所能达到的内压力比，以验证该机器适应现时运行工况的程度。反之，在设计新机器时，可根据所需达到的内压力比，确定内容积比及阳转子的内压缩转角 φ_{1c}，为设计排气孔口提供数据。

必须指出，式(5-1)和式(5-2)仅适用于理想气体，或在相应范围内可视作理想气体的实际气体。如果所压缩气体在压缩过程中不能当作理想气体看待，就需根据气体的状态图，确定压缩的终了状态和内压力比。此外，也可利用式 $pV=zRT$，通过可压缩性系数 z 来考虑其影响。

2. 压力分布图

根据转角与内容积比之间的关系式，就可以绘制出各齿间容积内气体压力的曲线图，一般称作压力分布图。见图 5-22 所示。

压力分布图的纵坐标，表示齿间容积内的气体压力值。坐标原点处为压缩开始时的气体

压力，即吸入终了压力 p_s。其横坐标表示阳转子的转角，坐标原点表示压缩开始时阳转子的转角，即 $\varphi_1=0$。

由于转子的轴向长度 $l=\varphi_1 T_1/2\pi(0\leqslant\varphi_1\leqslant\tau_{1z})$，所以压力分布图的横坐标也可以表示转子的轴向位置。在图上标出了某些有特殊意义的转角，如 0、φ_{1k}、φ_{1c} 及 τ_{1z} 分别表示压缩开始（吸入端面轴向位置）、第Ⅰ阶段结束（即第Ⅱ阶段开始）、内压缩终了（即排气开始）及排气端面的轴向位置。

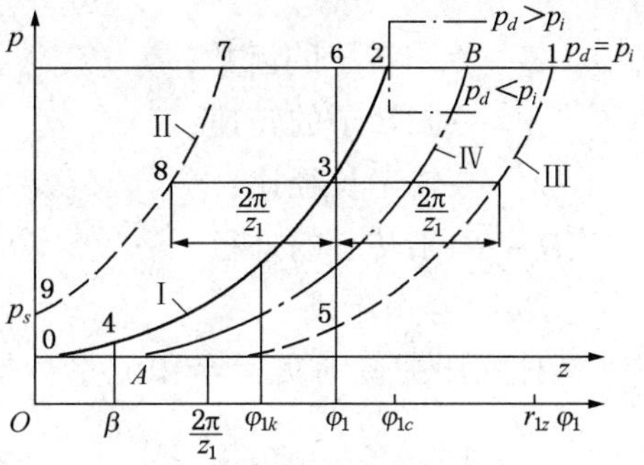

图 5-22　压力分布图

Ⅰ—某齿间容积压力曲线；Ⅱ—后一齿间容积内压力曲线；Ⅲ—前一齿间容积内压力曲线；Ⅳ—齿数无限多时的压力曲线

排气过程（$\varphi_{1c}\leqslant\varphi_1\leqslant\varphi_{1k}+\varphi_{1z}$）时，齿面容积对中气体的压力为不变的数值，且恒等于排气孔口处的气体压力。如前所述，如果内压缩终了压力 p_i 不等于排气孔口处的气体压力 p_d，即 $p_i\neq p_d$ 时，则当齿间容积与排气孔口连通的瞬时（$\varphi_1=\varphi_{1c}$），容积内气体因进行定容压缩（或定容膨胀）而使压力突升（或突降）至 p_d。

根据压力分布图，可确定不同转角时某齿间容积的气体压力（如曲线 1-2-3-4-0 所示）。此外，它还具有以下作用：

（1）根据一个已知齿间容积的压力曲线（如图中曲线Ⅰ），可以确定与其相邻的齿间容积的压力曲线。由于相邻的齿间容积进行的各过程是完全一样的，在相位上差一个角节距 $2\pi/z_1$。例如，位于转子转向之后的相邻的齿间容积（称为后一齿间容积）所进行的各过程，较已知齿间容积所进行的各过程迟 $2\pi/z_1$ 角。因此，可将已知齿间容积的压力曲线向左平移 $2\pi/z_1$ 角，即得后一齿间容积的压力曲线（如图中曲线Ⅱ）。同理，向右平移 $2\pi/z_1$ 角，即得前一齿间容积的压力曲线（如图中曲线Ⅲ）。

（2）根据压力分布图能得到任一转角下各齿间容积内的气体压力，以及相邻齿间容积间的压力差，为计算气体的泄漏提供依据。

例如，转角 $\varphi_1=0$ 时，各齿间容积的压力值如图 5-22 中点 3、点 5、点 6 所示。此时，相邻齿间容积的压力差值如线段 3-6 及 3-5 所表示。显然，压力差值随转角 $\varphi_1=0$ 作相应的变化。

（3）根据压力分布图，可以确定作用在转子上的力和力矩，为转子的力学计算（强度、刚度及振动等）提供依据。

作用在转子上的力及其分布是随转角 $\varphi_1=0$ 而变化，并且以 $2\pi/z_1$ 为其周期。为简便起见，设想转子具有无限多的齿，此时齿间容积的压力曲线如图中曲线Ⅳ所示，因而作用在转子上的力及其分布就不再随转角 $\varphi_1=0$ 而变化，从而给计算带来方便。对实际齿数有限的转子，可将曲线Ⅳ视作整个转子的平均压力分布曲线，这既简化了计算，又具有足够的精确度。曲线Ⅳ是两相邻齿间容积压力曲线的中分线。

5.3.4　容积流量及容积效率

1. 理论容积流量

螺杆式压缩机的理论容积流量 q_{Vt}，为单位时间内转子转过的齿间容积之和，它只取决于压缩机的几何尺寸和转速。若令 $\lambda=L/D_1$，则

$$q_{Vt} = C_\varphi q_{V0} z_1 n = C_\varphi C_{n1} n\lambda D_1^3 \tag{5-3}$$

式中 z_1——阳转子的齿数；

n——阳转子的转速；

λ——转于长径比；

D_1——阳转子的外径。

2. 实际容积流量

螺杆式压缩机的实际容积流量，是指折算到吸气状态的实际容积流量。考虑容积效率 η_V，则

$$q_V = \eta_V q_{Vt} = \eta_V C_\varphi C_{n1} n\lambda D_1^3 \tag{5-4}$$

3. 容积效率

如式(5-4)所示，螺杆式压缩机的容积效率 η_V 是实际容积流量与理论容积流量的比值，即

$$\eta_V = q_V / q_{Vt} \tag{5-5}$$

由上式可以看出，容积效率 η_V 反映了压缩机几何尺寸利用的完善程度。q_{Vt} 与 η_V 的差值，对于螺杆式压缩机主要是由于气体的泄漏所致。

螺杆式压缩机的容积效率 η_V 受型线种类、喷油与否、压差、转速、气体性质等众多因素的影响。在实际计算中，可参照类似机器的试验数值选取，或通过螺杆式压缩机工作过程数学模拟的方法进行计算。各种螺杆式压缩机容积效率的变化范围有所差别，通常是 η_V= 0.75~0.95。一般转速低、容积流量小、压力比高、不喷液的压缩机，容积效率较低；转速高、容积流量大、压力比低、喷液的压缩机，容积效率较高。

1）干式螺杆式压缩机的容积效率

在干式螺杆式压缩机中，由于没有起密封作用的液体存在，气体通过泄漏三角形、接触线、转子齿顶和排气端面的泄漏都较为严重。因此，干式螺杆式压缩机的容积效率通常较低。另外，为了达到一定的容积效率，干式螺杆式压缩机的转速往往很高，其阳转子齿顶线速度一般为 50 ~100m/s。

图 5-23 给出了干式螺杆式压缩机的容积效率与压比和转速之间的特性曲线。从图中可以看出，随着压比的上升，容积效率变化较小，但转速对容积效率的影响却较大。

图 5-24 给出了在固定的压力比下，吸气压力不同时的特性曲线。由于压力比不变，随

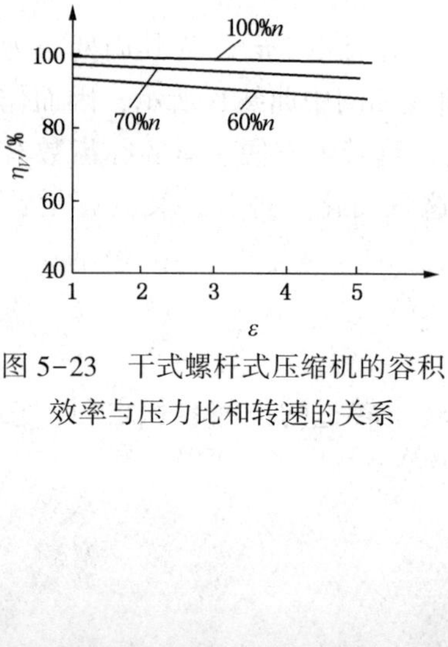

图 5-23 干式螺杆式压缩机的容积效率与压力比和转速的关系

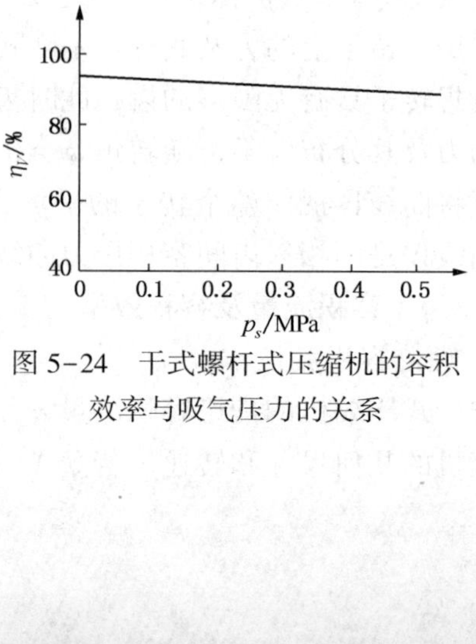

图 5-24 干式螺杆式压缩机的容积效率与吸气压力的关系

着吸气压力的增加，吸排气压差明显增大。但值得注意的是，压差增加引起的容积效率下降却不大。另外，干式螺杆式压缩机的容积效率还与压缩介质和机器的容量有关。大相对分子质量气体（如丙烷或重碳氢化合物）和大容量压缩机的容积效率较高，小相对分子质量气体（如氦或氢）和小容量压缩机的容积效率较低。

2）喷油螺杆式压缩机的容积效率

喷油的最大作用之一，就是对许多内泄漏通道具有密封作用，从而显著地降低了内部泄漏量。因此，如果一台干式螺杆式压缩机与一台同尺寸的喷油螺杆式压缩机运行在同一工况、同一转速下，喷油螺杆式压缩机的容积效率将较高。然而，这两种压缩机通常并不运行在同一工况。干式螺杆式压缩机的阳转子齿顶线速度一般为 50～100m/s，喷油压缩机约为 10～50m/s。另外，喷油螺杆式压缩机通常运行在高压比和高压差的工况下，这也使得它与干式螺杆式压缩机的应用范围不同。

（1）喷油螺杆空气压缩机

对普通动力用喷油螺杆空气压缩机，运行工况十分明确，结构设计也大同小异。这种压缩机的吸气压力即为大气压，但当作为真空泵使用时，其吸气压力就比大气压力更低。另外，这类螺杆式压缩机都采用标准的滚动轴承，从而可实现较小的间隙和较高的容积效率。

喷油螺杆空气压缩机的容积效率为运行工况、转子型线、容积流量和转子齿顶线速度的函数。特别是容积流量的影响很明显，大容积流量压缩机要比小容积流量压缩机具有更高的效率。这是因为对于容积效率，考虑到压缩机的间隙与齿间容积并不成正比，小容积流量压缩机的内部泄漏所占比重要比大容积流量压缩机大。

图 5-25 为中型喷油螺杆空气压缩机典型的效率曲线。压缩机的内压比为 7.5，额定排气压力为 0.8MPa。从图中可以看出，在不同的排气压力下，容积效率曲线比较平坦，因而该压缩机也可以用于更高压力的场合。

（2）喷油螺杆制冷压缩机和工艺压缩机

这类压缩机的负荷较大，不论吸气压力还是排气压力的变化范围都很宽。在这类压缩机中，大多数大、中型机器都采用滑动轴承。虽然滑动轴承具有承载能力高、寿命长等优点，但它要消耗更多的功，导致总的机械摩擦损失增加。另外，采用滑动轴承时，也需要较大的间隙数值，从而使容积效率有所降低。

图 5-26 示出转子直径为 200mm 的这类螺杆压缩容积效率曲线。该图表明，在恒定的压力比下，压缩机的效率随着吸气压力和排气压力的改变而改变。由于吸气压力和压力比对该类压缩机具有如此大的影响，因而很难真正确定这类压缩机的容积效率范围。

从理论上说，这类压缩机可以达到任意的压力比，但由于压力比太高时，压缩机的效率过低，因而在压力比约大于 10 时，一般都采用多级压缩。图 5-27 所示为超高压力比下压缩机的容积效率。可以看到在这种情况下的容积效率曲线，不再是低压力比时的直线。利用这一特性，可以在制冷系统充灌工质前，利用其压缩机对系统抽真空。由于压缩机的容积流量比一般真空泵的容积流量大得多，因而用压缩机来抽真空，可以在很短的时间内完成。应当指出，当压缩机的吸气压力极低时，可能会在压缩机内产生气蚀，从而产生相当大的噪声。特别是在气体大量溶于润滑油时更为严重。解决这一问题的方法，通常是将吸气压力稍稍增大一些。

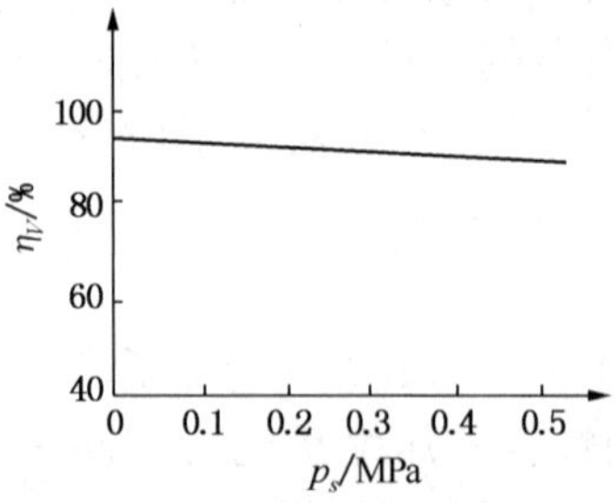

图 5-25 中型喷油螺杆空气压缩机典型的效率曲线

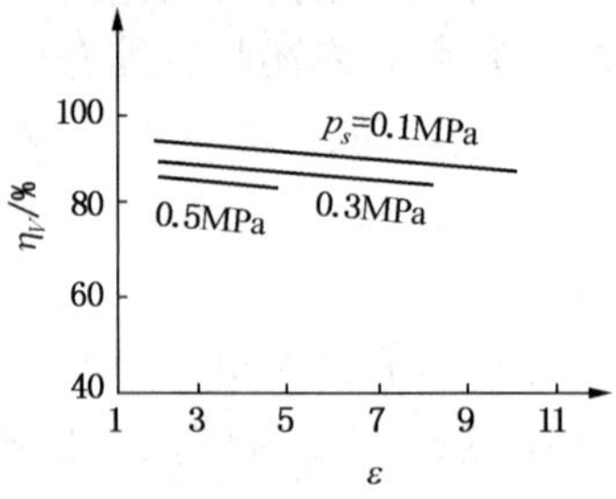

图 5-26 容积效率随压力比和吸气压力的变化曲线

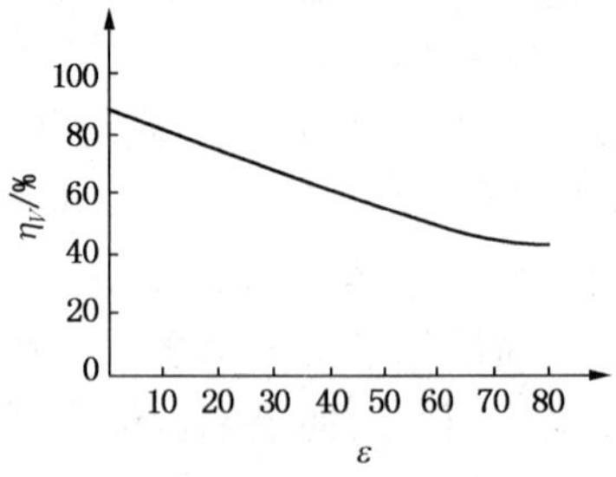

图 5-27 超高压力比下压缩机的容积效率

5.3.5 轴功率及绝热效率

1. 等熵绝热压缩功率

如果被压缩的气体可以作为理想气体处理，则压缩机的等熵绝热功率 P_{ad} 可按下式计算：

$$P_{ad} = \frac{k}{k-1} p_s q_V \left[\left(\frac{P_d}{P_s} \right)^{\frac{k}{k-1}} - 1 \right] \tag{5-6}$$

式中 P_{ad}——压缩机的等熵绝热功率；

P_s——压缩机的吸气压力；

P_d——压缩机的排气压力；

k——被压缩气体的等熵指数；

q_V——压缩机的实际容积流量。

如果被压缩的气体不能作为理想气体处理，则压缩机的等熵绝热功率 P_{ad} 可通过焓差计算，即

$$P_{ad} = q_m (h_{ds} - h_s) \tag{5-7}$$

式中 h_s——吸气状态下气体比焓；

h_{ds}——排气压力下、与吸气状态熵相等的状态下气体比焓；

q_m——压缩机的质量流量。

2. 绝热效率

等熵绝热压缩所需的功率 P_{ad} 与压缩机实际轴功率的比值，称为绝热效率 η_{ad}，即

$$\eta_{ad} = P_{ad}/P \tag{5-8}$$

螺杆式压缩机的绝热效率 η_{ad} 反映了压缩机能量利用的完善程度，其数值依机型和工况不同而有明显的差别。例如，低压力比、大中容积流量时，$\eta_{ad}=0.75\sim0.85$；高压力比、小容积流量时，$\eta_{ad}=0.65\sim0.75$。

1）干式螺杆式压缩机的绝热效率

干式螺杆式压缩机的绝热效率取决于压缩机的容积流量和具体的结构。大容积流量的干式螺杆式压缩机绝热效率可以超过 80%，而小容积流量的绝热效率可能低于 70%。应当指出，虽然图 5-28 中的压力比高于 5，但由于排气温度的限制，只有在压缩等熵指数小的气体时，最大压力比才可能超过 5。对于进气是大气的空气压缩机，压力比为 4.5 已经是最大

的了。

绝热效率也受到绝对压力的影响。这是由于在给定的压力比下，压缩气体功耗与气体的质量流量成正比，而压缩机的轴承和齿轮功耗、扰动损失及摩擦损失等，并不与气体质量流量成正比，而是以较低的速度增长。图 5-28 给出了同一压力比、不同进气压力时的特性曲线。它表明，在初始阶段，绝热效率随进气压力的增加而急剧上升，但当进气压力增加到一定的水平以后，由于容积效率的持续下降，气体密度的上升，导致扰动损失和摩擦损失增加很快，从而导致绝热效率曲线达到峰值后又开始下降。进气压力对效率的影响还与压缩机的设计、容积流量、所压缩的气体及工况有关，图 5-28 适用于尺寸相对比较大的干式螺杆式压缩机。

2）喷油螺杆式压缩机的绝热效率

（1）喷油螺杆空气压缩机

普通动力用喷油螺杆空气压缩机的绝热效率，也是运行工况、转子型线、容积流量和转子齿顶线速度的函数。特别是大容积流量压缩机，要比小容积流量压缩机具有更高的绝热效率。这是因为随着压缩机容积流量的增大，机械摩擦等损失的影响相对减小。

图 5-29 为典型的中等容积流量喷油螺杆空气压缩机的绝热效率曲线。在排气压力较高的范围内，由于效率曲线相对来说比较平坦，因而该压缩机也可以用于更高压力场合。

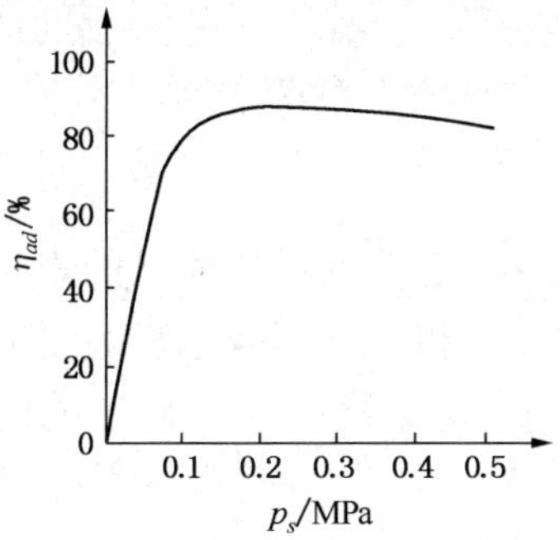

图 5-28　压力比相同时干式螺杆式压缩机绝热效率随进压力的变化

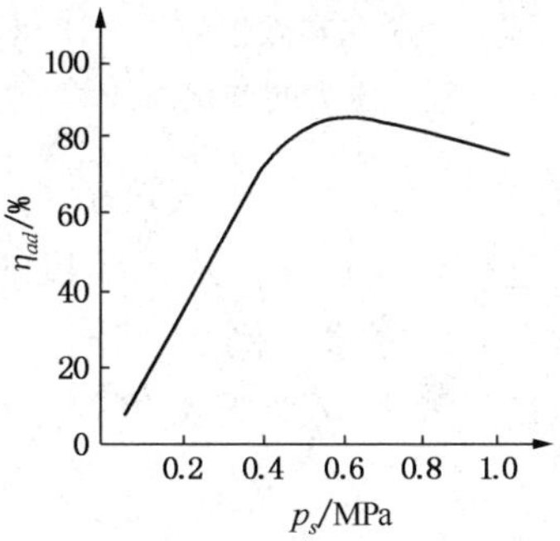

图 5-29　典型的中等容积流量喷油螺杆空气压缩机的绝热效率曲线

螺杆式压缩机工作时，伴随着两转子的啮合过程及齿顶和端面扫过机壳的过程。在喷油螺杆式压缩机中，所有这些表面都有润滑油，且油也填满了它们之间的间隙，这些油在起到密封作用的同时，随着转子旋转也不断受到剪切作用，从而要吸收一定量的功。吸收功的多少，很明显取决于所用油的粘度，粘度越高，吸收的功越多。但另一方面，粘度越高，密封的效果也越好。因而，需要权衡功耗和密封这两方面的因素来确定所用油的粘度。

对于空气压缩机，供油温度一般为 50～60℃。实验表明，供油温度升高 10℃，容积效率将下降 2%，而功耗将下降 1.5%。此时绝热效率只变化了 0.5%。可以认为，供油温度升高后，由于粘度的改变而引起的密封和功耗的变化量是相同的，即均为 1.5%，另外 0.5% 的容积效率损失，则是由于油温度升高后，对进气的额外加热而造成的。但上述结论并不通用，因它与压缩机的工况、容积流量和油的类型有关系。

（2）喷油螺杆制冷压缩机和工艺压缩机

如前所述，这类压缩机的载荷较大，吸气压力和排气压力的变化范围都很宽。由于大多数大、中型机器都采用滑动轴承，导致总的机械摩擦损失增加，绝热效率降低。与空气压缩机相比，这类压缩机的绝热效率变化范围很大，如图 5-30 所示。之所以会呈现这一特性，是由于机械摩擦等损失在压缩机总耗功中所占的比重越来越小，从而引起压缩机绝热效率的增高。

值得指出的是，由于螺杆式压缩机没有余隙容积中气体膨胀的影响，并且喷油机器也没有排气温度的限制，故在结构强度允许的条件下，制冷和工艺螺杆式压缩机可运行在大多数其他压缩机都不能运行的高压比下，尽管此时的绝热效率很低。图 5-31 示出超高压力比下压缩机的绝热效率特性曲线。

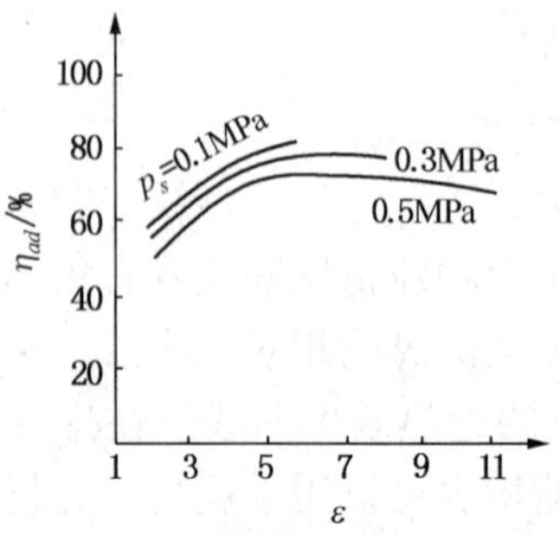

图 5-30　绝热效率随压力比和吸气压力的变化曲线

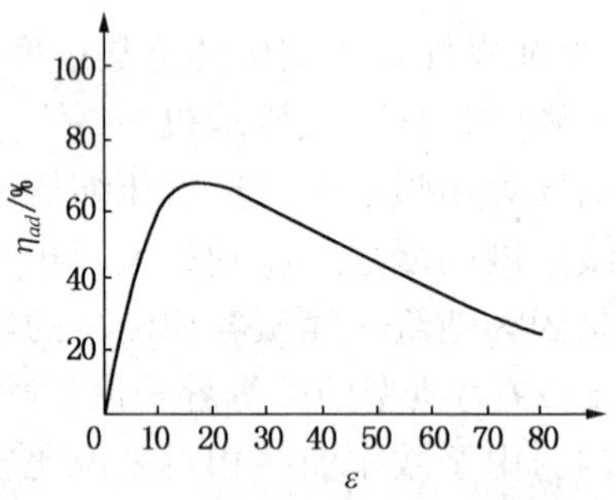

图 5-31　超高压力比下压缩机的绝热效率特性曲线

3. 绝热指示效率和机械效率

为了进一步改善螺杆式压缩机的性能，常需考察某些特定因素对压缩机的影响。为此，也用其他形式的效率。例如，使用绝热指示效率 η_i 反映压缩机内部工作过程的完善程度。

绝热指示效率 η_i 为等熵绝热压缩所需的理论功率 P_{ad} 与压缩机指示功率 P_i 的比值，即

$$\eta_i = P_{ad}/P_i \tag{5-9}$$

螺杆式压缩机的指示功率 η_i 与机械摩擦损失功率之和，即为压缩机轴功率。当螺杆式压缩机的内、外压力比不相等时，绝热指示效率较低，这是因其热力过程不完善所致。

压缩机的绝热指示效率 η_i 与绝热效率之间的关系为

$$\eta_{ad} = \eta_i \eta_m \tag{5-10}$$

式中　η_m——螺杆式压缩机的机械效率，其定义为螺杆式压缩机指示功率与轴功率之比值，一般 η_m = 0. 90～0. 98。

5.3.6　排气温度

在干式螺杆式压缩机和喷液螺杆式压缩机中，压缩机的排气温度有着很大的不同。干式机器的排气温度主要取决于介质物性和运行压比，而喷油等喷液机器的排气温度则主要取决于喷入的液量和温度。

1. 干式螺杆式压缩机的排气温度

一般干式螺杆式压缩机的排气温度可按下式计算：

$$T_d = T_s \varepsilon_0^{\frac{m-1}{m}} \tag{5-11}$$

式中　T_d——压缩机的排气温度，K；

T_s——压缩机的吸气温度，K；

ε_0——压缩机的外压力比；

m——多方过程指数。

干式螺杆式压缩机的排气温度取决于许多因素。从理论上讲，在没有热损失的情况下，由于被压缩气体吸收了功，从而引起温度从吸气温度升高到更高的排气温度。但在实际过程中，热量会通过许多途径从被压缩气体中传出，这些途径包括壳体冷却套、润滑系统、转子冷却系统、对流及辐射。从被压缩气体中传出热量的多少，除取决于上述因素外，还取决于压缩机所产生的温升、气体与转子及机壳间的温差，也与气体的密度有关，因为气体的密度会影响到热传导率。

2. 喷油螺杆式压缩机的排气温度

喷油螺杆式压缩机的排气温度不由工作压力比和介质物性决定，而是由压缩机功耗、被压缩气体的比热容，以及所喷入的油量联合作用的结果。事实上，如果供入足量温度很低的油或其他液体，甚至可以使这类压缩机的排气温度低于进气温度。在这种情况下，有时会误认为实现了等温压缩过程，能获得比绝热压缩时更高的效率。但实测数据表明，实际压缩机的最高效率仍比绝热压缩时的效率低一点。所以在实际工作中，一般将压缩机效率与绝热压缩联系起来，而不是与等温压缩联系起来。

另外，实际测录的工作过程曲线也表明，喷油螺杆式压缩机中的压力升高过程，与绝热压缩过程比较接近。一般认为，由于螺杆式压缩机转速较高，被压缩气体在压力升高过程期间，与喷入的润滑油之间的热交换很不充分。因此，在压缩过程结束时，气体的温度会明显高于油的温度。然后，气体和油经过排气过程和在排气管道中的流动，最终实现热量平衡，并达到相同的排气温度。

允许的排气温度越高，所需的油冷却器越小，另外，所需循环流动的油量越少。但排气温度越高，压缩机中为考虑膨胀影响而留的间隙也越大，压缩机的效率就会降低。高的排气温度也会导致更多的润滑油处于气相，增加油分离的困难。另外，高的排气温度还会降低油的寿命。特别是矿物油，在高温的情况下，会发生氧化、碳化或分解。所以，喷油螺杆式压缩机的排气温度，通常由高温对油的影响而确定。对空气压缩机，额定的排温极限一般设定为约 100℃。有些机器的排气温度可高达 120℃，但在这种温度下，矿物油的寿命很短，需采用高级合成油，它不仅有寿命长和适应高温的能力，而且润滑特性也得到了提高。

需要指出的是，对喷油螺杆空气压缩机，排气温度还有一个下限。即不得低于气体压缩后水蒸气分压力所对应的饱和温度，它与压力比及吸气状态下水蒸气的原始分压力有关。在100%的相对湿度时，从 20℃的环境温度压缩到 0. 8MPa 时，相应的饱和温度约为 59℃。考虑到工况的不稳定，为了保证在这种条件下绝对不出现冷凝水，通常控制排气温度不得低于70℃。一旦在系统中出现冷凝水，应将压缩机停车 5 ~ 6h，让油与水充分分离并排放水分。否则，会使油质恶化并降低轴承寿命。

对制冷和工艺螺杆式压缩机，也采用同样的额定排温上限，即 100℃。而且即使采用高级合成油，也很少会运行至超过这一上限。对密度大的气体，如 R22、丙烷等，排气温度趋于更低，大约为 70 ~ 80℃。这是由于在设计压缩机时，同一压缩机往往要求能用于压缩多种气体，为能满足小密度气体的排温要求，设计时所给的油流量往往偏大。

这类压缩机的进气温度也有一个下限。因为在非常低的温度下，必须选择特殊的合成润滑油，以便既能在低温下保持为液态，又能在较高的温度下保持足够的粘性。另外，在进气温度非常低的条件下，转子的平均温度要比机壳的平均温度高。这是因为转子不仅受到喷入的高温油影响，而且受到压缩过程中温度升高的影响，而机壳却被进气充分地冷却，从而平均温度较低。在压缩机的进气中含有制冷剂液体时，这种现象尤为明显。当然，如果在转子进气端面留有适当的间隙，上述情况并不成为问题。否则，就会导致转子端面的磨损。

5.3.7 喷油影响及喷油量计算

1. 喷油影响

在喷油螺杆式压缩机中，常向工作腔内喷入具有一定压力的润滑油，喷入的油与压缩气体直接接触，吸收气体的压缩热。另外，在少量的螺杆式压缩机中，也有向工作腔喷水、喷制冷剂或喷其他液体的，其作用与喷油类似。

油的喷入使螺杆式压缩机的特性发生了很大变化，提高了能适应的压力和压比，简化了结构设计，并使排气温度得到了有效控制，还降低了噪声。喷油给螺杆式压缩机开创了新局面，扩大了应用领域，改善了性能。特别是在移动式空气压缩机及制冷装置中，喷油螺杆式压缩机获得了广泛的应用。虽然喷油螺杆式压缩机和干式螺杆式压缩机的工作原理完全相同，但常常被看成是两种不同类型的压缩机。喷入压缩机内的油主要有冷却、密封、润滑和降噪四个功能。

（1）冷却作用　喷入的油呈微滴状，与被压缩的气体混合，极大的换热表面迅速吸收气体的压缩热，冷却被压缩介质，大大降低了排气温度。由于排气温度不受压比的影响，这使得压缩机的工作范围只随压缩效率而定，不再受最高排温的限制。另外，由于排温较低，所以便不再需要机壳外的冷却水套，也不需要进行转子内部冷却。

（2）润滑作用　在干式螺杆式压缩机中，两转子相互不接触，依靠高精度的同步齿轮保持间隙。在喷油压缩机中，由于有大量的油存在，并且阴转子只吸收压缩总耗功的一小部分，从而可以把同步齿轮省掉，使阳转子直接驱动阴转子。另外，由于喷入的油同轴承所用的润滑油完全一样，所以不再需要用一套复杂的密封装置把气体同润滑油隔开，这使得转子支承轴承之间的距离可以更小，显著提高了转子的刚度，减小了变形。

（3）密封作用　在螺杆式压缩机内部有多条泄漏通道，这些泄漏通道都是一些狭长的间隙，油的存在极大地强化了密封效果，使得通过它们的泄漏量大为减少。与干式螺杆式压缩机相比，喷油压缩机在相同工况下效率较高，并且也允许较高的压力差，而干式在压差较大时，泄漏便会非常严重。

（4）降噪作用　在干式螺杆式压缩机中，当转子齿扫过吸气或排气孔口时，伴随着转子齿的啮合，将会产生很大的噪声。此时，被压缩的气体对噪声几乎起不到任何阻尼作用。由于喷入的油是粘性流体，对声能和声波有吸收和阻尼作用，一般喷油后噪声可降低 10～20dB(A)。因此，喷油螺杆式压缩机不管是在吸气还是排气口，都不需要安装消声器。

2. 喷油量的计算

在给定排气温度后，螺杆式压缩机的喷油量可由压缩机的热平衡式决定。由能量守恒定律，得压缩机的热平衡式为

$$P = q_{mg}c_{pg}(T_d - T_{sg}) + q_{mo}c_{po}(T_d - T_{so}) \tag{5-12}$$

式中　P——压缩机轴功率；

q_{mg}——气体质量流量；

q_{mo}——喷油质量流量；

c_{pg}——气体的比定压热容；

c_{po}——油的比定压热容；

T_{sg}——气体的进气温度；

T_{so}——喷油温度；

T_d——排气温度。

根据上式，如已知喷油量等参数，可求出排气温度；反之，根据预计的排气温度，可以确定喷油量。应该指出，式(5-12)是在假定不向外界散失热量以及认为排气与排油温度相等的条件下获得的。实际上，由于存在向外界的散热和油气间的换热温差，必然出现一定的偏差，在具体计算中要参照实测数据予以估计。

值得注意的是，所有供给压缩机的油，最后都要随气体一起压缩、排出。除了向齿间容积喷油外，压缩机轴承、轴封处也需要供油。在有的压缩机中，还要向驱动容量调节装置的液压缸及内部增速齿轮供油。除了喷入齿间容积的油外，其他油在完成各自的功能后都处于吸气压力下。压缩机油箱中的压力是排气压力，所以它们并不能简单地靠重力作用流入油箱。为了使这些油达到排气压力，以便回到油箱中，必须使其回到吸气口，随气体一起被压缩和排出。由于这些回油的温度比吸气温度高，并且还带有从油中逸出的气体，若直接回到吸气孔口，将会降低压缩机的实际吸气容积和质量流量。故回油孔门通常都安排在吸气结束后的位置。

从油中逸出的气体量与油的压力有关，因为气体在润滑油中的溶解度正比于气体的绝对分压力。用绝对压力代替绝对分压力进行分析，差别不是很大。油箱中压力为排气压力，油中的气体处于饱和状态，供给压缩机的不同部件后，最终压力都变成了吸气压力。此时由于压力的降低，必然有一部分气体从油中逸出来，在给定压差下逸出的气体量，取决于气体在油中的溶解能力。例如，空气几乎不溶于油，因此其逸出量很小，而丙烷在油中的溶解度较大，因而逸出量也相对较大。

可以看出，供给压缩机中所有部件的油，都起到了控制排气温度的作用。但有些热量在油进入齿间容积前已经传给它了，如轴承的发热等。但是，由于式(5-12)中所用的耗功包含了轴承、增速齿轮、油封等的发热，因此热量在哪儿传给油都一样。以下针对空气压缩机、氦气等轻气体压缩机和 R22 等重气体压缩机，具体计算为有效地控制排气温度所需要的油量。

【例 5-1】　空气压缩机喷油量的计算

假设一台喷油空气压缩机的排气压力为 0. 8 MPa，容积流量为 1000m^3/h，进气压力为 0. 1MPa，进气温度为 15℃，供油的油温为 50℃。为了将排气温度控制为 100℃，计算需要喷入的油量。

解　由式(5-6)。该工况下的绝热功耗为

$$P_{ad} = \frac{\kappa}{\kappa - 1} p_s q_{V_g} \left[\left(\frac{P_d}{p_s} \right)^{\frac{\kappa}{\kappa - 1}} - 1 \right]$$

$$= 100000 \times \frac{1000}{3600} \times \frac{1.4}{1.4 - 1} \times \left[\left(\frac{0.8}{0.1} \right)^{\frac{1.4}{1.4-1}} - 1 \right]$$

$$= 79.34(\mathrm{kW})$$

若假设压缩机的绝热效率为75%。则压缩机功耗 P 为

$$P=\frac{P_{ad}}{\eta_{ad}}=\frac{79.34}{0.75}\text{kW}=105.8(\text{kW})$$

空气的质量流量为

$$q_{mg}=\frac{p_s q_{Vg}}{RT}=\frac{100000\times 1000/3600}{287\times 288}\text{kg/s}=0.34(\text{kg/s})$$

考虑到空气的比定压热容为1.005kJ/(kg·K)，一般油的比定压热容为1.842kJ/(kg·k)。根据式(5-12)，则

$$105.8=0.34\times 1.005\times(100-15)+q_{m0}\times 1.842\times(100-50)$$

$$=29.045+92.1q_{mo}$$

即 $$q_{mo}=\frac{(105.8-29.045)}{92.1}=0.833(\text{kg/s})$$

当油的密度为0.9kg/L时，油的容积流量为

$$q_{Vo}=\frac{0.833}{0.9}\times 60=55.53(\text{L/min})$$

从而得到油与气体的容积流量之比和质量流量之比分别为

$$\frac{q_{Vo}}{q_{Vg}}=\frac{0.05553\times 60}{1000}\times 100\%=0.33\%$$

$$\frac{q_{mo}}{q_{mg}}=\frac{0.833}{0.34}=2.45$$

从上面的计算可以看出，相对于吸气而言，油的容积仅占吸气容积的0.33%，这一数值并不大。油的冷却能力是由于油处于液相，其密度要远大于空气的密度。在上述工况下，空气的密度为1.224kg/m^3，而油的密度为900kg/m^3，即油的密度为进口处大气密度的735倍。

【例5-2】 R22压缩机喷油量的计算

假设一台容积流量为1000m^3/h的R22喷油螺杆式压缩机，要把R22从15℃、0.1MPa压缩到0.8MPa后排出，供油的油温为50℃，如果排气温度为100℃，计算需要喷入的油量。

解 需要着重指出的是，在这种工况下，R22很显然不能按理想气体进行计算，故诸如耗功之类的计算。只能通过查物性图中的比焓数据，或用实际气体的物性方程进行计算。

由式(5-7)，该工况下的绝热功耗为

$$P_{ad}=q_{mg}(h_{ds}-h_s)$$

此处 h_{ds} 和 h_s 为同一熵值下，压力为排气压力和进气压力时的R22蒸气的比焓，从R22的物性表中可以查出，在0.1MPa、15℃时，R22的密度为3.669kg/m^3。因而

$$q_{mg}=(3.669\times 1000/3600)\text{kg/s}=1.019\text{kg/s}$$

从R22的物性图中可以查出，h_{ds} 和 h_s 分别为488kJ/kg和423kJ/kg。故绝热功耗为

$$P_{ad}=1.019\times(488-423)\text{kW}=66.234\text{kW}$$

设压缩机的绝热效率为75%。则压缩耗功 P 为

$$P=\frac{66.234}{0.75}\text{kW}=88.31\text{kW}$$

当被压缩气体不能被视为理想气体时，压缩机的热平衡式（5-12）可表示为

$$P = q_{mg}(h_d - h_s) + q_{mo}c_{po}(T_d - T_{so})$$

式中 h_d 为实际排气工况下的比焓，从 R22 的物性图中可以查出，h_d 为 476kJ/kg，再考虑到一般油的比定压热容为 1.842kJ/(kg · K)，则

$$88.31 = 1.019 \times (476 - 423) + q_{mo} \times 1.842 \times (100 - 50)$$
$$= 54.007 + 92.1q_{mo}$$

即

$$q_{mo} = \frac{(88.31 - 54.007)}{92.1} = 0.373(\text{kg/s})$$

当油的密度为 0.9kg/L 时，油的容积流量为

$$q_{Vo} = \frac{0.373}{0.9} \times 60 = 24.87(\text{L/min})$$

从而得到油与气体的容积之比和质量之比分别为

$$\frac{q_{Vo}}{q_{Vg}} = \frac{0.02487 \times 60}{1000} \times 100\% = 0.149\%$$

$$\frac{q_{mo}}{q_{mg}} = \frac{0.373}{1.019} = 0.366$$

上面针对二种不同气体进行的计算表明，即使处在相同的工况下，为了将排气温度控制在同一数值，所需的喷油量是差别很大的。因此，在实际设计中，很难给出喷油量的一般取值范围，必须根据具体的运行工况和被压缩介质，进行专门的计算。

在喷油量上出现差别的原因有两个：①由于耗功不同；②由于气体以某一温度进入压缩机，而以另一更高的温度离开压缩机，在此期间气体本身也要吸收一定的热量。这意味着密度大的气体本身要比密度小的气体吸收更多热量，从而需要更少的油来冷却。

值得指出的是，上述确定喷油量的方法和公式，仅是根据满足油对气体的冷却作用而导出的。在实际设计中，确定螺杆式压缩机的喷油量时，还要考虑一些其他因素。例如，在相同的条件下，如果机体等机件的散热条件较差，油循环量就应适当提高。对容积流量较小的机器，容积效率较低，内部损失相对较高，也要求适当提高油的循环量。另外，转速高时，相对泄漏损失小，但扰动油的耗功较大。所以就要求适当减少油的循环量。另外，在螺杆式压缩机中，阴阳转子的齿顶与其气缸孔之间也要留有一定的间隙，以补偿转子变形和加工误差。这种齿顶间隙对螺杆式压缩机性能的影响，与排气端面间隙类似，其数值通常也应在 0.01～0.1mm 之间。

5.3.8　压缩机运行参数

一般来说，影响螺杆式压缩机热力性能和运转可靠性的主要参数有：圆周速度和转速、转子直径和相对长度、导程扭转角和压力比等。

1. 圆周速度和转速

转子齿顶圆周速度，是影响机器尺寸、重量、效率及传动方式的一个重要因素。习惯上，常用阳转子齿顶圆周速度值来表征。

显然，提高圆周速度，压缩机的重量及外形尺寸指标均将得到改善。另外提高圆周速度后，通过压缩机各间隙处的气体相对泄漏量将会减少，同时也就提高了压缩机的容积效率和绝热效率。与此同时，它使气体在吸排气孔口及齿间容积内的流动损失、转子摩擦鼓风损

失、喷油机器的击油损失相应增加，致使绝热效率降低。

圆周速度对泄漏损失和流动及摩擦损失的影响是相反的。齿顶圆周速度较低时，泄漏损失较大，对效率起主要影响作用，所以此时提高圆周速度，将使效率得以提高。相反，齿顶圆周速度较高时，基本上与圆周速度的平方成正比的流动及摩擦损失较大，对效率起主要影响作用，是能量损失的主要部分，所以进一步提高圆周速度反而使效率降低。从理论上讲，只在某一最佳圆周速度下，总损失最小，其时压缩机效率取得最高值。实际上，最佳圆周速度的尺体数值受众多因素的影响，它与转子型线、运行方式、压力差、压力比、排气量、气体性质、间隙等因素有关。此外，机器结构、气体流动表面的粗糙度等也对最佳圆周速度值有影响，所以它常处于某一范围之内。无油螺杆式压缩机的圆周转速一般为 50~100m/s，而喷油螺杆式压缩机的圆周速度一般为 10~50m/s。

圆周速度确定后，转速也随之而定。由排气量的计算公式得知，排气量与转子直径的平方成正比。因此，大排气机器需选用大的转子直径，小排气量机器选用小的转子直径。排气量相同，不对称型线的转速远低于对称型线的转速。通常，喷油机器的转速范围为 700~10000r/min，无油机器的转速范围为 3000~15000r/min

2. 转子直径和相对长度

转子直径是关系到螺杆式压缩机系列化和零件标准化、通用化的一个重要参数。确定转子直径系列化的原则是：在最佳圆周范围内，以尽可能少的转子直径规格数来满足尽可能广泛的排气量范围。

由于螺杆式压缩机的排气量与转子直径的平方成正比，使得相邻系列转子直径的排气量数值差别较大，特别是在转子直径较大时尤为显著。为此，在各转子直径下，列出几个长径比值，以变化排气量范围，能使相邻系列转子直径的排气量交错相接。如前所述，所谓长径比是指转子的轴向长度 L 与阳转子直径 D_1 的比值。螺杆式压缩机的长径比通常为 0.9~2.0。

近代螺杆式压缩机的发展趋势，是采用小的相对长度。排气量相同时，长径比小的机器其转子直径较大，吸排气孔口面积也大，因而气体流动损失较小。同样，长杆比小的机器使转子变得短而粗，其惯性矩增加，使转子具有良好的刚度，增加了运转的可靠性。这就是在高压差级中采用较小长径比的原因。此外，从总体结构上看，较短的转子，有可能实现同轴串联两段转子的结构，使总体结构更为紧凑。

对排气量大的压缩机，才选用较高的长径比。这一点对喷油机器特别明显，由于转子直径不便取得过大，为了获得所需的的排气量，个别机器的长径比高达 2.5 以上。

由式：$T=2\pi R\cot\beta$ 知，对同一转子直径而言，大螺旋角 β 对应于短导程，小螺旋角对应于长导程。

内压力比相同时，具有大螺旋角的转子，能得到较大的径向与轴向排气孔口。因此，在内压力比较大时，为适当增加排出孔口面积和增强转子刚度，往往采用大螺旋角、短导程和小长径比、小扭转角的转子。通常，节圆圆柱面上的螺旋角 β_j 不大于 60°。过大的螺旋角，使转子齿面扭曲得厉害，恶化了转子的切削工艺性。

3. 转子的扭转角

转子的扭转角是保证压缩机基元容积充分吸气和实现内压缩的必要条件。为使基元容积得到完全充气，转子的扭转角不应大于吸气角。但是，当转子的导程短，或者长径比较大时，阳转子的扭转角 τ_{1z} 往往会大于吸气角。一般来说，只要超过数值不大，还是允许的。通常，阳转子的扭转角 τ_{1z} 为 240°~300°。

4. 压力比和级数

压力比和级数是影响螺杆式压缩机尺寸、重量和性能的主要参数之一。排气温度往往是限制提高压缩机压力比的主要因素，特别是对无油机器。例如，对双原子气体，从常温常压吸入，如果级的压力比为 4，压缩机的排气温度将达到 200℃ 以上。此时转子的热变形会很大，可能导致转子的接触损伤，造成严重的事故。而且过高的排气温度，使整机温度升高，对密封件和润滑系统的工作都会带来不利。所以一般控制排气温度低于 200℃，也就是说无油机器单级的压力比应小于 4。若压缩介质有易燃、易爆、易裂解、易聚合等特性时，就应根据其特性作更严格的限制。

级的压力差是限制压缩机压力比提高的又一重要因素。对无油机器的高压级或增压螺杆式压缩机，级的压力比一般小于 2，因而气体压缩终温并不算高，但这时吸、排气压力差值却很大。对喷油机器，喷入的油起着极其良好的内冷却作用。级的压力比通常为 8~10，个别高达 20 以上，但排气温度也不超过 110℃。在以上两种情况下，往往转子承受高压差的作用，转子的刚度会明显不足，使转子产生不允许的机械变形，严重时会出现啮合部位咬死等事故。同时，会给轴承的设计和轴承的运转带来不利。此外，高的压差使气体的泄漏量大为增加，容积效率随之降低。为了确保机器运转安全、经济，通常限制级的压力差不大于 1MPa，但在个别的喷油螺杆制冷压缩机中，级的压差也可高达 1.7~1.8MPa。

5.4　螺杆式压缩机的调节

5.4.1　容积流量调节

通常，螺杆式压缩机用户总是根据用气量最大的工况来选定压缩机的容积流量。然而在使用过程中，总会因种种原因要求改变压缩机的容积流量，以适应实际的运行工况。此外，从工作原理可知，属于容积式压缩机械的螺杆式压缩机的容积流量，不因背压的提高而自行降低。因此，若不做相应的有效调节，不但增加了功耗，在某些场合下，还可能发生事故。所以必须设置调节控制机构，进行容积流量调节。

由此可见，容积流量调节的目的，是使压缩机的容积流量和实际工况的用气量达到平衡，同时还要求调节经济而且方便。在大多数的螺杆制冷和工艺压缩机中，都采用在主机结构中内置容量调节滑阀的调节方案。但是，在螺杆空气压缩机中，则往往在机组中采用转速调节、吸气节流调节、停转调节或进排气管连通调节的容积流量调节方案。

5.4.2　转速调节

螺杆式压缩机的容积流量和转速成正比关系。因此，改变压缩机的转速，就可以达到调节容积流量的目的。这种调节方法的主要优点是整个压缩机组的结构不需作任何变动，而且在调节工况下，气体在压缩机中的工作过程基本相同。图 5-32 示出这种调节方式的典型特性。从中可以看出，在较大的范围内，压缩机功率和容积流量都基本上随转速成正比变化。因此，这种调节方法的经济性好。

当螺杆式压缩机的原动机为蒸汽或燃气轮机、内燃机、直流电动机时，多采用转速调节的方法。例如，在由内燃机驱动的移动式螺杆空气压缩机和由汽轮机驱动的大型螺杆工艺压缩机中，这种调节方法已得到了广泛的应用。然而，在大多数螺杆式压缩机装置中，所采用的都是交流电动机驱动，虽然采用变频方式也可进行速度调节，但由于大功率变频器造价较高，故一般不采用。另外，还可以采用液压变速联轴器，在原动机转速不变的情况下，实现压缩机转速的变化。但这种变速联轴器的效率一般与速度成反比，也就是说，虽可达到变转速的目的，但节省的功率却不多，因此也很少被使用。

另外，无油螺杆式压缩机的转速调节，还受到排气温度的限制。在非常低的转速下，压缩机中的内泄漏将导致排气温度明显升高。在喷油螺杆式压缩机中，喷油量通常不随压缩机的转速变化而变化，当转速过高或过低时，可能会导致压缩过程中油与气体的质量比超出其许可范围。所以，虽然利用转速的改变来调节螺杆式压缩机的容积流量是一种非常有效的方法，但由于上述种种原因，这种调节方法只能在一定的范围内采用。根据具体的压缩工质和运行工况不同，螺杆式压缩机通常的调速范围是额定转速的60%~100%。

5.4.3 吸气节流调节

通过在螺杆式压缩机的吸气管上加装吸气节流阀，利用对吸气的节流，就可实现调节压缩机的容积流量。由于节流作用，降低了气体的吸入压力和密度，故理论上可以进行连续无级地调节压缩机的流量。图5-33示出螺杆空气压缩机采用吸气节流调节时的特性曲线，理想的情况是功耗与容积流量成正比，即如图中呈45°虚线所示。吸气节流调节的曲线与理想情况之间的偏差，是由于以下两个相互制约的因素所引起的、当吸气节流时，一方面压缩机的容量在减小，因此其功耗下降；另一方面节流使得吸气压力降低，压比随之而升高，单位气量的耗功也跟着增加，最终的结果反映了这两种因素的相互作用。

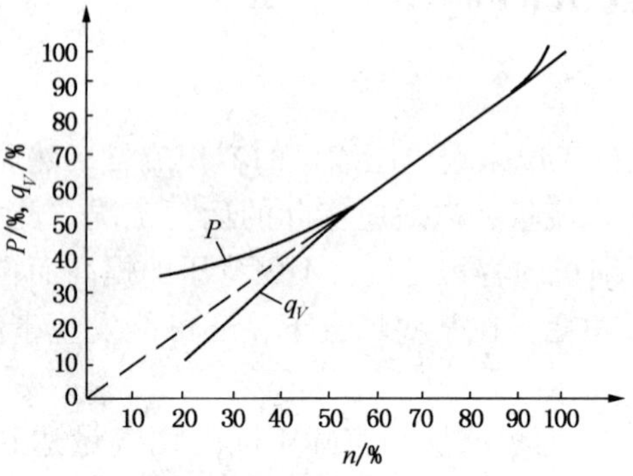

图5-32 螺杆式压缩机的转速调节特性

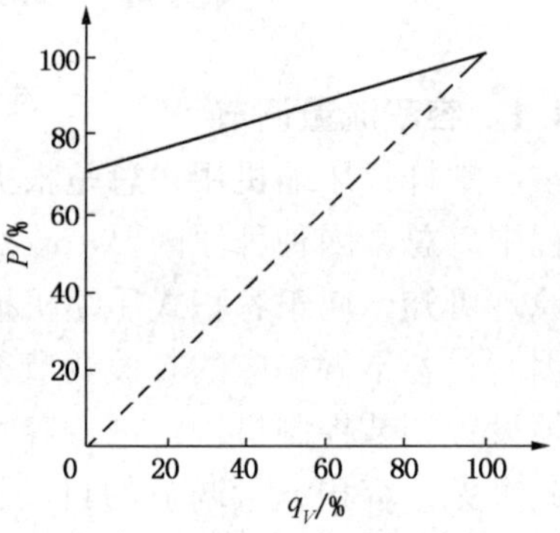

图5-33 螺杆空气压缩机采用吸气节流调节时的特性曲线

值得注意的是，当喷油螺杆式压缩机的轴封效果很好时，完全关闭吸气节流阀，可使吸气压力降到低达40Pa以下的真空状态。在这种情况下，由于气蚀作用，压缩机内将会产生强烈的噪声。为了避免这种现象的出现，通常需要在吸气节流阀上开一个小孔，以使吸气压力不至于过低。另外，采用这种调节方法时，机组的许多部位处于真空状态，周围的空气容易漏入。因此，对可燃性气体、高纯度气体及其他不允许与空气混合的气体，就不能采用吸气节流调节。

如果仅通过吸气节流使压缩机“空载”运转，虽然不会排出气体，但其耗功却是满负荷时的70%左右。为了提高在调节工况下压缩机的效率，常常还需采用降低排气压力的方案。

即把压缩机与止回阀之间的气体放空，使排气压力降到大气压力或比大气压力稍高的数值。图 5-34 示出这种调节方案的特性曲线，表明在容积流量为零时，压缩机的功耗将大大减小。

值得指出的是，当采用吸气节流的调节方法时，随着压比升高，压缩机的排气温度也会升高。所以在无油螺杆式压缩机中，由于排气温度的制约，这种调节方式的应用场合有着严格的限制。只有当排气温度远远低于所允许的最大值时，才可以在无油螺杆式压缩机中采用这种容量调节方法。但对于喷油螺杆式压缩机，总可以通过喷油，把排温控制在容许范围内。因此，这种调节方法在喷油螺杆式压缩机中获得了广泛应用。

吸气节流的调节方法还可与其他的调节方法联合使用。例如，在由内燃机驱动的移动式螺杆空气压缩机中，虽然容积流量调节的最理想方法是变转速调节，但当内燃机的转速低到它所能达到的最低转速时，压缩机的容积流量并不是零。因此，通常是在最低转速下，再采用吸气节流的调节方法，进一步降低压缩机的容积流量，图 5-35 示出联合采用这两种调节方法时压缩机的特性。

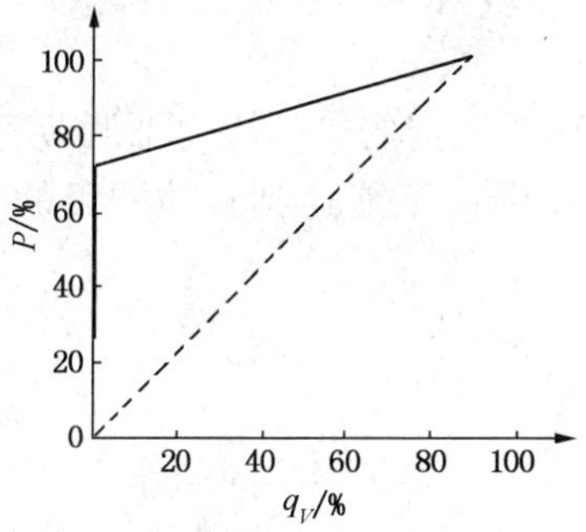

图 5-34　采用吸气节流和排气放空调节时的特性

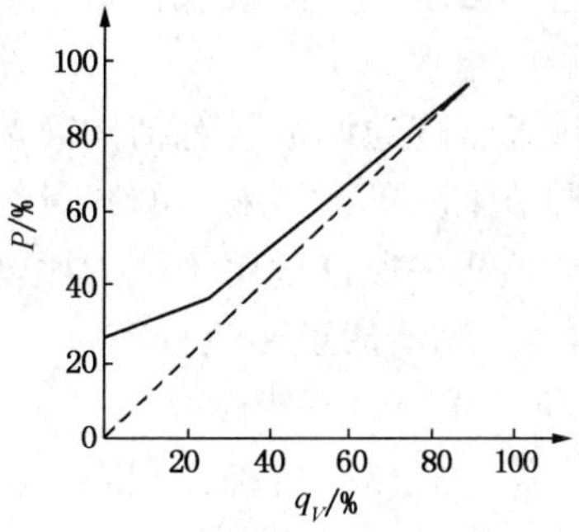

图 5-35　联合采用这两种调节方法时压缩机的特性

5.4.4　停转调节

停转调节有时又称为“停-开”调节，其基本做法就是让压缩机在排气压力达到某一特定压力时停下来，然后在排气压力降到一定程度时又重新启动起来。中间间隔的时间，取决于储气罐及有关管道容积的大小和允许的排气压力波动范围，通常的排气压力波动范围应小于 0.07MPa。

上述的停转调节方法经济性很好，常用于微小型螺杆式压缩机的容量调节。另外，在压缩机站或化工企业中，一般是多机配置，也可以采用停止部分压缩机的运转，以适应实际工况的需要。

采用停转调节方法时，要求机组设有较大容量的储气罐。否则，电动机的启停会过于频繁，既影响到电网的电流波动，又会使电动机绕组过热。当然，对于较大功率的螺杆式压缩机，可采用电动机与压缩机脱开、电动机空转、压缩机停转的调节方式。但这种方案必须在压缩机和电动机之间加装结构复杂的离合器，故使用较少。

在螺杆式压缩机的机组系统中，当需要采用停转调节而电动机又不允许频繁启动时，经常采用控制压缩机系统的办法来达到相同的目的，即仍在螺杆式压缩机的吸气管上加装吸气节流阀，但此种吸气节流阀只工作在全开和全闭两种状态下，而不能在两者之间连续调节。

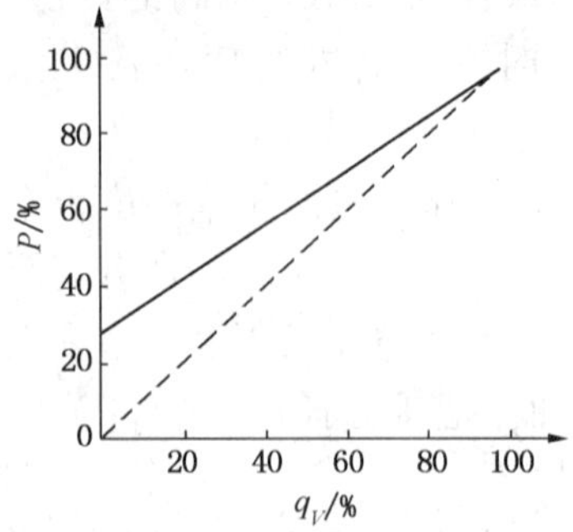

图 5-36　采用停转调节和排气放空时的特性

空载时不仅节流阀处于全闭状态，同时还要将排气放空。这样一来，在部分负荷下便能得到较高的效率。采用这种调节方法时的特性曲线如图 5-36 所示。由于这种调节方法的控制系统十分简单，因此在微小型的喷油螺杆空气压缩机中得到了广泛的应用。

5.4.5　进排气管连通调节

进排气管连通调节是通过在压缩机吸排气管道之间的支路上，装一个“溢流阀”，来实现调节压缩机的容量。一旦排气压力开始超过特定数值，溢流阀就会打开，从而把排气压力维持在设定值。溢流阀可以由小到大地逐渐打开，因而不会引起排气压力的突然下降。另外，如果必要的话，溢流阀可以在很长的时间内都保持开启的状态。如果被压缩工质是空气，则流出溢流阀后，可以直接排入大气。如果被压缩工质不允许排向大气，则可导回到压缩机的吸气口。不过，由于排气侧的气体温度较高，有时还需要通过冷却器进行冷却后，再导回到吸气口。

进排气管连通调节具有结构简单的优点，还可以实现在恒定的排气压力下调节容量，但由于在调节工况下，压缩机的容量和排气压力并未改变，因而不能达到省功的目的。所以，这种调节方法一般仅适用于压力比较低的机器。

5.4.6　润滑油及油气分离

1. 润滑油种类及特性

根据螺杆式压缩机种类和应用场合的不同，机组中的润滑油起着不同的作用。在无油螺杆式压缩机中，润滑油主要起着润滑的作用，即保持两个部件相对运动时无摩损，并且功耗最小。在喷油螺杆式压缩机中，润滑油的作用则包括润滑、密封、冷却、降噪等，而且还要作为控制调节滑阀等元件运动的液压用油。另外，除了在压缩机中起到上述作用外，润滑油本身还必须具有抗化学分解、抗氧化、抗碳化的特性，并且在使用过程中，能长时间地保持原有的粘度、饱和蒸气压、燃点和流动点等主要特性。在螺杆式压缩机中使用的润滑油，主要有矿物油和合成油两种，但有时也使用半合成油。

2. 润滑油的选择

不同类型的压缩机和不同的应用场合，对润滑油的要求会有显著的不同。在无油螺杆式压缩机中，润滑油始终不与被压缩气体接触，其作用是润滑和冷却轴承、轴封、同步齿轮和增速齿轮等零部件。所以通常可选择价格低廉的矿物油，但要求加入抗泡沫剂、防腐蚀和减磨剂，也可采用半合成油，使润滑油的寿命更长，并具有更好的润滑性能。在无油螺杆式压缩机中，一般不采用价格较高的合成油。

在喷油螺杆式压缩机中，润滑油直接与被压缩气体混合。选择时应考虑：①要求润滑油不与被压缩的气体发生化学反应；②考虑到被压缩气体在润滑油中的溶解和对润滑油的稀释作用；③由于润滑油经受频繁的加热和冷却过程，要求润滑油能长时间地保持合适的粘度，并具有优越的抗氧化、防锈、防腐蚀等性能。尽管有些矿物油能提供满意的润滑，但矿物油在喷油螺杆式压缩机中的应用受到了限制，比矿物油性能更好的半合成油及合成油在喷油螺杆式压缩机中的应用越来越多。

3. 油气分离方法

按分离机理的不同，喷油螺杆式压缩机机组中采用两种不同的油气分离方法：①机械碰撞法，即依靠油滴自身重力的作用，从气体中分离直径较大的油滴。实际测试表明，对于直径大于 1μm 的油滴，都可采用机械碰撞法被有效地分离出来；②亲和聚结法，既通过特殊材料制成的元件，使直径在 1μm 以下的油滴，先聚结为直径更大的油滴，然后再分离出来。

4. 油气分离器

喷油螺杆式压缩机中，在压缩气体的同时，大量的油被喷入压缩机的齿间容积。这些油和被压缩气体形成的油气混合物，在经历相同的压缩和排气过程后，被排到机组的油气分离器中。油气分离器是喷油螺杆式压缩机机组系统中的主要设备之一，为了降低机组排气中的含油量和循环使用机组中的润滑油，必须利用油气分离器把润滑油有效地从气体中分离出来。

喷油螺杆式压缩机的机组系统，可以为开式和闭式两类。开式系统和闭式系统中的油气分离器有所不同。对开式系统，机组排气中所含的润滑油就是油的消耗，所以其油气分离器都采用机械碰撞法和亲和聚结法的组合形式，以尽量降低润滑油的消耗量。在一些闭式系统中，机组排气中所含的润滑油，可以随着被压缩气体再次回到压缩机中。所以，在很多闭式系统中，通常只采用机械碰撞法进行油气分离。但在闭式系统的油气分离器中，也越来越多地采用机械碰撞法和亲和聚结法的组合形式。在油气分离器中，通常把利用机械碰撞法的分离器称为一次分离器，把利用亲和聚结法的分离器称为二次分离器。

图 5-37 示出一种喷油螺杆空气压缩机的油气分离器结构。该结构把一次分离器和二次分离器组合为一体，油气混合物进入分离器后，首先撞击分离器中设置的挡板壁面，利用机械碰撞法进行一次分离。然后，油气混合物以较低的速度进入过滤元件，利用亲和聚结法进行二次分离。通过过滤元件底部的回油管，可将过滤元件分离出的润滑油引出。值得指出的是，为了使过滤元件便于维护，并使机组中各部件布置方便，把一次分离器和二次分离器分开布置的方案也得到了广泛的应用。

喷油螺杆工艺压缩机中的油气分离器，可能比喷油螺杆空气压缩机中的结构复杂，以便适应更高的压力和尽量减少排气中的含油量。图 5-38 示出一种喷油螺杆工艺压缩机的油气

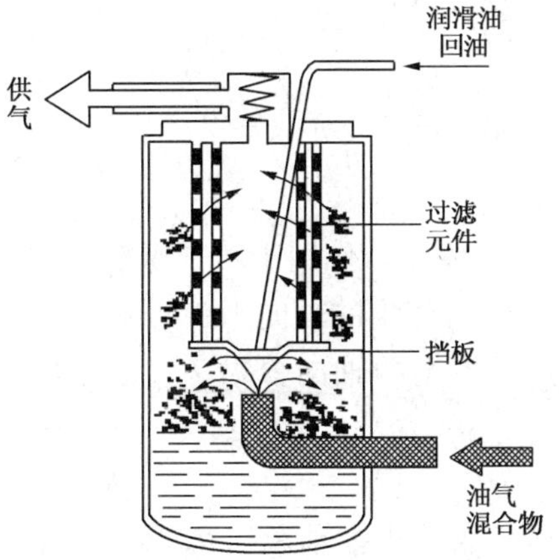

图 5-37　喷油螺杆空气压缩机的油气分离器结构

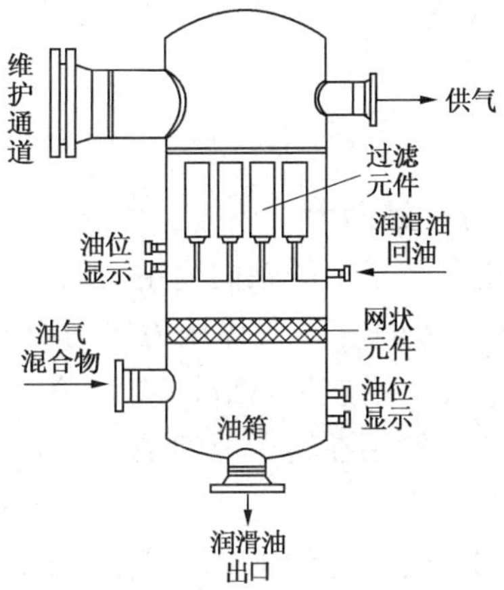

图 5-38　喷油螺杆工艺压缩机的油气分离器结构

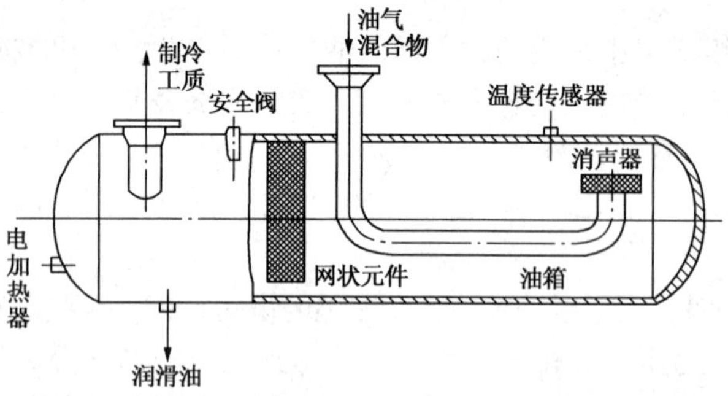

图 5-39 喷油螺杆制冷压缩机油气分离器结构

分离器结构，该结构也把一次分离器和二次分离器组合为一体，但在其中加装了网状元件。二次分离采用内进外出的形式，并对由过滤元件分离出的润滑油设置了液位显示，确保回油可靠。

在喷油螺杆制冷压缩机中，油气分离器结构形式有多种。在封闭式机组中，一般仅采用机械碰撞法进行一次分离，不设过滤元件。在开启式机组中，多数机组采用如图 5-39 所示的结构，即仅采用机械碰撞法进行油气分离。但为了减少润滑油对冷凝器和蒸发器换热的影响，已有越来越多的制冷机组采用一次分离和二次分离组合的方式，在利用机械碰撞法进行一次分离后，进一步利用亲和聚结法进行二次分离。

5.5 螺杆式压缩机转子受力分析

螺杆式压缩机系高速旋转机械，稳定运转时，可认为其阴阳转子均处于所有外力及其力矩的平衡状态之下，这些力和力矩分别为气体作用力、轴承的支反力、转子自重、齿轮作用力、平衡活塞推力和输入力矩、气体内力矩、摩擦阻力矩等。图 5-40 示为阳转子受力的一般性情况，为了选择轴承、设计平衡活塞，以及进行转子的强度和刚度计算，就必须对这些力和力矩进行分析和计算。

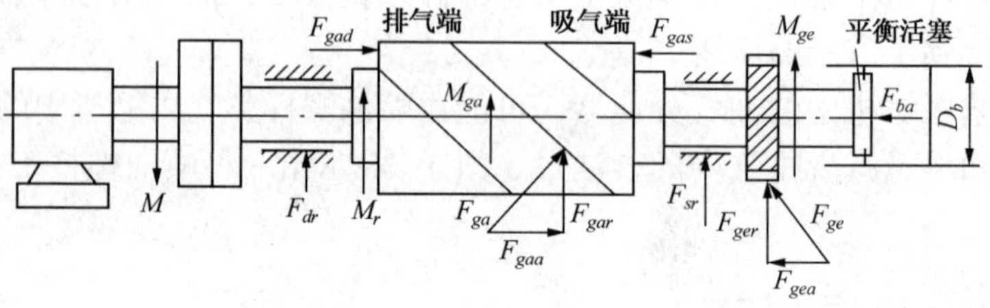

图 5-40 作用在转子上的力和力矩

5.5.1 轴向力

作用在转子上的轴向力主要由气体压力产生，包括气体压力作用于转子螺旋齿向上所产生的轴向分力 F_{gaa}、气体压力作用于转子排气和吸气端面所产生的轴向力 F_{gad} 和 F_{gas}。此外，当转子上装有增速齿轮或同步齿轮时，则齿轮传动时所产生的轴向分力 F_{gea} 也作用在转子上；因此，作用在转子上的轴向力 F_a 为

$$F_a = F_{gad} - F_{gas} + F_{gaa} - F_{gea} \tag{5-13}$$

作用于转子上的轴向力 F_a，通常被设置在转子排气端的止推轴承所承受。但在制冷转子压缩机等高压差、高压比机器中，往往由于轴向力 F_a 数值过大，而在转子上设置平衡活塞，产生平衡活塞轴向力 F_{ba}，以平衡大部分轴向力，此时，作用于止推轴承上的轴向力 F_a 为

$$F_a = F_{gad} - F_{gas} + F_{gaa} - F_{gea} - F_{ba} \tag{5-14}$$

1. 端面轴向力

端面轴向力包括排气端轴向力及吸气端轴向力，分别等于各部分气体压力与其作用面积之积。在转子吸气端面上作用的气体压力为吸气压力 p_s，气体作用面积为 A_a-A_b，于是

$$F_{gas} = p_s(A_a - A_b) \tag{5-15}$$

其中 $A_a = \dfrac{\pi}{4}D^2 - zA_0 \qquad A_b = \dfrac{\pi}{4}d^2$

式中　A_a——转子端面面积；

A_b——端面处的轴颈面积；

D——转子外直径；

z——转子齿数；

A_0——转子齿间面积；

d——转子端面处的轴颈直径。

在转子的排气端面上，作用着不同的气体压力。例如，处于排气孔口区域的端面上，作用着排气压力 P_d；远离排气孔口区域的端面上，作用着吸气压力 P_s；介于其间的端面上，作用着某一中间压力。此外，随着转子的旋转，气体压力亦在一定范围内周期性地变动，致使总的排气端轴向力也随之改变。因此，通常可假定在一半排出端面面积上，作用的气体压力为吸气压力 P_s 和排气压力 P_d 的算术平均值。而在另一半面积上，作用的气体压力为吸气压力 P_s，于是

$$F_{gad} = \frac{1}{4}(p_s + p_d)(A_a - A_b) + \frac{1}{2}p_s(A_a - A_b) \tag{5-16}$$

气体压力作用在转子两端面上所产生的总端面轴向力为 F_{gad} 与 F_{gas} 之差。由式(5-14)和式(5-15)可知，F_{gad} 一般总大于 F_{gas}，因此总端面轴向力的方向为由排气端指向吸气端。

2. 气体轴向力

气体轴向力是指气体压力作用于转子螺旋齿面上的轴向分力，对每一齿间容积来说，气体轴向力 F_{gaa} 只能在被称为接触区槽段的有接触线槽段中产生。在接触区槽段外，任何一侧的非接触区槽段，由于其气体压力相同，并且被槽底螺旋线分开的前、背段齿面的轴向投影面积也相等，故作用于前段、背段齿面上的轴向力绝对值相等而方向相反，所以自行抵消，对外无轴向力存在。因此，在计算气体轴向分力时，不必考虑非接触区槽段的影响。

1）阴转子上的气体轴向力

以原始不对称型线为例，如图 5-41(b)所示，对所讨论的齿间容积，截面Ⅰ-Ⅰ与吸气端之间、以及截面Ⅱ-Ⅱ与排气端之间的区域为非接触区槽段，因此齿面上气体压力的轴向分力自身抵消，合力为零。

在截面Ⅰ-Ⅰ与Ⅱ-Ⅱ间，具有完整接触线的接触区槽段中，如图 5-41(b)所示，第 i 个齿间容积的气体轴向力为

$$F_{gaai} = p_s s_1 + p_i s_2 - p_i s_3 \tag{5-17}$$

式中　p_i——所讨论的第 i 个齿间容积内，被压缩气体在该转角位置时的气体压力；

s_1——齿面 a-1′-5-a 的轴向投影面积；

s_2——齿面 1′-5-5′-1′的轴向投影面积；

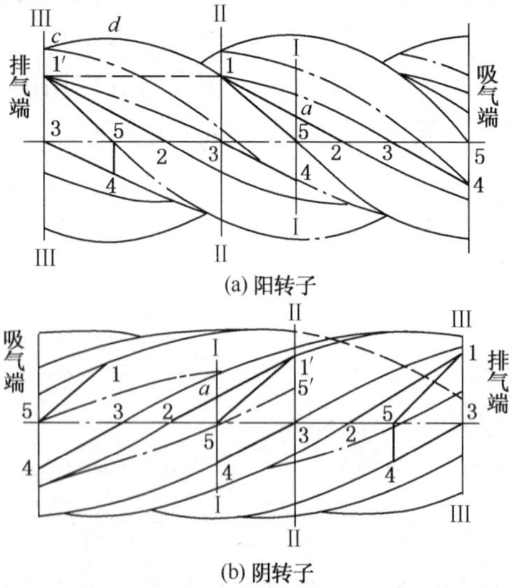

图 5-41 原始不对称型线的接触线

s_3——齿面 3-4-5-5′-3 的轴向投影面积。

若记 $\Delta p_i = p_i - p_s$，则由式(5-17)得

$$F_{gaai} = \Delta p_i(s_2 - s_3) + p_s(s_1 + s_2 - s_3)$$

因为曲线 5-5′是阴转子齿面的槽底螺旋线，所以存在下述关系

$$s_1 + s_2 = s_3$$

则有

$$F_{gaai} = \Delta p_i(s_2 - s_3) = \Delta p_s \Delta s_i \quad (5-18)$$

若在整个转子上有 n 个槽段具有完整的接触线，则应按式(5-17)计算 n 次。对于被部分接触线分割的槽段，式(5-17)仍然适用，不过此时 Δs_i 应代以相应的上、下高压力区齿面在端面上投影面积之差。因此，作用于阴转子上总的气体轴向力为

$$F_{gaa} = \Sigma F_{gaai} = \Sigma \Delta p_s \Delta s_i \quad (5-19)$$

式中 Δp_i——第 i 个齿间容积接触线两侧的气体压力差，其中 p_i 值可由压力分布图确定；

Δs_i——相应的接触槽段上，槽底螺旋线上、下高压力区齿面在端面上投影面积之差。

从式(5-19)可知，阴转子上气体作用力的方向，主要取决于 s_2 和 s_3 的具体数值。若 $\Delta s_i = s_2 - s_3 > 0$，则轴向力为正值，即由排气端指向吸气端；若 $\Delta s_i = s_2 - s_3 < 0$，轴向力就为负值，即由吸气端指向排气端。显然，当转子型线的种类不同或同类型线的参数不同，面积 s_2 和 s_3 的具体数值都将不同，从而会影响到气体轴向力的方向，并进而影响到转子间的力矩分配和定位轴承的方案设计。所以，准确计算阴转子上的气体作用力，是设计转子型线和优选型线参数的重要依据之一。另外值得指出，当采用对称圆弧型线时，其接触区槽段已蜕化为与转子轴线相垂直的平面。因此，在对称圆弧型线的阴转子齿面上，并不存在气体轴向力。

2）阳转子上的气体轴向力

如图 5-41(a)所示，在具有完整接触线 1-5-4-3-2-1′的接触区槽段，接触线 1-5-4-3-2-1′分割某齿间容积成上、下两部分，使之分别具有高压力 p_i 和吸气压力 p_s。为方便起见，可将气体压力 p_i 作用于齿面 1-5-4-3-2-1′-c-d-1 的轴向分力视作该气体作用于齿面 1-5-4-3-2-1′-1 的轴向分力与作用于齿面 1-1′-c-d-1 的轴向分力之和。若齿面 1-5-4-3-2-1′-1 在端平面上的投影面积为 s_{1i}，则由此所产生的轴向分力为 $(p_i - p_s)s_{1i}$。再假定齿面 1-1′-c-d-1 在端面平面上的投影面积为 s_{2i}，故由此所产生的轴向分力为 $(p_i - p_s)s_{2i}$。

因此，阳转子在Ⅰ—Ⅰ截面与Ⅲ—Ⅲ截面间的接触区槽段中总的轴向力为

$$F_{gaai} = (p_i - p_s)(s_{1i} + s_{2i}) = \Delta p_i(s_{1i} + s_{2i}) = \Delta p_i(s_1 + s_2)i \quad (5-20)$$

同理，若整个阳转子上有 n 个槽段其有完整的接触线，则应按式(5-20)计算 n 次。若有槽段被部分接触线分割，则式(5-20)仍适用。不过此时该式中应代入相应的 Δp_i 及 $(s_1 + s_2)i$ 值。最后，作用在阳转子上的总气体轴向力为：

$$F_{gaa}=\Sigma F_{gaai}=\Sigma\Delta p_i(s_1+s_2)i \quad (5-21)$$

从式(5-21)可知，与阴转子的情况不同，阳转子上的气体轴向力总为正值，即由排气端指向吸气端。

另外值得指出的是，阴阳转子在相互啮合时，接触线在不断地由吸气端向排气端推进，与此同时，各齿间容积内的气体压力亦在不断变化。所以气体轴向力的计算，通常应选取某一齿间容积恰好达到内压缩终了压力时的转角位置作为计算位置，并据此确定接触区槽段及相应的齿间容积压力 p_i。

3. 齿轮轴向力

螺杆式压缩机中的同步齿轮和增速齿轮一般都采用斜齿轮。斜齿轮在传递动力的同时，还会产生轴向力 F_{gea}，显然其方向取决于斜齿的方向。由于阳转子上的轴向力总是比阴转子上的轴向力大，所以通常应使阳转子上的齿轮轴向力与气体轴向力方向相反，即使 F_{gea} 的方向由吸气端指向排气端。齿轮轴向力 F_{gea} 可按下式计算：

$$F_{gea}=954520\times\frac{P}{n}\times\frac{2}{d_t}\tan\beta_0 \quad (5-22)$$

式中 p——齿轮传递功率，kW；

n——齿轮转速，r/min；

d_t——齿轮节圆直径，cm；

β_0——齿倾角，即斜齿方向与齿轮轴线的夹角，rad。

4. 平衡活塞轴向力

当转子上的轴向力较大时，往往在其上装设平衡活塞，以平衡由排气端指向吸气端的轴向力。平衡活塞所产生的轴向力 F_{ba} 可按下式计算：

$$F_{ba}=p_b\times\frac{\pi}{4}D_b^2 \quad (5-23)$$

平衡活塞产生的轴向力 F_{ba} 的方向，总是由吸气端指向排气端，为得到一定的 F_{ba} 数值，可改变液压缸压力 F_b 或平衡活塞直径 D_b。但在一般机器设计中，p_b 常选取机组的供油压力或排气压力。所以多用调整 D_b 的方式来达到所要求的 F_{ba} 数值。

5.5.2　径向力

作用于转子上的径向力，主要有斜齿轮产生的径向分力 F_{ger} 和气体压力作用于齿面的径向分力 F_{gar}。此外，对大型螺杆式压缩机还需计入转子的自重。

1. 齿轮径向力

由齿轮传动原理，斜齿轮啮合时所产生的径向力 F_{ger} 为

$$F_{ger}=954520\times\frac{P}{n}\times\frac{2}{d_t}\frac{\tan\beta_0}{\cos\beta_0} \quad (5-24)$$

式中 α_{on}——齿廓压力角，rad。

2. 气体径向力

气体径向力是气体压力作用在转子螺旋齿面上所产生的径向分力。在非接触区槽段内，气体压力相同，气体径向力是作用于螺旋槽的均布载荷。所以，可以将非接触区槽段沿轴向分成若干长度较小的槽段，每一小段内的气体力用集中载荷来代替。如图 5-42 所示，若槽

的前后齿顶弦宽为$\overline{AB}$，所取的小槽段轴向长度为Δl，则$\overline{AB}\times\Delta l$为气体压力作用的有效面积。同时，可认为此小段内气体力集中作用于有效面积的形心，并指向转子轴心。若设小段内气体压力为p_i，则该槽段的气体径向力为

$$\Delta F_{gar} = \overline{AB} \times \Delta l p_i \tag{5-25}$$

在接触区槽内，被接触线分隔的齿面上作用着不同的气体压力，故需要采取投影法，将高压力作用齿面和低压力作用齿面分别投影到Oyz和Oxz坐标面上，投影面积分别乘上各自气体作用力，就得到高、低压力y轴和x轴上的气体径向力的分量，相应投影面积的形心位置为该分力的作用点。见图5-43所示。

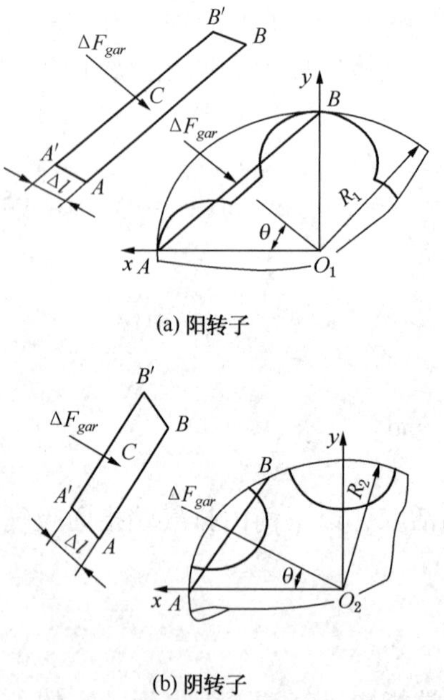

图5-42　非接触区槽段内的气体径向力

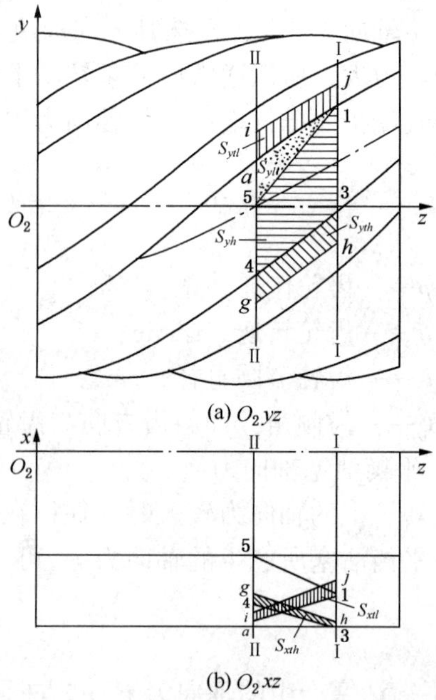

图5-43　接触区槽段内的气体径向力计算

5.5.3　力矩

作用在转子上的力矩如图5-40所示，有原动机的驱动力矩M、摩擦阻力矩M_r和由于气体压力作用在转子齿面上的切向分力所引起气体内力矩M_{ga}。

1. 气体内力矩

气体内力矩指气体作用在转子螺旋齿面上的转矩，可根据气体轴向力F_{gaa}求得。对全部转子齿面F积分上式，可得作用于转子齿面上的总的气体内力矩M_{ga}为

$$M_{ga} = \int_{(F)} \mathrm{d}M_{ga} = \frac{T}{2\pi}F_{gaa} \tag{5-26}$$

上式即是求取总气体内力矩M_{ga}的一般式。对于阴转子，可按式(5-19)计算F_{gaa}；对于阳转子，则可按式(5-21)计算F_{gaa}。

从式(5-26)可知，当作用在转子齿面上的轴向力为正值，即由排气端指向吸气端时，其相应的气体内力矩总是与该转子的旋转方向相反，即成为气体阻力矩。为此，必须由外面

输入转矩，以使转子能继续不断地旋转。当作用在齿面上的轴向分力为负值，即由吸气端指向排气端时，其气体内力矩就将与该转子的旋转方向相同，而成为驱动力矩。当采用对称圆弧型线时，阴转子上的气体轴向力为零，故其气体内力矩也为零。由于阳转子上的气体轴向力总为正值，因此阳转子上的气体内力矩总是阻力矩。

2. 摩擦阻力矩

摩擦阻力矩包括轴承摩擦阻力矩和转子旋转运动时的摩擦阻力矩两部分，它取决于多种因素，目前无简便而准确的计算方法。但通过实测得知，阴转子的摩擦阻力矩所耗功率约为压缩机轴功率的 5%~10%。同时还可认为阳转子的摩擦阻力矩所耗功率与阴转子的相同，于是阴、阳转子的摩擦阻力矩可分别按下式确定：

$$M_{2r} = (0.05 \sim 0.1) \times 9545.2 \frac{N_s}{n_2} \tag{5-27a}$$

$$M_{1r} = (0.05 \sim 0.1) \times 9545.2 \frac{N_s}{n_1} \tag{5-27b}$$

由图 5-40 可见，原动机传给螺杆式压缩机的力矩，分别用以克服阴、阳转子的阻力矩 M_2、M_1，即

$$M = M_2 + M_1 \tag{5-28}$$

M_2、M_1 又分别是气体内力矩 M_{ga} 及摩擦阻力矩 M_r 之和，即

$$M_2 = M_{2ga} + M_{2r} \tag{5-29}$$

$$M_1 = M_{1ga} + M_{1r} \tag{5-30}$$

在式(5-29)及式(5-30)中，凡是与转子转向相反的力矩规定为“+”，正值力矩就是阻力矩。凡是与转子转向相同的力矩规定为“-”，负值力矩就是驱动力矩。

需要指出的是，有些型线的 M_{2ga} 为负值，并随时间而波动，而 M_{2r} 总为正值，因此若驱动力矩 M_{2ga} 的大小与阴转子上的摩擦阻力矩 M_{2r} 的数值相差不大，由于压缩机的工况变动，就有可能使阴转子上的总力矩方向，在压缩机运行过程中不断发生变化，从而导致同步齿轮或转子之间发生冲击，产生异常的噪声与磨损。所以，在螺杆式压缩机的转子型线设计中，应合理选择有关型线参数，使阴转子的总力矩 M_2 在任何时间都不改变符号。

5.6 螺杆式压缩机主要零部件

5.6.1 机体

机体是螺杆式压缩机的主要部件，它由中间部分的气缸及两端的端盖组成，转子直径较小时，常将排气侧端盖或吸气侧端盖与气缸铸成一体，制成带端盖的整体结构，转子顺轴向装入气缸。在较大的机器中，气缸与吸气和排气端盖常常是分开的。有的大型螺杆式压缩机的机体还在转子轴线平面设水平剖分面，这种结构便于机器的拆装和间隙的调整。具有吸气通道或排气通道的端盖，有整体式结构的，也有中分式结构的。通常端盖内置有轴封、轴承，有的端盖同时还兼作增速齿轮或同步齿轮的箱体，如图 5-44 所示。

干式螺杆式压缩机的气缸及排气侧端盖通常制成双层壁结构，夹层内通以冷却水或其他冷却液体，以保证气缸的形状不发生改变。在排气温度小于 100℃ 的情况下，机体并不需要专门的冷却装置，向空气的散热，即足以保证机体几何尺寸不发生改变，故也可采用单层壁

结构。但为了增强自然对流冷却效果，要在外壁上顺气流方向设有冷却翅片。另外，这种冷却翅片还可使机体的刚性增加。

喷油螺杆式压缩机的机体多采用如图 5-45 所示的单层壁结构。在这种结构中，转子包含在机体中，在螺杆空气压缩机中，这样的结构强度已足够，因而不需要进一步的加强措施。对制冷和工艺压缩机，由于它们工作在压力较高的工况下，因而必须用加强肋的形式对机体外部进行加强，以避免发生变形或开裂。

喷油螺杆式压缩机的机体有时也采用如图 5-46 所示的双层壁结构。在该结构中，外壁为承受全部压力的密闭壳，由于它是圆柱形的，因而并不会因压力而产生变形，也就不需要特别的加强措施。

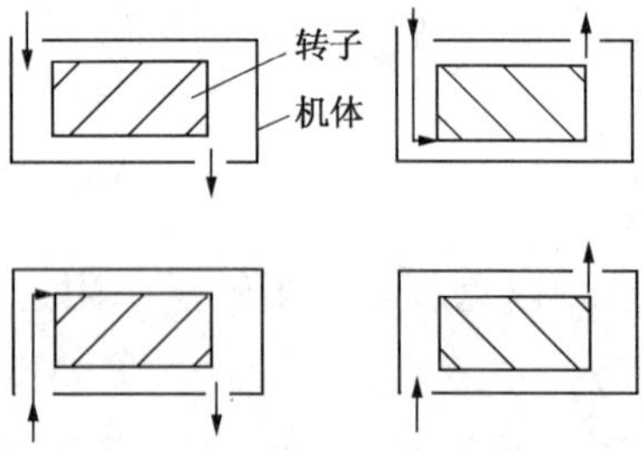

图 5-44　机体上吸排气通道的布置方案

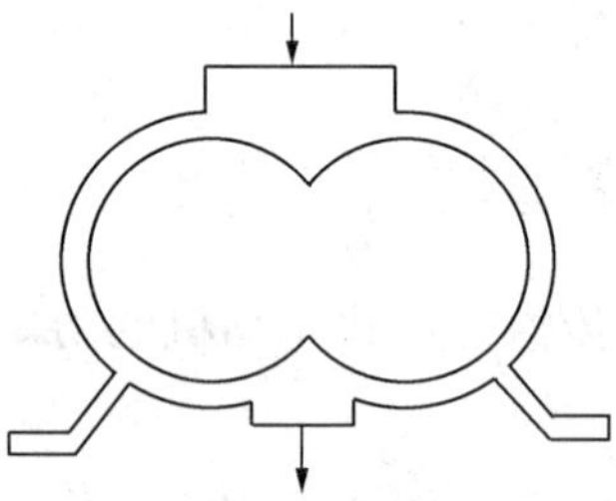

图 5-45　单层壁结构机体

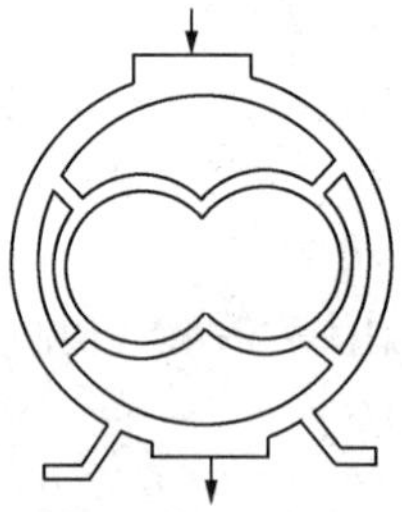

图 5-46　双层壁结构机体

机体的材料主要取决于所要达到的排气压力和被压缩气体的性质。当排气压力小于 2. 5MPa 时，为普通灰铸铁；当排气压力大于 2. 5MPa 时，为铸钢或球墨铸铁。另外，普通灰铸铁可用于空气等惰性气体，铸钢或球墨铸铁可用于碳氢化合物和一些轻微腐蚀性气体。对于腐蚀性气体、酸性气体和含水气体，就要采用高合金钢或不锈钢。值得指出的是，对于腐蚀性气体介质，也可采用在普通铸铁材料上喷涂或刷镀一层防腐材料的方法，达到防腐的目的。

5. 6. 2　转子

转子是螺杆式压缩机的主要零件，其结构有整体式与组合式两类。当转子直径较小时，通常采用整体式结构，见图 5-47(a)。而当转子直径大于 350mm 时，为节省材料和减轻重量，转子常采用组合式结构，见图 5-47(b)、(c)、(d)。

当排气温度较高时，为了减少转子的变形，干式螺杆式压缩机的转子有时采用内部冷却的结构。大多数的干式螺杆式压缩机转子齿顶设有密封齿，其目的是使压缩机在实际运行工况下间隙尽可能小。由于这些密封齿的横截面很小，因而能在不产生太多热量的情况下，在刚开始运行后的一段时间内“磨合”到最佳的尺寸，能对加工误差、转于变形和热膨胀进行补偿。从而使压缩机在工作时，能保持非常小的均匀间隙，使泄漏量尽量减少。

螺杆式压缩机转子的毛坯常为锻件，一般多采用中碳钢，如 45 钢等。有特殊要求时，也有用 40Cr 等合金钢或铝合金的。目前，不少转子采用球墨铸铁，既便于加工，又降低了成本。常用的球墨铸铁牌号为 QT600-3 等。

5. 6. 3　轴承

螺杆式压缩机常用的轴承有滚动轴承和滑动轴承两种。滚动轴承为球轴承和滚子轴承等向心轴承，维护也比较简单，有利于提高压缩机的效率。但这些轴承都有一个工作寿命。

滑动轴承又称为流体动力轴承，滑动轴承的典型结构如图 5-48 所示。图 5-48(a)是安装在转子一端的径向止推联合轴承，图 5-48(b)是径向轴承。止推轴承是自动调位式的，它具有两个相互转动的球面，以保证转子在外力作用下变形时，轴承仍能良好地工作。此外，它还具有主、副止推面 *A—A*、*B—B*，分别承受机器正常工作时，以及异常工作时产生的反方向的轴向推力。径向轴承上开有给油孔和油沟，通入压力油润滑。油孔和油沟应开设在轴瓦的非承载表面上，否则会破坏油膜的连续性，使承载能力降低。轴承的长径比一般取 0.7~1.0。

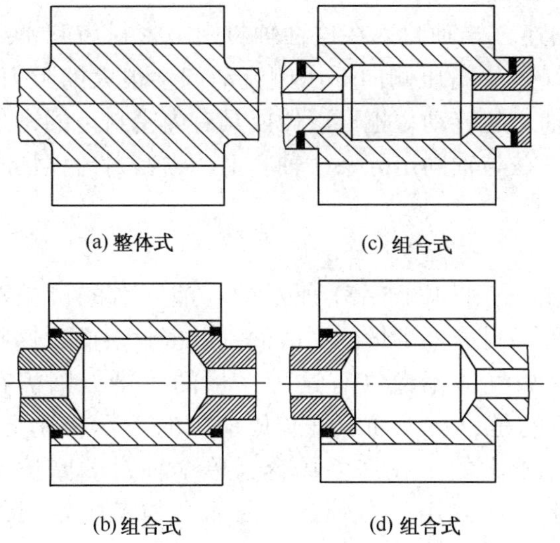

图 5-47 转子结构

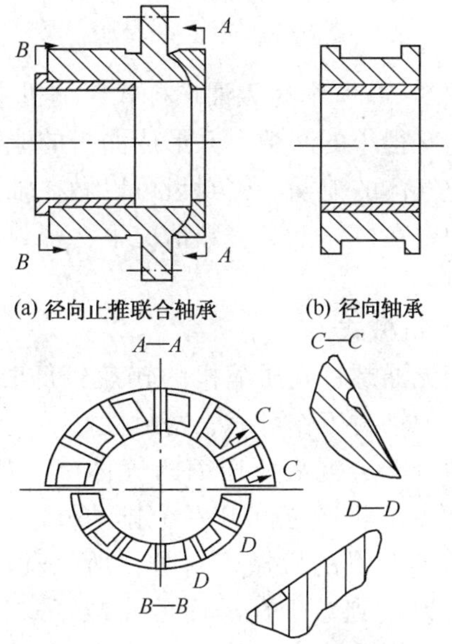

图 5-48 滑动轴承结构

在螺杆式压缩机中，转子通过轴承实现一端固定，另一端能够伸缩。一般情况下，转子在排出侧轴向定位，在吸入侧留有较大的轴向间隙，让其自由膨胀，以便保持排出端有不变的最小间隙值，使气体泄漏为最小，并避免端面磨损。

在无油螺杆空气压缩机中，通常采用高精度的滚动轴承，以便得到高的安装精度，使压缩机获得良好的性能。有时无油螺杆式压缩机的轴向或径向轴承也采用滑动轴承。在喷油螺杆空气压缩机中，由于轴向力及径向力都不大，故都采用滚动轴承。

5.6.4 轴封

1. 无油螺杆式压缩机轴封

在无油螺杆式压缩机中，压缩过程是在一个完全无油的环境中进行的，这就要求在压缩机的润滑区与气体区之间设置可靠的轴封。轴封不仅需要能在高圆周速度之下有效地工作，并且必须有一定的弹性，以适应采用滑动推力轴承时转子可能产生的轴向移动。另外，轴封的材料还必须能耐压缩机所压缩气体的化学腐蚀。目前，无油螺杆式压缩机的轴封主要有石墨环式、迷宫式和机械式三种。

1）石墨环式

图 5-49 示出最常用的石墨环式轴封，这种轴封包括一组密封盒。密封盒的数量随密封

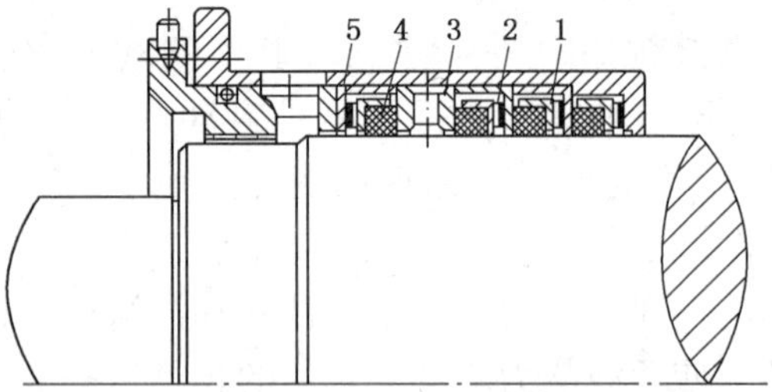

图 5-49 石墨环式轴封

1—保护圈；2—波纹弹簧；3—引气环；4—整圈石墨环；5—密封盒

压力的不同而不同，一般为 4～5 个，且排气侧的密封盒数多于吸气侧的密封盒数。石墨环 4 在轴向靠波纹弹簧 2 压紧在密封盒 5 和保护圈 1 的侧面上，以防止气体经石墨环的两侧面泄漏。

石墨环式轴封采用环状波纹弹簧，把密封环压向密封表面，以防止气体经石墨环的两侧面泄漏。当轴的旋转中心发生变化时，借助于环孔和弹簧的作用，密封环也移动到新的位置并保持在这一位置，从而防止了磨损现象的产生。

2）迷宫式

图 5-50 所示为无油螺杆式压缩机中采用的迷宫式轴封。在这种轴封中，密封齿和密封面之间有很小的间隙，并形成曲折的流道，使气体从高压侧向低压侧流动产生很大的阻力，以阻止气体的泄漏。密封齿可以做在轴上，与轴一起转动，也可以做成具有内密封齿的密封环，固定在机体上。多数情况下，密封齿是加工在与轴固定的一个轴套上，当密封齿损坏时便于更换。

3）机械式

当无油螺杆式压缩机的转速较低时，还可以采用如图 5-51 所示的有油润滑的机械密封，这种轴封工作可靠、密封性好。然而，这种轴封需要少量的润滑油流过密封表面，这些润滑油可能会混入所压缩的气体中。如果所压缩气体不允许有这种少量的污染，则需在轴封和压缩机腔之间开一个排油槽。应当注意的是，在无油螺杆式压缩机的工作转速下，采用有油润滑的机械密封时，所消耗的功是比较大的。在许多场合，单个轴封的摩擦功耗就可以达到数千瓦。而无油螺杆式压缩机中，要采用四个轴封，因而必须考虑轴封的功耗这一因素。

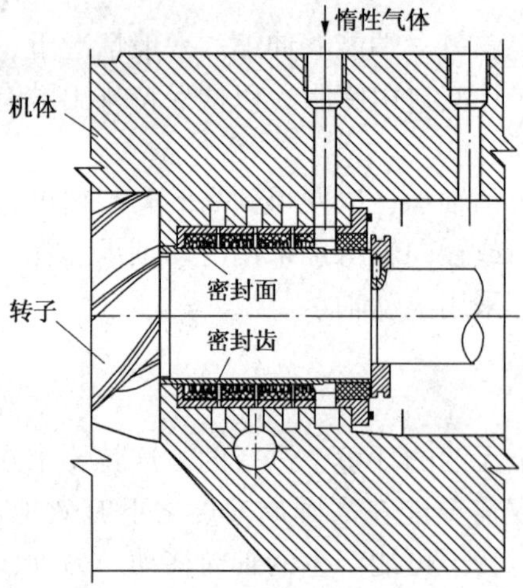

图 5-50 迷宫式轴封

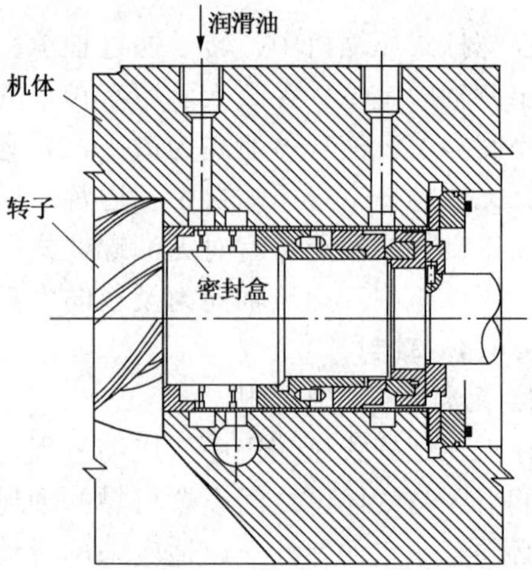

图 5-51 无油螺杆式压缩机的机械式轴封

2. 喷油螺杆式压缩机轴封

喷油螺杆式压缩机中有两种不同的轴封：

（1）与压缩腔紧邻的转子轴段的轴封，特别是在排气端，这种轴封更为重要；

（2）伸出压缩机端盖外的轴段也必须有轴封，以与大气隔开。由于压缩介质和运行工况的不同，喷油杆空气压缩机的轴封与螺杆制冷和工艺压缩机的轴封有很大的不同。

1）喷油螺杆空气压缩机轴封

这类压缩机都采用滚动轴承，为了防止压缩腔的气体通过转子轴向外泄漏，必须在排气端的转子工作段与轴承之间加一个轴封。这种轴封可以做得非常简单，如图 5-52 所示，只要在与轴颈相应的机体处开设特定的油槽，通入具有一定压力的密封油，即可达到有效的轴向密封。

喷油螺杆空气压缩机转子的外伸轴通常都设计在吸气侧，只有在利用吸气节流的方式调节压缩机的气量时，外伸轴上的轴封两侧才可能会有一个大气压力的压差。但由于此处的轴封必须防止润滑油的漏出和未过滤空气的漏入，故在小型空压机中，通常采用简单的唇形密封。在大中型空压机中，往往采用如图 5-53 所示的有油润滑机械密封。

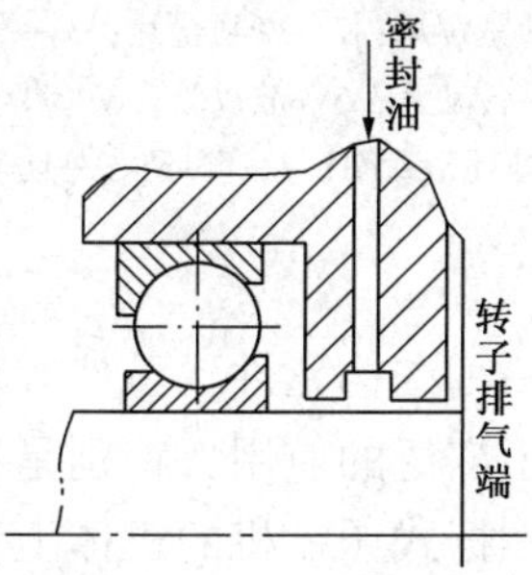

图 5-52　转子排气端轴封示意图

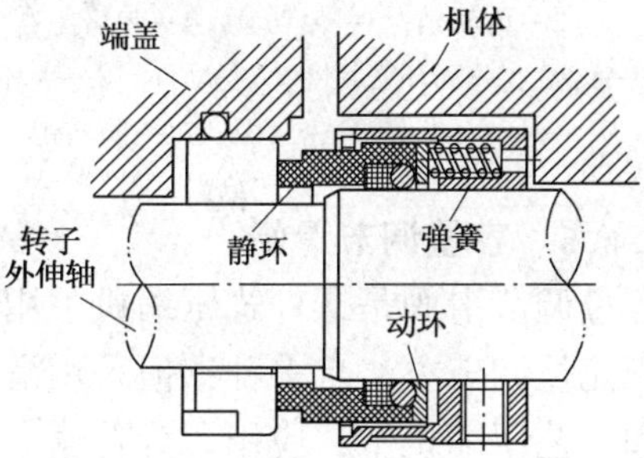

图 5-53　螺杆空气压缩转子外伸轴处的轴封

2）喷油螺杆制冷和工艺压缩机的轴封

当喷油螺杆制冷和工艺压缩机采用滚动轴承承受径向力时，其转子工作段与轴承之间的轴封，可采用与前述螺杆空气压缩机相同的结构。采用滑动轴承承受径向力时，滑动轴承本身就自动起到了轴封的作用。但必须给滑动轴承提供压力高于所密封气体压力的润滑油，以使轴承沿长度方向布满油，有效地起到密封的作用。

同螺杆空气压缩机相比，这类压缩机与大气之间的密封就复杂多了。主要原因是：①压缩机内要密封的不是空气，而有可能是有毒的或易燃气体，并且通常都很贵重；②它可能不允许被从外面漏入的空气污染或冲淡；③轴封一侧的压缩机内压力可能是不同程度的真空，也可能是达 1MPa 的高压，并且停机时需密封的压力可能会更高。所以，在喷油螺杆制冷和工艺压缩机的转子外伸轴处，通常都采用复杂的面接触式机械密封，主要有弹簧式和波纹管式两种，分别如图 5-54 和图 5-55 所示，并且需向此轴封处供以高于压缩机内部压力的润滑油，以保证在密封面上形成稳定的油膜。值得注意的是，轴封中有关零部件的材料要能耐压缩气体的腐蚀。

5.6.5　同步齿轮

在无油螺杆式压缩机中，转子间的间隙和驱动靠同步齿轮来实现。同步齿轮有可调式及不可调式两种结构，通常采用可调式结构。螺杆式压缩机同步齿轮的齿圈材料可用 40CrMo 钢，轮毂材料通常为 40 中碳钢。大小齿圈应组合在一起加工，齿面须经调质处理，硬度为

230~270HB 为宜。

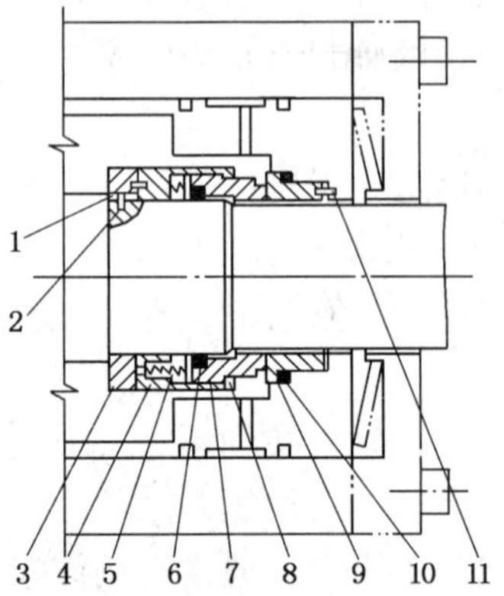

图 5-54 弹簧式机械密封

1、2—传动销；3—传动套；4—弹簧座；5—弹簧；6—动环密封圈；7—动环；8—卡环；9—静环；10—静环密封圈；11—防转销

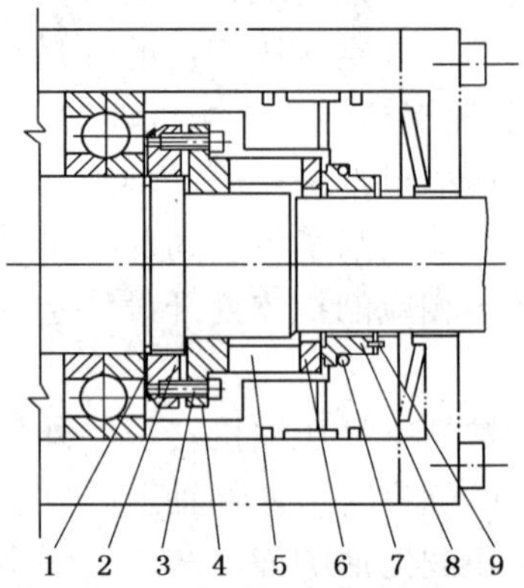

图 5-55 波纹管式机械密封

1—锁紧螺母；2—密封垫片；3—螺钉；4—传动套；5—波纹管；6—动环；7—静环密封圈；8—静环；9—防转销

5.6.6 容量调节滑阀

容量调节滑阀是螺杆式压缩机中用来调节容积流量的一种结构元件，虽然螺杆式压缩机的容积流量调节方法有多种，但采用滑阀的调节方法获得了广泛的应用，特别是在喷油螺杆制冷和工艺压缩机中，应用尤为普遍。这种调节方法是在螺杆式压缩机的机体上装一调节滑阀，成为压缩机机体的一部分。它位于机体高压侧两内圆的交点处，且能在与气缸轴线平行的方向上来回移动。

5.7 典型机组系统

5.7.1 机组系统

1. 无油螺杆式压缩机机组系统

如图 5-56 所示，无油螺杆式压缩机的机组系统由下列主要部件组成：电动机、联轴器、增速齿轮、压缩机、润滑油系统、消声器、旁通调节系统以及冷却水、自动调节和保护系统等。

为防止大颗粒的物质进入压缩机，通常在压缩机的吸气消声器前装有吸气过滤器。为防止停机时气体倒流而导致的压缩机反转，机组中还应装有单向阀。这种单向阀在压缩机开机时开启，一直到停机时才关闭，故压力损失很小，并且，也不存在磨损问题。单向阀通常装在压缩机的排气侧，但有时也可装在压缩机的吸气侧。

无油螺杆式压缩机的润滑油系统为压缩机的润滑、密封和控制元件提供具有一定压力的润滑油，油箱内的压力一般为大气压，向压缩机的供油压力一般为 0.15~0.2MPa，供油油泵通常由单独的电动机驱动。

2. 喷油螺杆式压缩机机组系统

喷油螺杆式压缩机的机组系统如图 5-57 所示，主要由下列部件组成：电动机、联轴器、压缩机、气路系统、油路系统、容积流量调节系统以及冷却水、自动调节和保护系统等。

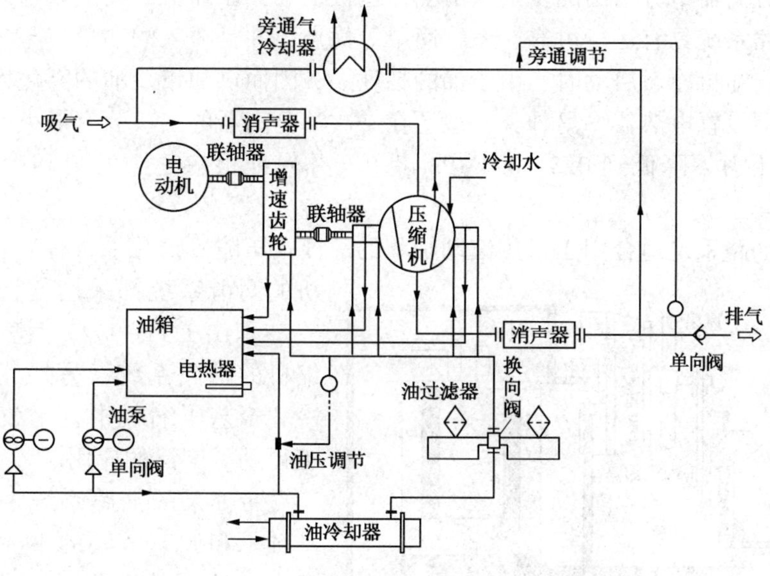

图 5-56　无油没螺杆式压缩机的机组系统

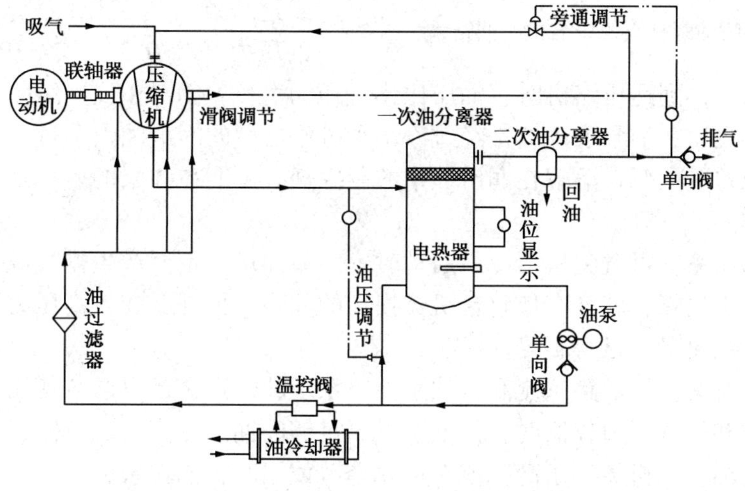

图 5-57　喷油螺杆式压缩机的机组系统

在气路系统中，被压缩气体经过进气过滤器滤去尘埃、杂质之后，进入压缩机的吸气腔，并在压缩过程中与喷入的润滑油混合。经压缩后的油气混合物被排入一次油分离器中，再经过二次油分离器进一步分离后，洁净的气体被送入使用系统。

喷油螺杆式压缩机的油路系统较为复杂，按油、泵的配置特征，可分为无油泵系统、带油泵系统和联合系统三类。

在无油泵的油路系统中，润滑油依靠压缩机的排气压力和喷油处压力的压差，维持在回路中流动。当机器运转时，一次油分离器中的润滑油在压差的作用下，经过温控阀进入油冷却器。再经过油过滤器除去杂质微粒后，大多数的润滑油被喷入压缩机的压缩腔，其余润滑油分别通向轴承、轴封和滑阀等处，起到润滑、密封和驱动调节滑阀等作用。最后，所有的润滑油都随被压缩气体一起被排入一次油分离器中，分离出绝大多数的润滑油，以便循环使用。在二次油分离器中分离出的少量润滑油，也被引回到压缩机的吸气口等低压处。

无油泵油路系统具有运行可靠、系统简单等优点，并且喷入的油量与压缩机的排气压力成正比。但当压缩机冷态启动时，由于油的粘度大，因而供油量及油的雾化均较差，故通常在一次油分离器设置电热器。另外，一般还在二次油分离器的出口装有最小压力阀，使油分离器中的气体压力不降低到 0.3～0.4MPa 以下，并保证很快建立润滑和冷却所需的最低油压。

无油泵的油路系统适合用于采用滚动轴承的螺杆式压缩机，几乎所有喷油螺杆空气压缩机的润滑系统都采用这种油路系统。图 5-58示出 LGY-17/7 型喷油螺杆空气压缩机的油路系统。另外，在小型螺杆制冷和工艺压缩机中，无油泵的油路系统也得到了广泛的应用。

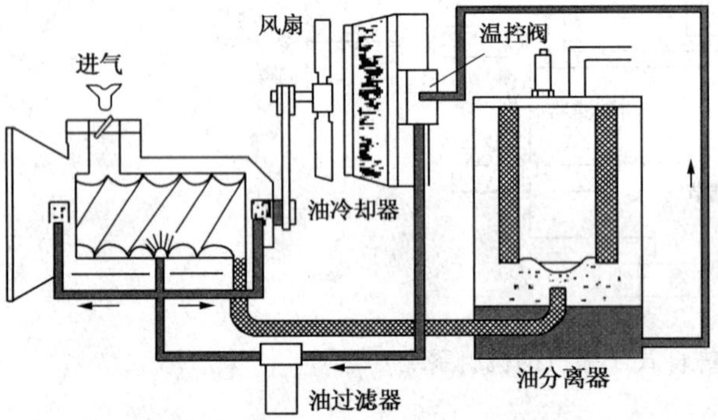

图 5-58　喷油螺杆空气压缩机的油路系统

带油泵的油路系统主要用于采用滑动轴承和调节滑阀的中大型螺杆式压缩机中，油泵从一次油分离器中吸入油，提高压力后使油通过温控器、油冷却器及过滤器后送到压缩机。通常油泵使油的压力升高 0.34～0.4MPa，通过油路系统压力损失一部分，到达压缩机时，油压比排气压力大约高 0.2MPa。有时也把油泵放在油冷却器和过滤器之后，油泵吸入的是经过冷却和过滤之后的润滑油。不过，当通过油过滤器或油冷却器的压差较大时，溶解在润滑油中的制冷剂有可能在油泵的入口处逸出，从而影响油泵的正常工作。

带油泵的油路系统可避免机器冷态启动时，因喷油量不足而产生排气温度过高现象。然而，一旦油泵发生故障，就会有使整台机器损坏的危险。另外，在较高压力下运转时，这种油路系统的润滑油流量会显得不足。

为了同时具有无油泵油路系统和带油泵油路系统的优点，还可联合使用这两种系统。在压缩机启动期间和排气压力较低时，由油泵供给足够的油。在高压运行时，受排气压力的控制，供给更多的油。当机器处于冷态或在严寒季节使用时，油比较粘，由油泵向压缩机强制供油。因为有油泵，就允许油分离器完全卸载和放空，大大节省了卸载功率。此外，能在各种工况、不同环境温度下运转，也是这种联合油路系统的显著特点。

一些封闭式螺杆制冷压缩机的油路系统更为简单，不但没有油泵，而且也没有油冷却器，如图 5-59 所示。在油分离器中的润滑油，经过过滤后，直接被再次喷入压缩机中。

3. 经济器制冷循环系统

经济器制冷循环系统又称为中间补气循环系统。这种机组系统利用了螺杆式压缩机的吸气、压缩和排气过程处于不同空间位置的特点，在压缩机吸气结束后的某一位置，增开一个补气口，吸入来自经济器的制冷工质蒸气，使进入蒸发器的制冷工质液体具有更低的温度，从而能显著增大机组的制冷量。

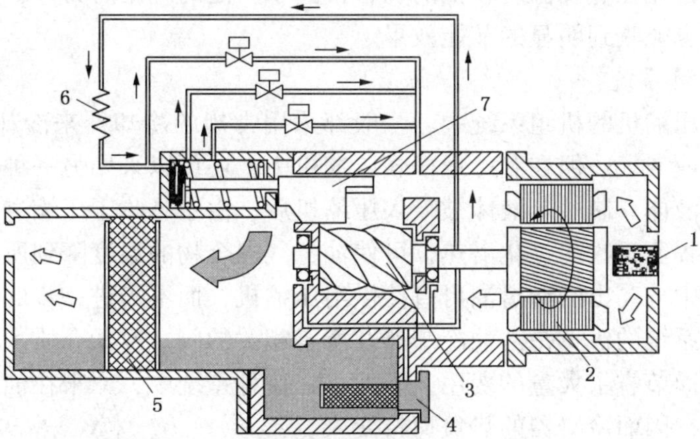

图 5-59 封闭式螺杆制冷压缩机的油路系统

1—吸气过滤器；2—电动机；3—压缩机转子；
4—润滑油过滤器；5—油气分离器；6—毛细管；7—容积流量调节阀

实际设计中的经济器制冷循环系统有闪发式和换热器式两种。在图 5-60 所示的闪发式经济器制冷循环系统中，所有来自冷凝器的高压液体，都经过一级节流阀节流后进入经济器中。节流后产生的闪发蒸气通过补气口进入压缩机中，经过节流使温度降低后的液体，则再通过二级节流阀，进入蒸发器中。这种系统具有结构简单、性能较好的特点。但由于制冷工质液体离开经济器时处于饱和状态，连接管道中的压力损失会使部分工质变为蒸气，可能会导致二级节流阀无法正常工作。

图 5-61 所示的换热器式经济器制冷循环系统，在实际机组中应用更为广泛。这种系统中的经济器实质上是一个液体过冷器。来自冷凝器高压液体中的一小部分，经辅助节流阀进入经济器，在吸收其余高压液体的热量后蒸发，并经补气口进入压缩机中；大部分的高压液体在经济器中过冷后，经主节流阀进入蒸发器。这种系统克服了闪发式经济器制冷循环系统的缺点，但经济器中有大约 5℃ 的温差，这会使得整个机组系统的效率大约下降 1%~2%。

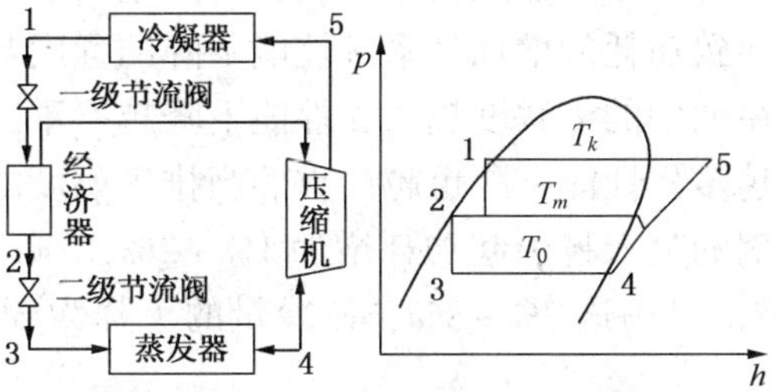

(a) 系统流程图 (b) 压－焓图

图 5-60 闪发式经济器制冷循环系统

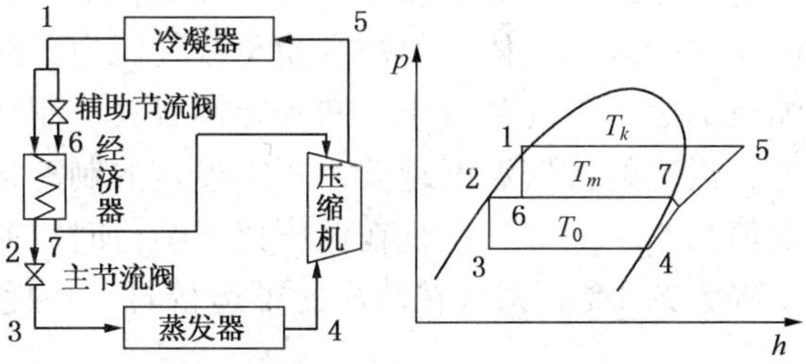

(a) 系统流程图 (b) 压－焓图

图 5-61 换热器式经济器制冷循环系统

经济器制冷循环系统的运行效果，相当于一个双级压缩制冷循环。但与双级压缩制冷循环相比，制冷系统可大大简化。经济器制冷循环系统可以大幅度提高机组的制冷量及制冷系数。显然，吸排气压比越大，补入的气体就越多，对机组性能的改善也就越明显。所以，经济器制冷循环系统首先在蒸发温度较低的场合得到了广泛的应用。另外，在中大型空调机组中采用这种系统，也能收到明显的节能效果。

4. 喷液制冷循环系统

在喷油螺杆式压缩机的机组系统中，一般都采用常规的冷却器来冷却机组中的润滑油，冷却介质可以是水或空气。但在制冷螺杆式压缩机中，还可以采用另一种冷却方式，即向压缩机内喷入制冷剂液体。制冷剂液体被喷入压缩机后，由于吸收了压缩过程所产生的能量而很快气化，气化过程所吸收的气化潜热，可使油、气混合物的温度降到所规定的数值。这种冷却方式使从气体中分离出的润滑油可直接供给压缩机，而不需进一步的冷却。

喷液制冷循环系统的优点是：油冷却器及所有相关的阀、冷却介质、流动管道及控制部分均可以省去，从而节省了大量的费用。当然，在这种系统中，原来在油冷却器传走的热量被转移到了冷凝器，因而冷凝器的热负荷将变大。

在喷液制冷循环系统中，喷入的制冷剂液体量由恒温控制阀来调节。这种控制阀通过检测压缩机的排气温度，来调节喷入的制剂液体量，从而使排气温度控制在所设定的数值。在有些工况下，当压缩过的油气混合物离开压缩机时，尚有部分制冷剂液体正在蒸发，这会影响到油分离器的正常工作，导致过多的润滑油随气体一起进入冷凝器。所以在允许的条件下，应尽量提高压缩排气温度的设定值。

制冷剂液体喷入压缩机时的位置，应尽可能安排在压缩过程后期，以减少对压缩机性能的影响。若在吸气结束后立即喷入，则蒸发出的气体压力将接近于吸气压力，在被压缩至排气压力的过程中，消耗的功会相应增加。另一方面，由于制冷系统的冷凝温度及由此决定的压缩机排气压力，随季节和时间而变，因而会使供喷入的制冷剂液体压力也随之而变。在有些工况下，可能出现压缩机的内压比大于外压比的现象，从而影响到制冷剂液体的正常喷入。所以在设计制冷剂喷入位置时，应考虑到这一因素，以保证在最恶劣的工况下，也有足够的制冷剂来进行冷却。在一些系统中，可采用多路供液管线，这样在特定的工况下，就可以选择最合适的一路。

与常规的制冷循环系统相比，喷制冷剂系统的性能会有一定程度的下降。一方面，总会有部分的制冷剂液体和润滑油混合后，泄漏到压缩机的吸气侧，从而减少了压缩机的正常吸气量，导致容积效率降低；另一方面，由于制冷剂液体在压缩过程中蒸发，所产生的蒸气将随正常吸入的气体一起被压缩至排气压力，还会导致功耗的增加。系统性能下降的程度与压缩机的运行工况和所压缩的制冷剂有关。制冷剂在油中的溶解度越大，性能下降越严重。另外，设定的排气温度越低，所需喷入的制冷剂就越多，性能下降也越严重。当排气温度的设定值为 50~60℃，系统在低压比下运行时，制冷剂的喷入将引起功耗增加 1%~2%，制冷量下降大约 1%。系统在高压比下运行时，功耗的增加可高达 7%~8%，制冷量的下降为 6%~7%。

值得指出的是，在多级压缩制冷系统中，由于喷入了制冷剂，离开压缩机的质量流量将增大，从而使下一级压缩机的容积流量也必须增大一些，这也会对系统的制造成本和运行费用产生较大的影响。

5.7.2 驱动方式

由于喷油螺杆式压缩机和无油螺杆式压缩机的转速、容积流量及消耗功率，均在宽广的范围内变化，为适应这一情况，充分发挥各自的特点，螺杆式压缩机的原动机，除常用的电动机驱动外，还采用内燃机、蒸汽轮机或燃气轮机及特种电动机驱动。在驱动方式上，有的采用直联驱动，有的则采用利用带或齿轮的增速驱动。常见的驱动方式见图 5-62。

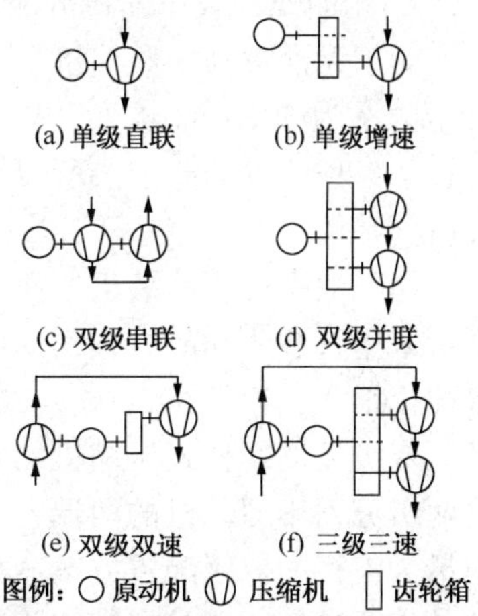

图 5-62　螺杆式压缩机的驱动方式

图 5-62 中的增速齿轮箱，可以是独立于螺杆式压缩机主机之外的装置，也可以是所谓“内藏式”增速齿轮结构。在后一种方案中，其增速齿轮箱体就是压缩机和原动机的中间接筒。采用这种结构后，只要改变一对齿轮的齿数，就可以使压缩机转子获得不同的转速，并进而得到不同容积流量的压缩机。这样，就可以用少数几种规格的转子，形成规格齐全的压缩机系列，十分有利于扩大批量和降低成本。由于喷油螺杆式压缩机具有较宽的最佳转子齿顶速度范围，所以这种结构在大批量、系列化生产的喷油螺杆空气压缩机中，得到了广泛的应用，在喷油螺杆制冷压缩机中的应用也越来越多。

值得指出的是，随着传动带材料和制造工艺的不断改进，在螺杆式压缩机机组中，已开始大量采用带传动的增速方式。与齿轮传动的增速方式相比，采用带传动，可使螺杆式压缩机主机的结构更为简单，并使机组中压缩机主机和原动机的布置方案更为多样，更加符合应用场合的实际需要。

1. 喷油螺杆式压缩机的驱动

喷油螺杆式压缩机的转子齿顶速度较低，通常在 10~50m/s 之间。当单级喷油螺杆式压缩机的原动机为电动机时，可以采用如图 5-62(a)所示的直联驱动方式，但通常采用更为普遍的是如图 5-62(b)所示的增速驱动方式。采用增速驱动方式，不仅可以减少压缩机系列中的转子规格和降低制造成本，还使机组中可以采用转速较低的多极对数电动机，从而使机组中电动机的噪声明显降低。这在固定式螺杆空气压缩机和楼寓空调用螺杆制冷压缩机中尤为重要。

移动式喷油螺杆空气压缩机常常采用内燃机驱动。由于内燃机的转速一般低于 2000r/min，故都需要加增速装置，其驱动方式也如图 5-62(b)所示。

双级喷油螺杆式压缩机的相互配置，可采用如图 5-62(c)所示的串联驱动方式，并将两级置于同一机体内。这种方案可使机器结构简单、尺寸紧凑，但不能使两级的转子都达到满意的最佳齿顶速度。当采用如图 5-62(d)所示的并联驱动方式时，可使第一级和第二级的转子在不同的转速下运转，同时获得最佳齿顶速度。另外，此种方式还使压缩机级的匹配较容易，且像两台压缩机一样，制造、安装都很方便。

在中小型喷油螺杆式压缩机中，为了省去增速机构，还可采用“阴拖阳”的特殊驱动方式，即由原动机通过直联带动阴转子，再由阴转子直接带动阳转子。由于螺杆式压缩机中阴转子的齿数总是多于阳转子，故与采用“阳拖阴”正常驱动方式相比，可在相同的原动机转速下，得到更大的容积流量。不过，采用“阴拖阳”的驱动方式时，转子间传递的功率会大幅增加，导致摩擦损失增大和机械效率降低，并使齿面磨损加快。所以，采用“阴拖阳”的驱动方式时，对转子型线的啮合特性提出了更高的要求，必须对驱动齿面的组成齿曲线和有关的型线参数做出相应的调整。

2. 无油螺杆式压缩机的驱动

对于无油螺杆式压缩机，其转子齿顶速度通常在 50～100m/s 之间。采用电动机驱动时，对于频率为 50Hz 的电网，电动机最高转速为 3000r/min，这往往不能满足无油螺杆式压缩机转子齿顶速度的要求。所以，压缩机和原动机之间需增设增速装置，其驱动方式如图 5-62(b)所示。

当无油螺杆式压缩机的原动机为蒸汽轮机或燃气轮机时，由于原动机本身转速较高，通常可采用直联驱动的方式，如图 5-62(a)所示。这种驱动方式的无油螺杆式压缩机消耗的功率往往很大，通常在 2000～4000kW 之间，一般用于具有废热和废气的大型工艺流程中。

双级无油螺杆式压缩机的相互配置，可以采用图 5-62(c)所示的串联驱动方式，也可以将两级分列于原动机的两端，以使两级的转子都具有最佳的齿顶速度，如图 5-62(e)所示。但最为流行的双级配置方案，如图 5-62(d)所示。这种方案不仅可使两级的转子都具有最佳的齿顶速度，还具有结构紧凑和制造方便等优点。

三级无油螺杆式压缩机可以看作是一个单级和一个双级螺杆式压缩机的组合，其驱动方式如图 5-62(f)所示。

5.8 消声及减振

5.8.1 无油螺杆式压缩机噪声及其控制

无油螺杆式压缩机的转速通常较高，当转子齿经过进排气孔口时，产生的噪声很大。所以，无油螺杆式压缩机中都必须设计有消声设备。由于无油螺杆式压缩机的噪声属高频噪声和空气动力噪声，因此噪声的控制相对来说比较容易。

无油螺杆式压缩机噪声的典型频谱如图 5-63 所示，其基频即为转子齿的啮合频率，也就是阳转子每秒的转速乘以阳转子的齿数。但是，在无油螺杆式压缩机产生噪声的频谱中，一阶、二阶、三阶或四阶谐波的幅值，都可能等于或高于基频的幅值。另外，在整个压缩机组中，压缩机主机所产生的噪声有可能不是最高的，增速齿轮箱等附属设备有可能是主要的噪声源。

无油螺杆式压缩机的噪声水平与压缩机的容积流量和转速有关。大流量压缩机比小容量压缩机的噪声高，转速高时产生的噪声大。另外，噪声大小还与被压缩气体的密度有关。这是因为噪声靠气体传播，气体的密度越大，它在传播噪声时就越有效，这意味着从压缩机吸气口发出的噪声，要比从压缩机排气口发出的噪声低得多。所以，在一些多级压缩机中，高压级吸入口的消声器通常被省去。

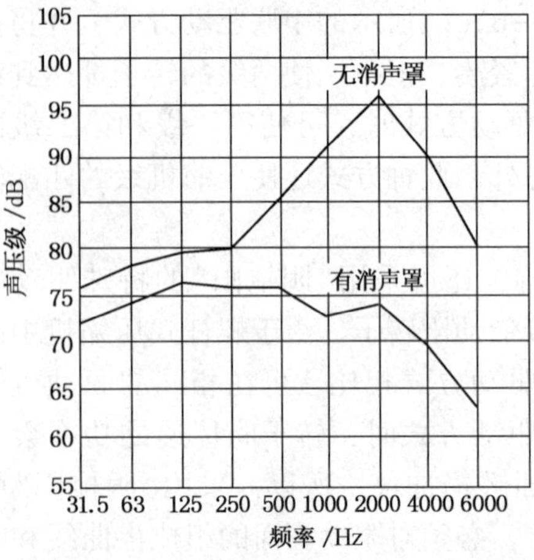

图 5-63 无油螺杆式压缩机噪声的频谱

无油螺杆式压缩机所用的消声器一般采用吸收式的设计方案，在消声器内装有一些填充材料，这些材料可使压力脉动在其内的通道和空腔内多次反射，并最终被耗散和减弱，气体并不全部从这些材料中流过，但可由穿孔板等结构进入其中。消声器中常用的填充材料是编制金属网和玻璃纤维。玻璃纤维比编制金属网消声效果好，但在压力脉动作用一段时间后，玻璃纤维可能会脱落下来。经过长时间的运行后，玻璃纤维可能会完全脱落。图 5-64 为常用的吸收式消声器示意图。这种消声器应尽量靠近压缩机安装，用螺栓直接安装在法兰盘上最为理想。

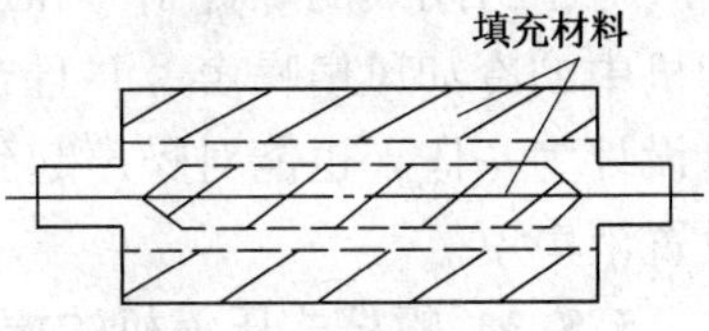

图 5-64　吸收式消声器

当要求压缩机的噪声更低时，需要采用消声罩将部分或整个压缩机机组完全包裹起来。为防止噪声顺着一些连接管线传递出来，通常要加入一个挠性接头。消声罩一般采用直接装在底架的可拆卸结构，外壳多用钢板制成，吸声材料贴在钢板的内壁。有时，也用多孔板材作为内壁，在内外壁之间填充吸声材料。在大型机器中，消声罩上需装有活动门和观察窗，并设计有自然或强制通风设备。有时，在消声罩的内部，还需装有照明、火灾探测等装置。

5.8.2　喷油螺杆式压缩机噪声及其控制

喷油螺杆式压缩机和无油螺杆式压缩机的工作原理相同，当转子齿经过进排气孔口时，也会产生噪声。但是，喷油和无油机器的噪声之间也有很大的区别。由于在压缩腔中有大量的油存在，能对噪声起到很大的衰减作用。另外，由于喷油转子的最佳齿顶速度较小，能采用相对较低的转速。所以，喷油螺杆式压缩机的噪声幅度和频率，都要较无油机器低许多。

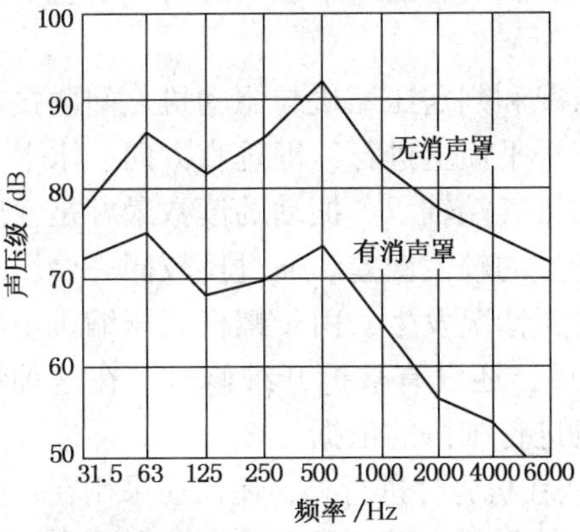

图 5-65　喷油螺杆式压缩机噪声的频谱

图 5-65 显示了喷油螺杆式压缩机噪声的典型频谱。同无油螺杆式压缩机的情况一样，其基频仍为转子齿的啮合频率。但在喷油机器中，其谐波的幅值总是远远低于其基频的幅值。

由于在气体中含有大量的油，并且噪声幅度相对较低，故在喷油螺杆式压缩机中，通常不需在进气或排气处安装消声器，消声罩的设计，则视具体的机型，采用不同的方案。

对于常用的喷油螺杆空气压缩机，无论机组是移动式的，还是固定式的，一般均设计有一个消声罩。但在有的移动式机组的消声罩内，并不设置专用的吸声材料。所以，移动式机组的噪声往往高于固定式机组。对于油冷却器和后冷却器采用风冷的固定式机组，其噪声要比水冷式的机组高一些。靠柴油机驱动的移动式机组，由于柴油机本身的噪声就相当大，因而会比采用电动机驱动的机组噪声高。但采用消声罩后，总可以把所有喷油螺杆式压缩机的噪声降到允许的幅度。固定式机组的噪声一般可小于 75dB(A)；中小型移动式机组的噪声，一般可小于 80dB(A)；大型移动式机组的噪声，一般可小于 85dB (A)。

对于开启式的螺杆制冷和工艺压缩机，由于其应用场合和运行工况可在很大的范围内变化，故不能设计为适合大批量生产的标准型产品。这类机器通常不采用消声罩，但在要求严格的场所，也可采用带消声罩的设计方案。在有些情况下，还可以仅在压缩机和驱动电动机上设置消声罩。值得注意的是，当被压缩工质是氨或丙烷等有毒或易燃易爆气体时，不能让这些气体在罩内积累起来，必须采取适当的通风措施。

对于封闭式的螺杆制冷和工艺压缩机，由于采用被压缩工质冷却电动机，消除了常规电动机中的冷却风扇噪声。并且在大多数情况下，机组的油分离器、油箱等部件，和压缩机主机设计为一体，也能对噪声起到衰减作用。所以，在封闭式螺杆制冷和工艺压缩机中，都不设置消声罩。

5.8.3 螺杆式压缩机的振动及其监测

由于螺杆式压缩机依靠转子的旋转实现气体的压缩，转子理论上处于动平衡状态，因此振动很小。所以，螺杆式压缩机的机组中不需要设计减振装置，机组工作时也不需要固定在特定的基础上。

但由于无油螺杆式压缩机的转速很高，故其转子必须经过动平衡修正。对于喷油螺杆式压缩机，由于转子是实心的，且转速较低，除非是大型机器或新产品，一般不需要进行动平衡试验。

值得注意的是，螺杆式压缩机转子的轴向振动，要比其他类型的压缩机大。在无油机器中，这种较大的轴向振动，是由通常采用斜齿的同步齿轮所引起。在喷油机器中，则是由采用直接驱动方式的螺旋状转子所引起。另外，压缩机轴和驱动轴的对中性不好时，也会引起较大的轴向振动。

在螺杆式压缩机中，振动测量是评估压缩机工作状况和判定压缩机与驱动机之间联接对中性的有效方法。振动的测量一般在压缩机机壳上的三个平面上进行，即垂直方向、水平方向和轴向，并且这三个平面要尽量靠近两转子的进气和排气端轴承。振动的读数最好是速度而不是加速度，以避免频率过高时，加速度读数可能产生的较大误差。通过比较同一台压缩机运行一段时间前后的振动读数，就可以判定是否有异常情况发生。由于螺杆式压缩机中没有易磨损部件，有的大型螺杆式压缩机运行了 10 万 h 后，还没有被拆开维修过。在这种情况下，常规的振动监测可以作为判断是否需要对压缩机进行维修的依据。

在大型螺杆式压缩机中，振动的测量除可按上述方法在机壳外进行外，还往往采用在机壳内测量轴振动的方案。如图 5-66 所示，在每个径向轴承的附近，通过呈直角安装的两个互不接触的传感器，监测压缩机转子轴的振动特性。在这个图中，也示出了监测转子轴向位置的传感器及其安装情况。另外，在一些压缩机中，还在滑动轴承处设有如图 5-67 所示的温度传感器。实践证明，对于监测滑动轴承的故障，这种温度传感器比振动传感器更为及时和可靠。

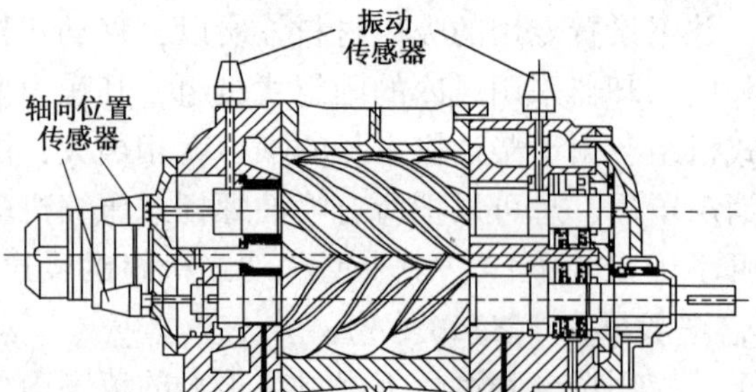

图 5-66 螺杆式压缩机的振动监测及传感器安装

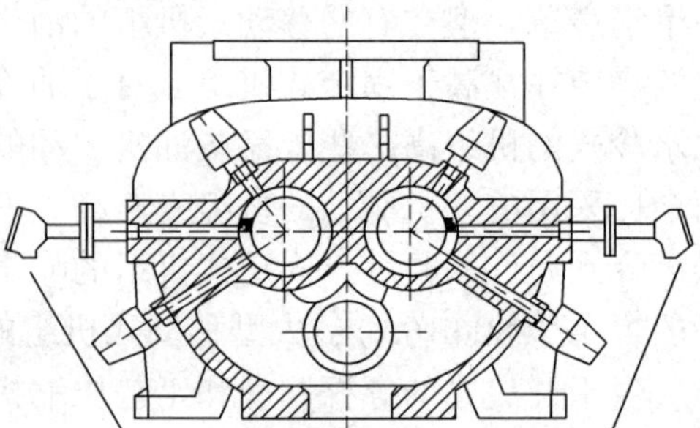

图 5-67 螺杆式压缩机的滑动轴承监测及传感器安装

5.8.4 监控系统

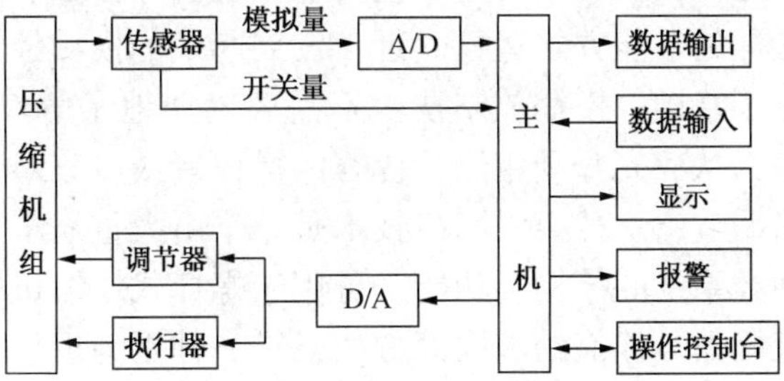

图 5-68 监控系统示意图

螺杆式压缩机机组的监控系统作用如下：①为了防止机组在不正常工况下运行，监控系统应随时显示重要的状态参数和机组工作性能，并预测出可能出现的故障；②为了适应不断变化的运行工况，监控系统应自动调节机组的容积流量和压缩机内容积比等参数，并控制机组的启动和停机；③一旦机组运行于不正常工况时，监控系统应及时控制机组停机，并记录有关故障信息。

早期的螺杆式压缩机监控系统采用常规压力表、温度计等仪表，监测重要的状态参数，并用开关、继电器、接触器等元件控制机组的运行。这种传统的监控系统监测参数有限，控制精度不高，并且可靠性较低，正越来越多地被其他更为先进的监控系统所代替。

伴随着微电子技术和控制理论的发展，螺杆式压缩机的监控系统发生了变革性的飞跃，采用 PLC、单片机或工控机的螺杆式压缩机监控系统，已得到了广泛的应用。另外，模糊控制和神经元网络等人工智能技术，也已应用于螺杆式压缩机的监控系统，从而可使机组的控制方式从传统的简单逻辑控制，发展到复杂的智能控制。

PLC 具有编程简单、通用性强、技术成熟等优点，并具有极高的可靠性和抗干扰能力，能适合恶劣的运行环境，因此在螺杆式压缩机的监控系统中获得了较多的应用。采用 PLC 的监控系统的主要缺点是成本较高，所以无法在售价较低的中小型螺杆式压缩机中广泛采用。

单片机的突出优点是成本低廉、系统组成灵活，并具有体积小、运算和存储功能强大等特点，已被广泛用于专门开发的各种螺杆式压缩机监控系统。采用单片机监控系统的主要缺点是编程较为复杂，通常需由专业人员完成。

在一些大型的螺杆式压缩机机组系统中，有时也采用工控机或普通的微型计算机组成监控系统。在这种系统中，工控机或微机通常作为上位机使用，下位机则一般采用 PLC 或单片机。这种集散控制系统可对多台压缩机进行动态监控和管理，并可在上位机和下位机之间进行实时动态数据通信。

图 5-68 为螺杆式压缩机监控系统示意图，主要由主机、外部设备和工业自动化仪表组成。主机是整个测控系统的核心，主要功能是完成程序的存储和执行，可采用 PLC、单片机或工控机。外部设备包括数据输入、输出通道、人-机联系设备和外存储器。工业自动化仪表包括传感器、调节器和显示仪等。

另外，随着网络通信技术的发展，螺杆式压缩机的远程监控系统也逐步得到了应用。在这种系统中，采用 PLC 或单片机的现场监控系统，可通过电话线或通信光缆，与遥远的中央监控系统进行数据通信。利用这种系统，螺杆式压缩机的制造厂家将有可能对运行于各地的本厂产品进行监控，从而使具体的用户不必再配备压缩机的操作和维护人员。

值得指出的是，目前的螺杆式压缩机监控系统多是以经典控制理论为基础，采用模拟调节器，对运行中的有关参数分别做必要的调节，控制元件也多为机械式的双位或比例调节器，以及一些保护继电器。这种控制模式虽然能对参数进行一定的调节，以保证装置正常安全运行，实现必要的工艺要求，但调节器难以适应大的负荷变化和工况变化，无法使机组按最佳的节能方式运行。近年发展起来的模糊控制及神经元网络技术，为压缩机的智能控制奠定了基础。模糊控制技术不需要确切地了解对象的数学模型，而是用语言来描述受控的模型，从而充分利用经验优秀的操作者或专家对过程细微独特的认识，在复杂的条件下提供适当的输出。神经元网络技术是一个由大量简单处理单元连接组成的人工网络，用来模拟大脑神经系统的结构和功能，可用于螺杆式压缩机的负荷预测、系统分析和控制，以及某些多变量函数最佳值的求取等方面，是一种更为理想的控制技术。

习　题

5-1　试述螺杆式压缩机基本结构和工作原理，它有何优缺点？

5-2　什么是螺杆式压缩机转子线形？目前它有哪几种？各有何优缺点和适用何种场合？

5-3　叙述螺杆式压缩机的理想工作过程和实际工作过程。

5-4　螺杆式压缩机的调节方式有哪些，具体如何调节？

5-5　螺杆式压缩机转子所受的力有哪些？

5-6　组成螺杆式压缩机的主要零部件有哪些？

5-7　螺杆式压缩机的噪音如何控制？

5-8　假设一台容积流量为 $1000m^3/h$ 的氦气喷油螺杆式压缩机，要把氦气从 15℃。0.1MPa 压缩到 0.8MPa 后排出，如果排气温度限为 100℃，在供油温度为 50℃ 的情况下，计算所需要的喷油量。

第6章　蒸汽轮机

6.1　蒸汽轮机的工作原理与分类

汽轮机是将蒸汽的热能转换成机械功的旋转式动力机械，图6-1为汽轮机剖面图。与活塞式动力机械相比较，汽轮机具有功率大、转速高、经济性好等显著优点，因此被广泛用于电力、冶金、石油化工等国民经济各部门，作为原动机来驱动发电机、压缩机、鼓风机、水泵等工作机械。

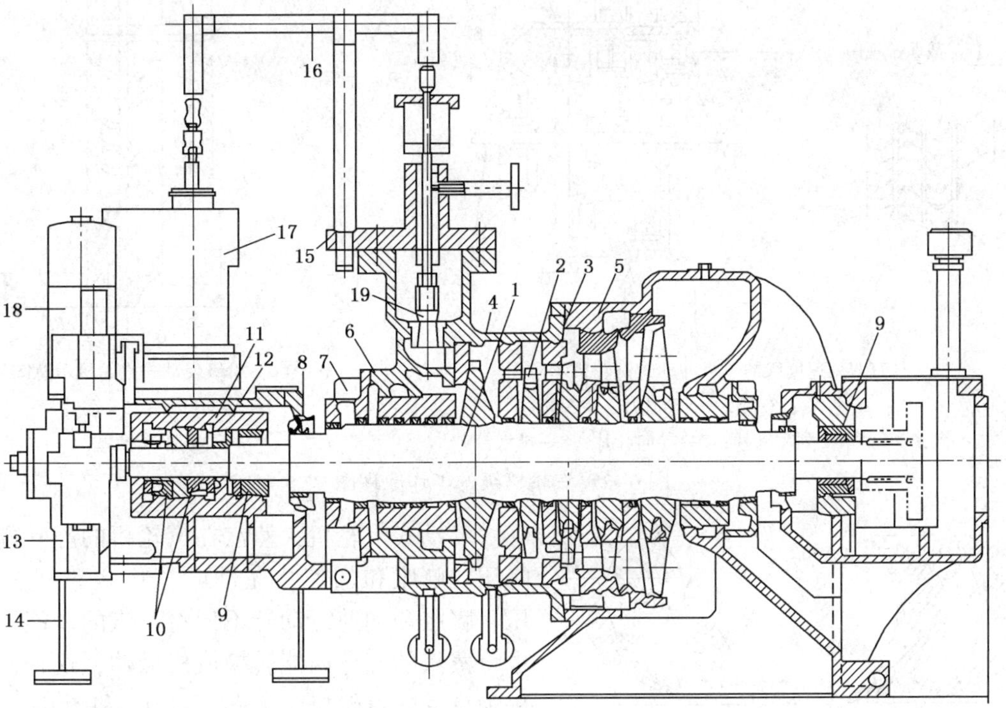

图6-1　多级冲动式汽轮机剖面图

1—转轴；2—动叶片；3—喷嘴；4—高压汽缸；5—低压汽缸；6—密封套筒；7—汽封环；8—防油罩；9—支承轴承；10—止推轴承；11—轴承盖；12—轴承罩；13—轴承架；14—工字梁；15—蒸汽调节阀盖；16—调节杆；17—阀门控制机构；18—调节器；19—蒸汽调节阀

6.1.1　工作原理

在汽轮机中，蒸汽的热能被转换成机械功，完成这个能量转换的基本单元叫做汽轮机的级。汽轮机将蒸汽的热能转变为机械能的方式是通过冲动作用和反动作用来实现的。

图6-2表示汽轮机的某个级，它主要由静叶栅(又称喷嘴)和动叶栅组成。静叶片安装在汽轮机静止的部件上，动叶片安装有可旋转的轮盘上。

如图6-2所示，静叶片前截面用0-0表示，静叶片和动叶片之间的截面用1-1表示，动叶片后截面用2-2表示。这三个截面通常称为汽轮机级的特征截面。三个特征截面上的汽流参数分别注以0、1和2。汽流流经三个特征截面时参数(压力、流速)变化情况，分别在图6-2上(a)和(b)的下方表示出来。

冲动式汽轮机：蒸汽只在汽轮机的静叶栅中降压膨胀加速，在动叶栅内不降压不膨胀，动叶只是把蒸汽动能转换成机械功，同时改变汽流方向，见图6-2(a)和图6-3(a)。

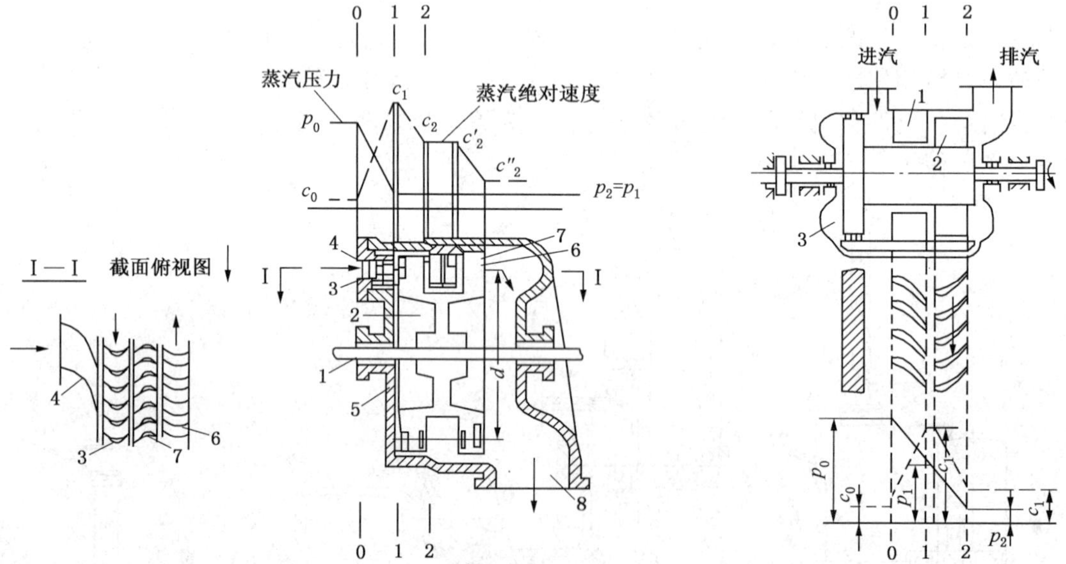

(a) 具有双列速度级的单级冲动式汽轮机示意图

1—轴；2—叶轮；3—第一列动叶片；4—喷嘴；

5—汽缸；6—第二列动叶片；7—导向叶片；8—排汽管

(b) 单级反动式汽轮机示意图

1—导向叶片；2—动叶片；

3—平衡活塞

图6-2 汽轮机级的工作原理图

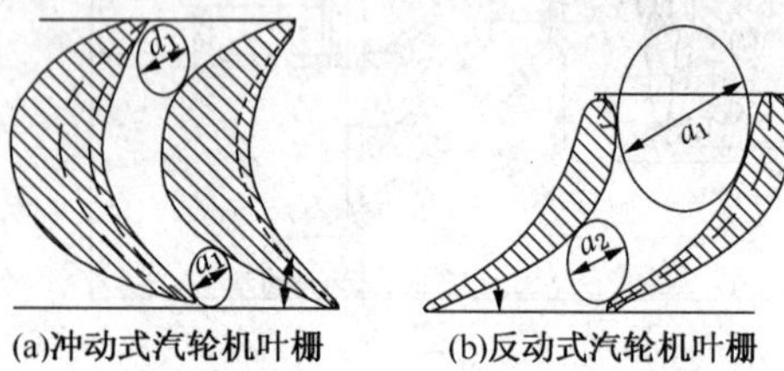

(a)冲动式汽轮机叶栅 (b)反动式汽轮机叶栅

图6-3 冲动式、反动式汽轮机叶栅

反动式汽轮机，蒸汽在汽轮机的静叶栅中被降压、膨胀和加速，在动叶栅中也被进一步降压、膨胀和加速。动叶不但将蒸汽的动能，同时也将蒸汽的部分内能转换成机械功，这种汽轮机称为反动式汽轮机，见图6-2(b)和图6-3(b)。

衡量蒸汽在动叶栅内膨胀程度的参数叫做反动度，其定义是：在动叶栅中蒸汽膨胀的程度占级中总的应该膨胀程度的比例数，或是在动叶栅中的理想焓降与级的总焓降之比，常用β表示。

$$\beta=\text{动叶栅中的理想焓降}/\text{级中的总焓降}$$

纯冲动级的$\beta=0$；反动级的$\beta=0.5$；带反动度的冲动式级$\beta<0.5$。带有不大反动度的冲动级使用最广泛，它可以提高冲动式汽轮机的效率。在静叶栅内，其流道截面是渐缩形的，即流道的进口截面大，出口截面小。当汽流通过这样渐缩流道后，汽流就被加速、膨胀，即汽体压力自p_0降到p_1，温度自t_0降到t_1，而汽流速度则由c_0增加到c_1。这样，汽流在静叶流道内自进口到出口完成了热能向动能的转换。当汽流从静叶栅进入动叶栅后，因动叶流道

截面也是做成逐渐收缩的，所以汽流在动叶栅中进一步降压、膨胀和加速。具有一定动能的汽流对动叶片产生一个冲击力(又称冲动力)，汽流速度由 c_1 降到 c_2，另一方面汽流在动叶流道内的继续膨胀、加速对动叶片产生一个反作用力(又称反动力)，汽流压力由 p_1 降到 p_2。这样在冲动力和反动力的作用下，动叶片推动汽轮机主轴转动，产生机械功。以上简述了汽轮机的工作过程，多级汽轮机就是由这样的若干个级串联组成，蒸汽的热能在各级内连续地转变为机械功。当汽轮机带有被驱动的工作机械时，则称为汽轮机组。汽轮机装置则是汽轮机包括了凝汽器、齿轮箱、连接管道、辅机、仪表的全套设备。

6.1.2　汽轮机的分类

1. 按作用原理分类

(1) 冲动式汽轮机；

(2) 反动式汽轮机。

2. 按排气方式分类

(1) 凝汽式汽轮机：这种汽轮机的排汽进入凝汽器，蒸汽在低于大气压情况下凝结。凝结水被引回作锅炉给水的一部分，排汽凝结放出热量不再利用。

(2) 背压式汽轮机：这种汽轮机的排汽压力常高于大气压，排汽进入蒸汽管网，供热用户使用。

(3) 抽汽式汽轮机：这种汽轮机中，当蒸汽经过若干个级的膨胀作功后，在汽缸上开有一个或多个抽汽口，将部分蒸汽抽出随即进入热管网，供热用户使用。未抽出的蒸汽在汽轮机中继续膨胀作功。

带抽汽的凝汽式汽轮机称为抽汽凝汽式汽轮机，带抽汽背压式汽轮机称为抽汽背压式汽轮。

抽汽又可分为调整抽汽和非调整抽汽。调整抽汽是可以通过调节进汽和未抽出的蒸汽，而使抽汽压力保持恒定。非调整抽汽的蒸汽压力一般不能保持恒定。

3. 按能量传递方式分类

(1) 直联式汽轮机：这种汽轮机直接同工作机械相连。

(2) 带变速箱的汽轮机：这种汽轮机通过变速箱与工作机械相连。

4. 按蒸汽流道数目分类

(1) 单流道汽轮机：全部排气都通过末级的汽轮机。

(2) 双流道或多流道汽轮机：蒸汽在两个或多个并列的汽流流道中分流的汽轮机。

6.2　工业汽轮机的主要性能参数

6.2.1　工业汽轮机

1. 工业汽轮机的定义

工业汽轮机是工业企业中驱动用汽轮机与自备电站的发电用汽轮机的总称，即指除公用电站汽轮机和船舶推进汽轮机以外的各种类型汽轮机。

2. 工业汽轮机的特点

(1) 使用领域宽广，具有较大的变速范围，通常为额定转速的-10%~15%。特殊情况可达额定转速的-40%~30%。

（2）本系列汽轮机的转速范围为3000~16000r/min，范围大，可用来直接驱动。

（3）适用于各种工作环境，满足防尘、防爆和防腐等的特殊要求。

（4）品种多，规格齐全，有不同的进、抽和排汽参数，不同的转速、功率，适用于不同的布置要求。

（5）适用于有较高自动化要求的工业流程。

3. 积木块系列工业汽轮机

随着我国国民经济的发展，大型石油化工、成套化肥装置和电力的需求与日剧增。把汽轮机作为原动机械，大范围地直接利用工艺流程中的余热，产生蒸汽作功，这对于提高整个装置的经济性，合理地利用能源具有无比的优越性。

积木块工业汽轮机主要有三个区段：进汽区段、中间区段和排汽区段，然后根据用户技术条件，通过热力计算和强度验算，将所需的不同规格的区段组合起来，再配上各相应的标准部套，即组合成满足用户需求汽轮机装置。

进汽区段：有调节系统，前轴承座以及包括速关阀、喷嘴室、调节级轮室和前汽封的外缸前部。进汽区段的部套尺寸的选择由新蒸汽参数和机组容量而定。

中间区段：包括转子、叶片和外缸的中间部分。中间区段的设计由所选择的进汽区段和排汽区段以及汽轮机的转速而定。

排汽区段：包括汽封、外缸后部和后轴承座。排汽区分为背压式和凝汽式两种，背压排汽段的尺寸由排汽压力和排汽量而定；凝汽式排汽区的尺寸由末级叶片的尺寸和强度而定。积木块系列工业汽轮机以结构尺寸作为特征尺寸，特征尺寸的选择采用了德国工业标准的R10和R20两个数列。R10数列的公比为：

R10数列：1.00，1.25，1.60，2.00，2.50…

R20数列：1.00，1.12，1.25；1.40；1.60…

由此可见，采用较少的基本积木块可设计出适用范围较广的多种类型工业汽轮机。积木块系列适合于计算机辅助设计，为部套批量生产创造了条件，不仅降低了产品成本，而且缩短了供货周期。因此积木块设计较适合于单件、小批量的生产特点。

6.2.2 性能参数

1. 蒸汽参数

蒸汽参数与整个汽轮机动力装置的经济性、安全可靠性、制造成本、运行费用、产品系列化以及用汽工艺流程和用汽参数等因素有关。因此蒸汽参数应按汽轮机、锅炉、凝汽设备、给水泵、回热系统、工艺流程和用汽系统等因素综合考虑，进行全面综合的技术经济分析后确定。冷凝式汽轮机进汽参数已标准化，见表6-1，表中分母数字为中间再热温度。对于功率大于10万kW的机组，普遍采用中间再热，再热温度通常与初温相同。常用的排汽参数列于表6-2。

表6-1 冷凝式汽轮机进汽参数

额定功率/MW	进汽参数		额定功率/MW	进汽参数	
	初压/$\times10^5$Pa	初温/℃		初压/$\times10^5$Pa	初温/℃
0.75，1.5，3	24	390	125，200	130~135	535/535(550/550)
6，12，25	35	435			
50，100	90	535	300，600	165	535/535(550/550)

表 6-2　常用排汽参数

冷却水温/℃	20	27
背压/$\times10^5$Pa	0.05~0.06	0.07~0.08

我国背压式汽轮机的背压和抽汽式汽轮机的调节抽汽压力、抽汽量，主要是综合考虑用户需要并结合产品系列化等因素合理地确定，常用的蒸汽压力列于表 6-3。

表 6-3　常用蒸汽压力

机组型式	背压式汽轮机的背压/$\times10^5$Pa						抽汽式抽汽压力/$\times10^5$Pa			
额定压力	3	5	10	13	25	37	1.5	5	10	13
调整范围	2~4	4~7	8~13	10~16	22~26	35~39	0.7~2.5	4~7	8~13	10~16

工业汽轮机的参数目前尚无统一规定，因为用途很广，所以影响因素很多。蒸汽参数根据使用单位的具体条件与要求，各不相同，而且其数值与机组功率无一定的关系。以工业汽轮机为主要动力的企业，往往需要数档参数的蒸汽。企业中需用的各种功率的机组，应根据其转速和型式选用适当的蒸汽参数。为了避免冷凝式汽轮机组的排汽湿度过大和确保背压式汽轮机组的排汽有适当的过热度，在确定进汽参数时，应注意进汽压力和温度的合理配合，对工业汽轮机的进汽参数，表 6-4 可供参考。工业汽轮机的排汽压力，可以选用稍高一些，只要汽量平衡许可。这样可以减少其重量、体积，并可减少末级叶片的蒸汽湿度，这对提高末级叶片寿命有利。因此，冷凝式工业汽轮机组排汽压力一般可取$(0.1\sim0.2)\times10^5$Pa，甚至可提高到$(0.3\sim0.35)\times10^5$Pa。背压式工业汽轮机的背压和抽汽式汽轮机的调节抽汽压力以及抽汽量，主要综合考虑用户的需要，并结合产品系列等因素合理地选定，背压式机组常用背压见表 6-5。

表 6-4　工业汽轮机进汽压力

进汽压力/$\times10^5$Pa	8~13	11~15	16~20	22~26	32~37	42~47	62~68	75~85
进汽温度/℃	230~320	280~360	320~400	340~420	380~460	400~470	420~500	450~540

表 6-5　背压式机组常用背压

额定压力/$\times10^5$Pa	3	5	10	13	25
调整范围/$\times10^5$Pa	2~4	4~7	8~13	10~16	22~26

2. 功率

驱动用工业汽轮机的功率，一般按被驱动的工业机械的耗功加上适当的储备而定，发电用机组则根据系统供给的汽量，求得能发出的功率，然后再按发电机系列，选配合适的发电机。工业汽轮机的功率常有额定功率和设计功率之分。设计功率是汽轮机热力设计和通流部分设计的依据，在此功率下保证汽轮机运行时的最高效率；额定功率是汽轮机可以连续运转的最大功率，也是铭牌功率。在国外工业汽轮机常有正常功率和最大功率之分。

汽轮机的内功率

$$N_i = \frac{D_0 H_i}{3600} = \frac{D_0 H_t}{3600}\eta_i \qquad (6-1)$$

式中　N_i——汽轮机的内功率，kW；

D_0——总蒸汽量，kg/h；

H_i——全机的有效焓降，kJ/kg；

H_t——全机的理想焓降，kJ/kg；

η_i——汽轮机组内效率。

理想焓降由机组的进、排汽参数而定；机组的内效率与进汽参数、功率、排汽参数以及转速等因素有关。工业汽轮机轴端输出功率

$$N = \frac{D_0 H_t}{3600}\eta_i \eta_m \tag{6-2}$$

汽轮机发电机组考虑电机损失后，从发电机输出的电功率

$$N = \frac{D_0 H_t}{3600}\eta_i \eta_m \eta_g \tag{6-3}$$

以上各式中 η_m 为机组的机械效率，考虑了机组的各项机械损失；η_g 为发电机效率，考虑了发电机的损失。

3. 转速

汽轮机的转速是固定不变的，工业汽轮机的转速一般按被驱动的工业机械需要而定。应根据用户的要求，并力求减小体积和重量，提高效率，同时根据蒸汽参数、功率和强度等条件，选择最佳转速。如果汽轮机的最佳转速与被驱动的工业机械转速无法协调的话，必要时中间可增设变速器，以满足输出的需要。一般对一定功率的机组，进汽参数较高的，转速也可高一些，背压式及抽汽背压式机组，可比冷凝式机组选用较高的转速。

6.2.3 主要运行经济指标

1. 汽耗量

汽轮机每小时消耗的蒸汽量叫汽耗量，也就是流过汽轮机的蒸汽流量，它是表明汽轮机经济性的一个指标。

2. 汽耗率

驱动发电机的汽轮机组，每发出 1 度电(1kW · h)所需要的蒸汽量叫汽耗率(d)，这是常用的重要经济指标，也叫“汽耗”。

3. 热耗率

汽轮机发电机组，每生产 1 度电(1kW · h)所需要的热量叫热耗率(q)，它是汽轮机另一经济指标。

4. 汽轮机的技术经济指标

驱动工业机械的工业汽轮机，如驱动各种泵、风机和压缩机等，与汽轮发电机组不同。汽轮发电机组的输出功率可由发电机输出的电功率直接求出(中间考虑发电机能量转换损失 η_g)，只要知道电压和电流数值就可以。工业机械用途广泛，输送介质多样。由输送介质消耗的功率反求汽轮机输出功率就很不方便也不精确，因此对驱动工业机械的工业汽轮机，只需求出汽轮机轴端的输出功率 N(也叫有效功率)，再根据它求出其他经济指标。

1) 输出功率

$$N = \frac{D_0 H_t}{3600}\eta_i \eta_m$$

或

$$N = N_i \eta_m \tag{6-4}$$

2）汽耗量

$$D_0 = \frac{3600N_i}{H_t\eta_i\eta_m} \qquad (6-5)$$

式中　N_i——汽轮机内功率，kW。

3）汽耗率

$$d = \frac{D_0}{N} = \frac{D_0}{N_i\eta_m} = \frac{3600}{H_t\eta_i\eta_m} \qquad (6-6)$$

4）热耗率

$$q = \frac{3600}{\eta} = \frac{3600}{\eta_t\eta_i\eta_m} \qquad (6-7)$$

或

$$q = d(i_0 - i_w) \qquad (6-8)$$

5）汽轮机组有效效率

$$\eta = \eta_t\eta_i\eta_m（对冷凝式机组） \qquad (6-9)$$

工业汽轮机效率的参考值，列于表 6-6，机械效率总处于 0.99 数量级。

表 6-6　工业汽轮机效率参考值

汽轮机型式	效率 η_{0i}
背压式，20MW 中等蒸汽参数，高速运转	0.7~0.84
背压式，20~40MW 高蒸汽参数，直接驱动	0.74~0.86
冷凝式，没有中间过热，至 150MW，中等或高等蒸汽参数	0.8~0.86
冷凝式，有中间过热至 150MW，高等蒸汽参数	0.85~0.87

6.3　工业汽轮机的调节

工业汽轮机在运行中需要根据外界负荷的变化而进行调节。工业汽轮机调节的作用，一方面是调节汽轮机与被驱动的工业机械所组成的机械参数，如功率和转速等；另一方面是调节既与汽轮机本身有关又与整个系统有关的热力参数和气动参数，如背压、抽汽压力以及离心式压缩机的入口和出口压力等。此外，汽轮机的调速在机组运行中还有保安作用，它通过保安装置，在机组超速、轴向位移过大、动力油压过低、振动值过高等异常情况出现时，使机组得到保护。

6.3.1　汽轮机需要和可以调节的参数

1. 汽轮机输出功率 N_t

由于生产工艺过程的需要，汽轮机组应能在不同负荷下工作，即汽轮机应与不同的功率相适应，这就要求汽轮机所发生的功率 N_t 的大小，能根据负荷的需要随时进行调节。

2. 汽轮机转速 n

发电用的汽轮机，为保证发电质量，在负荷变化时汽轮机转速变化应严格限制在所规定的范围之内。化工装置用的工业汽轮机同样要求在负荷不变时，汽轮机组转速稳定在某一固定值，在有负荷(或热力参数)扰动时，汽轮机组的转速只在一个相应的范围内变化，维持汽轮机转速基本不变。

3. 背压式汽轮机背压 p_2

这种压力往往既是汽轮机的背压，又是工艺系统中某种参数的蒸汽汽源，要求汽源压力维持基本不变。

4. 抽汽式汽轮机的抽汽压力 p_c

进入汽轮机的蒸汽，经过膨胀作功之后有部分蒸汽被抽出，作为全厂的另一参数蒸汽的汽源，这个汽源压力要求维持基本不变。

为了完善这些调节任务，汽轮机必须具有完整的调节系统。

6.3.2 调节的种类

工业汽轮机的调节按配汽方式的不同可分为：节流调节、喷嘴调节、旁通调节和滑参数调节。

1）节流调节

图 6-4 所示调节系统为节流调节，在汽轮机进汽系统中，由锅炉来的新蒸汽经过全开(启动之后)的主汽阀门 1 之后，通过控制汽量的调节阀门 2，然后进入汽轮机 3。也就是说，进入汽轮机的蒸汽流量 G 的改变，仅由一个调节汽阀开度的大小的改变来完成。由于全部汽流经调节阀受到节流，故称这种调节为节流调节。由于节流，蒸汽压力降低，蒸汽状态发生变化。蒸汽经调节汽阀时因流道截面改变蒸汽流量也改变，而且汽轮机通流部分的可用焓降也减小。所以节流调节不仅是蒸汽“量”的调节，蒸汽流量改变的同时，其他参数(压力、温度、焓降等)也相应有了变化，这种调节也是“质”的调节。节流阀全开，汽轮机能发出额定功率，改变节流阀的开度，改变了进汽压力、温度和流量，即可改变负荷，其热力过程如图 6-5。

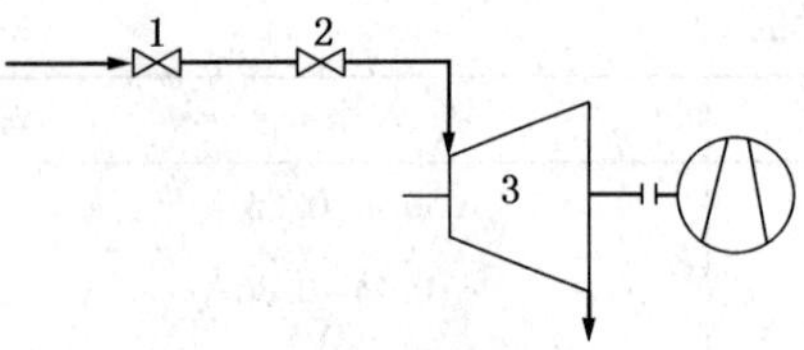

图 6-4 节流调节系统

1—主汽阀门；2—调节调门；3—汽轮机

这种调节结构简单，节流调节阀可与主汽阀分装或装于同一汽室中，独立于汽缸之外，制造成本较低，第一级为全周进汽，汽缸形状结构简单，改善了第一级动叶片的工作条件，提高了强度。负荷变化时，各级温度变化较小，减少了热变形和热应力的危险，提高了机组运行的安全可靠性。但是在部分负荷时，节流损失较大，不经济，因此只在小容量的机组中有所应用。

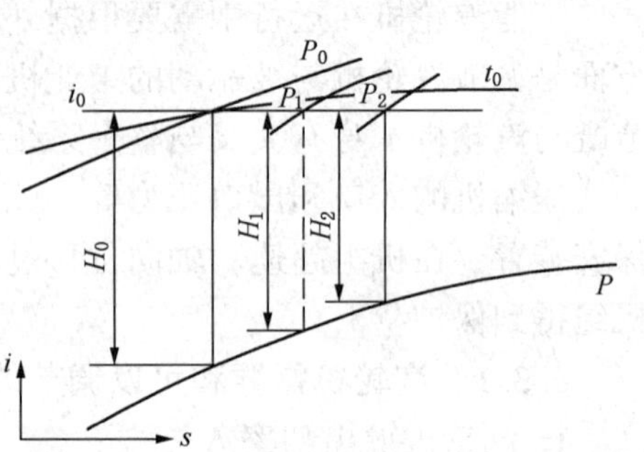

图 6-5 节流调节热力过程

2）喷嘴调节

几个(3~6 个)逐次开启的节流调节汽阀，每个调节汽阀独立地控制一组喷嘴，如图 6-6、图 6-7 所示，这种调节为喷嘴调节。在额定负荷下，一切调节阀全开，进汽度 $\varepsilon \leqslant 1$。当载荷改变时，调节汽阀依次关闭，改变工作喷嘴的面积，控制进入汽轮机的流量，实现变负荷调节。在满负荷时阀门全开，在某一负荷时，全开启三个而全关闭一个，在部分负荷时也完全可能使某个阀门处于半关半开状态，由于在结构安排上可使这些阀依次开启，只有当前一个调节汽阀基本全开后，后一个调节汽阀才开始开启，因此，处于半开半闭状态的阀只有一个，节流过程只可能在一个调节汽阀中产生，使节流损失减到最小。

在部分负荷时，一部分喷嘴关闭，另一部分喷嘴开启。为了使汽轮机进汽端喷嘴箱受热均匀，在沿圆周方向布置喷嘴组的次序时，往往是交错的，而不是完全按顺序的。沿圆周喷嘴组布置的示意图如图 6-7 所示。互相交错的布置方式，对于高参数的汽轮机尤为重要，尽管在管路布置上显得复杂，但在运行中可以避免沿圆周方向上过大的温度应力的不均匀。喷嘴调节基本上只改变进入汽轮机的流量，因此也称为“量”的调节。采用喷嘴调节，汽轮机在部分负荷运行时其经济性比采用节流调节要好，因此，这种调节方法广泛应用于大功率汽轮机之中。

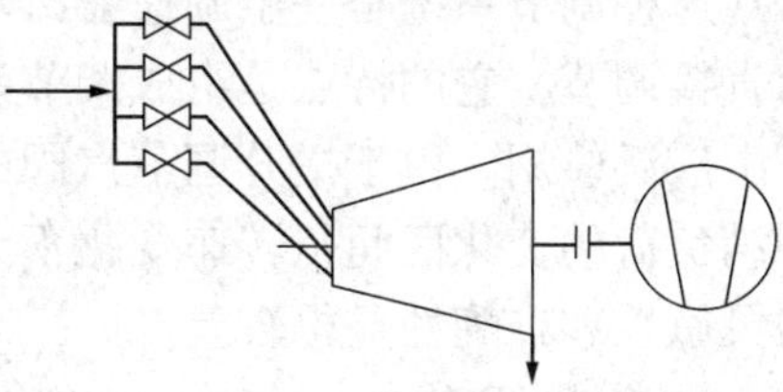

图 6-6 喷嘴调节系统

3）旁通调节

主节流阀将蒸汽引入第一级的所有喷嘴，当主节流阀完全开启时，通常达到最经济功率，要想达到额定功率以下的功率，可开启旁通阀，增加后几级的蒸汽流量和压力。节流调节多有旁通调节阀，喷嘴调节有时采用内部旁通阀，从通流部分的某一级后抽出部分蒸汽，通过旁通阀进入后面的几级。

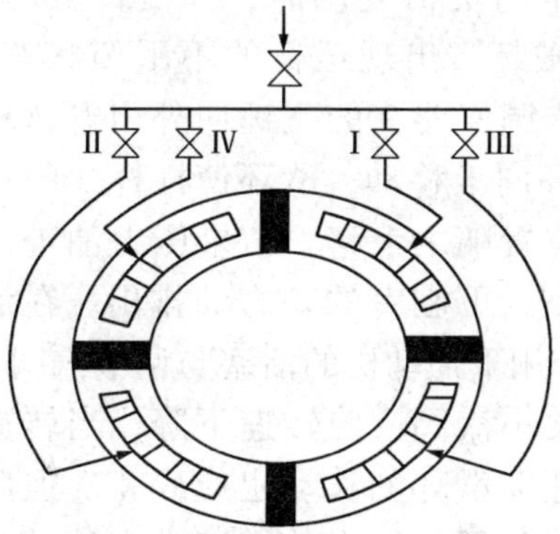

图 6-7 沿圆周喷嘴组布置

4）滑参数调节

汽轮机第一级全周进汽，进汽阀全开，可通过改变锅炉出口蒸汽的流量和压力来实现汽轮机负荷的调节。这种调节满负荷时经济性能较高，低负荷时进汽阀全开，无节流损失，经济性能优于节流调节，部分负荷时新蒸汽压力降低，锅炉、汽轮机高温部件的应力状态得到改善，能明显地提高机组运行的可靠性并延长设备的使用寿命。但是，锅炉参数必须随汽轮机参数变化而变化，这给锅炉的运行带来许多不便，这种调节一般只运用于大型单元制机组，一炉一机运行。

工业汽轮机的调节可按调节方式的不同分为：直接调节、间接调节和均衡调节。

1）直接调节

汽轮机最简单的调节系统是直接调节，其原理简图如图 6-8。这一简单的调节系统由下列几个部分所组成：感受转速变化的机构(简称感受机构)——调速器 1，它由汽轮机主轴经过传动机构带动，经杠杆 2 传动，并带动受转速变化的信号控制的配汽机构 3。当汽轮机外负荷一定时、则调节系统的各部件位置稳定在图 6-8 所示的位置，此时转速变化为零。当汽轮机的外负荷变化，如负荷增加，转速降低，调节器 1 的离心力减小，调速器滑环 A 点向下移动，它带动杠杆 2 转动，杠杆 2 右端上移，开大配汽机构 3 的调节阀，使进入汽轮机的蒸汽增多，转速升高达到新的平衡。

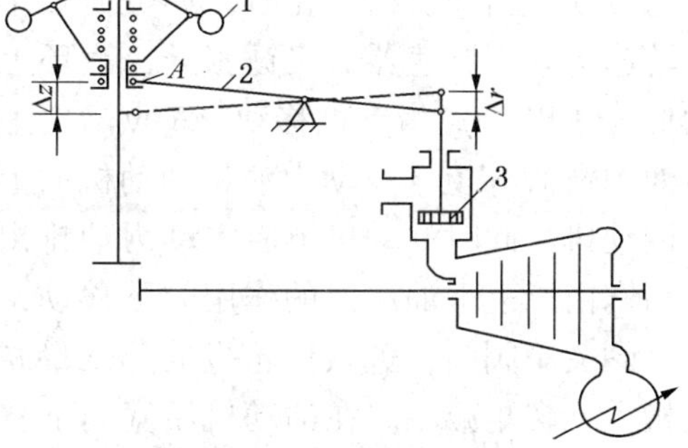

图 6-8 直接调节

1—调速器；2—杠杆；3—配汽机构

这种调节系统是基于调速器滑环的运动与调节汽阀由杠杆直接带动实现的自动调节，称为直接调节，它的特点是组成调节系统的结构简单，化工装置中驱动泵与风机等小功率汽轮机中广泛应用。由于提升调节汽阀的力来自离心飞锤的离心力，通过杠杆传递，而从空负荷到满负荷的变化区间，转速变化不允许太大，因此控制调节汽阀的力量显得较小，调节系统的灵敏性和准确性显得较差。

2）间接调节

由于蒸汽参数的提高，功率增大，调节系统运动阻力加大，以致直接依靠离心飞锤的离心力控制调节汽阀比较困难。为此在调节系统中使信号力增强，在信号传递过程中引入放大机构，经过放大的信号，强有力地带动庞大的调节汽阀。在调节汽阀与调速器之间装有放大传动装置的调节系统称为间接调节，其原理图见图 6-9。它由调节汽阀 1、调速器 2、杠杆 3 以及油动机 4 和错油门滑阀 5 所组成。它与直接调节系统在组成上的差别，在于存在着错油门滑阀和油动机。当机组的负荷变动时，如负荷减小，机组的稳定运行破坏，出现运行的不平衡状态，发生转速的升高，调速器 2 的飞锤向外引开，相应地使调速器滑环向上移动，滑环使杠杆 3 的位置变化，滑阀 5 位置随之上移，结果压力油进入油动机 4 的上腔室，下腔室的动力油排出。在活塞两侧压力差的作用下油动机的活塞与调节汽阀 1 一起向下移动，关小汽阀，使转速下降。当转速变化为零时，调速器滑环的移动也应停止。但此时滑环偏离了起始位置，压力油继续进入油动机上腔室，油动机活塞继续向下运动，使调节汽阀 1 关小的程度比初始位置还小，出现了符号相反的角加速度，调速器滑环将重新把错油门滑阀移向中间位置。由此看出该系统在任何负荷变动情况下都有振荡。

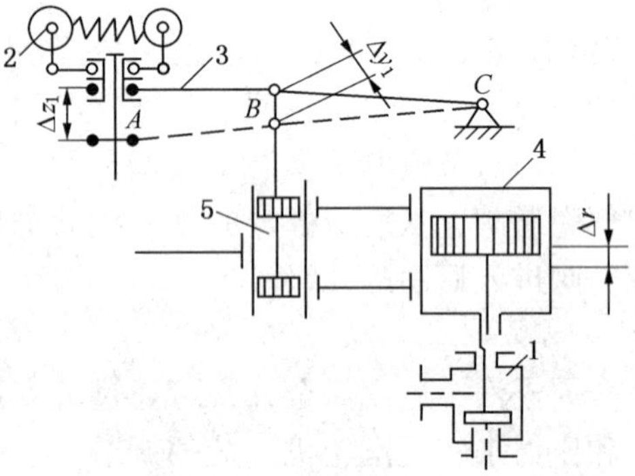

图 6-9　间接调节

1—调节汽阀；2—调速器；3—杠杆；4—油动机；5—错油门滑阀

为了克服这种振荡，可采用带反馈的间接调节系统，其原理图见图 6-10。它与图 6-9 在结构上的区别仅在于：与调速器 2 相连接的杠杆 3，不仅仅由调速器滑环带动，它的右端 C 点还与油动机活塞相连接，因此杠杆 3 还由油动机活塞带动。当外负荷变化时，如负荷减小，则机组转速上升，调速器 2 飞锤张开，滑环上升，带动杠杆 3 以 C 点为支点移动，B 点随之上移，即错油门滑阀 5 上移，动力油从油动机的上腔室进入油动机。此时油动机下腔室动力油排出，油动机活塞由于上下油压差的作用向下移动，带动调节汽阀关小阀门，进入汽轮机的蒸汽量减小，汽轮机主动转矩减小。在油动机活塞向下移动的同时，在 C 点与它相连接的杠杆 3，以调速器滑环为支点向下转动，带动 B 点下移，使错油门滑阀

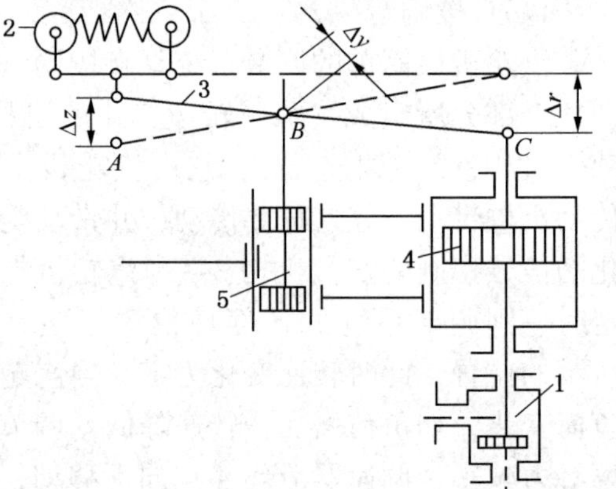

图 6-10　带反馈的间接调节

1—调节阀；2—调速器；3—杠杆；4—油动机；5—错油门滑阀

回到中间位置。如果调速器各组成部分的参数选取得合适，那么这时机组可在新的工况下稳定运行。

在调节系统动作过程中，油动机运动同时反过来调整控制动力油路的错油门滑阀回到中间位置的过程称为反馈或反调整，实现这一过程的装置称为反馈装置或反调整装置。图 6-10 所示调节系统中，杠杆 3 起到反馈作用，可视为反馈机构。反馈机构的形式有多种，除杠杆反馈外，还有液压反馈、弹簧反馈等。上述调节系统的动作过程，可用图 6-11 所示的方框图表示。

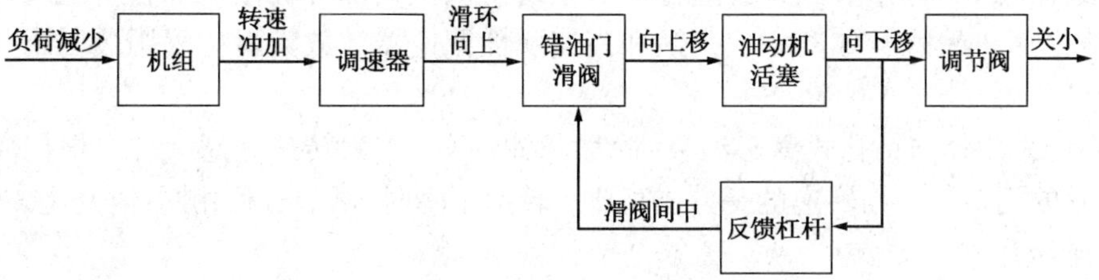

图 6-11　反馈调节过程

3）均衡调节

负荷变动时调节系统动作的结果如果能把转速保持在严格不变的原来水平，这样的调节系统称为均衡调节系统，而保持这一工况的机构叫均衡机构。

无反馈的调节系统，它的缺点是过渡过程始终是振荡的，但它的调节动作过程却可以出现使机组转速达到原来水平的瞬时时刻，因此，它是最简单的均衡调节系统。为了克服这一系统的缺点，采用了带反馈的调节系统，但这一系统却出现了调节的不均衡性。

均衡调节系统应使机组在任何负荷条件下都稳定在 n = 常数，滑环位置 A 点必须回原位，错油门滑阀必须回原位（即 B 点必须回原位），因此决定了 C 点也必须回原位。只有满足上述条件才有可能使调节系统成为均衡系统。另一方面，C 点应该是可动的，即在油动机、活塞的作用下能移动，这个条件是保证系统具有反馈作用，克服振荡所必需的。

图 6-12(a) 所示结构形式的调节系统就可以实现均衡调节，这种系统的 C 点在过渡过程中产生移动，从而可以实现使错油门滑阀 5 回到中间位置的反馈作用，但是 C 点与油动机活塞杆不是完全刚性连接，上下两个弹簧 6 可以使 C 点回到起始位置，以实现均衡调节。在油动机活塞运动时，活塞杆应克服弹簧 6 的阻力使 C 点离开稳定位置（反馈作用），这一作用应该是强有力的但不是刚性的；在外负荷不同又要求机组都能保持在原转速水平下稳定运行时，就需要油动机活塞能处在任一与负荷相应的位置，又要求 C 点回到起始位置，这决定了连接的柔性。

图 6-12(b) 称为缓冲器（辅助油动机），它的活塞与铰链 C 相连，而它的套筒则与主油动机的活塞杆相连。套筒中活塞上下两个腔室用管子相连，在管上装有节流阀。当活塞向任一方向运动时，液体被活塞从一个腔室压到另一腔室，节流阀中的开孔越小，液体流动时的阻力越小，这个辅助油动机能起缓冲作用。为了

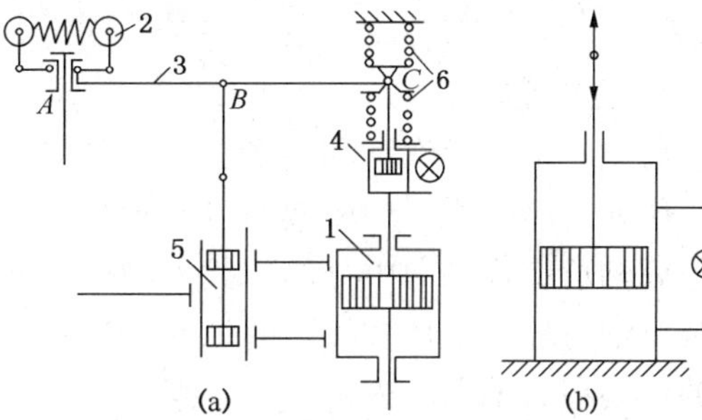

图 6-12　均衡调节系统

1—配汽机构；2—调速器；3—杠杆；4—油动机；5—滑润；6—弹簧

达到均衡调节的目的，起均衡作用的缓冲器可以用小型电动机代替，使 C 点在小型电动机的带动下沿油动机活塞杆方向移动。

另外，工业汽轮机调节按控制方式可分为：机械式、半液压式、液压式和电液式。

1）机械式

机械式调节系统就是通过机械动作来完成调节任务。

2）机械液压式

机械液压式，又称半液压式，这种调节系统由机械式部件和液压部分所组成，一般感应或执行机构采用机械式，如离心式飞锤和高速弹性调速器，放大机构采用液压调节。

3）全液压式

这个系统采用径向钻孔式离心油泵(简称脉冲油泵)作为转速敏感元件。根据离心油泵的工作原理,它的出口压力与转速的平方成正比。转速下降时,调节过程相同,但变化方向相反。

4）电子液压式

美国伍德瓦特调速器公司生产了一种电液式调节系统，它是由伍德瓦特电子调节器、传感器、电液转换器等组成。

6.4 汽轮机主要零部件

目前常见的 NG 型汽轮机、ENK 型汽轮机和积木块系列工业汽轮机本体组成基本相同，主要有前后支座、汽缸、转子、轴承座、径向轴承与推力轴承、危急保安装置、手动盘车装置、危急遮断器、联轴器和齿式联轴器等，另外，还有调节汽阀、速关阀、驱动组合和齿轮减速箱组成，除外还有一些辅助系统等。

6.4.1 支座

1. 前支座

用以支持汽缸及转子，并可准确地保持相互间的位置，另外汽缸和前轴承座通过两拉杆螺钉的连接，使汽缸和轴承座在调整好的正确位置上固定下来。前轴承座的主要构件是前座架，前座架上有导向键以保证汽缸和前轴承座对中，前轴承座具有水平中分面，内放推力轴承及径向轴承，在轴承前后端设有角形油封圈，前轴承座下半中分面上装有导向压板，留有 0.02~0.03mm 间隙，以保证汽缸热膨胀时轴承座能水平地向前移动而不致于上翘。

主油泵是由汽轮机主轴通过驱动组合驱动的，驱动组合亦装在前座架上，位于前轴承座前方。

2. 后支座

后支座是支承汽缸和转子，并用于这些部件相互位置的调整。后支座的基本部件是座架，像前支座一样，后座架通过地脚螺栓和基础刚性连接。

后轴承座是轴向中分的，其内的径向轴承支承着汽轮机转子，在转子通向汽缸一侧的部位装有油封环，以挡住飞溅的油滴，启动和停机时用的盘车装置，无论是手动式或液压冲击式的都装在后轴承座内。

6.4.2 轴承

1. 径向轴承

汽轮机转子通过径向轴承支持在轴承座上，轴承的作用是承受着转子在启动、增速、稳定运行及停在降速时所产生的全部静负荷和动负荷，包括可能出现的振动等，对齿轮轴承受着轮齿啮合所产生的附加负荷，同时还要保持转子中心与汽轮机汽缸、汽封、导叶持环等设计的间隙。

径向轴承由上下两半轴瓦组成，轴瓦由锥形销钉来固定，并通过螺栓把上下两半连接起来，见图 6-13 所示。轴承承载面浇有巴氏合金。下半轴瓦与下半轴承箱中分面用圆柱销钉定位，以阻止轴瓦径向或轴向移动。轴承是汽轮机主要部件之一，也是出现故障较多的部件。

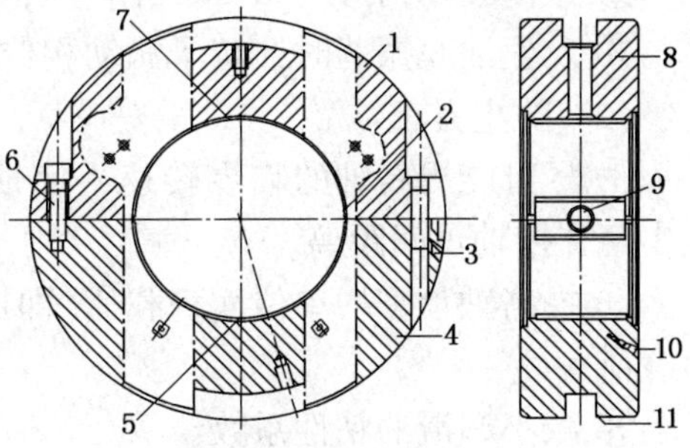

1—上半轴瓦；2—轴承油油槽；3—锥形销钉；4—下半轴瓦；5—轴承油油槽；6—圆柱形螺栓；7—油槽；8、9—轴承油孔；10—插温度计孔；11—轴承油环形轴道

图 6-13　径向轴承剖面

1）轴承工作原理

如图 6-14 所示的圆柱形内孔轴，由于轴的直径小于轴承内孔的直径，在轴与孔下部产生一个由大到小楔形间隙和由小到大的楔形间隙，间隙中充满润滑油，在转子未转动时，轴与轴承孔下表面保持直接接触，当轴旋转时，粘附在轴上的润滑油由楔形间隙大端进入间隙小端，于是轴对润滑油在这收缩的流道中进行压缩，压力提高，而润滑油便对轴产生向上浮力，使轴浮于润滑油膜上，轴与轴承间隔着油膜，接着润滑油从楔形扩张流道中流出，润滑油压力降低，使轴承受向下的拉力，轴的中心在轴承孔下方偏向于扩张流道一方的位置保持平衡。

2）油膜振荡

一个圆柱形内孔的轴承，在轴转速上升时，轴逐渐浮起，油膜逐渐增厚，到定转速时，油膜太厚不能支持轴，反而下沉，下沉后油膜又变薄，浮力增大，周而复始。这样，由于轴两边润滑油流量的差异，使轴中心以近于轴转速一半的频率涡动（称半速涡动），半速涡动振幅不大，一经出现也不消失。随着转速升高，半速涡动频率为轴转速的一半，振幅不再增大，转速达到第一临界转速时，半速涡动频率为第一临界转速的一半，振幅则显著增加（称同期涡动），转速再增加，又呈现半涡动，频率为轴当时的转速的一半，振幅减少，直到轴的转速为第一临界转速的两倍时，便产生所谓“油膜振荡”，振荡频率为轴的第一临界转速，振幅急剧增大。转速再升高也不消失，振荡频率也保持不变，见图 6-15。油膜振荡的出现将产生剧烈振动，可能造成轴承和轴系的损坏，甚至造成严重事故。

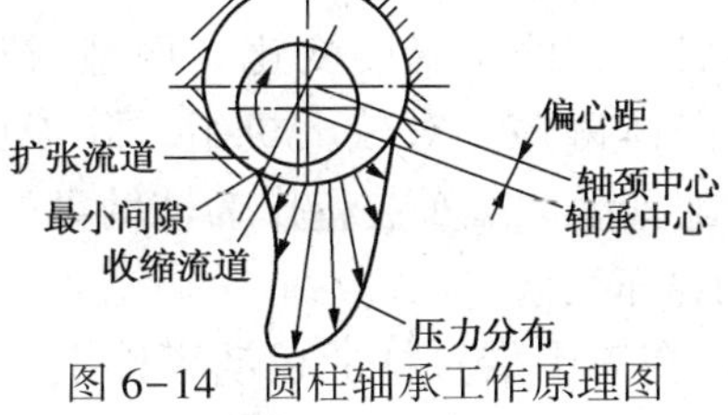

图 6-14　圆柱轴承工作原理图

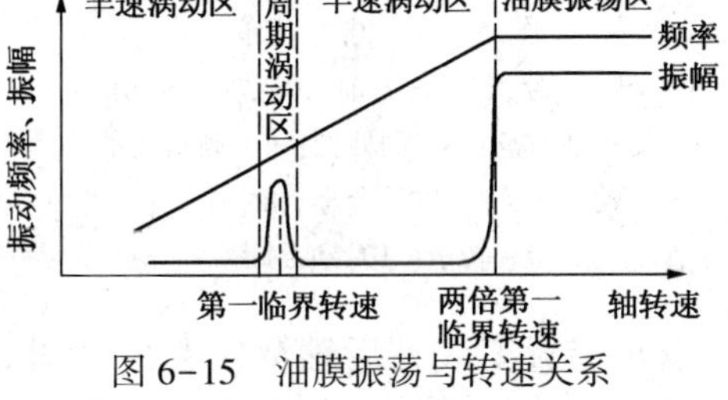

图 6-15　油膜振荡与转速关系

3）油膜振荡特点及防止方法

（1）振荡特点：

① 在近于、等于或大于两倍第一临界转速时发生振荡。

② 振荡频率约等于第一临界转速，转速增加振荡频率不改变，振幅也不改变。

③ 发生油膜振荡时，转子涡动相位与转子转动同相位，且两轴承振荡相位基本相同。

（2）防止方法：

① 尽可能提高轴的临界转速，使轴的工作转速小于轴的临界转速。如提高轴的刚度，减小两支持轴承间距离。

② 提高轴承平均单位面积载荷(即比压)。如减少轴承宽度，减小轴承直径，增大轴承静载荷。

③ 减小润滑油粘性系数。

④ 改变轴承内孔形状，如椭圆轴承(两油楔轴承)、三油楔轴承、四油楔轴承；其目的在于加大轴承各段圆弧相对轴的偏心率，同时将油膜分割成不连续多段，以减小轴上、下压差，以提高油膜稳定性，延缓油膜振荡发生。

另外可将轴瓦分成多块可摆动的可倾瓦，这样可以在任何载荷下形成多条不连续的最佳油楔，并加大了轴与轴承相对偏心率，这种结构具有良好的缓冲作用和振动阻尼，因而可有效地阻止油膜振荡发生，但加工工艺较为复杂，成本高。

当前工业汽轮机向着大容量、高参数发展，高速、轻载(即轴承的平均单位载荷-比压小)的机组日益增多，对滑动轴承也提出了更高的要求。积木块系列汽轮机径向轴承大部分都是四油楔，这种结构轴承最适宜于高速轻载的刚性轴上，具有良好的稳定性。实践证明：四油楔轴承具有运行稳定，抗振性好，不易发生油膜振荡，安全可靠，使用寿命长的优点。

2. 推力轴承

积木块系列工业汽轮机属于冲动级与反动级相结合的汽轮机，其轴向推力较大，所以采用了平衡活塞来平衡大部分轴向推力。其余少量的力由推力轴承承担，并传递给轴承座，轴承结构见图6-16。推力轴承用来承受未被平衡的转子轴向推力及齿式联轴器转动时的推力，并传递给前轴承座，推力大小主要决定于汽轮机运行工况，另外，推力轴承限定了转子与汽缸的轴向相对位置。

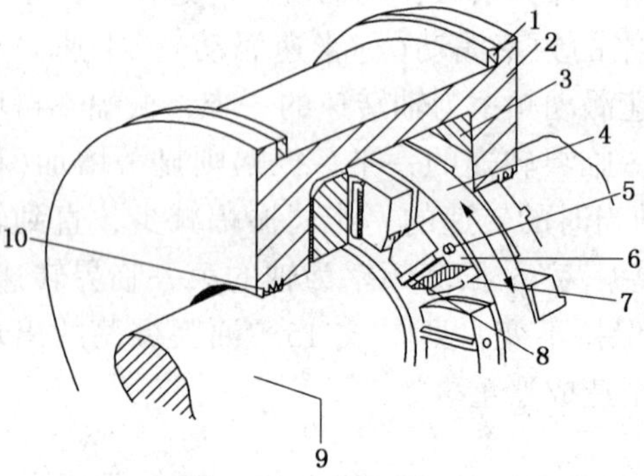

图6-16 推力轴承

1—调整垫片；2—推力轴承体；3—承压圈；4—转子推力盘；5—圆柱销；6—倾斜式推力轴瓦块；7—巴氏合金；8—棱边；9—转子；10—油封齿

6.4.3 盘车装置

盘车装置是用于盘动转子的装置，其目的是经常约180°地盘动转子，可以避免转子在一方位长期搁置或启动、停车温度变化大而造成过量弯曲而引起动静体碰擦。对较大机组，除液压盘车装置外，常配置手动盘车装置作为辅助设施用。

1. 手动盘车装置

盘车装置安装在后轴承座上，见图6-17，拉杆在套筒中借拉杆的摇动可以上下移动，拉杆下端通过一销轴与框架相连，拉杆上下移动带动框架，框架下端销轴拨动红套在转子上的棘轮，使转子盘动。注意，在汽轮机停机后，只有在转子停止转动，盘车装置才可投入使用。在汽轮机启动前应卸下杠杆，并挂上杠杆保险，防止启动后转子上棘轮碰到框架。

2. 液压冲击式盘车装置

液压冲击式盘车装置主要由电磁阀、压力油缸、活塞和框架组成，见图 6-18，电磁阀通过连接板与压力油缸连在一起，在压力油缸中有活塞及活塞拉杆，在压力油缸上有一个导向杆，活塞杆上固定着可摆动的框架，连接板油孔，见图 6-18 剖面 C—D，压力油经过接口 P 引向电磁阀的阀壳体，如果电磁阀未被激磁，则压力油要流向接口 A；压力油进入活塞上端，使活塞下移，框架下移。如果电磁阀被激磁，滑阀移向左端，关闭通向接口 A 的压力油通道，同时打开油路 B 的通道，压力油进入活塞下端，活塞带动框架一起向上，框架上的销轴拉动棘轮，使转子旋转。

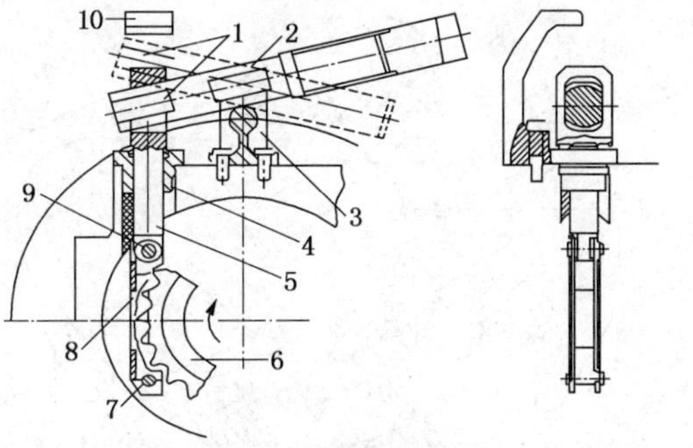

图 6-17 手动盘车装置

1—杠杆位置；2—杠杆；3—支座；4—导向套；5—拉杆；6—棘轮；7—销轴；8—框架；9—销轴；10—限位板

在回油管上装有带位置指示的针阀，作为回油节流用。用以调整活塞上下运动速度，与棘轮转动很好地相配合。注意，若要盘车装置停止工作，应先关电磁阀，以保证活塞处于最下端位置，只有关掉电磁阀后 15s，才允许切断压力油。

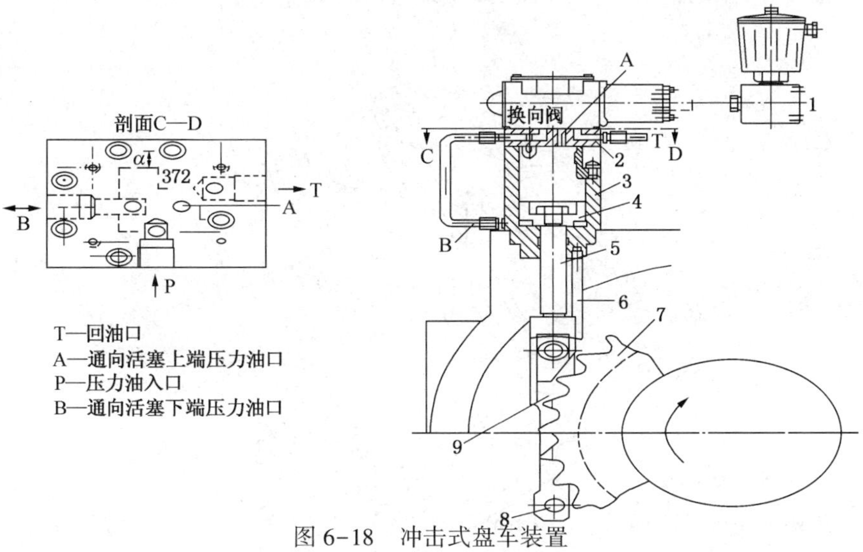

图 6-18 冲击式盘车装置

1—电磁阀；2—连接板；3—压力油缸；4—活塞；5—拉杆；6—导向杆；7—棘轮；8—销轴；9—框架

3. 油涡轮盘车装置

油涡轮盘车装置见图 6-19 所示，其装在后轴承座上，由辅助油泵提供的高压油通过喷嘴喷向套在转子上的油涡轮，推动转子旋转，径油涡轮后的油与轴承润滑油一起流入回油管，当高压油的截止阀全开时，一般使转子可达 80~120r/min。

6.4.4 汽缸

汽缸又叫机壳。汽缸的作用是装配转子，隔离大气，并与蒸汽室、持环组成蒸汽通道，保证蒸汽在汽缸内完成其热能转换成机械能的过程。同时作为蒸汽、喷嘴室、导叶持环、汽

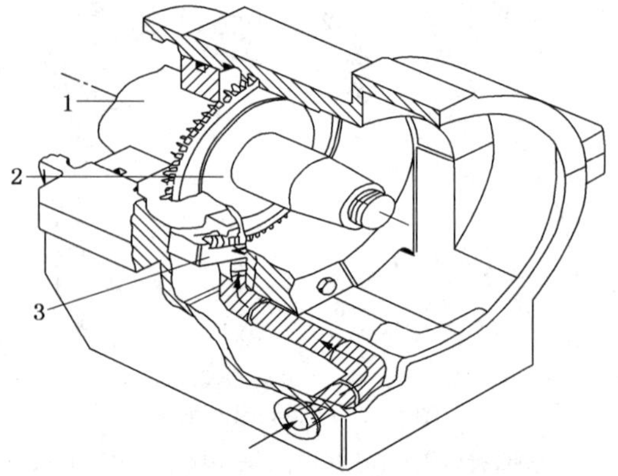

图 6-19 油涡轮盘车装置

1—汽轮机转子；2—叶轮；3—喷嘴组壳体

封、速关阀、调节汽阀等部件的连接驱体，见图 6-20。

由于工业汽轮机的用户要求各异，所以汽缸的结构几乎各不相同。工业汽轮机汽缸内腔形状，经过分析比较归纳后，大致可以分为三类

1. 整体型汽缸

如图 2-21(a)所示，为背压式汽轮机 NG、HNG 型汽缸，它的两端直径小，可放置前、后汽封体，中间直径大，可放置转子和叶片。

2. 钟罩型汽缸

如图 6-21(b)所示，为凝汽式汽轮机 NK、HNK 型的前汽缸，汽缸出轴端的孔径是放置汽封体的，内孔直径逐渐扩大，以容纳转子和叶片。

3. 双喇叭型汽缸

如图 6-21(c)所示，为双分流式汽轮机 WK 型的汽缸，蒸汽由汽缸中部进入，然后流入双向排汽的汽缸，汽缸的内腔中间直径小，两端直径大。

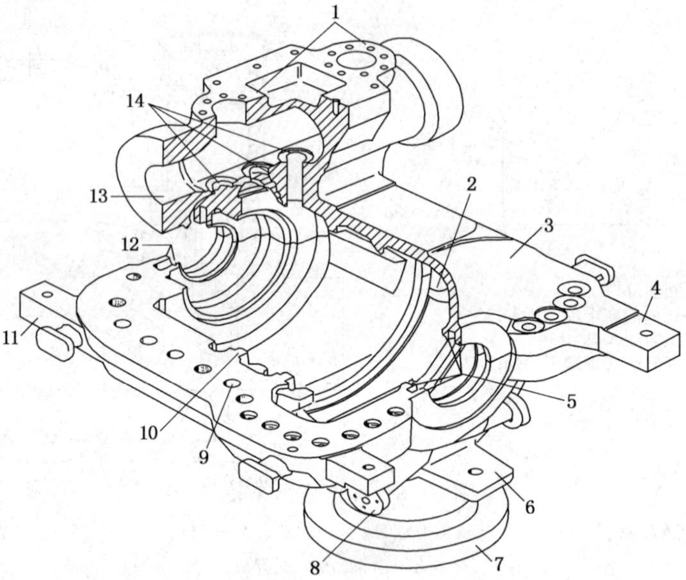

图 6-20 汽缸(背压式)

1—调节汽阀阀孔；2—导叶持环定位块；3—排汽缸；4—排汽缸上猫爪；5—后汽封洼窝；6—与后座架连接(偏心销)；7—排汽法兰；8—汽封抽汽管；9—中分面螺孔；10—导叶持环洼窝；11—前汽缸下猫爪；12—前汽封洼窝；13—新汽进口；14—调节汽阀阀座

6.4.5 汽封

在汽轮机中动静部分、各级之间存在漏汽的可能，为了减少漏汽损失，提高汽轮机经济

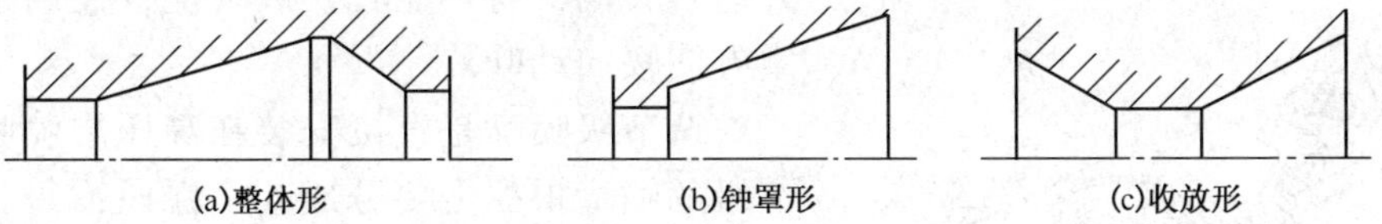

图 2-21 汽缸内腔形状

性，就必须在合适的部位设置汽封。

1. 前、后汽封

按其安装位置分为前汽封和后汽封；按用途分为内汽封、外汽封、正压汽封和负压汽封；按汽封齿结构分为三种形式，见图 6-22 所示。

汽封环上嵌有汽封齿，它与轴上的轴封齿(或曲径)一起组成互不接触的迷宫式汽封结构，在转动的轴与外缸间起密封作用，其密封原理是通过压力能转换成流动速度，继而把动能以涡流而耗散，但是在互不接触的汽封齿间隙中小量漏泄仍是不可避免的。汽封环做成两半对分，中分面要保证密合，轴向相对位置精确定位。汽封齿材料为不锈钢，用断面为方形钢丝沿圆周方向压入汽封环的槽中。

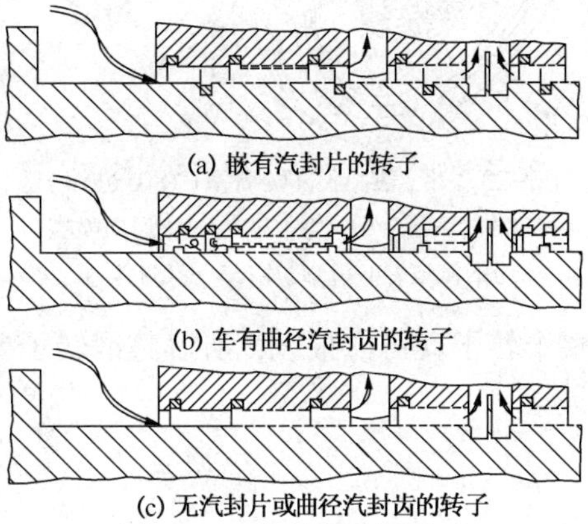

图 6-22 汽封齿结构形式

2. 正压汽封

在正压段汽封环中，绝大部分漏汽从其中间区域被抽出，只有少量的蒸汽通过汽封环的冒汽管排向大气，在装汽封冒汽管的位置处，转子上车有一薄薄的园盘，在旋转时由于离心作用，它会把汽封环末端的空气及泄漏的蒸汽甩向汽封冒汽管，从而可防止汽封内漏出的汽冲进对面的轴承座中去，污染润滑油。

3. 负压汽封

负压汽封环的作用在于阻止空气进入汽缸，在其抽吸蒸汽口处须输入一股比大气压稍高的蒸汽流，这股密封蒸汽可分为两部分，一部分流入汽缸，另一部分通过汽封管逸入大气中，从而阻止空气进入排汽缸。排水：在汽封体的最低处开有一孔，从而有效地排除汽封体中的积水。

4. 内汽封

用于抽汽汽轮机中的两个膨胀段之间的密封，该汽封前后的压差，将平衡蒸汽力在叶片通道上所产生的轴向推力，因此，汽封齿的中径根据这一推力大小来确定。

6.4.6 喷嘴室

喷嘴室包括喷嘴组和与汽轮机转子平衡活塞相对应的汽封体，汽封体是由镶入的汽封片所组成的迷宫式密封体，蒸汽通过外缸阀门进入喷嘴室，通过能活动的角形密封环来隔绝汽流直接进入汽缸内部，见图 6-23。

喷嘴室固定在外缸内的相应支承面上，通过汽封体上的凹槽与喷嘴室内的槽道相配，使喷嘴室既能轴向又能径向地保持其必需位置。喷嘴室主要作用是使通过喷嘴的蒸汽流降压、

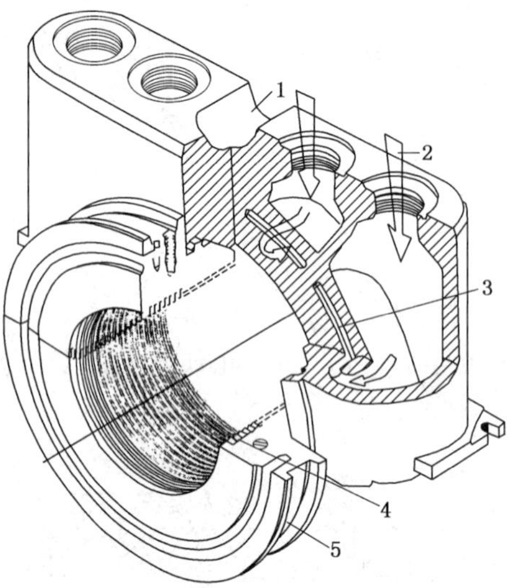

图 6-23　带汽封环的喷嘴室（180°进汽）

1—超载荷汽道；2—汽流方向；3—通向喷嘴组的汽道；4—汽封片；5—汽封体

升速、转向，将热能转换成动能，使高速气流按一定方向喷向动叶片。

调节级喷嘴是直接安装在高压缸喷嘴室上，调节级的喷嘴根据需要分成几个弧段，每一个喷嘴弧段由一个调节汽阀控制。

6.4.7　转子

转子是用来安装叶片和其他元件，并作高速旋转，传递力矩，向外输出机械功以驱动各种机械的部件。目前通常采用是整锻式转子，其轴与轮鼓成一体用同一材料整体锻造、加工而成。

整锻式转子的优点是轮鼓受力优于套装轮盘，在运行中无轮盘与轴间松脱的问题，强度好，结构紧凑，省去了轮盘套装的工艺过程。但整锻转子的直径不宜过大，若直径大了就不容易保证锻件的质量，一般整锻转子的直径不超过 1~1.10m。此外，若在加工制造过程中某道工序出了差错，价格昂贵的整个转子就可能报废，所以整锻转子要求制造技术很高，见图 6-24。

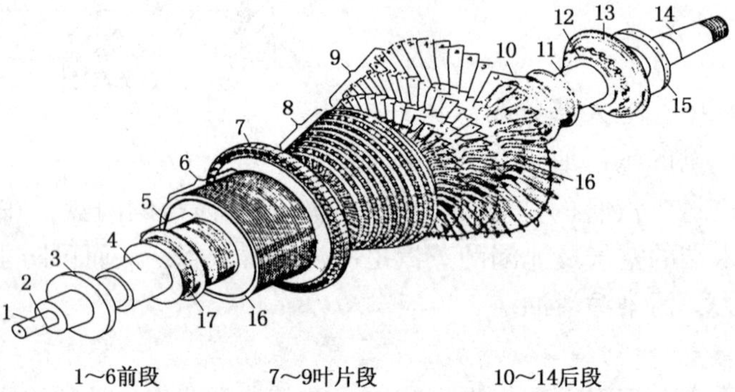

图 6-24　凝汽式汽轮机转子

1—危急遮断器孔；2—轴向位移遮断凸肩；3—推力盘；4—前轴颈档；5—前汽封段；6—内汽封段；7—调节级；8—转鼓段；9—低压段；10—后汽封；11—后轴颈档；12—盘车棘轮；3—盘车用油涡轮；14—联轴器档；15—后平衡面；16—主平衡面；17—前平衡面

6.4.8　危急遮断器

危急遮断器是汽轮机保安系统的重要组成部分，其结构见图 6-25。当汽轮机转速超过最高连续转速的 9%~11%，危急遮断器飞锤击出，打在危急保安装置拉钩上，危急保安装置动作切断速关阀，使速关阀关闭，迫使汽轮机停机。

在汽轮机转子的前部钻有径向孔，装有两只导向环，上端一只用螺纹套筒压住，下面一只由弹簧压住，两导向环中装有被弹簧压住的飞锤，飞锤中有一只销钉螺栓旋入螺纹套筒使销钉不致脱落且始终偏向一侧，当转速达到规定动作转速时，飞锤和销钉的离心力克服弹簧力而使飞锤击出，飞锤打在危急保安装置的拉钩上，引起速关阀关闭，从而达到紧急停机的目的。

6.4.9　调节汽阀

调节汽阀用以调节进入蒸汽流量，使其与汽轮机负荷相适应，见图 6-26，各阀碟按顺序逐一开和闭，阀座内孔光滑且具有一定型线以减少流动损失。各阀碟松动地悬挂在蒸汽室内的横梁上，横梁由两拉杆通过铰链与杠杆相接，杠杆由压力弹簧及调节系统的油动机支持在支板上，在停机时压力弹簧及蒸汽室中残留蒸汽将横梁处于最下位置，且将阀碟压合在阀座上。油动机活塞上下移动，拉动杠杆的前端，杠杆后端上下提拉拉杆及横梁，横梁带动阀碟开闭汽阀。

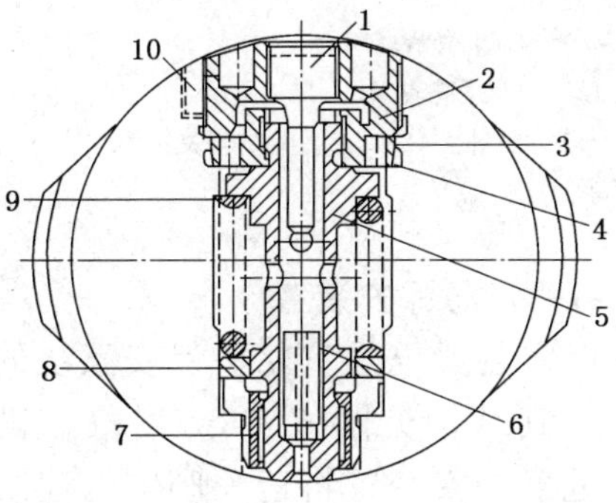

图 6-25　危急遮断器

1—螺栓；2—螺纹套筒；3—导向片；4—导向环；5—飞锤；6—销；7—导向片；8—导向环；9—弹簧；10—螺钉

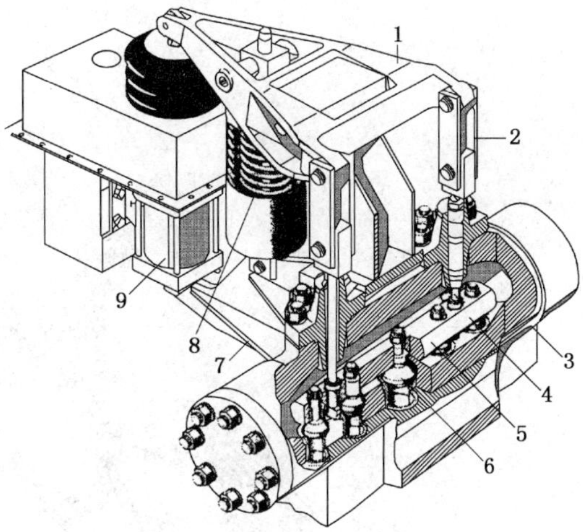

图 6-26　调节汽阀

1—杠杆；2—条板；3—蒸汽室；4—拉杆；5—横梁；6—阀碟；7—支板；8—压力弹簧；9—油动机

6.4.10　速关阀

速关阀是新蒸汽管道和汽轮机之间的主要关闭阀，在汽轮机运行中出现故障时能在很短的时间内切断进汽，与危急保安装置联动，对转子发生超速和过量的轴向位移自动作出最快的停机反应，见图 6-27。

速关阀分为蒸汽通道部分和油通道部分。蒸汽通道部分：新蒸汽经滤网进入主阀阀碟，主阀阀碟与卸荷阀阀碟相连接，卸荷阀阀碟较小，开启力则小，可减少油动机活塞尺寸。待卸荷阀开启后，主阀阀碟前后压力基本上平衡，卸荷阀开足行程后即可轻而易举地带动主阀阀碟开启，蒸汽流入汽缸。阀杆与衬套筒间有汽封槽，且相配密合，少量泄漏蒸汽通过口排出，防止蒸汽漏入右端的油缸。油通道部分：来自启动装置的压力油流口进入活塞右端，克服弹簧的力，使活塞左移与活塞盘相密合，这时启动装置出来的速关油流口流入活塞盘左端，速关油压将活塞盘连同活塞一起推向右端，卸荷阀阀碟及主阀阀碟相继打开，同时活塞右端的压力油和启动装置的回油口相通。如果危急保安装置动作，活塞盘左端速关油压迅速下降，活塞盘在弹簧力作用下立刻推向左端，阀杆带动阀碟切断蒸汽。试验活塞是为检验速关功能可靠性而设置的。在阀碟开启后，如压力油通过二位三通阀进入试验活塞右端，使试验活塞同活塞一起推向左端，使阀碟向关闭方向移动。

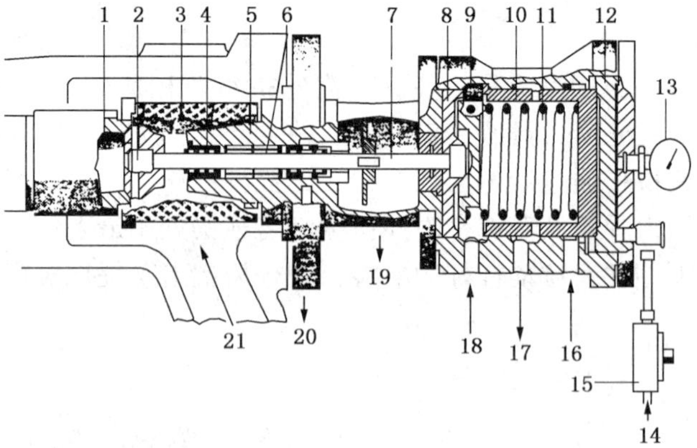

图 6-27 速关阀

1—阀碟；2—卸荷阀碟；3—蒸汽滤网；4—衬套；5—阀盖；6—套筒；7—阀杆；8—活塞盘；9—弹簧盘；10—活塞；11—弹簧；12—试验活塞；13—压力表；14—试验油；15—二位三通阀；16—活塞右压力油；17—回油；18—活塞盘左速关；19—疏水；20—漏汽；21—新蒸汽

6.4.11 危急保安装置

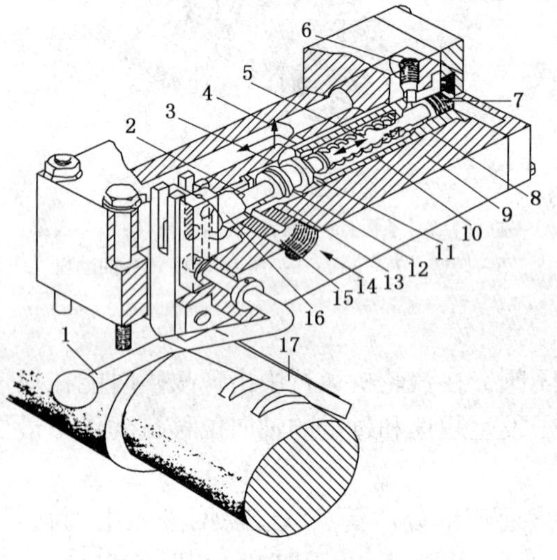

图 6-28 危急保安装置

1—杠杆；2—活塞环形腔室；3—回油口；4—通向速关阀的油口；5—滑阀；6—从危急遮断器试验滑阀来的压力油；7—活塞；8—套筒；9—壳体；10—弹簧；11、12—控制凸肩；13—套筒；14—压力油；15—节流孔板；16—活塞；17—拉钩

危急保安装置也是汽轮机保安系统的重要组成部分，其结构见图 6-28。当汽轮机出现故障时，危急保安装置将速关阀中的速关油泄掉，使速关阀关闭，切断蒸汽进入汽轮机。危急保安装置装在前轴承座上，滑阀可在套筒及中水平平移，滑阀上有两支凸肩分别与套筒及凸肩相贴合，起切断或接通油路作用。危急保安装置未工作时，弹簧将滑阀推向左面，与套筒端面贴合。滑阀左端是活塞与拉钩相连接，拉钩下端在转子两凸肩之间。在压力油从口经节流孔板成为速关油后，进入危急保安装置腔室，由于控制凸肩面积大于活塞面积，所以速关油克服弹簧力将活塞推向右端，使控制凸肩与套筒端面贴合，这样回油被切断，而速关油经口流出壳体，通过启动装置进入速关阀。如果危急保安装置的油压下降，则弹簧力把滑阀推向套筒的端面，使进油切断，速关油与回油口接通，则将速关阀关阀。在危急保安装置之前有危急遮断器试验滑阀，用以在汽轮机运行时对危急遮断器进行检验，注意在试验结束后，必须使危急遮断器试验滑阀复位，以便使危急保安装置投入运行，否则压力油由口进入活塞右端，始终使滑阀推向左端而不能正常投运。

6.5　蒸汽轮机辅助系统

6.5.1　调速系统

1. 伍德瓦特 PG-PL 型机械式液压调速器的调速系统

1）功能

当汽轮机采用伍德瓦特调速器时，调速系统是一种无差调节系统，即只要给定值不变，则无论负荷变化与否，机组转速部保持不变，调节器的输出通过放大器形成控制油动机的二次油。伍德瓦特调速器一般采用 PG-PL 型，它的调速范围在 250~1000r/min。

2）作用原理

调速器是由一个与汽轮机转速成比例的轴所驱动。转速的调节有气动或手动两种方式，即可在现场手动调节，也可远程气动调节。当选择气动凋节时，最小气动信号(一般是 0.02MPa)与汽轮机最低运行转速相对应，气动信号与汽轮机转速之间的比例关系是可以调整的；当选择手动调节时，气动信号须切断或限定在最小值。调速器杠杆是可转动的支承，在启动装置的下端。调速器的输出(位移)作用于杠杆的一端，相应在杠杆另一端的放大器套筒也就产生对应的位移，这样，放大器套筒和随动活塞之间的回油窗口开度就有了变化，也就是二次油压有了变化，二次油压通过阻尼器引入油动机的错油门中，并由其控制调节汽阀的开度。如果转速降低，则放大器套筒下移，二次油的回油窗口开度减小。二次油压的变化量取决于随动活塞的位移量及弹簧的特性，二次油压与随动活塞位移之间存着近似的比例关系。

3）基本组成

PG-PL 型调速器的调速系统主要由供油系统，给定装置，控制、缓冲系统及油动机组成，图 6-29 所示。供油系统包括齿轮油泵及蓄能器，齿轮油泵由汽轮机主轴驱动，将高压油压入高压油管路，同时，高压油通入蓄能器。蓄能器活塞上部装有弹簧，侧面有一个回油口，当压力过多时，油压推动活塞上移，直到打开侧面油口，部分压力油泄出回油箱，使得压力油不至于很高。蓄能器的另一个作用是当系统瞬时用较大油量时，由蓄能器来补充。给定装置由手动转速给定机构、波纹管、转速给定控制滑阀、套筒及调速继动活塞组成。手动或气动信号输入后，控制滑阀在旋转的套筒中上、下移动，使调速继动活塞上部油腔中的油流出或注入，通过继动活塞的上、下移动来实现给定位的调整，同时，通过调速继动活塞上、下移动，反馈杠杆使转速给定控制滑阀复位，以封住控制油口Ⅰ。

控制、缓冲系统由飞锤、控制滑阀、缓冲活塞及弹簧补偿针阀等组成。当转速给定控制滑阀在中间位置时，正好封住由汽轮机主轴带动的错油门套筒上的控制油，当转速给定控制滑阀由于汽轮机转速变化或调速继动活塞位置变化而上、下移动时，控制压力油进入或流出油动机活塞的上部腔室，使油动机活塞上下移动，以达到控制汽轮机转速的目的。缓冲系统的作用是使机组运行稳定，在调节过程中起缓冲作用，以免调节量过大而产生振荡。油动机是调速器的输出执行机构，在工业汽轮机中，调速器的输出不足以推动汽轮机调节阀，还需通过汽轮机上的液压放大机构，去改变调节阀升程。

4）动作过程

图 6-30 所示的是在汽轮机转速恒定工况下，调速器的基本组成元件和转速给定机构的

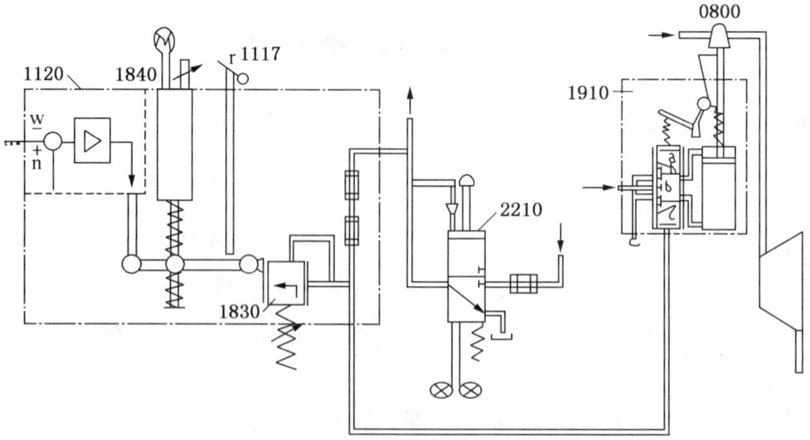

图 6-29　带伍德瓦特调速器的调速系统图

0800—调节汽阀；1117—加速器；1120—伍德瓦特调节器；1830—放大器；
1840—启动装置；1910—油动机；2210—危急保安装置

原理图及其相互位置关系，下面叙述调速器稳定转速的原理和作用过程。

波纹管是感受气压信号的敏感元件，当输入气压增高(即提高给定转速)引起波纹管压缩，从而使转速给定控制滑阀向下移动，打开控制油口Ⅰ，压力油流入调速继动活塞的上油室，推动调速继动活塞向下移动，增大了调速器的转速给定值。

当转速给定控制滑阀下移时，带动连杆，使以滚动轴承为支点的反馈杠杆发生转动，增大悬挂在反馈杠杆上的反馈弹簧的张力，当反馈弹簧的提升力等于气压信号的向下作用力时，转速给定控制滑阀将恢复它的中心位置，使控制油口Ⅰ关闭。调速器转速给定值的增大，将使调速器弹簧向下作用力也同时增大，从而使飞锤收缩，导致转速给定控制滑阀向下移动，控制油口Ⅱ打开，压力油进到缓冲器活塞左侧，使缓冲器活塞向右移动，并将同等体积的油量排入油动机活塞下部，推动油动机活塞向上移动。伍德瓦特输出的位移通过汽轮机上调节系统中杠杆减小随动活塞的进油量，使液压调节器的二次油压增加，从而开大汽轮机调节阀，使汽轮机转速升高。当缓冲器活塞向右方向移动的同时，活塞右侧的弹簧被压缩，而左侧的弹簧则被放松，这时活塞左侧的油压将暂时高于右侧的油压。在油动机活塞与缓冲器活塞产生位移的同时，缓冲器活塞两侧的压力差将作用在补偿活塞的上下补偿面，补偿活塞下部压力高于上部，因而将产生一向上的作用力，缓冲器活塞两侧的压力差将不断增大，直至它与飞锤离心力的合力与调速器给定弹簧的作用力相平衡，此时它将使控制滑阀重新关闭其套筒上的控制油口Ⅱ，并使飞锤恢复到垂直位置。控制油口Ⅱ关闭后，油动机活塞将停止运行并停留在一个新的位置上，这一位置与汽轮机在新的较高转速下运转所需的进汽量相对应，此时，汽轮机将继续升速，调速器向新的转速给定值跟随。由于汽轮机的加速，使得飞锤的离心力逐渐增加到某一较高的值，同时在升速过程中，补偿针阀泄油而使两侧的油压得到平衡，因而补偿活塞上下油压差逐渐减至零，如果针阀的开度整定得恰到好处，使得油压差在补偿面上力的减少恰好等于离心力的增大，则飞锤将保持其垂直位置，控制滑阀始终将控制油口Ⅱ关闭，油动机活塞在新的工作位置保持不变。在缓冲器活塞两侧压逐渐平衡过程中，由于缓冲弹簧的作用，缓冲器活塞逐渐恢复中间位置，这样汽轮机将在新的较高的转

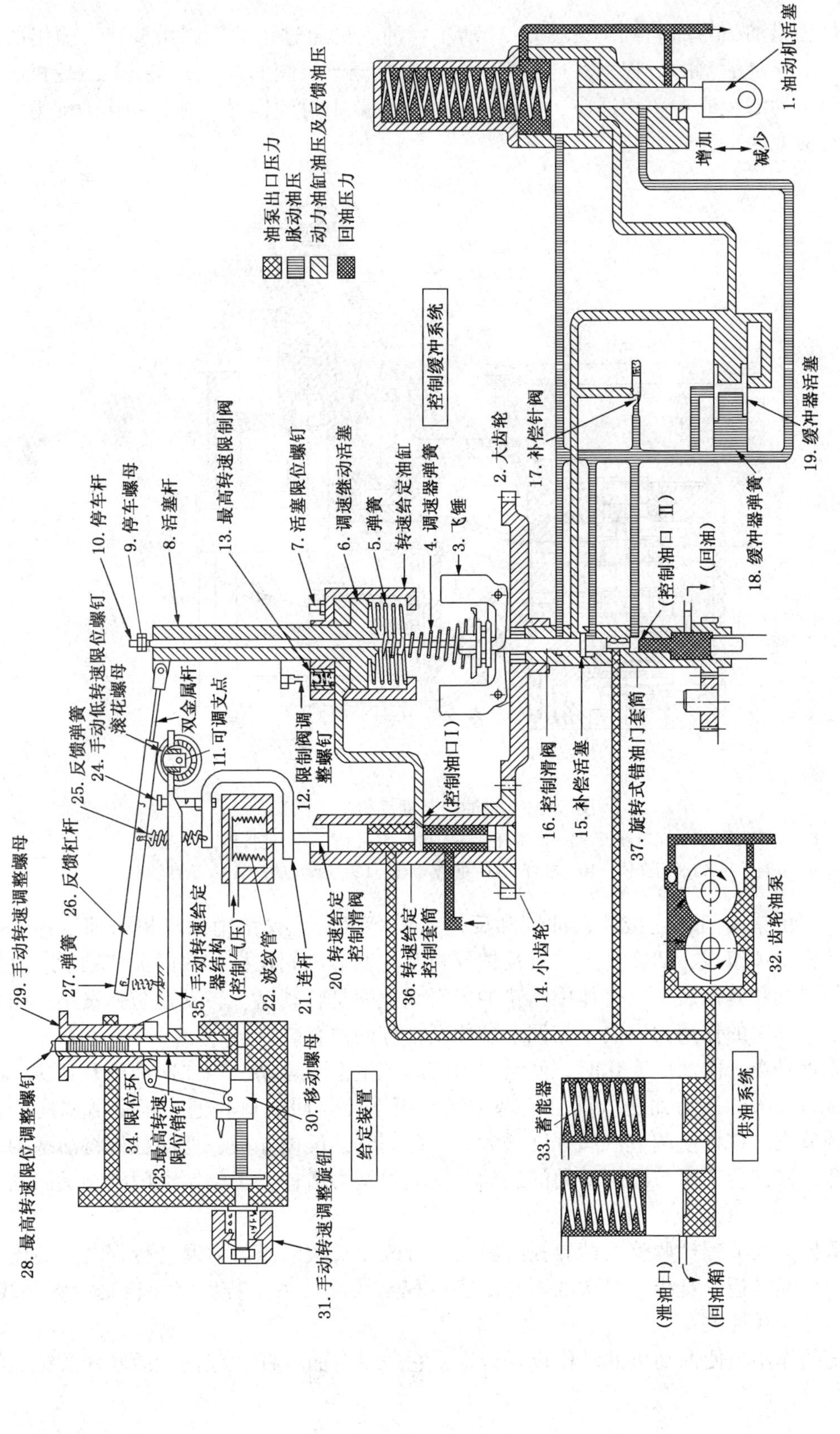

图 6-30　PG-PL 型调速器的原理图

速和较大的流量下稳定运行。

4）主要部件

主要部件为错油门与油动机，见图 6-31 所示，油动机通过错油门将由调速器输出的二次油信号转换成油缸活塞的行程，并通过杠杆系统操纵调节汽阀的开度，使进入汽轮机的蒸汽流量与所要求的流量或功率相适应，错油门从二次油路中得到信号，并控制作为动力的压力油进入油缸活塞的上腔或下腔。

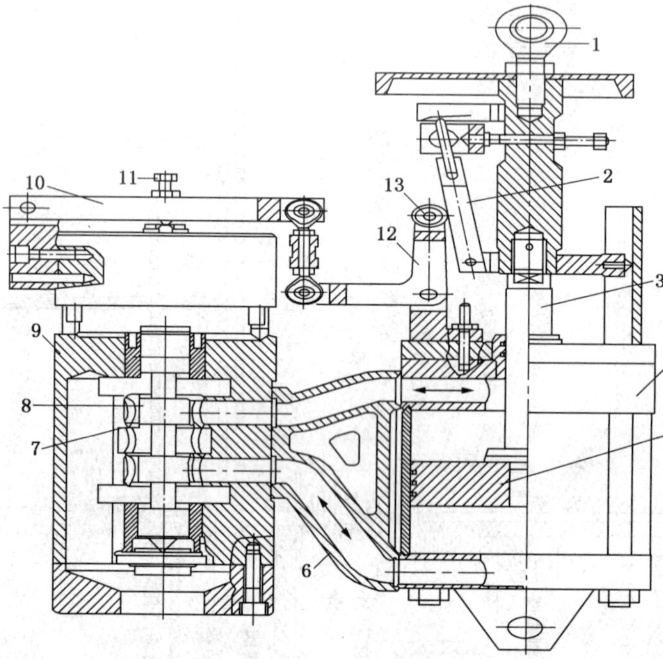

图 6-31 错油门与油动机

1—关节轴承；2—反馈导板；3—活塞杆；4—油缸；5—活塞；6—连接体；7—套筒；8—滑阀；9—错油门壳体；10—杠杆；11—调整螺栓；12—弯角杠杆；13—滚针轴承

油动机主要由错油门、连接体、油缸和反馈系统等组成，双作用油动机由油缸体、活塞、活塞杆及密封体组成，活塞杆上装有反馈导板及与调节汽阀杠杆相接的关节轴承。

错油门的滑阀和套筒装在其壳体中，错油门滑阀上端是转动盘，转动盘与弹簧座之间装有推力球轴承，弹簧的作用力取决于与调节螺栓及杠杆的位置。

其工作原理是当二次油压变化时，使错油门滑阀产生上下运动，当二次油压升高时，滑阀上移，由接口通入的压力油进入油缸活塞上腔，而下腔与回油口相通，于是活塞向下移动，并通过调节汽阀杠杆使调节汽阀开度增大。与此同时，反馈导板、弯曲杠杆将活塞的运动传递给杠杆，杠杆便产生与滑阀反向的运动使反馈弹簧力增加，于是错油门滑阀返回到中间位置。

通过活塞杆上调节螺栓调整反馈导板的斜度，可改变二次油压与活塞杆行程之间的比例关系。图示的反馈导板是直线，二次油压与活塞行程是线性关系。若反馈导板是特殊型线，则两者也可以是非线性关系。

反馈系统的作用是使油动机的动作过程稳定，它通过弯曲杠杆、杠杆、活塞杆及错油门滑阀构成反馈环节。弯曲杠杆一端的滚针轴承顶在反馈导板上，另一端和受弹簧作用的杠杆、调节螺栓连接。

2. 伍德瓦特 505 型电子调速器的调速系统

随着计算技术的发展，汽轮机控制系统技术得到了迅速发展，出现了以微电子技术为基础的电子调速系统，其具有非常高的控制精度与灵敏度。

1）组成与作用原理

电子调速系统主要由转速传感器、数字式调速器、电液转换器 I/H、油动机和调节汽阀组成，见图 6-32 所示。调速器接受来自二个转速传感器变送的汽轮机转速信号，将接收到的转速信号与转速设定值进行比较后输出 4～20mA 的电信号给电液转换器，再经电液转换器转换成二次油压，二次油通过油动机操纵调节汽阀。数字式调速器的转速设定值接受外部信号控制，即实现转速远程调节。

2）关键设备

电子调速系统中的关键设备为电子调速器和电液转换器等。

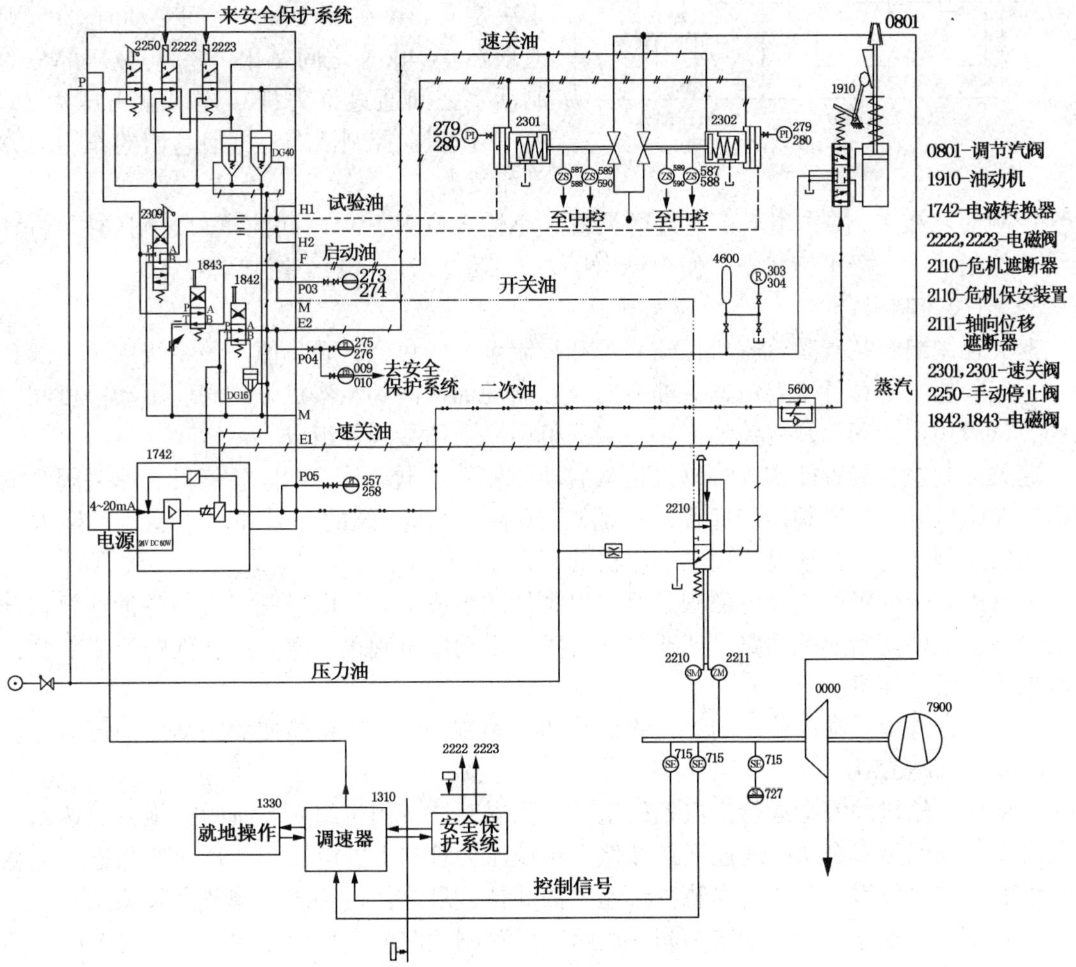

图 6-32　电子调速器调速系统图

（1）伍德瓦特505调节器　目前使用最多的是美国伍德瓦特公司生产的505型调节器，505调速器具有两个独立的控制通道——转速/负荷和附加调节器，由于这两个回路的输出与另外一个通道阀位限制器的信号低，505调速器采用了数字式信号低选总线LSS，LSS的输出将直接设定执行机构驱动器输出的位置。除了这两个通道外，转速/负荷回路还能受控于另一个调节器，即串级调节器，串级调节器串接在转速调节器中，因此，由串级调节器的输出直接改变转速调节器的基准值。附加调节器可作为控制通道也可作为限制通道。所有这三个PID调节器都可以选择模拟输入信号来遥控调整它们的基准值。

505调速器的附加功能包括频率控制、同步负荷分配、规避临界转速、暖机/额定转速控制和顺序自动启动，除外还有两个能采用ModBus协议来监视和控制汽轮机运行的串行通信口。

（2）电液转换器　目前应用较多的电液转换器为德国VOITH公司生产的I/P Converter E360型产品，E360的控制原理如图6-33所示，它由电磁控制阀与液压部分两部分构成。

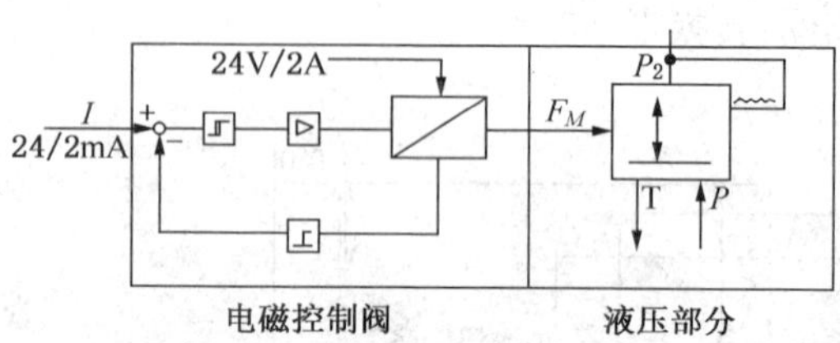

图6-33　E360控制原理图

通过一个二位式调节器，测量出电磁力F_M并把F_M调节到设定值。F_M的大小由控制信号Ⅰ决定，当Ⅰ在4~20mA之间变动时，F_M则相应地在0~400N之间变化，F_M与液压部分的控制活塞之间通过推力杆相连。输出压力P_2与F_M都作用在控制活塞上，但它们的作用力方向是相反的。

控制活塞在F_M的作用下，通过增大或减小输入压力P口与回油T口之间的控制角度，最终使控制活塞处于平衡状态，使得输出压力P_2始终对应于某个控制信号Ⅰ。

3）速关控制组合

速关控制组合装置是汽轮机保安系统和控制系统的集合，它将原来该系统中单个部套组合在一起。速关组合件主要由速关油换向阀、启动油换向阀、停机电磁阀、手动停机阀、速关阀、试验用手动阀以及速关油回路上和停机回路上插装阀等组成。

速关控制组合装置能实现汽轮机正常启动与停机、电动与手动紧急停机、速关阀和危急遮断器在线试验。电磁阀还能远程操作抽汽（或补汽）速关阀的开启和关闭。为了增加安全性，速关控制组合装置还设置了电动停机的冗余系统。

电磁阀冗余配置的先导电磁阀是速关组合件的组成部分。电磁阀接收到各种外部综合停机信号后，立即切断速关油路，使速关阀关闭。手动停机阀也是速关组合件的组成部分，用于就地手动紧急停机。

速关组合件上手动试验阀用于在线试验速关阀是否卡涩，检验速关阀动作的灵活性。

6.5.2　保安系统

为保证汽轮机的安全运行，汽轮机组设有保安系统，当机组所有跳闸连锁参数达到控制参数时，连锁回路就会切断或连通装在保安系统压力管路上的电磁阀，从而切断进入危急保安装置的压力油，引起危急保安装置将速关油卸掉，最终使速关阀和调节汽阀关闭。

保安系统的油路与调速系统为同一油路，即跳闸油路的油压建立起来后，速关阀包括抽汽速关阀才能挂闸和启动汽轮机。汽轮机在正常运行中，保安系统油路一直保持有高压油，当保安系统中任何一个部件动作，都使保安系统油路的油压突然降低，使速关阀在弹簧力的作用下迅速关闭。

保安系统主要由危急遮断器、润滑油压力控制器、危急保安装置和电磁阀以及手动卸油阀等组成。前面已介绍了危急遮断器和危急保安装置，这里只介绍润滑油压力控制器，其结构见图 6-34。

1. 润滑油压力控制器作用

当轴承压力不足时，控制器动作使汽轮机停机，按汽轮机装置的设备配置情况，承油压下降而控制器动作之前，接通辅助油泵或润滑油泵。

2. 润滑油压力控制器的工作原理

当轴承油压足够时，管接头 d 处的油压克服滑阀的自重和弹簧的作用力，使滑阀移至图中所示的上部位置，压力油(a)通过管接头到速关阀，漏至弹簧腔室的油通过滑阀中的小孔回至排油管接头 c 处。

当轴承油压下降时，由于弹簧力作用使滑阀下移，封住通往速关阀压力油，并使从管接头 a 处来的油流入排油管接头 c 处，使汽轮机立即停机。

电磁阀是用来改变速关油流向的阀门，有定型产品，目前使用最多的是 DF31 型两位三通电磁阀。

对于手动卸油阀，是在危急时刻，通过手动的方式将速关油泄掉，实现速关阀关闭，确保机组安全。

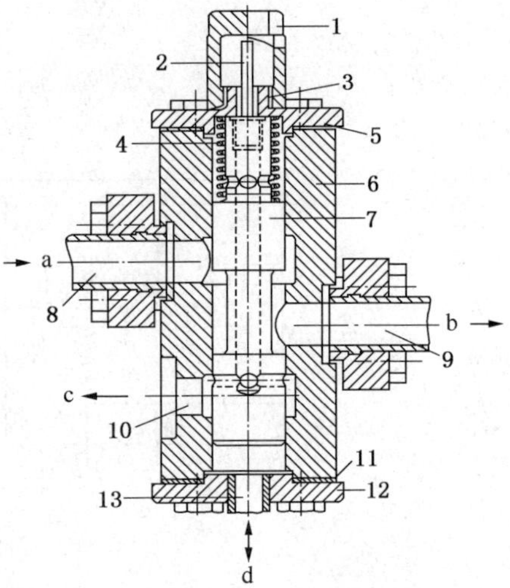

图 6-34　润滑油压控制器

1—罩盖螺母；2—销；3—盖；4—弹簧；5—填料；6—壳体；7—滑阀；8，9—管接头；10—排油口；11—填料；12—盖板；13—管接头 a—压

力油；c—排油；d—轴承油

6.5.3　润滑油路系统

润滑油路的作用就是保证汽轮机轴承的润滑、冷却所需的供油。过滤后的高压油经压力调节器(节流阀)减压后，并将油压稳定在设计值，并通过油管路将油输送到汽轮机及被拖动机械和齿轮箱的各轴承、齿轮啮合处以及联轴器等处。润滑油路上装有压力表及压力开关。润滑油压的正常值一般为 0.08~0.17MPa，当润滑油低于或等于设计值下限时，压力开关报警并启动辅助油泵，当油压等于或低于设计停机值时，通过保安系统关闭速关阀，使机组停机。使用过的润滑油流到回油管与调节系统的回油一起回到油箱。在工业汽轮机被拖动机械和齿轮箱的主轴回油管上装有回油窥视镜和温度计。轴承的进油温度一般在 42~45℃范围内，如果其中任一轴承的润滑油回油温度为进油温度值加 15~25℃则要控制，进油温度加上 28~38℃，则机组必须报警。

6.5.4　抽汽压力调节系统

调压器使抽汽压力按其调压特性线维持不变，调压器是隶属于调速器的外控设备，压力变送器作为测量值变送单元，将抽汽压力变换为相应的电量，并传送给接在它后向的电动调节器，后者产生调节信号并进行放大，见图 6-35。

电动调节器(PC)根据调节偏差(抽汽压力给定值与测量值的偏差)输出调节信号，触发伺服电机(M)控制器动作，两伺服电机按控制器的信号转动，并通过转动机构及杠杆，系统改变了放大器中随动活塞弹簧的作用力，从而引起二次油压改变，相应使调节汽阀开度增大或减小。当抽汽用量减少时，抽汽管道中压力升高，压力调节系统动作，使高压随动活塞弹簧放松，低压随动活塞弹簧拉紧，对应于上述变化，高压调节汽阀关小，低压调节汽阀开大，如因抽汽用量增加而使抽汽压力降低时，调节过程与上述相反。

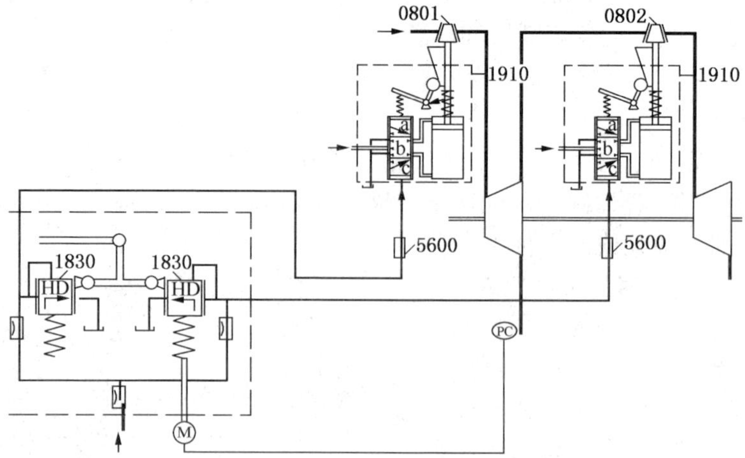

图 6-35　带电调节器的抽汽自治阀调节系统图

0801(0802)—调节汽阀；1830—放大器；

1910—油动机；5600—阻尼器

对自治调节系统而言，调节抽汽时，汽轮机高低压缸功率也相应改变，但总功率却保持不变，基于此原因，自治调节的抽汽式汽轮机也可以在无频率控制的情况下单机运行。

习　题

6-1　简述蒸汽轮机的原理与分类，冲动式汽轮机和反动式汽轮机在原理上有何区别？

6-2　叙述多级冲动式汽轮机的结构组成。

6-3　如何对工业汽轮机的进行调节？

6-4　试述径向和推力轴承的结构和工作原理。

6-5　什么是油膜振荡？有何特点？防止的办法有哪些？

6-6　蒸汽轮机的辅助系统有哪些？各自的组成部分是什么？是如何作用的？

6-7　简述伍德瓦特机械式调节器和电子式调速器的调速系统。

第7章 烟气轮机

7.1 概　　述

烟气轮机(又称烟气透平)是以烟气为工质，将工质的热能和压力能转变为机械能的原动机。烟气轮机在石油炼厂流化催化裂化装置再生烟气能量回收系统中已得到广泛的应用，是应用于石油加工企业催化裂化装置的关键节能设备，以生产过程中产生的高温废烟气为介质，膨胀输出轴功，驱动主风机或带动发电机发电，具有显著的节能和环保效益。

催化裂化装置是把重质油转化为高辛烷值汽油、石油化工原料及其他轻质油的工艺装置。催化裂化装置的能耗约占整个石油炼厂能耗的25%左右，居全厂各装置的首位，是全厂节能的主攻方向。在催化裂化反应过程中，由于缩合反应和氢转移反应要生成高度缩合的产物——焦炭，焦炭沉积在催化剂表面上使催化剂的活性和选择性降低，因此必须输送具有一定风压、风量的空气到再生器中，将待再生催化剂表面上的焦炭烧去，使催化剂再生。催化剂再生后，由再生器排出的具有一定压力的高温烟气带走可回收的能量约为800MJ/t原料油，它占全装置能耗的26%左右。为了回收烟气带走的能量，目前普遍采用的措施是利用高温烟气，通过三级旋风分离器将其中的绝大部分催化剂颗粒除去后，进入烟气轮机膨胀作功，将其热能与压力能转变为机械功，驱动供风用的主风机或发电机发电。图7-1为某催化裂化装置再生烟气能量回收机组工艺流程示意图，为使机组投入运行工况，先用汽轮机或电动机启动主风机，当烟气轮机投入运行对外作功后，汽轮机可以补充烟气轮机作功，且带动发电机发电输至电网。经烟气轮机后所排出的烟气，再输送到余热锅炉给水加热，生产中压蒸汽，用于推动汽轮机作功。从余热锅炉出来的低热值烟气经烟囱最后排入大气。烟气轮机机组与燃气轮机机组相比，再生器相当于燃烧室，故烟气轮机运行不再消耗其他燃料。这

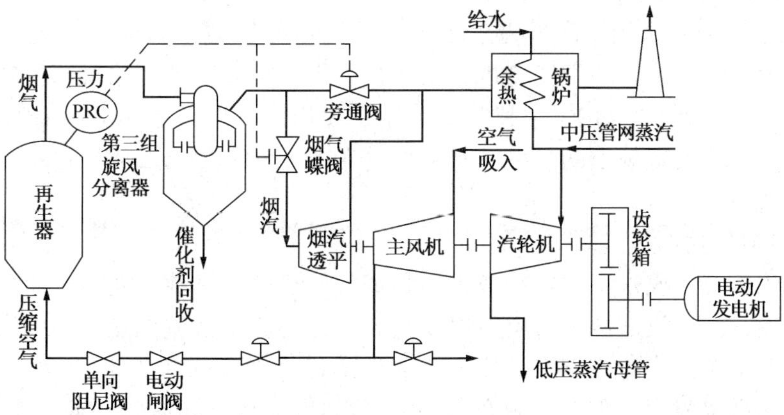

图7-1　催化裂化装置再生烟气能量回收机组工艺流程示意图

样，由再生器附带产生的高温烟气，一方面供烟气轮机膨胀作功；另一方面供锅炉给水加热，使烟气能量得到充分的回收和综合利用，获得了显著的经济效益。

美国在20世纪50年代初就着手研究能量回收技术，并于1963年开始工业化。从1963年至1976年，国外共建成13套。近年来，由于再生器工艺参数的提高和重油、渣油催化裂化工艺的开发，在装置上增设能量回收系统日益普遍。据1990年统计，世界上共有101套FCC能量回收系统，其中美国35套，我国36套。

20年来，兰州炼油化工总厂机械厂和中国石化北京设计院等单位通力合作，开展了高温合金材料、气－固两相流气动力学、结构设计、自动控制和制造工艺等多方面的研究，产品由单级发展到双级，功率由2000kW发展到15000kW，烟气轮机叶片的使用寿命一般达到2～3年，最长的可运行4～5年，其气动性能和机械性能均达到世界同类产品的先进水平。

我国烟气轮机制造技术已达国际领先水平，国家“十五”重大技术装备研制项目——由中石化集团工程建设公司、中石油集团兰州炼油化工机械厂联合研发的我国首台应用于高海拔地区的33000kW特大型烟气轮机，在兰州石化公司300万t/a重油催化裂化装置一次投运成功，该机的成功投运，不仅为提高我国炼油催化裂化技术水平提供了可靠的装备支撑，而且标志着我国烟气轮机制造技术已达国际领先水平。

目前GHH公司的技术比较成熟。20世纪70年代，我国研制完成了首台催化裂化装置YL3000型烟气轮机，1982年，我国又研制出YLII6000型大功率双级烟气轮机。目前，我国已生产YL型单、双级烟气轮机70余台，其输出功率范围为2000kW，生产烟气轮机总台数在世界名列第二，其中生产双级烟气轮机总台数名列首位。我国研制的烟气轮机使用寿命、振动值等性能指标与国外机组相当。目前，我国开发的YL33000AT和YL35000A烟气轮机，已应用于300～350万t/a重油催化裂化装置，该烟气轮机是国内功率最大的烟气轮机，能够满足现代催化裂化装置生产的需要，设计和制造水平与国外相当。

烟气轮机技术发展动向主要表现在以下几个方面。

1. 工艺参数和回收率的不断提高

60年代，烟气轮机处于工业化初期，从催化裂化装置的再生烟气中回收的动力倘不足以抵消主风机所消耗的动力，一般需补充5%～20%主风机功率，即烟气输出功率与主风机所需功率之比(简称回收率)为0.80～0.95。

70年代以来，由于采用了高温再生工艺，再生器的压力和温度有了进一步提高。烟气的可用焓降大大的增加，加之烟气轮机和主风机的效率提高，烟气轮机回收功率不但能满足主风机所需功率，还有5%～10%过剩动力可用于发电，回收率达1.05～1.10。随着催化裂化工艺技术的发展和装置规模的扩大，其动力回收率目前可达1.20以上，烟气轮机的单机额定功率已高达26110kW。

2. 提高材料的性能

在催化裂化装置的操作中，首要考虑的是烟气轮机的可靠性和使用寿命，为保证烟气轮机长周期连续运行，烟机部件的材料不仅要具有良好的高温机械性能，还应有良好的抗低周疲劳性能和高温抗腐蚀性能。烟气轮机主要部件的设计寿命通常为10万小时。在烟气轮机设计中要采用耐高温材料，但为了确保使用寿命和可靠性，还必须对轮盘表面喷冷却蒸汽降温。

3. 提高烟气轮机机组的效率

工艺参数提高后，单级烟气轮机已不能适应可用焓降的增加，而采用两级或更多级数的烟气轮机，以降低级的负荷，减少余速损失，使烟气轮机效率提高6%~10%。此外，多级烟机的采用，也降低了流道中的气流速度和对叶片的冲蚀作用。

轴流式主风机的效率通常比离心式主风机高10%左右，且运行可靠性高，风量大，宜与烟气轮机组合。如合理选配轴流主风机，则烟气轮机输出功率与主风机需要功率之比可达1.20~1.36。

4. 提高机组运行的可靠性

（1）完善自控和自保系统，以加强对机组运转情况的监控保护。美国Elliott公司近年研制成功了催化剂浓度激光在线检测仪，可安装在第三级分离器出口处，以及时显示烟气中催化剂含量的异常现象，为避免烟气轮机受到大量催化剂的严重冲蚀提供监控手段。

（2）对烟气轮机机组进行振动响应分析和转子动力学审核。

（3）利用电子计算机对机组及附属系统在启动、操作控制和各种事故状态下的动态特性进行计算和模拟分析，以预测机组的调节性能和抗事故干扰能力。

（4）开展催化剂沉积、冲蚀和工质腐蚀的研究。沉积、冲蚀和腐蚀会使质量分布失去均衡，导致流动损失增加和转子强烈振动，其研究工作目前尚处于初级阶段。

（5）烟气轮机直接发电技术的研究。烟气轮机直接发电可防止再生器供风系统与烟机系统相互干扰。

7.2　烟气轮机结构型式与组成

在烟气轮机中，烟气的能量转换为转轴上的机械功是通过静止的静叶(喷嘴)和旋转的动叶完成的。静叶和轮盘上装有动叶的工作轮是组成烟气轮机的最基本的工作单元，称为“级”。

7.2.1　烟气轮机分类

1. 按级数分

如果整台烟气轮机只有一个级，称为单级烟气轮机；如果整台烟气轮机包含有两个或两个以上的级，则称为两级或多级烟气轮机。

2. 按照烟气在级内流动方向分

通常把烟气轮机分为轴流式和径流式(或称向心式)。径流式适宜用于小功率场合。通常所见的是轴流式，因为轴流式容许流过较大的工质流量，结构上易做成多级型式，能够满足高膨胀比和大功率要求，效率又较高。此外，轴向进气可使烟气进入烟机时能稳定流动，以确保烟气中的催化剂颗粒均匀分布。避免径向进气的离心分离作用，产生颗粒集中的倾向，并减少入口压力损失。

烟气轮机的结构除要满足工质能量转换的要求外，还应适应高温(烟气入口温度一般为625~720℃)、高速(烟气轮机的转速一般为5000~6500r/min)和高速催化剂粉尘气流冲蚀的工艺要求。

图7-2、图7-3和图7-4分别是美国、德国和我国制造的几种典型的轴流式烟气轮机。

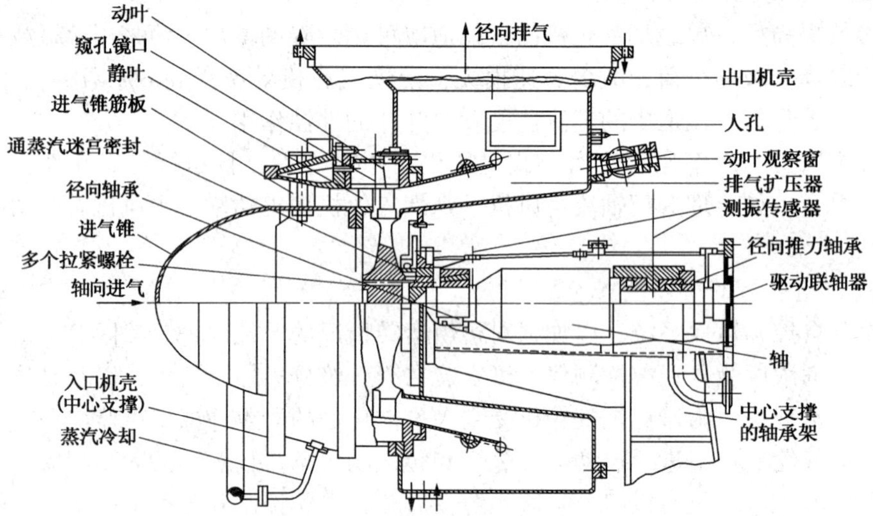

图 7-2　美国 Dresser-Rand 单级烟气轮机剖面图

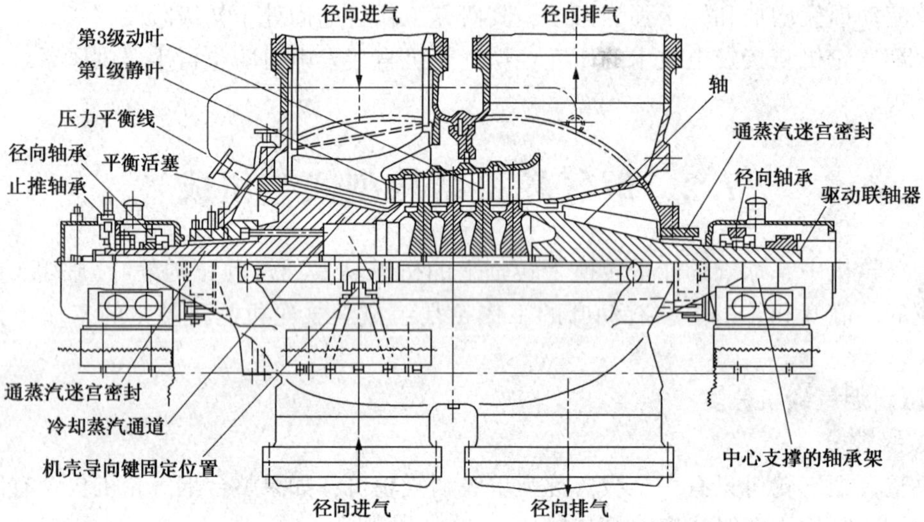

图 7-3　德国 MAN CHH 四级烟气轮机剖面图

7.2.2　结构基本组成

现以 YLⅡ型烟气轮机为例，说明烟气轮机的主要结构与系统的组成情况。

1. 转子组件

转子组件主要由一、二级轮盘和一、二级动叶片及主轴等组成。一、二级轮盘之间和两级轮盘与主轴之间，以止口定位，并热装在轴端；在考虑到轮盘和拉紧螺栓工作时的热膨胀变形等因素后，由具有足够预紧力的拉紧螺栓将轮盘和主轴联结固定，并用套筒传递扭矩。

2. 进气机壳

它主要由进气机壳、进气锥及一级静叶组件组成。一级静叶组件由一级静叶片和固定镶套组成一个组合件，用螺栓紧固在进气锥端部。在进气机壳上设有可调式辅助挠性支撑。

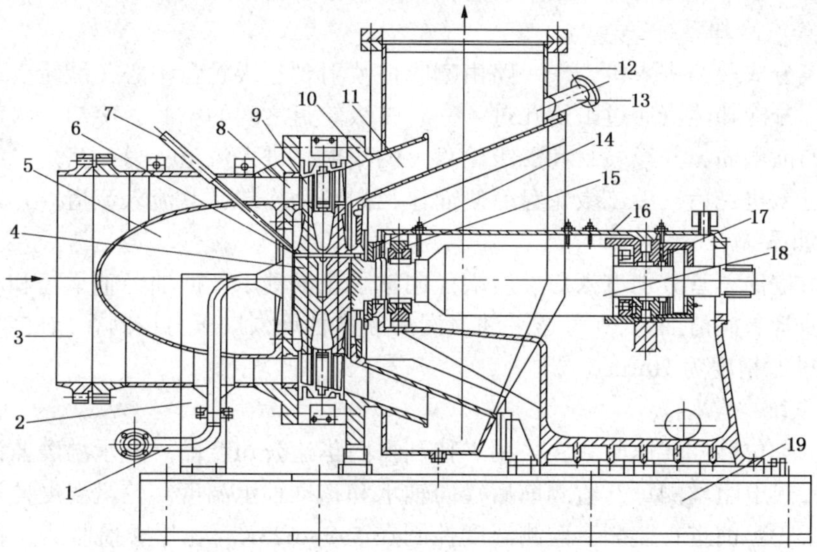

图 7-4　中国 YLII 型两级烟气轮机剖面图

1—冷却蒸汽管；2—挠性支撑；3—进气机壳；4—轮盘；5—进气罐；6—拉紧螺栓；
7—轮盘温度监测管；8—第一级静叶；9—第一级动叶；10—过渡机壳；11—扩压器；
12—排气机壳；13—动叶观察图；14—轴封；15—径向轴承；16—轴承箱；
17—径向止推轴承；18—主轴；19—底座

3. 过渡机壳

它主要由二级静叶环固定套、二级静叶环体和二级静叶片等组成。二级静叶片用 T 形叶根固定在二级静叶环体上。为防止漏气，二级静叶片组成的内环上有固定气封片。

4. 排气机壳

它由进出口法兰、扩压器及壳体组成，并用进口端法兰上的两个支耳和机体上的两个支耳支承在底座上。在进口端法兰上的两个支耳与底座支承面之间设置横向导键，在排气机壳的前端和后端设置纵向导键，以保证中心不变。

5. 轴承箱及轴承

轴承箱为水平剖分结构，由箱体和箱盖组成，其上装有轴承、油封和测转速、测轴振动探头，并接有轴承润滑油进、出口管线。轴承部件由两个径向轴承和一个轴向止推轴承组成。径向轴承用于承受转子径向质量载荷和振动载荷，而轴向止推轴承主要承受动叶与轮盘两侧存在的压力差和气体流经动叶时气流速度在轴向发生动量变化而产生的轴向力。径向轴承采用四油叶动压滑动轴承，主止推轴承为金斯伯雷或米契尔轴承，副止推轴承为米契尔轴承。

6. 轴封气路系统

为防止烟气和润滑油泄漏，要设置两种密封系统。

(1) 轴密封气路系统　转子与壳体之间的轴封，采用蒸汽和压缩空气两组迷宫密封。蒸汽封烟气压缩空气封蒸汽，且控制三者之间的压差，保证烟气不外泄。

（2）轴承密封气路系统　轴承箱盖和轴承箱体的前端，设有轴承密封气路系统，将净化的密封空气注入轴承箱盖前端的空气密封段，以防止润滑油泄漏。

7. 轮盘蒸汽冷却系统

冷却蒸汽分成两路进入机壳，一路由喇叭口喷射到一级轮盘中心，沿轮盘表面作径向流动，其中一部分冷却蒸汽通过平衡孔进入一、二级轮盘之间的空腔，冷却一级轮盘的后侧面和二级轮盘的前侧面，并经气封和二级轮盘上的喷射孔进入流道；另一路是二级轮盘后的轴端密封蒸汽进入机壳后，沿二级轮盘后侧面作径向流动冷却，并流入流道。

8. 润滑油系统

润滑油由进油总管分别进入前、后端径向轴承止推轴承，回油经轴承箱和润滑油出口管流回机组回油管。润滑油为 30 号透平油。润滑油进轴承入口压力控制在$(1.5\sim1.8)\times10^{-5}$Pa（表），要求过滤精度为 20μm。

9. 监测系统

轴振动、轴位移和转速监测，采用本特利·内华达公司产品。轴承温度监测，采用预埋在瓦块内的铂热电阻丝测量，监测前后径向轴承和止推轴承温度。轮盘温度监测，采用热电偶插入到一级轮盘前进行监测，监测温度控制在 593~623K。叶片磨损监测，在排气机壳上设有两个对称布置的观察口，可以安装频闪照相机，将运行中叶片的动态拍下来，判断叶片的磨损情况。

10. 底座

底座为焊接件，支承排气机壳的两个支座用水冷却，以保证机组的中心标高不变。

7.2.3　YL 型烟气轮机的型号编制

烟气轮机型号示例：

（1）单级烟气轮机

YL　3000　Ⅱ　A

- A——针对具体参数的设计顺序号（按英文字母顺序）
- Ⅱ——第二次改型设计
- 3000——名义额定功率（kW）
- YL——单级烟气轮机

（2）双级烟气轮机

YLⅡ　10000　B

- B——针对具体参数的设计顺序号（按英文字母顺序）
- 10000——名义额定功率（kW）
- YLⅡ——双级烟气轮机

7.3　烟气轮机的主要性能参数

通常应用以下参数来表示轴流式烟气轮机的工作性能，即

(1) 烟气进气温度 T_{in} 或 t_{in}；

(2) 烟气进气压力 p_{in}(绝)；

(3) 烟气排气压力 p_{out}(绝)；

(4) 烟气进口质量流量 G，它表示在单位时间内流进烟气轮机的烟气质量；

(5) 压力比 ε，它是烟气轮机进气压力 p_{in} 与排气压力 P_{out} 的比值；

(6) 转速 n，r/min；

(7) 效率 η，烟气轮机效率是各级有效功之和 $\sum H_e$ 与总等熵焓降 H_0^* 之比，即

$$\eta = \frac{\sum H_e}{H_0^*} \tag{7-1}$$

(8) 输出功率(或称回收功率)N。

按照式(4-41)和式(4-45)，输出功率可按下式计算：

$$N = GH_0^* \eta \tag{7-2}$$

式中　G——烟气质量流量，kg/s；

η——烟气轮机效率；

H_0^*——烟气轮机工质总等熵焓降，kJ/kg。

烟气轮机质量流量可按下式计算：

$$G = \frac{Q}{22.4} \cdot M \cdot \frac{1}{60}$$

式中　M——烟气相对分子质量，一般取 29.16；

Q——烟气容积流量，Nm^3/min。

输出功率估算时，效率 η 选取为：单级烟气轮机取 0.78，两级烟气轮机取 0.83，多级烟气轮机取 0.85。

总等熵焓降可按下式计算：

$$H_0^* = i_0^* - i_{2ad} = c'_p\, T_0^* \left[1 - \left(\frac{p_2}{p_0^*} \right)^{\frac{k-1}{k}} \right] \tag{7-3}$$

式中　k——烟气的绝热指数，一般取 1.303；

c'_p——烟气平均定压比热，一般取 1.23 kJ/kg·K；

T_0^*——烟气轮机首级进口截面的滞止温度，K；

p_0^*——烟气轮机首级进口截面的滞止压力，Pa；

p_2——烟气轮机末级出口截面的压力，Pa。

图 7-5 为某台烟气轮机的性能曲线，它反映输出功率与烟气进口压力、温度、质量流量间的关系。

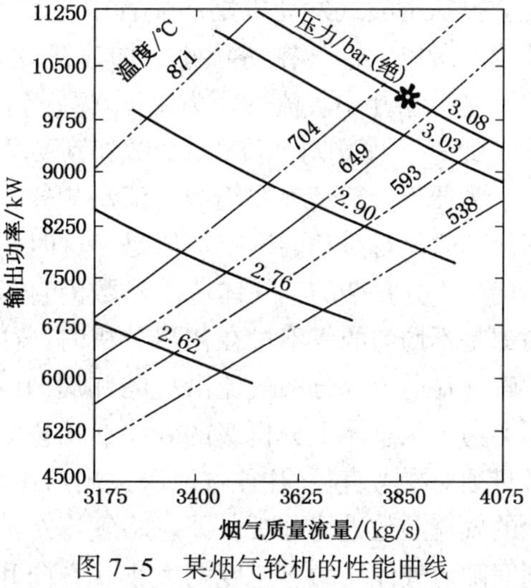

图 7-5　某烟气轮机的性能曲线

7.4 烟气轮机级的工作原理

烟气轮机是将烟气的热能和压力能转变为转轴上的机械能的原动机。级是烟气轮机最基本的工作单元。它主要由一列静叶片和一列动叶片组成。图 7-6 表示烟机某一级的热力参数变化情况，静叶片前截面(即级进口截面)用 0—0 表示，静叶片和动叶片之间的截面用 1—1 表示，而动叶片后截面(即级出口截面)用 2—2 表示。这三个截面通常称为级的特征截面，其气流参数分别注以下标 0、1 和 2 表示。

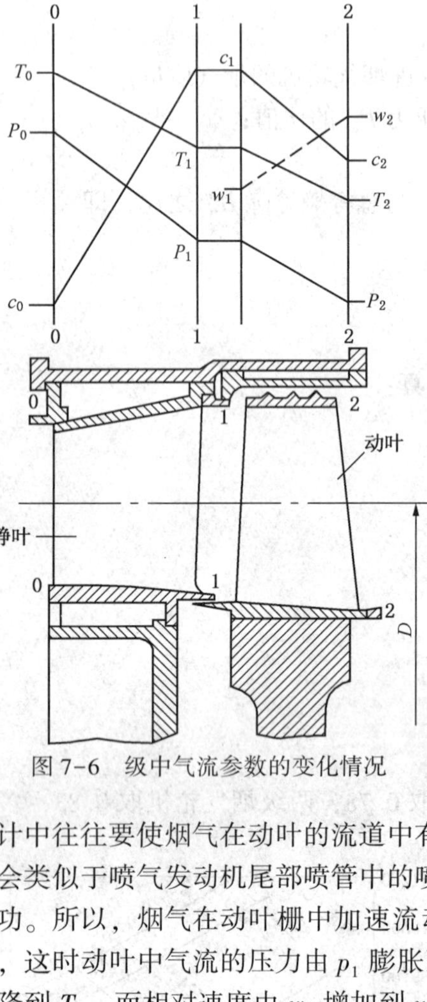

图 7-6　级中气流参数的变化情况

在静叶流道内，烟气在喷嘴中膨胀，把热能和压力能转变成动能，这时烟气压力由 p_0 膨胀到 p_1，温度由 T_0 下降到 T_1，气流速度相应地由 c_0 升至 c_1。在动叶流道内，烟气从静叶以很高的速度喷向动叶，在动叶流道内顺着流道的形状逐渐改变其流动方向。由于气流发生转向，动叶必然有一个力作用于气流，反之气流也一定有一个与之相应的作用力 F 作用在动叶上，这个力在周向的分力 F_u 就推动工作轮不断地旋转，并输出机械功，这就是烟气的热势能转换成转轴上的机械功过程。F 在轴向的分力 F_a，必须要由轴向止推轴承来承受，以避免产生过大的轴向位移。图 7-7 表示在工作轮平均直径处静叶和动叶剖面的展开图。

在气体流动特性的研究中知道，气体作加速流动时，其流动损失要比作非加速流动时小，因此在设计中往往要使烟气在动叶的流道中有一定的加速。这样，当一股加速气流自动叶喷出时，就会类似于喷气发动机尾部喷管中的喷气流一样，也会产生推力，而推动工作轮旋转获得机械功。所以，烟气在动叶栅中加速流动，不仅可改善流动状态，同时也可获得一部分机械功，这时动叶中气流的压力由 p_1 膨胀到 p_2，温度由 T_1 下降到 T_2，而相对速度由 w_1 增加到 w_2。

为便于分析烟气在级中的流动规律，在此暂不考虑催化剂微粒对流动的影响。但是，这时气体在级中的流动仍是十分复杂的，气体流动参数沿直径方向和圆周方向都是不均匀的。不过在初步分析时，往往不需要详细了解叶片通流部分中气流沿径向和周向的变化情况。实际上为了从总体上分析级的效率、功量等综合指标，通常只须对参考直径(往往选取级进出口截面的平均直径)上的气流参数进行分析，即忽略气流在流过叶栅以及叶列间隙时气体压力、速度的大小、方向和其他参数沿周

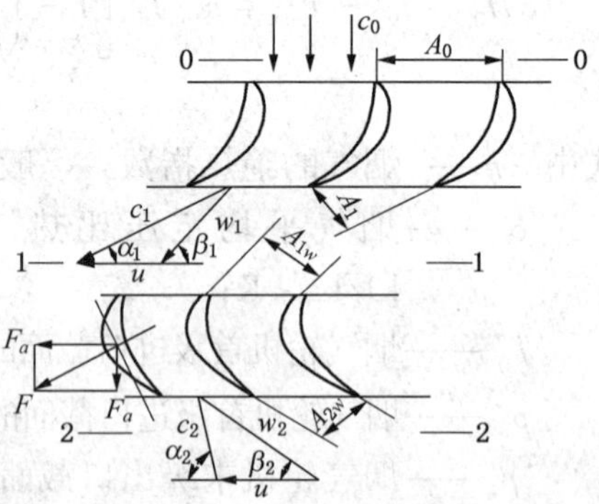

图 7-7　工作轮平均直径处静叶与动叶剖面展开图

向的不均匀性，而取它们的周向平均值。这样就可把复杂的三元流动简化成以流线为曲线坐标的一元流动，即气体只有沿着流动方向，通过各个不同特征截面时(喷嘴和动叶的进出口截面)气流参数才发生变化。

当烟气以不大的初速度 c_0 流入喷嘴后，烟气从进口压力 p_0 膨胀到 p_1，由于流道的收敛以及气体的膨胀，流速加速到 c_1，并以和出口平面成夹角 α_1 的方向自喷嘴流出，温度随之降至 T。α_1 称为喷嘴气流出口角，一般为 14°~20°。在旋转的工作轮的平面上，进入动叶的相对速度为 w_1，方向角为 β_1，其值可通过 c_1 与圆周速度 $u=\frac{\pi Dn}{60}$予以确定，式中 D 为级的平均直径。

动叶栅的流道通常是做成收敛的，使气流加速以改善流动性能，所以，动叶流道中相对速度有增加，$w_2>w_1$，而且气流在流道中转折，方向发生改变。出口截面处的出口角为 β，其值与动叶栅的几何参数和流动工况条件密切相关，一般为 10°~20°。气体在动叶栅中膨胀，压力逐渐下降，直至给定的级出口背压 p_2。

在动叶出口处的气流绝对速度 c_2 由 w_2 和 u_2 的合成得到。离开动叶的绝对速度 c_2 在级内不能再被利用，故 $c_2^2/2$ 看成是损失掉的动能，常称为余速损失。为降低余速损失，希望 c_2 尽可能小，因此其方向角 α_2 接近于 90°。由于绝对速度 c_2 比进口速度 c_1 要小得多。因此，流过动叶的绝对运动的动能是降低的，这是由于动量的变化把喷嘴出口所获得的动能在动叶栅中转换成机械功的结果。

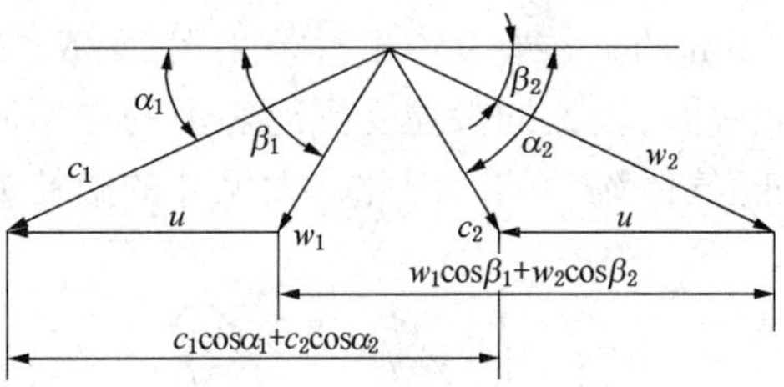

图 7-8　级的速度三角形

气流流过动叶的进、出口截面时，气流速度矢量变化可以综合在一起，画成如图 7-8 所示的级的速度三角形。

7.5　烟气在级内流道中的流动规律与对叶片磨损的影响

烟气轮机的工质与燃气轮机的工质是有区别的，因为烟气轮机的工质中含有催化剂固体微粒，这种气-固两相流对烟气轮机的气动热力性能和叶片的磨损要产生影响。现研究烟气在流道内的流动规律，其目的主要是为了掌握气-固两相流动对叶片磨损的规律和影响因素，以便采取减少催化剂微粒对叶片磨损的措施。

7.5.1　烟气在流道内的流动规律

带有固体微粒的气流进入烟气轮机时，在静叶和动叶流道内除极细小微粒(一般指小于 5μ 的颗粒)基本上随气流一起运动，造成比单纯气流有较大的粘性作用和粘性损失外，一些较大的颗粒由于惯性较大，速度滞后于气体的速度，其速度三角形与气体的速度三角形有明显的差别，如图 7-9 所示。

从图 7-9 中可以看出，微粒进入动叶片的相对速度 w_{1p} 的大小和方向与气体的相对运动速度 w_{1p} 的大小与方向是不相同的。颗粒尺寸愈大，这种差异也愈大。当微粒以比较大的冲角进入动叶片时，必然对动叶片头部产生较大的磨损，颗粒愈大磨损也就愈大，从动叶片出

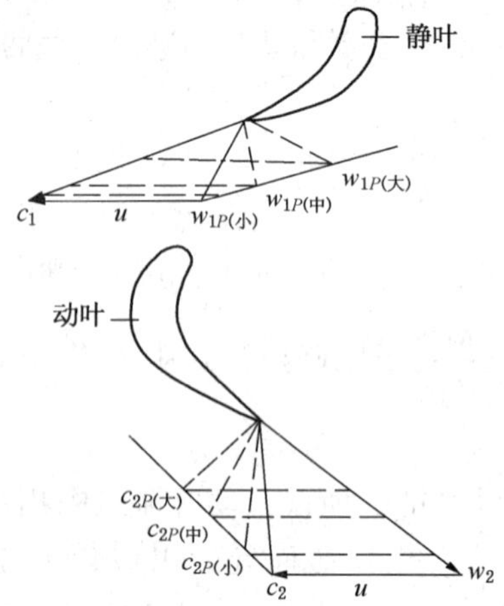

图 7-9　微粒大小对动叶前、后速度三角形的影响

口速度三角形也可以看出，微粒离开动叶片的绝对速度 c_{2p} 的方向与气体的绝对速度 c_2 的方向不同。因此，较大微粒在离开动叶片时，必然产生旋涡，而造成出气边的磨损。

微粒在叶片的转折中，由于离心力的作用，不同尺寸的颗粒在叶道中的运动轨迹是不同的，微粒在叶片中的轨迹如图 7-10 所示，从图中可以看出，较大的颗粒在离心力的作用下远离了中心流线，而到达了叶片的压力面(腹面)，对压力面的出气边造成较大的磨损，当微粒进入动叶片时，一部分微粒与动叶碰撞后反弹到叶片压力面而造成磨损，见图 7-11 所示。

微粒尺寸的不同，在叶片高度方向上的分布也是不相同的。图 7-12 给出了 1μm、17μm 和 100μm 的颗粒在一台入口压力为 0. 3MPa(绝)，入口温度为 705℃的双级烟气轮机第一级动叶片表面的分布情况。可以看出，对于 1μm 的微粒在整个叶高度方向上分布是均匀的。17μm 的微粒在叶片根部有较少的颗粒，而 100μm 的微粒有 96%集中在叶片顶部。这是因为当微粒到达动叶片表面时，遇到高速旋转的叶片，较大的微粒受到离心力的作用而被甩向叶片顶部；而当微粒很小时，可以认为微粒是随气体流动的。因此，大尺寸的微粒愈多，动叶片的出气边磨损就愈严重。

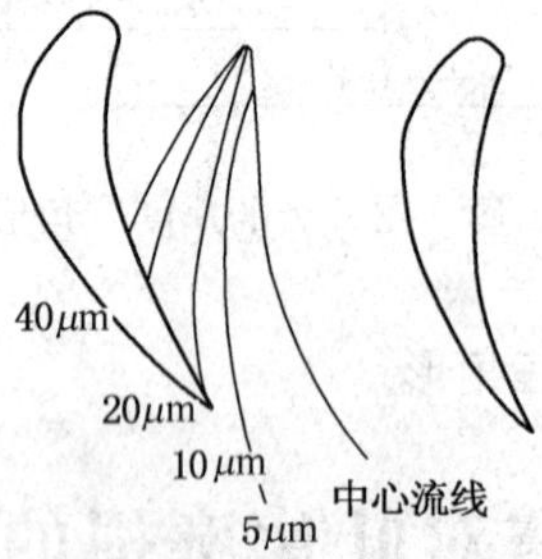

图 7-10　不同粒度的微粒在叶道中的流动轨迹

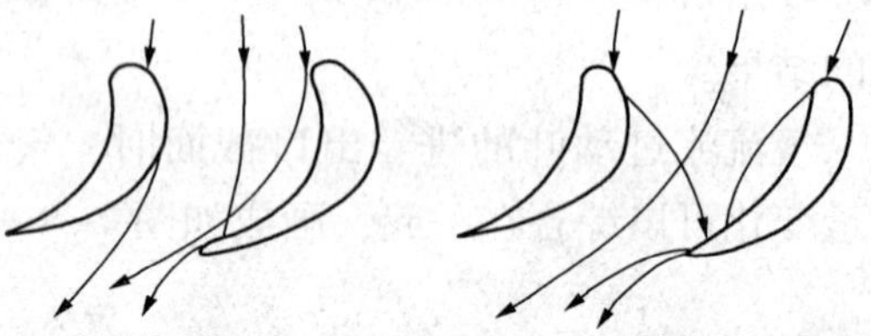

图 7-11　气体与微粒通过动叶栅时的轨迹

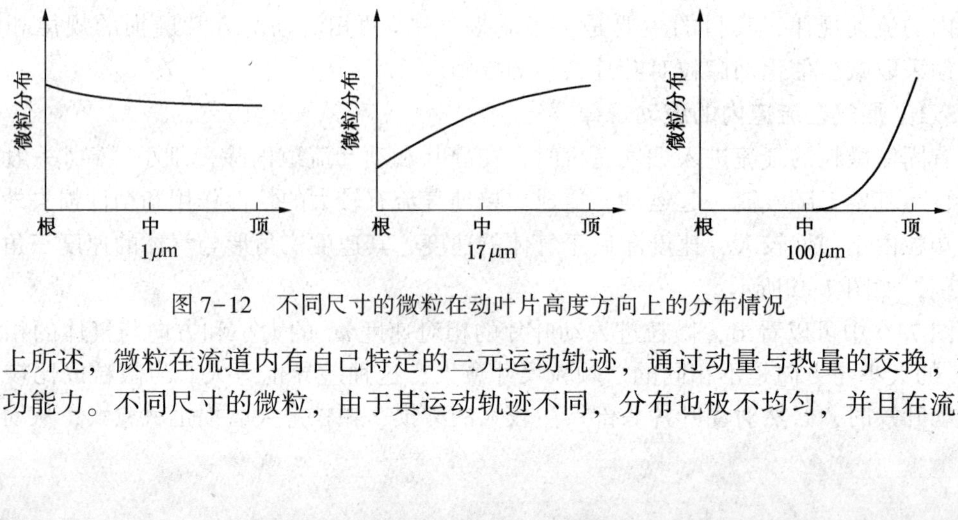

图 7-12　不同尺寸的微粒在动叶片高度方向上的分布情况

由上所述，微粒在流道内有自己特定的三元运动轨迹，通过动量与热量的交换，影响气体的作功能力。不同尺寸的微粒，由于其运动轨迹不同，分布也极不均匀，并且在流道发生

碰撞弹跳，对烟气轮机的叶片和流道进行冲蚀磨损。

7.5.2 影响叶片冲蚀磨损的因素

1. 微粒的浓度与颗粒尺寸

催化剂微粒的浓度对叶片的磨损影响是很大的。美国壳牌石油公司的第一台烟气轮机，由于未采用第三级旋风分离器除尘，而使含大量催化剂的烟气直接进入烟气轮机，粉尘的浓度太大(估计大于 $1g/m^3$)，只运转了750h叶片就不能用了。日本也有使用400h，叶片失重达10%~20%的报道。国内多台烟气轮机的使用情况表明，当烟气的含尘量小于 $200mg/Nm^3$，大于10μm的微粒小于8%时，一般可使用1~2周期(8000~16000h)。此外，国内也遇到因含粉尘量过大而使叶片严重磨损的情况，例如某厂因催化裂化装置进行改造，操作不稳定，入口含粉尘浓度为 $500\sim600mg/Nm^3$，粒度大于10μm的占30%，运行3240h后，磨损严重。

国内外大量实践表明，含粉尘浓度是造成叶片磨损的主要原因之一。为保证叶片寿命和烟气轮机的效率，我国一般要求烟气轮机含粉尘浓度不大于 $200mg/Nm^3$。此外，颗粒尺寸一般要求大于10μm的不超过8%。因为粒度大的微粒在离心力的作用下易于集中到叶片顶部，造成局部严重磨损。

2. 粉尘微粒和叶片的冲击速度(相对速度)

在影响叶片磨损的诸因素中，微粒速度的影响是相当大的。一般认为，叶片冲蚀磨损率(单位质量颗粒所产生质量或容积的磨损量)与微粒速度的2~3次方成正比。

图7-13为美国埃利奥特(Elliott)公司给出的A286和GH864两种叶片材料的微粒速度与磨损率的函数关系。该曲线是以25μm的氧化铝作冲蚀剂，冲击在叶片上的角度为120°，温度为650℃下得出的。由实验得出影响叶片磨损的速度指数为2~3。

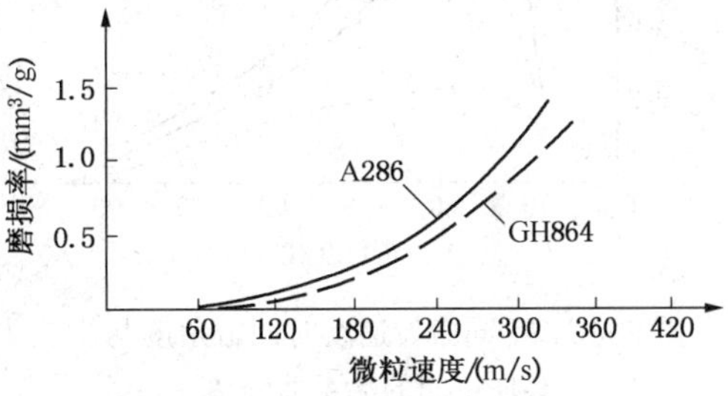

图7-13 磨损与微粒速度间的关系曲线

速度指数与材料的温度有关。图7-14为材料在不同温度、不同速度时的磨损试验结果。图7-14的曲线可以看出，材料温度愈高，速度指数愈大。由此可推论，在装置发生二次燃烧时，除了降低叶片的持久寿命外，对叶片的磨损也将造成严重后果。

微粒速度取决于气体速度和粉尘颗粒大小。因此，在设计上一般靠控制气体速度来限制微粒速度，以减少叶片的磨损。气体速度与操作参数、反动度的选取和烟气轮机的级数有关。美国英格索兰德和埃利奥特两家公司控制静叶栅出口速度小于488m/s，反动度一般为0.5，以降低静叶栅的出口速度。这样，当粉尘浓度和粒度达到要求的标准时，叶片寿命可以达到30000h，若当高的操作参数不能满足这个要求时，则选用双级烟气轮机。采用双级烟机可以使气体速度降低为单级烟机的0.7倍。

图7-15为单、双级烟气轮机叶片寿命的比较曲线(在入口烟气粉尘浓度、粒度及操作参数相同时)。由图可知，以烟气轮机功率损耗10%的寿命为基准，双级烟气轮机较单级烟气轮机的叶片寿命高0.7倍。

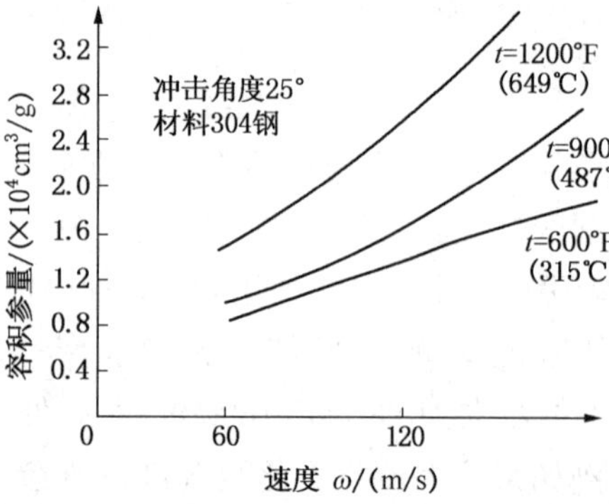

图 7-14 材料温度和微粒速度与磨损量间的关系曲线

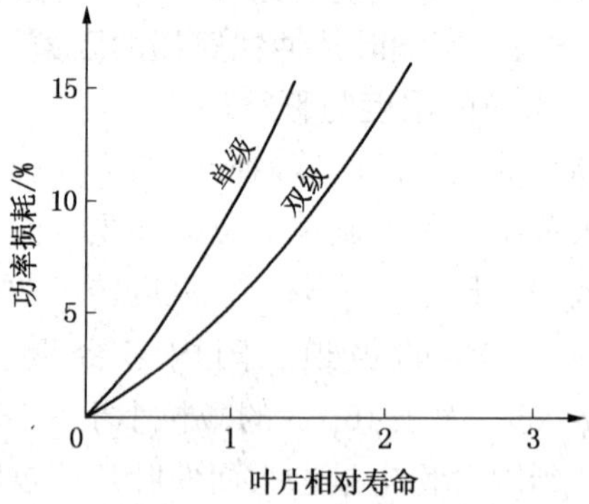

图 7-15 单、双级烟气轮机叶片寿命的比较曲线

德国 GHH 公司采用多级烟机，可大大地降低烟气速度和粉尘微粒速度，从而有效地减小了叶片的磨损。以四级烟气轮机为例，与单级烟气轮机相比，叶栅中的烟气速度降低一半，微粒动能降至单级的四分之一。

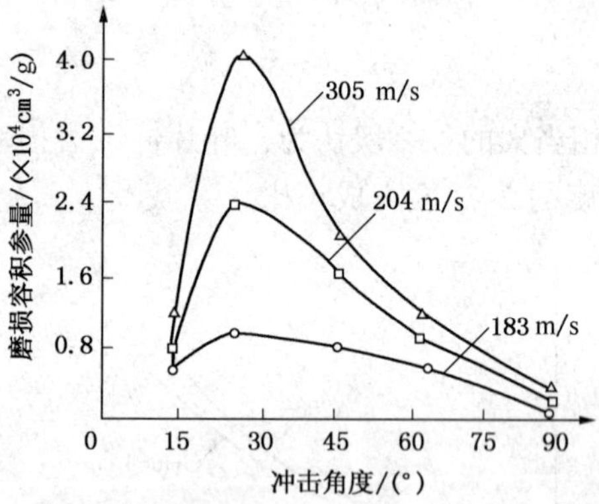

图 7-16 不同微粒速度时冲击角度与磨损量间的关系曲线

3. 粉尘微粒的冲角

由图 7-10 可以看出，粒度大小不同的微粒冲击在叶片上的角度是不同的。研究冲击角度对叶片磨损的影响，对于分析磨损状况是重要的。

GHH 公司的实验结果表明，冲击角度对叶片磨损具有很大的影响。对于脆性材料，冲击角度以 90°时磨损最严重。对于塑性材料，冲击角度以 25°时最严重。图 7-16 是叶片材料为 304 钢(相当于我国的 Cr18-Ni8 钢)，温度为 649℃时，在不同速度下的冲击角度与磨损量间的关系曲线。

由图中可以看出，在速度为 305m/s 时，磨损状况以冲击角度为 25°时最严重，而且速度愈高，冲击角度对磨损量的影响也愈大。此外，通过实验也可以证实，温度愈高，冲击角度对磨损的影响也愈大。综上所述，由于不同粒度的微粒具有不同的冲角，因此对磨损的影响是不同的。

上面所讨论的冲蚀磨损影响因素，是基于微粒在随主气流流动过程中，由于微粒特殊的运动轨迹使叶片不同部位产生不同几率冲蚀磨损的现象。这种冲蚀通常称为一次磨损或主流磨损。一次磨损的状况主要与微粒的浓度、粒度、速度和冲角等因素有关。

4. 二次磨损现象

气体是具有粘性的，当气体流过叶栅流道时，在其端壁面上形成边界层。由于边界层内的气体速度小于层外的主气流速度，层内气流所产生的离心惯性力不足以平衡自叶片腹面至背面的横向作用力。在这个横向压力梯度的作用下，边界层内的气流便产生自叶腹面向背面的横向运动。这种在流道端部产生的气流横向运动称为二次流，如图 7-17 所示。

由于二次流的存在，在叶片背面与端壁面的交角处形成两个旋涡区，也称为尾迹。烟气中含有的催化剂固体颗粒在叶片的尾迹区内，会因涡流冲蚀而对叶片造成严重磨损。有时在气流的拐弯处或当气流遇到筋板阻流时也会产生涡流，使局部磨损加剧。这就是通常所说的二次磨损。

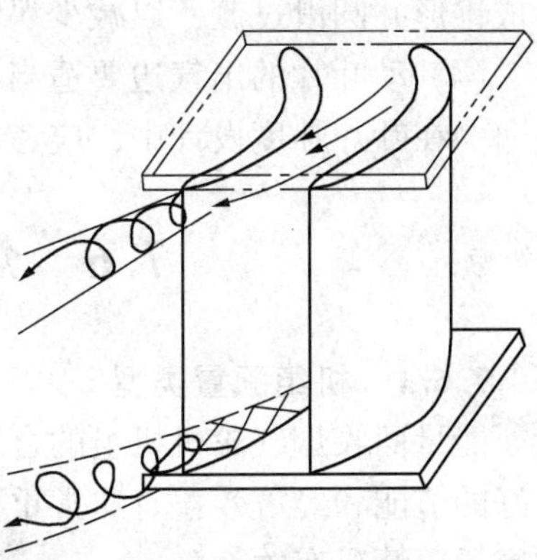

图7-17　动叶栅中的二次流示意图

叶栅中的二次流与流道的几何参数有关。叶片安装角、叶片节距、叶片高度、气流转折角的大小等对二次流的影响较大。二次流的大小又直接影响二次磨损的大小。

二次磨损与烟气中的含尘浓度和粒度大小有着直接的关系。但实际观察到的叶片的二次磨损多属于小粒度磨损，这是因为大粒度微粒的运动轨迹与气流的运动轨迹不同，再加上大粒度的微粒与叶片相撞时的反弹作用，使之不易在边界层停留。

7.5.3　在设计中提高耐磨损的考虑因素

根据上述的磨损影响因素和磨损规律，在烟气轮机的气动设计和结构设计时，应尽量减小固体微粒对叶片的冲蚀，其设计要点包括以下几个方面：

(1) 在气动设计时，应合理控制气体在静叶(导叶)和动叶流道内的速度，以减少磨损。但要兼顾效率与流速两个方面，国外一般取反动度为0.5，国内根据静叶与动叶的实际磨损情况，取反动度为0.4。

在动叶片的叶型设计中，要考虑沿叶片高度方向有适当的反动度变化，以使叶根部的速度不过高。此外，还应缓和微粒在离心力场作用下向外径方向移动的倾向。

单级烟气轮机静叶出口速度一般控制在480m/s以下，当气流速度超过此值时，应采用双级或多级烟气轮机，以留一部分焓降给后面的转向导叶和动叶。例如国内某装置采用单级烟气轮机时，其静叶出口速度为480m/s，采用双级烟气轮机后平均速度为350~360m/s。若根据叶片磨损量与气体中的微粒速度平方成正比的关系，采用双级可大大降低叶片的磨损率，同时，效率较单级烟气轮机提高了6%~8%。

(2) 在烟气轮机结构及流道设计中,应减少固体在气流中的分离作用,使其分布尽量均匀,以避免因分离作用造成微粒局部浓度加大而增加磨损。YL型烟机采用轴向进气结构,并要求烟机入口管道采用直管,管段长度不小于六倍管径,其目的是使烟气进入烟气轮机时能稳定流动,以保持烟气中催化剂微粒均匀分布,避免烟气径向进气的离心分离作用而产生微粒局部浓度加大,并在流道设计中设置防冲蚀转折台阶,以防止由于离心力作用分离到外径处的微粒聚集和降低尾迹区内的微粒浓度。因为,微粒经防冲蚀转折台阶时要发生转折,使微粒重新分布,从而减少了微粒浓度,如图7-18所示。

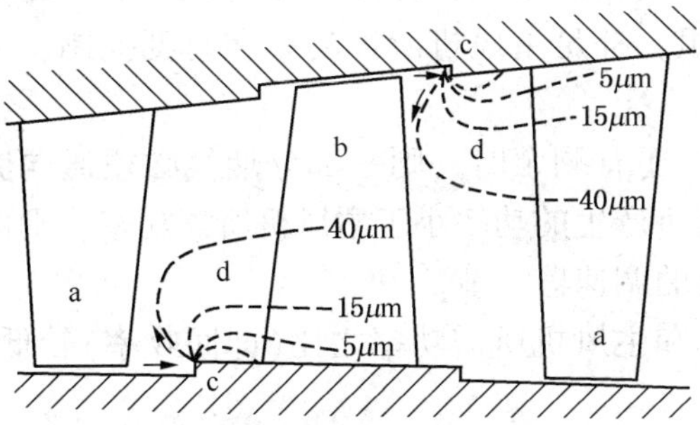

图7-18　防冲蚀转折台阶

a—静叶；b—动叶；c—转折台阶；d—微粒

(3) 在流道设计中应合理地确定叶片安装角、相对节距和气流转折角等参数，使二次流造成的尾迹区尽量减小，以降低叶片的二次磨损。设计流量应防止达到堵塞工况，以免出现激波而加剧二次磨损。进气锥及排气机壳中的筋板要设计成锥形并圆滑过渡，以减少涡流的产生。

(4) 动叶片的出气边要适当加厚，叶片表面应喷涂耐磨涂层，以延长叶片的耐冲蚀磨损寿命。在叶片强度设计中，应考虑叶片磨损后截面的变化，并留有一定的安全裕度。

7.6 烟气能量回收机组的配置

7.6.1 机组配置类型

能量回收烟气轮机机组的合理选择与配置，对确保催化裂化装置长周期平稳操作，取得较好的节能和经济效益有非常重要的关系。配置类型的选取同全厂的蒸汽、电力平衡和电网的容量等情况有关。

烟气轮机机组分为同轴式机组和分轴式机组，机组类型分配情况如表 7-1 所示。

表 7-1 能量回收机组配置类型统计表

序 号	类 型 号	配 置 类 型
1	ⅠA、ⅠB	烟机+主风机+汽轮机(三机组)
2	ⅡA、ⅡB	烟机+主风机+电动机/发电机(三机组)
3	ⅢA、ⅢB	烟机+主风机+汽轮机+电动机/发电机(四机组)
4	ⅣA、ⅣB	烟机+主风机+汽轮机+齿轮箱+电动机/发电机(四机组)
5	Ⅴ—Ⅰ Ⅴ—Ⅱ	主风机+汽轮机(或电动机) 烟机+齿轮箱+发电机

1. 同轴机组

同轴机组是把烟气轮机、主风机、汽轮机、齿轮箱和电动机/发电机的各轴端用联轴器串联在一起，成为同时旋转的机组。由于烟气轮机与主风机是同轴的，因此其优点是当烟气轮机发生故障时，主风机的运转能起到制动作用，使机组的转速很快地被控制住，不致给催化裂化装置的操作造成较大的混乱。

按照主风机采用轴流式或离心式可分为 A 型和 B 型；按照机组辅助启动方式，机组一般有以下四类。

1) 汽轮机辅助驱动(三机组，类型Ⅰ)

它由烟气轮机、主风机和汽轮机组成，如图 7-19 所示。采用汽轮机单独辅助驱动配置类型的先决条件，是蒸汽供应要充分、可靠，且经济合理。在烟气轮机不起作用时，汽轮机要能保证装置正常操作。汽轮机的作用是启动机组，补足主风机所需功率和速度控制，因此，汽轮机的输出功率应能满足主风机所需功率。

当烟气轮机的输出功率满足主风机所需功率外还有剩余时，则一部分烟气必须通向旁路，不得进入烟气轮机，以免超速，如果烟气轮机所产生的功率小于主风机所需功率，则由汽轮机补充一部分动力，此时机组的转速由汽轮机的调速器调节。

这种配置类型投资较省，但烟气轮机输出功率和主风机所需功率之比(即回收率)较低，现已较少采用。

2) 电动机/发电机辅助驱动(三机组，类型Ⅱ)

它由烟气轮机、主风机和电动机/发电机组成，如图 7-20 所示。这种机组配置类型是用电动机代替汽轮机辅助驱动。电动机的额定功率应满足起动主风机所需功率，一般为主风机额定功率的 100%。在正常操作时，如果烟气轮机的输出功率超过主风机所需功率，超出部分的能量使机组速度相应增加，感应电动机超过同步转速，从电动机状态变为发电机状态，故一般称为电动机/发电机。机组的转速由电网的频率来控制，工艺参数由主风机的可变条件来实现(例如：对离心式主风机加装可调入口导叶或调节进口碟阀，对轴流式主风机则在前几级采用可调静叶)。

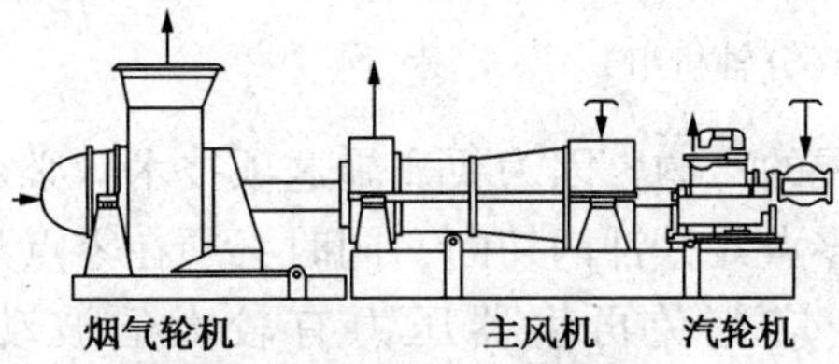

图 7-19　机组配置类型图 Ⅰ

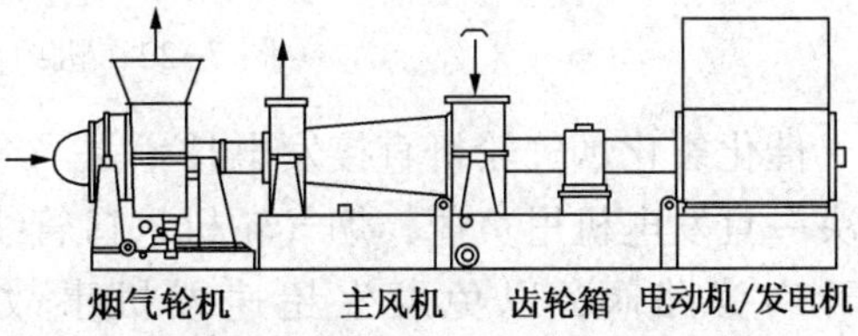

图 7-20　机组配置类型 Ⅱ

这种类型比由汽轮机辅助驱动类型的回收率高，而且烟气轮机有剩余功率可用于发电，但电动机/发电机不论在耗电还是发电状态，在低功率时效率甚低。当机组启动时，为了加速机组转子的转矩，需要很大的启动电流，约为电机额定电流的 4~7 倍，这么高的电流会造成配电系统的电压骤降。因此，在电网容量不大的配电系统中，应安排在非高峰负荷时间启动。这种驱动方案，因电动机是在低速下运行，而烟气轮机和主风机要获得较高的效率，需要在较高转速下运行，所以必须配置增速齿轮箱。这既增加了投资费用，又多消耗了功率。由于这种驱动方案可获得较高的回收率，因此在国内外的炼油厂中被广泛地采用。

3) 汽轮机和电动机/发电机辅助驱动(四机组，类型Ⅲ)

它由烟气轮机、主风机、汽轮机和电动机/发电机组成，如图 7-21 所示。这种配置类型应用普遍，约占统计机组中的 1/3。它的特点是将主风机的启动负荷分配到汽轮机和电动机/发电机上，汽轮机的功率选择应能在装置开工时驱动整个机组，其额定功率大约为主风机所需功率的 40%~75%；而电动机/发电机的功率一般为主风机功率的 30%~45%。通常烟气轮机先用汽轮机启动，将其转子从静止状态加速到某要求的速度，然后启动电动机，使机组加速到运行速度。如前所述，在正常操作时，烟气轮机回收功率如大于主风机所需功率时，则多余的功率由发电机吸收。机组的转速由电网控制，但在启动时或在其他不稳定条件下，转速由汽轮机调节。由于悬臂转子的烟气轮机是轴向进气，所以烟气轮机布置在机组的末端主风机的一侧。

图 7-21　机组配置类型Ⅲ

2. 分轴机组(直接发电机组，类型 Ⅴ)

分轴机组的配置见图 7-22。该配置类型主风机由汽轮机或电动机驱动，而烟气轮机只驱动发电机直接发电。

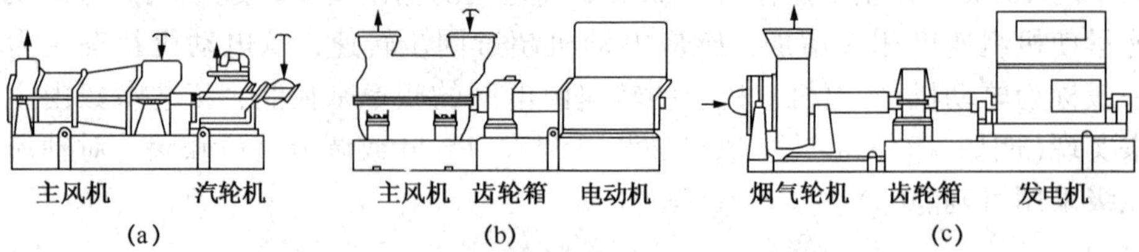

图 7-22 机组配置类型 V(分轴机组)

催化裂化烟气轮机直接发电技术是当今科技发展的产物，因为要实施这项技术，必须要解决一旦发电机甩负荷，烟气轮机入口管线应能在零点几秒钟内切断，同时必须在零点几秒内开启旁路阀，以免发生超速毁机事故。此外，应避免再生器压力有较大的波动(<0.014MPa)，以保护装置的平稳操作。由于电子调速器/微处理机控制和自动保护直接发电系统的技术日益完善，以及电液驱动的大口径高温碟阀快速(≤0.6s)切断和启动技术的研制成功，为烟气轮机直接发电提供了可靠手段。

这种机组配置类型主要有以下两个方面的优点：

(1) 再生器供风系统与烟气轮机系统分别操作，可避免互相干扰；

(2) 装置改造时可以不变动原有主风机机组、基础和厂房等。

我国燕山石油化工公司和荆门石油化工总厂已分别从德国 MAN GHH 公司引进烟气轮机直接发电系统，并取得了丰富的操作使用经验，为国产化提供了有利条件。

7.6.2 同轴机组和分轴机组的比较

在现有炼油厂增设烟气轮机能量回收系统时，往往首先考虑保留原来的主风机机组，增设烟气轮机直接发电系统(分轴机组)的方案，这既可避免将原有主风机机组连基础和厂房拆除，延长工程时间和增加经费投入，又可以防止烟气轮机直接发电机组发生故障时影响主风机的正常操作。但因烟气轮机直接发电机组的超速保护技术比较复杂，不同于同轴机组可凭借主风机升速时所需功率成平方增加，通过电网甩负荷就能减缓机组升速的速度。近 20 年来，由于分轴机组超速自动保护技术和大直径快速关闭和开启高温碟阀技术已经成熟，才使分轴机组得到推广应用。同轴机组和分轴机组的优缺点比较见表 7-2。

表 7-2 同轴机组和分轴机组的比较

同轴机组(烟机+主风机+驱动机)(三机组或四机组)	1. 国内外采用较多，有较多的操作经验 2. 烟机剩余功率可以发电 3. 机组转速由电网控制，不易发生超速事故 4. 投资费用较少	1. 由于串联机械多，可靠性要求高 2. 异步电动机无功消耗大，降低系统功率因数 3. 对全装置安全操作影响大，机组无论哪一部分故障，都会影响全装置生产
分轴机组(烟机+发电机，主风机+驱动机)(直接发电机组)	1. 烟机发电机组与主风机组互不影响，互不干扰，装置运行可靠 2. 老装置改造时，可不动主风机组，便于安排场地 3. 选用同步发电机可发生无功功率，改善电力系统功率因数 4. 相当于多一个自备电源 5. 烟机和主风机不受同一转速限制，能在最佳转速设计运行，效率均能提高	1. 操作经验少 2. 快速(≤0.6s)切断阀和开启阀价格昂贵 3. 电网甩负荷时，机组超速保护系统比较复杂 4. 增加系统短路容量 5. 因电的转换关系，电器功率损失增加 6. 投资费用较大

7.7　烟气能量回收机组的自动控制与保护

为满足催化裂化装置工艺操作的要求和机组自身的安全运行，必须设置自动控制系统和自动保护系统。机组的配置类型不同，设置的自动控制与保护系统也不尽相同。现以四机组的典型工艺流程(见图 7-23)为例，简要介绍该机组的自动控制和保护系统。

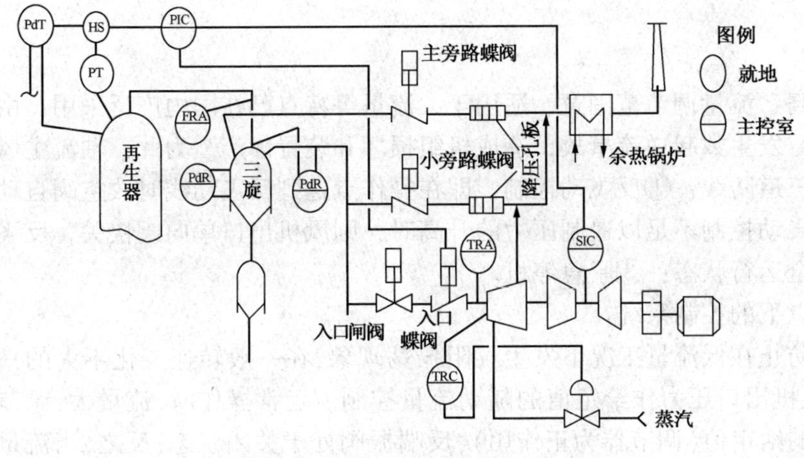

符号说明

	第一字母	第一字母之后
C		控制
F	流量	
H	手动	
I		指示
P	压力，电压	按钮
S	速度	开关
T	温度	变送器
Pd	压差	
R		记录
A		报警
F	流量	

图 7-23　四机组典型工艺流程示意图

7.7.1　烟机的控制

烟机部分的主要控制系统和检测参数为：

(1) 三旋顶部烟气入口温度的检测　其检测的目的是监视再生器顶部烟道是否发生后燃，以防止过高的温度损坏烟气轮机的叶片。当发生后燃时，温度将会超过设定值而发生声光报警信号，这时应通过手动控制器，遥控打开喷水阀，使烟气温度下降。

(2) 烟气轮机入口温度的检测　检测的目的同上，处理方法是通过手动控制器，遥控打开喷冷却蒸汽阀，以降低温度。

(3) 调节冷却烟气入口轮盘的蒸汽量　为保持轮盘温度在规定的限度内，使其能够在使用条件下长期工作，可通过蒸汽量来调节。

(4) 检测三旋进出口及三旋单管压降　其目的是监视设备磨损情况和高温烟气的净化效果。

(5) 烟气轮机密封蒸汽差压控制　其目的是防止高温烟气外窜，在烟气轮机轴承蒸汽室与烟气侧之间要保持一定的差压，以有效地封住烟气。

(6) 烟气轮机超速跳闸控制　为保护烟气轮机安全运行，除设有速度超速控制外，尚需设有超速跳闸系统。速度控制一方面采用汽轮机入口调速阀调整，另一方面是调节烟气轮机入口蝶阀的开度，使速度保持在额定转速。超速跳闸系统可采用速度检测信号多数表决系统，一般设三个速度检测元件，取 3：2 表决信号作为超速跳闸的基准信号接至自动跳闸系统，使机组进入自动紧急停车工况。

(7) 推力轴承和径向轴承的轴瓦超温检测与报警。

(8) 烟气轮机主轴径向振动和轴向位移的检测与报警。

(9) 再生器压力(或两器差压)控制，是保持反应-再生系统的压力平衡和催化剂正常循环的关键控制回路，是催化裂化装置正常安全生产的必要前提。装置在不同工况下(不同的处理量和其他操作条件)，再生烟气总量总是可能大于或小于烟气轮机的额定烟气流量，因此为符合不同处理量，不同操作条件和其他异常情况的需要，再生器压力(或两器差压)控制系统应该包括烟气轮机入口碟阀和旁路碟阀(或双动滑阀)节流这两种控制手段。目前普遍采用的控制方案是由入口碟阀、小旁路蝶阀和主旁路蝶阀组成的三分程控制，即再生器的压力是由三台高温蝶阀根据调节器输出的信号按三分程原则分别控制的，具有适应性较强和比较灵活的特点。

7.7.2 主风机的控制

轴流主风机以其效率高、流量调节范围宽、适用于大流量等特点已在国内广泛采用，由于某些炼油厂缺乏经验，曾发生数起逆流事故，造成机组损坏和装置停产。为此，轴流主风机的自控系统设计设置了三道防线：①反飞动控制，即在操作点达到反飞动线时放空阀自动打开；②安全运行，当反飞动控制不足以遏制压力的升高时，则风机出口单向阀快关，反飞动阀快开，使机器进入安全运行状态；③紧急停机。

轴流式主风机主要有以下的控制系统：

(1) 反喘振控制　为防止在低流量工况下发生气阻振荡现象,在一般转速变化不大的情况下,采用的方案是依据风机出口压力作给定值的随动流量控制。正常操作时,流量大,调节器的测量值大于出口压力的给定值(调节器为正作用),反喘振阀处于关闭状态;反之,当流量小于给定值时,或者出口压力上升(即给定值增大),则使反喘振阀打开,防止喘振产生。

(2) 防逆流保护　逆流是轴流式风机最危险的工况，采用的方案是在风机出口安装蝶型止回阀。正常操作时，阀处于全开位置，当风机流量低于规定值时或者紧急停机时，止回阀快速关闭。

由于喘振可认为是逆流的前奏，所以反喘振控制是预防逆流的根本措施。

(3) 反阻塞控制　当轴流式风机的出口压力降低到一定值时，末级叶栅处气流速度达到音速，风机进入阻塞工况而导致叶片疲劳损坏。反阻塞控制实质是控制风机的上限流量，其控制方案一般是以风机出口压力作为反阻塞流量调节器的给定值而组成的随动流量控制系统。正常操作时，反阻塞阀处于全开位置，而当风机流量值大于流量调节器的给定值时，调节器的输出增大，使风机出口管路上的反阻塞阀关小。轴流式风机发生阻塞的几率是很低的，一般在开机和开工烘机阶段操作失误时才可能发生，发生后的危险性也较小(机器较长时间持续阻塞工况才能造成叶片疲劳损坏)，对于具有较高强度的叶片，就不必考虑反阻塞控制。

7.7.3 汽轮机的控制

为了使汽轮机的转速保持在一定范围内，要设置速度控制系统。当外界负荷与汽轮机输出功率相平衡时，转速保持稳定；当外界负荷发生变化时，则控制系统自动改变汽轮机的进汽量，使汽轮机输出功率与外界负荷相适应，转速波动不超过规定的范围。

速度控制原理见图7-24。用无接触式磁感应探头测量速度信号，测出的速度信号输入转速调节器，并与调节器的设定值比较，差值后的信号再经ＰＩ单元，输出信号去控制电-液转换器控制油量，从而达到控制调速阀改变汽轮机进汽量调速。

7.7.4　机组自动保护联锁

1. 设置原则

再生烟气能量回收机组是催化裂化装置关键设备之一，如果机组在一有异常的情况下就自动紧急停机，则会影响装置的正常运行，同时防止故障发生后对机组产生严重损坏，另外，在保证机组安全前提下，希望尽可能使机组少进行自动紧急停机，综合这两方面的要求，应设置机组自动保护联锁系统。设备保护系统的原则是当发生的故障会迅速导致机组严重损坏时，应考虑采用自动紧急停机处理，除此之外，还需提供声光预报警，提请操作人员注意，在确认故障严重程度后，再进行处理。

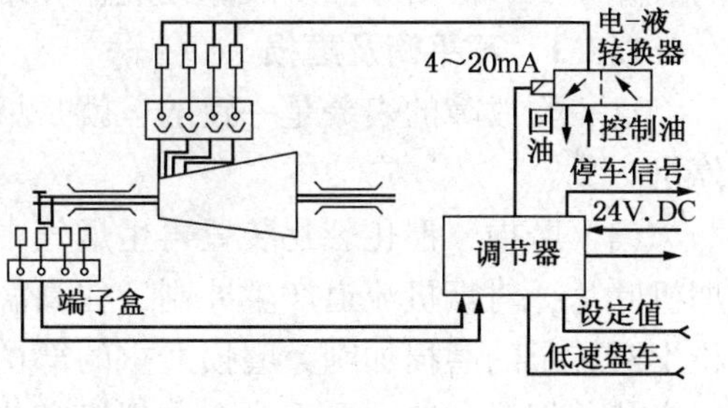

图7-24　速度控制原理图

紧急停机的条件如下：

(1) 润滑油压力超低限值；

(2) 机组转速超过额定转速110%；

(3) 轴流主风机产生逆流工况；

(4) 机组主轴轴向位移超高限值；

(5) 人工手动操作紧急停车。

2. 设置方法

(1) 主要阀门均需设阀位显示系统，如烟气轮机入口蝶阀、主风机出口止回阀、反阻塞阀、防喘振放空阀等，除显示开和关的动作外，还应设置声光报警。

(2) 自保系统的电源要选用不间断电源。

(3) 快速开启的各主要阀门的电磁阀，应采用常闭触点(激励)工作制。

(4) 紧急停机采用全自动方式程控系统。

7.8　烟气轮机常见的故障与处理

烟气轮机机组的运行情况直接关系到装置的运行周期和能耗水平，对保证装置正常平稳运行和节能降耗具有重要意义。但是同时，烟气轮机故障率也是石化行业关键设备中较高的。平均无故障运行时间不超过280天，有的厂烟机一年停机修理2~3次是很普遍的现象。频繁停机导致装置能耗上升，处理量下降，严重的使装置切断进料甚至非计划停工的现象时有发生，影响了企业经济效益。

因此，做好烟机机组的状态监测及故障诊断，及时查清停机原因和设备隐患，采取相应的措施，保证机组安全、稳定、长期运行是十分重要的。

导致烟机故障率居高不下的主要因素是高温和粉尘，烟机机组的机械功能故障，大多与这两者有关。

烟机常见的故障为磨损、叶片断裂、粉尘堆积、动静摩擦、动平衡破坏、同心度偏移、油膜失稳、壳体变形及管线应力影响，这些直接或间接都与这两者密不可分。

经验表明，烟机的主要故障是烟机超温引起壳体膨胀，严重磨损，叶顶部因摩擦造成叶片裂纹及断裂，叶片硫腐蚀，鼻锥产生裂纹，法兰变形和螺栓断裂等。下面分别对几种类型的故障原因、诊断方法及故障处理作介绍。

7.8.1 不平衡及磨损

这一类故障的表象是一致的，就是烟机转子的动平衡被破坏，导致振动超标，甚至机组停机。

(1) 磨损 催化裂化装置再生烟气中所含催化剂为主的烟气粉尘，随烟气一起高速通过烟机叶片，对烟机流道产生冲刷，在高温的作用下(通常烟气入口温度在620℃以上)，烟气粉尘对转子的磨损加剧，磨损严重的部位常发生在叶片、台肩榫槽等部位，会出现刀刃状或拇指状的划痕，冲蚀严重时会出现蜂窝状。

(2) 叶片断裂 当叶片均匀冲刷时，磨损对烟机转子平衡的影响不大，而当出现不均匀磨损时，转子动平衡破坏，机组振动值上升。当冲刷现象日益加剧，叶片受损严重，同时机组振动逐渐加大，受损叶片在长期振动产生的交变应力的破坏下极易发生断裂，因为叶片突然断裂又会使烟机转子动平衡严重破坏，振动值急剧上升。

(3) 粉尘堆积 目前投用的各类烟机中普遍采用过热蒸汽或饱和蒸汽冷却、吹扫烟机轮盘。高温的烟气通过混有较低温度的蒸汽时，或吹扫蒸汽本身带有不饱和蒸汽时，在水分凝结作用下，烟气粉尘会大量附着在烟机流道及叶片上。这些结焦物有时是均匀分布的，有时是不均匀的，这些将直接影响转子的动平衡。特别是烟机运转过程中烟气条件不断变化或结焦物增多增重后，附着在叶片某部位的结焦物受离心力作用被甩脱，这样就严重破坏了转子的动平衡，引起机组振动突发性升高。而当结焦物大部分被甩掉后，烟机的振动又会降下来。很多烟机在运行时振动情况波动都是这一过程引起的。

粉尘堆积现象更容易发生在双级轮盘的烟气轮机上，这也是双级烟机故障率相对偏高的主要原因。

这一类故障都是因为转子质量偏心造成的。不平衡故障按其发生过程可分为原始不平衡、渐发性不平衡和突发性不平衡。

7.8.2 不对中及热变形

造成机组转子不对中的原因有安装误差、管道应力影响、温度变化产生的热变形、基础沉降不均等。较高的温度导致烟机和风机的壳体及管线存在热膨胀，由于设计或制造上的缺陷常常会导致壳体及管线的热分布不均匀，而支座猫爪(滑移支座)或导向槽故障也会引起壳体膨胀受阻，造成壳体变形、移位及承受较大的热应力。因此对于烟机机组而言，热变形是导致对中状况恶化的主要原因。

7.8.3 振动

国内影响烟机运转率的突出问题是振动，特别是联轴节端轴承的振动，主要由于叶片的不均匀磨损、涂层脱落、动静磨擦(催化剂在围带上的沉积)、动叶上催化剂的堆积和热态下对中不良以及二级烟机轮盘间进入催化剂等所致。

多年来我国各炼油厂在处理烟机振动方面积累了丰富的经验，主要有：

(1) 在制造厂进行热循环试运；

(2) 对转子进行高速动平衡试验；

(3) 利用烟气对烟机进行单机试运；

(4) 严格控制轮盘冷却蒸汽及密封蒸汽的参数和品质；

(5) 摸索合适的润滑油供油温度和压力；

(6) 加强对三旋出口烟气催化剂浓度和粒度的监测；
(7) 总结烟机在冷、热态时转子位置的变化，制定合理的找正曲线；
(8) 加强对机组运转状态监测、原因分析和变化趋势预测。

习　　题

7-1　简述烟机的基本组成，其有何作用？
7-2　烟气轮机的主要性能参数是什么？
7-3　叙述烟气轮机级的工作原理。
7-4　简述烟气在级内流道中流动时对叶片磨损的情况。
7-5　叙述影响叶片冲蚀磨损的因素。
7-6　什么是同轴机组和分轴机组？它们有何优缺点？
7-7　简述烟气能量回收机组有哪些自动控制与保护系统？
7-8　烟气轮机常见的故障有哪些？如何处理？

参 考 文 献

1 张湘亚,陈弘．石油化工流体机械．山东东营:石油大学出版社,1996
2 钱锡俊,陈弘．泵与压缩机．山东东营:石油大学出版社,1989
3 西安交通大学透平压缩机教研室．离心式压缩机原理．北京:机械工业出版社,1982
4 姜培正．过程流体机械．北京:化学工业出版社,2001
5 潘永密,李斯特．化工机器．北京:化学工业出版社,1980
6 黄钟岳,王晓放．透平式压缩机．北京:化学工业出版社,2004
7 乐志成,吕文灿．轴流式压缩机．北京:机械工业出版社,1980
8 李超俊,余文龙．轴流压缩机原理与气动设计．北京:机械工业出版社,1987
9 黄钟岳．化工透平式压缩机．北京:大连理工大学出版社,1989
10 方子严．化工机器．北京:中国石化出版社,1999
11 刑子文．螺杆式压缩机．北京:机械工业出版社,2003